普通高等教育计算机类系列教材

大数据挖掘导论与案例

米红娟　杨鹏斐　易纪海　宋　帅　闫晓珊　编著

机械工业出版社

本书旨在提供一个比较全面且实用的关于大数据挖掘基本概念、方法、工具、技术及应用的指南。本书共9章，包含3部分内容。第1部分介绍大数据挖掘的基础知识、概念和方法，包括大数据的概念、发展阶段和特征，大数据挖掘的概念、标准过程模型、主要任务等内容。第2部分重点介绍具体工具与技术，包括 Python 的基本语法、NumPy 工具包、Pandas 工具包、Scikit-Learn 工具包和 Matplotlib 绘图，以及 Hadoop 中的 MapReduce 框架和 Spark 大数据处理技术，目的是帮助读者将数据挖掘的方法和算法落到实处，同时训练读者解决大数据挖掘实际问题的能力。第3部分为数据挖掘案例，包括关于分类、聚类、关联规则挖掘等应用主题的案例，每个案例都展示了一个数据挖掘项目的具体过程和细节，个别案例还给出了 Python 的实现方法与代码，目的是为读者模仿、修改、拓展、延伸、创新以及运用所学数据挖掘技术解决实际应用问题提供原型。

本书的主要特色是在重点关注数据挖掘理论、方法与算法的同时，也适当兼顾数据挖掘的实现工具以及应用，并将它们融合，读者通过学习能够具备一定解决实际应用问题的能力。

本书可作为高年级本科生的数据挖掘等课程的教材，也可作为研究生相关课程的教材，还可作为对大数据挖掘与分析感兴趣的学习者和在企业从事业务数据分析的人士的参考书。为方便教师教学，本书配套了电子教学课件。

图书在版编目（CIP）数据

大数据挖掘导论与案例/米红娟等编著. —北京：机械工业出版社，2024. 3
普通高等教育计算机类系列教材
ISBN 978-7-111-75594-4

Ⅰ. ①大… Ⅱ. ①米… Ⅲ. ①数据采集-高等教育-教材 Ⅳ. ①TP274

中国国家版本馆 CIP 数据核字（2024）第 072715 号

机械工业出版社（北京市百万庄大街 22 号 邮政编码 100037）
策划编辑：刘丽敏 责任编辑：刘丽敏 王 芳
责任校对：王小童 马荣华 景 飞 封面设计：张 静
责任印制：刘 媛
北京中科印刷有限公司印刷
2024 年 7 月第 1 版第 1 次印刷
184mm×260mm · 26 印张 · 646 千字
标准书号：ISBN 978-7-111-75594-4
定价：79.80 元

电话服务 网络服务
客服电话：010-88361066 机 工 官 网：www.cmpbook.com
010-88379833 机 工 官 博：weibo.com/cmp1952
010-68326294 金 书 网：www.golden-book.com
封底无防伪标均为盗版 机工教育服务网：www.cmpedu.com

前　言

2020年3月30日，中共中央、国务院发布了《关于构建更加完善的要素市场化配置体制机制的意见》，将“数据”与土地、劳动力、资本、技术并称为五种要素，提出“加快培育数据要素市场”的要求。至此，数据正式成为生产要素，其战略性地位得到进一步提升。党的二十大报告强调“实施科教兴国战略，强化现代化建设人才支撑”，“加快发展数字经济”，与大数据密切相关的数字中国、科教兴国战略、人才强国战略已经成为我国建设现代化强国过程中的重要战略方针，这些战略的实施对于推动我国社会经济发展和提高国家综合实力具有重要意义。

从社会发展的角度来看，人类已进入数据爆炸时代，我们面临前所未有的数据规模和数据复杂性。从社交媒体到互联网交易，从医疗保健到金融服务，各领域都积累了海量数据。这些数据蕴含着宝贵的信息和见解，但我们只有采用有效的方法从数据中挖掘出这些宝藏，才能促进数据的高价值转化。

本书旨在提供一个比较全面且实用的关于大数据挖掘的基本概念、方法、工具、技术及应用的指南。无论您是高等院校的学生，还是对数据挖掘领域感兴趣的学习者，或是一个希望在业务分析中运用数据挖掘技术的专业人士，本书都希望为您提供有价值的知识和案例参考。

本书内容可归纳为3个部分。第1部分介绍了大数据挖掘的基础知识、概念和方法，具体包括大数据的概念、发展阶段和特征，大数据挖掘的概念、标准过程模型、主要任务等内容，在与算法相结合的部分例题中给出了Python的实现代码。第2部分重点介绍了具体工具与技术，具体包括Python的基本语法、NumPy工具包、Pandas工具包、Scikit-Learn工具包和Matplotlib绘图，以及Hadoop中的MapReduce框架和Spark大数据处理技术，这部分的目的是帮助读者将第1部分的数据挖掘方法和算法落到实处，同时训练读者解决大数据挖掘的实际问题的能力。第3部分为数据挖掘案例，包括关于分类、聚类、关联规则挖掘等应用主题的案例，每个案例都展示了一个数据挖掘项目的具体过程和细节，个别案例还给出了Python的实现方法与代码，这部分的目的是为读者模仿、修改、拓展、延伸、创新以及运用所学数据挖掘技术解决实际应用问题提供原型。

本书的主要特色是在重点关注数据挖掘理论、方法与算法的同时，也适当兼顾数据挖掘的实现工具、技术以及应用，并将它们相融合。这对于数据挖掘学习过程中由于编写程序和算法实现能力比较薄弱，数据挖掘学习仅停留在原理层面上的读者实现算法具有重要作用，还可以帮助读者提升编程能力。每章末尾都联系本章内容在价值观层面加以引申，希望传递健康的价值导向和开阔的思维视野。

本书编写方案的制定以及统稿工作由米红娟教授完成。全书共有9章，第1章、第5章的5.1~5.7节由米红娟编写，第2章、第5章的5.8~5.11节、第8章、第9章的9.1节由杨鹏斐编写，第3章、第4章、第9章的第9.3节由宋帅编写，第6章、第9章的第9.2节由闫晓珊编写，第7章由易纪海编写。

本书可作为高年级本科生数据挖掘等课程的教材（建议第2章、第8章和第9章供实验课堂使用，其余各章供理论课堂使用），也可作为研究生相关课程的教材，还可作为对大数据挖掘与分析感兴趣的学习者和在企业从事业务数据分析的人士的参考书。作为本科生教材时，授课教师可根据需要对章节进行选择与裁剪。另外，为方便教师教学，本书提供了配套电子课件。

在此，我们要感谢机械工业出版社的支持，更要感谢刘丽敏策划编辑和为本书付出努力的编辑们，他们认真严谨的工作态度和热情支持使得本书得以顺利出版。

尽管本书编著者均为从事数据挖掘、机器学习、大数据技术教学工作的一线教师，也尽管本书的完成和完善工作历经了3年多，我们仍不敢有丝毫懈怠，但数据挖掘领域发展极为迅速，且具有多学科交叉等特点，书中疏漏、错谬之处难免，敬请读者指正，我们将十分感激。

米红娟

目　录

第1章　绪　　论

数据无处不在，它几乎触及地球上的每项业务和每一个人的生活。社会数据量正在以前所未有的速度增长，并改变着人们的工作方式和生活方式。到2003年，整个世界只有50亿GB的数据。2011年仅两天就产生了相同数量的数据。到2013年，每10min就产生了相同数量的数据。国际权威机构Statista的统计和预测显示，2019年全球数据量达到41ZB，到2035年这一数字将达到2142ZB。大数据已经持续引起人们生活、工作和思维模式的大变革。人们的注意力已从围绕对它的大力宣传转移到寻找其真正的使用价值上。产业界、学术界、政府对基于大数据挖掘与分析的决策支持需求正在持续增长。数据的爆炸式增长，对数据技术提出了更高的要求。

1.1　数据科学和数据科学家

1.1.1　数据科学的产生和数据科学家的兴起

早在1962年，创造了“比特”（bit）这一术语的美国著名数学家John W. Tukey在《数理统计年鉴》（*The Annals of Mathematical Statistics*）上发表了题为“数据分析的未来”（“The Future of Data Analysis”）的论文，呼吁学术统计改革，震惊了当时的统计学界。他提出了数据分析（Data Analysis）这一新科学和其未来发展的可能性，并预言突破数理统计学边界的数据时代将会到来。其论文中指出数据分析的目的是通过对数据的收集、处理和分析来学习数据中的信息，解决我们生活中所遇到的实际问题。这篇论文为数据科学的发展奠定了基础。

1966年，丹麦计算机科学家Peter Naur（2005年图灵奖得主）发明了新词“数据学”（Datalogy），并在1974年出版的《计算机方法简明概述》（*Concise Survey of Computer Methods*）著作中首次使用“数据科学”一词，他将数据科学定义为“处理数据的科学”，同时指出一旦建立了处理数据的科学，数据与数据所代表的关系就委托给其他领域和科学，他还提到了数据科学与数据学的区别，而且首次提议要用数据科学来替代计算机科学（Computer Science）。

1977年，John W. Tukey出版了著作《探索性数据分析》（*Exploratory Data Analysis*），他在书中提出：探索性数据分析和论证性数据分析能够且应该并驾齐驱。

1989年，数据分析与挖掘领域的顶级影响者之一Gregory Piatetsky-Shapiro博士提出了“知识发现”和“数据挖掘”，组织并主持了第一届“数据库中知识发现”（Knowledge Discovery in Databases，KDD）研讨会。

1991年，Piatetsky-Shapiro和Frawley等人出版了研究论文合集*Knowledge Discovery in Databases*。

1993年，John Chambers在意识到统计学不能只关注传统推论后，发表了题为“Greater

or Lesser Statistics：A Choice for Future Research”的论文，呼吁统计学领域对传统统计学进行改革。文中指出传统统计学在未来的研究中将面临两种选择：①“更专有”（Lesser）。以数学技巧为主导，专注于传统课题和数学本身，以学术研究为主，与其他相关学科交流较少；②“更包容”（Greater）。从数据中学习，兼收并蓄，以应用为主，与其他相关学科交流频繁。Chambers 指出：更包容虽然充满挑战，但会带来更多的机遇；更专有则有可能使传统统计学研究变得越来越边缘化。因此，Chambers 呼吁要打破传统统计学的边界，更多地专注于数据本身，正视数据分析本质上是一种基于经验的科学。

1994 年 9 月，关于数据库营销的报道刊登在《商业周刊》（*Business Week*）上，引用了一些公司收集的关于顾客和产品的大量信息，并谈及利用这些信息成功地提升了产品销量。1989 年至 1994 年召开了 4 届“数据库中知识发现”国际研讨会。在此基础上，1995 年第一届“知识发现和数据挖掘”（Knowledge Discovery and Data Mining）国际学术会议成功举行。

1996 年，国际分类协会联盟（International Federation of Classification Societies，IFCS）在日本神户召开的第 5 次国际会议上首次正式使用“数据科学”（Data Science）术语，并将其纳入会议标题。会后出版了会议论文选集《数据科学，分类和相关方法》（*Data Science，Classification，and Related Methods*），其中涵盖了不断发展的数据科学领域中出现的广泛主题和观点，包括与数据收集、分类、聚类、探索性和多元数据分析，以及发现和寻求知识相关领域的理论和方法方面的进步。同年，Usama M. Fayyad、Gregory Piatetsky-Shapiro、Padhraic Smyth 和 Ramasamy Uthurusamy 出版了《知识发现和数据挖掘的进展》（*Advances in Knowledge Discovery and Data Mining*）一书，汇集了知识发现和数据挖掘的研究成果。

1997 年，著名的应用统计学家、美国密歇根大学统计系教授 C. F. Jeff Wu 在一次名为“统计学=数据科学?”（Statistics = Data Science?）的演讲中，将当时定义的“统计学工作内容”描述为数据收集、数据建模与分析、洞察与决策三部曲，并提出了他对未来统计学发展方向的展望，呼吁将统计学重新命名为数据科学。

1998 年，ACM SIGKDD——ACM（美国计算机协会）下的数据挖掘及知识发现专委会成立，且自 1999 年以来一直组织知识发现与数据挖掘国际学术会议（即 ACM SIGKDD 国际会议，简称 KDD）。KDD 的交叉学科性和广泛应用性，吸引了来自统计、机器学习、数据库、万维网、生物信息学、多媒体、自然语言处理、人机交互、社会网络计算、高性能计算及数据挖掘等众多领域的专家、学者。目前，SIGKDD 大会是数据挖掘研究领域的顶级会议。

2001 年，在贝尔实验室工作的美国统计学教授 William S. Cleveland 在《国际统计评论》（*International Statistical Review*）上发表了题为“数据科学：一种拓展统计学技术领域的行动”（“Data Science：An Action Plan for Expanding the Technical Areas of the Field of Statistics”）的文章，首次将数据科学作为一个单独的学科，并把数据科学定义为统计学领域扩展到以数据作为研究对象，与信息和计算机科学技术相结合的学科，他确定了 6 个技术领域并阐述了数据科学在这些领域中的角色和重要性，奠定了数据科学的理论基础。

2002 年 4 月，国际科学理事会（ICSU）下属的数据委员会（CODATA）创办了《数据科学期刊》（*The CODATA Data Science Journal*），聚焦于诸如数据系统描述及其网络出版物、应用和法律问题等。

2003 年 1 月，哥伦比亚大学创办了《数据科学期刊》（*The Journal of Data Science*），为致力于统计学方法应用和定量研究的数据工作者提供发表意见和交流思想的平台。

2007年1月11日，著名计算机科学家、图灵奖获得者、微软研究院研究员Jim Gray在加利福尼亚州山景城召开的美国国家研究委员会-计算机科学和电信委员会（NRC-CSTB）的会议上，发表了著名演讲——“电子科学—科学方法的一次变革”（“eScience—A Transformed Scientific Method”）。在这次演讲中，Jim Gray将数据科学视为科学的“第四范式”。他认为，人类科学研究活动已经经历过三种范式，它们是描述自然现象的“实验科学”、以模型和归纳为特征的“理论科学”和以模拟与仿真为特征的“计算科学”，而且科学探索正在从“计算科学”转向“数据密集型科学”（Data-intensive Science），即第四范式（也称为eScience）。

2008年，建立LinkedIn数据团队的主管Dhanurjay Patil和领导Facebook数据团队的Jeff Hammerbacher提出了“数据科学家”术语。

2009年5月，Metamarkets公司的创始人兼CEO、数据科学家Mike Driscoll在题为“数据极客的三项迷人技能”（“The Three Sexy Skills of Data Geeks”）的文章中阐述了数据科学家的重要性，并指出这种数据极客是炙手可热的人才。

2009年10月，微软研究院资深副总裁Tony Hey等人为已故Jim Gray发行了以数据科学为主题的论文选集《第四范式：数据密集型科学发现》（*The Fourth Paradigm: Data-Intensive Scientific Discovery*）。该论文集从地球环境、健康医疗、科学的基础架构以及学术交流四大部分对Jim Gray关于数据密集型科学研究的愿景进行探讨，就如何充分利用科学发展的第四范式提供了深刻见解。2010年，Tony Hey指出，数据密集型科学发现范式需要研究人员具有不同于实验、理论和计算科学范式的一组技能，即研究人员需要一套全新的技能，例如与数据挖掘、数据清理、数据可视化以及关系数据库如何工作相关的技能，新的数据密集型科学发现范式不能替代其他范式，数据密集型研究既使用理论又使用计算。

2010年6月，O'Reilly Media公司的内容战略副总裁Mike Loukides在其论文“什么是数据科学?”（“What is Data Science?”）中指出，数据科学家的工作在本质上是跨学科的，而且能够处理各方面的问题，从原始数据收集、数据预处理到最终得出结论。之后，涉及数据科学的文献数量快速增加，相关研究进入了一个新的发展阶段。同年，Drew Conway在“数据科学维恩图”（“The Data Science Venn Diagram”）一文中提出了数据科学维恩图（见图1.1），首次明确探讨数据科学的学科定位问题。从外围来看，数据科学是数学和统计学知识（Math and Statistics Knowledge）、计算机科学与编程技能（Hacking Skills）和领域专业知识（Substantive Expertise）的交叉。这表明数据科学家需要具备坚实的数学和统计学基础以理解数据背后的模式和规律，从而更好地进行数据分析和建模；他们还需要具备编程和计算机科学的技能，以便有效地处理大规模数据，并实现复杂的分析和建模任务；他们也需要具备特定领域的专业知识，以便更好地理解问题的背景和数据的含义，从而更准确地解释分析结果。从中心部分来看，机器学习（Machine Learning）是数据科学的子集；数据科

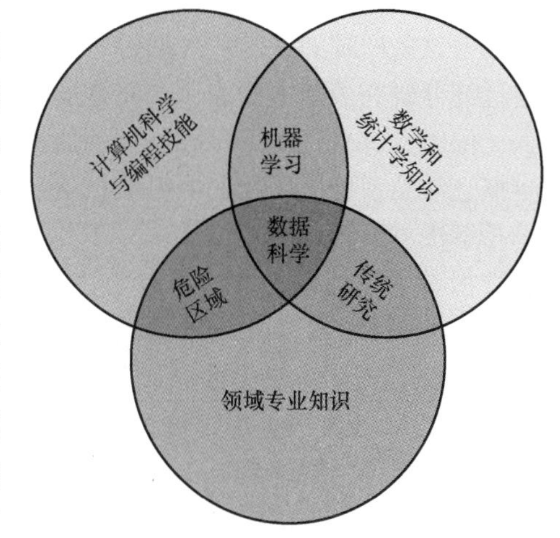

图1.1 数据科学维恩图（来源：Drew Conway）

学在实践中可能触碰危险区域（Danger Zone），包括隐私问题、数据泄露和法律问题等；传统研究（Traditional Research）与数据科学有一些重叠，但也存在一些差异，数据科学更强调从大规模数据中提取信息。后来，不同的数据科学家根据自己对数据科学的理解对该维恩图进行了不同程度的删改和调整。Drew Conway 的第一张维恩图虽然有争议，但依然是很多数据科学家最认可的对数据科学的基本描述。

2013 年，美国计算机科学家 Chris A. Mattmann 在《自然》（*Nature*）杂志上发表题为“计算：数据科学的愿景”（“Computing：A Vision for Data Science”）的评论文章，针对大数据进行了具体阐述（没有区分数据科学与大数据），解释了大数据的复杂性和挑战。他认为针对数据泛滥，需要找到将各种算法无缝集成到大数据架构中的方法，软件开发和归档应整合在一起，数据读取必须在各种格式之间实现自动化，展望了大数据在各个研究领域的未来贡献。他还认为要解决大数据的挑战，需要既熟悉科学也熟悉先进计算技术的新型研究人员——“数据科学家”。同年，纽约大学斯特恩商学院（NYU Stern School of Business）商业分析中心联合主任 Vasant Dhar 教授在《美国计算机学会通讯》（*Communications of the ACM*）上发表题为“数据科学与预测”（“Data Science and Prediction”）的论文。他认为数据科学在几个重要方面不同于统计和其他现有学科。数据科学的“数据”部分，越来越多的是异质的、非结构化的文本、图像、视频，这些数据通常来源于网络，这些网络之间存在着实体之间的复杂关系。（这里“实体”指代数据中的个体、对象或者其他具体的事物）。Vasant Dhar 教授的该表述意味着数据科学所涉及的数据不仅包括简单的观测值，而且涉及这些观测值之间相互连接和关联的复杂网络结构。他还提出了三个主要观点：①数据科学涉及从数据中归纳提取知识的研究；②评估新知识是否可用于决策的一个共同要求是其预测能力，而不是其解释过去的能力；③数据科学家需要具备数学、机器学习、统计学、计算机科学综合技能，并且具有高超的提问技巧以便设计出有效的解决方案。同年，纽约大学 Foster Provost 教授与 Tom Fawcett 博士在《大数据》（*Big Data*）上发表题为“数据科学及其与大数据和数据驱动决策的关系”（“Data Science and Its Relationship to Big Data and Data-Driven Decision Making”）的论文，他们将数据科学定性为数据工程和处理技术与“数据驱动的决策”之间的接口。他们这样定义数据科学：“从较高层次上讲，数据科学是一组基本原理，它们支持并指导从数据中提取信息和知识的原则。与数据科学最密切相关的概念可能是数据挖掘，即通过结合这些原理的技术从数据中实际提取知识。”论文中还给出了一些基本概念——“一组经过充分研究的基本概念，它们是从数据中有规律地提取知识的基础，在理论和经验两个方面，同时具有支持作用。数据科学的这些基本概念来自研究数据分析的许多领域”。这些基本概念涉及系统地从数据中提取有用知识的流程，对数据科学结果的评估，以及业务问题与分析解决方案之间的关系等。

数据科学被更多人关注是因为三个标志性事件的发生：一是 Dhanurjay Patil 和 Thomas H. Davenport 于 2012 年在《哈佛商业评论》（*Harvard Business Review*）上发表了题为“数据科学家：21 世纪最有魅力的职业”（“Data Scientist：The Sexiest Job of the 21st Century”）的文章；二是 2012 年大数据思维被首次应用于美国总统大选；三是美国白宫于 2015 年首次设立数据科学家岗位，并聘请 Dhanurjay Patil 作为白宫第一任首席数据科学家。之后，数据科学的技术成长逐步进入稳定上升期。

数据科学是一门极其特殊的新兴学科，具有与其他学科不同的特点，例如思维模式的转变，对数据认识的变化，指导思想的变化，以数据产品开发为主要目的等。数据科学具有区别于其他学科的独特研究使命、研究视角、思维模式、工作原则和知识体系。

数据科学通过系统地研究和分析不同的数据源，理解数据的含义，并将数据作为工具实现有效的决策制定和问题求解。数据科学的目的是促进与数据相关的各种流程的应用（例如数据获取、清洗噪声的数据预处理、数据表示、数据评估、数据分析），以及数据创建相关知识的运用。数据科学的目标是发现知识，这些知识有助于在个人、组织机构乃至全球层面上进行科学决策。数据科学领域必然会通过分析由网络日志、传感器系统、事务生成的大数据，产生有效的洞察并派生出新的数据产品。

近年来，“数据科学”和“数据科学家”已成为热门词汇。作为数据时代尤其是大数据时代的催生物，数据科学受到各学科领域的高度关注，成为包括计算机科学和统计学在内的多个学科领域的新的研究方向，表现出不同专业领域数据研究高度融合的趋势，并成为学术研究和商业决策的重要组成部分。随着各行业竞相利用数据的力量辅助决策，市场对数据科学专业人员的需求高速增长。但是，数据科学作为在争议和挑战中快速发展的交叉学科，它与其他一些越来越重要的概念（例如大数据和数据驱动的决策等）错综复杂地交织在一起，其边界很难准确地定义，所以数据科学自出现以来其定义已经发生了很大的变化，且仍然具有高度不确定性，未达成共识。实践派与学院派对数据科学含义的辩论屡见不鲜，甚至每个数据分析公司对数据科学的含义都有自己的理解，因此它们通常根据自己的理解和需要来招聘和面试数据科学从业人员。

总之，数据科学是一个广泛的领域，涉及数据的收集、存储、处理、分析和解释等方面。数据科学家利用数学、统计学、计算机科学和领域知识等多个学科的方法和技术来处理和分析数据，以从中提取有价值的信息和洞察。数据挖掘是数据科学的一个重要组成部分，它为数据科学家提供探索和分析大规模数据集的工具和技术，用于发现数据中的模式和关联，从而提供洞察和价值。数据科学家可以使用数据挖掘技术来解决实际问题，提取有用的信息，支持决策制定过程。

1.1.2　从事数据科学活动的重要基础和技能

尽管数据科学的定义尚未达成共识，但数据科学的跨学科性是无可争议的。数据科学融合了应用数学、统计学、模式识别、机器学习、数据挖掘、数据可视化、数据仓库以及高性能计算等多个学术学科和应用领域的原理、技术和方法，系统地研究大数据时代由新现象、理论、方法、模型、技术、平台、工具、应用和最佳实践组成的一整套知识体系，基于数据，通过探索、推理、预测的计算方法来实现指定目标。

数据科学的基础来自三个方面：推理思维，计算思维，现实世界中事物之间的相关性。数据科学旨在通过探索、预测和推理从庞大而多样化的数据集中得出有用的结论。其中，探索涉及识别信息模式；预测涉及使用已知信息对希望知道的值进行明智的猜测；推理涉及量化预测的确定性程度，即从已有数据中发现的模式是否会出现在新的观察中，以及预测的准确性如何等。探索的主要工具是可视化和描述性统计；预测的主要工具是机器学习和优化；推理的主要工具是统计检验和模型。统计学是数据科学的一个核心组成部分，因为统计学研究如何基于不完整的信息得出可靠的结论。计算是数据科学的另一个核心组成部分，因为通过编程能够将分析技术运用于各种大型数据集，这些大型数据集包含实际应用中产生的数值、文本、图像、视频和传感器读数等类型的数据。由于面向应用，所以数据科学还包括通过了解特定领域，提出有关其数据的适当问题，并正确地解释由推理和计算工具所得到的该问题的答案等。

数据科学更具前瞻性和探索性，重点在于分析过去或当前的数据并预测未来的结果，以做出明智的决策。因此，数据科学与传统科学对人才的需求不同：数据科学不仅要求从业者具备传统科学方面的理论知识与实践能力，而且还要求从业者具有数据科学家的 3C 精神，即原创性（Creative）设计、批判性（Critical）思考和好奇性（Curious）提问。

数据科学家是数据获取、数据清洗、数据表示和数据分析的关键人物。数据科学家或者数据科学从业者的相关职位通常有统计学家、数据架构师、数据管理员、数据挖掘工程师、数据分析师、机器学习工程师、算法工程师以及商业智能工程师等。数据科学家必须具备三个方面的重要技能：①计算机能力。数据科学家大多具备编程、计算机科学相关的专业背景，掌握处理大数据所必需的 Hadoop、Spark 等大规模并行处理技术。②数学、统计学知识，数据挖掘能力。数学、统计学的思维、思想和方法是从事数据科学工作的基本技能，整理数据、机器学习的能力也是必不可少。当前流行的语言有 Python、R 等，主流统计分析软件有 SPSS、SAS、Stata 等，开源的机器学习库有 Scikit-Learn、Keras、TensorFlow 等。③数据可视化。信息的展示质量在很大程度上依赖于信息的表达方式，一张图片胜过千言万语。可视化不仅是对数据进行初步探索的重要工具，也是数据挖掘或分析过程中每个阶段的关键。另外，数据科学从业者具备一些软技能也很重要，例如，团队精神，沟通、交流能力，业务敏锐性，组织和解决问题的能力等。

1.2 大数据的概念、发展阶段和特征

1.2.1 大数据的概念

尽管大数据这个概念相对较新，但大数据集的起源可以追溯到 20 世纪 60 年代第一个数据中心的建立，以及 20 世纪 70 年代关系数据库的发展。文献显示，最早使用“大数据”（Big Data）这个词的是美国社会学家 Charles Tilly，他在 1980 年的工作论文中定义并使用了“大数据”。20 世纪 90 年代开始，“大数据”一词被越来越多的人使用，数据仓库之父 Bill Inmon 就经常提及“大数据”。1997 年，美国航空航天局（NASA）的两位研究员 Michael Cox 和 David Ellsworth 发表了一篇 ACM 论文，这是 ACM 使用“大数据”术语的第一篇文章。1998 年，美国硅图公司（SGI）的首席科学家 John Mashey 因在各种演讲和论文中多次使用“大数据”一词，并率先传播大数据的术语和概念而广受赞誉，《纽约时报》（*The New York Times*）的文章将“大数据”一词的首次提出归功于他。

2005 年，在 Web 2.0 的概念提出一年之后，用户通过社交媒体 Facebook、YouTube，以及 Amazon、Netflix 等在线服务及科技公司已经生成了海量数据，促成大数据流行的O'Reilly Media 的 Roger Mougalas 明确使用“大数据”一词来指代使用传统商业智能工具几乎不可能管理和处理的大量数据。同年，Yahoo! 公司创建了用于存储和分析大数据集的开源框架 Hadoop，它建立在 Google 的 MapReduce 之上。2008 年之后，大数据研究出现爆炸式增长，在大数据量情况下表现得优秀的非关系数据库 NoSQL 也开始流行。

2013年，全球数据总量为4.4ZB，牛津英语词典首次引入了“大数据”一词，这意味着大数据开始进入成熟时代。如今，企业、政府等机构正在实施最新的大数据技术，使数据资产为其所用。

大数据的定义有很多，下面是几个具有代表性的定义。

O'Reilly Media对大数据的定义：大数据是超出传统数据库系统处理能力的数据。数据量太大，数据移动太快或数据不符合传统数据库体系结构的严格要求。为了从这些数据中获取价值，必须选择合适的方法来处理这样的数据。

Gartner对大数据的定义：大数据是大容量、高速度和/或多种类型的信息资产，它们需要经济高效、创新的信息处理形式，以增强洞察力、决策能力和流程自动化。

McKinsey对大数据的定义：大数据是指其规模超出典型数据库软件工具捕获、存储、管理和分析能力的数据集。

综上，大数据是指规模巨大、复杂度高并且难以使用传统数据处理工具捕捉、管理和处理的数据集合。

1.2.2 大数据的发展阶段

大数据的发展可以分为以下三个阶段。

第一阶段：这一阶段的数据分析源于数据库管理，依赖关系数据库管理系统中常见的对数据的存储、提取和优化技术。数据库管理和数据仓库被认为是此阶段的核心组成部分。此阶段所使用的数据库查询、在线分析处理和标准报告等工具为现代数据分析奠定了基础。

第二阶段：从21世纪早期开始，因特网和万维网开始提供独特的数据收集和数据分析机会。随着网络流量和在线商店规模的扩大，Yahoo!、Amazon和eBay等公司开始通过分析点击率、特定IP的位置数据和搜索日志来分析客户行为。

从数据分析和大数据的角度来看，基于HTTP的Web流量引起了大量半结构化和非结构化数据的增长，因此还需要找到新的方法和存储方案来处理这些新的数据类型，以便对它们进行有效的分析。社交媒体数据的产生和增长，极大地促进了对从半结构化、非结构化数据中提取有意义信息的工具、技术和分析方法的需求。

第三阶段：基于Web的非结构化数据仍然是许多机构在大数据和数据分析方面的主要关注点。但随着移动设备的兴起和进步，人们从移动设备中发现了检索有价值信息的可能性，例如可以通过跟踪运动，分析身体行为数据，甚至分析与健康相关的数据。这些非结构化数据给交通运输、城市设计和医疗保健提供了一系列全新的机会。基于传感器的互联网设备的兴起，使得数据以前所未有的速度生成，例如成千上万的电视机、冰箱、恒温器、可穿戴设备等组成的物联网（IoT）每天都在生成泽字节（ZB）级别的数据。从这些新数据源中提取有意义和有价值的信息的竞赛已经开始。

大数据不只意味着收集“大量”数据，与其大小或容量有关，更是指从各种数据源涌入格式不同的大量数据。由于数据的多样性，传统的关系数据库系统无法存储、处理它们。大数据也不仅仅是具有不同格式的数据集的集合，它更是一项重要的资产。如何盘活这些数据资产，使其为国家治理、企业决策乃至个人生活服务，是大数据的核心议题。

1.2.3 大数据的“5V”特征

从技术、商业、学术等不同角度看大数据，对大数据的理解会有所不同。目前，虽然还没有统一公认的大数据定义，但在大数据现象的本质方面，一些通用的概念在不断融合，并在一些方面达成一致。大数据的特征从 Gartner 的合伙人、首席数据官（CDO）Doug Laney 提出的 3 个“V”到 IBM 添加了第 4 个“V”——准确性（Veracity）来表示数据的质量，再到 Bernard Marr 提出第 5 个“V”——Value（价值）来表示大数据的附加值，业界对大数据的描述和解释越来越清晰。如今，也有人提出需要了解大数据的“7V”特征甚至“10V”特征，以便为大数据的挑战和优势做好准备。大数据的“5V”特征如图 1.2 所示。

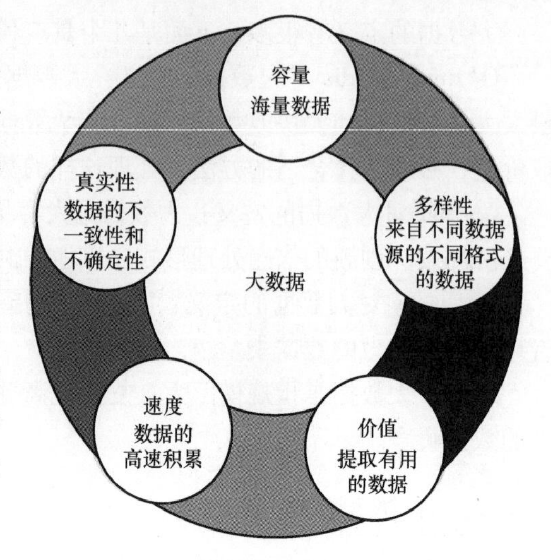

图 1.2　大数据的“5V”特征

下面是大数据“5V”特征的含义。

1. 容量

容量（Volume）是指数据的大小或体量。数据的大小决定数据的价值和潜在的洞察力，以及是否可以将数据视为大数据。大数据具有大容量。有些人将大数据的数据量定义为超过 1PB。

考虑每秒产生和共享的所有电子邮件，社交媒体上的消息、照片、视频剪辑以及传感器数据，就可以意识到数据量之巨大。仅在 Facebook 上，每天就发送 100 亿条消息，上传 3.5 亿张新图片，单击“赞”按钮 45 亿次。Twitter 用户每天要发送 5 亿条信息。微信在 2018 年每个月均有 10.82 亿用户保持活跃，每天有 450 亿次信息发送，每天有 4.1 亿音视频呼叫成功。2020 年 1 月 5 日，抖音的日活跃用户数超过 4 亿，2023 年日活跃用户数突破 10 亿。数据爆炸性增长。国际数据公司（International Data Corporation，IDC）预测：到 2025 年全球数据量将达到 175ZB，如图 1.3 所示。大数据所面临的挑战不仅在存储方面，如何识别海量数据中的相关数据并很好地利用它们也是一个艰巨的挑战。

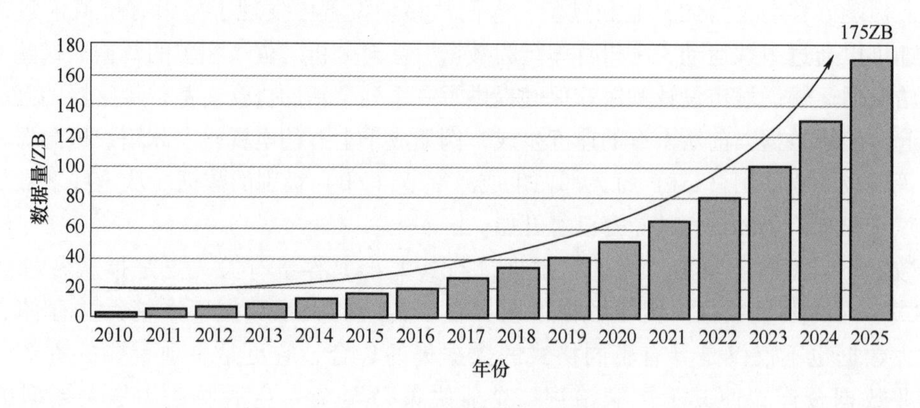

图 1.3　IDC 预测的数据增长

2. 速度

速度（Velocity）指数据生成和移动的速度。数据流的速度可用于确定数据是否属于大数据类别。海量而快速的数据源决定了数据的速度。大数据以越来越快的速度生成和移动，因此也就意味着数据的采集和分析等过程必须迅速、及时。社交媒体消息会在几分钟之内传播开来。Google 每天记录的搜索数达 40 亿次，占全球搜索量的约 70%，而 2000 年时，Google 一年的搜索量才 140 亿次。如今，大数据技术使人们能够在生成数据时无须将数据放入数据库就对其进行分析。

3. 多样性

多样性（Variety）指大数据包括多种不同格式和不同类型的数据。数据来源的多样性导致数据类型的多样性。根据数据是否具有一定的模式、结构和关系，可将数据分为三种基本类型：结构化数据、半结构化数据和非结构化数据。

结构化数据：具有固定的数据模式，是一种有组织的数据。通常是指已定义长度和格式的数据，而且具有定义良好的结构，遵循一致的顺序。结构化数据先有结构，再有数据，其设计方式使得数据可以方便地被人或计算机访问和使用。例如关系数据库管理系统（RDBMS），数据以二维表格形式存储在定义明确的列以及数据库中，这类数据相对而言易于输入、存储、查询和分析。由于关系数据库发展得较为成熟，因此有大量的工具支持结构化数据分析。大部分分析方法以统计分析和数据挖掘为主。

半结构化数据：可视为另一种形式的结构化数据。它具有一定的结构化特征，但是结构变化大，且不遵循表格数据模型或关系数据库的格式。半结构化数据先有数据，再有结构。半结构化数据包含相关标记，这些标记用来分隔语义元素以及对记录和字段进行分层。半结构化数据的结构和内容混在一起，没有明显的区分，因此也被称为自描述的结构。半结构化数据常以树或者图形式的数据结构来存储。传感器数据、日志文件、XML 文档、HTML 文档、JSON 文档等均属于半结构化数据。对这类数据，需要特殊的存储、处理技术。

非结构化数据：这类数据不遵循固定的结构或模式，是非组织化数据，不适合用二维表来表示，一般以二进制格式直接整体存储在关系数据库中，或存储在非关系数据库中（如 NoSQL 数据库）。非结构化数据更难被计算机理解，不能直接被处理或用 SQL 语句查询，价值提取过程更为复杂，更具挑战性。文本、图像、网页、音频、视频、电子邮件、社交媒体帖子等都是非结构化数据。《计算机世界》杂志文章指出，非结构化数据可能占组织中所有数据的 70%甚至 80%以上。根据 IDC 的预测，到 2025 年全球 80%的数据将是非结构化的。

图 1.4 是结构化、半结构化和非结构化数据的图示。

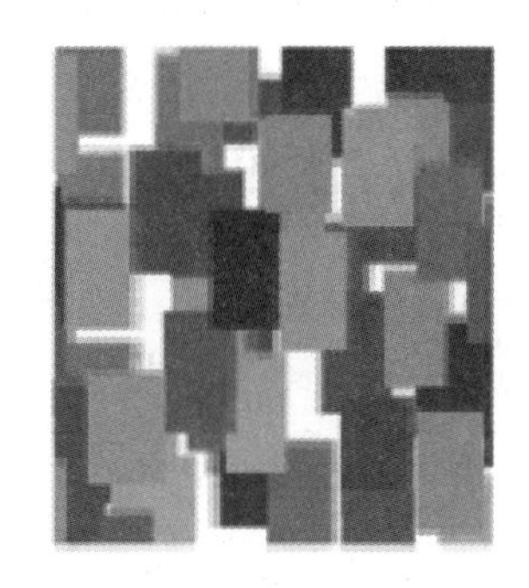

图 1.4　结构化、半结构化和非结构化数据的图示

4. 真实性

真实性（Veracity）也称为准确性，是数据质量和完整性、准确度及可信度的保证。许多形式的大数据的真实性很难控制，因为数据中会存在噪声和异常，以及不一致性和不确定性。例如社交媒体上带有标签、缩写、错别字和口语的帖子。真实性与数据挖掘密切相关，高度准确的数据对于提取有用信息非常有价值，例如来自医学实验或试验的数据就属于高准确性数据。

由于数据往往是从多个来源收集的，因此在将其用于业务洞察之前，需要检查其真实性。

5. 价值

价值（Value）是大数据最重要的特征。作为物理符号的数据本身没有用处，只有在被转化为有用信息时才能体现其价值，该价值表现为对决策的支持作用。大数据几乎可以在任何商业或社会领域提供价值。例如，公司可以利用大数据深入了解客户，优化服务流程，更好地服务客户；政府机构可以利用大数据预测传染病并实时跟踪；制药公司能够利用大数据快速跟踪药物开发。不可否认，大数据的价值有时体现为海量数据足以支持或否定某项决策，但随着数据量的增长，大数据中有意义的信息却没有以相应比例增长，即表现为低价值密度的特点。

要提取海量数据中的有用信息，就必须实现对大数据的挖掘和分析。数据挖掘是对大数据进行分析和挖掘的理论核心。

1.3 大数据的主要来源

大数据的来源非常广泛，大数据主要通过各种数据采集器、数据库、开源数据方、GPS、网络痕迹（如购物、搜索历史等）、传感器、用户保存及上传等方式产生，有结构化、半结构化、非结构化三种基本数据类型。大数据的来源很多，下面从产生数据的主体、行业以及数据存储的形式三个视角对大数据的来源进行分类，借此了解大数据产生的途径。

1. 按产生数据的主体划分

1）少量企业应用产生的数据，如关系数据库中的数据和数据仓库中的数据等。

2）大量人产生的数据，如微博、微信、Twitter、通信软件、移动通信 APP、电子商务在线交易日志、企业应用的相关评论等数据。

3）巨量机器产生的数据，如应用服务器日志，以及各类传感器、图像和视频监控、二维码和条形码扫描等产生的数据。

2. 按产生数据的行业划分

1）互联网公司。百度公司数据总量超过了 PB 级别，其数据涵盖了中文网页、百度推广、百度日志、UGC（User-Generated Content，用户生成内容）等多个部分，并以 70%以上的搜索市场份额坐拥庞大的搜索数据。阿里集团的数据存储已经逼近 EB 级别，阿里集团拥有 90%以上的电商数据，数据涵盖了点击网页数据、用户浏览数据、交易数据等。腾讯公司总存储数据量经压缩处理之后仍然超过了 PB 级别，数据包括大量社交、游戏等领域积累的文本、音频、视频和关系类数据。

2）电信、金融、保险、电力、石化系统。电信行业的数据包括用户上网记录、通话记录、地理位置数据等。运营商拥有的数据量将近 PB 级别，年度用户数据增长超过 10%。金融与保险行业的数据包括开户数据、银行网点数据、在线交易数据、自身运营数据等，金融系统每年产生的数据量超过PB级别，保险系统的数据量也超过了PB级别。在电力与石化行业，仅国家电网采集得到的数据总量就达到了PB级别，石化领域每年产生和保存下来的数据量也超过了PB级别。

3）公共安全、医疗、交通领域。在一个中、大型城市，一个月的交通卡口记录数可以达到3亿条；某个国家医疗卫生行业一年能够保存下来的数据可达到PB级别；航班往返一次产生的数据就达到TB级别；水、陆路运输产生的各种视频、文本类数据中，每年保存下来的也达到PB级别。

4）气象、地理、政务等领域。我国气象部门保存的数据将近10PB，每年约增100TB；我国各种地图和地理位置信息每年约有10PB。政务数据则涵盖了旅游、教育、交通、医疗等多个门类，且多为结构化数据。

5）制造业和其他传统行业。制造业的大数据以产品设计数据、企业生产环节的业务数据和生产监控数据为主。其中产品设计数据以文件为主，为非结构化数据，共享要求较高，保存时间较长；企业生产环节的业务数据主要是关系数据库的结构化数据；生产监控数据的数据量则是非常巨大。在其他传统行业，虽然线下商业销售、农林牧渔业、线下餐饮、食品、科研、物流运输等行业数据量剧增，但是数据量还处于积累期，整体体量都不算大，多则达到PB级别，少则只有TB级别。

3. 按数据存储的形式划分

大数据的“大”不仅体现为数据量大，还体现为数据类型多样。海量的数据中，结构化数据仅为一小部分，大部分数据则属于广泛存在于社交网络、物联网、电子商务等领域的非结构化数据。

简单而言，结构化数据就是关系数据库数据，如企业资源计划（ERP）数据、财务系统数据、医院信息系统（HIS）数据、教育一卡通数据、政府行政审批数据和其他核心数据库数据等。

非结构化数据包括所有格式的办公文档、文本、图片、XML（可扩展标记语言）、HTML（超文本标记语言）、各类报表、图像和音频、视频信息等数据。

大数据的价值不在于数据本身，而在于挖掘出的数据背后的价值。由于只有具备足够量的数据才可以挖掘出隐藏在数据背后的价值，因此足够量数据的获取非常重要。就数据获取而言，大型互联网企业由于拥有规模庞大的源源不断的交易、社交、搜索等数据以及产生这些数据的用户群而具有稳定安全的数据资源。其他大数据公司和大数据研究机构，目前获取大数据的方法则有如下4种。

（1）系统日志采集。使用海量数据采集工具进行系统日志采集，如Hadoop的Chukwa、Cloudera的Flume、Facebook的Scribe等，这些工具均采用分布式架构，能满足大数据日志数据采集和传输需求。

（2）互联网数据采集。可以通过网络爬虫或网站公开API等方式从网站上获取数据。该方法可以把数据从网页中抽取出来，存储为统一的本地数据文件，它支持图片、音频、视频等文件或附件的采集，而且可以自动关联附件与正文。除了网站中包含的内容之外，还可以使用DPI（深度包检测技术）或DFI（深度流检测技术）等带宽管理技术实现对网络流量的采集。

（3）APP 移动端数据采集。APP 是获取用户移动端数据的一种有效方法。APP 中的 SDK（软件开发工具包）插件可以将用户使用 APP 的信息汇总给指定服务器，即便在用户没有访问时，也能获知用户终端的相关信息，包括安装应用的数量和类型等。单个 APP 的用户数据量有限，但在有众多 APP 及其用户的情况下，能够获取的用户终端数据和部分行为数据可达到数亿量级。

（4）与数据服务机构合作。数据服务机构通常具备规范的数据共享和交易渠道。人们可以从数据服务机构快速、明确地获取自己所需要的数据。对于保密性要求较高的数据，例如企业生产经营数据、学科研究数据等，人们可以通过与企业或研究机构合作、使用特定系统接口等方式采集。

1.4 大数据挖掘的概念和流程

1.4.1 大数据挖掘的概念

20 世纪 80 年代，随着数据存储能力和计算机处理速度的快速提高，国际上许多企业开始存储越来越多的交易数据，导致数据集合太大以至于无法用传统的统计方法进行分析。计算机科学界开始考虑如何将来自专家系统、遗传算法、机器学习和神经网络等人工智能领域的最新进展应用于数据分析以发现有用的信息。到了 20 世纪 90 年代，“数据挖掘”一词出现在数据库社区中。1995 年，美国数据科学家 Usama M. Fayyad 等人在蒙特利尔组织第一届知识发现和数据挖掘国际会议（KDD-95）。1996 年，Usama M. Fayyad、Gregory Piatetsky-Shapiro、Padhraic Smyth 和 Ramasamy Uthurusamy 共同编辑出版《知识发现和数据挖掘的进展》（*Advances in Knowledge Discovery and Data Mining*），数据挖掘的研究和应用便逐渐进入迅猛发展阶段。数据挖掘被用在商业、零售和金融等领域来分析数据并识别趋势，以获得更多客户群，预测利率、股价、客户需求的波动等。

数据挖掘的定义有好多种，下面给出常见的三种。

（1）Usama M. Fayyad 给出的定义。数据库中的知识发现是在大型数据集中识别有效的、新颖的、潜在有用的和最终可理解的模式的非平凡过程。

早期，仅仅将数据挖掘看作整个知识发现过程中的一个步骤，后来两个术语被替换使用，即数据挖掘也称为知识发现。

（2）技术上的定义。数据挖掘就是从大量的、不完全的、有噪声的、模糊的、随机的实际应用数据中，提取隐含在其中的、人们事先不知道但又潜在有用的信息的过程。

（3）商业角度的定义。数据挖掘是一种新的商业信息处理技术，其主要特点是对商业业务数据进行抽取、转换、分析和其他模型化处理，从中提取辅助商业决策的关键性数据。

数据挖掘源于实践中的应用需求，它以具体的应用数据为驱动，以算法、工具和平台为支撑，来发现知识、有价值的见解或预测。企业将这些知识、见解或预测运用到实际决策活动中，更加准确地制定未来的策略，从而获得更多的收益。

要挖掘大数据所蕴含的有价值信息，需要设计和开发相应的以具体应用数据为驱动的数据挖掘和机器学习算法。这些算法要在实际问题中得以应用和验证。算法的实现与应用则需要高效的处理平台，平台对多源数据进行有效的集成、处理和分析，并有力地支持数据挖掘算法以及数据可视化的执行，同时对数据分析的流程进行规范。

总之，应用、数据、算法和平台相结合的思想体现了大数据的本质和核心。只要数据对于目标应用是有意义的，建立在此思想之上的大数据挖掘就可以在各种类型的数据（如数据库数据、数据仓库数据、事务数据、时间序列数据、数据流、空间数据、文本和多媒体数据、图、网络数据、Web 数据等）上进行，有效地处理大数据的复杂特征，挖掘大数据中隐藏的价值。

尽管与传统的数据挖掘相比，大数据挖掘本质上是规模大得多的数据挖掘，需要更强大的计算能力，甚至某些情况下可能需要专门设备才能完成任务。但是，无论数据集大小如何，数据挖掘的核心原则保持不变，所以说数据挖掘是大数据挖掘和分析的基石。

大数据的挖掘和分析方法是最终所获得信息是否有价值的决定性因素，这些具有普遍性的方法和理论主要包括以下五个基本方面。

（1）可视化分析。可视化分析能够直观且简单明了地呈现大数据的特点，同时能够很容易地被人们所接受。不论是大数据分析专家还是普通用户，他们对大数据分析的最基本要求都是可视化分析。

（2）数据挖掘算法。数据挖掘算法是大数据挖掘和分析的理论核心。各种数据挖掘算法基于不同的数据类型和格式，不仅能够更科学地呈现出数据本身所具备的特点，而且能够深入数据内部，快速挖掘出数据中隐藏的价值。

（3）预测性分析能力。预测性分析是大数据分析最重要的应用。从大数据中挖掘出特点并建立模型，通过将新的数据代入模型对未来进行预测。

（4）语义引擎。大数据分析广泛应用于网络数据。语义引擎可从用户的搜索关键词、标签关键词或其他输入语义来分析、判断用户需求，从而实现更好的用户体验和广告匹配。

（5）数据质量和数据管理。高质量的数据和有效的数据管理是成功进行大数据挖掘和分析的重要保证。

作为一个应用驱动的领域，大数据挖掘融汇了多学科的方法和技术，这些学科和技术包括统计学、机器学习、数据库和数据仓库、模式识别、信息检索和可视化等，多学科和技术的特点极大地促进了数据挖掘的成功及广泛应用。

1.4.2 大数据挖掘的标准过程模型

在进行大数据挖掘时，如果缺乏方法论，可能会导致产生随机的和错误的发现。

1996 年，数据挖掘市场虽不成熟但显示出强劲的增长势头，经验丰富的公司 Daimler-Chrysler、SPSS、NCR 等发起并建立了一个组织，目的是建立数据挖掘的方法和过程标准。在获得欧盟委员会（European Commission，EC）的资助后，它们组建了 CRISP-DM Special Interest Group（SIG），在业界广泛征集意见并共享知识。1999 年 SIG 组织开发并联合起草了跨行业数据挖掘标准过程模型 CRISP-DM（Cross-Industry Standard Process for Data Mining），并在 Mercedes-Benz 公司和保险领域的企业（如 OHRA）中进行大规模的数据挖掘项目的实际试用，而且将 CRISP-DM 与商业数据挖掘工具集成。2006—2008 年，SIG 对已有的过程模型进行更新，产生了 CRISP-DM 2.0，该版本一直沿用至今。

作为数据挖掘项目的方法论和流程指南，CRISP-DM 过程模型与行业、工具和应用程序无关。迄今为止，CRISP-DM 仍向最先进的数据科学活动提供着有力的指导，在众多的数据挖掘过程模型中，CRISP-DM 最受业界和应用市场的认可，已经成为事实上的行业标准。2014 年，大数据、数据挖掘和数据科学领域的顶级影响者之一，KDD 的联合创始人 Gregory Piatetsky-Shapiro 表示他认为 CRISP-DM 仍然是数据分析、数据挖掘或数据科学项目的顶级方法。

CRISP-DM 过程模型文档的主要内容有 5 个部分：概述，重点为 CRISP-DM 方法论简介；CRISP-DM 参考模型；CRISP-DM 用户指南；CRISP-DM 报告，集中描述在一个项目实施期间和实施之后如何生成报告，并提供了这些报告的一个纲要等；附录。CRISP-DM 流程确定了一个数据挖掘项目的生命周期由 6 个阶段组成，这 6 个阶段分别是商业理解（Business Understanding）、数据理解（Data Understanding）、数据准备（Data Preparation）、建模（Modeling）、评估（Evaluation）和部署（Deployment）。图 1.5 描述了各阶段之间的关系。

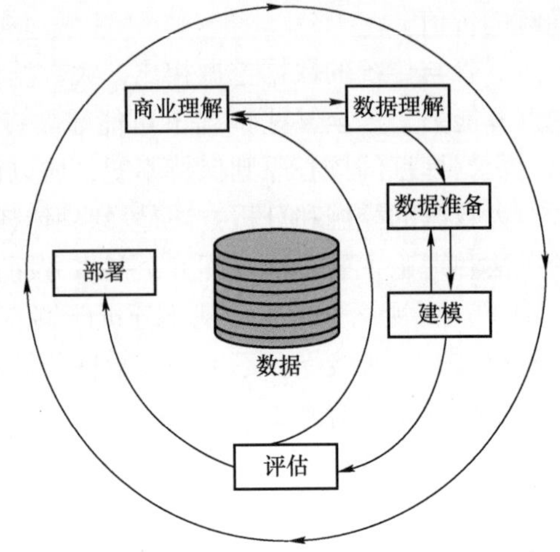

图 1.5　CRISP-DM 过程模型各阶段之间的关系

（1）商业理解。关注从商业角度来理解项目目标和需求，然后将它们转换成数据挖掘问题的定义和实现目标的初步规划。具体任务包括：确定商业目标，评析环境，确定数据挖掘目标，制订项目计划。下面是本阶段各个任务及所产生并输出的概要描述。

确定商业目标：确定商业背景、商业目标和商业成功的标准。

评析环境：涉及企业资源目录，需求、假设、约束、风险或意外、相关术语和成本代价比分析。

确定数据挖掘目标：确定数据挖掘目标和数据挖掘成功标准。

制订项目计划：制订项目计划，确定最初评估工具与技术。

（2）数据理解。数据理解是指由最初的数据收集开始的一系列活动。这些活动的目的是熟悉数据、鉴别数据质量，发现对数据的真知灼见，或者探索出令人感兴趣的数据子集并形成对隐藏信息的假设。具体任务包括：收集原始数据，描述数据，探索数据，检验数据质量。下面是本阶段各个任务及所产生并输出的概要描述。

收集原始数据：收集原始数据，并撰写数据收集报告（充分理解数据来源，注意数据集的有效时间）。

描述数据：描述数据，并撰写数据描述报告。

探索数据：探索数据，并撰写数据探索报告。

检验数据质量：检验数据质量，并撰写数据质量报告。

（3）数据准备。数据准备包括基于最初原始数据构建最终数据集（作为建模工具的输入）的全部活动。数据准备很可能被执行多次，并且不以任何既定的秩序进行。其任务既包括表、记录和属性的选择，也包括为建模工具准备数据的转换和清洗。具体任务包括：选择数据，清洗数据，构造数据，整合数据，格式化数据。下面是本阶段各个任务及所产生并输出的概要描述。

选择数据：选择数据，确定包含/排除数据的准则。

清洗数据：清洗数据，并撰写数据清洗报告（应记录数据清洗方法）。

构造数据：构造数据，涉及派生的属性、产生的记录，还包括数据转化、离散化等处理。

整合数据：合并数据。

格式化数据：格式化数据（如去量纲等）。

完成数据准备后，生成数据集和数据集描述。

（4）建模。本阶段需要选择和使用各种建模技术，并对模型的参数进行调优。一般地，多种技术手段可以用于相同类型的数据挖掘问题，某些技术对数据形式有特殊规定，这通常需要返回到数据准备阶段。本阶段的具体任务包括：选择建模技术，生成测试设计，生成模型，评估模型。下面是本阶段各个任务及所产生并输出的概要描述。

选择建模技术：选择建模技术，确定建模假设。

生成测试设计：生成测试设计，描述训练、测试和评估模型的预期计划。

生成模型：设置参数，生成模型，描述模型。

评估模型：模型评估，修订参数设置。

（5）评估。在上个阶段，一个（或多个）从数据分析角度看较高质量的模型已经构建完成，不过在最终部署模型之前，还有些重要的事情要做，那就是对模型进行较为全面的评估，重审构建模型的步骤以确认能正确达到商业目的。关键目标之一是判断是否有些重要的商业问题还没有被充分考虑。在这个阶段的最后，还应该确定使用数据挖掘结果得到的决策是什么。具体任务包括：评估结果，重审（审视）过程，确定下一步。下面是本阶段各个任务及所产生并输出的概要描述。

评估结果：依据商业成功标准评价数据挖掘结果，核准模型。

重审（审视）过程：重新审视过程。

确定下一步：生成可能采取的措施列表，描述决策。

（6）部署。模型的建立通常并不意味着项目的结束。尽管建立模型的目的是提取数据中的知识，但是获得的知识需要被组织和表示成用户可用的形式。这时常与包含能支持公司决策的“现场”模型的使用有关，例如 Web 网页的即时个性化服务或者销售数据库的重复积分等。由于与具体需求有关，因此部署阶段既可以像生成一份报告一样简单，也可以像实施覆盖整个企业的可重复数据挖掘过程一样复杂。在大多数情况下，由用户而不是数据分析师来完成部署阶段的工作，因此理解前端需要完成哪些活动，以便实实在在地利用已经建立好的模型，对用户而言就很重要。具体任务包括：规划部署，规划监控和维护，生成最终报告，回顾项目。下面是本阶段各个任务及所产生并输出的概要描述。

规划部署：制订部署计划。

规划监控和维护：概述监控和维护计划。

生成最终报告：生成最终报告，确定最终陈述。

回顾项目：生成经验文档。

CRISP-DM 流程不限定特定工具和编程语言，也不限定特定领域和行业，是适用于所有行业的标准方法论。相较于其他数据挖掘流程，CRISP-DM 具有灵活和适用范围广等优点。虽然 CRISP-DM 流程的完整生命周期包含 6 个阶段，而且从第 2 个阶段开始每一个阶段都依赖于上一个阶段的产出物，但是这6个阶段的顺序是可以改变的，尤其是商业理解和数据理解的顺序、数据准备和建模阶段的顺序可能经常出现反复循环。决定是否可以进入下一个阶段的原则是对达到最初业务目标的判断，如果没有达到业务目标，就要考虑是由于数据不够充分，还是由于算法需要调整等。

值得强调的是数据挖掘成功的关键不只是算法，业务理解、数据的建模与准备都是决定数据挖掘商业应用成败的关键。在商业数据挖掘项目中，项目团队对业务知识和运营情况的深入了解非常重要，团队人员要熟练掌握数据挖掘的技术与方法，具有丰富的数据挖掘应用经验。只有这些条件都具备了，数据挖掘商业项目的成功才有一定的保障。

1.5 大数据挖掘的主要任务

一般而言，大数据挖掘任务分为描述性任务和预测性任务。

描述性任务是探查性的，用于刻画数据中的一般性质，其目标是以更易理解的方式概括描述隐藏在数据背后的复杂现象或状态。数据常与类或概念相关联，用汇总的、简洁的、精确的表达方式描述每个类或概念有助于决策，描述方式可以是在数据库上执行SQL查询或输出饼图、条形图、曲线和多维表（如交叉表）等，所描述数据中的潜在联系模式可能涉及相关、趋势、聚类、轨迹和异常等，例如根据销售交易数据找出产品间的关联以决定促销的产品组合等。

预测性任务基于历史数据，对其规律进行归纳从而建立模型，目标是根据一些属性（自变量）的值来预测特定属性（目标变量）的值，例如预估产品在未来一个季度的销售量，判断某信用卡持有人是否存在违约风险等。

从功能上讲，主要的数据挖掘任务有分类（Classification）、回归（Regression）、聚类分析（Cluster Analysis）、关联分析（Association Analysis）、异常检测（Anomaly Detection）等。

1.5.1 分类与回归

分类与回归均为预测性建模任务。

人类对客观世界的认识离不开分类，通过将具有共性的事物归于一类来区分不同的事物，这使得对大量、繁杂事物的认识条理化和系统化。数据挖掘中的分类就是通过对事物特征的定量分析，形成能够进行分类预测的分类模型。

简单来讲，分类是这样一个过程：它从明确定义的类标号已知的数据集中归纳出区分样本类的概化模型，以便能够使用该模型预测类标号未知的样本的类标号。分类中的类标号（即目标变量的取值）是离散的，用于未知样本预测的类是一个预先定义好的类。导出的模型可用多种形式来表示，如决策树、分类规则、神经网络、数学公式等。

回归用于在目标变量取连续值，且所有自变量属性值都是数值时建立函数模型，以便能够利用该模型预测缺失的或难以获得的目标变量的值。例如线性回归，它利用自变量属性的线性组合来表示目标变量，通过在训练数据集中基于均方误差最小化学习到权值，来获得线性回归预测模型。如果某属性为分类型的，且属性值间存在序（Order）关系，则可通过连续化将其转化为连续值，例如二值属性“身高”的取值“高”“矮”可转化为“1.0”“0.0”，三值属性“高度”的取值“高”“中”“低”可转化为“1.0”“0.5”

“0.0”；如果属性值间不存在序关系，假设有 k 个属性值，则通常转化为 k 维向量，例如属性“瓜类”的取值“西瓜”“籽瓜”“哈密瓜”可转化为（0，0，1），（0，1，0），（1，0，0）。值得注意的是，若将无序属性连续化，则会不恰当地引入序关系，误导后续数据处理如距离计算。

尽管还存在其他方法，但回归是最常用的预测连续值的统计学方法。回归也包含基于可用数据的分布趋势识别。

例 1.1　分类与回归　假设某商场举办了一场促销活动，根据顾客对促销活动的反应，商品集合被分类为“反应良好”“反应中等”“无反应”三种类型。商场的销售经理希望根据商品的描述特征——“价格”“品牌”“产地”“品种”和“类别”导出一个分类模型，该模型能够将这三种反应类型的商品最大限度地区分开来，进而提供有组织的数据集描述。如果分类模型用决策树表示，假设可以把“价格”当作最能区分三个类型的因素，进一步区分每个类型对象的描述特征是“品牌”和“产地”。这样的决策树可以帮助销售经理理解本次促销活动的效果，并为将来设计出更有效的促销活动奠定基础。

假如目标不是预测顾客对每种商品的反应，而是希望根据先前的销售数据预测商场在未来销售中每种商品的收益。由于收益是一个连续变量，那么这时就可以利用回归分析，以收益作为目标变量来建立预测模型。

例 1.2　预测鸢尾花的类型　Iris 是关于鸢尾花的一个著名数据集，来源于加利福尼亚大学尔湾分校的机器学习数据库（http://archive.ics.uci.edu/dataset/53/iris）。该数据集有150个样本，花的种类为 Setosa（山鸢尾）、Versicolour（变色鸢尾）、Virginica（维吉尼亚鸢尾），除花的科类之外，还包含萼片长度（Sepal Length）、萼片宽度（Sepal Width）、花瓣长度（Petal Length）和花瓣宽度（Petal Width）四个属性。为了判断鸢尾花是否属于 Setosa、Versicolour、Virginica 这三种类型之一，图 1.6 选择了花瓣宽度与花瓣长度两个属性，对鸢尾花数据集中的150个样本进行可视化展示。花瓣宽度分为 low（低）、medium（中）和 high（高），分别对应于区间 $[0, 0.75)$、$[0.75, 1.75)$、$[1.75, \infty)$，花瓣长度也分成 low（低）、medium（中）和 high（高），分别对应于区间 $[0, 2.5)$、$[2.5, 5)$、$[5, \infty)$（这里的 ∞ 表示不确定的值）。三种类型的鸢尾花的分布情况如图 1.6 所示，根据分布情况可得到如下规则：

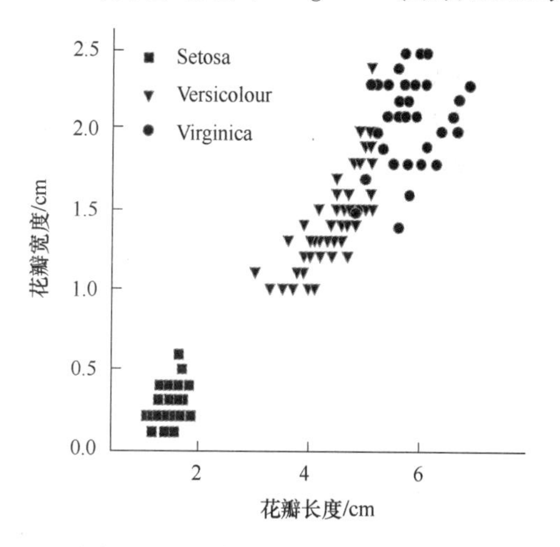

图 1.6　Iris 数据集关于花瓣宽度与花瓣长度的可视化

花瓣宽度和花瓣长度均为 low，蕴含 Setosa。

花瓣宽度和花瓣长度均为 medium，蕴含 Versicolour。

花瓣宽度和花瓣长度均为 high，蕴含 Virginica。

依据这些规则，从花瓣宽度和花瓣长度就能够对大多数花进行很好的分类，尤其是 Setosa 种类的花完全可以与 Versicolour 和 Virginica 种类的花分开，不过后两类花在这两个属性上出现了重叠。

1.5.2 聚类分析

分类与回归是分析标记类的数据集，即用于建立模型的每个样本都能提供类别标记这样一个监督信号。与之不同，聚类分析在学习过程中没有预定义的类标号，它是通过相似性对输入样本自动形成“簇”（Cluster）或紧密相关的组群来捕获数据中的自然结构的。聚类的原则是最大化簇内相似性、最小化簇间相似性。也就是说，在同一个簇中不同对象具有很高的相似性，而不同簇中的对象则具有很高的相异性。簇是否体现数据中的自然结构，取决于聚类系统所采用的显式或隐式的准则。聚类所形成的每个簇都可以看成一个对象类，这意味着将类似的事物组织在一起，可以由每个簇推导出规则。

聚类与分类最大的不同在于聚类没有预先定义好类别。在很多情况下，可以使用聚类从不存在标记类的数据中产生数据组群的类标号。聚类结果的意义依赖于分析者的理解和解释。

聚类分析被广泛应用于很多领域，包括人工智能、生物信息学、信息检索、图像处理、数据压缩、客户关系管理、市场营销等。

例 1.3　聚类分析　聚类分析可以帮助市场分析人员从客户数据库中发现不同的客户群，用购买模式来刻画不同客户群的特征，针对不同客户群的特点制定不同的销售策略，以便于实施精准营销，为企业带来更多的收益。

在图 1.7 中，数据对象中的三个簇是显而易见的。

图 1.7　一个二维数据集中的三个数据簇

1.5.3 关联分析

关联分析用于发现隐藏在大型数据集中的令人感兴趣的联系，所发现的模式通常表示为关联规则或频繁项集。关联分析起源于商业零售部门，这些部门希望通过购物篮数据确定客户在一次购买过程中可能同时购买的那些商品，所以关联分析也被称为“购物篮分析”。购物篮分析的输出是关于客户购买行为的以一组关联规则表示的关联关系，用于帮助商家确定合适的产品市场策略。由于发现关联规则的搜索空间是指数规模的，因此关联分析的目标是以有效的方法提取最有趣的模式。

关联规则的一个例子是“98%购买轮胎和汽车配件的顾客也购买汽车服务”，找出这样的规则对交叉销售和配送服务是有价值的。除了购物篮分析和市场营销外，关联分析的应用还包括生物信息学中找出具有相关功能的基因组，医疗诊断中挖掘可能导致某种疾病的因素与该疾病发生与诊断之间的关联关系，网页挖掘中识别用户在短时间内访问的多个 Web 页面，地球气候系统中理解不同元素之间的联系等。

例 1.4　关联分析　超市使用条码扫描器收集的数据包含大量事务记录，每个记录都列出了顾客一次购物交易中的所有商品。超市经理希望通过这些数据了解哪些商品经常被一起购买。关联分析结果既可帮助超市改善布局，优化商品陈列，也可用于交叉销售、促销和基于购买模式识别顾客组群。表 1.1 是一个事务数据集，可能的关联有{尿布}→{啤酒}，{面包，啤酒}→{牛奶}，{面包，牛奶}→{鸡蛋，可乐}。当然还有其他可能的关联，但人们感兴趣的是强关联。

表 1.1 一个事务数据集

事务 ID	商 品
1	面包，牛奶
2	面包，尿布，啤酒，鸡蛋
3	牛奶，尿布，啤酒，可乐
4	面包，牛奶，尿布，啤酒
5	面包，牛奶，尿布，鸡蛋，可乐

1.5.4 异常检测

一个数据集中可能存在一些数据对象，它们与绝大多数数据的一般行为或模式显著不同，这些数据对象被称为异常点（Anomaly）、离群点或孤立点（Outlier）。异常点也被定义为远离其他观测数据的被疑为不同机制产生的观测数据。

在假定数据分布或概率模型的情况下，可以使用统计检验来检测异常点。使用距离度量时，可以将远离任何簇的数据对象视为异常点，图 1.7 中就存在这样的异常点。基于密度的方法也可以识别局部区域的异常点，尽管从全局统计分析的角度来看，这些局部异常点可能是正常的。异常检测算法的目标是发现真正的异常点，所以一个好的异常检测算法应该具有高检测率和低误报率。

大多数数据挖掘应用的目的是发现数据对象的一般行为模式，它们通常将异常点视为噪声或偏差而丢弃，但在一些关注数据对象非一般模式的应用中，异常事件比正常事件更吸引人，例如黄金客户识别、疾病的不寻常模式发现、入侵检测、欺诈检测、故障检测、传感器网络事件检测和生态系统干扰检测等。

例 1.5 异常检测 信用卡欺诈检测是数据挖掘最早的成功应用之一。信用卡公司记录每个持卡人的交易，同时也记录信用额度、年龄和地址等个人信息。与合法交易相比，欺诈行为数目较少，因此可以利用历史数据构造用户合法交易模型。当一个新交易的特性与所构造的合法交易模型显著不符时，就把该交易标记为可能的欺诈。

1.6 大数据挖掘的工具与技术

目前，Python 编程和 Hadoop、Spark 平台是进行大数据挖掘与分析的主流技术与工具。

1.6.1 Python

Python 由荷兰国家数学和计算机科学研究中心的 Guido van Rossum 于 1989 年年底开发。Python 2.0 于 2000 年 10 月 16 日发布，稳定版本为 Python 2.7。2004 年以后，Python 的使用率呈线性增长。Python 3.0 于 2008 年 12 月 3 日发布，不完全兼容 Python 2.0。2018 年 3 月，Guido van Rossum 在邮件列表上宣布于 2020 年 1 月 1 日终止支持 Python 2.7。Python 3.9.6 于 2021 年 6 月 28 日发布。

Python 的优点包括：简单易学；代码易阅读、易维护；免费、开源，也因此能够被移植到很多平台上，例如 Linux、Windows、FreeBSD、Macintosh（即 Mac）、Solaris、OS/2，以及 Google 基于 Linux 开发的 Android 平台等；Python 是高层语言，使用 Python 编写程序时，不必考虑如何管理所用内存等底层细节；既支持面向过程的编程，也支持面向对象的编程；具有可扩展性、可扩充性和可嵌入性；为所有主要商业数据库提供了接口；为大型程序提供了更好的结构和支持；有着丰富的标准库和扩展库，可以用于处理各类工作，完成各种高级任务，使得开发者可以利用 Python 实现完整应用程序所需的各种功能。例如，NumPy、SciPy 和 Matplotlib 就是 Python 专用科学计算扩展库中的 3 个经典库，它们分别为 Python 提供快速数组处理、数值运算以及绘图功能；机器学习库 Scikit-Learn 紧密结合科学计算库（Numpy，SciPy，Matplotlib），为用户提供各种机器学习的算法接口，使用户可以简单、高效地进行数据挖掘和数据分析。

Python 提供了高效的高级数据结构，使开发者能简单、有效地面向对象编程。Python 的语法、动态数据类型以及解释型语言的本质，使它成为多数平台上写脚本和快速开发应用的编程语言。随着版本的不断更新和新功能的添加，Python 逐渐被用于独立的、大型项目的开发。

1.6.2 Hadoop

大数据是指在一定时间内无法用常规软件工具对其内容进行抓取、管理和处理的数据集合。目前，首选的大数据分析工具是 Hadoop。Hadoop 是开源社区 Apache 的一个基于廉价商业硬件集群和开放标准的分布式数据存储及处理平台，也是一种事实上的大数据计算标准。用户可以轻松地在 Hadoop 上开发和运行处理海量数据的应用程序。Hadoop 在高可靠性、高扩展性、高效性、高容错性、高计算性能和低成本方面具有优势，支持多种编程语言，擅长存储大量的半结构化的数据集，数据可以随机存放，一个磁盘的失败并不会造成数据丢失。Hadoop 也擅长分布式计算，可快速地跨多台机器处理 PB 量级的大型数据集合。Hadoop 已成为当前互联网企业主流的大数据分析平台。

从系统架构角度看，Hadoop 通常部署在低成本的 Intel/ Linux 硬件平台上，由多台装有 Intel x86 处理器的服务器或 PC（个人计算机）通过高速局域网构成一个计算集群，在各个节点上运行 Linux 操作系统。

Hadoop 由 HDFS（Hadoop 分布式文件系统）、MapReduce、HBase、Hive 和 ZooKeeper 等许多成员组成，其中最核心的部分是 HDFS 和 MapReduce 并行计算编程模型。HDFS 在最底部为海量数据提供存储功能，引入存放文件元数据信息的服务器（主节点）和实际存放数据的服务器（从节点），实现对数据的分布式存储和读取，具有可自我修复、高可扩展性、高可靠性、高吞吐量访问，以及低成本存储和低成本服务器等特性。MapReduce 计算引擎在 HDFS 的上一层，用于大规模数据集的并行运算，采用分而治之的思想，将大数据集划分为小数据集，将小数据集划分为更小的数据集，将更小的数据集分发到集群节点上，以并行方式完成计算处理，然后再将计算结果递归合并，得到最终的计算结果。多节点计算所涉及的任务调度、负载均衡、容错处理等都由 MapReduce 框架完成。HDFS 和MapReduce并行计算编程模型是大数据计算平台 Hadoop 的两个核心功能模块，它们提供了在普通商业集群上完成大数据集计算处理的能力。

Hadoop 专为离线和大规模数据分析而设计，能实现大数据的分布式存储、日志分析处理、ETL（抽取、转换、装载）、搜索引擎、机器学习、数据挖掘等功能。国内外的知名公司如中国移动、阿里巴巴、华为、腾讯、百度、网易、京东商城、Google、Yahoo、Amazon、Microsoft、eBay、Facebook、Twitter、LinkedIn 等都在使用 Hadoop 及其相关技术解决大规模数据问题，以满足公司的需求和创造商业价值。比如，Yahoo 的垃圾邮件识别和过滤、用户特征建模，Amazon 的协同过滤推荐系统，Facebook 的 Web 日志分析，Twitter 与 LinkedIn 的人脉寻找系统，淘宝商品推荐系统、淘宝搜索中的自定义筛选等都用到了 Hadoop 及其相关技术。

1.6.3 Spark

Spark 是一个开源的大数据处理框架，旨在提供高效、分布式和可扩展的数据处理能力。它最初由加利福尼亚大学伯克利分校的 AMPLab 开发，并于 2010 年成为 Apache 软件基金会的顶级项目。Spark 提供了一种快速、通用且易于使用的计算模型，可以处理各种类型的大规模数据，包括结构化数据、半结构化数据和非结构化数据。

Spark 的核心特性是其内存计算能力和弹性分布式数据集（Resilient Distributed Dataset，RDD）。RDD 是 Spark 的主要数据抽象，它是一个可分区、可并行处理和可容错的数据集合。RDD 既可以从磁盘读取数据，也可以通过转换操作从其他 RDD 中获取，还可以在内存中进行持久化和缓存。通过将数据存储在内存中，Spark 能够显著加快数据处理速度。

Spark 提供了丰富的 API，包括 Scala、Java、Python 和 R 等多种编程语言的接口，使得开发人员可以使用自己熟悉的语言处理大数据。它支持各种数据处理操作，如过滤、映射、聚合、排序、连接等，并提供丰富的高级库和工具，用于处理图形计算、机器学习、流处理和 SQL 查询等各种场景。

Spark 的架构是基于主-从模式的，其中一个主节点负责协调任务和管理资源，而多个工作节点（从节点）负责执行具体的计算任务。它还可以在分布式环境中运行，并提供了内置的容错机制，以保证在节点故障时数据的可靠性和计算的持续性。

由于高性能、易用性和丰富的功能，Spark 在大数据领域得到了广泛应用。它既可以与各种数据存储系统集成，如 HDFS、Apache Cassandra、Apache HBase 等，还可以与其他大数据处理工具和框架结合使用，如 Hadoop、Flink 和 Kafka 等。

总体来说，Spark 是一个强大的大数据处理框架，通过高速的内存计算和灵活的 API，使得开发人员可以更高效地处理和分析大规模数据集。

1.7 大数据挖掘的应用

随着人类进入大数据时代，大数据挖掘已经被越来越广泛地用于社会生活的各个方面。无论是在金融、电信行业，还是在医疗、教育、司法、科学与工程等领域，大数据挖掘都有成功应用。大数据挖掘由应用需求所驱动，能够发现隐藏在大数据中的巨大价值。

1.7.1 在金融行业的应用

大数据挖掘产生之初，就应用于金融、电信、零售等行业。随着金融领域信息化的迅速发展，大部分银行和金融机构都在交易、信贷、投资、存储等业务中产生了大量的数据。这些金融数据通常比较完整、可靠、规范，并具有较高的质量，极大地方便了大数据挖掘的成功应用。对大量数据进行抽取、转换、分析和模型化处理，从中提取有价值的信息，有助于企业进行商业决策。比如汇丰、花旗和瑞士银行等均是大数据挖掘技术应用的先行者。如今，大数据挖掘在金融领域已有了更加广泛、更加深入的应用。

1. 风险控制与信用评分

近年来，我国信贷业务发展迅速，风险控制（如贷款偿还预测和客户信用评分等）对金融机构越来越重要。由于信息不对称现象比较突出，金融机构不能全面获知借款方（个人或企业）的风险水平，或在相关信息的掌握上明显滞后，因此金融机构在贷款过程中会产生风险评估与实际情况的偏离，这种偏离会造成资金损失，或直接影响金融机构的利润水平。

很多因素会对贷款能否按期偿还产生不同程度的影响，如与贷款偿还风险有关的因素包括贷款金额、贷款率、贷款期限，借款方的负债率、偿还收入比、收入水平、受教育程度、年龄、职业、居住地区、信用历史等。大数据挖掘技术有助于金融机构识别影响贷款风险的重要因素和非重要因素。金融机构通过对历史数据建立分类模型预测贷款违约风险，制定更加科学的贷款发放政策，将贷款发放给低风险的借款方。

如今，银行、消费金融公司等金融机构普遍使用信用评分模型对贷款申请者打分，以期对他们产生优质与否的评判。信用评分是指金融机构（即授信者）根据客户（贷款申请者）的各种历史信用资料，利用大数据挖掘技术构建信用评分模型，继而得到不同等级的信用分数，然后根据客户的信用分数分析客户按时还款的可能性，从而决定是否授信以及授信的额度和利率，以便保证还款等业务的安全性。其中信用评分模型的构建过程可以细分为业务目标的确定、数据源的识别、数据的收集、数据的选择、数据质量的审核、数据的转换、模型的建立与评估、结果的解释、决策建议和应用部署等步骤。

2. 交叉销售

交叉销售是一种以企业和客户现有关系为基础，推销另一个产品的营销策略。利用交叉销售，金融机构可以向其客户提供更广泛的金融服务和产品，这不仅有利于扩大销售，而且有利于保持客户，提高客户的满意度，从而增加金融机构的利润。

一般而言，如果客户来金融机构如银行寻求一项服务，那么银行在未来某个时间点上满足客户其他需求的能力是建立在预先存在的关系的基础上的。当银行交叉销售处于最佳状态时，银行便与现有客户建立了良好的互信关系。银行交叉销售最典型的例子之一，就是拥有支票或储蓄账户的客户选择该银行的其他金融服务。例如，银行通常向拥有支票或储蓄账户的客户提供汽车贷款服务。客户向银行寻求汽车贷款，而不是利用经销商融资购买新车。当银行能够满足客户的需求，并提供优于经销商融资的利率时，客户便以较低的个人成本获得融资，银行也能从中获益。

银行存储了大量客户交易信息，通过关联分析可以找出数据中隐藏的关联关系，对客户的收入水平、消费习惯、所购物品等指标进行挖掘分析，预测客户的潜在需求，创造个性化的服务产品，并从各个产品中找出关联性较强的产品组合，从而对客户进行有针对性的关联营销，提高业绩。

下面列举一个数据挖掘在金融业成功应用的例子。蒙特利尔银行是加拿大历史最为悠久的银行之一，20 世纪 90 年代中期行业竞争加剧，该银行通过交叉销售锁定了约 1800 万客户。蒙特利尔银行将焦点从客户转向产品，认识到需要了解客户需要什么产品，需要开发相应产品并研究如何以新的方式推销这些产品。后来，蒙特利尔银行采用 IBM DB2 Intelligent Miner Scoring，基于银行账户余额、客户已拥有的银行产品，以及客户所处地点和信贷风险等标准评价记录档案，确定客户购买某一具体产品的可能性。银行深入了解客户的财务行为习惯及对银行收益率的影响之后，便能够为不同的客户群制定更具针对性的营销活动，从而提升了产品和服务质量，同时还能制定适当的价格和设计各种奖励方案，甚至确定利息费用。蒙特利尔银行的数据挖掘工具为管理人员提供了大量信息，帮助他们决策从营销到产品设计的任何事情。

大数据挖掘技术还可以用来进行客户细分、客户价值分析、客户流失预警、新客户开发以及新产品推广，也可以帮助银行发现具有潜在欺诈性的事件和开展反洗钱活动等。

在证券市场，大数据挖掘方法与技术可应用于客户关系管理，提升管理决策支持能力，开展精细化营销，还可应用于股票走势预测、潜力股分析、股票价格预测等。

1.7.2 在电信行业的应用

电信行业是典型的数据驱动的服务型行业，丰富而且规范的数据资源以及行业内的激烈竞争，促使大数据挖掘在该行业得到了较为广泛的应用。大数据挖掘在电信行业的应用主题较多，这些主题主要围绕客户生命周期（包括新客户获取、客户成长、客户成熟、客户衰退和客户离开等五个阶段），涉及潜在客户识别、客户价值分析、客户忠诚度分析、客户偏好分析、交叉销售、客户行为细分、客户恶意欠费探测、客户流失分析、高价值客户赢回分析以及收入预测等。下面对客户价值分析与客户细分进行简单介绍。

1. 客户价值分析

在客户成长期，客户价值分析有利于企业将客户培养成高价值客户。客户价值研究可以从三个维度开展：一是企业为客户提供的价值；二是客户为企业提供的价值；三是企业和客户互为价值感受主体和价值感受客体的价值。这里所说的客户价值是第二种，即从企业角度出发，根据客户的消费行为等数据来分析客户能够为企业创造哪些价值。这是企业进行差异化决策的重要参考。

从企业的角度来说，不同客户或客户群贡献于企业的价值具有差异性，80%的利润往往来自20%的客户，所以企业有必要区别对待不同客户或客户群，即采取不同的服务政策与管理策略，优化配置企业有限的资源，以实现高产出。

电信客户价值分析一般包括客户当前价值分析和客户潜在价值分析。前者通过客户的利润率和 ARPU（Average Revenue Per User，每客户平均收入）等指标计算当前客户价值得分；后者可以基于客户的人口统计学属性、客户的通话行为和计账属性等数据，通过建立适当的数据挖掘模型（如聚类模型），计算不同客户或客户群的潜在价值得分。最后，电信企业结合当前价值得分和潜在价值得分，得到客户价值得分，该得分能够衡量客户对电信企业利润的贡献，也是电信企业争取客户、保持客户以及进行市场营销活动的重要依据之一。

2. 客户细分

对电信企业来讲，市场竞争就是对客户的竞争。在客户成熟期，运营商可以基于客户的人口统计学属性、消费行为、上网行为和兴趣爱好等方面的数据，借助大数据挖掘技术（如分类、聚类等），将客户分组，同一组内客户尽可能彼此相似，不同组的客户尽可能相异。企业通过这种依据客户差异性的分组，可以确定出企业感兴趣的客户群，针对不同客户群的消费特征制定不同的价格和促销策略，推荐更具个性化的服务产品，来提高客户的满意度，降低服务成本，增加 ARPU，提高企业的市场竞争力。

1.7.3 在医疗行业的应用

医疗行业积累了海量数据，大数据挖掘的应用涉及医院、药品生产企业和研发机构、政府部门及保险公司等。其中医院的大数据应用包括临床数据对比、临床决策支持、远程病人数据分析、就诊行为分析以及医院管理决策等；药品生产企业及研发机构的大数据应用包括药物研发、基因测序和基本药物临床应用分析等；政府部门及保险公司的大数据应用包括医疗保险费用分析、实时统计分析以及“新农合”基金数据分析等。

医疗健康数据包含来自移动终端的个人健康数据、医院的临床数据、基因数据以及疾病预防控制流调数据等。从长远来说，多来源数据的融合可为个人健康规划、疾病防治以及国家卫生策略科学决策提供数据基础，但这需要有效的数据治理程序，采集高质量的数据，此外医疗大数据具有异构性、不足性、及时性、持久性及匿名性等特点，给数据存储、挖掘和共享带来了挑战。随着医疗信息化的推进，一些医院已经拥有了大量的以电子病历为核心的临床数据，记录了病人的疾病、诊断及治疗等信息，为大数据挖掘工作奠定了较好的数据基础。对这些数据的分析和挖掘，可以辅助医生进行临床科研与临床诊疗。例如，基于大数据挖掘建立的疾病早期预警模型，有利于疾病的早期诊断、预警和监护，同时也有利于医疗机构采取预防和控制措施，减少疾病恶化及并发症的发生。

下面列举一个医疗大数据挖掘的著名应用。IBM 超级计算机“沃森”（Watson）的云计算系统与位于纽约的斯隆凯特琳癌症中心（Sloan Kettering Cancer Center）合作，通过给肿瘤病人做 DNA 测序，“沃森”将所得海量数据和特定病人现有电子病历数据相结合，并对这些数据进行分析和挖掘，以此来辅助临床医生为每个病人做出诊断，提出最佳的治疗方案。

1.7.4 社会网络分析

社交平台上谁与谁成了好友？谁给谁打了电话？哪个医生给哪位患者开了什么药？哪两座城市可以产生最大的乘客-里程数？哪个 Web 网页包含到语言社区的链接？谁阅读了什么话题的哪个博客？这些关系均隐含在数据中，并包含了丰富的信息。社会网络分析（Social Network Analysis）就是解决这方面需求的数据挖掘技术。

社会网络分析是图论的应用，旨在研究一组行动者之间的关系。行动者可以是人、社区、群体、组织、国家等。关系模式反映出的现象是分析的焦点，例如从社会网络的角度出发，人在社会环境中的相互作用可以表达为基于关系的一种模式或规则，这些模式或规则反映了社会结构。

社会网络是由图表示的异构多关系的数据集，其中节点表示对象，代表人或组织等，边表示对象间的联系或相互依赖的联结，代表朋友关系、共同兴趣或合作活动等。社会网络可以是科学家的合著和引用关系网络、消费者网络、公司内的信息交换、朋友关系，也可以是万维网、电力网、电话交互网、计算机病毒传播网络等。

例如，作为某企业的客户关系经理，你很可能会对通过聚类分析从企业顾客网络中发现的簇感兴趣：同一簇的顾客可能在购物决策方面相互影响，因此你可以设计一种沟通渠道，通知簇中联结“最好”的顾客，快速传播促销信息，提升企业的销售量。又比如，Web 本质上是一个虚拟社会关系网，每个网页均是一个行动者，每个超链接均是一个关系，在 Web 环境下进行社会网络分析可以挖掘 Web 用户的行为模式，并以此作为依据在改进诸如推荐、信息检索、网络舆情监测等系统应用效果的同时，也提升用户体验。

值得一提的是，在使用任何种类的敏感信息时，数据挖掘人员都有义务考虑法律层面和道德层面的问题，如是否侵犯隐私、是否将客户推向困境等。很多技术上可行的东西可能是非法的、不道德的，或者对业务是不利的。这些问题在有些情况下显而易见，但在有些情况下却并不明显。例如，在谁呼叫谁的基础上识别社交网络，可以不使用任何个人身份信息，谁呼叫谁其实就是一个号码呼叫了另外一个号码，电话号码虽与个人身份信息相联系，但如果号码本身被加密，且不触及个人身份信息，那么仅对呼叫数据进行分析是可以的。

1.7.5　推荐系统

推荐系统是大数据挖掘理论的有效实践。近年来，推荐系统已成为很多网站的核心组件之一，也是某些网站重要的收入来源。推荐系统是一种信息过滤系统，用于预测用户对物品的“评分”或“偏好”，并在此基础上生成物品的推荐列表，为用户提供个性化信息服务。

推荐系统的核心是推荐技术和算法，涵盖分类、回归、聚类、关联规则以及时间序列分析等。一般来讲，推荐系统试图对用户与某类物品之间的联系建模。比如推荐系统试图识别用户可能会喜欢的书籍、服装、电影、音乐、新闻等。如果推荐的准确性高，就能吸引更多的用户持续使用相应的服务。和搜索引擎相比，推荐系统通过研究用户的兴趣偏好进行个性化计算，发现用户的兴趣点，从而引导用户发现自己的信息需求。一个好的推荐系统不仅能为用户提供个性化服务，还能和用户建立密切关系，使用户对推荐产品产生依赖。

大型网站的很多服务内容来自独立的第三方，即内容提供商。比如淘宝上的商品基本上来自各个店铺，爱奇艺上的很多电影来自专业的传媒集团和工作室，微信上的视频广告来自各个行业的广告主等。在信息超载的移动互联网时代，建立一个良好的推荐生态圈，对于用户、网站平台以及内容提供商都是有价值的：用户能够轻松得到感兴趣的东西，网站平台能够获得更多的流量和收入，内容提供商售卖物品的效率也会提高，最终达到三者共赢的效果。

大数据挖掘的应用领域有很多，每个领域也有很多应用主题，以上仅简要介绍了部分领域的典型应用。

价值观：努力学习，迎接挑战

以大数据、人工智能、机器人等为代表的新技术所推动的第四次工业革命正在不断深入，人类的生产和生活方式正在发生深刻的变化，这既是挑战也是机遇。我国各行各业要从核心技术的创新和应用入手，加速产业结构的转变和升级。

作为国家未来的建设者，年轻学子们应做好知识和技能的储备，勇敢迎接挑战，主动适应相关领域的转型升级，适应第四次工业革命的要求，共同推动并见证数字中国的新繁荣和新进步。

习　题

1. 查阅资料，找出一个医疗大数据应用案例，并说明大数据如何被应用，以及发挥了什么作用。

2. 试以大数据的“5V”特征描述上题中数据。

3. 查阅资料，比较统计方法与大数据挖掘方法。在数据处理和分析方面，二者有何不同?

4. 解释分类与回归、分类与聚类的不同和相似之处。

5. 假如你是一位大数据挖掘顾问，受雇于一家电信公司。举例说明你如何使用分类、聚类、关联规则挖掘和异常检测等技术，使大数据挖掘为电信公司的科学决策提供帮助。

6. 思考下列各项活动是否为大数据挖掘任务。

1）计算企业的总销售额。

2）计算每月请假一天或多于一天的职员所占的比例。

3）根据学号对学生数据进行排序。

4）使用某公司的历史数据预测该公司未来的股票价格。

5）当客户访问某电子商务网站时，给出他们最可能购买的商品列表。

6）监视病人心率的异常变化。

7）将不良信用风险的申请者与很可能按时还贷的申请者区别开来。

8）对比分析做过背部外科手术并返回工作岗位的人与做过背部外科手术但未返回工作岗位的人，描述二者的特征。

9）给出至少发作过一次心脏病，并且胆固醇在血液中的浓度低于 2mmol/L 的病人列表。

10）在人的身高、体重、年龄和最喜欢的体育比赛之间寻找联系。

11）给出年龄超过 40 岁，且平均每年生病少于和等于 5 天的职员列表。

12）一家主流汽车制造商开始召回销售极好的一款汽车上的轮胎。汽车制造商认为该型号汽车的轮胎是事故率异常高的原因所在，而轮胎生产商声称并非轮胎问题，是汽车的问题。判断事故率异常高的原因。

7. 列举一个优秀的数据科学从业者应具备哪些专业技能和素养。

参考文献

[1]　迈尔-舍恩伯格，库克耶．大数据时代［M］．盛杨燕，周涛，译．杭州：浙江人民出版社，2013.

[2]　韩家炜，坎伯，裴健．数据挖掘：概念与技术　第 3 版［M］．范明，孟小峰，译．北京：机械工业出版社，2012.

[3]　EMC 教育服务．数据科学与大数据分析：数据的发现分析可视化与表示［M］．曹逾，刘文苗，李枫林，译．北京：人民邮电出版社，2016.

[4]　朱扬勇，熊赟．数据学［M］．上海：复旦大学出版社，2009.

[5]　刘鹏．大数据库［M］．北京：电子工业出版社，2017.

[6]　TUKEY J W. The Future of Data Analysis［J］. The Annals of Mathematical Statistics，1962，33：1-67.

[7]　FAYYAD U M，PIATETSKY-SHAPIRO G，SMYTH P. From Data Mining to Knowledge Discovery in Databases：An Overview［J］. AI Magazine，1996，17（3）：13-95.

[8]　FAYYAD U M，PIATETSKY-SHAPIRO G，SMYTH P. Knowledge Discovery and Data Mining：Towards a Unifying Framework［C］. The 2nd International Conference on Knowledge Discovery and Data Mining. Portland：AAAI，1996：82-88.

[9]　HEY T，TANSLEY T，TOLLE K，et al. The Fourth Paradigm：Data-intensive Scientific Discovery［J］.

Proceeding of the IEEE, 2011, 99 (8): 1334-1337.

[10] PATIL D J, DAVENPORT T H. Data Scientist: The Sexiest Job of the 21st Century [EB/OL]. (2022-07-15) [2023-11-24]. http: //hbr. org/2022/07/is-data-scientist-still-the-sexiest-job-of-the-21st-century.

[11] DHAR V. Data Science and Prediction [J]. Communications of the ACM, 2013, 56 (12): 64-73.

[12] MATTMANN C A. Computing: A Vision for Data Science [J]. Nature, 2013, 493 (7433): 473-475.

[13] PIATETSKY G. CRISP-DM, Still the Top Methodology for https: //www. kdnuggets. com/2014/10/crisp-dm-top-methodology-analytics-data-mining-data-science-projects. html.

[14] GARTNER. Big data [EB/OL]. [2023-12-21]. http: //www. gartner. com/it-glossary/big-data/.

[15] Enterprise Big Data Framework. Where does Big Data come from? [EB/OL]. [2023-12-21]. https: //www. bigdataframework. org/short-history-of-big-data/.

[16] WILDER-JAMES E. What is big data? An introduction to the big data landscape [EB/OL]. [2023-12-21]. https: //www. oreilly. com/radar/what-is-big-data/.

[17] University of Wisconsin Extended Campus. What Is Big Data? [EB/OL]. (2018-05-18) [2023-12-21]. https: //datasciencedegree. wisconsin. edu/data-science/what-is-big-data/.

[18] MARR B. What are the 4 Vs of Big Data? [EB/OL]. [2023-12-21]. https: //bernardmarr. com/what-are-the-4-vs-of-big-data/.

第2章　数据分析与可视化技术

本章介绍数据分析和可视化的常用技术，为后续数据处理的设计和实现、数据的可视化奠定坚实的基础。本章首先介绍 Python 基础知识、NumPy 矩阵运算工具包、Pandas 表格数据处理工具包、Scikit-Learn 数据集和数据分析算法工具包，然后介绍数据可视化所用的绘图技术 Matplotlib。

2.1　Python 简介

Python 是一种结合了解释性、编译性、互动性和面向对象的脚本语言，相比其他高级语言使用大量英文关键字和标点符号的复杂语法结构，它的语法更加简洁，可读性更强。Python 是一种解释型语言，开发过程中没有编译环节，类似于 PHP 和 Perl 语言。Python 是交互式语言，可以在一个提示符后直接执行代码。Python 是面向对象的语言，支持面向对象的编程风格，通常将代码封装在类中。Python 对初学者友好，支持广泛的应用程序开发，如文字处理、Web 浏览器应用开发、游戏开发等。

Python 是由 Guido van Rossum 于 1989 年年底设计发明的，它由诸多其他语言发展而来，其中包括 ABC、Modula-3、C、C++、Algol-68、SmallTalk、UNIX shell 和其他一些脚本语言等。与 Perl 语言一样，Python 源代码也遵循 GPL（GNU General Public License）协议。目前，Python 由一个核心开发团队维护，Guido van Rossum 仍然发挥着至关重要的作用，指导着它的发展。Python 2.7 被确定为最后一个 Python 2.x 版本，它除了支持 Python 2.x 语法外，还支持部分 Python 3.1 语法。目前 Python 的较新版本为 3.9。

Python 具有以下特点：

（1）易于学习。Python 中的关键字相对较少，语法简单，更加易于学习，可以说 Python 是一种代表简单主义思想的语言。

（2）易于阅读。Python 代码具有更清晰的定义。

（3）易于维护。Python 的成功在于它的源代码易于维护。

（4）一个广泛的标准库。Python 最大优势之一是它具有丰富的库，而且是跨平台的，在 UNIX、Windows 和 Mac 上均能够很好地兼容。

（5）互动模式。Python 支持互动模式，使用户可以从终端输入执行代码并获得结果，进行交互式程序测试或调试。

（6）可移植。基于开放源代码的特性，Python 已经被移植到许多平台上。

（7）可扩展。如果需要一段运行得很快的关键代码，或者需要一些相对不开放的算法，可以使用 C 或 C++编写，然后从 Python 中调用它们。

（8）数据库。Python 提供众多主要商业数据库的接口。

（9）GUI 编程。Python 支持 GUI，可以移植到许多系统上。

（10）可嵌入。可以将 Python 嵌入 C/C++程序，使用户获得“脚本化”的能力。

2.1.1 Python 环境搭建

Python 可应用于多平台，包括 Windows、Linux 和 Mac 等多种操作系统。Python 的最新源码及二进制文档，可以从网站 https：//www. python. org/上下载。

这里以在 Windows 平台上安装 Python 为例。打开 Web 浏览器访问 https：//www. python. org/downloads/windows/，下载 32 位或 64 位的版本。以 Python 3. 9. 1 的 64 位版本为例，下载 Windows installer（64-bit）链接中的文件。下载后双击安装包，进入如图 2. 1 所示的 Python 安装向导，使用默认的设置"Install Now"，并勾选"Add Python 3. 9 to PATH"，在默认路径下安装 Python 并自动配置环境变量。

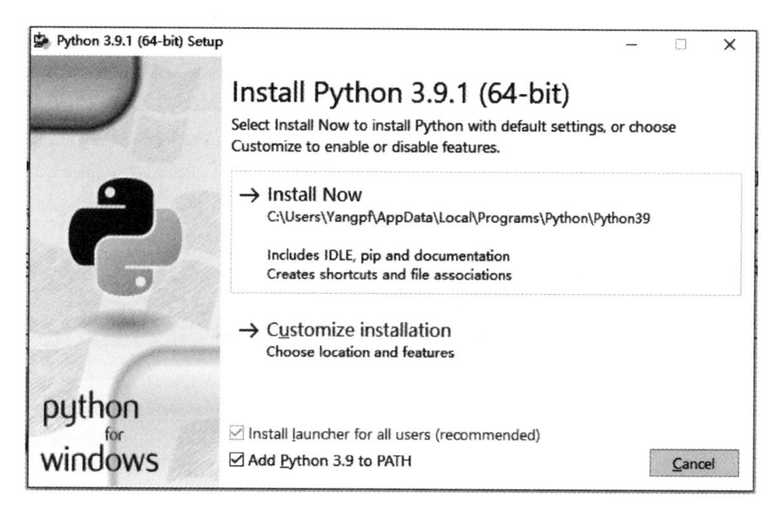

图 2. 1　在 Windows 平台上安装 Python

使用自定义安装模式"Customize installation"，可将 Python 安装在本地磁盘的任何一个文件夹中，例如安装在 C：\ python 文件夹中。如果在安装前忘记勾选"Add Python 3. 9 to PATH"，则需要在完成安装后配置环境变量，配置方法为：右键单击"计算机"，选择"属性"菜单后打开"设置"窗口，在窗口中单击"高级系统设置"命令按钮，打开"系统属性"对话框，单击"环境变量"按钮打开"环境变量"对话框，在"系统变量"中找到"Path"并编辑，在末尾添加 Python 安装路径后确定即可。

安装和配置完成后，在命令行输入命令"python --version"查看 Python 的版本信息，使用"python"命令即可进入 Python 命令行编程环境，如图 2. 2 所示。

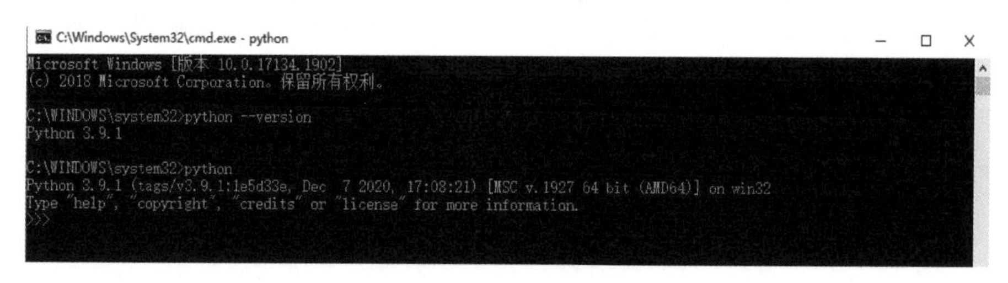

图 2. 2　Python 版本信息

运行 Python 程序有三种方式，分别是交互式解释器、命令行脚本和集成开发环境（Integrated Development Environment，IDE）。

1. 交互式解释器

通过命令行进入 Python 交互式解释器，并在交互式解释器中编写 Python 代码，可在 UNIX、DOS 或者 shell 中编写 Python 代码，如图 2.3 所示。

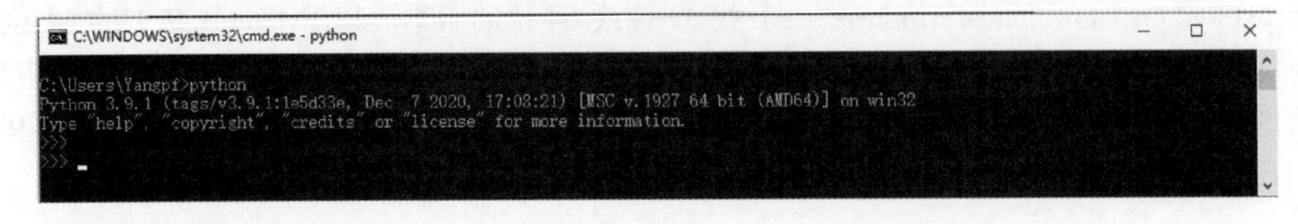

图 2.3　Python 交互式解释器

2. 命令行脚本

通过引入解释器，可以在命令行中执行 Python 脚本。将 Python 代码编辑为 .py 类型的文件，在 UNIX、DOS 的命令行中通过 Python 命令执行文件，如图 2.4 所示。

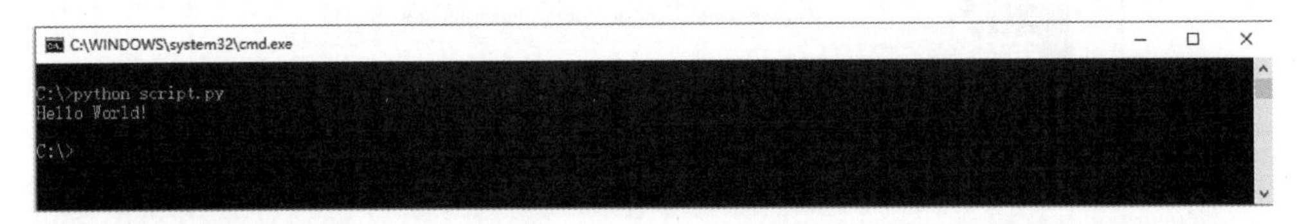

图 2.4　命令行执行 Python

3. 集成开发环境

Python 的 IDE 有很多种，在不同的应用开发过程中使用不同的 IDE 有助于编程人员快速编写和调试程序，常用的 10 种 Python IDE 有 Jupyter、VSCode（Visual Studio Code）、PyCharm、PyDev、Komodo Edit、Vim、Sublime Text、Emacs、Wing、Pyscripter。推荐 Python 初学者使用 Jupyter。Jupyter 是以网页为基础的交互计算环境，Jupyter 文档广泛用于数据分析、数据可视化和探索性计算。如果读者具有一定的 Python 基础，可以使用 VSCode 或 PyCharm。PyCharm 带有一套 Python IDE，它可以提高使用 Python 语言开发的效率，提供调试、语法高亮、项目（Project）管理、代码跳转、智能提示、自动完成单元测试、版本控制等。PyCharm 提供了一些高级功能，用于支持 Django 框架下的专业 Web 开发，以及支持 Google App Engine。可从网站 https：//www. jetbrains. com/pycharm/download/下载安装文件，安装 PyCharm。

安装完成后利用 PyCharm 编辑和运行 Python 程序。首先使用 PyCharm 的“File”菜单中的“New Project”创建一个新的项目，在项目中添加 Python 文件，即可开始在文件中编辑 Python 代码，并为 PyCharm 添加 Python 解释器。添加解释器的方法是：使用“File”菜单中的“Settings”打开对话框，在左侧的“Project：test”中找到“Python Interpreter”，在其中添加并配置 Python 解释器，如图 2.5 所示。

PyCharm 运行 Python 程序有四种方式：

1）在“Run”菜单中找到“Run”命令。

2）使用〈Ctrl+Shift+F10〉组合键命令。

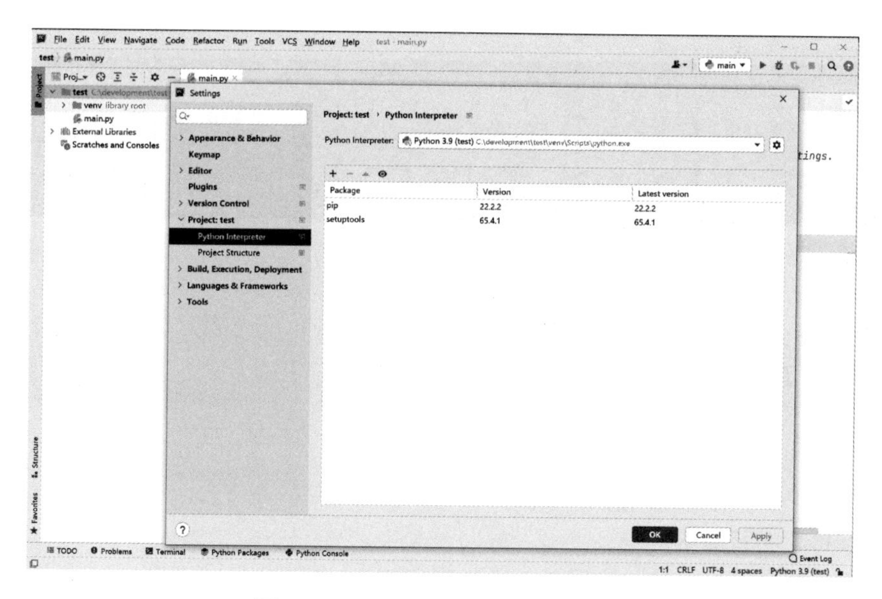

图 2.5　PyCharm 配置 Python 解释器

3）鼠标移动到 Python 文件上，右键单击“Run”命令。

4）使用 Debug 模式调试 Python 程序。

在 Python 文件的代码行编号后打上断点，Debug 模式运行程序时就会将程序的执行暂停在断点处，可观察断点前变量的值，以此来检查程序中逻辑是否错误。程序执行结束后，在下方的程序输出窗口可以看到程序运行和调试结果。

2.1.2　Python 基本语法

Python 语言是一种支持数据运算、算法设计、Web 开发的面向对象的语言，具有面向对象语言的所有特征。本节介绍的主要内容为 Python 的基础语法、数据类型、运算符、条件语句、循环语句和基本数据结构等。

1. Python 基础语法

默认情况下 Python 源码文件以 UTF-8 编码，所有字符串都是 Unicode 字符串。

（1）注释。Python 中使用“#”号作为单行注释的符号，语法格式为：#注释内容。使用三个连续的单引号或者三个连续的双引号可注释多行内容。注释有助于开发者理解代码，而且在修改或调试代码时使逻辑更加清晰。Python 使用单引号、双引号、三个单引号或三个双引号来表示字符串，但开始位置的引号与结束位置的引号必须一致，其中三个单或双引号中的字符串可以由多行组成。

（2）缩进。和其他面向对象程序设计语言采用大括号“{ }”分隔代码块不同，Python 采用代码缩进和冒号“:”来区分代码块之间的层次。类的定义、函数的定义、流程控制语句、异常处理语句等，行尾的冒号和下一行的缩进，表示下一个代码块的开始，缩进的结束则表示此代码块的结束。Python 中使用空格或者制表位实现代码的缩进。

Python 对代码缩进的要求非常严格，同一级代码块的缩进量必须一样，否则运行程序时会出现“IndentationError:unexpected indent”错误。图 2.6 所示的代码中，print("Error Indent")行缩进错误。

选择C:\WINDOWS\system32\cmd.exe - python
C:\Users\Yangpf>python
Python 3.9.1 (tags/v3.9.1:1e5d33e, Dec 7 2020, 17:08:21) [MSC v.1927 64 bit (AMD64)] on win32
Type "help", "copyright", "credits" or "license" for more information.
>>> if True:
...   print("True")
...   print("Error Indent")
File "<stdin>", line 3
print("Error Indent")
IndentationError: unexpected indent
>>>

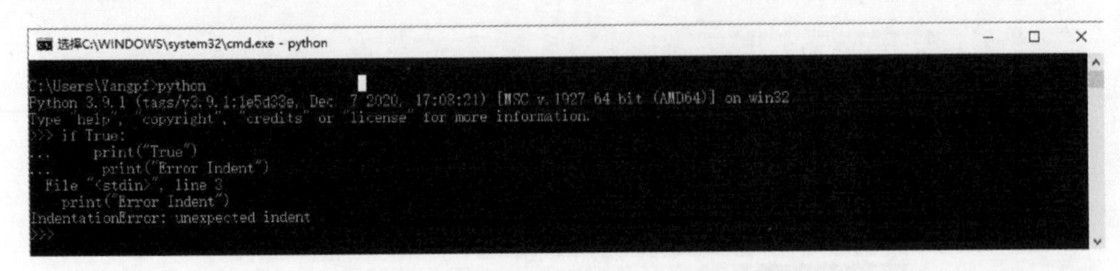

图 2.6　Python 行缩进错误

（3）变量名。Python 采用大写字母、小写字母、数字、下划线、汉字等组合命名变量，变量命名有如下五个规则：

1）首字符不能是数字。

2）不能出现空格。

3）不能与 Python 保留字相同。

4）对字母大小写敏感。

5）自定义变量名时不能使用图 2.7 中的保留字。

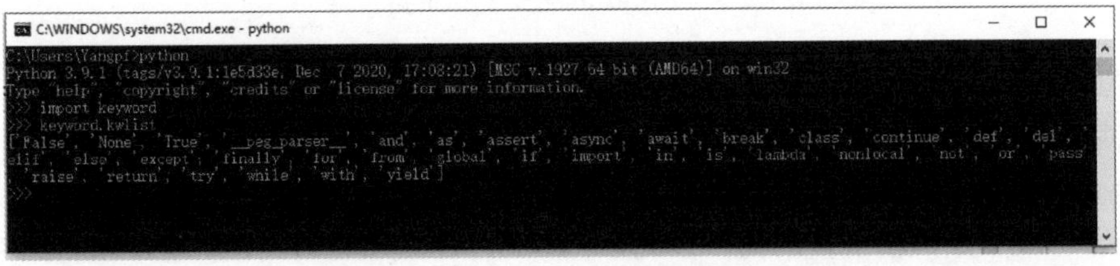

C:\WINDOWS\system32\cmd.exe - python
C:\Users\Yangpf>python
Python 3.9.1 (tags/v3.9.1:1e5d33e, Dec 7 2020, 17:08:21) [MSC v.1927 64 bit (AMD64)] on win32
Type "help", "copyright", "credits" or "license" for more information.
>>> import keyword
>>> keyword.kwlist
['False', 'None', 'True', '__peg_parser__', 'and', 'as', 'assert', 'async', 'await', 'break', 'class', 'continue', 'def', 'del', 'elif', 'else', 'except', 'finally', 'for', 'from', 'global', 'if', 'import', 'in', 'is', 'lambda', 'nonlocal', 'not', 'or', 'pass', 'raise', 'return', 'try', 'while', 'with', 'yield']
>>>

图 2.7　Python 保留字

以下划线开头的标识符有特殊的意义。以单下划线开头的“_foo”代表不能直接访问的类中属性，这些属性需通过类提供的接口访问，不能用 from ××× import ＊导入其他文件中。以双下划线开头的“__foo”代表类的私有成员。以双下划线开头和结尾的“__foo__”代表 Python 中特殊方法的专用标识，如“__init__()”代表类的构造方法。Python 允许在同一行编辑多条语句，不同语句用分号“;”隔开。

（4）输入输出。Python 基本输入和输出使用的函数是 input()和 print()。input()函数的参数是输入时的提示信息，该函数返回从控制台的标准输入中读入的一行文本；print()函数则是输出到控制台，在 Python 3 中 print（变量名）是基础用法，格式化输出的内容在后文介绍。

2. Python 数据类型

Python 中有多种数据类型，不同类型的数据会被存储到不同大小的内存空间中，不同类型的数据面向不同应用场景，在数据处理中使用的方法也有所不同。Python 中有七种标准数据类型，分别是数值（Numbers）、字符串（String）、布尔（Boolean）、列表（List）、元组（Tuple）、字典（Dictionary）和集合（Set）。数值类型的数据能够进行算术逻辑运算；字符串类型的数据能够进行拼接、取子字符串、字符串匹配等运算；列表、元组、集合和字典是由多个数值或字符串组成的复合数据类型，可对其中的数据进行检索、修改、赋值切片等操作。

Python 不需要申明变量，只需要定义变量名并赋值，变量一旦经过初始化赋值，就会根据初始值的类型来自动推断变量的类型。Python 中使用等号“=”作为赋值运算符，例如“a = 5”会将 5 存入变量 a 中，在赋值过程中变量 a 的类型被确定为整数。Python 允许一次为多个变量连续赋值，如“a=b=c=5”表示 a、b、c 三个变量的值均为 5，连续赋值过程按右结合性进行，但“a=(b=5)”将赋值表达式作为返回值赋予另一个变量，会产生语法错误。Python 也允许多元赋值，如“a,b,c=5,6,56.8”，表示 a 为 5，b 为 6，c 为 56.8，其中变量 c 为浮点数，多元赋值时数据个数和变量个数必须相同。“list=[1,2,3]”，则表示列表。

Python 中的七种标准数据类型，分为不可变数据类型和可变数据类型。其中不可变数据类型包括数值、字符串、布尔、元组，可变数据类型包括列表、字典、集合。不可变数据类型在初始化赋值时被确定，在使用期间不可改变，改变数值时数据类型会被分配一个新的对象，即申请新的存储空间。不用的变量可以使用 del 语句删除。可变数据类型在改变其中数据后，存储位置不会发生改变。

（1）数值。数值（Numbers）类型用于存储数值。Python 支持四种不同的数值类型：整型（int），默认类型；长整型（long），在数值常量后加大写字母 L，如 51924L 表示长整型，可加上前缀 0 表示八进制，加上前缀 0x 表示十六进制；浮点型（float），是带有小数的数值或者科学计数法表示的数值，如 1.0E+12，36.5，2.5e-8，-1.001E+10 均为浮点数；复数(complex)，复数由实数部分和虚数部分构成，可以用 a+bj,或者 complex(a,b)表示，复数的实部 a 和虚部 b 都是浮点型，其中 j 为虚部标识。

（2）字符串。字符串（String）是由数字、字母、下划线组成的一串字符，用来表示文本数据。Python 的字符串有两种访问顺序：从左向右索引，默认从 0 开始，最大范围是字符串长度减 1；从右向左索引，默认从-1 开始，最大范围是字符串开头，每个位置递减 1，访问字符串的方法和列表切片相同。要实现从字符串中取子串，使用［头下标:尾下标］来截取，其中下标从 0 开始，可以是正数或负数，下标也可省略，表示取到头或尾。［头下标:尾下标］获取的子字符串包含头下标的字符，但不包含尾下标的字符。字符串截取示例程序如图 2.8 所示。

```
选择C:\WINDOWS\system32\cmd.exe - python
C:\Users\Yangpf>python
Python 3.9.1 (tags/v3.9.1:1e5d33e, Dec  7 2020, 17:08:21) [MSC v.1927 64 bit (AMD64)] on win32
Type "help", "copyright", "credits" or "license" for more information.
>>> str="Hello World!"
>>> print(str)                  #输出完整字符串
Hello World!
>>> print(str[0])               #输出第一个字符
H
>>> print(str[1:4])             #输出第2-5之间的字符 不包含str[4]
ell
>>> print(str[2:])              #输出第3个开的字符
llo World!
>>> print(str*2)                #连续输出两次
Hello World!Hello World!
>>> print(str+"123")            #连接字符串
Hello World!123
>>>
```

图 2.8　Python 字符串截取

（3）布尔。Python 中的布尔（Boolean）类型只有两种值，分别为 True 和 False，但在 Python 中把 0、空字符串、NULL 都看作 False，把其他数值和非空字符串均看作 True。

（4）列表。列表（List）是 Python 中的一种基础组合数据类型，用“[ ]”将单个或多个元素括起来，如［'Hello',123,'acde'］，列表中的元素之间用逗号分隔开。不像其他高级语言的数组必须是相同的数据类型，Python 列表中的多个元素可以不具有相同的数据类型。列表的定义示例如图 2.9 所示，其中 list3 为嵌套的列表，用多层“[ ]”嵌套表示。

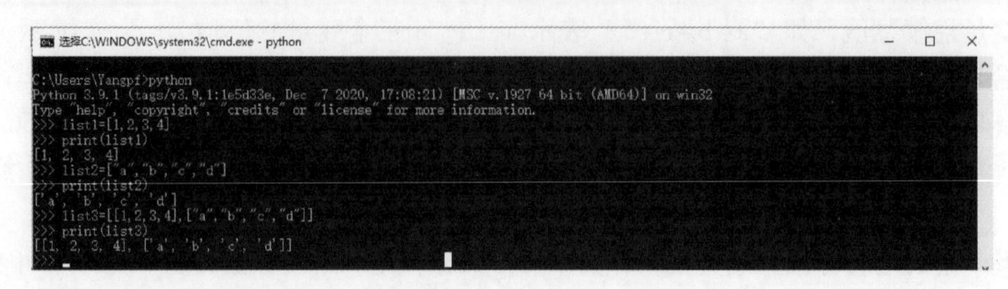

图 2.9　列表定义

与字符串的索引原理一样，列表可从左向右索引，第一个元素的位置索引为 0，依次递增，也可从右向左索引，而右侧索引从-1 开始。通过索引，可以对列表进行访问、插入、删除、更新、截取、组合、切片等编辑操作，列表访问和切片如图 2.10 所示。

```
C:\WINDOWS\system32\cmd.exe - python
>>> print(list1[0])
1
>>> print(list3[0])
[1, 2, 3, 4]
>>> print(list3[-1])
['a', 'b', 'c', 'd']
>>> print(list1[:])
[1, 2, 3, 4]
>>> print(list2[1:-2])
['b']
```

图 2.10　列表访问和切片

对列表中元素的编辑操作有更新、删除、插入等。图 2.11 中 list=[1,2,3,4]，list[1]=15 将列表中第二个元素更新为 15，del 命令删除了 list 中第三个元素，list 对象的 insert( )方法在索引为 2 的地方增加元素 16，修改后 list 中的元素为 [1,15,16,4]。对嵌套列表的访问和修改类似于其他语言中对多维数组的访问和修改，要将 list=[[1,2,3,4]，['a','b','c','d']]中的元素 list[0][1]修改为 10，可使用 insert(index,obj) 方法插入元素，该方法是将 obj 插入 index索引的位置处，如 list.insert(2,['How','b','are','you'])，是将子列表 ['How','b','are','you'] 插入 list 的第三个索引位置，得到[[1,2,3,4],['a','b','c','d']，['How','b','are','you']]。

图 2.11　列表元素的修改

列表的基本操作符中，* 和+可用于列表元素的复制和合并，in 可用于查询元素是否存在以及迭代列表中元素，[ ]可将多个列表组合，举例如下：

1）* 运算赋值，如 [1,2,3,4] *2=[1,2,3,4,1,2,3,4]。

2）+运算合并，如［1,2,3,4］+［'a','b','c','d'］=［1,2,3,4,'a','b','c','d'］。

3）in 运算查询元素是否存在，如 3 in［1,2,3,4］，返回 True。

4）in 运算迭代列表中的元素，如 for x in［1,2,3,4］：print（x）。

5）［］运算组合已有列表，如 lista=［1,2,3,4］；listb=［'a','b','c','d'］；listc=［lista，listb］，则 listc 将得到［［1,2,3,4］，［'a','b','c','d'］］。

列表是 Python 中最常用的可变数据类型，其中封装了一些基本的处理方法，见表 2.1。

表 2.1 列表中的常用方法

方　法	说　明
list. append(x)	将元素 x 添加至列表 list 尾部
list. extend(L)	将列表 L 中所有元素添加至列表 list 尾部
list. insert(index,x)	在列表 list 指定位置 index 索引处添加元素 x
list. remove(x)	在列表 list 中删除首次出现的指定元素 x
list. pop([index])	删除并返回列表 list 中下标为 index（默认为-1）的元素
list. clear()	删除列表 list 中所有元素，保留列表对象
list. index(x)	返回列表 list 中第一个值为 x 的元素的下标，若不存在值为 x 的元素则抛出异常
list. count(x)	返回指定元素 x 在列表 list 中的出现次数
list. reverse()	对列表 list 所有元素进行逆序排列
list. sort(key = None, reverse = False)	对列表 list 中的元素进行排序，key 用来指定排序依据，reverse 决定升序、降序
list. copy()	返回列表 list 的浅复制

（5）元组。Python 的元组（Tuple）与列表类似。元组使用小括号( )标记，元素之间用逗号隔开。元组的创建示例如图 2.12 所示，其中定义了三个元组。创建多个元素的元组也可不加( )；如果元组为空，则( )不能省略；如果元组中只有一个元素，则需要在元素后加上逗号，否则( )被识别为运算符而非元组标记。定义变量后，开发者如果忘记变量的数据类型，可以使用 type( )函数测试。

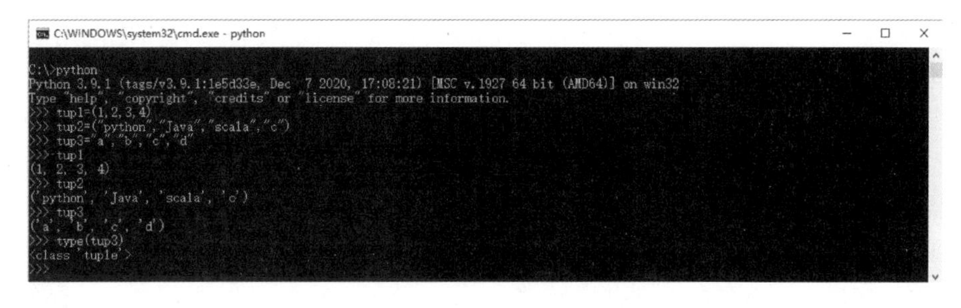

图 2.12 元组的创建示例

元组和列表最大的不同之处在于，列表是可变数据类型，而元组是不可变数据类型，即定义元组并赋值后，元组中的数据只读、不可修改，在元组元素的读取过程中索引、切片的方法与列表读取过程中的相同，例如对 tup=(1,2,3,4）中的元素，tup［1:］表示切片 1 到结束位置的元素，如图 2.13 所示。

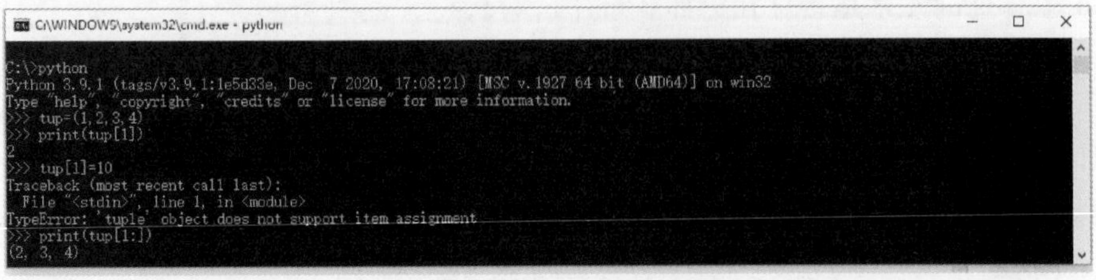

```
C:\WINDOWS\system32\cmd.exe - python

C:\>python
Python 3.9.1 (tags/v3.9.1:1e5d33e, Dec  7 2020, 17:08:21) [MSC v.1927 64 bit (AMD64)] on win32
Type "help", "copyright", "credits" or "license" for more information.
>>> tup=(1,2,3,4)
>>> print(tup[1])
2
>>> tup[1]=10
Traceback (most recent call last):
  File "<stdin>", line 1, in <module>
TypeError: 'tuple' object does not support item assignment
>>> print(tup[1:])
(2, 3, 4)
```

图 2.13　元组的索引

与列表一样，元组之间可以使用+、*、in 进行运算，但与列表运算不同的是：列表的运算可以修改原有列表，如 list=[1,2,3,4]，list+=['a','b','c','d'] 将修改列表中的值；对于元组来说，+将产生新的元组，如 tup1=(1,2,3,4)；tup2=('a','b','c','d')；tup3=tup1+tup2 将在 tup3 中存储运算结果。*运算复制原有元组，并生成新的元组，运算后可用 id(tup3)函数获取新元组的内存地址（与原有元组的地址不同）。del 命令只能删除整个元组，不能删除元组中的元素。在元组中，len()函数可以获取元素的个数。in 运算符在元组中和列表中的功能一致，能够查询元素是否存在，也能够迭代读取元组中的元素。如果需要修改元组中的元素，可使用 list()函数先将元素改为列表，对列表做修改后，再使用 tuple()函数将其转为新的元组。元组中的常用函数见表 2.2，这些函数在列表中也同样适用。

表 2.2　元组中的常用函数

函　　数	说　　明
len(tuple)	计算元组 tuple 中元素的个数
max(tuple)	返回元组 tuple 中元素的最大值
min(tuple)	返回元组 tuple 中元素的最小值
tuple(iterable)	将可迭代序列 iterable（如列表）转换为元组

（6）字典。字典（Dictionary）是一种可变数据类型，可存储任意类型的对象，如字符串、数字、元组等。字典的每个键值对 key:value 用冒号分隔，键值对元素之间用逗号分隔，整个字典包括在花括号{}中，格式如 dict={key1:value1,key2:value2,key3:value3}。key 只能用数字、字符串或元组定义。程序通过 key(键) 来访问 value（值），因此字典中的 key 必须唯一，一旦定义就不可变。字典中不允许有重复的 key:如果 key 中出现重复，系统会默认选择最后一个 key 进行 value 的配对，之前已经出现的重复 key 和 value 被丢弃，从而造成错误。字典中的 value 没有限制。字典的修改和访问均通过 key 实现，字典的访问示例如图 2.14所示。如果 key 不存在，则抛出异常。

字典中的 clear()方法可清空字典中所有元素，del 命令则会删除字典。字典封装的方法中，len(dict)函数可以获取字典中元素的个数，str(dict)函数以字符串的方式打印字典。字典中的常用方法见表 2.3。

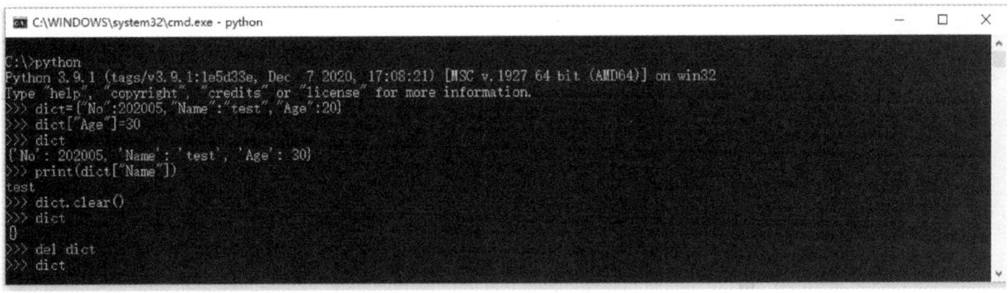

```
C:\WINDOWS\system32\cmd.exe - python

C:\>python
Python 3.9.1 (tags/v3.9.1:1e5d33e, Dec  7 2020, 17:08:21) [MSC v.1927 64 bit (AMD64)] on win32
Type "help", "copyright", "credits" or "license" for more information.
>>> dict={"No":202005,"Name":"test","Age":20}
>>> dict["Age"]=30
>>> dict
{'No': 202005, 'Name': 'test', 'Age': 30}
>>> print(dict["Name"])
test
>>> dict.clear()
>>> dict
{}
>>> del dict
>>> dict
```

图 2.14　字典的访问示例

表 2.3　字典中的常用方法

方　　法	说　　明
dict. clear( )	删除字典 dict 中所有元素
dict. copy( )	返回 dict 字典的浅复制，与使用“=”直接赋值不同，用=直接赋值为引用同一地址空间
dict. fromkeys(seq, val)	返回以 seq 中元素为键，val 为对应初始值的字典
dict. get(key, default=None)	返回指定键的值，如果键不在字典中，返回 default 设置的默认值
key in dict	如果键在字典 dict 中返回 True，否则返回 False
dict. items( )	以列表形式返回可遍历的（键，值）元组数组
dict. keys( )	返回键列表
dict. setdefault(key, default=None)	返回指定键的值，如果键不存在，添加键并将值设为 default
dict. update(dict2)	把字典 dict2 的键值对更新到 dict 中
dict. values( )	返回值列表
dict. pop(key [, default])	删除字典给定键所对应的值，返回值为被删除的值。必须给出键，键不存在时返回 default 值
dict. popitem( )	随机返回并删除字典中的最后一对键值，如果字典为空则抛出异常

（7）集合。Python 中的集合（Set）是一个无序的、不重复的元素序列，使用大括号{ }或者 set( )函数创建。要创建一个空集，必须用 set( )而不能用{ }，因为{ }还可以用来创建一个空字典。集合的创建和元素的操作示例如图 2.15 所示。集合中既可以添加单个简单类型的元素，也可以添加列表、元组、字典等。len( )、clear( )和 in 在集合中同样适用。

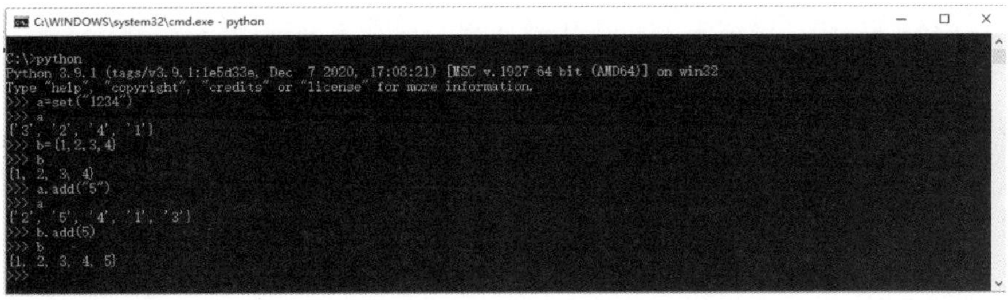

```
C:\WINDOWS\system32\cmd.exe - python

C:\>python
Python 3.9.1 (tags/v3.9.1:1e5d33e, Dec  7 2020, 17:08:21) [MSC v.1927 64 bit (AMD64)] on win32
Type "help", "copyright", "credits" or "license" for more information.
>>> a=set("1234")
>>> a
{'3', '2', '4', '1'}
>>> b={1,2,3,4}
>>> b
{1, 2, 3, 4}
>>> a.add("5")
>>> a
{'2', '5', '4', '1', '3'}
>>> b.add(5)
>>> b
{1, 2, 3, 4, 5}
>>>
```

图 2.15　集合的创建和元素的操作

3. Python 运算符

Python 中的运算符有七类，分别是算术运算符、关系运算符、赋值运算符、位运算符、逻辑运算符、成员运算符、身份运算符。其中，算术运算符主要用于实现两个对象的数值计算；关系运算符用于两个对象之间的比较；赋值运算符将运算符右边的值赋给运算符左边的变量；位运算符将运算对象按照存储的二进制位进行相应的运算；逻辑运算符用于“与”“或”“非”逻辑运算；成员运算符判断一个对象是否包含另一个对象；身份运算符则判断两个标识符是不是引用同一个对象。

1）算术运算符：+、-、*、/、%、**、//。其中，** 为幂次；//为整除并向下取整，整数除法运算得到整数。

2）关系运算符：==、!=、>、<、>=、<=。关系运算符的运算结果为布尔类型，只有 True 或 False。

3）赋值运算符：=、+=、-=、*=、/=、%=、**=、//=。其中=为简单赋值运算符，其他为复合赋值运算符，等价于取某一变量进行算术运算后赋值给变量本身。

4）位运算符：&（按位与运算）、|（按位或运算）、^（按位异或运算）、~（按位取反运算）、<<（左移动运算）、>>（右移动运算）。位运算按照存储的二进制形式逐位进行运算。

5）逻辑运算符：and（与）、or（或）、not（非）。例如，“a and b”当 a 和 b 中有一个为 False 时结果为 False；“a or b”当 a 和 b 中有一个为 True 时结果为 True；“not a”是对运算对象 a 的逻辑值取反。

6）成员运算符：in 和 not in。如果在指定的序列中找到成员，则 in 运算返回 True，否则返回 False，而 not in 运算符则刚好相反。在 Python 基本数据类型字符串、列表、元组、集合和字典中使用 in 和 not in 运算符，无须编写遍历数据结构的代码，即可查询元素是否存在。

7）身份运算符：is 和 not is。is 是判断两个标识符是不是引用同一个对象，比较两个对象的内存地址是否相同。is 与关系运算符==的区别在于：is 用于判断两个变量所引用的对象是否为同一对象，即是否指向同一块内存空间，而==则用于判断变量的值是否相等。

4. Python 程序结构

Python 程序由包（package）、模块（module）、函数（function）、类（class）和方法（method）组成。函数和方法中的程序语句又有顺序、分支和循环三种基本结构。包是由一系列模块组成的集合；模块是处理某一问题的类和函数的集合；类由属性和方法组成。

（1）顺序结构。顺序结构是 Python 中最简单、最基本的程序结构，也是最常用的结构，特点是语句按照出现的前后次序执行。在顺序结构的程序执行流程中，输入数据、计算和输出计算结果为基本内容，如图 2.16 所示。

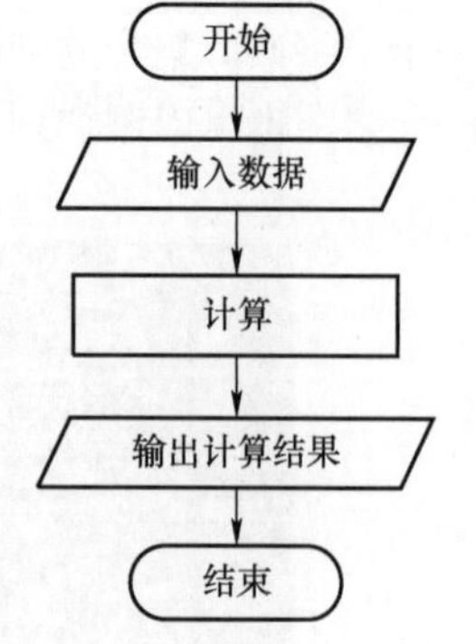

图 2.16　顺序结构的程序执行流程

从本节开始的程序均使用 PyCharm 编辑。如图 2.17 所示，在 Test 项目中新建一个 Python 文件，名称为 Example_2_1.py，在文件中编辑代码，通过“Run”菜单或者在文件上右键执行程序，执行结果将显示在下方的输出窗口中。“Process finished with exit code 0”

表示程序正确执行并得到结果，如果运行结束后提示非 Code 0，则需要按照输出窗口中的提示信息修改程序，修改后重新执行。

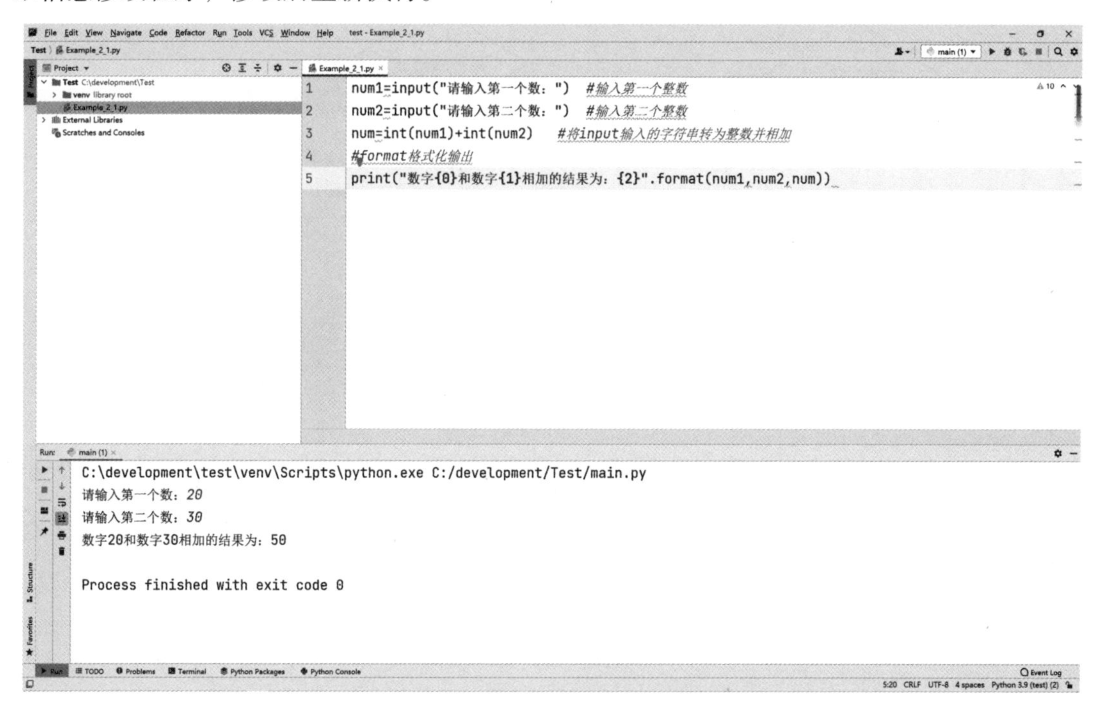

图 2.17 PyCharm 编辑运行程序

下面是一个顺序结构程序的例子，input( ) 函数读取控制台输入的数据，数据类型为字符串，int( ) 函数强制将其转为整数，在 print( ) 函数中，使用 format( ) 方法，格式化输出变量的值，并以字符串的形式输出计算结果。

```
num1 = input("请输入第一个数:")   #输入第一个整数
num2 = input("请输入第二个数:")   #输入第二个整数
num = int(num1) + int(num2)   #将 input 输入的字符串转为整数并相加
#format 格式化输出
print("数字{0}和数字{1}相加的结果为:{2}". format(num1,num2,num))
```

程序运行结果如下：

请输入第一个数:20

请输入第二个数:30

数字 20 和数字 30 相加的结果为:50

（2）分支结构。Python 分支结构是通过条件表达式计算结果（True 或 False），来选择性地执行对应的语句块。分支结构使用 if 语句、if…else 语句或 if…elif…else 语句实现，分别称为单分支、双分支或多分支结构。程序中保留字 if 或 elif 之后，根据实际问题设计条件表达式，表达式为 True 时执行之后相应的代码块，否则跳过。单分支结构的执行流程如图 2.18a所示，双分支结构的执行流程如图 2.18b 所示，多分支结构的执行流程如图 2.18c 所示。

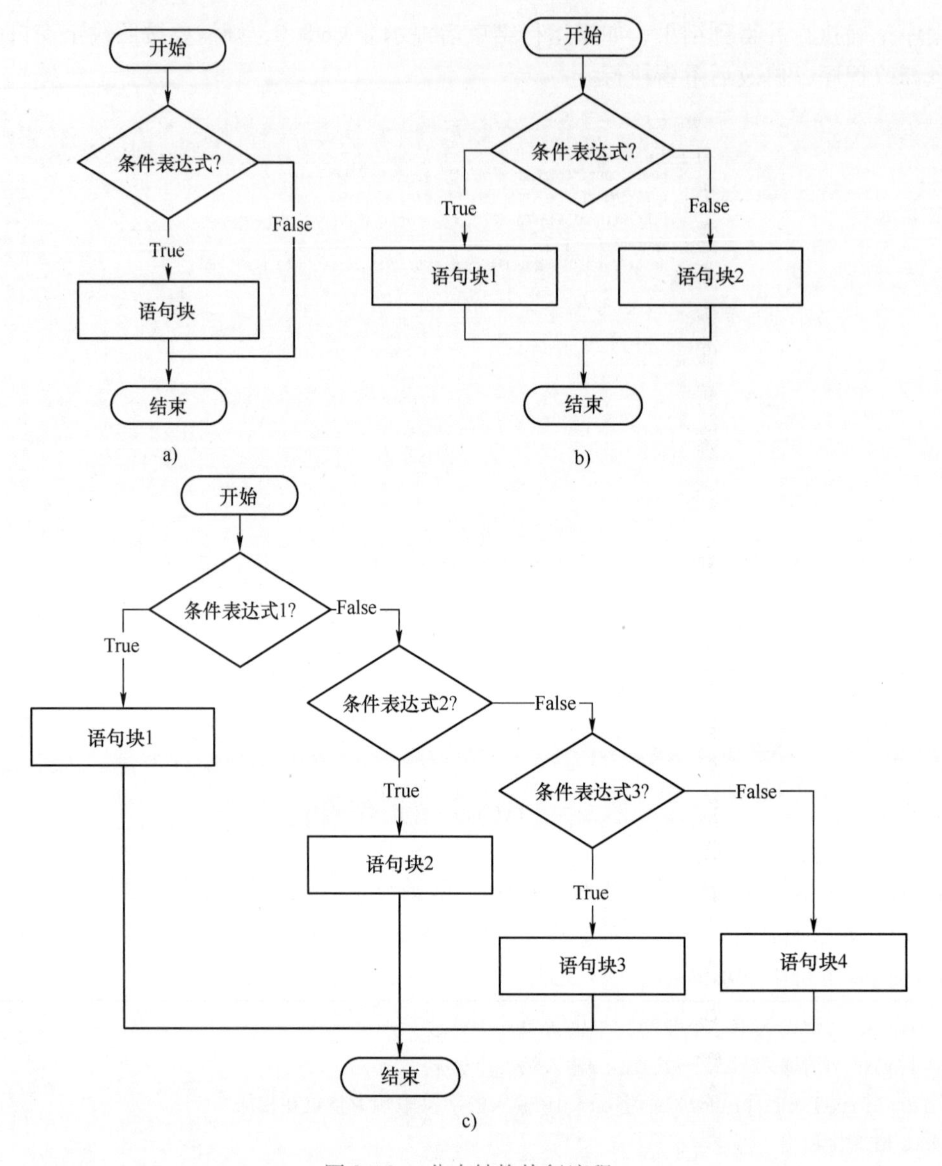

图 2.18　分支结构执行流程

下面程序中使用分支语句判断输入的年份是否为闰年，其中 if 和 else 语句在语句末尾须加上冒号，其中“if (year % 400) == 0 or ((year % 100)!= 0 and (year % 4) == 0):”语句是分支语句，year 能被 400 整除，或者 year 能被 4 整除但不能被 100 整除时，该年份是闰年，否则不是闰年。

```
year = int(input("输入一个年份:"))
if(year % 400)= = 0 or((year % 100)! = 0 and(year % 4)= = 0):
    print("{0}是闰年".format(year))
else:
    print("{0}不是闰年".format(year))
```

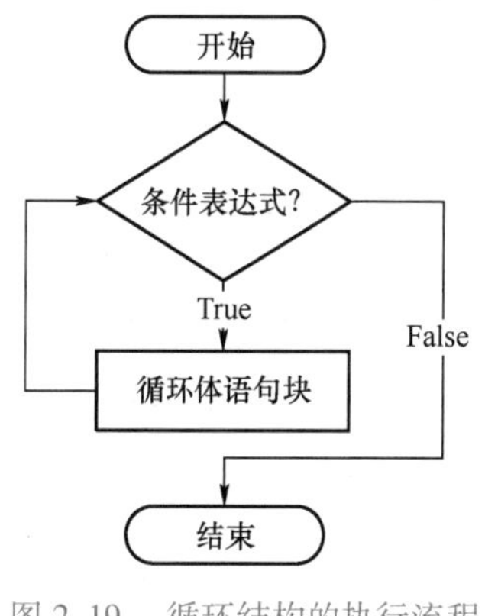

图 2.19 循环结构的执行流程

程序的运行结果如下：

输入一个年份:2019
2019 不是闰年

再次运行程序，输入 2020，得到如下运行结果：

输入一个年份:2020
2020 是闰年

（3）循环结构。Python 中的循环结构语句有 for 和 while。循环结构的执行流程如图 2.19 所示。当 for 或 while 中的条件表达式为 True 时，执行循环体中的语句块，否则跳出循环，执行循环体之后的代码。

1）while 循环有两种基本的语法，语法规则如图 2.20 所示，其中 else 语句可选。第一种为 while 条件表达式：…else：…的形式，当 while 循环的条件为 True 时执行循环体，否则执行 else 后的语句块；第二种只有 while 部分，没有 else 部分，当循环正常退出时执行 else 语句。

```
while 条件表达式：                    while 条件表达式:
    语句块1                               语句块
else:                     或
    语句块2
```

图 2.20 while 循环的语法规则

计算 1~100 所有自然数之和，代码如下：

```
n = 100
sum = 0
counter = 1
while counter <= n:
    sum = sum + counter
    counter += 1
else:
    print("1 到{0}之间的自然数之和为:{1}".format(n,sum))
```

程序的运行结果如下：

1 到 100 之间的自然数之和为:5050

2）for 循环可以遍历任何序列的项目，如遍历一个列表或者一个字符串，语法结构如图 2.21所示。其中可迭代集合中的对象可以是字符串、列表、元组、集合、字典等数据类型的数据，可迭代集合中的每个对象被访问一遍，即遍历。for 循环中可以生成索引序列，使用索引遍历数据，如常用 range( ) 和 len( ) 函数获取元素个数并设定循环索引序列。for 循环也有包含和不包含 else 的两种结构。

```
for 对象 in 可迭代集合:                for 索引 in 索引序列:
    语句块1                               语句块
else:                     或
    语句块2
```

图 2.21 for 循环的语法结构

如下所示的遍历列表实例代码中，print()函数中的end参数可以指定输出之后的连接字符，默认为回车。

```
languages = ["C","C#","Java","Python"]
for x in languages:
    print(x,end=",")
```

程序的运行结果如下：

C,C#,Java,Python,

下面是for循环计算阶乘的代码。for循环执行结束后也可以选择性地使用else语句，其中range()函数生成待遍历序列，函数具有一个必选参数和两个可选参数，例如range(5)表示一个0~4的序列。range(1,num+1,1）表示1至num的序列，即包含num但不包含num+1，第三个参数1为序列步长，默认为1。

```
num = int(input("请输入一个数字:"))
fact= 1
if num < 0:
    print("负数没有阶乘")
elif num == 0:
    print("0 的阶乘为 1")
else:
    for i in range(1,num + 1):
        fact *= i
else:
    print("{0}的阶乘为{1}.format(num,fact))
```

程序的运行结果如下：

请输入一个数字:10

10 的阶乘为 3628800

range()和len()函数组合，可获取集合中元素个数的索引区间，之后按照索引遍历一个序列，如languages=["C","C#","Java","Python"]的过程中，临时变量i为range()和len()函数组合使用产生的索引。

```
for i in range(len(languages)):
    print(languages[i])
```

while和for的循环体中可加入break、continue和pass保留字，以控制循环的执行。在循环的语句块中，当满足某一条件时，可使用break终止循环的执行；可使用continue打断本次循环的执行，进入下一次循环；pass语句是空语句，任何事都不做，只起到占位作用，以保持程序结构的完整性。

除了使用循环结构遍历集合之外，字符串、列表、元组、字典、集合类型的对象都是可迭代对象，可使用迭代器遍历，每个对象都有一个获取迭代器的函数iter()。迭代器使用next()函数从可迭代集合的第一个元素开始访问，直到访问完所有元素后结束，每个元素仅被访问一次。以列表 languages 为例，可获取迭代器 it = iter（languages），通过 next（it）就可遍历列表 languages 中的所有元素。迭代器可以配合循环来使用。在自定义函数或方法中使用 yield 保留字也可以产生迭代器，遇到 yield 时，函数或方法会暂停并保存当前所有运行信息，返回 yield 的值，并在下一次执行 next( ) 函数时从当前位置继续。

Python 中 if、while、for 均可嵌套使用，if、elif、while、for 中的条件表达式计算结果为布尔值，布尔值本身是整型。除了类似于 C 语言中布尔值的表示（非 0 即真）之外，Python 中的布尔值有着更广泛的含义。Python 中所有的空数据结构均为假，如空列表、空集合、空字符串等都表示假，而与之相反的非空数据结构表示真。Python 中的 None 不仅代表假，它本身也是一个特殊的空对象，可以用来占位，如利用 None 实现类似 C 语言中数组的定义，预定义列表的大小，给可能的索引赋值，而未赋值的索引都为 None。

在循环体中嵌入另一个循环，称为循环嵌套。for 循环和 while 循环中，均可嵌入多层 for 或 while 循环体。两层循环嵌套的基本语法结构如图 2.22 所示。

（4）函数和模块。函数是封装好的可重复使用的语句块。函数能提高应用的模块性和代码的复用率。Python 提供了许多内置函数，比如 print( )、range( )、iter( )、next( ) 等，但内置函数不能实现用户自定义的功能，实现用户自定义功能需要自定义函数。

函数定义使用 def 保留字，函数定义的语法结构如图 2.23 所示。

```
for 对象 in 可迭代集合1:              while 条件表达式1:
  for 对象 in 可迭代集合2:      或      while 条件表达式2:
    语句块1                              语句块1
  语句块2                              语句块2
```

图 2.22 两层循环嵌套的基本语法结构

```
def 函数名(形参列表):
    函数体
    return 返回值1, 返回值2, …
```

图 2.23 函数定义的语法结构

其中形参列表和返回值可以有零到多个。

如下示例的代码中定义了 MaxFactor(x,y) 函数来计算 x 和 y 的最大公约数，并使用 maxFactor 变量返回最大公约数。print( ) 函数中调用 MaxFactor( ) 函数并传入实参，计算两个数的最大公约数。MaxFactor(x,y) 函数中的 x、y 称为形参，num1 和 num2 称为实参。

```
def MaxFactor(x,y):
    if x > y:
        smaller = y
    else:
        smaller = x
    for i in range(1,smaller + 1):
        if((x % i == 0)and(y % i == 0)):
            maxFactor = i
    return maxFactor
num1 = int(input("输入第一个数字:"))
num2 = int(input("输入第二个数字:"))
print("{0}和{1}的最大公约数为:{2}".format(num1,num2,MaxFactor(num1,num2)))
```

程序的运行结果如下：

```
输入第一个数字:5
```

输入第二个数字:25

5 和 25 的最大公约数为:5

Python 中函数定义的语法规则如下:

1）函数用 def 关键词定义，后接函数名称、圆括号( )和冒号。

2）圆括号( )中定义的参数，称为形参。形参的形式可以定义为位置参数、关键字参数、默认值参数、不定长参数，多个参数间用逗号分隔。

3）return 语句结束函数，可选择性地返回一个或多个值给调用方，不带返回值的 return 语句返回 None。

函数中参数的定义和传递形式，分为不可变类型和可变类型。不可变类型类似于 C 语言中的值传递，如整数、字符串、元组；不可变类型的传递形式为复制形式，形参中保存了实参的副本，对形参的修改不影响实参的值。可变类型类似于 C 语言中的引用传递，如列表、字典、集合；可变数据类型中实参和形参引用同一存储空间，对形参的修改影响实参数据，故可变类型的传递不需要 return 即可修改实参对象。

形参被定义后，调用函数时根据参数的形式不同，参数传递的方式也有所不同。位置参数、关键字参数、默认值参数、不定长参数等类型的形式参数，传递规则如下:

1）使用位置参数定义的函数在被调用时，位置参数必须以正确的顺序传入，函数调用时的参数数量必须和声明时一样，否则会出现“missing required positional argument”错误。位置参数也可以按照关键字传递实参。

2）关键字在函数调用时使用，使用关键字参数名称来确定传入的参数值，关键字参数名称与函数定义中的形参相同。采用这种调用方式时，实参不需要与形参的位置一致，只要将参数名写正确即可。如上文 MaxFactor( )函数，调用时可使用语句 MaxFactor(y=25,x=5)传递参数。

3）Python 允许为参数设置默认值，即在定义函数时，给形式参数指定一个默认值。函数被调用时，如果没有传入实参，则会使用默认值，如 def MaxFactor(x=1,y=1)，在调用时 MaxFactor( )不传入实参，函数会使用默认值（x=1,y=1）进行计算。

4）函数被定义时，如果参数个数不确定，可以定义不定长参数，定义方式为在参数名称前加 * 或 **。在参数前加上 *，表示以元组的形式传入，调用时接收所有未命名的实参。不定长参数默认为空。在定义函数时，如果形参定义中有 *，即某一参数的位置是 *，则在函数调用时 * 后面的参数必须以关键字参数的方式传入。在参数前加 ** 表示以字典的形式传入不定长参数。

如果函数参数中混合了以上多种形式的参数，则位置参数应放在参数列表的最前面，关键字参数须在位置参数或 * 之后，默认值参数排在关键字参数之后，不定长参数排在最后。不定长参数中所述的未命名参数是匹配了位置参数、关键字参数、默认值参数后，还没有被匹配到形参名称的实参。

Python 中，可以使用 lambda 表达式来创建匿名的、简单的函数，匿名函数的定义语法规则为:

```
lambda [arg1 [,arg2,…,argn ]]:expression
```

lambda 关键字后定义逗号分隔的形参列表，冒号后定义形参的计算表达式。例如 sum = lambda num1,num2:num1+num2，等价于定义函数 sum(num1,num2)，该函数为两个形参 num1 和 num2 求和，调用 lambda 表达式定义函数 sum 时，用法为 sum(x,y)，其中 x 和 y 为实参变量。

模块是一个包含函数、类、变量和可执行代码的 Python 文件。模块定义后，可以被其他程序使用，导入模块的语法如图 2.24 所示。

```
import 模块名
或
from 模块名 import*
或
from 模块名 import 函数1,[函数2,函数3,…,函数n]
```

图 2.24 导入模块的语法

导入一个已经定义好的模块："import 模块名"或"from 模块名 import * "用于导入模块中所有功能；"from 模块名 import 函数 1，[函数 2，函数 3，…,函数 n]"则导入模块中的部分功能。import 的搜索路径在 Python 编译或安装时确定，搜索路径被存储在 sys. path 变量中，其中起步的搜索路径为当前文件夹。

Python 中的"_"字符常用于定义变量、方法或函数的唯一名称，同时也是 Python 中的一个软关键字，指在某些特定上下文中保留的关键字，"_"的常见用法有下面五种：

1）作为变量中符号之间的分隔符，如 var_1。

2）在循环中直接作为变量，如 for _ in range(5)。

3）在类中以单"_"开始的变量是类的私有成员，只能在类内部访问，无法导入其他文件。

4）类中以双"_"开始变量是改写变量，变量名称会被类自动改写，以防止该类被继承后，子类中的同名变量覆盖父类的同名变量。

5）模块中以双"_"开始和结束的变量，表示被 Python 占用的系统变量。如每个模块独立运行时都需要有自己的"__name__"，其中"__"为双下划线，是用来标识模块名字的一个系统变量。在模块独立运行时，"__name__"的值为"__main__"（即当前模块的入口），当该模块是被 import 导入其他模块时，"__name__"变量的值为该模块的去掉扩展名的文件名。如每个类可自定义__init__()初始化方法，当类实例化时，调用该方法初始化类中成员。

文件夹中双"_"开始和结束的文件名"__init__. py"，标识该文件夹为包。包是分层次的文件目录结构，它定义了一个由模块及子包、子包下的子包等组成的 Python 文件。

2.2 NumPy 工具包

NumPy（Numerical Python）是 Python 语言的一个开源扩展库，支持大量多维度数组与矩阵运算，针对数组运算提供大量的数学函数。NumPy 通常与 SciPy（Scientific Python）和 Matplotlib 绘图库一起使用，SciPy 包含了最优化、线性代数、积分、插值、特殊方法、快速傅里叶变换、信号处理和图像处理、常微分方程求解和其他科学与工程中常用的计算模块，Matplotlib 是 Python 编程语言及 NumPy 的可视化操作界面。

标准的 Python 通常不包含 NumPy 模块，搭建 NumPy 环境的最简单方法是在命令行中使用 pip 命令，也可下载 Python 发行版安装包，Python 发行版通常包含了 NumPy、SciPy、Matplotlib、IPython 和 SymPy 等关键扩展库。Anaconda 是一个免费 Python 发行版，用于进行大规模数据处理、预测分析和科学计算，致力于简化 Python 包的管理和部署，并因支持在 Linux、Windows 和 Mac 操作系统上的兼容性而被广泛使用。

Anaconda 安装包可以在其官网 https：//www. anaconda. com/中下载，也可以在镜像地址 https：//mirrors. tuna. tsinghua. edu. cn/anaconda/archive/中下载对应操作系统中的安装版本。

此处下载了 Anaconda3-5. 3. 1-Windows-x86_64. exe 安装程序，并将其安装在 C：\Anaconda3 目录下，在安装过程中选择如图 2. 25 所示的配置。在命令行中执行 conda -version 命令，如果未提示错误则表示 Anaconda 安装成功。安装成功后使用命令 conda update -all 更新所有包。

成功安装并测试 Anaconda 后，可在 PyCharm 的项目中使用 NumPy，这需要在 PyCharm 项目中添加 Anaconda 的 Python 解释器。方法为：通过“File”菜单打开“Settings”对话框，在“Settings”对话框左侧的“Project：Test”中找到“Python Interpreter”，在其中添加 C：\Anaconda3目录下的 Python. exe 作为解释器。如图 2. 26 所示，在“Add Python Interpreter”对话框的“Base interpreter”中添加 C：\Anaconda3 目录下的 python. exe。在 PyCharm 中使用 import numpy as np 引入 NumPy 模块即可使用 Numpy，如果无法引入，则在“Add Python Interpreter”对话框的“Existing environment”中选择 C：\Anaconda3 目录下的 python. exe。Anaconda3 安装后自带的 Python 版本为 3. 7. 0。

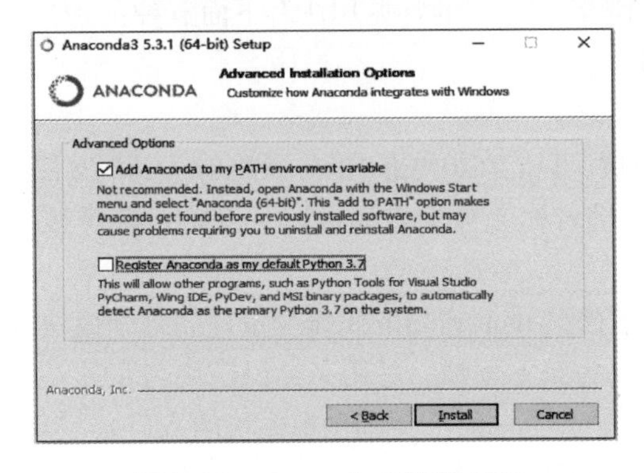

图 2. 25　Anaconda 安装的配置

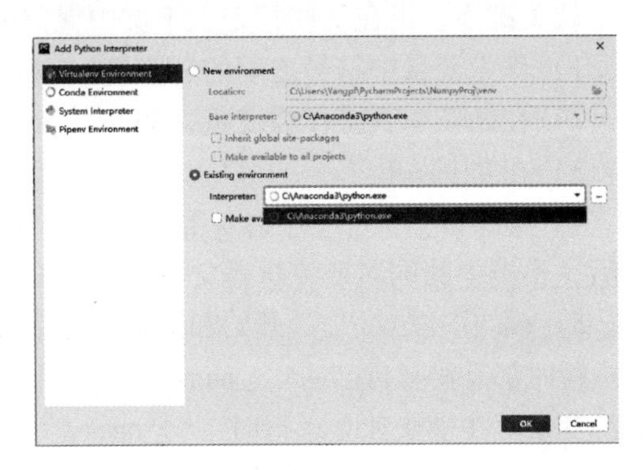

图 2. 26　PyCharm 中 Anaconda 解释器配置

2. 2. 1　创建数组

NumPy 最典型的特点是提供了一个多维数组类型 ndarray，该类型是一系列相同数据类型数据的集合，集合中每个元素都具有相同大小的存储空间，支持类似于标量的操作在整块数据上进行数值计算。

ndarray 是通用的多维同类型数据集合的容器，ndarray 有三个常用的属性：dtype、shape 和 stride。dtype 属性描述数据的类型；shape 属性表示数据的形状；stride 属性称为“步幅”，指为了前进到当前维度下一个元素需要跳过的字节数，每个维度的“步幅”不一定相同，“步幅”可以是负数，这使数组可从后向前移动访问。ndarray 中另外一个属性 itemsize 表示元素的大小，以字节为单位。

创建 ndarray 数组可调用 NumPy 的 array 方法，方法原型为 array(object,dtype = None, copy = True,order = None,subok = False,ndmin = 0)。

array()方法的形参中，object 为数组或 Python 基础数据类型的序列对象，是必需参数，object 之后的其他参数均为可选参数。dtype 是数组元素的数据类型，如果没有设定该参数，创建数组时所有元素的数据类型将被确定为 object 序列中数据存储空间最大的数据类型。copy 表示是否需要复制，copy=True 表示复制数组并重新分配空间。order 指定数组的内存布局，如果 object 不是数组，且不设置 order，则新创建的数组默认按行排列，即 order='C'。如果设定了

order='F'，则新数组将按列排列。如果 object 是数组，设定 order 为 C 将按行排列，为 F 将按列排列，为 A 将按照原顺序排列，为 K 将按照 object 数组中元素在内存中的原有存放顺序排列。subok 默认为 False，返回一个与基类类型一致的数组；如果 subok 为 True，则返回一个子类类型的数组。基类类型是 array( )方法中 object 对象的数据类型，而子类类型是 array( )方法创建后的数组类型。ndmin 指定创建数组的最小维度。使用 array( )方法创建数组的示例如下，实例中使用不同的 object 和参数来创建数组，NumPy 的 matrix( )方法创建矩阵，设定 subok 参数为 True 或 False 其转为基类类型的数组或子类类型的数组。

```
import numpy as np
a = np.array([1,2,3])
print(a)
a = np.array([[1,2],[3,4]])
print(a)
a = np.array([1,2,3,4,5],ndmin = 2)
print(a)
a = np.array([1,2,3],dtype = complex)
print(a)
a=np.matrix([[1,2,3],[4,5,6]])
at=np.array(a,subok=True)
af=np.array(a,subok=False)
print(type(at))
print(type(af))
```

程序的运行结果如下：

```
[1 2 3]
[[1 2]
 [3 4]]
[[1 2 3 4 5]]
[1.+0.j 2.+0.j 3.+0.j]
<class 'numpy.matrix'>
<class 'numpy.ndarray'>
```

NumPy 支持的数据类型比 Python 内置的类型多。类型名称与 Python 中内置数据类型名称一致，但 int 类型支持 intc、intp、int8、int16，int32、int64，uint8、uint16、uint32、uint64，float16、float32、float64，complex64、complex128 等内存空间不同的数据类型。表 2.4中列举了 NumPy 常用的基本数据类型，NumPy 的基本数据类型均是 dtype 类的实例。

NumPy 可使用 dtype( )方法创建自定义数据类型对象，dtype( )的方法原型为：numpy.dtype(object,align,copy)。

其中 object 是待转换的数据类型对象，该对象可以是 NumPy 中的基本数据类型，也可以是包含多个字段名称和字段类型的结构化类型；align 为可选参数，参数值为布尔类型，如果为 True，则填充字段时的方法类似 C 语言结构体中使用空字节填充对齐机器字长的方法；copy 为可选布尔类型时，如果为 True，则表示复制 dtype 对象为独立的内存空间，如果为 False，则表示是对内置数据类型对象的引用。

表 2.4 NumPy 常用的基本数据类型

名　称	类 型 简 介	字 符 代 码
bool_	布尔型数据类型 True 或 False	?,b1
int_	默认的整数类型	
int8	字节-128 到 127	b,i1
int16	整数-32768 到 32767	h,i2
int32	整数-2147483648 到 2147483647	i,i4
int64	整数-9223372036854775808 到 9223372036854775807	q,i8
uint8	无符号整数 0 到 255	B,u1
uint16	无符号整数 0 到 65535	H,u2
uint32	无符号整数 0 到 4294967295	I,u4
uint64	无符号整数 0 到 18446744073709551615	Q,u8
float_	默认 float64	
float16	半精度浮点数	f2,e
float32	单精度浮点数	F4,f
float64	双精度浮点数	F8,d
complex_	默认 complex128	
complex64	复数，双 32 位浮点数实数部分和虚数部分	F4,F
complex128	复数，双 64 位浮点数实数部分和虚数部分	F8,D

一个数据由多个字节组成时，字节顺序是通过在数据类型前设定“<”或“>”来按照小端法或者大端法存储数据的。其中“<”表示小端法，在低地址端存储数据的低位字节，高地址端存储数据的高位字节；“>”表示大端法，与小端法相反，在低地址端存储数据的高位字节，高地址端存储数据的低位字节。在 NumPy 中，除了默认类型外，其他基本数据类型都有简写表示方式（见表 2.4 的字符代码列），字符串类型的字符代码为“a”或“S”，S 后面添加数字，表示字符串最大长度，比如 S15 表示最大长度为 15 的字符串，不加数字则表示无最大长度限制。使用 dtype( )方法创建不同的数据类型对象时，其中定义结构化数据类型类似于定义表结构，每个字段有字段名和数据类型，dtype( )定义数据类型的示例如下：

```
import numpy as np
dt = np.dtype(np.int32)
print(dt)
dt = np.dtype('i4')
print(dt)
dt = np.dtype('<i4')#小端法
print(dt)
dt = np.dtype([('num',np.int8)]) #定义结构化数据类型
print(dt)
a = np.array([(10,),(20,),(30,)],dtype = dt)
print(a)
userType = np.dtype([('No','S15'),('Name','S50'),('Age','i1')]) #定义结构化类型
users = np.array([('202001','wang',20),('202002','zhang',25)],dtype = userType)
print(users)
```

程序的运行结果如下：

```
int32
int32
int32
[('num','i1')]
[(10,)(20,)(30,)]
[(b'202001',b'wang',20)(b'202002',b'zhang',25)]
```

如果 object 中的待转换数据类型无法转换为 dtype 中的数据类型，则会抛出异常。

2.2.2 数组的属性和方法

NumPy 数组的 ndarray 对象预留了一些属性或方法，通过这些属性或方法，可以快速查询或处理数组，如数据类型 dtype 属性可以通过 users. dtype 获取。

1. NumPy 数组的属性

NumPy 数组中 ndarray 对象的属性有：

1）ndim：秩，即数组的维度，维度也可称为轴（axis）。如果 axis=0，表示沿着第 0 轴进行操作，即对每一列进行操作；axis = 1，表示沿着第 1 轴进行操作，即对每一行进行操作。

2）shape：数组的形状，shape 的数据类型为元组。

3）size：数组元素的总个数，等于 shape 中项的乘积。

4）dtype：数组对象中的元素类型。

5）itemsize：数组中每个元素的字节大小。

2. NumPy 数组的创建

除了使用 array( )方法创建 ndarray 数组外，其他常用的创建数组的方法有三种，分别是通过已有数据创建数组、使用数值序列创建数组和创建特殊数据组成的数组。

（1）通过已有数据创建数组。通过 asarray( )、frombuffer( )、fromiter( )方法基于已有数据创建数组，将 Python 中的对象 object、数据流 buffer、可迭代对象 iterable 或 ndarray 对象转为新的 ndarray 对象。

1）asarray(object,dtype = None,order = None）用于将 object 对象转换为 ndarray。默认情况下，转换过程会复制所有输入数据；如果 object 是已有 ndarray 数组，则不再复制数据。object 对象可以是列表、列表的元组、元组、元组的元组、元组的列表、多维数组等。本方法示例如下：

```
import numpy as np
x = [1,2,3]
a = np.asarray(x,dtype=float)
print(a)
```

程序的运行结果如下：

```
[1.2.3.]
```

2）frombuffer(buffer,dtype = float,count =-1,offset = 0）实现动态数组，即存储空间不定的数组，将 buffer 以流的形式读入并转化成 ndarray 对象。当 buffer 为字符串时，Python3

默认字符串按照 Unicode 编码，所以需要在待转换字符串前加上前导符 b；count 是读取 buffer 字符的个数，-1 表示读取所有；offset 是读取 buffer 数据的起始位置。本方法示例如下：

```
import numpy as np
s = b'NumPy'
a = np.frombuffer(s,dtype='S1')
print(a)
```

程序的运行结果如下：

```
[b'N'b'u'b'm'b'P'b'y']
```

3）fromiter（iterable,dtype,count=-1）根据可迭代集合 iterable 创建一维数组。本方法示例如下：

```
import numpy as np
list = [1,2,3,4,5]
it = iter(list)
a = np.fromiter(it,dtype=float)
print(a)
```

程序的运行结果如下：

```
[1. 2. 3. 4. 5.]
```

（2）使用数值序列创建数组。NumPy 可使用 arange( )、linspace( )、logspace( )等创建数组。其中 arange( )和 linspace( )创建数列数组，linspace( )指定 num 后可以动态调整步长，步长是均匀的，logspace( )创建等比数列。这些方法的具体功能和示例如下：

1）arange(start,stop,step,dtype)方法，用于创建等差数列数组，start 和 stop 指定起止范围，step 指定步长，start 和 step 默认为 1，arange( )方法的使用示例如下：

```
import numpy as np
x = np.arange(4)
print(x)
x = np.arange(4,dtype = float)
print(x)
x = np.arange(4,20,2)
print(x)
```

程序的运行结果如下：

```
[0 1 2 3]
[0. 1. 2. 3.]
[ 4 6 8 10 12 14 16 18]
```

range( )和 arange( )的区别在于：range( )方法是 Python 中产生序列的方法，多用于迭代访问数组元素，返回一个 range 对象，如果需返回列表，则再加上 list( )方法进行转换，如 x=list(range(4))，并且它的步长值不能为浮点数；arange( )返回 ndarray 类型的数组，参数可以是任意数值类型。

2）linspace(start,stop,num=50,endpoint=True,retstep=False,dtype=None）方法，用于创建等差数列数组，其中num为数组的元素个数，endpoint参数标记stop是否包含在数组中，retstep为True时创建数组后显示步长。linspace()和arange()的区别在于：linspace()不需要指定步长，只需要指定数组元素的个数，且包含结束值。linspace()方法的示例如下，其中最后一个数组的步长值为1.0。

```
import numpy as np
x = np.linspace(1,4,4)
print(x)
x = np.linspace(1,1,4)
print(x)
x = np.linspace(1,4,4,endpoint = False)
print(x)
x = np.linspace(1,4,4,retstep=True)
print(x)
```

程序的运行结果如下：

```
[1.2.3.4.]
[1.1.1.1.]
[1.1.75 2.5 3.25]
(array([1.,2.,3.,4.]),1.0)
```

3）logspace(start,stop,num=50,endpoint=True,base=10.0,dtype=None）方法，用于创建等比数列数组，其中起始值和结束值为base ** start和base ** stop，base默认为10.0，是log的底数。logspace()方法的示例如下：

```
import numpy as np
x = np.logspace(1.0,2.0,num = 4)
print(x)
x = np.logspace(0,9,4,base = 2)
print(x)
```

程序的运行结果如下：

```
[ 10.21.5443469 46.41588834 100.]
[ 1.8.64.512.]
```

（3）创建特殊数据组成的数组。NumPy中的一些方法可创建特殊数据组成的数组，这些方法可以按照固定形状生成数组，并初始化为特殊值。

1）ones(shape,dtype = None,order = 'C')方法，根据给定形状和数据类型创建全1数组。

2）zeros(shape,dtype = float,order = 'C')方法，根据给定形状和数据类型创建全0数组。

3）empty(shape,dtype = float,order = 'C')方法，根据给定形状创建未初始化的数组，

数组中数据为随机值，默认为 float 类型。

4） full(shape,fill_value,dtype=None,order='C')方法，根据给定形状和数据类型创建指定数值的数组，fill_value 为初始值。

5） eye(N,M=None,k=0,dtype=float,order='C')方法，创建一个 N×M 的对角矩阵，k 为整数，默认为 0，表示主对角线，给定非 0 整数则表示对角线相对于主对角线的偏移量。

empty(shape,dtype = float,order = 'C')方法的原型中 shape 为数组形状，shape 可以设定为一个数组、列表或元组。如果 shape 设定为列表或元组，则 order 可设定为行或列优先，取值为 C 或 F，默认为 C。zeros()、ones()、full()方法的原型和 empty()基本相同，zeros()方法的 dtype 参数默认为 float，full()方法的 fill_value 参数设置数组中数据的初始值。NumPy 创建特殊数组的示例如下，其中 empty()方法默认初始化数组元素为随机值，示例中设定 dtype = int 后将元素初始化为 0。

```
import numpy as np
x = np.empty([2,3],dtype = int)
print(x)
x = np.zeros((4,),dtype = np.float)
print(x)
x = np.ones([2,2],dtype = int)
print(x)
x = np.full([2,2],5,dtype = int)
print(x)
```

程序的运行结果如下：

```
[[0 0 0]
 [0 0 0]]
[0.0.0.0.]
[[1 1]
 [1 1]]
[[5 5]
 [5 5]]
```

与 empty()、zeros()、ones()、full()方法对应的 ones_like()、zeros_like()、empty_like()、full_like()方法，用于创建与已有数组形状相同但数值特殊的数组，参数中第一个位置参数为已有数组，其中 empty_like()得到初始值为随机值的数组。根据已有矩阵，创建形状相同的特殊数组的示例如下：

```
import numpy as np
a = np.arange(4,dtype=float)
x = np.empty_like(a)
print(x)
x = np.zeros_like(a,dtype=float)
print(x)
a =([11.0,21.0,31.0],[41.0,51.0,61.0])
```

```
x = np.ones_like(a)
print(x)
x = np.full_like(a,5,dtype=int)
print(x)
```

程序的运行结果如下：

```
[7.56576720e-307  7.56579436e-307  1.42416271e-306  9.34609790e-307]
[0.0.0.0.]
[[1.1.1.]
 [1.1.1.]]
[[5 5 5]
 [5 5 5]]
```

eye(N,M=None,k=0,dtype=float,order='C') 方法用于创建对角矩阵，参数中 N 为整型数组行数，M 为整型数组列数，如果 M 不被设定，则默认与 N 相等，k 为对角线的位置，默认为 0 表示的是主对角线，负数表示低对角，正数表示高对角，即对角线相对于主对角线的偏移量。eye()创建对角矩阵的示例如下：

```
import numpy as np
a = np.eye(3)
print(a)
a = np.eye(4,k=1)
print(a)
```

程序的运行结果如下：

```
[[1.0.0.]
 [0.1.0.]
 [0.0.1.]]
[[0.1.0.0.]
 [0.0.1.0.]
 [0.0.0.1.]
 [0.0.0.0.]]
```

2.2.3 数组的基本操作和运算

数组的基本操作包括数组中数据的切片、索引、广播、修改形状和维度、翻转、连接、分割、添加、删除、迭代等；数组运算包括数组算术运算和关系运算等。

1. 切片和索引

ndarray 数组元素可基于 0~(n-1)的下标被索引，通过索引或切片被访问或修改。数组切片与 Python 中的序列切片方法基本一致，区别在于：数组切片是对原始数组进行处理，切片以后对数组的修改将改变原始数组的值；序列切片后的数组只是对原始数组中部分数据的引用。如果不想更改数组切片的原始数组，则需要使用 copy()方法复制待切片数组后再切片。数组的切片方法有以下五种：

1） 可以通过 Python 内置的 slice(start,stop,step) 方法，设置 start、stop 和 step 参数切片。

该方法从原始数组中切出一个新数组，其中 start 和 stop 为元素索引，例如 slice(2,10,2) 定义了一个从索引 2 开始至索引 10，但不包含 10，且索引步长为 2 的切片规则。

2）使用冒号分割，start:stop:step 方法切片。三个参数的设定规则为：

① 可只设定一个参数 start，如 [start]，将返回索引等于 start 的单个数组元素，如果设定为 [start:]，表示从索引为 start 的元素开始到数组结束的多个元素。

② 如果设定了两个参数，如 [start:stop]，则提取两个索引之间的项，包含 start 索引开始至 stop 结束，但不包含 stop 索引处的元素。

③ 如果设定了三个参数，则 step 表示 start:stop 之间的切片步长。

数组中使用冒号切片的方法与 Python 中对列表的切片方法相同，但数组切片后对元素的修改会影响原始数组。例如 b=a[:]，b=a[3:]，b=a[3:10:2]，对切片后 b 数组的修改将影响原来的数组 a，其中 a[:]是全部 a 数组的一个引用。

3）二维数组中使用逗号切片。每个维度都被当作一维数组切片，同一维度中使用冒号，维度之间使用逗号，如 b=a[2,3]表示取数组中第三行第四列的元素，b=a[:,1:]表示取二维数组 a 中第一个维度的所有元素，即所有行，在第二个维度上取从第 2 列开始到结束的所有列，如果在二维数组中使用 b=a[1:]，则表示取数组 a 第二行到结束的所有元素，如果在第二个维度上使用冒号，则可以省略，但在第一个维度上不能省略。

4）使用“…”进行切片。被选择元素的长度与数组的维度相同。如果在行位置使用“…”，将返回包含行中元素的数组，如 b=a[…,2]表示取第三列，b=a[1,…]在列方向上使用“…”，则表示取第二行。数组切片实例如下：

```
import numpy as np
a = np.arange(10)
s = slice(2,7,2)  #slice 函数
print(a[s])
x = a[2:7:2]  #冒号
print(x)
print(a[5])
print(a[2:])
print(a[2:5])
a = np.array([[1,2,3],[3,4,5],[4,5,6]])
print(a[…,1])  #第 2 列元素,…表示行号
print(a[1,…])  #第 2 行元素
```

程序的运行结果如下：

```
[2 4 6]
[2 4 6]
5
[2 3 4 5 6 7 8 9]
[2 3 4]
[2 4 5]
[3 4 5]
```

5）高级索引。除了切片外，NumPy 还支持数组索引、布尔索引、花式索引等高级索引方法对数组切片。

① 数组索引。数组索引是设定一个数组作为切片数组元素的规则，如 a[[0,1,2],[0,1,0]]表示切片数组 a 中（0,0）、（1,1）和（2,0）位置的元素，而 a[[[0,0],[3,3]]，[[0,2],[0,2]]] 表示切片二维数组中四个角的元素。数组索引也可以与切片中的冒号、“…”组合使用，如 a[1:3,[1,2]]表示切片数组中第 2 至第 3 行的第 2、第 3 列元素，示例如下：

```
import numpy as np
a = np.array([[1,2],[3,4],[5,6]])
y = a[[0,1,2],[0,1,0]] #数组索引
print(y)
a = np.array([[0,1,2],[3,4,5],[6,7,8],[9,10,11]])
rows = np.array([[0,0],[3,3]])#数组索引
cols = np.array([[0,2],[0,2]])#数组索引
y = a[rows,cols]
print(y)
a = np.array([[1,2,3],[4,5,6],[7,8,9]])
y = a[1:3,[1,2]] #数组索引
print(y)
```

程序的运行结果如下：

```
[1 4 5]
[[ 0  2]
 [ 9 11]]
[[5 6]
 [8 9]]
```

② 布尔索引。布尔索引是以索引数组作为切片规则的方式对数据进行索引的。选取布尔数组中 True 位置对应的元素。对数组进行关系运算或逻辑运算得到布尔数组，再使用布尔索引筛选数据，如 a=[-2,-1,0,1,2]，筛选数组中大于 0 的数据，可以先用 a>0 计算得到布尔数组［False,False,False,True,True］，故 b=a[a>0] 得到的 b 为大于 0 的元素。

在 NumPy 中，isnan()用于测试是否为 NaN（非数值），iscomplex()用于测试是否为复数，isinf()用于测试是否为无穷数，isfinite()用于测试是否为有穷数等。以 is 开始的方法用于返回布尔数组。布尔索引的示例如下：

```
import numpy as np
a= np.arange(-2,3,dtype=int)
print(a)
print(a[a > 0])
a = np.array([np.nan,1,2,np.nan,3,4,5])
print(a[~np.isnan(a)])
a = np.array([1,2+6j,5,3.5+5j])
print(a[np.iscomplex(a)])
```

程序的运行结果如下：

```
[-2  -1  0  1  2]
[1 2]
[1. 2. 3. 4. 5. ]
[2. +6. j 3. 5+5. j]
```

③ 花式索引。花式索引是以索引数组的值作为目标数组的某个维度的下标来切片的索引方式，是数组索引的特例，在索引的同时也按照索引号排序结果数组。如 a[[4,3,0,6]]表示选择二维数组的第4行、第3行、第0行、第6行，而 a[[-3,-5,-7]]使用倒序索引选取二维数组的倒数第3行、第5行、第7行。如果使用多个索引数组进行索引，则需要使用 np. ix_()传入多个一维数组，计算数组之间的笛卡儿积。如 np. ix_([1,5,7,2],[0,3,1,2]) 将产生两个子数组的笛卡儿积。得到 4 行 4 列的数组。对数组 a 的切片 a[np. ix_([1,5,7,2],[0,3,1,2])]和 a[[1,5,7,2]][:,[0,3,1,2]]功能相同，均生成一个 4 行 4 列的数组。a[[1,5,7,2]][:,[0,3,1,2]]与前述数组索引方式有所不同，花式索引的原理类似 C 语言中数组元素的获取，分维度获取，先取选定行，再取选定列，[0,3,1,2] 仅作为排序依据；数组索引则是组合得到所有待获取元素的下标。

2. 广播

广播是 NumPy 对不同形状的数组进行数值计算的方法。如果数组 a 和数组 b 形状相同，满足 a. shape = = b. shape，则直接计算。当运算中两个数组的形状不同时，NumPy 将自动触发广播机制，即复制维度较小的数组，使其产生一个与维度较大数组形状相同的数组，输出数组的形状和原始数组中维度最大的数组形状相同。

如下示例利用广播功能，定义了 4 行 3 列的二维数组 a 和具有 3 个元素的一维数组 b 相乘，广播机制会将数组 b 复制 3 次得到一个与数组 a 形状相同的数组再运算。

```
import numpy as np
a = np. array([[0,0,0],
       [10,10,10],
       [20,20,20],
       [30,30,30]])
b = np. array([1,2,3])
print(a * b)
```

程序的运行结果如下：

```
[[ 0  0  0]
 [10 20 30]
 [20 40 60]
 [30 60 90]]
```

广播运算的规则是：对两个待计算的数组，比较它们的每个维度是否相同，满足以下三个条件则触发广播：①数组形状相同；②当前维度的值相等；③当前维度的值有一个是 1。

若不满足以上三个条件中的任意一个，则抛出“ValueError: frames are not aligned”异常。

3. 修改形状和维度

reshape(arr,newshape,order='C') 方法，可在不改变原始数组中数据的前提下修改数组形状，arr是原始数组，newshape是整数或者整数序列组成的数组形状，新的形状应当兼容原有形状，即新形状中的元素个数等于原有形状中的元素个数，如 a=np.arange(8)，b=a.reshape(4,2) 或 b=np.reshape(a,(4,2))将数组a修改为4行2列的数组b。

4. 数组翻转

transpose(arr,axes) 方法对换数组的轴，即线性代数中矩阵的转置，如 a=np.arange(12).reshape(3,4) 得到3行4列的数组，np.transpose(a) 将a转置。ndarray.T属性类似于transpose()方法，np.transpose(a) 等价于 a.T。要改变轴还有比较灵活的方法，如 rollaxis(arr,axis,start) 和 swapaxes(arr,axis1,axis2)，其中 rollaxis 将一个轴滚动到 start 的位置，其他轴按照从前向后的顺序移动，swapaxes 将两个轴互换。

5. 数组连接

concatenate((a1,a2,…), axis) 方法，沿指定轴连接多个相同形状的数组，a=np.array([[1,2],[3,4]]),b=np.array ([[5,6],[7,8]])，np.concatenate((a,b),axis=1) 将得到[[1 2 5 6] [3 4 7 8]]，默认 np.concatenate((a,b))按照第0轴连接，得到数组[[1 2] [3 4] [5 6] [7 8]]。

6. 数组分割

split(arr,indices_or_sections,axis) 方法沿着指定轴分割数组。如果 indices_or_sections 设定为整数，则为子数组个数，分割时将元素平均分配到子数组中；如果设定为数组，数组中每个元素为切分位置处的索引，切分索引在后一数组中，axis为分割的轴，默认为0，即水平方向分割，为1时，即垂直方向分割。如 a=np.arange(9)，则 b=np.split (a,3) 会将a分割为三个大小相等的子数组，b=np.split(a,[4,7]) 在一维数组a中的索引位置4和7处分割。hsplit(arr,indices_or_sections) 中参数的作用和 split()方法的相同，按照水平方向分割，等价于 split()方法中 axis 设定为1；vsplit(arr,indices_or_sections) 按照垂直方向分割，等价于 split()方法中 axis 设定为0。

7. 数组元素的添加和删除

数组元素的添加和删除，是数组元素的基本操作。可以将新元素添加到末尾，也可以在固定位置插入、删除元素，还可以删除数组中固定的元素和重复元素等。

（1）改变数组形状时自动添加和删除元素。resize(arr, shape) 方法返回指定形状的新数组。如果新数组的元素数量等于原始数组的，则 resize()的功能与 reshape()相同，仅改变数组形状；如果新数组的元素数量不等于原始数组的，则分为两种情况：

1）新数组元素数量少于原始数组的，则从数组第一个元素开始，按行顺序选取足够的元素组成新的数组，其他元素忽略，如 a = np.array([[1,2,3],[4,5,6]])，而 b=np.resize(a,(2,2))将得到数组 [[1 2] [3 4]]，元素5、6被忽略。

2）新数组元素数量大于原始数组的，则循环从原始数组第一个元素开始重复读取足够数量的元素组成新的数组。例如 a=np.array([[1,2,3],[4,5,6]])，而 b=np.resize(a,(4,2))得到 [[1 2] [3 4] [5 6] [1 2]]，新数组中缺少的两个元素，从原数组a的开始元素读取补入。

（2）在数组末尾添加元素。append(arr,values,axis=None) 方法在数组的末尾添加元素，会分配整个数组存储空间，并把原始数组中的数值复制到新数组中，待添加数据的维度须与原始数组相匹配，否则将生成“ValueError”错误。当 axis 无定义时，横向添加元素，返回一维数组；当 axis=0 时，新增数据列数与原始数组的相同；当 axis=1 时，在数组最右侧添加列，行数要求与原始数组相同。

（3）在数组中插入元素。insert(arr,index,values,axis）方法在指定索引 index 之前插入元素，index 位置的元素可以是整数、列表或元组。insert 方法的功能是沿指定轴在数组中插入值，如果未设定 axis，则原始数组将被展开为一维数组，在 index 位置前插入元素；如果设定了 axis，则将按照 index 索引的行或列插入，插入过程无法对齐行或列时，将按照轴广播。例如在数组 a=[[0,1,2,3][4,5,6,7],[8,9,10,11]]中插入元素，b=np. insert(a,1,[1,1,1,1],0）将插入第二行，插入结果 b 为单独的对象，不会改变数组 a。print(np. insert(a,1,[11],axis = 0))将在行方向上广播插入数据。

（4）在数组中删除元素。delete(arr,obj/index,axis）方法从原始数组中删除子数组 obj，或删除索引 index 处的元素或子数组。与 insert()方法中轴的功能相同，如果未设定 axis，则原始数组将被展开为一维数组，按照 index 删除元素；如果设定了 axis，则将删除 index 索引的行或列。也可以使用 np. s_自定义删除元素索引集合，如 np. delete(a,np. s_［::2］）表示采用 np. s_［::2］进行切片，删除切片位置的所有元素。

unique(arr,return_index,return_inverse,return_counts）方法用于去除数组中的重复元素。arr 不是一维数组时，会被展开为一维数组；return_index 如果为 True，则返回新数组元素在旧数组中的位置列表；return_inverse 如果为 True，则返回旧数组元素在新数组中的位置列表；return_counts 如果为 True，则返回去除的重复元素在原数组中的出现次数。

8. 数组迭代

NumPy 迭代器对象 numpy. nditer 提供了一种灵活访问一个或者多个数组元素的方式。迭代器的最基本功能是实现数组元素的遍历访问。例如 for x in np. nditer(a,order='F'）按照列优先遍历，for x in np. nditer(a.T,order='C'）按照行优先遍历。如下示例遍历数组，数组迭代中也可以按照维度遍历，遍历数组示例如下：

```
import numpy as np
a = np.arange(0,60,5)
a = a.reshape(3,4)
b = a.T
print('以行顺序排序:')
c = b.copy(order='C')
print(c)
for x in np.nditer(c):
    print(x,end=",")
print('以列顺序排序:')
c = b.copy(order='F')
print(c)
for x in np.nditer(c):
    print(x,end=",")
```

程序的运行结果如下：

```
以行顺序排序：
[[ 0 20 40]
 [ 5 25 45]
 [10 30 50]
 [15 35 55]]
0,20,40,5,25,45,10,30,50,15,35,55,
以列顺序排序：
[[ 0 20 40]
 [ 5 25 45]
 [10 30 50]
 [15 35 55]]
0,5,10,15,20,25,30,35,40,45,50,55,
```

9. 数组运算

（1）数组算术运算。数组能够实现加、减、乘、除、幂等算术运算。如 a = np. array([[1,2,3],[4,5,6]])，则 a * a 为对应位置元素相乘，得到 [[1 4 9] [16 25 36]]，a-a 则数组的对应位置元素相减，得到 [[0 0 0] [0 0 0]]。在除法中除以 0，会得到非数 nan，并提示“RuntimeWarning”警告，a**2 与 a*a 结果相同，得到 [[1 4 9][16 25 36]]。

（2）数组关系运算。大小相同的数组间进行关系运算，会生成布尔值数组，如 a=np. array([[1,2,3],[4,5,6]])，b= np. array([[0,8,2],[9,5,3]])，则计算 a>b 得到 [[True False True] [False False True]]。Python 中的关系运算符均可以在 NumPy 中使用。

2.2.4 数组的常用方法

NumPy 包含非常丰富的运算方法，如算术运算、统计计算、排序和筛选、数学运算、随机生成数组、线性代数、字符串处理和矩阵等方法，这些方法为数据处理和分析带来便利，下面逐一介绍。

1. 算术运算

NumPy 的算术运算方法，除了包含基本的加 add()、减 subtract()、乘 multiply()、除 divide()外，还包括：

1） reciprocal()方法，用于返回数组中元素的倒数所组成的新数组。

2） power()方法，用于计算数组中每个元素的幂所组成的新数组。

3） mod()方法，用于计算数组中元素的模。

这些方法中涉及两个数组作为参数来运算时，如果两个数组的形状不同，仍支持广播机制。

2. 统计计算

NumPy 提供了很多统计方法，用于从数组中查找最小元素、最大元素、百分位数、中位数、算术平均值、数组的平均值，标准差和方差等。这些方法不仅能够得到整个数组的统计值，也可按照轴计算统计值，常用的统计方法包括：

1） amin()和 amax()方法，计算或按轴计算数组的最小值和最大值。

2） ptp()方法，计算或按轴计算数组中最大值与最小值的差。

3）percentile(a,q,axis,keepdims=True）方法，q 为 1~100 的整数，计算或按轴计算数组中小于等于 q%的元素的分界点（即百分位数），其中 keepdims 参数为 True 表示生成的分界点组成的数组与原数组形状相同。

4）median( )方法，计算或按轴计算数组中元素的中位数。

5）mean( )方法，计算或按轴计算数组中元素的算术平均值。

6）average( )方法，计算数组的平均值，或计算数组中元素的加权平均值。如 np. average（[1,2,3,4],weights = [4,3,2,1],returned = True）中，加权平均值 =(1×4+2×3+3×2+4×1)/(4+3+2+1)，由于 returned 参数为 True，因此返回权重和。

7）std( )方法，计算数组的标准差。

8）var( )方法，计算数组的方差。

3. 排序和筛选

（1）排序

1）sort(a,axis,kind,order）方法，对数组排序，并支持三种排序方法。kind 参数默认为 quicksort，代表快速排序；kind 参数为 mergesort，代表归并排序；kind 参数为 heapsort，代表堆排序。

2）argsort( )方法，返回在不改变原始数组的前提下，数组中元素从小到大的索引数组，可使用索引数组重构被排序数组。

3）lexsort( )方法，用于对数组中多列排序，类似于 Excel 中对多关键字排序。

（2）筛选

1）nonzero( )方法，返回数组中非零元素的索引。

2）argmax( )和 argmin( )方法，分别计算或按轴计算数组最大和最小元素的索引。

3）where( )方法，返回数组中满足给定条件的元素的索引，条件是逻辑或关系表达式。

4）extract( )方法，根据条件从数组中筛选元素，条件是一个布尔数组。

4. 数学运算

NumPy 提供了大量的数学运算方法，包括三角函数方法、复数处理方法等，主要包括：

1）三角函数方法 sin( )、cos( )、tan( )和反三角函数方法 arcsin( )、arccos( )、arctan( )，使用时，对数组元素乘以 np. pi/180 将角度转换为弧度，计算后用 degrees( )方法将弧度转换为角度。

2）around(a,decimals）方法对数组 a 的元素四舍五入，decimals 为舍入的小数位数，默认值为 0，如果为负则四舍五入为整数。

3）floor( )方法向下取整。

4）ceil( )方法向上取整。

5. 随机生成数组

除了前面提及的 linspace( )方法可生成指定区间的数组外，numpy. random 模块里还有各种随机数生成方法，用于在数据处理中定义并初始化数组，每个方法的功能如下：

1）random. rand(x,y）方法，生成数值为 0~1 的一个形状为（x,y）的随机浮点数数组。

2）random. randn(x,y）方法，生成形状为（x,y）的满足正态分布的随机数数组。

3）random. randint(x,size=(m,n))方法，生成一个形状为 size，元素在 1~x 的随机整数

数组。

4）random. normal(loc,scale,size）方法，返回以 float 类型 loc 为均值、scale 为标准差、size 形状的数组，默认 size 为 None 时，只输出一个值。

5）random. uniform(low,high,size）方法，从区间［low,high）中随机生成均匀分布的 size 形状的数组。

6）choice(a,size）方法，随机从已有数组 a 中随机选择并生成形状为 size 的数组。

6. 线性代数

NumPy 提供了线性代数方法库 linalg，该库包含了线性代数中矩阵计算所需的所有基本功能，如：

1）matmul( )方法，计算两个数组的乘积，要求两个数组的形状满足线性代数中矩阵的乘法规则，否则会有异常。

2）dot(a,b,out=None）方法，如果 a、b 是一维数组，则计算两个数组对应下标元素的乘积并求和，即向量内积；如果 a、b 是二维数组，则按照矩阵乘积计算。

multiply( )、dot( )和 matmul( )方法的区别如下：

1）multiply( )是两个数组的数量积，与“*”运算符的作用相同。如果两个数据形状不同，则按照广播规则将维度较小的数组广播，得到两个维度相同的数组后再计算。multiply( )支持标量计算，即当一个运算对象为单个数值时，单个值被广播为与另一个对象形状相同的数组，之后再进行计算，结果数组的形状与运算对象中形状较大的数组相同，且满足交换律；当运算对象中有标量时，dot( )与 multiply( )功能相同，而 matmul( )方法不支持标量计算。

2）dot( )和 matmul( )将两个数组按照矩阵乘积计算，计算规则如下：

① 当运算对象为两个一维数组时，两个方法的功能相同，即计算内积，且满足交换律。

② 当运算对象为二维数组时，两个方法的功能也相同，将矩阵相乘，但不支持交换律。

③ dot( )方法支持多维数组的计算，只需第一个数组的最后一维等于第二个数组的倒数第二维即可。

3）outer( )方法计算两个数组的笛卡儿积。

4）linalg. det( )方法计算输入矩阵的行列式的值。

5）linalg. solve( )方法计算矩阵形式的线性方程的解。

6）linalg. inv( )方法计算矩阵的（乘法）逆矩阵。

7. 字符串处理

NumPy 的字符串处理方法，主要用于从文本中加载数据后，对文本数据进行分割、查找、连接和转换等，如对 dtype 为 numpy. string_或 numpy. unicode_的数组执行向量化字符串操作。字符串处理方法在字符数组类 numpy. char 中定义，常用方法如下：

1）char. add( )方法，逐个对两个数组的字符串元素进行连接，形成新的数组。

2）char. split( )方法，指定分隔符对字符串进行分割，并返回数组列表。

3）char. strip( )方法，删除元素开头或者结尾处的特定字符。

4）char. join( )方法，按照指定分隔符连接数组中的元素。

5）char. replace( )方法，替换字符串中所有子字符串。

8. 矩阵

NumPy 的矩阵库是 numpy. matlib，该模块中的方法返回一个矩阵，而不是 ndarray 对象，矩阵中的元素可以是数字、符号或数学公式等。使用 import numpy. matlib 导入该库。矩阵库中的常用方法如下：

1）转置，使用 T 属性转置，与 transpose( )方法功能相同。

2）matlib. ones(shape,dtype = None,order = 'C')方法，根据给定形状和数据类型创建全 1 矩阵。

3）matlib. zeros(shape,dtype = float,order = 'C')方法，根据给定形状和数据类型创建全 0 矩阵。

4）matlib. empty(shape,dtype = float,order = 'C')方法，根据给定形状创建未初始化的矩阵。

5）matlib. full(shape,fill_value,dtype=None,order='C')方法，根据给定形状和数据类型创建指定数值的矩阵，fill_value 为初始值。

6）matlib. eye(N,M=None,k=0,dtype=float,order='C')方法，创建一个 N * M 的对角矩阵。

7）matlib. identity(n,dtype=None)方法，创建大小为 n 的对角矩阵。

2.3 Pandas 工具包

Pandas 是基于 NumPy 构建的 Python 数据分析库，它使数据预处理、清洗、分析工作变得更加简单快捷。Pandas 是专门为处理表格式异构数据而设计的，能处理含异构列的表格数据、有序或无序的时间序列数据、带行列索引的同构或异构矩阵数据等。Pandas 有两个主要数据结构，即 Series 和 DataFrame，DataFrame 是 Series 的容器，Series 是标量的容器，这两种数据结构能够满足金融、统计、社会科学、工程等众多领域处理数据的需求。已安装的 Anaconda 中包含了 Pandas 工具包，使用方法和 NumPy 相同，在编辑程序前用 import pandas as pd 引入 Pandas。

2.3.1 Series

Series 对象是带索引的一维数组，数组中的元素可来自 Python 或 NumPy 中的任意数据类型，包含数组和数组元素索引，每个索引都有一个索引位置，即索引下标，通过索引或索引下标可以更加直观地处理数据。Series(data,index,dtype,copy)方法用于创建 Series 对象：data 为输入数据，类型可以是列表、常量、数组、字典、标量值或者 Python 对象等；index 默认用 0~(n-1) 作为元素的索引，也可自定义索引，按照索引的先后顺序，Series( )为数组中每个元素设定索引；dtype 为指定的数据类型；copy 表示是否复制 data。

1. 创建 Series 对象

1）当 data 是多维数组时，索引数量必须与 data 数组的第一个维度的长度一致，且索引值不可重复。没有设定索引时，默认使用 range( )序列作为索引。

2）当 data 为字典时，如果没有设置索引，将字典中的键作为索引；当设定了索引时，索引自动与字典中的键对应，当索引未匹配到对应的健时，索引对应的值自动填充为非数

NaN，如果键值未找对匹配的索引，该键值将被忽略。

3）当 data 为标量时，按照索引将所有值填充为相同标量。

创建 Series 对象的示例如下：

```
import pandas as pd
a=pd.Series([1,2,3,4,5])  #默认索引
a=pd.Series([1,2,3,4],index=['c','d','e','f'])  #自定义索引
print(a.index)  #打印索引
print(a.values)  #打印值列表
dic = {'u':0.,'v':1.,'x':2.}  #定义字典
a=pd.Series(dic,index=['u','v','w','x'])  #用字典定义 Series
print(a[0:2])#切片
print(a['v'])#获取索引处的值
print(a[a>a.median()])  #条件筛选
```

程序的运行结果如下：

```
Index(['c','d','e','f'],dtype='object')
[1 2 3 4]
u     0.0
v     1.0
dtype:float64
1.0
x     2.0
dtype:float64
```

2. 访问 Series 对象

访问 Series 对象有两种方式，分别是按索引访问或按索引下标访问。按索引下标访问 Series 的方式，与数组或列表中使用下标访问元素的方式相同，故同样也支持切片，如a[0:2]表示切片前两个元素。按索引访问 Series 类似于访问字典，把索引作为键，把 Series 数组中的元素作为值，可以通过索引名来访问或修改对应的值，如上例中可使用 a['w'] = 12，给索引对应的元素重新赋值。

3. Series 对象的属性

Series 对象的主要属性是对该对象基本特征的描述，通过常见属性可以掌握该对象的基本特征，Series 对象的常用属性如下：

1）dtype 属性，返回 Series 对象中数组的数据类型。

2）array 属性或 to_numpy()方法，用于获取 Series 中的 data 数组。

3）axes 属性，以列表的形式返回索引。

4）empty 属性，返回 Series 对象是否为空。

5）size 属性，返回元素个数。

6）values 属性，以数组的形式返回 Series 对象。

7）index 属性，返回 Series 对象的索引。

4. Series 对象的常用方法

NumPy 中的运算可全部应用于 Series 中，除此之外，也有一些特殊方法和运算符用来实

现 Series 对象的处理。

1）in 运算符，用于判断元素是否存在于 Series 中。

2）get( )方法，获取索引处的值，如果索引不存在，则返回默认值。

3）head( )或 tail( )方法，常用于观察 Series 对象中的部分数据，其中 head(n) 查看前 n 行，默认显示前 5 行数据，tail(n) 查看后 n 行，默认显示后 5 行数据。

4）isnull( )和 notnull( )方法，用于检测 Series 中的缺失值。如果存在缺失，则 isnull( ) 方法返回 True，notnull( )方法返回 False。

Series 支持 NumPy 中数组的运算方法。区别在于 Series 之间的操作会自动基于索引对应数据元素。在如下示例中，Series 对象 a = pd. Series(np. random. randn(5) ,index = ['a','b','c','d','e']) 和 b = pd. Series(5.0,index = ['b','c','d','a']) 进行"*"运算，其中 e 索引没有被匹配，则对应元素的计算结果为 NaN，得到所有索引的并集。

```
import pandas as pd
import numpy as np
a = pd.Series(np.random.randn(5),index=['a','b','c','d','e'])
b = pd.Series(5.0,index=['b','c','d','a'])
print(a*b)
```

程序的运行结果如下：

```
a    -6.278227
b     7.397234
c     1.306398
d    -7.303550
e          NaN
dtype:float64
```

2.3.2 DataFrame 概述

DataFrame 是由不同数据类型的多列组成的二维数据结构，其中每一列均为 Series 对象。类似于 Excel 或关系数据库的二维表，DataFrame 是由 Series 对象构成的二维表，每列数据的类型可以为数值、字符串、布尔数、日期时间等。DataFrame 对象带有行列索引，是一个共享索引的 Series 集合。

DataFrame 是最常用的 Pandas 对象，与 Series 一样，DataFrame 支持多种数据类型，如一维数组、列表、字典、二维数组、多维数组、Series 对象、DataFrame、文件等。根据数据源的不同，常用创建 DataFrame 的常用方法有很多，这些方法的原型为：

```
DataFrame(data,index,dtype,columns)
```

其中 data 为数据源，index 为行索引列表，columns 为列索引列表。下面详细介绍创建 DataFrame 的常用方法。

1. 使用列表创建 DataFrame

DataFrame( )方法的参数 data 为数据源，当未设定 data 时，该方法会创建一个空的 DataFrame 对象，data 可以是 Python 中任意嵌套数据类型；columns 为列索引；index 为行索引。DataFrame 中各列可以使用不同的数据类型，通过 dtype 属性可以获取所有列的数据类型。

使用列表创建 DataFrame 的示例如下：

```
import pandas as pd
import numpy as np
data = np.zeros((2,),dtype=[('A','i4'),('B','f4'),('C','a10')])
data[:] = [(1,2.,'A'),(2,3.,'B')]
df=pd.DataFrame(data,columns=['C','A','B'],index=['a','b'])
print(df)
```

程序的运行结果如下：

```
[(1,2.,b'A')(2,3.,b'B')]
     C    A    B
a  b'A'  1  2.0
b  b'B'  2  3.0
```

2. 使用 Series 创建 DataFrame

使用 Series 创建 DataFrame 即合并多个 Series 对象。如果多个 Series 对象的索引不同，且未设定 DataFrame 索引时，DataFrame 会取多个 Series 对象索引的并集作为 DataFrame 行索引，如果行索引对应的列没有值，为 None 时，方法会自动使用 NaN 填充。使用 Series 创建 DataFrame 的示例如下：

```
import pandas as pd
df = pd.DataFrame({'A':pd.Series([1.,2.,3.],index=['a','b','c']),\
    'B':pd.Series([1.,'a',3.,4.],index=['a','b','c','d'])})
print(df)
```

程序的运行结果如下：

```
     A    B
a   1.0   1
b   2.0   a
c   3.0   3
d   NaN   4
```

3. 使用字典创建 DataFrame

以字典中的 key 为列名、value 为值创建 DataFrame 时，可以使用 Timestamp( )方法自动生成日期时间类型的列作为索引或数据。字典中的 value 是一维数组或 Python 基本数据类型的数据。DataFrame 对象的行列索引可以动态生成，例如 index= pd.date_range（'20200201', periods=4）生成日期类型的行索引。通过字典创建 DataFrame 对象的下述示例中，C 列的 Series 使用［0,1,2,3］作为索引，与 DataFrame 的索引未匹配，故自动填充为 NaN。

```
import pandas as pd
import numpy as np
df = pd.DataFrame({'A':1.,\
    'B':pd.Timestamp('20200102'),\
    'C':pd.Series(1,index=list(range(4)),dtype='float32'),\
```

```
    'D':np.array([3] * 4,dtype='int32'),\
    'F':'foo'},\
    index= pd.date_range('20200201',periods=4))
print(df)
```

程序的运行结果如下：

```
             A          B    C  D    F
2020-02-01  1.0 2020-01-02 NaN  3  foo
2020-02-02  1.0 2020-01-02 NaN  3  foo
2020-02-03  1.0 2020-01-02 NaN  3  foo
2020-02-04  1.0 2020-01-02 NaN  3  foo
```

DataFrame.from_dict()接收字典作为输入创建 DataFrame 对象，默认以字典中的 key 为列索引，可以通过 orient='index' 将 key 指定为行索引。DataFrame.from_records()根据元组、数组等创建 DataFrame 对象，使用 Excel 和 CSV 文件也可快速创建 DataFrame：使用 read_csv()方法可读取 CSV 类型的文件创建 DataFrame，使用 ExcelFile()方法则可读取 Excel 文件创建 DataFrame。

2.3.3 DataFrame 属性和操作

属性描述 DataFrame 对象的基本特征，在数据处理过程中，通过属性可以获取 DataFrame 对象的基本特征，以查看该对象的状态和变化。DataFrame 对象的操作方法，用于处理该对象。下面从基本属性、基本操作和对象分组统计三个方面讲解 DataFrame 对象的特征。

1. DataFrame 对象的基本属性

DataFrame 对象的基本属性包括数据类型、维度、大小、行列索引和值等。以下是 DataFrame 对象的八个基本属性。

1） values 属性，返回对象中元素二维数组形式的数据。

2） dtype 属性，返回全部列的数据类型。

3） ndim 属性，返回维度。

4） shape 属性，返回形状。

5） size 属性，返回元素个数。

6） T 属性，返回转置的 DataFrame 对象。

7） index 属性，返回行索引。

8） columns 属性，返回列索引。

2. DataFrame 基本操作

DataFrame 的结构类似于 Excel 二维表或关系数据库中的表，因此处理 DataFrame 对象的方法与处理 Excel 二维表或关系数据库中表的方法有相似之处，但具体使用时要用 Pandas 中定义的方法或规则进行处理。下面从对象查看、对象选择、对象处理等方面来了解 DataFrame 的基本操作。

首先创建一个 DataFrame 对象。如果将列表或元组赋值给 DataFrame，其行列长度必须与 DataFrame 的行列长度相等，如果将一个 Series 赋值给 DataFrame，其行列会精确匹配 DataFrame的索引，所有的空值 None 均被填为缺失值。创建一个 DataFrame 示例如下，后续示例中 df 表示 DataFrame 对象。

```
import pandas as pd
df = pd.DataFrame( {'A':pd.Series([1.,2.,3.],index=['a','b','c']),\
    'B':pd.Series([1.,'a',3.,4.],index=['a','b','c','d'])})
```

（1）对象查看。除了可以使用 DataFrame 属性查看对象的基本特征外，DataFrame 中还有以下五个常用的方法，用于在数据处理前或处理过程中查看对象的状态和变化，以掌握更多信息。

1）head(n)方法，返回最前的 n 行。

2）tail(n)方法，返回最后的 n 行。

3）info()方法，获取 DataFrame 对象的行列基本信息，如行数、行索引区间、列索引及每列的数据类型、列中非空元素的个数等。

4）describe()方法，获取 DataFrame 对象的统计信息，包括数据的数量、方差、标准差、最大值、最小值、分位数等。

5）sample(n)方法，随机返回 n 行。

（2）对象选择。可以在行、列或行列的交叉处选择 DataFrame 元素，选择方法类似于表格，但需要使用 DataFrame 中定义的行索引进行选择，选择方法有三种。

1）投影列。投影列须使用列索引，即使用列名投影。可使用索引投影单独列，如 df.A 可投影 A 列，等价于 df['A']；也可以使用列索引投影多列（需要将列名存放在列表中），如 df[['A','B']]投影两列。投影列时，默认会获得列所在的所有行。

2）选择行。选择行时，既可以使用行索引，也可以使用行索引下标。按照行索引下标选择行，类似于 Python 或 NumPy 中的切片，如 df[2:]表示选择行索引为 2 到 n-1 的行，df[-3:-1]表示选择最后 2 行，df[::2] 表示间隔选择行。按照行索引选择行，类似于条件查询，如 df[df.index=='a']，表示选择索引为 a 的行，索引名称被设置为条件。如果需要按照行索引选择多行，则使用 loc[ ]方法。

3）选择行列交叉元素。选择行列交叉元素时，可以使用 iloc[ ]或 loc[ ]方法。其中 iloc[ ]方法根据指定的行列索引下标的切片，获取行列索引交叉位置的元素。iloc[ ]方法的原型如下：

```
iloc[row_index,column_index]
```

其中，row_index 表示行索引下标切片，column_index 表示列索引下标切片。例如，使用 df.iloc[[1, 3], 0: 2] 选取第 1、第 3 行，从第 0 列至第 1 列的元素；df.iloc[1:3,[0,1]]选取第 1 行至第 2 行，第 1、第 2 列的元素。用逗号间隔多个索引下标时，需要使用“[ ]”表示为列表。如果行索引下标位置仅用了冒号，则表示选择所有行。如果在列索引下标处仅使用冒号，则表示投影所有列。因此，df.iloc[:,:]表示整个 DataFrame 对象。

loc[ ]方法根据行列索引获取元素，此方法可根据行列索引列表或者行列索引切片来选择。此方法的原型如下：

```
loc[index,column]
```

其中，index 表示行索引列表，column 表示列索引列表。如果 DataFrame 未设定 index，则 loc[ ]方法可按照默认的行索引选择行，否则按照设定行索引选择行，如 df.loc['a'] 表示选取索引为 a 的行，df.loc[['a','b']]表示选取索引为 a、b 的行，df.loc[['a','b'], ['A','B']] 表示选取行索引为 a、b，以及列索引为 A、B 的元素。index 和 column 也可以设置为切片，如 df.loc['a':'b']，选择索引 a 至 b 行，且包含索引 b 行的所有列。按照 df.loc[:,'A':'B'] 或 df.loc[:,:]也可用于选择元素。

（3）增加和修改行列元素。增加和修改是 Excel 二维表或关系数据库中表的关键操作，同样也是 DataFrame 对象的主要操作。在增加或修改 DataFrame 对象的行列时，如果行列索引已经存在，则表示修改该行或列。增加和修改列有六种方法。

1）为不存在的列赋值，将创建新列。在 DataFrame 中给一个不存在的列赋值时，将在列的末尾增加新列，如 df['C']=5 或 df.C=5 将用列广播的方法增加 C 列。df ['D'] = df['A'] [:2] 将增加 D 列，并赋值为 A 列的前两行，D 列其他行的数据为 NaN。df['D']= pd.Series([-1.2,1.5,-1.7], index=['a','b','c'])将创建 Series 对象，使用该对象增加 D 列，该对象的行索引将与 DataFrame 的行索引匹配。

2）使用 loc[ ]方法增加新列。当 loc[ ]方法中设置的列索引不存在时，将创建新列。如 df.loc[:,'D'] = [-1.2,1.5,-1.7,3] 将在 DataFrame 对象中增加 D 列，D 列的数据会按照列表的索引位置匹配到 DataFrame 对象的行中。

3）使用 insert( )方法增加新列。此方法的原型如下：

```
insert(loc,column,value,allow_duplicates=False)
```

其中，loc 表示列索引，新列会插在 loc 之前，column 表示新增列的索引，value 为列中数据，allow_duplicates 表示是否允许与已有列索引重复。如 df.insert（0,'C',[10,11,12,13]）将在索引为 0 的列前，即在 A 列前面增加 C 列。

4）使用 concat( )方法拼接列。concat( )方法在列方向的合并类似于关系数据库中关系上的集合运算，此方法的原型如下：

```
concat(obj,axis=0,join='outer',ignore_index=False)
```

其中，obj 为待拼接的对象，类型为列表、元素、字典、DataFrame 对象、Series 对象或多个对象组成的列表等。axis 默认为 0，代表按照行方向拼接，即添加行；当 axis=1 时，实现 DataFrame 对象按列拼接，且拼接过程会匹配多个对象的行索引。ignore_index 为 True 时，表示忽略原有行索引，按照自增序列重新设定索引。join 默认为 outer，表示多个对象在行方向上的并集；join=inner，则表示多个对象的交集。

5）使用 iloc[ ]方法，可以按照列索引下标修改元素值，如 df.iloc[:,2]=[11,22,33,44]将修改列索引下标为 2 的行，但需要保证索引下标合法。iloc[ ]方法只能修改现有列，不能增加列。

6）rename( )方法以字典的形式重命名列。

以上六种方法中，1）和 2）不仅能够增加新列，也能够修改列，而 insert( )方法只能增加列，iloc[ ]方法只能修改列。不论是使用列表或元组作为数据源新增或修改行列，还是用 insert( )方法增加列，DataFrame 对象都将自动对齐索引与数据源的位置，即数据源的长度必须与 DataFrame 对象的行或列数一致，否则会抛出异常，如果列表或元组某一位置没有数据，则可用 None 代替，该值将被匹配为 NaN。

与增加和修改列的方法类似，增加和修改行的常用方法有四种：

1）使用 loc[ ]方法可增加行。与增加列的不同之处在于，loc[ ]方法增加列须设置行列两个维度的索引，而增加行仅须设定行索引。如 loc['e'] = 5 将按照行广播方式增加行，df. loc['e'] = = [-22,33,-11,55] 将新增行索引为 e 的行，如果 DataFrame 对象中不存在索引 e，则增加新行，否则修改该行。

2）使用 concat( )方法拼接行。使用 concat( )方法可获得多个对象的集合运算，默认拼接为多个集合的并集。参数 verify_integrity 为 True 时，将检查行索引是否重复，如果有重复则抛出异常。

3）使用 merge( )方法合并多个 DataFrame。merge( )方法的功能与关系数据库中的连接运算相似，此方法的原型如下：

```
merge(left,right,how='inner',on,sort=True)
```

merge( )方法将 left 和 right 两个 DataFrame 按照 how 中定义的方式合并，默认取交集，类似于 SQL 中的连接运算；on 为合并键；how 可以选择 left、right、outer、inner 之一，默认为 inner（内部连接）。

4）iloc[ ] 方法可按照行索引修改行。如使用 df. iloc[3] = [-22,33] 或 df. iloc[3,:] = [-22,33]，修改第 4 行的值；df. iloc[1,2] = 19，修改第 2 行第 3 列的值。

（4）删除行列。del 命令、pop( )方法、drop( )方法均可以删除列。如 del df['B']、df. pop('B')、df. drop(['B'],axis=1，inplace=False）都可删除 B 列。不同之处在于：pop( )删除列后，可获取删除列；drop( )方法更加灵活，不仅能删除列，在指定轴后也能删除行，如 df. drop(['a','b'],axis=0，inplace=False）删除索引为 a、b 的行。inplace 为 False 表示返回一个删除后的副本，inplace 为 True 表示在原 DataFrame 对象上删除。drop( )方法中可以使用 index 和 columns 指定待删除的行列索引。

（5）排序和筛选。DataFrame 有两个常用的排序方法，分别是 sort_index( )和 sort_value( )。其中 sort_index( )方法按照索引排序，当 axis=0 时，按照行索引排序，当 axis=1 时，按照列索引排序。

1）sort_index(axis=0,ascending=False)，按照行索引降序排序。

2）sort_values(by,axis=0,ascending=True)，按照数值排序。by 参数设定列名或列索引用于排序，axis 默认为 0。如 df. sort_values(by=['A','B'],ascending=False)，表示按照 A、B 列排序；df. sort_values(by='A',ascending=False)，表示按照 A 列排序。

DataFrame 中筛选数据的方法有很多，类似于 Excel 筛选和 SQL 中的查询，主要的筛选方法如下：

1）单列筛选。类似于 SQL 语句中的 where 关键字筛选，对每列中的元素使用条件筛选，如 df[df. D >0] 或 df[df['D'] >0] 筛选 D 列中大于 0 的行。

2）集合筛选 isin( )方法。此方法的功能等价于 in 运算符，如定义 num=[1,2,3],df[df['B']. isin(num)]将筛选出 B 列中与 num 中元素相等的行。

3）组合筛选。使用 &（与）和 |（或）连接多个筛选条件，可进行条件组合筛选，如 df[(df. D >0) & (df. B == 2)]，表示按照 D、B 两列筛选。先筛选再投影列，可以使用 df[['A','B']] [(df. D >0) & (df. B = = 2)]，或使用 loc[ ] 方法，如 df. loc[(df. D >0) & (df. B = = 2)，['A','B']]。

4）字符串的模糊筛选。在 SQL 语句中模糊查询使用 like 关键字，而在 DataFrame 中使用 str. contains( )方法来实现。其中 contains( )方法的参数中可使用 |，表示多个字符或关系，复杂的字符串匹配可以在此方法中使用正则表达式。如添加 Series 类型的 F 列，df. insert(0,'F', pd. Series(['a','ab','abc','abcd'],index=['a','b','c','d']))，则 df. loc[df. F. str. contains('c | b')]表示筛选 F 列中包含 c 或 b 字符的行。可以构造布尔类型的 Series 对象，作为 loc[ ]方法中的筛选条件，contains( )方法前的 str 不能省略，Pandas 中所有字符串处理方法均在 str 类中。

（6）数据清洗。从数据源获得的很多数据集存在数据缺失、数据格式错误、数据错误或数据重复的情况。使用 Pandas 加载数据后，要使数据分析更加准确，就需要清理无用的数据，修改列的数据类型以便于计算。DataFrame 对象中提供了一些常用的数据清洗方法，能够为数据处理提供快速的清洗功能，常用的数据清洗方法如下：

1）duplicated( )方法，判断是否有重复值。

2）drop_duplicates( )方法，删除重复行。

3）fillna( )方法，填充缺失值。

4）mode( )方法，计算列的众数。

5）dropna( )方法，删除缺失值所在的行列。当 how = all 时，删除全部为 NaN 的行；当 how=any 时，删除存在 NaN 值的行。

6）isnull( )方法，判断是否存在 NaN 值。

7）map(str. strip)方法，去除字符串两边的空格，str. lstrip 和 str. rstrip 分别用于去除左边、右边的空格。

8）str. split( )方法，按照指定分隔符分割字符串，如 data[F]. str. split('|',expand=True)表示以"|"作为分隔符分割 F 列，分列后 F 的数据类型为列表。

9）replace(obj,value,inplace=False,regex=False)方法，将 obj 替换为 value。当inplace = True 时，在原始数据中替换，否则替换后形成副本。regex=True 时，使用正则表达式替换，此时 obj 为模糊查找的正则表达式。

（7）修改索引和列数据类型。

1）set_index( )方法，设置单列或多列为行索引。

2）reset_index( )方法，将索引重置为默认索引。

3）reindex( )方法，用于重设行和列索引，常用于重设行索引。此方法中的 fill_value 参数引入数据缺失时使用的替代值。

4）set_axis( )方法，按照轴设置新的索引。

利用 Pandas 读取文件获得的 DataFrame 对象中，数据类型可能不满足分析的要求，需要通过修改数据类型的方法，修改 DataFrame 对象中列数据的类型。常见的三种方法如下：

1）to_numeric( )，将数据转为数值类型。

2）apply( )方法，可将数据类型的修改应用于多列。此方法将函数作为参数，应用到 DataFrame 对象中，如 df. apply(pd. to_numeric）将所有列的数据类型修改为数值。

3）astype( )方法，强制转换数据类型，如 df['A']=df['A']. astype(np. int64）修改 A 列为 64 位整数类型。

3. DataFrame 对象分组统计

DataFrame 利用 groupby( )方法实现分组，此方法的功能类似于 SQL 中的 Group By 关键字，该方法的原型如下：

groupby(by=None,axis=0,level=None,as_index=True,sort=True,group_keys=True)

此方法根据条件按照列数据分组，对每个组进行统计，将分组统计结果组成新的DataFrame对象。分组和统计的示例如下：

```
import pandas as pd
df = pd.DataFrame({'A':['a','b','a','c','a','c','b','c'],\
    'B':[2,8,1,2,3,9,5,9],\
    'C':[102,98,107,104,115,87,92,123]})
print(df.groupby('A').mean())
```

（1）单列分组。按照 DataFrame 对象中单个列分组。要对 df 在 A 列分组，df.groupby('A')会得到分组对象；每组需要结合统计方法进行计算，如 df.groupby('A').mean()，表示按照 A 列分组，并计算其他列中每组数据的平均值，得到如下的分组统计结果：

```
A     B          C
a   2.000000  108.000000
b   6.500000   95.000000
c   6.666667  104.666667
```

（2）多列分组。DataFrame 对象支持多列分组，分组列为列表。在上文中，df.groupby(['A','B']).mean()表示将 A、B 列作为分组键，计算 C 列的平均值。也可按照键分组，得到分组对象，再对分组对象进行统计，如 gbA = df.groupby('A')，则 gbA[['B','C']].mean()将按照 B、C 列计算平均值。

除了可按照每组的键迭代访问组中元素外，分组的主要应用场景是对每个组按照统计方法进行计算，这些方法称为聚合方法。常见的聚合方法有以下 12 种：

1）first()方法，获取每组非 NaN 的第一个值。

2）last()方法，获取每组非 NaN 的最后一个值。

3）sum()方法，计算每组非 NaN 之和。

4）mean()方法，计算每组非 NaN 平均值。

5）median()方法，计算每组非 NaN 中位数。

6）count()方法，统计每组非 NaN 计数。

7）size()方法，统计每组所有值的个数，包含 NaN。

8）min()方法，统计每组非 NaN 最小值。

9）max()方法，统计每组非 NaN 最大值。

10）std()方法，统计每组非 NaN 标准差。

11）var()方法，统计每组非 NaN 方差。

12）prod()方法，统计每组非 NaN 的积。

如果分组后需要对多列使用不同的统计计算方法，则需使用 agg()方法，如 df.groupby('A').agg({'B':[np.mean,'sum'],'C':['count',np.std]})，以便按照 A 列分组，并计算

B 列分组的平均值与和，C 列的计数和标准差。

前述修改数据类型时提及的 apply( )方法，也可以用在分组统计中，在 Pandas 的方法中，该方法中自由度最高。该方法的原型如下：

```
apply(func,axis=0,broadcast=False,raw=False,reduce=None,args=(), ** kwds)
```

需为该方法的第一个参数 func 传递另一个方法。apply( )方法允许使用 Python 或 NumPy 中的方法作为 func 位置的参数，也允许自定义方法作为参数。如 df. groupby ('A'). apply (np. mean) 将方法 mean( )传入 apply( )，作用是计算分组后每个组的平均值。又如 df. groupby ('A') . apply (lambda x:(x['C'] -x['B']).mean( )) 中传入 lambda 表达式作为 func 参数，按照 A 列分组后，使用 lambda 表达式定义的方法计算。lambda 表达式可以定义简单方法，其中 x 为 lambda 表达式的输入，冒号之后为方法体。上述示例计算 C 列和 B 列之差。

对 DataFrame 对象进行 groupby( )分组后，将得到以键为索引的 DataFrame 新对象。如果需要将分组后的结果对应到原对象的索引中，则可使用 transform( )方法，该方法的原型为：

```
transform(func,args, * kwargs)
```

该方法将 func 参数中设定的聚合方法应用到所有分组，再将聚合结果对应到原 DataFrame 对象的每个索引中，形成新的列，如 df['count_C'] = df. groupby(['A','B'])['C'].transform('count') 表示按照 A、B 列分组后，统计每组中 C 列的数量，并将数量对应到原有对象的索引中形成 count_C 列，类似于给样本打上标签，统计结果如下：

```
   A  B  C    count_C
0  a  2  102    1
1  b  8   98    1
2  a  1  107    1
3  c  2  104    1
4  a  3  115    1
5  c  9   87    2
6  b  5   92    1
7  c  9  123    2
```

如果在分组统计时需要将连续变量进行离散化分段处理，则可以使用 Pandas 中的 cut( )方法，该方法的原型为：

```
pd.cut(x,bins,right=True,labels=None,retbins=False,precision=3,\
    include_lowest=False)
```

其中 x 为 DateFrame 对象的列；bins 为分段区间，如定义 bins=[90,100,110,120,130]，可将 C 列分为 4 个区间；labels 参数可以指定分类值的表示，如 df ['Categories'] = pd. cut (df['C'],bins,labels=['low','middle','good','perfect'])，将 C 列按照 bins 分为四个等级，分级时不在 bins 区间中的数据将被分类为 NaN。

另外 Pandas 中的 pivot_table( )方法可生成数据透视表，crosstab( )方法类似于 SQL 中的交叉表。

2.4　Scikit-Learn 工具包

Scikit-Learn 是基于 Python 语言的机器学习工具包。该包中提供了能够重复运用的，建立在 NumPy、SciPy 和 Matplotlib 等基础之上的，开源高效的数据挖掘和数据分析工具。Scikit-Learn 的基本功能主要分为六大部分，即数据预处理、模型选择、分类、回归、聚类和数据降维。如果已经安装了 NumPy 和 SciPy，可以使用 pip install -U scikit-learn 命令安装 Scikit-Learn，或者在 Anaconda 中使用 conda install scikit-learn 命令安装 Scikit-Learn，此处在 conda 环境中安装 scikit-learn-0.23.2 版，安装完成后使用 import sklearn 命令测试工具包安装的正确性。

2.4.1 数据集

Scikit-Learn 中包括常用小数据集，以及按照条件创建的数据集或从外部文件加载的数据集。

1. Scikit-Learn 常用小数据集

Scikit-Learn 自带的小数据集主要包括鸢尾花、波士顿房价、糖尿病、手写体数字、乳腺癌、体能训练和葡萄酒产地等数据集。数据集设计在 sklearn.datasets 模块中，可用 datasets.load_*()方法获取小规模数据集，其中 * 在使用时需要用具体的数据集名称替换。

（1）鸢尾花数据集。鸢尾花数据集主要用于分类模型。使用 load_iris()方法读取数据集，数据集中存储了鸢尾花萼片和花瓣的长宽，共 4 个特征，分别是花萼长度（Sepal. Length）、花萼宽度（Sepal. Width）、花瓣长度（Petal. Length）、花瓣宽度（Petal. Width），所有特征值都为浮点数，单位为厘米，分山鸢尾（Iris Setosa）、变色鸢尾（Iris Versicolour）、维吉尼亚鸢尾（Iris Virginica）三大类。该数据集有两个主要属性，即iris. data 和 iris. target，data 是 150 个鸢尾花样本的矩阵，data 的形状为（150,4），target 的形状为（150,1）。鸢尾花数据集基本信息的示例如下，其中“DESCR”为作者对该数据集的解释信息。

```
from sklearn import datasets
iris=datasets.load_iris()
print(iris.keys())
print(iris.data.shape)  #(150,4)
print(iris.data[0])  #第一个样本 [5.1 3.5 1.4 0.2]
print(iris.target)
```

程序运行结果如下：

```
dict_keys(['data','target','frame','target_names','DESCR','feature_names','filename'])
(150,4)
[5.1 3.5 1.4 0.2]
[0 0 0 0 0 0 0 0 0 0 0 0 0 0 0 0 0 0 0 0 0 0 0 0 0 0 0 0 0 0 0 0 0 0 0 0 0
 0 0 0 0 0 0 0 0 0 0 0 0 0 1 1 1 1 1 1 1 1 1 1 1 1 1 1 1 1 1 1 1 1 1 1 1 1
 1 1 1 1 1 1 1 1 1 1 1 1 1 1 1 1 1 1 1 1 1 1 1 1 1 1 2 2 2 2 2 2 2 2 2 2 2
 2 2 2 2 2 2 2 2 2 2 2 2 2 2 2 2 2 2 2 2 2 2 2 2 2 2 2 2 2 2 2 2 2 2 2 2 2
 2 2]
```

（2）波士顿房价数据集。波士顿房价数据集主要用于回归模型。使用 load_boston()方法读取数据集，数据集包含 506 个样本，每个样本的前 13 个特征包含房屋以及房屋附加信息，其中包含城镇犯罪率、一氧化氮浓度、住宅平均房间数、到中心区域的加权距离以及自住房平均房价等，第 14 个特征为样本的标签，标签为 5~50 的浮点数。

（3）糖尿病数据集。糖尿病数据集主要用于回归模型。使用 load_diabetes( )方法读取数据集，数据集包含规范化、归一化后的 442 个患者样本数据，特征包含年龄、性别、BMI 指数、平均血压等 10 个生理特征，取值范围为（-0.2,0.2），均值为0，标签为［25,346］区间的整数。

（4）手写体数字数据集。手写体数字数据集主要用于分类模型。使用 load_digits( )方法读取数据集，数据集中存储了 bunch（与字典类似）类型的，包含 1797 张 8×8 的数字图片的像素点信息，images 是三维数组，data 将 images 按行展开成一行，共有 1797 张图片（样本），target 指明了 1797 张图片的标签，即每张图片代表的数字。

（5）乳腺癌数据集。乳腺癌数据集常用于二分类模型，使用 load_breast_cancer( )方法读取数据集，其中包含 569 个样本，30 个特征，且已经预处理，标签为是否乳腺癌患者。

（6）体能训练数据集。体能训练数据集是用于多变量回归任务的数据集。使用 load_linnerud( )方法获取数据集，其中包含两个小数据集：Excise 是包含体重、腰围、脉搏 3 个特征的 20 个样本；Physiological 是包含引体向上、仰卧起坐、立定跳远 3 个特征的 20 个样本。

（7）葡萄酒产地数据集。葡萄酒产地数据集主要用于分类模型。使用 load_wine( )读取数据集，其中包含来自 3 种不同起源的 178 个葡萄酒样本。每个样本的 13 个特征是葡萄酒的化学成分，所有特征变量都是连续变量。标签表示葡萄酒的起源，分为 0、1、2 三类。

2. 其他数据集

Scikit-Learn 中也提供加载较大数据集的工具，可以在线下载较大数据集。用 datasets. fetch_ * ( )方法可下载数据集，如使用 fetch_olivetti_facecs( )读取 Olivetti 脸部图像数据集，该数据集主要用于降维；使用 fetch_20newsgroups( )方法读取新闻分类数据集，该数据集主要用于分类；使用 fetch_lfw_people( )方法读取带标签的人脸数据集，该数据集主要用于分类和降维；使用 fetch_rcv1( )方法读取路透社新闻语料数据集，该数据集主要用于分类；使用 load_sample_image( )方法读取图片样本数据集。

Scikit-Learn 中提供了一些快速创建自定义数据集的方法，如用 datasets. make_ * ( )方法可创建数据集。使用 make_classification( )方法生成 1000 个服从正态分布样本的单标签分类数据集，示例如下：

```
from sklearn import datasets
x,y =datasets.make_classification(n_classes=4,n_samples=1000,\
    n_features=2,n_informative=2,\
    n_redundant=0,n_clusters_per_class=1,\
    n_repeated=0,random_state=22)
print(x,y)
```

其中，特征总数 n_features= n_informative + n_redundant + n_repeated。n_informative 为有效特征的个数；n_redundant 为冗余特征的个数，冗余特征是有效特征的随机线性组合；n_repeated为重复特征的个数，重复特征是有效特征和冗余特征的随机组合。n_classes 为标签类别数；n_clusters_per_class 为每个类别中的簇数。random_state 为随机种子。返回形状为（n_samples,n_features）的样本集合，以及形状为（n_samples,0）的标签。

make_blobs( )方法用于创建聚类数据集，为每个类分配一个或多个正态分布的样本集；

make_regression( )方法创建回归模型随机数据集；make_circles( )方法创建环形数据集；make_moons( )方法创建月亮形数据集，并能自动产生噪声数据。

3. 数据集分割

Scikit-Learn 的 model_selection 模块中名为 train_test_split( )的方法，可用来分割数据集。该方法能按照比例将数据集随机划分为训练数据集和测试数据集，如 x_train, x_test, y_train, y_test = datasets. train_test_split(x, y, test_size=0. 2, random_state=42) 将样本集 x 和标签集合 y，按照 2 : 8 的比例划分，80%的样本和标签划分到 train 中用于训练模型，20%的样本和标签划分到 test 中用于测试。

2.4.2 *K*-最近邻分类器

Scikit-Learn 的 neighbors 包中，提供了无监督 *K*-最近邻模型和有监督 *K*-最近邻模型。无监督的 *K*-最近邻模型是许多其他机器学习方法的基础，尤其在流形学习和谱聚类中。有监督 *K*-最近邻模型分为两种，分别是分类（Classification）和回归（Regression），分类面向离散型标签的样本数据，回归面向连续型样本数据。

最近邻方法的原理是从训练样本中先找到与新样本距离最近的 *K* 个样本，之后根据最相似的 *K* 个样本的标签，预测新样本的标签。*K* 为超参数，可以自定义为常量，也可以根据不同的样本点的局部密度确定。可以采用多种方法度量距离，其中欧氏距离（Euclidean Distance）是最常见的选择。Scikit-Learn 中的无监督 *K*-最近邻模型的方法为 NearestNeighbors( )。*K*-最近邻模型涉及样本中每一对样本之间距离的暴力计算，NearestNeighbors( )方法中参数 algorithm = 'brute' 即设定暴力计算距离，对于 D 维度中的 N 个样本来说，复杂度为 $O(DN^2)$。当样本较多、维度较高时，时间复杂度太高，所以暴力计算距离的方法仅在小数据集中有效。为了解决效率低下的暴力计算距离问题，研究者提出了多种基于树的数据结构，用于快速计算距离的方法，如：kd-Tree，参数 algorithm 为 kd_tree；ball-tree 用于解决高维数据的计算效率问题，参数 algorithm 为 ball_tree；距离计算默认采用欧氏距离。使用 neighbors 中的无监督方法找到样本中每个元素的 3-最近邻的示例如下，运行结果中第二维的第一列为样本索引，后两列为最近邻样本的索引。

```
from sklearn.neighbors import NearestNeighbors
import numpy as np
X = np.array([[-1,-1],[-2,-1],[-3,-2],[1,1],[2,1],[3,2]])
nbrs = NearestNeighbors(n_neighbors=3,algorithm='ball_tree').fit(X)
distances,indices = nbrs.kneighbors(X)
print(indices)
```

程序运行结果如下：

```
[[0 1 2]
 [1 0 2]
 [2 1 0]
 [3 4 5]
 [4 3 5]
 [5 4 3]]
```

Scikit-Learn 中，可以使用 neighbors 包中的分类模型 KNeighborsClassifier( )方法，对鸢尾花数据集分类，选择 K 个最近邻样本的标签进行统计，将分类点划分到统计量最多的标签类别中。predict( )方法用来预测，示例程序如下：

```
from sklearn import datasets
from sklearn.model_selection import train_test_split
from sklearn.neighbors import KNeighborsClassifier
iris = datasets.load_iris()
x_train,x_test,y_train,y_test = train_test_split(iris.data,iris.target,test_size = 0.2)
knn = KNeighborsClassifier().fit(x_train,y_train)
print(knn.predict(x_test))
```

对 KNeighborsClassifier( )方法中参数的定义会影响分类的计算结果。主要参数有：n_neighbors指定的 K；weights 设置样本的权重，默认为 uniform，表示所有样本权重相同；algorithm 参数选择距离计算的优化算法；metric 指定距离度量计算方式，默认为 minkowski。KNeighborsRegressor( )模型解决回归问题中的 K-最近邻问题。

2.4.3　决策树

决策树（Decision Tree，DT）是用于分类和回归的有监督学习模型，通过 if-then-else 的模式从样本特征中学习决策规则，从而预测一个目标变量的值，Scikit-Learn 中使用分类回归树（Classification and Regression Tree，CART）实现决策树算法，决策树越深，决策规则越复杂，且对样本的拟合越好，但过于复杂的决策模型对样本的泛化能力会变差，容易导致过拟合。Scikit-Learn 中使用 DecisionTreeClassifier( )方法进行决策树分类，该方法的输入为［n_samples，n_features］形式的训练样本和标签，其中 n_samples 表示样本，n_features 表示样本对应的标签。使用决策树对鸢尾花数据集进行分类的示例如下：

```
from sklearn import datasets
from sklearn.model_selection import train_test_split
from sklearn import tree
iris = datasets.load_iris()
x_train,x_test,y_train,y_test = train_test_split(iris.data,iris.target,test_size = 0.2)
clf = tree.DecisionTreeClassifier().fit(x_train,y_train)
print(clf.predict(x_test))
```

Scikit-Learn 中，DecisionTreeRegressor( )方法实现决策树回归。使用决策树对波士顿房价数据集进行房屋租赁价格回归预测的示例如下：

```
from sklearn import datasets
from sklearn.model_selection import train_test_split
from sklearn import tree
from sklearn import metrics
housing_data=datasets.load_boston()
x_train,x_test,y_train,y_test = train_test_split(housing_data.data,\
     housing_data.target,test_size = 0.2,random_state=30)
```

```
clf = tree.DecisionTreeRegressor(max_depth=4).fit(x_train,y_train)
pred_y_test=clf.predict(x_test)
print('均方误差:{0}'.format(metrics.mean_squared_error(pred_y_test,y_test)))
```

程序运行结果如下：

均方误差:9.898204891601623

在模型训练完成后，用均方误差计算决策树模型性能。决策树的深度 max_depth 是影响决策树的重要指标。不同类型的预测模型，其评价方法不同。在回归模型中使用均方误差评价模型，但在分类模型中，需要通过混淆矩阵计算准确率、精度、召回率、F1 度量等指标来评价模型。

2.4.4 朴素贝叶斯分类器

朴素贝叶斯分类器是基于贝叶斯定理设计的一组有监督学习模型，Scikit-Learn 中的 naive_bayes 包中，包含了高斯朴素贝叶斯 GaussianNB( )方法、多项分布朴素贝叶斯 MultinomialNB( )方法、伯努利朴素贝叶斯 BernoulliNB( )方法等，模型使用目标类的最大后验概率（Maximum a Posteriori，MAP）分类。计算后验概率时需要估计 $P(y)$ 和 $P(x_i \mid y)$，$P(y)$是训练样本中类别 y 的频率，各种朴素贝叶斯分类模型的差异大多来自处理 $P(x_i \mid y)$ 时关于分布所做的假设不同。朴素贝叶斯分类法在文档分类和垃圾邮件过滤方面有很好的效果。应用高斯朴素贝叶斯方法 GaussianNB( )拟合 Scikit-Learn 中的乳腺癌数据集的示例如下：

```
from sklearn import datasets
from sklearn.model_selection import train_test_split
from sklearn.naive_bayes import GaussianNB
from sklearn.metrics import classification_report
breast_cancer_data=datasets.load_breast_cancer()
x_train,x_test,y_train,y_test = train_test_split(breast_cancer_data.data,\
    breast_cancer_data.target,test_size = 0.2,random_state=30)
gnb = GaussianNB().fit(x_train,y_train)
pred_y_test=gnb.predict(x_test)
print('准确率:{0}'.format(gnb.score(x_test,y_test)))  #计算分类的准确率
print("分类报告:",classification_report(y_test,pred_y_test,\
    target_names=breast_cancer_data.target_names))
```

程序运行结果如下：

准确率:0.9035087719298246

分类报告:	precision	recall	f1-score	support
malignant	0.90	0.84	0.87	44
benign	0.90	0.94	0.92	70
micro avg	0.90	0.90	0.90	114
macro avg	0.90	0.89	0.90	114
weighted avg	0.90	0.90	0.90	114

在分类问题中，使用 score( )方法计算模型的准确率，即正确分类的样本占总样本的比

例，而根据混淆矩阵统计得到的精度（precision）、召回率（recall）和f1-score（即F_1度量）等能更加综合地评估模型的性能。

2.4.5 多层感知器

多层感知器（Multi-layer Perceptron，MLP）是一种有监督的学习模型，可以学习用于分类或回归的非线性函数。Scikit-Learn 中的 neural_network 包中，包含用于分类的MLPClassifier()方法，该方法用随机梯度下降（Stochastic Gradient Descent）的反向传播算法(Backpropagation）进行训练，该方法如果用 Softmax 作为输出，则支持多分类。Scikit_Learn的 neural_network 包中也包含用于回归的 MLPRegressor()方法，该方法利用反向传播算法训练模型，输出层没有使用激活函数，使用平方误差或均方误差作为损失函数，输出是一组连续值。两个方法中的参数 alpha 作为 L2 正则化的系数，以避免过拟合问题。多层感知器在输入层和输出层之间，可以有一个或多个隐藏层。利用多层感知器模型对手写体数字分类是该模型的经典案例。使用 MLPClassifier()对手写体数字数据集分类示例如下：

```
from sklearn import datasets
from sklearn.model_selection import train_test_split,cross_val_score
from sklearn.neural_network import MLPClassifier
digits = datasets.load_digits()
x_train,x_test,y_train,y_test = train_test_split(digits.data,digits.target,
random_state=30)
MPLcls = MLPClassifier().fit(x_train,y_train)
print('平均准确率:{0}'.format(cross_val_score(MPLcls,digits.data,digits.target,\
    cv=5).mean()))
```

程序运行结果如下：

```
平均准确率:0.9265645311049211
```

评价时，使用了交叉验证 cross_val_score()方法，cv=5 定义 5 次交叉验证，最终的准确率得分是 5 次模型准确率得分的平均值。

MLPClassifier()和 MLPRegressor()方法中的参数众多，所有参数均可以使用默认值，如：默认隐藏层神经元为 100 个；默认激活函数为 relu，可选的激活函数还有 identity、logistic、tanh；solver 的默认值为 adam，用来优化权重；最大迭代次数 max_iter 的默认值为200；初始学习率 learning_rate_int 的默认值为 0.001，用以控制更新权值的补偿；hidden_layer_sizes 指定隐藏层层数和每层神经元的个数，默认只有 1 层，包含 100 个神经元。通过参数的调整，模型在同一数据集或不同数据集上会有不同的表现。

2.4.6 支持向量机

支持向量机（Support Vector Machine，SVM）是一种二分类模型，线性分类器是其基本部分。对于线性可分问题，SVM 的目标是寻找一个分割样本的超平面，使得距离超平面最近的样本到超平面的距离最大化；对于线性不可分问题，可以通过核函数（Linear Kernel）方法将低维度空间中的线性不可分问题映射为高维度空间中的线性可分问题。Scikit-Learn中的 SVM 模型可用于分类、回归和异常检测，其中 SVC()、NuSVC()和 LinearSVC()方法能在数据集中实现分类和多元分类，SVR()、NuSVR()和 LinearSVR()方法实现回归。LinearSVR()和 LinearSVC()被定义为线性核函数的支持向量机，即限制只能使用线性核函数，不接受参数 kernel 的设置。内置的核函数有以下 4 种：

1）线性核函数，默认 kernel='linear'。

2）多项式核函数（Polynomial Kernel），kernel='ploy'。该函数是线性不可分 SVM 常用的核函数。

3）高斯核函数（Gaussian Kernel），kernel='rbf'。高斯核函数在 SVM 中也称为径向基核函数（Radial Basis Function，RBF），是默认的核函数。

4）Sigmoid 核函数，kernel='sigmod'。

下面示例中的代码使用 SVM 分类。

```
from sklearn import datasets
from sklearn.model_selection import train_test_split
from sklearn.svm import SVC
iris = datasets.load_iris()
x_train,x_test,y_train,y_test = train_test_split(iris.data,iris.target,test_size=0.2,\
    random_state=30)
svcclf = SVC(C=0.8,kernel='rbf',gamma=20,decision_function_shape='ovr')
svcclf.fit(x_train,y_train)
pred_y_test = svcclf.predict(x_test)
print('准确率:{0}'.format(svcclf.score(x_test,y_test)))
```

程序运行结果如下：

```
准确率:0.7666666666666667
```

当 kernel 为 linear 时，惩罚系数 C 越大分类效果越好，但有可能会过拟合；Kernel 为 rbf 时，核函数参数 gamma 值越小分类界面越连续，gamma 值越大分类效果越好，但有可能会过拟合。分类决策参数 decision_function_shape 取 ovo（使用 one-versus-one 法）或者 ovr（使用 one-versus-rest 法），当目标变量为多个类别时，该参数设置了将多分类问题转化为二分类问题的方法。

2.4.7 随机森林与 AdaBoost

随机森林（Random Forest，RF）是组合学习的常用方法，利用多个决策树进行训练、分类和预测，主要应用于分类和回归。其中，随机有两层含义：一是随机在原始训练数据中有放回地选取等量的数据作为训练样本；二是在建立决策树时，随机地选取一部分特征建立决策树。这使得各决策树之间的相关性更小，可进一步提高模型的准确性。随机森林通过控制树的深度、节点停止分裂的最小样本数等参数来控制过拟合。随机森林与 AdaBoost 均属于组合学习算法，但两者在生成决策树时抽取样本的方法不同：随机森林使用类似于 Bagging 的自助样本作为训练数据，采用 Bootstrap 随机有放回抽样；AdaBoost 使用 Boosting 方法，每轮抽取的训练集不变，只根据错误率改变每一个样本的权重。Scikit-Learn 中的随机森林分类方法为 RandomForestClassifier()，回归方法为 RandomForestRegressor()，参数基本相同。其中，n_estimators 默认为 100，表示森林中树的数量，n_estimators 太小，容易欠拟合，n_estimators 增大将导致计算量变大；max_depth 表示决策数的最大深度；random_state 控制 Bootstrap 选择样本的随机性；袋外（out of band，oob）数据，即某次决策树训练中没有被 Bootstrap 选中的数据，用于评估模型；criterion 用于衡量分裂质量的性能，支持基尼指数 gini 和信息增益的 entropy。Scikit-Learn 中的 AdaBoost 分类方法为 AdaBoostClassifier( )，回归方法为 AdaBoostRegressor( )，base_estimator 设置基学习器，默认是 Cart 分类树或 Cart 回归树。AdaBoostClassifier( ) 中主要实现了两种 AdaBoost 分类算法，分别是 SAMME 和 SAMME. R，用参数 algorithm 来设定。如果选择 SAMME. R 算法，则基学习器还要支持概率预测，Scikit-Learn 中基学习器的预测方法有 predict( ) 和 predict_proba( )。使用随机森林与 AdaBoost 对乳腺癌数据集分类示例如下：

```
from sklearn.ensemble import RandomForestClassifier
from sklearn.ensemble import AdaBoostClassifier
from sklearn.datasets import load_breast_cancer
from sklearn.model_selection import train_test_split
breast_cancers = load_breast_cancer()
x_train,x_test,y_train,y_test = train_test_split(breast_cancers.data,\
    breast_cancers.target,random_state=456)
#AdaBoost 方法
ada = AdaBoostClassifier(n_estimators=100,random_state=456)
ada.fit(x_train,y_train)
print('AdaBoost 模型的准确率:{0}'.format(ada.score(x_test,y_test)))
#RandomForest 模型,树的深度为 5
rf = RandomForestClassifier(n_estimators=100,max_depth=5,random_state=456)
rf.fit(x_train,y_train)
print('RandomForest 模型,深度为 1 时准确率:{0}'.format(rf.score(x_test,y_test)))
#RandomForest 方法输的不限制树的深度
rf = RandomForestClassifier(n_estimators=100,random_state=456)
rf.fit(x_train,y_train)
print('RandomForest 模型,不限制深度时准确率:{0}'.format(rf.score(x_test,y_test)))
```

程序运行结果如下：

```
AdaBoost 模型的准确率:0.9790209790209791
RandomForest 模型,深度为 1 时准确率:0.9790209790209791
RandomForest 模型,不限制深度时准确率:0.986013986013986
```

2.4.8 *K*-均值聚类

K-均值聚类算法将一组样本划分成 *K* 个不相交的簇，簇内的相似性越高且簇间的差别越大，聚类的质量越好。在 Scikit-Learn 中包括了两个 *K*-均值聚类算法：传统的 *K*-均值聚类算法 KMeans( ) 和基于采样 MiniBatch 的 *K*-均值聚类算法 MiniBatchKMeans( )。MiniBatchKMeans( ) 算法每次训练时采用随机抽样的样本子集，以减少训练模型的时间。两个方法中的主要参数有 *K* 值和迭代次数 max_iter（在非凸数据集中限制次数）。MiniBatchKMeans( ) 方法的 batch_size 参数，用于设定随机采样的样本数量。*K*-均值聚类算法 KMeans( ) 聚类鸢尾花

数据集的示例如下：

```
from sklearn import datasets
from sklearn.cluster import KMeans
import matplotlib.pyplot as plt
iris=datasets.load_iris()
model=KMeans(n_clusters=3)
model.fit(iris.data)
all_predictions = model.predict(iris.data)
plt.scatter(iris.data[:,0],iris.data[:,2],c=all_predictions)
plt.show()
```

程序运行结果如图 2.27 所示。使用 matplotlib.pyplot 的 scatter( ) 方法绘图，其中横轴为鸢尾花数据集的第 0 列，纵轴为数据集的第 3 列。聚类结果根据 n_clusters 取值的不同会有不同。

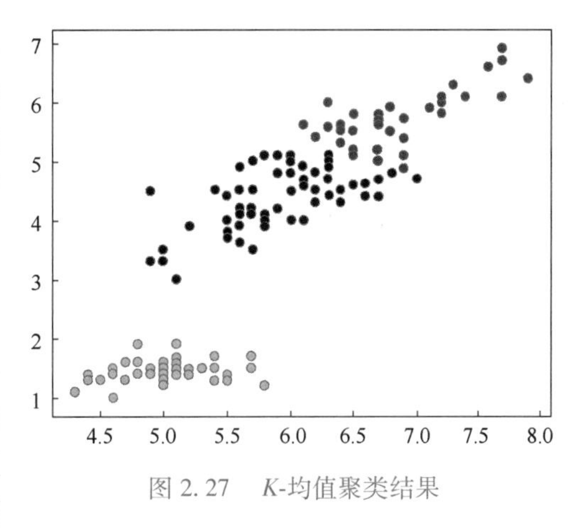

图 2.27 *K*-均值聚类结果

2.4.9 基于密度的聚类

基于密度的聚类（Density-Based Spatial Clustering of Applications with Noise，DBSCAN）的算法思想与 *K*-均值聚类不同，不需要事先定义簇的数量，簇被视为被低密度区域分隔的高密度区域，该聚类算法能有效识别噪声。Scikit-Learn 中基于密度的聚类使用 DBSCAN( ) 方法，该方法需要设定两个重要的参数，分别是邻域半径 eps 和邻域中样本的数量 min_samples。以当前样本为核心点、边界点和噪声点，基于 eps 和 min_samples 进行计算，任意两个距离在 eps 之内的核心点放在同一簇中，任何与核心点距离在 eps 之内的边界点也放在核心点所在的簇中，丢弃噪声点，并传播。这两个参数的默认值为 0.5 和 5，它们都较敏感，参数不同会产生不同的聚类结果。Scikit_Learn_0.23.2 版本的聚类方法中使用 ball-trees 和 kd-trees 来确定邻域，以优化聚类，提高计算效率。采用自定义数据集基于密度聚类的示例如下：

```
import numpy as np
import matplotlib.pyplot as plt
from sklearn import datasets
from sklearn.cluster import DBSCAN
x1,y1=datasets.make_circles(n_samples=5000,factor=.6,noise=.05)
x2,y2 = datasets.make_blobs(n_samples=1000,n_features=2,centers=[[1.2,1.2]],\
    cluster_std=[[.1]],random_state=9)
x = np.concatenate((x1,x2))
y_pred = DBSCAN(eps=0.1,min_samples=10).fit_predict(x)
plt.scatter(x[:,0],x[:,1],c=y_pred)
plt.show()
```

程序运行结果如图 2.28 所示，使用自定义数据集进行密度聚类，聚类参数设定为 eps=0.1，min_samples=10，调整参数值会影响聚类的结果。

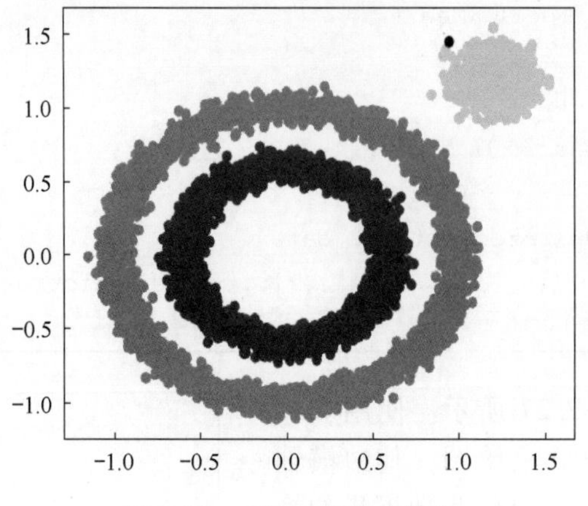

图 2.28　DBSCAN 聚类结果

2.4.10 主成分分析

主成分分析（Principal Component Analysis，PCA）是一种最常见的降维算法，通过正交变换将一组可能存在相关性的变量，转换为一组线性不相关的变量，目标是找到数据方差最大的投影。Scikit-Learn 中的 PCA( ) 方法在decomposition模块中，该方法中 n_components 表示降维后的维度，默认为 None，表示保留所有成分，当将其设置为大于等于 1 的整数时，表示降维后需要保留的主成分个数；当传入小于 1 的 float 类型值时，设置参数 svd_solver 为 full，表示希望降维后的总解释性方差占比大于 n_components 指定的百分比，即保留的信息量的比例。主成分分析示例如下：

```
from sklearn.datasets import load_iris
from sklearn.decomposition import PCA
import matplotlib.pyplot as plt
import numpy as np
iris=load_iris()
pca=PCA(n_components=2)
trans_data=pca.fit_transform(iris.data)  #调用 fit_transform 方法,返回新的数据集
index1=np.where(iris.target==0)
index2=np.where(iris.target==1)
index3=np.where(iris.target==2)
labels=iris.target_names
plt.plot(trans_data[index1][:,0],trans_data[index1][:,1],'r*')
plt.plot(trans_data[index2][:,0],trans_data[index2][:,1],'g*')
plt.plot(trans_data[index3][:,0],trans_data[index3][:,1],'b*')
plt.legend(labels)
plt.show()
```

程序运行结果如图 2.29 所示，将鸢尾花数据集从四维降为二维。pca.fit_transform(iris.data) 为核心语句，用于获取降维后的样本。抽取降维后的样本点索引和标签对应关系绘图。

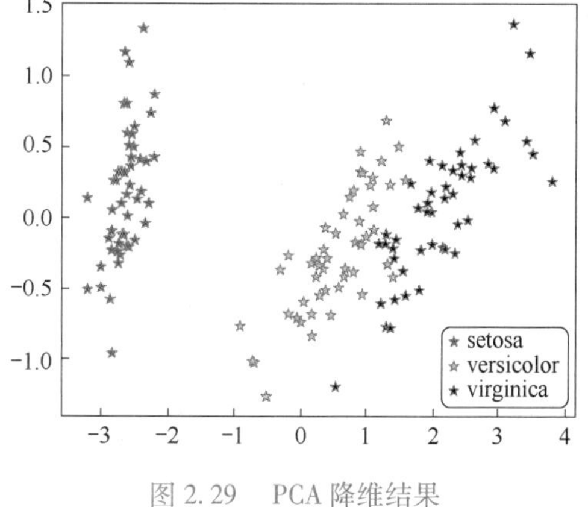

图 2.29 PCA 降维结果

2.5 Matplotlib 绘图

在数据分析的过程中，将数据可视化便于更加清晰地观察和理解数据。Matplotlib 是 Python 的 2D 绘图库，具有强大的绘图功能，可以轻松、简单地展示数据的可视化效果。

Matplotlib 库可与 NumPy 一起使用，绘制直方图、功率谱图、条形图、误差图、散点图以及等高线图等。Matplotlib 中包含 pyplot 和 pylab 两个绘图模块：pyplot 模块提供了一套和 MATLAB 类似的绘图 API；pylab 模块中包括了许多 NumPy 和 pyplot 模块中常用的函数，方便用户快速计算和绘图，适合在 Python 的交互式环境中使用。Anaconda 中包含了 Matplotlib 库，通过 import matplotlib.pyplot as plt 导入，Matplotlib 库的一张图中可以绘制多个子图，一个子图中可以绘制多个系列。绘制了多个系列的曲线图，示例如下：

```
import numpy as np
import matplotlib.pyplot as plt
x = np.linspace(0,10,1000)
y_1 = np.sin(x)
y_2 = np.cos(x)
plt.plot(x,y_1)
plt.plot(x,y_2)
plt.show()
```

程序运行结果如图 2.30 所示。

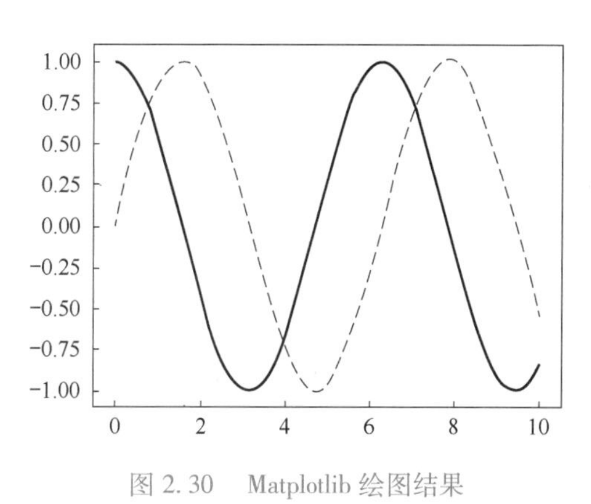

图 2.30 Matplotlib 绘图结果

2.5.1 Figure 和 Subplot

pyplot 模块中的 figure( )方法用于创建一个绘图画布，在绘图画布中可绘制一个或多个子图。subplot( )方法既可以用于创建子图，也可以用于创建 3D 图，所有图形只能绘制在子图中。在 figure( )中创建一个或多个子图后，axes 用于指定绘制子图的区域。在 *K*-均值聚类（见图 2.27）和 DBSCAN 聚类（见图 2.28），使用了 figure( )创建的默认子图来绘制图形，并用 pyplot 模块的 scatter( )方法绘制散点图。根据不同需求，也可以使用 plot( )方法绘制折线图，bar( )方法绘制柱形图，pie()方法绘制饼图，hist()方法绘制直方图等。

1. 创建图形及子图

Matplotlib 中用 figure()方法创建图对象，在图中可以创建多个子图，这在对比分析数据时非常有用。创建子图有三种方式。

（1）subplot()。通过 subplot(m,n,p) 将画布划分为 m×n 个子图。使用该方法绘制子图时，不需要使用 figure()方法显式地创建图。subplot()方法创建的子图，索引从 1 到m×n，激活索引 p 所在的子图，每个子图可以按照位置排列在一张图中。如下的示例中，没有显式地使用 figure()方法创建图，而是使用 subplot()方法指定子图索引位置后，分别使用 plot()方法绘制折线图、scatter()方法绘制散点图、pie()方法绘制饼图、bar()方法绘制柱状图，并将四张子图组合在同一张图中，当子图索引与已有的子图重合时，已有子图将被删除。

```
import numpy as np
import matplotlib.pyplot as plt
x=np.arange(1,10)
plt.subplot(2,2,1)
plt.plot(x,x*x)
plt.subplot(2,2,2)
plt.scatter(np.arange(0,100),np.random.rand(100))
plt.subplot(2,2,3)
plt.pie(x=[8,13,29,17],labels=list('ABCD'))
plt.subplot(2,2,4)
plt.bar(['a','b','c','d'],[8,13,29,17],color='g')
plt.show()
```

程序运行结果如图 2.31 所示。

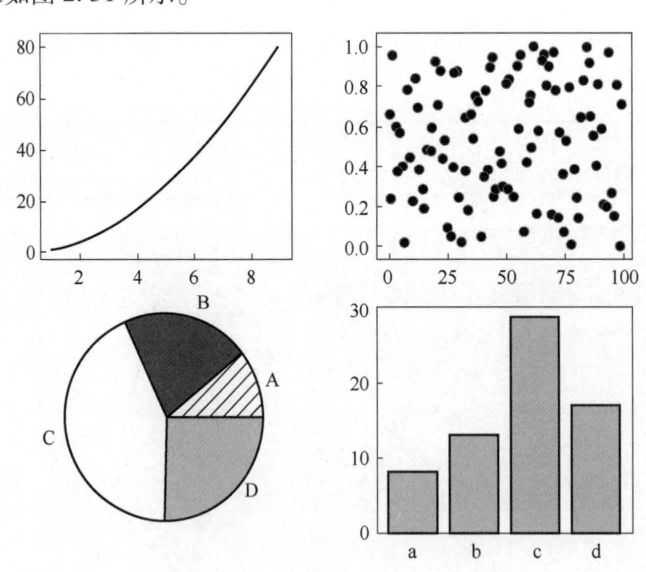

图 2.31　subplot 程序运行结果

（2）add_subplot( )。通过 add_subplot( )方法可以创建子图。该方法为每个区域命名，并在命名后的子图中绘制图形，当索引处已有子图时，该方法将覆盖原有子图。add_subplot( )方法的绘图功能与 subplot( )方法的绘图功能相同，但 add_subplot( )方法不会删除索引处的原有图形。使用该方法创建子图时，需要显式地创建 figure 对象。如下示例使用 add_subplot( )方法绘图，绘图结果和图 2.31 完全相同。

```
import numpy as np
import matplotlib.pyplot as plt
fig=plt.figure()
x=np.arange(1,10)
ax_1=fig.add_subplot(2,2,1)
ax_1.plot(x,x*x)
ax_2=fig.add_subplot(2,2,2)
ax_2.scatter(np.arange(0,100),np.random.rand(100))
ax_3=fig.add_subplot(2,2,3)
ax_3.pie(x=[8,13,29,17],labels=list('ABCD'))
ax_4=fig.add_subplot(2,2,4)
ax_4.bar(['a','b','c','d'],[8,13,29,17],color='g')
plt.show()
```

（3）subplots( )。subplots(m，n)方法将创建 figure 对象和子图列表，并按照子图列表的下标访问和设定每个子图的数据源。其使用方法和 subplot( )类似。不同之处在于，subplots( )既创建一个包含子图区域的画布，又创建一个 figure 图形对象，而 subplot( )只是创建一个包含子图区域的画布。

（4）subplot2grid( )。Matplotlib 提供了 subplot2grid( )方法，该方法不仅能够在图的特定位置创建子图，而且能够创建不同数量的行、列跨度的子图，并为每个子图命名，与 subplot( )和 subplots( )方法不同，subplot2grid( )方法以非等分的形式切分整体图，并按照切分后的子图大小展示最终绘图结果。该方法的原型如下：

```
subplot2grid(shape,location,rowspan,colspan)
```

其中，参数 shape 设定子图的区域，location 按照位置索引指定子图的位置，初始位置（0,0）表示第 1 行第 1 列，rowspan 和 colspan 设置子图跨越几行和几列。

2. 子图的间距

subplots_adjust( )方法可用于调节子图间距。该方法有六个重要参数，其中 left、right、bottom、top 设定子图相对于图对象的左、右、下、上外边界的偏移占整体图的百分比，设定规则为 left < right，bottom < top，wspace 和 hspace 设置子图之间间距的宽度和高度，设定在所有子图不超出 left、right、top、bottom 所围区域的条件下，子图的纵横比例不变，子图将按比例缩小。上面示例中可使用 fig.subplots_adjust（wspace = 0.5，hspace = 0.5）增大子图的间距。绘制手写图数字数据集中的 16 个子图，示例如下：

```
from sklearn import datasets
digits = datasets.load_digits()
import matplotlib.pyplot as plt
fig = plt.figure(figsize=(5,5))
```

```
fig.subplots_adjust(left=0.01,right=0.99,bottom=0.01,top=0.99,hspace=0.05,\
    wspace=0.05)
for i in range(16):
    ax = fig.add_subplot(4,4,i + 1)
    ax.imshow(digits.images[i])
plt.show()
```

程序运行结果如图 2.32 所示，示例中 imshow()方法用于显示图像，该方法最主要的参数是数据源和颜色图谱 cmap，颜色图谱的具体内容在 Matplotlib 的 cm 模块中。

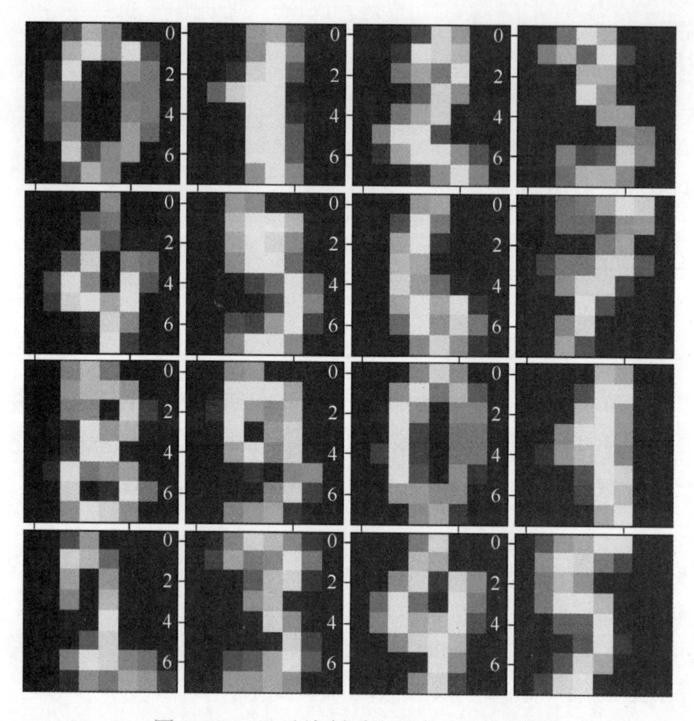

图 2.32　显示绘制手写图数字的图形

2.5.2　基本绘图方法

1. plot()绘制折线图

plot()方法可以在一张画布中绘制一个或多个折线子图。如果设置了点之间的连接方式，即绘制散点图，如 PCA 实例中指定“r*”绘制散点图。该方法的使用方式如下：

1）plot(x)：当 x 为列表时，表示以 x 元素为纵坐标，x 的位置索引为横坐标绘制折线图。当 x 为一阶矩阵时，则表示以位置索引为横坐标，按矩阵中元素绘制折线图，当 x 为 m 行 n 列矩阵时，绘制结果有 n 条折线。

2）plot(x,y)：表示以 x 列表为横坐标，y 列表为纵坐标绘制折线。

3）plot($x,y_1,c_1,x,y_2,c_2,\cdots$)：以公共的数据源 x 列表为横坐标，以 $y_1,y_2,\cdots$列表为纵坐标绘制多条折线，并以 $c_1,c_2,\cdots$作为折线的颜色。

2. scatter( )绘制散点图

scatter(x,y,s,c,marker)方法以 x 列表为横坐标、y 列表为纵坐标绘制散点图，其中 x、y 为一维列表，s 为散点大小，c 为颜色，marker 为每个点的标记样式。

3. bar( )和 barh( )绘制柱状图

bar(x,y)和 barh(x,y)方法用于绘制柱状图，其中 bar(x,y) 以 x 为横坐标、y 为纵坐标绘制柱状图，barh( )方法以 x 为纵坐标、y 为横坐标绘制横向的柱状图，即条形图。

4. hist( )绘制直方图

hist(x,bins,normed=True)方法将一维数组元素按照大小划分为不同的区间，统计每个区间内元素数量后绘图，参数 x 是待划分的列表，bins 为划分区间数量，normed=True 参数代表正则化直方图，即让每个方条表示 array 在该区间内的数量占总数量的比。

5. pie( )绘制饼图

pie(x,labels)方法按照一维数组 x 中每个元素占整个数组所有元素和的百分比绘制饼图，labels 为每个占比扇区的标签。

2.5.3 颜色、线型和标记

在上一节讲述的绘图方法中，不同类型图的绘制方法中均可指定颜色属性，通过 c、color 或者 colors 参数。这些参数具有默认值，也可自定义颜色，在曲线图或柱状图中通常颜色设定为单一值，而在饼图或散点图中通常设定为列表。

1. 颜色的设置

（1）按颜色的名称。如 red 为红色，简写为 r，常用颜色见表 2.5。在曲线图中使用 plt. plot(x,x*x,color='r') 绘制红色曲线；在饼图中使用 colors 属性，如用 plt. pie(x=[8,13,29,17]，labels=list('ABCD')，colors=['r','b','c','k']) 绘制自定义四色饼图；scatter( ) 方法的 C 参数指定一个列表来设置颜色。

表 2.5 常用颜色

颜色名称	简写	颜色
blue	b	蓝色
green	g	绿色
red	r	红色
cyan	c	青色
magenta	m	品红色
yellow	y	黄色
black	k	黑色
white	w	白色

（2）RGB 或 RGBA 元组。两种元组的前三个参数含义相同，是将 0~255 的颜色分量映射到 0~1 空间的三原色，RGBA 中的 A(Alpha) 为颜色的透明度。

（3）按十六进制颜色编码。使用#号标记的 6 位十六进制数表示颜色，如黑色 black 为#000000，白色 white 为#FFFFFF。

（4）通过调色盘设置颜色。Matplotlib 使用 matplotlibrc 配置文件自定义图形的各种属性，称为 rc 参数（rcParams）。通过 rc 参数，可按照字典形式修改 Matplotlib 绝大多数属性的默认值，包括画布大小、线条宽度、颜色、样式、坐标轴、坐标和网络属性、文本、字体等。

2. 线条样式

线条样式设置有两个重要的属性：linewidth 表示浮点数类型的线条宽度；linestyle 表示线型，通过元组定义不同的线型，常用的线型见表 2.6。

表 2.6　常用线型

线型名称	符　号	解　释
solid	-	实线线型
dashed	--	短横线线型
dashdot	-.	点画线线型
dotted	:	点线线型

3. 标记样式

标记使用 marker 参数，常用标记见表 2.7，颜色与标记可组合使用，如 rv 表示红色的倒三角。

表 2.7　常用标记

符　号	解　释	符　号	解　释
.	点标记	s	正方形标记
,	像素标记	p	五边形标记
o	圆标记	*	星形标记
v	倒三角标记	h	六边形标记 1
^	正三角标记	H	六边形标记 2
<	左三角标记	+	加号标记
>	右三角标记	x	X 标记
1	下箭头标记	D	菱形标记
2	上箭头标记	d	窄菱形标记
3	左箭头标记			竖直线标记
4	右箭头标记	_	水平线标记

2.5.4　轴标签、刻度和网格

ylim()和 xlim()方法为图形设置纵轴和横轴的刻度区间。ylabel()和 xlabel()方法设置纵轴和横轴标签。yticks()和 xticks()方法设置纵轴和横轴刻度，刻度为列表值，也可将列表值对应到文本标签作为刻度。grid(True)方法设置网格，可以定义不同轴上的网格线及线型。

2.5.5　添加标题、图例和注释

Matplotlib 绘制的图形可用标题、图例和注释加以修饰，以增强图形的可读性。title()方法既可为图添加标题，也可美化字体大小、颜色等。legend()方法用于添加图例，其中 handles 参数为列表，labels 指定系列名称，loc 指定图例位置。text()方法在图中固定位置添

加文字，其中前两个参数为坐标中的位置，第三个参数用于指定添加的文本。annotate()方法添加带箭头的文本注释，该方法的定义为 annotate(str, xy = , xytext = , arrowprops)。其中 str 为添加的文本；xy 参数指定了箭头指向的结束位置；xytext 为箭头开始位置，即文本所在位置；arrowprops 使用字典指定箭头的样式，如 key 中 arrowstyle 设置箭头的样式，其值如->、|-|、-|>等，也可以用字符串 simple、fancy 等，connectionstyle 设置箭头的形状为直线或者曲线，取值有 arc3、arc、angle、angle3。Matplotlib 图的修饰示例如下：

```
import numpy as np
import matplotlib.pyplot as plt
x = np.linspace(-10,10,1000)
y_1 = np.sin(x)
y_2 = np.cos(x)
plt.figure(figsize=(10,5))
h_1,=plt.plot(x,y_1,color='r',linestyle='-.')
h_2,=plt.plot(x,y_2,linewidth=2,color='m')
plt.title('sin()and cos()',fontsize='large',color='b')      #标题
plt.xlim(-5,5)          #设置坐标轴区间
plt.xticks(np.arange(-5,5,0.5))      #设置横坐标轴标签
plt.yticks([-.5,0,.5],['low','mid','high'])  #设置纵坐标轴标签
plt.xlabel('Independent Variable')  #设置坐标轴标题
plt.grid(True,axis='y')  #设置横线网格
plt.text(2.1,-0.5,'sin(2.0)')     #添加文字
plt.annotate('cos(-3.0)',xy=(-3.0,-0.2),xytext=(-2.5,0.5),arrowprops=\
    dict(arrowstyle='-|>',connectionstyle='arc3',color='red'))  #添加注释
plt.legend([h_1,h_2],labels=['sin','cos'],loc='upper right')     #添加图例
plt.show()
```

程序运行结果如图 2.33 所示。

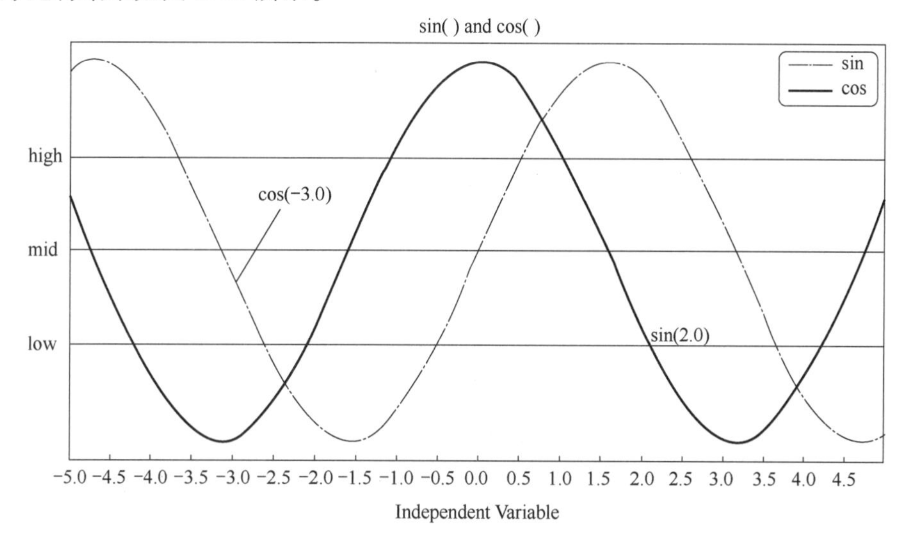

图 2.33　图的修饰

价值观：勤奋练习，掌握编程技能。

大数据挖掘与分析已经成为信息时代科学决策的常用手段。目前，Python 已成为数据科学领域首屈一指的编程语言。《论语》中孔子曰："工欲善其事，必先利其器。"掌握编程工具是进行成功的数据挖掘与分析的前提。只有多写代码，勤于练习，才能掌握编程的方法与技巧，提升编程水平，为大数据挖掘与分析奠定坚实的基础。正如韩愈在《进学解》中所言："业精于勤，荒于嬉；行成于思，毁于随。"

习　题

1. 简述 Python 中的可变数据类型和不可变数据类型。
2. Python 中布尔类型为 False 的数据有哪些？
3. Python 的循环控制结构中，不同的循环有何区别？
4. Python 中有哪些运算符？运算符的优先级顺序是怎样的？
5. Python 中函数和模块的功能是什么？
6. NumPy 中的矩阵和 Python 中的嵌套列表有何区别？
7. NumPy 中矩阵相乘的计算方法有哪些？
8. 简述 NumPy 中随机生成矩阵的方法。
9. 简述 NumPy 中的广播机制。
10. Pandas 对象中的元素访问可采用多种索引方式，请分析每种索引方式的优缺点，并与关系数据中的索引比较异同。
11. 简述 Pandas 中数据合并的常用方法。
12. 简述 Scikit-Learn 自带的数据集，并说明每个数据集的应用价值。
13. 简述 Scikit-Learn 自带的模型中有哪些回归方法，有哪些分类方法。
14. 简述 Matplotlib 基本绘图流程。
15. 比较 Matplotlib 中每种类型图形的作用。

实　验

1. 从键盘输入一个列表，计算输出列表元素的均方差。
2. 判断 1～N 之间有多少个素数，并输出所有素数。
3. 计算两个正整数的最大公约数和最小公倍数。
4. 使用 Python 编写函数，对整数列表排序。
5. 建立一个一维数组 a 并初始化为［4,5,6］，输出 a 的类型，输出 a 的各维度的大小，输出 a 的第一个元素。
6. 随机初始化 3×3 的数组，每个元素都加上 10。
7. 按照矩阵计算的要求随机初始化两个数组，并计算矩阵的乘积。
8. 利用标准差标准化法，标准化一个 5×5 的随机值数组。
9. 加载 Scikit-Learn 中的鸢尾花数据集，将其转换为 DataFrame，并统计每种类别的样本数量。
10. 对第 9 题中统计计算结果绘图。

参考文献

［1］ 海特兰德．Python 基础教程：第 3 版［M］．袁国忠，译．北京：人民邮电出版社，2018.

［2］ 麦金尼．利用 Python 进行数据分析：第 2 版［M］．徐敬一，译．北京：机械工业出版社，2018.

［3］ 卢茨．Python 学习手册［M］．秦鹤，林明，译．北京：机械工业出版社，2018.

［4］ 万托布拉斯．Python 数据科学手册［M］．陶俊杰，陈小莉，译．北京：人民邮电出版社，2018.

［5］ 吉田拓真，尾原飒．NumPy 数据处理详解：Python 机器学习和数据科学中的高性能计算方法［M］．陈欢，译．北京：中国水利水电出版社，2021.

［6］ 增田秀人．Pandas 数据预处理详解：机器学习和数据分析中高效的预处理方法［M］．陈欢，译．北京：中国水利水电出版社，2021.

［7］ 李庆辉．深入浅出 Pandas［M］．北京：机械工业出版社，2021.

［8］ 杰龙．机器学习实战：基于 Scikit-Learn、Keras 和 TensorFlow［M］．宋能辉，李娴，译．北京：机械工业出版社，2020.

第3章 认识数据

初步认识所收集的数据集，对于数据预处理、数据挖掘等环节是有用的，也是必要的。

本章旨在通过统计描述和可视化方法探索数据，从而了解数据集的属性和取值，全面认识数据集，了解数据集的质量和整体分布情况。本章对数据对象之间的相似性和相异性也进行了讨论。

3.1 数据类型

数据集由数据对象组成，一个数据对象代表一个实体，数据对象又称为记录、数据点、事件、实例、样本、实体等，数据对象通常用一组属性进行描述。数据对象存储在数据库时，称为数据元组，数据库的行对应于数据对象，数据库的列对应于属性。

通常，数据集是一个文件，数据对象是文件的一条记录（或行），每个字段（或列）对应一个属性。例如，表3.1展示了五行鸢尾花数据，表中每一行记录一朵鸢尾花的相关数据，每列是一个属性，描述鸢尾花的某个特征，如花萼长度、花萼宽度等。

表3.1 五行鸢尾花数据

序号	花萼长度	花萼宽度	花瓣长度	花瓣宽度	类别
1	5.1	3.5	1.4	0.2	0
2	4.9	3.0	1.4	0.2	0
3	4.7	3.2	1.3	0.2	0
4	4.6	3.1	1.5	0.2	0
5	5.0	3.6	1.4	0.2	0

不同类型的属性需要使用不同的方法进行探索和分析。

3.1.1 属性与度量

属性（Attribute）表示数据对象的一个特征，又称为变量、特征、特性、字段、维等。例如，鸢尾花数据集中描述鸢尾花的属性包括花萼长度、花萼宽度、花瓣长度、花瓣宽度、类别等。给定属性观测值的过程即观测，度量是将属性的观测值与属性相关联的规则（或函数），属性向量（或特征向量）是描述一个给定数据对象的一组（一个或多个）属性。

一个属性的类型由该属性具有的可能取值决定，属性分为定性属性（Qualitative Attribute）和定量属性（Numeric Attribute）。定性属性是分类的（Categorical），包括标称属性和序数属性，具有符号的性质；定量属性是数值的，取整数或实数值，包括区间属性和比率属性，具有数的大部分性质。下面介绍几种常见属性，需要注意的是，它们之间并不是互斥的。

1. 标称属性

标称属性（Nominal Attribute）的值是一些符号或事物的名称，其值不必具备有意义的顺序，每个值代表某种类别、编码或状态，因此标称属性又被认为是分类属性。例如，学生花名册中“性别”属性取值包括“男”和“女”，此处“性别”就是标称属性。

在实际应用中，常常使用数字表示标称属性的值。例如，对于属性“性别”，可以指定代码“0”表示“女”，“1”表示“男”。标称属性的属性值可以为数值，但对这些数值进行数学运算是没有意义的。例如，学生花名册中“学号”是标称属性，且学号的取值常常都是数值，但对学号进行加减和排序操作是没有实际意义的。

由于标称属性值不是定量的，也不具备有意义的顺序，所以对标称属性进行平均值或方差计算是没有意义的。此时，可以计算标称属性最常出现的值——众数，众数是一种数据中心趋势的度量。这部分内容将在3.3节中系统地介绍。

2. 二元属性

二元属性（Binary Attribute）是一种标称属性，它只有两个类别或状态，即“0”或“1”，其中“0”通常表示该属性不出现，“1”表示出现。如果两种类别或状态对应于True和False，则二元属性又称为布尔属性。例如，用户信息中的属性“是否为新用户”，使用“1”表示用户为新用户，“0”表示用户不是新用户。

如果二元属性的两种取值具有相同价值并且权重相同，则称二元属性是对称的。如果二元属性的两种取值具有不同价值和权重，则称二元属性是非对称的。例如，医学检测中属性“是否患病”的取值就具有不同的价值。

对非对称的二元属性编码时，通常使用“1”对重要的结果（通常较为罕见）编码（例如，“是否患病”的取值为“是”），另一种属性值用“0”编码。

3. 序数属性

序数属性（Ordinal Attribute）的属性值之间的顺序具有意义，可以对序数属性的属性值进行排序处理，但相邻属性值之间的差值是不可度量的。例如，学生对课程教学效果的评价可以表示为“较好”“一般”和“较差”，此三种属性值能够表达有意义的顺序，但属性值“较好”比“一般”好多少是不得而知的，同样，“较好”和“一般”之间的差值与“一般”和“较差”之间的差值也是无法比较的。

序数属性常常被用于等级评定调查中，其在观测不能进行客观度量的属性时十分有用。例如，在用户满意度调查中，用户对产品的满意度类别经常被划分为：0—非常不满意，1—不满意，2—一般，3—满意，4—非常满意。

标称属性、二元属性和序数属性都是定性的，只能描述对象的特征，无法给出具体的数量值。即使属性值使用数字表示，也仅为类别的代码，不是可度量的量。

4. 区间标度属性

区间标度属性（Interval-scaled Attribute）用相等的单位尺度度量属性的值。区间标度属性的值有序，可以比较和计算属性值之间的差值，但不能使用比率对这些值进行评估和度量。例如，气温是一种区间标度属性，可以对其属性值排序或做差值计算，但不能认为某个气温值是另一个气温值的两倍。类似地，日期和时间也是区间标度属性，可以计算出两个时间点之间的差值，但是对其进行比率计算没有意义。原因在于这些区间标度属性都没有绝对的零点，即，“0摄氏度”不表示没有温度，“0年”也不是时间的开始。

由于区间标度属性是数值的，因此其中心趋势度量除中位数和众数之外，还包括均值。

5. 比率标度属性

相对而言，比率标度属性（Ratio-scaled Attribute）存在真正的零点，即如果属性度量是比率标度的，则可以得到一个值和另一个值的倍数（或比率）关系。同时，这些值是有序的，可以计算差值，也可以计算均值、中位数和众数。常见的比率标度属性包括诸如员工工作年限、文档字数等计数属性。

需要说明的是，现实生活中的温度是相对温度，属于区间标度属性，但绝对温度（又称热力学温度、开氏温度）属于比率标度属性，具有绝对零点。

6. 离散属性与连续属性

根据属性值的特点，数据挖掘和机器学习领域中的许多分类算法把属性分为离散属性和连续属性，并根据属性类型对数据使用不同的方法进行预处理。

离散属性（Discrete Attribute）的取值是离散的，其属性值的数量可以是有限的或无限可数（Countable Infinite）的。例如，学生花名册中的学号、性别属性都有有限个属性值，它们是离散的。如果一个属性可能的取值虽然是无限的（如学生学号属性），但是可以一一对应于自然数，那么这个属性的取值就是无限可数的。连续属性（Continuous Attribute）的取值通常是实数，具有连续性，对应于数轴上一段区间内任意一点的取值。如果属性不是离散的，那么它就是连续的。在实际操作中，连续属性的属性值一般使用浮点型数字表示。

3.1.2 数据集类型

数据集的类型是多样的，随着数据挖掘技术的发展和成熟，更多类型的数据集会不断出现，需要被处理和分析。

此处首先介绍数据集的一般特性，然后讨论几种常见的数据集类型。

1. 数据集的一般特性

在处理和分析数据集时，通常使用维度、稀疏性和分辨率描述其特点，它们很大程度上影响着数据挖掘任务中的技术选择。

维度（Dimensionality）描述数据集中数据对象的属性数目。数据挖掘任务中，中、高维度数据与低维度数据往往有质的不同，数据预处理过程常常需要进行降维等操作，以符合算法或模型的基本要求。

稀疏性（Sparsity）反映数据集中属性取值为 0 或空值的程度。属性取值为 0 或空值的比例越高，数据集越稀疏。需要注意的是，稀疏的数据集并不是无用数据集，结合适当的数据挖掘算法也可以从中挖掘出大量有用信息。

数据集在不同的分辨率（Resolution）下往往具有不同的性质。在模式识别领域，数据集分辨率是十分重要的特征。如果分辨率太高，数据集中隐藏的模式可能无法被识别，或者被掩埋在噪声中；如果分辨率太低，所关心的模式可能不会出现。例如，以小时为单位记录的气压变化能够反映出风暴等天气系统的变化和移动，而以月和年为单位的数据集对于相同的检测目标是没有意义的。

2. 数据集的类型

（1）记录数据。记录数据是记录（数据对象）的汇集。记录数据通常存放在关系数据库中，是数据挖掘任务最常处理和分析的数据集类型。记录数据集中，记录之间、属性之间没有明显的联系，每条记录具有相同的属性向量（或属性集）。在数据库中，除常见的记录数据集外，还包括事务数据、数据矩阵等其他类型。

事务数据（Transaction Data）中每条事务（记录）包含一系列项，假设顾客在一次购买活动中所购买的商品集合构成一个事务，则购买的商品就是事务的项。事务数据是项（或记录）的集合，其中项的属性（字段）常常是二元的，并且是非对称的，表示商品是否被购买。

表 3.2 展示了一个事务数据集，其中每条记录都是某位顾客在一次购买活动中购买的商品集合。

表 3.2 事务数据集

序号	顾客代码	商品代码
1	C1	A，B，C
2	C2	D，A
3	C1	D，B，E，C
4	C3	D，B，E，C
5	C4	B，E，C

数据矩阵（Data Matrix）中的所有数据对象都具有相同的属性集，每个数据对象都可以被看作多维空间中的点（向量），每个维度都代表数据对象的一个属性。数据矩阵可以使用一个 $m \times n$ 的矩阵表示，每行表示一个数据对象，每列表示一个属性。数据矩阵是记录数据的变体，可以使用标准矩阵操作来变换和处理。

表 3.3 展示了鸢尾花数据集样本的数据矩阵，每行均记录一个鸢尾花样本（四个属性）的观测结果。

表 3.3 鸢尾花数据集样本的数据矩阵

花萼长度	花萼宽度	花瓣长度	花瓣宽度
5.1	3.5	1.4	0.2
4.9	3.0	1.4	0.2
4.7	3.2	1.3	0.2
4.6	3.1	1.5	0.2
5.0	3.6	1.4	0.2

（2）基于图形的数据。有时，图形可以更方便、有效地表示数据。图形常常用于表示数据对象之间的联系，此时数据对象被映射到图的节点，对象之间的联系用节点之间的链和链的性质（例如方向、权重）表示。例如，社交关系数据中人与人之间的联系往往是备受关注的信息，使用基于图形的数据更适合展示人与人（节点）之间的联系。此外，如果数据对象具有内部结构，包含具有联系的子对象，也可以用图形表示。例如，化合物的结构可以用图形表示，其中节点是原子，节点之间的链是化学键。

（3）有序数据。某些数据的属性涉及时间或空间顺序的联系。常见的如时间数据、序列数据、时间序列数据和空间数据等。

时间数据（Time Data）可以看作记录数据的扩充，其每个记录包含一个与之相关联的时间属性，用于发现一些与时间相关的模式。例如，在表 3.2 事务数据集中增加时间属性，见表 3.4。表中每行对应一位顾客一次购买活动所购买的全部商品和购买活动发生的时间。基于这些信息，可以分析每位顾客的购买活动，发现顾客的行为模式，也可以分析每个商品的购买时间和顺序，探索商品的销量变化和趋势，发现商品之间的顺序关系等模式。

表 3.4　增加时间属性的事务数据集

序　号	时　间	顾客代码	商品代码
1	T1	C1	A，B，C
2	T2	C2	D，A
3	T3	C1	D，B，E，C
4	T4	C3	D，B，E，C
5	T5	C4	B，E，C

序列数据（Sequence Data）是一个数据集合，记录各个实体的序列。例如词或字母的序列。序列数据与时间数据非常相似，序列数据没有时间戳，序列中项的位置有先后顺序。例如，表示动植物遗传信息的基因序列数据等。

时间序列数据（Time Series Data）是一种特殊的时间数据，数据中每条记录都是一个时间序列，即一段时间以来的测量序列。例如，金融数据集包含的各种股票每日价格的时间序列对象。在分析时间序列数据时，要考虑其时间自相关性，即如果两个观测值的时间很接近，则这两个值通常互相影响且十分相似。

空间数据（Spatial Data）描述了数据对象的位置或区域等属性。空间数据的重要特点是空间自相关性，即物理上靠近的对象趋向于在其他方面也相似。例如，地球上相互靠近的两个地区通常具有相似的气候和相近的降水量等。空间数据在科学与工程领域比较常见。

需要说明的是，虽然大部分数据挖掘算法都是为处理和分析记录数据或其变体（事务数据和数据矩阵）而设计的，但通过对非记录数据进行特征提取等操作，这些算法也可以用于非记录数据的分析和挖掘。

使用记录数据的形式表示数据对象是较为方便的，但记录数据并不能记录数据集的所有信息，在进行数据处理和数据挖掘时需要考虑未被明确表示的关联和信息。例如，数据矩阵经常用于表示时间空间数据，数据矩阵的每行表示一个位置，每列表示一个特定的时间点，显然，这种形式虽然能够完成数据对象的记录，但并不能明确地表示属性之间存在的时间联系以及对象之间存在的空间联系。在使用数据挖掘技术时，就需要考虑其属性之间、数据对象之间的关联性。

3.2　数据质量

数据挖掘使用的数据常常是为其他用途收集的，或者在收集时目的并不明确。统计学研究可以基于数据质量的要求来设计实验或调查收集数据，但是数据挖掘任务几乎无法从数据源头控制数据质量，又对数据质量有要求。面对这一问题，数据挖掘过程要从两方面入手以减少数据质量对结果的影响：①检测和纠正数据质量问题；②设计和应用可以容忍低质量数据的算法。数据质量问题的检测和纠正通常称作数据清理。

3.2.1 测量和数据收集

人为失误、测量设备的缺陷或数据收集过程的漏洞等都可能导致数据质量问题。例如，这些因素可能导致数据的值乃至整个数据对象的丢失，或者出现不真实的或重复的数据。另外，即使所有数据都正确，也可能存在数据对象不一致或数据取值错误的情况。

下面首先对测量误差和数据收集错误进行区分，对精度、偏倚和准确率等问题加以说明，然后分别介绍常见的诸如噪声和伪像、缺失值、离群点、不一致数据和重复数据等数据质量问题。

1. 测量误差和数据收集错误

测量误差（Measurement Error）存在于测量过程中，是不可避免的。测量误差使属性的测量值与实际值在某种程度上存在差异，对于连续属性，测量值与实际值的差称为误差（Error）。测量误差可能使数据产生噪声和伪像。

数据收集错误（Data Collection Error）是数据收集过程中出现的纰漏。例如，在收集数据时出现遗漏数据对象或属性值，或额外地收集了其他数据对象等问题。

2. 精度、偏倚和准确率

统计学和实验科学使用精度（Precision）和偏倚（Bias）对测量过程和结果数据的质量进行度量。假定对相同的基本量进行多次测量，并使用测量值集合的均值（平均值）作为实际值的估计，则精度是多次测量值之间的接近程度，偏倚是估计值与被测量值之间的系统变差。

精度通常用测量值集合的标准差进行度量，偏倚则用观测值集合的均值与已测出的值之间的差进行度量，即只有能够得到确定的测量值的数据对象才能计算偏倚。例如，假定有1g质量的标准实验室重量，试评估实验室新天平的精度和偏倚。称重10次，假设结果为{1.015，1.015，1.000，0.999，0.987，1.007，0.990，1.013，1.011，0.986}，这些值的均值是1.002，因此天平的偏倚是0.002。用标准差度量，精度是0.016。

更一般地，准确率（Accuracy）通常用来度量数据测量的误差的大小，准确率指观测到的测量值与实际值之间的接近度。

精度、偏倚和准确率等常常被忽视，但是它们对于数据挖掘、统计学和自然科学十分重要。数据集通常是不包含数据精度信息的，数据处理和分析过程也很少关注此类信息，但是如果缺乏对数据和结果准确率的关注，就可能会出现严重的数据分析错误。

3. 噪声和伪像

“噪声”一词通常出现在包含时间或空间分量的数据对象描述中，噪声（Noise）是测量误差的随机部分。噪声的出现表明数据对象的测量值可能被干扰、扭曲或加入了错误数值，此时需要使用信号处理技术降低噪声，从而发现可能“淹没在噪声中”的模式（或信号），显然，完全消除噪声是十分困难的。

虽然噪声的出现是随机的，但是由测量误差造成的数据错误也可能是确定的，例如一组照片在同一地方出现条纹。这种数据测量误差的非随机现象被称作伪像（Artifact）。

4. 缺失值

数据收集过程中经常会出现某个对象遗漏一个或多个属性值的情况，有时甚至会出现数据对象收集得很不全的情况。例如，某些调查对象可能拒绝透露收入或婚姻状况。数据收集过程中，还可能出现某些属性并不能用于所有对象的情况。例如，调查问卷常常有“条件选择”部分，仅当被调查者符合前面的条件时，被调查者才需要填写“条件选择”部分；调查问卷通常会展示所有问题以提高效率，在存储问卷结果时也会保留所有属性，这会造成数据集中出现缺失值。无论何种情况，在数据分析时都应当考虑缺失值。

5. 离群点

离群点（Outlier）是在某种意义上具有不同于数据集中其他大部分数据对象特征的数据对象，即具有相对于属性的典型值来说不寻常的属性值，离群点也被称为异常对象或异常值。不同于噪声，离群点本身可能是正确的数据对象或值，甚至在某些场景中离群点就是数据挖掘任务的目标。例如，异常交易行为检测的目标就是从大量数据中发现不正常的数据对象。

6. 不一致数据

数据集可能包含不一致的值。例如，用户信息表中经常出现两个不同用户的联系方式相同或同一用户的联系方式不同等现象，这可能是由于不同用户来自同一个家庭或同一个用户有两个联系方式。无论导致不一致值的原因是什么，重点都是将其检测出来，并且尽量纠正错误。

有些不一致值很容易被检测到，例如学生成绩为负数或客户姓名为“未知”。另一些不一致值需要参考其他系统的数据才能被检测到，例如，银行为用户邮寄新的信用卡时，可能需要核对数据库以确认其最新邮寄地址来确保邮寄成功。

检测到不一致后，有时需要对数据进行更正。如银行系统会定期提醒用户确认基本信息，或在用户基本信息发生变化时按流程更新或纠正。需要注意的是，数据不一致的纠正是需要额外或冗余信息的。

7. 重复数据

数据集常常包含重复或几乎重复的数据对象，处理这一问题需要考虑两种情况。第一，如果重复的数据对象对应同一个实体，此时这些重复数据对象的属性值应该都是相同的，去除重复的数据对象即可，当存在不同的属性值时，需要解决数据不一致问题。第二，如果重复或几乎重复的数据对象对应不同的实体，则需要确认，以避免将其作为重复数据来处理。

实际应用中，可能出现两个或多个对象在数据库的属性度量上是相同的，但仍对应不同的实体对象，这种重复是可解释的，也是合理的。如果在算法设计中没有考虑这种情况，就可能导致问题。

3.2.2 数据应用

某种程度上，数据质量取决于数据集的应用场景。对于给定的同一个数据集，不同场景下用户可能会得到完全不同的数据质量评估结果。为便于讨论，此处独立于应用场景，讨论数据应用中经常出现的时效性、相关性和数据说明等问题。

1. 时效性

不符合时效性要求是数据应用中经常出现的质量问题之一。事实上，数据在收集完成后就开始老化。例如，顾客的购物篮数据或用户的 Web 浏览记录数据，就只代表有限时间范围内顾客或用户的模式行为信息。如果数据集不符合时效性要求，则基于数据集的模型或模式也不符合时效性要求，以此为依据进行决策可能会造成严重问题。

2. 相关性

确保数据集中的对象与应用场景的相关性是十分重要的，相关性即被应用的数据集必须包含与应用场景相关的信息。例如，在构造一个预测交通事故发生率的数据挖掘模型时，数据集中必须包含驾驶员的年龄和性别信息；在预测肺癌发病率模型时，数据集中必须包含患者是否抽烟的信息。

较常出现的相关性问题是样本偏倚，即样本包含的不同类型的对象与它们在总体中的出现情况不成比例。样本偏倚会导致错误的分析结果。例如，针对某一问题的处理方式采用网络调查问卷收集意见，其结果只能反映关心调查内容的互联网用户的意见，以此为依据处理问题可能导致多数人的反对。

3. 数据说明

通常，标准的数据集应该附有描述数据的文档，此文档对数据集的正确应用十分重要。如果没有数据说明文档或文档质量较差，例如，有些数据集中的“0”是缺失值的填充值，而没有对此进行说明，其可能会被正常分析使用，造成错误结果。数据说明文档应该说明的重要信息包括数据精度、特征的类型（标称属性、序数属性、区间属性、比率属性等）、测量的刻度（如长度用米还是厘米）和数据的来源等。

3.3 探索数据

对于数据预处理而言，进行数据探索、把握数据的全貌是至关重要的。此外，数据探索也有助于选择合适的数据预处理和数据分析技术。基本统计描述是用来进行数据探索的主要方法，本节介绍以下基本统计描述：

中心趋势度量，包括平均值、中位数、众数和中列数。它们度量数据分布的中部或中心位置。

离散趋势度量，包括极差、四分位数、百分位数和四分位极差，以及方差和标准差。它们度量数据的发散程度，有助于数据集离群点的识别。

基本统计描述的图形显示，包括分位数图、分位数-分位数图、直方图和散点图等。通过可视化的方式审视数据，更易于人们了解数据的分布特征。

3.3.1 中心趋势度量

中心趋势反映一组数据的中心点的位置所在。以鸢尾花数据集为例，当需要了解数据集中所有数据对象“花瓣长度”的取值大致是多少时，就要通过某种方法计算一个数值，对其中心趋势进行度量。中心趋势度量值包括平均值（Mean）、中位数（Median）、众数（Mode）和中列数（Midrange）。

数据集最常用、最有效的“中心”数值度量是算术平均值，算术平均值也是最常用的平均值度量。平均值度量还包括加权平均值（Weighted Mean）、几何平均值（Geometric Mean）等。此处介绍算术平均值和加权平均值。

设 x_1，x_2，…，x_N 为数值属性 X（如鸢尾花数据集中的“花瓣长度”属性）的 N 个观测值。该值集合的均值计算公式为

$$\text{mean}=\frac{x_1+x_2+\cdots+x_N}{N} \tag{3.1}$$

某些场景中，对于 $i=1,\cdots,N$，每个值 x_i 可以与一个权重 w_i 相对应，权重反映所对应值的意义、重要性或出现频率。这种情况下，加权均值计算公式为

$$\text{mean}=\frac{w_1x_1+w_2x_2+\cdots+w_Nx_N}{w_1+w_2+\cdots+w_N} \tag{3.2}$$

该值称为加权算术均值。

平均值是描述数据集中心趋势的最有用的度量，但是它容易受到极端值（例如，离群点）的影响，当数据集中存在极端值或数据是偏态分布时，平均值的代表性会变差。例如，某公司的平均工资可能被少数几个高收入员工显著推高；一个班的考试平均成绩可能被少数很低的成绩拉低。为了抵消少数极端值的影响，当数据集中存在极端值时，可以使用截尾均值（Trimmed Mean）代替平均值。

截尾均值是丢弃高低极端值后的均值。例如，对属性 X 的观测值排序，在计算均值之前去掉最大和最小的1%的数据。需要注意的是，在计算截尾均值时应避免去掉太多数据对象，防止丢失有价值的信息。

对于偏态分布的数据，中位数能更好地度量其中心趋势。中位数是有序数据值的中间值，它是把数据较高的一半与较低的一半分开的那个值。在概率论与统计学中，中位数一般用于数值数据。这一概念可以推广到序数数据。

假设给定某序数属性 X 的 N 个值，按递增序排序，如果 N 是奇数，则中位数是该有序集的中间值；如果 N 是偶数，则中位数可能是中间的两个值，以及这两个值之间的任意值——当 X 是数值属性时，中位数取最中间两个值的平均值。

设 x_1，x_2，…，x_N 为某数值属性 X 的按递增序排列的 N 个观测值。该值集合的中位数计算公式为

$$\text{median}=\begin{cases} x_{\frac{N+1}{2}}, N\text{ 为奇数} \\ \frac{1}{2}\left(x_{\frac{N}{2}}+x_{\frac{N}{2}+1}\right), N\text{ 为偶数} \end{cases} \tag{3.3}$$

当数据量很大时，计算中位数开销较大。对于数值属性，可以计算中位数的近似值。假定数据根据观测值被划分成区间，并且已知每个区间的频数（即数据对象的个数），例如，根据年收入将调查对象划分到5000~10000元、10000~15000元等区间，令中位数所在的区间为中位数区间，使用插值计算整个数据集中位数的近似值，计算公式为

$$\text{median}=L_i+\frac{\frac{N}{2}+(\sum\text{freq})_l}{\text{freq}_{\text{median}}}\times\text{width} \tag{3.4}$$

式中，L_i 是中位数区间的下界，N 是整个数据集观测值的个数，$(\sum\text{freq})_l$ 是低于中位数区间的所有区间的频数之和，$\text{freq}_{\text{median}}$ 是中位数区间的频数，width 是中位数区间的宽度。

众数（Mode）是另一种中心趋势度量，数据集的众数是数据集中出现最频繁的值。可以对标称属性和数值属性计算众数，当最高频率对应多个不同数值时，数据集包含多个众

数。在极端情况下，例如每个数据值仅出现一次，则数据集没有众数。

对于适度倾斜的单峰数据集（只有一个众数的数据集），如果数据集的均值和中位数已知，则该数据集的众数可通过经验关系近似计算得到，计算公式为

$$\text{mean}-\text{mode} \approx 3\times(\text{mean}-\text{median}) \tag{3.5}$$

中列数也可以用来评估数值数据的中心趋势。中列数是数据集的最大值和最小值的均值。

图 3.1 展示了数据分布的单峰频率曲线。在完全对称的数据分布中，均值、中位数和众数是相同的，如图 3.1a 所示。但是在大部分应用中，数据都是不对称的，它们可能是正倾斜的（又称右倾分布），其众数出现在小于中位数的值上，如图 3.1b 所示，或者是负倾斜的（又称左倾分布），其众数出现在大于中位数的值上，如图 3.1c 所示。

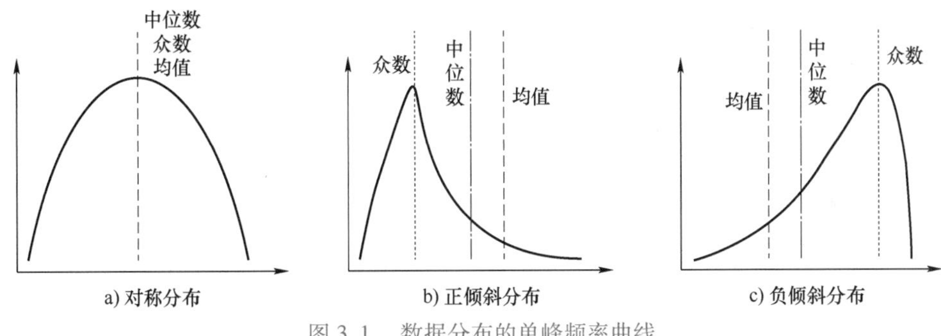

图 3.1　数据分布的单峰频率曲线

3.3.2　离散趋势度量

1. 五数概括法

数值数据的离散或发散程度可以用极差（Range）、分位数（Quantile）、四分位数（Quartile）、百分位数（Percentile）和四分位数极差（Interquartile Range，IQR）来度量，方差（Variance）和标准差（Standard Deviation）也可以描述分布的离散程度。

设 x_1，x_2,…，x_N是某数值属性 X 上的观测值集合，该集合的极差是其最大值与最小值之差。

假设观测值以数值递增的顺序排列，选取数据点把数据分布划分成大小基本相等（可能出现所划分子集无法完全相同的情况，为简单起见，将其视为相等）的连贯集，这些数据点称为分位数。

给定数据分布的第 k 个 q-分位数 x，使得小于 x 的数据值占比至多为 k/q，而大于 x 的数据值占比至多为（$q-k$）$/q$，其中 k 是整数，且 $0<k<q$。一组数据有 $q-1$ 个 q-分位数。例如，2-分位数是一个观测值，它把数据分布划分成高低两半，2-分位数对应于中位数。

4-分位数是数据分布中的 3 个观测值，它们把数据分布划分成 4 个相等的部分，使得每部分是数据分布的 1/4，通常称它们为四分位数。100-分位数通常称为百分位数，它们把数据分布划分成 100 个大小相等的连贯集。中位数、四分位数和百分位数是使用最广泛的分位数。

四分位数给出了分布的中心趋势、离散程度和分布形态的某种度量。通常第 1 个四分位数记作Q_1，Q_1 也是第 25 个百分位数，它分隔了数据最低的 25%的观测值；第 2 个四分位数是第 50 个百分位数，为中位数，它给出了数据中间位置的值；第 3 个四分位数记作Q_3，Q_3

是第 75 个百分位数，它分隔了数据最低的 75%（或最高的 25%）的观测值。

第 1 个和第 3 个四分位数之间的距离是数据离散程度的一种简单度量，它给出被数据中间一部分观测值所覆盖的范围，该距离被称为四分位数极差，记为 IQR，其计算公式为

$$\mathrm{IQR}=Q_3-Q_1 \tag{3.6}$$

例 3.1 四分位数极差。

假设从鸢尾花数据集的“花瓣长度”这一属性的观测值中，随机抽取 12 个数据：1.3，1.4，1.4，1.4，1.5，1.5，1.5，1.5，1.6，1.6，1.6，1.7。已对数据进行递增排序，计算此 12 个数据的四分位数极差。

四分位数包含 3 个值，把排好序的数据集划分成 4 个相等的部分。该数据集的四分位数分别是第 3、第 6 和第 9 个值。因此，$Q_1=1.4$，$Q_3=1.6$。于是，四分位数极差为

$$\mathrm{IQR}=Q_3-Q_1=1.6-1.4=0.2$$

在描述倾斜分布时，单个离散数值度量（如 IQR）不能准确、全面地度量数据集的离散程度。在图 3.1a 中，对于对称分布，中位数（以及均值和众数）把数据划分成相同大小的两部分，而倾斜分布的情况并非如此，如图 3.1b 和图 3.1c 所示。因此，除中位数之外，需要再提供两个四分位数Q_1 和Q_3 以更准确、全面地了解数据的分布情况。例如在识别离群点时，通常选择落在第 3 个四分位数之上或第 1 个四分位数之下至少 1.5×IQR 处的值为离群点。

在分析数据集的分布时，由于Q_1、中位数（Q_2）和Q_3 不包含数据的端点信息，增加数据集的最大值和最小值可以得到分布形状的更完整的度量信息，这种分析方法称为五数概括法，五数按最小值、Q_1、中位数、Q_3、最大值的次序书写。五数概括法可以用盒须图（Box Plot）来展示，在识别离群点时十分有用。

用盒须图体现五数概括：盒的端点一般在四分位数上，盒的长度是四分位数极差（IQR），中位数使用盒内的线标记，盒外的两条线（也称为胡须）延伸到最小值和最大值。

在处理数量适中的观测值时，有必要绘出可能的离群点。在盒须图中，当最小值和最大值超过Q_1 和Q_3 不到 1.5×IQR 时，盒外的两条线延伸到最小值和最大值，否则，盒外的两条线在Q_1 和Q_3 的 1.5×IQR 之内的最极端的观测值处终止，剩下的观测值在图中特别标出。另外，盒须图也可以用来比较多个（可比较的）数据集的离散程度。

图 3.2 展示了 Setosa 鸢尾花花瓣长度的盒须图。图中 Setosa 鸢尾花被特别标出 4 个离群点（最上面两个离群点数值相同），它们的花萼长度值分别为 1.9cm、1.9cm、1.1cm 和 1.0cm，盒外的两条线延伸的上下界分别为 1.7cm 和 1.2cm。

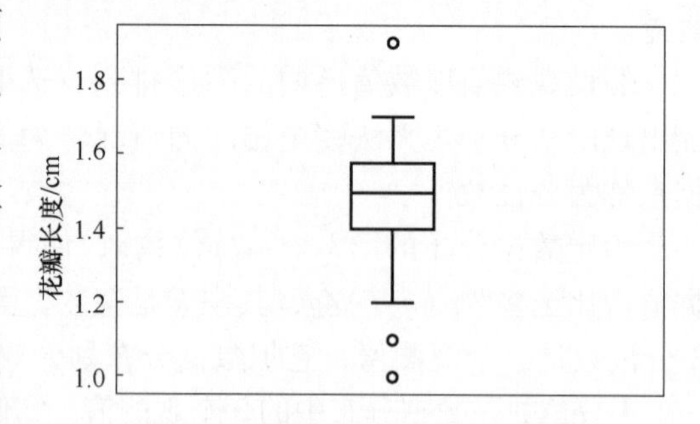

图 3.2 Setosa 鸢尾花花瓣长度的盒须图

2. 方差与标准差

方差与标准差能够反映数据分布的离散程度。方差较小表示数据集趋向于靠近均值，离散程度较低；方差较大表示数据分布在一个较大的值域中，数据集的离散程度较高。

数值属性 X 的 N 个观测值 $x_1, x_2, \cdots, x_N$的方差 σ^2 计算公式为

$$\sigma^2=\frac{1}{N-1}\sum_{i=1}^{N}(x_i-\bar{x})^2 \tag{3.7}$$

式中，$\bar{x}$ 是所有观测值的均值，观测的标准差 σ 是方差σ^2 的二次方根。

例 3.2 对例 3.1 中的数据，计算方差。

使用式（3.1）得到 $\bar{x}=1.5$cm。使用式（3.7）得到

$$\sigma^2=\frac{1}{12-1}(1.69+1.96+1.96+\cdots+2.89)-2.25\approx 0.01$$

$$\sigma\approx\sqrt{0.01}=0.1$$

作为数据集的离散性度量，标准差 σ 具有两个性质：①σ 度量了数据集相对于均值的离散程度，仅当选择均值作为中心度量时，才使用 σ 度量数据集的离散性；②当不存在离散时，即当所有的观测值都相同时，$\sigma=0$，否则，$\sigma>0$。

可以证明：一个数据集中，至少包含（$1-1/k^2$）×100%的观测值距离均值不超过 k 个标准差。

3.3.3 数据基本统计描述的图形显示

常用的基本统计描述图形包括分位数图、分位数-分位数图、直方图和散点图。这些图形有助于可视化地观察数据，对于数据预处理也是有用的。其中，前三种图形显示一维分布，散点图显示二维分布。

1. 分位数图

分位数图（Quantile Plot）是一种观察单变量数据分布的有效工具。分位数图能够显示给定属性的所有观测值，并展示其分位数信息。对于序数或数值属性 X，设 X 的 N 个观测值 x_1，x_2，…，x_N是按递增序排序的，x_1 是最小观测值，x_N是最大观测值。将每个观测值 x_i 与一个小数值f_i 配对，指出大约f_i×100%的数据小于值 x_i（这里使用“大约”是因为可能没有一个精确的小数值f_i，使得数据集的 f_i×100%小于值 x_i）。显然，百分比 25%对应于四分位数Q_1，百分比 50%对应于中位数，而百分比 75%对应于Q_3。令

$$f_i=\frac{i-0.5}{N},i=1,2,\cdots,N \tag{3.8}$$

式中，f_i 从 $1/(2N)$ 以相同的步长 $1/N$ 递增到 $1-1/(2N)$。在分位数图中，x_i 对应f_i 画出，可以基于分位数比较不同的分布。例如，给定两组不同数据的分位数图，即可直接比较它们的Q_1、中位数、Q_3 以及其他f_i 对应的值。

例 3.3 图 3.3 展示了鸢尾花数据集中花萼长度的分位数图。

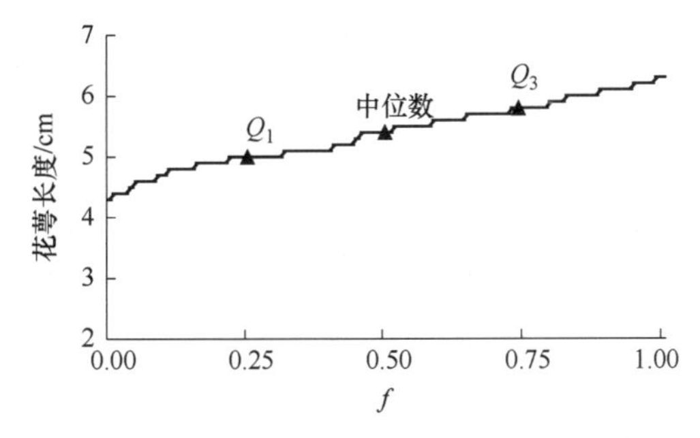

图 3.3 花萼长度的分位数图

2. 分位数-分位数图

分位数-分位数图（Quantile-Quantile Plot，Q-Q 图）用于观察从一个分布到另一个分布是否有漂移。分位数-分位数图通过分别计算两个单属性数据集的分位数，将相同分位数对应的两个观测值作为坐标值进行展示。

假定对于属性有两个观测集，设 x_1，x_2，⋯，x_N 是取自第一个观测集的数据，y_1，y_2，⋯，y_M 是取自第二个观测集的数据，两组数据都按递增序排序。若 $M=N$，则对应 x_i 画 y_i，其中 x_i 和 y_i 都是它们对应数据集的第 $(i-0.5)/N$ 个分位数。若 $M<N$，则可能只有 M 个点在分位数-分位数图中。例如，y_i 是 y 数据的第 $(i-0.5)/M$ 个分位数，其对应 x 数据的第 $(i-0.5)/M$ 个分位数 x_i。

例 3.4 对鸢尾花数据集绘制 Setosa 和 Versicolour 两种鸢尾花花萼宽度的分位数-分位数图。

图 3.4 中，每个点分别对应 Setosa 花的花萼宽度数据集和 Versicolour 花的花萼宽度数据集的相同分位数数值，例如，左下角的点 (2.13，2.56) 对应两种花的花萼宽度的观测值 2.13cm 和 2.56cm，且两个值为各自数据集中同一个分位数所对应的值。

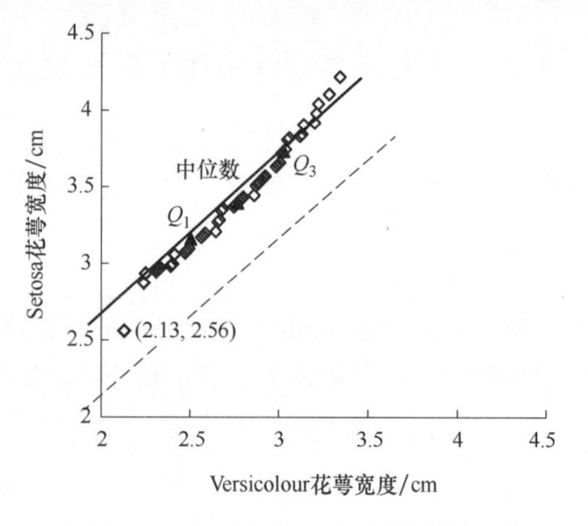

图 3.4 Setosa 和 Versicolour 两种鸢尾花花萼宽度的分位数-分位数图

为方便比较，图 3.4 中添加两条辅助线，其中虚线代表各分位数对应的两种花的花萼宽度数值完全相同时的情况，实线为虚线的平移。实线在虚线之上，说明相同分位数位置上 Setosa 花的花萼宽度大于 Versicolour 花的花萼宽度。同时，图中的数据点大致分布于一条直线（即图中实线）左右，这表示两种鸢尾花花萼宽度是同分布的，图 3.4 中还分别标出了 Q_1、中位数（median）和 Q_3。

3. 直方图

直方图（Histogram）是一种能概括给定属性 X 的分布的图形。直方图被广泛使用于各种分析报表和研究报告。

如果 X 是标称属性（如人名或商品类型），对于 X 的每个值，画一个柱或竖直条，条的高度表示该值出现的频数（即计数），即得到该标称属性的直方图（也称条形图）。如果 X 是数值属性，首先将 X 的值域划分成不相交的连续子域，子域被称为桶（或组），桶的范围称为宽度（通常所有的桶是等宽的）。对于每个子域，画一个柱或条，其高度表示在该子域观测到的值的计数。

4. 散点图与相关性

散点图（Scatter Plot）可用于确定两个数值属性之间的联系、模式或趋势。将每对观测值视为坐标对，画在坐标系中，即得到散点图。图 3.5 为鸢尾花数据集中花萼长度和花萼宽度的散点图。

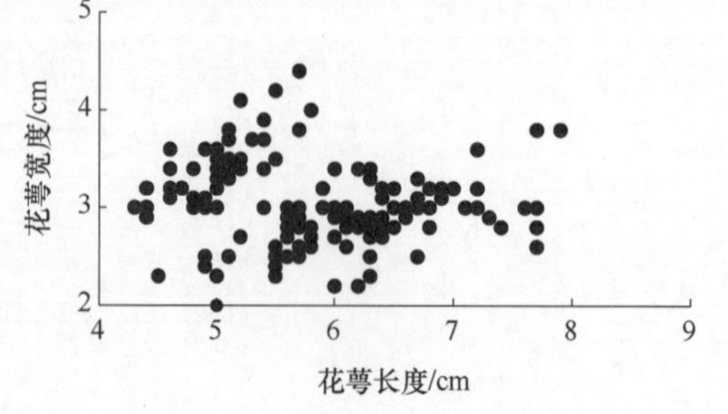

图 3.5 鸢尾花数据集中花萼长度和花萼宽度的散点图

散点图也可用于观察点簇和离群点，或考察相关联系的可能性。给定两个属性 X 和 Y，如果一个属性蕴含另一个，则它们是相关的。图 3.6 展示了两个属性之间的正相关关系和负相关关系。图 3.7 展示属性间的不相关关系。

图 3.6　散点图展示属性之间的相关关系

图 3.7　散点图展示属性间的不相关关系

3.4　数据可视化

数据可视化是指以图形或表格的形式显示信息，旨在通过图形或表格清晰有效地表达数据，以分析或发现数据的特征，以及数据项或数据属性之间的关系。

数据可视化已被广泛应用。在数据探索中使用可视化技术，能够发现原始数据中隐藏的数据联系和模式，使用数据可视化技术制作引人注目的图表来展示关键信息十分常用。

3.4.1　一般方法和技术

一般的可视化过程包括 4 个环节：①选择合适的可视化表示方式，将数据映射为图形元素；②对数据对象进行安排和组织，凸显数据的关键信息；③在数据集维度较多或数据对象较多时，选择合适的属性子集或数据对象加以展示；④确定适用的可视化技术。

1. 表示

所谓表示（Representation），就是将数据映射为可视形式，即将数据集的数据对象、属性以及数据对象之间的联系，映射成可视的诸如点、线、形状和颜色等图形元素。

常见的数据对象的图形表示方法包含以下 3 种：

1）只考虑数据对象的一个分类属性，通常根据该属性的值将数据对象聚成几类，将这些类作为表的项或图的区域来表示。

2）考虑数据对象具有多个属性，可以将数据对象表示为表的一行（或列），或表示为图的一条线来展示。

3）当数据对象被映射为二维或三维空间中的点时，可以使用几何图形，如圆圈或方框来表示点。

数据属性的表示取决于属性的类型，即取决于属性是标称属性、序数属性还是连续属性（区间的或比率的）。序数属性和连续属性可以表示为连续的、有序的图形，如在 x、y 或 z 轴上的位置、亮度、颜色或尺寸（如直径、宽度或高度等）等。对于分类属性，每个类别可以映射为不同的位置、颜色、形状、方位或表的列，其中对于标称属性，由于值是无序的，在使用有序的图形特征（如颜色、位置等）时，特别注意要明确这些图形特征只用于区分不同类别，没有顺序。

数据对象之间的联系也可以通过图形元素来表示，其方式既可以是显式的，也可以是隐式的。基于图形的数据，通常使用点和点间连线来表示联系。如果点（数据对象）或连线（关系）具有自己的属性或特征（如数据对象的数值大小、关系的强弱），则这些属性或特征也可以图示。例如，如果点是城市，连线是公路，则点的直径可以表示该城市的 GDP，点的颜色可以表示城市等级，连线的宽度可以表示物流总量等。通常，将数据对象和其属性映射为图形元素时，也会将数据对象之间的联系映射到图形元素中。例如，如果数据对象代表具有位置的物理对象（如城市、建筑物），则图形对象的相对位置通常趋向于自然地保持数据对象的实际相对位置。

需要说明的是，在任意给定的数据集中，通过可视化映射使数据集中重要的联系易于观察是很难实现的，这也是可视化过程的难点之一。

2. 安排

在可视化任务中，安排（Arrangement）就是整理和布置数据对象、数据属性、数据对象之间的联系或可视化元素，通过改变其顺序、位置、颜色、视角和透明度等方式，将重要的信息或数据中隐藏的信息展示出来。显然，安排的前提是要对数据对象、数据属性以及数据对象之间的联系有一定了解。

例 3.5 图 3.8 和图 3.9 均为鸢尾花数据集中 Versicolour 鸢尾花和 Virginica 鸢尾花的所有数据对象的散点图。

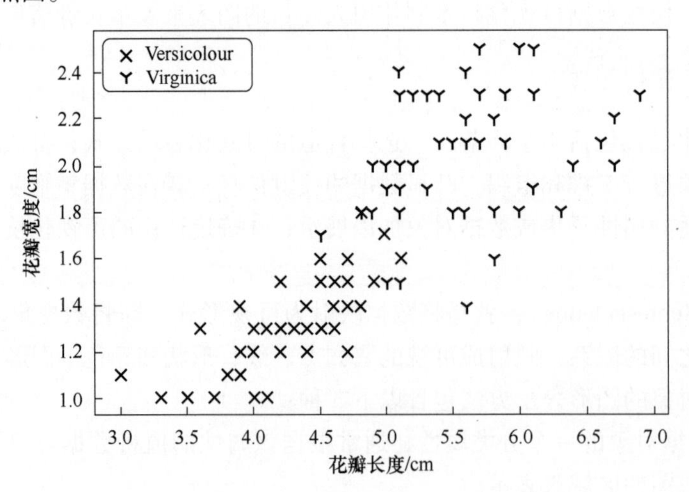

图 3.8　两种鸢尾花的花瓣长度和花瓣宽度散点图

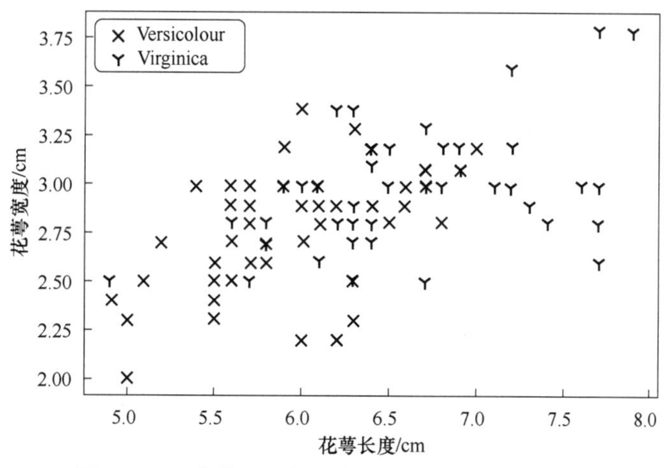

图 3.9　两种鸢尾花的花萼长度和花萼宽度散点图

其中，图 3.8 的横、纵坐标轴分别为两种鸢尾花的花瓣长度和花瓣宽度。可以看出，通过观察散点图能够很直观地将两种鸢尾花区分开来。图 3.9 的横、纵坐标轴分别为两种鸢尾花的花萼长度和花萼宽度。可以看出，点位置互相交叉，观察散点图很难轻松将它们区分开。

例 3.6　图 3.10 和图 3.11 展示了两种显示数据对象之间联系的方式，如图 3.11 所示，经过安排后能更清楚地展示数据对象及其之间的联系。

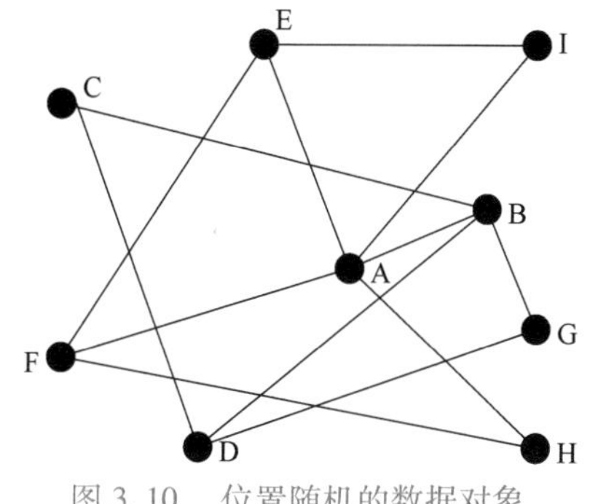

图 3.10　位置随机的数据对象及其联系的可视化展示

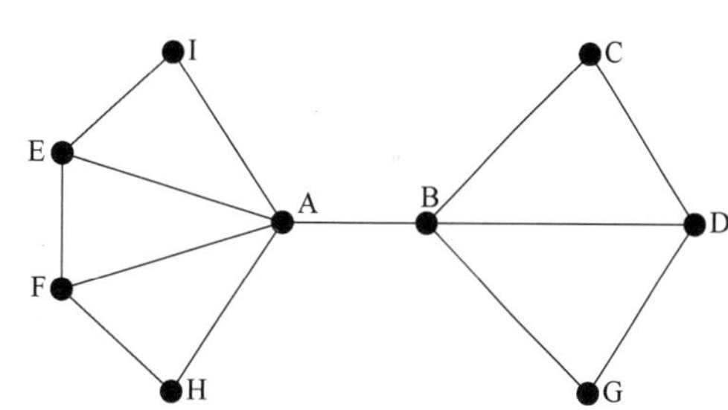

图 3.11　安排位置之后的数据对象及其联系的可视化展示

3. 选择

选择（Selection）是可视化技术的另一个关键环节，指删除或不突出某些数据对象和属性。当描述数据对象的属性较少时，可以使用直接转换的方法将数据对象映射成二维或三维图形；当属性较多时，可供选择的表示方法就很少了。当存在很多数据对象时，可视化所有对象可能导致显示过于复杂，尤其是属性和数据对象都很多时，可视化会更加困难。

属性较多时，最常用的方法是使用属性子集（通常是两个属性）进行可视化。如果维度不太高，则可以构造双属性图矩阵用于联合观察。可视化程序可以自动地显示一系列二维图，次序由用户或根据某种预定义的策略控制。

当数据对象很多（例如数百个）或者对象观测值的极差很大时，很难充分显示每个对象的信息，同时有些数据点可能遮掩其他数据点，或者数据对象可能只能被展示为很小的图像元素来表达其特征。在这些情况下，可以通过放大数据的特定区域或选取数据点样本的方式以剔除某些对象。

4. 技术

可视化技术（Visual Technique）具有专门性的特点，不同的数据集类型通常对应专用的可视化技术。当出现新的数据集类型和新的可视化任务时，经常需要用新的可视化技术和方法或对已有方法进行变换以满足展示需求。

下面介绍三种类型的数据集及对应的可视化技术。

3.4.2 少量属性的可视化

常见的用于具有少量属性的数据集的可视化技术包括茎叶图、散点图、直方图、饼图和盒须图等。有些技术（如直方图）用于显示单个属性观测值的分布，有些技术（如散点图）可以显示两个属性值之间的关系。实际工作中需要结合具体的数据和任务选择适当的可视化技术，合适的可视化技术往往能够取得令人惊艳的效果。

1. 茎叶图

茎叶图（Stem and Leaf Plot）可以用来观测一维属性数据对象的分布。绘图时首先将观测值分组，每组包含的观测值除低位数字外其他部分是相同的，每个组的相同部分展示为茎，而组中的低位数字展示为叶。例如，如果观测值是两位整数，则茎是高位数字，叶是低位数字。通过垂直绘制茎，水平绘制叶，可以提供数据分布的可视化展示。

例 3.7 针对鸢尾花数据集中的花瓣长度属性，绘制茎叶图。鸢尾花数据集中的花瓣长度数据如下，数值已经排序：1.0，1.1，1.2，1.2，1.3，1.3，1.3，1.3，1.3，1.3，1.3，1.4，1.4，1.4，1.4，1.4，1.4，1.4，1.4，1.4，1.4，1.4，1.4，1.4，1.5，1.5，1.5，1.5，1.5，1.5，1.5，1.5，1.5，1.5，1.5，1.5，1.5，1.6，1.6，1.6，1.6，1.6，1.6，1.6，1.7，1.7，1.7，1.7，1.9，1.9，3.0，3.3，3.3，3.5，3.5，3.6，3.7，3.8，3.9，3.9，3.9，4.0，4.0，4.0，4.0，4.0，4.1，4.1，4.1，4.2，4.2，4.2，4.2，4.3，4.3，4.4，4.4，4.4，4.4，4.5，4.5，4.5，4.5，4.5，4.5，4.5，4.5，4.6，4.6，4.6，4.7，4.7，4.7，4.7，4.7，4.8，4.8，4.8，4.8，4.9，4.9，4.9，4.9，4.9，5.0，5.0，5.0，5.0，5.1，5.1，5.1，5.1，5.1，5.1，5.1，5.1，5.2，5.2，5.3，5.3，5.4，5.4，5.5，5.5，5.5，5.6，5.6，5.6，5.6，5.6，5.6，5.7，5.7，5.7，5.8，5.8，5.8，5.9，5.9，6.0，6.0，6.1，6.1，6.1，6.3，6.4，6.6，6.7，6.7，6.9。

首先根据每个数值的高位（即个位）数字将数据分组，高位数字即茎叶图的茎，然后将每个数值的次高位（即小数位）数字放到冒号右边。当数据量较大时，需要将茎分裂。需要注意的是，此例数据中没有高位数字为 2 的数字，此时图中的茎展示为 2，但叶没有数字（不能写 0）。茎叶图如图 3.12 所示。

```
1:  01223333333444444444444455555555555555666666677779 9
2:
3:  03355678999
4:  0000011122223344445555555566677777888899999
5:  00001111111122334455566666677788899
6:  00111346779
```

图 3.12 花瓣长度数据的茎叶图

从图 3.12 可以看出，高位数为 1、4 和 5 的组中，数据观测值的数量较多，可以将对应的数据组分成两组（或更多组），例如将高位数字为 1 的组分为［1.0，1.5）和［1.5，2.0）两组，其他组也依次分组，得到如图 3.13 所示的新的茎叶图。

图 3.13 将图 3.12 中的每个组都分成了两组，如高位数字为 3 的观测值被分为{3.0，3.3，3.3}和{3.5，3.5，3.6，3.7，3.8，3.9，3.9，3.9}两组。同时，虽然不存在高位数字为 2 的观测值，但是图中也将 2 分为了两组，表示花瓣长度数据集中没有观测值在［2.0，2.5）和［2.5，3.0）区间内。

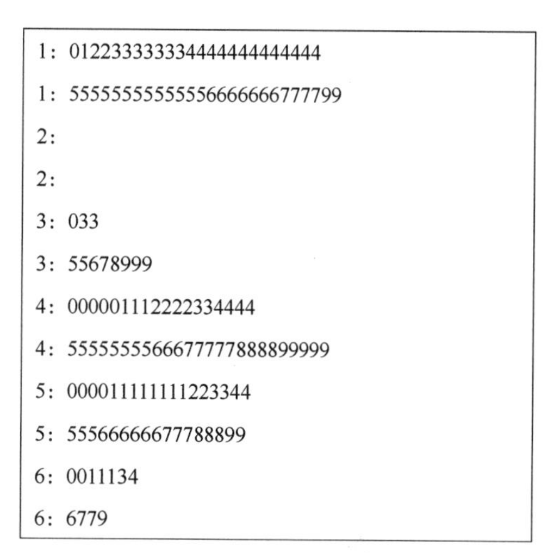

图 3.13　重新分组后花瓣长度数据的茎叶图

2. 散点图

散点图使用数据对象两个属性作为 X 和 Y 坐标轴，每个数据对象都绘制为平面上的一个点（假定属性值是整数或实数）。散点图除了可以展示数据的相关性、分布关系及趋势外，还支持从类别和颜色两个维度观察数据的分布情况，而且散点图还可基于时间轴动态播放。

例 3.8　针对鸢尾花数据集的 4 个属性，绘制两两散点图。图 3.14 展示了鸢尾花数据集 4 个属性两两一对的散点图矩阵（Scatter Plot Matrix），其中不同的鸢尾花种类使用了不同的标记。

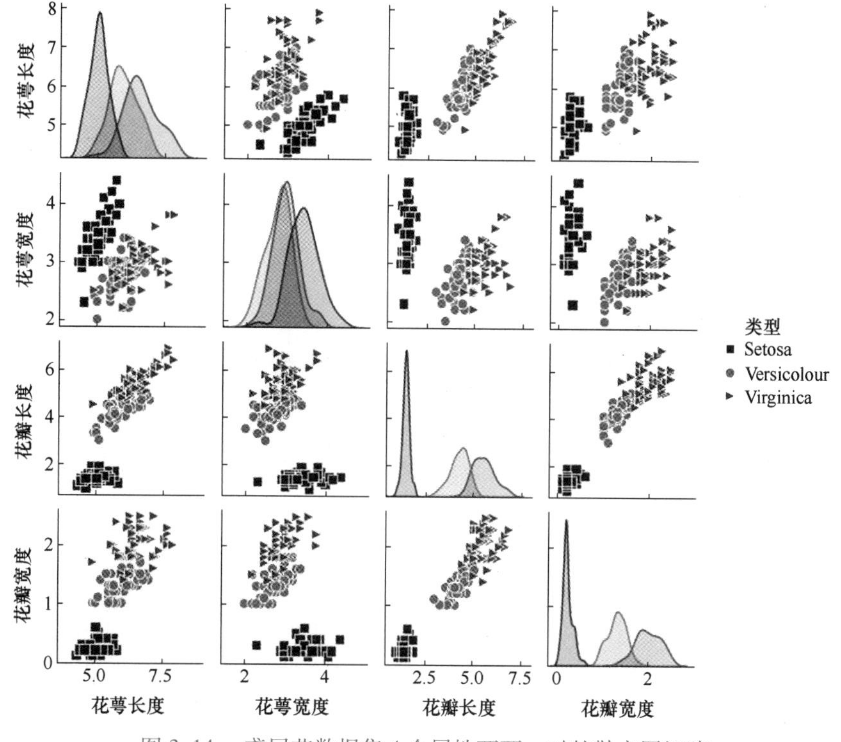

图 3.14　鸢尾花数据集 4 个属性两两一对的散点图矩阵

散点图有两个主要作用：①将两个属性之间的关系具象化，有助于判定两个属性之间的线性关系是否存在（见图 3.6 和图 3.7）。②当数据集中存在类标号时，可以使用散点图分析某两个属性区分类标号的程度（见图 3.8 和图 3.9）。更进一步，如果能够使用直线或曲线将两个属性所定义的平面分成区域，每个区域包含对应的分类属性一个类别的大部分对象，则可以基于这两个属性建立较为精确的分类器。从图 3.14 中可以发现，花瓣宽度和花瓣长度两个属性所定义的平面能够较好地将 3 类鸢尾花分隔开。图 3.15 将花瓣宽度和花瓣长度单独考察，更容易了解散点图的这一作用。

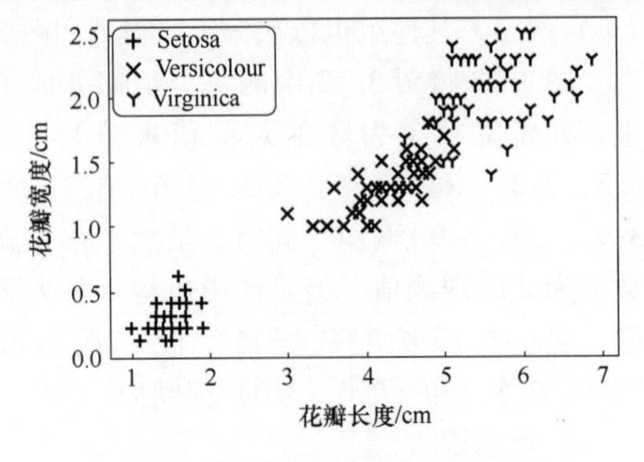

图 3.15　花瓣长度-花瓣宽度散点图

3. 直方图

直方图通过将观测值分组，并显示落入每个组中的数据对象的数量，来展示属性观测值的分布。对于分类属性，每个属性值为一个组，如“颜色”属性包含“红色”“黄色”和“蓝色”三个属性值，每个属性值为一个组展示数据对象的数量。如果属性的值过多，则使用某种方法将值合并；对于连续属性，将属性的值域划分成组（通常是等距分组，也可以采用其他分组策略），并统计每个组中观测值的数量。

构造直方图时，每个组用一个矩形表示，每个矩形的面积与落在该组的观测值（数据对象）的个数相关。如果所有区间都是等宽的，则所有矩形的宽度相同，矩形的高度与所对应分组中的观测值个数成正比。

例 3.9　针对鸢尾花数据集，绘制直方图。图 3.16 和图 3.17 分别展示了鸢尾花数据集花萼长度、花萼宽度、花瓣长度和花瓣宽度 4 个属性被分为 10 组和 20 组后的直方图，可见直方图的形状和效果依赖于数据分组时组的个数。

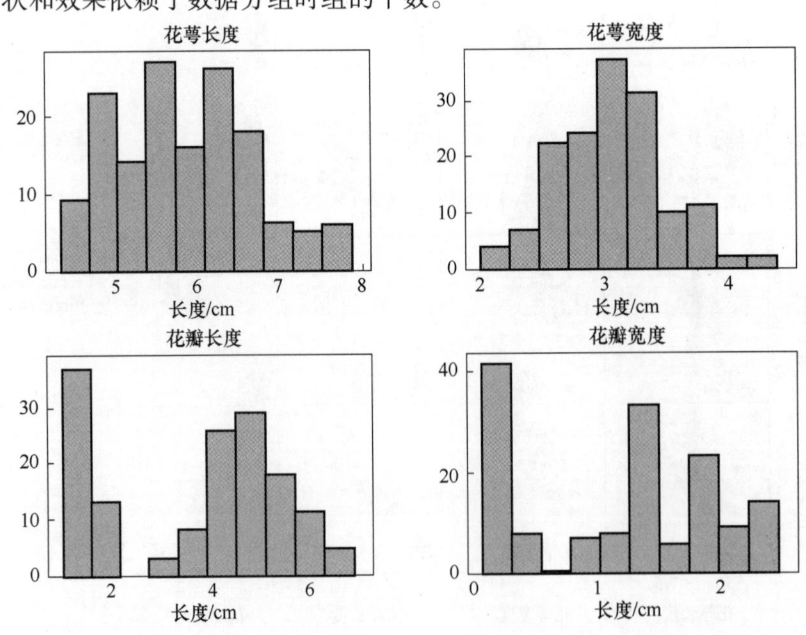

图 3.16　鸢尾花数据集 4 个属性的直方图（分为 10 组）

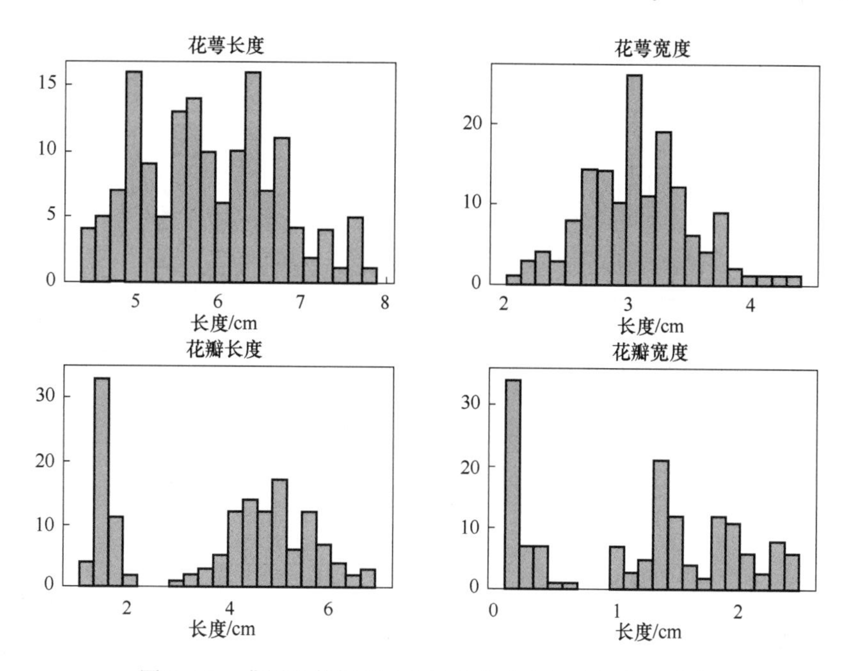

图 3.17　鸢尾花数据集 4 个属性的直方图（分为 20 组）

4. 饼图

饼图（Pie Chart）类似于直方图，通常用于值较少的分类属性，饼图使用圆的相对面积显示不同观测值的相对频率。但是，由于相对面积的大小很难通过图形直接确定，在技术性和准确性方面，直方图更有优势。

图 3.18 为鸢尾花数据集中 3 种鸢尾花种类分布的饼图，可观察到 3 种鸢尾花的占比大致相等，但无法确定其是否相等（本例中 3 种类型的鸢尾花数量都是 50）。

5. 盒须图

盒须图（也称箱线图或盒图）是展示一维数值属性值分布的方法。图 3.19 展示了鸢尾花数据集中花瓣长度属性的盒须图。图中盒的下端和上端分别表示上四分位数和下四分位数，盒中的线表示中位数。盒须图相对紧凑，当不同属性能够相互比较时，可以将多个盒须图加以对比以便分析不同属性的分布状况。

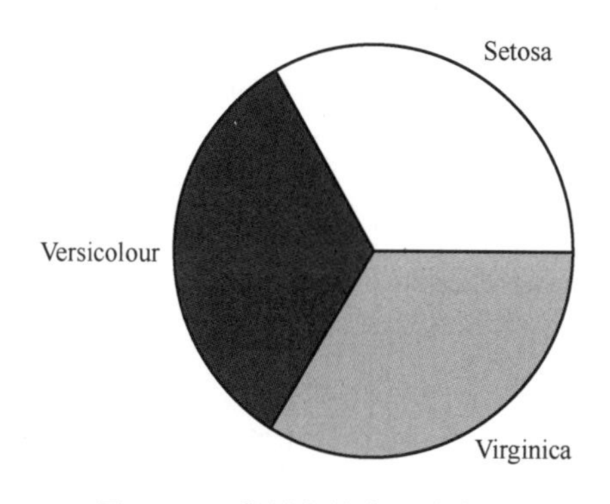

图 3.18　鸢尾花的类型分布图

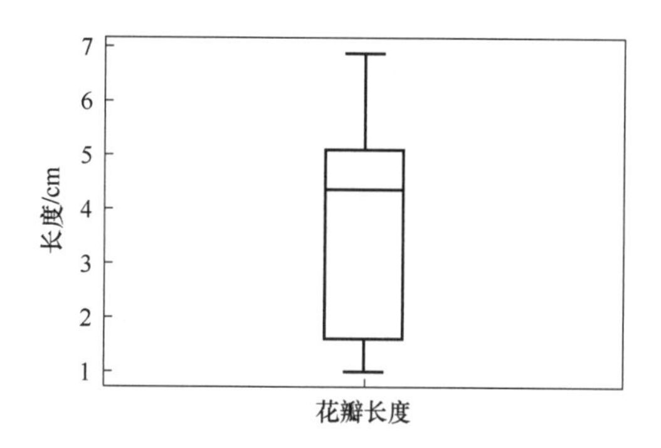

图 3.19　花瓣长度的盒须图

例 3.10　针对鸢尾花数据集，绘制花萼长度、花萼宽度、花瓣长度和花瓣宽度 4 个属性的盒须图。图 3.20 展示了鸢尾花数据集的 4 个属性的盒须图。图中花萼宽度对应的盒中存在离群点，使用“+”标注。

图 3.21 展示了 3 种鸢尾花的 4 个属性的盒须图，用来比较不同鸢尾花的花萼长度、花萼宽度、花瓣长度和花瓣宽度 4 个属性的分布。

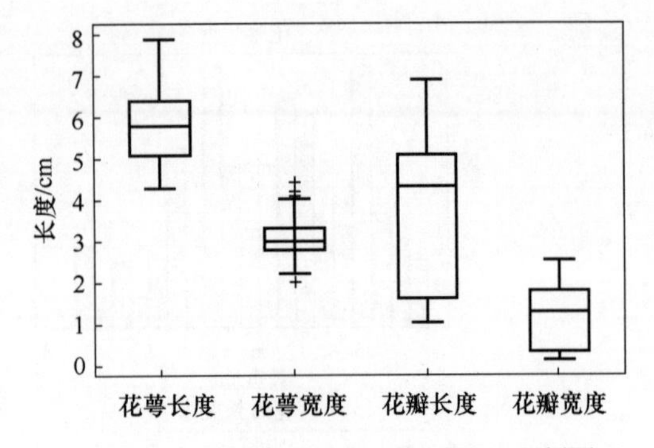

图 3.20　鸢尾花数据集 4 个属性的盒须图

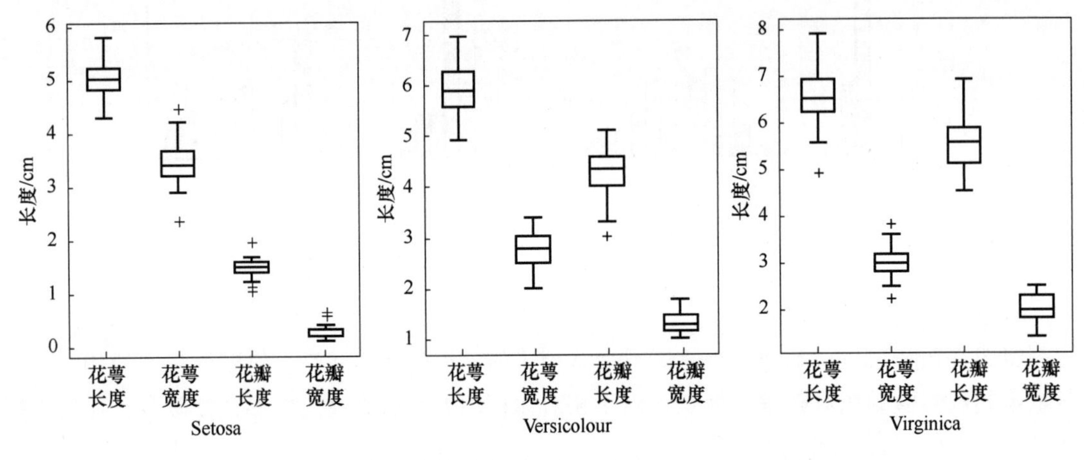

图 3.21　鸢尾花数据集中 3 种鸢尾花 4 个属性的盒须图

3.4.3　可视化时间空间数据

数据集经常包含空间或时间属性，或同时包含时间和空间属性。例如，反映每日股票价格的数据集包含了时间属性；又如观测时间内地球表面大气压、特定时段传感器某个范围内的压力等数据集，既包含了空间属性，又包含了时间属性。

更常见的是三维数据集，其中两个属性确定平面上的位置，第三个属性为连续属性（如温度、气压或海拔等），三维数据常用等高线图进行可视化展示和分析。等高线图（Contour Plot）根据位置信息将平面划分成许多区域，同一区域中第三个属性的值近似相等。

例 3.11　等高线图。

图 3.22 展示了某个时间点某属性的等高线图，将两个区域分开的等高线（Contour Line）使用分开区域的属性观测值标记。

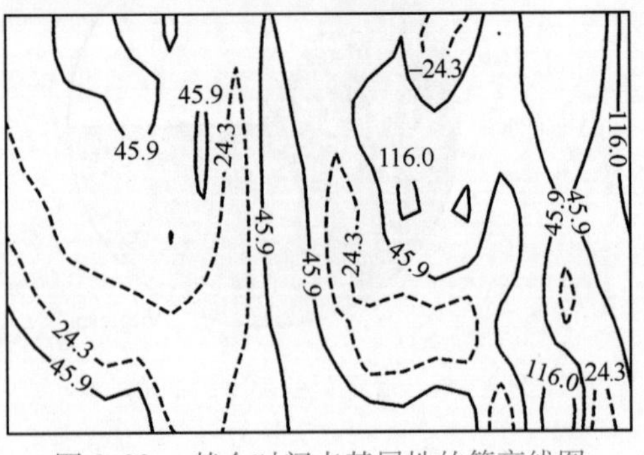

图 3.22　某个时间点某属性的等高线图

与等高线图相似，曲面图（Surface Plot）使用两个属性作为 X 和 Y 坐标，第三个属性用来指示超出前两个属性定义的平面的高度。某零件曲面图如图 3.23 所示。曲面图通常用来描述数学函数，或变化相对光滑的物理曲面。

在某些数据集中，数据对象可能同时具有方向和数值，例如人口迁徙数据、人物关系数据等，此时需要使用矢量图（Vector Plot）技术来同时显示方向和数值。图 3.24 为某种磁场的可视化展示。

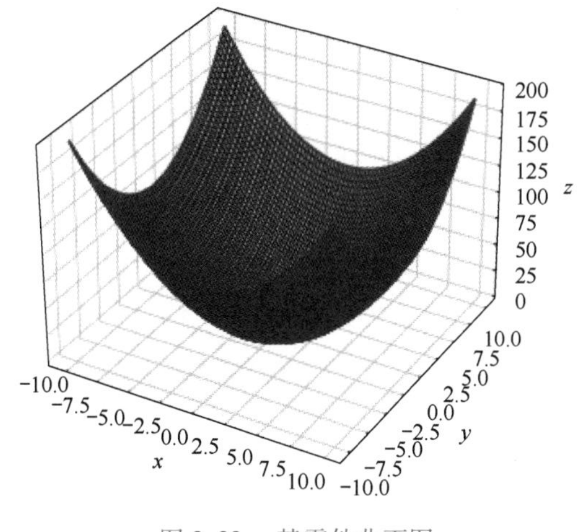

图 3.23 某零件曲面图

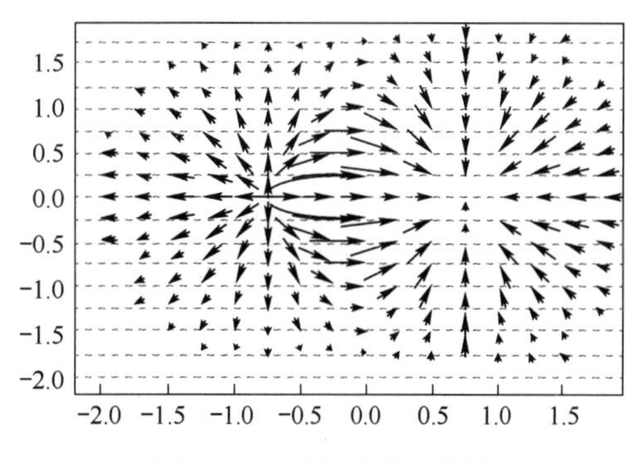

图 3.24 某种磁场矢量图

空间和时间数据集记录不同地点和时间的某种属性的观测值，此时数据对象可能有 4 个维度。例如，同一地点不同时间的气温数据，可以通过一系列可视化图像展示数据观测值随时间的变化，如将每月的气温数据进行一次可视化展示，即显示数据集在月份上的“切片”。通过考察特定区域的逐月数据，就可能发现数据集中的变化。

在数据可视化技术快速发展的今天，使用动画（或视频）处理数据切片已成为常见的手段，其基本思想是按顺序显示数据对象的二维切片，以展示数据在时间或空间维度上的变化，而人的视觉系统很适合检测这种视觉变化，并且这种变化常常很难用其他方式检测到。

需要注意的是，虽然动画和视频具有视觉吸引力，但更重要的是得到一组未被排列的可视化图像。未被设置顺序的图像使研究者可以按任意次序、使用任意多时间和次数来研究可视化信息，而多次研究、多种角度分析正是数据可视化呈现信息的重要手段。

3.4.4 可视化高维数据

高维数据通常需要使用特定的算法和模型处理。进行数据可视化时，高维数据也需要用特定的可视化技术处理和展示。需要注意的是，这些技术只能显示数据的某些侧面。

矩阵图（Matrix Diagram）是常用的高维数据可视化技术之一。每个图像都可以看作像素的矩形阵列，阵列中的每个像素用颜色和亮度来表示。同样地，数据矩阵可以看作观测值的矩形阵列，将数据矩阵的每个元素与图像中的每个像素相关联，就可以把数据矩阵转换为图像，图像中像素的亮度和颜色由数据矩阵中元素所对应的观测值刻画。

在可视化数据矩阵时，如果类标号已知，则需要安排操作，重新排列数据矩阵的次序，将某个类的所有对象聚在一起，以观察该类的所有对象是否在某些属性上具有相似的属性值，同时，如果不同的属性具有不同的值域，则需要对属性进行标准化，使其均值为 0，标准差为 1，以减少数值较大的属性在视觉上的影响。

例 3.12 矩阵图。图 3.25 展示了鸢尾花数据集的数据矩阵，其中第 0~49 条数据表示 Setosa 鸢尾花，第 50~99 条数据表示 Versicolour 鸢尾花，第 100~149 条数据表示 Virginica 鸢尾花。图 3.25 中右侧色卡展示 4 个属性的观测值标准化后的数值与颜色的对应关系。观察图中花瓣长度属性可知，Setosa 鸢尾花花瓣长度的观测值大多数小于平均值，Versicolour 鸢尾花花瓣长度在平均值附近波动，而 Virginica 鸢尾花花瓣长度大多数大于平均值。

图 3.26 展示了鸢尾花数据集的相关矩阵，矩阵的行和列被重新排列，使相同种类的鸢尾花聚在一起。由图 3.26 可见，相同种类的花最相似，而且 3 种鸢尾花中 Versicolour 鸢尾花和 Virginica 鸢尾花的相似性相比较高，Setosa 鸢尾花与其他两类的相似性相对较低。

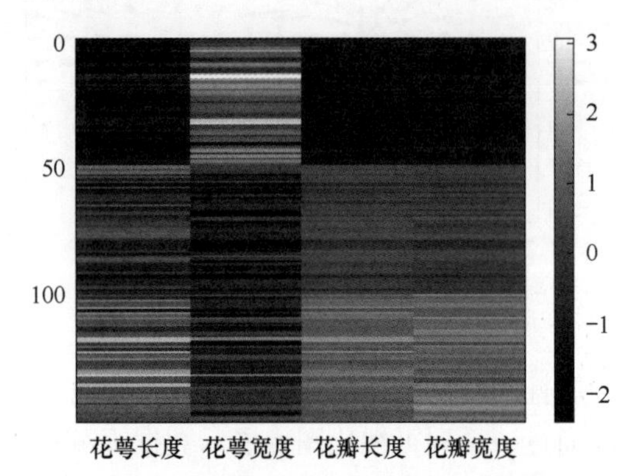

图 3.25 鸢尾花数据集的数据矩阵图

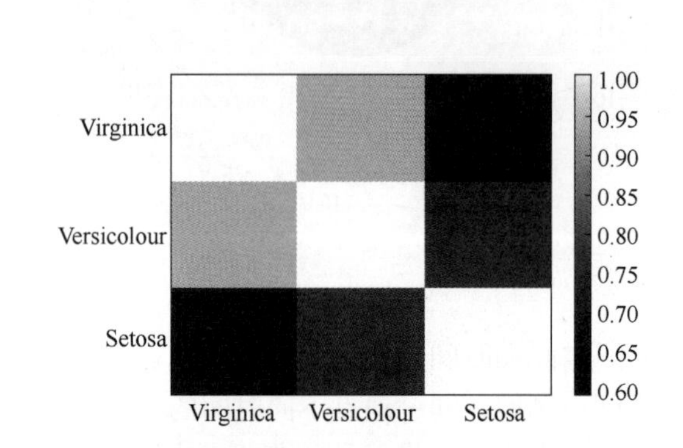

图 3.26 鸢尾花数据集的相关矩阵

当类标号未知时，通过安排相似矩阵的行和列，将相似的数据对象和属性放在一起，便于视觉上识别，事实上这种过程就是一种简单的聚类。

平行坐标图（Parallel Coordinate）是可视化高维数据和分析多元数据的常用方法之一。平行坐标系中不同的坐标轴是平行而不是正交的，平行坐标系的每个属性有一个坐标轴，坐标系中数据对象用线而不是用点表示。

将数据对象每个属性的值映射为该属性对应的坐标轴上的点，然后将这些点连接起来形成代表该对象的线，将所有数据对象都表示在该平行坐标系中，就得到了数据对象的平行坐标图。

平行坐标系中展示的所有数据对象通常趋向于分成少数几组，每个组内的点具有类似的属性值，数据集中数据对象的数量较少时，平行坐标图的可视化效果较好。

例 3.13 平行坐标图。图 3.27 展示了鸢尾花 4 个属性的平行坐标图。4 个属性分别表示 4 个平行坐标轴，使用实线表示 Setosa 鸢尾花，点画线表示 Virginica 鸢尾花，虚线表示 Versicolour 鸢尾花。从此平行坐标图可以看出，3 种鸢尾花在花瓣宽度和花瓣长度上差异较大，区分度较好，在花萼长度和花萼宽度上区分度较差。图 3.28 是相同数据的另一个平行坐标图，与图 3.27 相比只是坐标轴的次序不同。

对比两个图可知，平行坐标图的可视化效果受坐标轴顺序影响较大，通常属性之间是不存在有意义的顺序的，因此在平行坐标图展示时需要安排坐标轴以获得理想的效果。

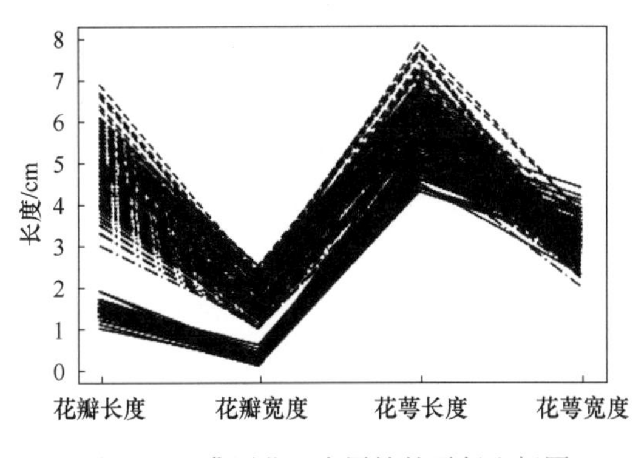

图 3.27 鸢尾花 4 个属性的平行坐标图

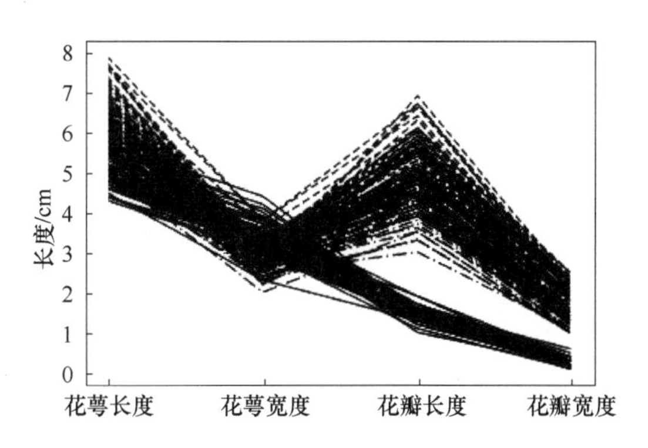

图 3.28 重新规定属性顺序的鸢尾花平行坐标图

3.5 数据对象相似性与相异性度量

在大多数数据挖掘应用中，都需要评估数据对象之间的相似或相异程度。例如，商店希望分析顾客对象簇，得出某些特征类似（例如，收入、居住区域和年龄等类似）的顾客簇以提升营销效果。簇是数据对象的集合，通常同一个簇中的对象是相似的，不同簇中的对象是相异的，簇的概念经常被应用于聚类分析中。基于聚类，可以探索离群点：把与其他对象高度相异的对象视为可能的离群点。同时，对象的相似性概念也被应用于最近邻分类，基于给定的对象（例如，顾客）与数据中其他对象的相似性赋予其一个类标号（例如，顾客类型）。

相似性和相异性是有关联的，都称为邻近度（Proximity）。相似度（Similarity）是两个对象之间相似性程度的数值度量。如果两个对象没有相似性，它们的相似度为 0。对象之间越相似，它们之间的相似度值越大。通常，相似度值落在［0，1］区间，两个对象等同时，相似度值等于 1。相异度（Dissimilarity）是两个对象之间的差异性程度的数值度量，相异度通常也被称为距离（Distance）。对象之间越相似，它们之间的相异度值越小。如果对象相同，则相异度值为 0。对象之间的差异性越大，相异度值越大。相异度值可能在［0，1］中取值，也可在［0，∞）取值（这里的∞表示上限不确定）。

下面首先介绍计算数据对象邻近度的数据结构，然后讨论各类型属性邻近度的度量。

3.5.1 数据矩阵与邻近度矩阵

假设 n 个对象（如用户、商品或课程等），被 p 个属性（如年龄、身高、体重或性别等）刻画，对象 $x_1=(x_{11}, x_{12}, \cdots, x_{1p})$，其中 x_{ij} 是对象 x_i 的第 j 个属性值，$i=1, 2, \cdots, n$，$j=1, 2, \cdots, p$。为了简化，下面称对象 x_i 为对象 i。

数据矩阵也被称为对象-属性结构，这种数据结构通常用关系表的形式或 $n\times p$ 矩阵存放 n 个数据对象，见式（3.9），矩阵中每行对应一个对象，每列对应一个属性。

$$\begin{pmatrix} x_{11} & \cdots & x_{1f} & \cdots & x_{1p} \\ \vdots & & \vdots & & \vdots \\ x_{i1} & \cdots & x_{if} & \cdots & x_{ip} \\ \vdots & & \vdots & & \vdots \\ x_{n1} & \cdots & x_{nf} & \cdots & x_{np} \end{pmatrix} \tag{3.9}$$

邻近度矩阵（或相异度矩阵），用来存放 n 个对象两两之间的邻近度（或相异度），通常用一个 $n \times n$ 矩阵表示为

$$\begin{pmatrix} 0 & & & & \\ d(2,1) & 0 & & & \\ d(3,1) & d(3,2) & 0 & & \\ d(4,1) & d(4,2) & d(4,3) & 0 & \\ \vdots & \vdots & \vdots & \vdots & \\ d(n,1) & d(n,2) & d(n,3) & \cdots & 0 \end{pmatrix} \tag{3.10}$$

式中，$d(i, j)$ 是对象 i 和对象 j 之间的相异度。一般而言，$d(i, j)$ 是一个非负的数值，对象 i 和对象 j 彼此高度相似或“接近”时，其值接近于 0，两个对象越不相似，该值越大。需要说明的是，$d(i, i)=0$，$d(i, j)=d(j, i)$，即相异度矩阵具有对称性。

相似度可以表示成相异性度量的函数。例如，对于标称数据，相似度可以表示为

$$\mathrm{sim}(i,j)=1-d(i,j) \tag{3.11}$$

式中，$\mathrm{sim}(i, j)$ 是对象 i 和对象 j 之间的相似度。

许多聚类和最近邻算法都是在相异度矩阵上进行运算的，使用算法之前，需要将数据矩阵转化为相异度矩阵。

3.5.2 标称属性的邻近度

标称属性可以取两个或多个状态。假设一个标称属性的状态数目是 M，这些状态可以用字母、符号或者一组整数表示（这些整数只用于数据处理，并不代表任何特定的顺序或数值）。

对象 i 和对象 j 之间标称属性的相异度可以根据不匹配率（Mismatch Rate）来计算，计算公式为

$$d(i,j)=\frac{p-m}{p} \tag{3.12}$$

式中，m 是匹配的数目（即 i 和 j 状态取值相同的属性数），而 p 是描述对象的属性总数。通过赋予 m 较大的权重，或者赋予有较多状态的属性更大的权重来增加 m 的影响。

例 3.14 标称属性之间的相异性。样本数据见表 3.5。

表 3.5 包含混合类型属性的样本数据表

对象标识符	属性 1（标称属性）	属性 2（序数属性）	属性 3（数值属性）
1	0	优秀	4.3
2	2	合格	1.4
3	1	良好	5.5
4	0	优秀	3.6

此处只分析对象标识符和属性 1 两列（后面的例子将使用属性 2 和属性 3）。其中属性 1 是标称属性，其相异性矩阵为

$$\begin{pmatrix} 0 & & & \\ d(2,1) & 0 & & \\ d(3,1) & d(3,2) & 0 & \\ d(4,1) & d(4,2) & d(4,3) & 0 \end{pmatrix}$$

使用式（3.12）计算矩阵中对应元素的值，此处只有1个属性，即$p=1$。当对象i和对象j相同时，$d(i, j)=0$，当对象不同时，$d(i, j)=1$，得到相异性矩阵如下

$$\begin{pmatrix} 0 & & & \\ 1 & 0 & & \\ 1 & 1 & 0 & \\ 0 & 1 & 1 & 0 \end{pmatrix}$$

除了对象1和对象4，$d(4, 1)=0$之外，所有对象都互不相似。

由式（3.11）可知相似性矩阵为

$$\begin{pmatrix} 1 & & & \\ 0 & 1 & & \\ 0 & 0 & 1 & \\ 1 & 0 & 0 & 1 \end{pmatrix}$$

3.5.3 二元属性的邻近度

数据对象标称属性上的邻近度也可以使用编码方式计算。将标称属性用非对称的二元属性编码，假定标称属性具有M种状态，对每个状态创建一个新的二元属性，对于一个具有给定状态值的数据对象，对应于该状态值的二元属性设置为1，其余二元属性都设置为0。用这种编码方式得到的数据集，可以使用二元属性的邻近性度量方法来计算其相异度和相似度。

二元属性只有两种状态，即0或1，其中0表示属性的一种状态，1表示属性的另一种状态。标称属性的邻近性度量方法适用于对称的二元属性。

假设对象有p个二元属性，对象i与对象j的匹配频数见表3.6。

表3.6 对象i与对象j的匹配频数

		对象j		
		1	0	sum
对象i	1	f_{11}	f_{10}	$f_{11}+f_{10}$
	0	f_{01}	f_{00}	$f_{01}+f_{00}$
	sum	$f_{11}+f_{01}$	$f_{10}+f_{00}$	p

其中，f_{11}表示对象i和对象j都取1的属性数目，f_{10}表示对象i取1、对象j取0的属性数目，f_{01}表示对象i取0、对象j取1的属性数目，f_{00}表示对象i和对象j都取0的属性数目，属性的总数为p，即$p=f_{11}+f_{10}+f_{01}+f_{00}$。

对于对称的二元属性，每个状态的权重相同，对象i和对象j的相异度可表示为

$$d(i,j)=\frac{f_{10}+f_{01}}{p}=\frac{f_{10}+f_{01}}{f_{11}+f_{10}+f_{01}+f_{00}} \tag{3.13}$$

对于非对称的二元属性，两个状态的权重不同，通常两个值都取1的情况（正匹配）被认为比两个值都取0的情况（负匹配）更有意义，在计算邻近度时负匹配的情况经常被忽略。因此对于非对称的二元属性，对象i和对象j的相异度可表示为

$$d(i,j)=\frac{f_{10}+f_{01}}{f_{11}+f_{10}+f_{01}} \tag{3.14}$$

对非对称的二元属性，对象 i 和对象 j 的相似度可以表示为

$$\text{sim}(i,j)=\frac{f_{11}}{f_{11}+f_{10}+f_{01}} \tag{3.15}$$

式（3.15）表示的相似度 sim(i, j) 也被称为 Jaccard 系数（Jaccard Coefficient）。

当数据集中同时出现对称性和非对称性二元属性时，可以使用混合属性的邻近性度量方法进行计算。

例 3.15　二元属性之间的相异性。假设一个患者记录表（见表 3.7）的属性包括编号、性别、是否发烧、是否咳嗽、项目 1、项目 2、项目 3 和项目 4 等属性，其中编号是对象标识符，性别是对称二元属性，其余属性都是非对称二元属性。

表 3.7　患者记录表

编　号	性　别	是否发烧	是否咳嗽	项目 1	项目 2	项目 3	项目 4
01	1	1	0	1	0	0	0
02	1	1	1	0	0	0	0
03	0	1	0	1	0	1	0
⋮	⋮	⋮	⋮	⋮	⋮	⋮	⋮

假设基于非对称二元属性计算患者之间的邻近度，根据式（3.14），三位患者 01、02、03 两两之间的相异度如下

$$d(01,02)=\frac{1+1}{1+1+1}=\frac{2}{3}$$

$$d(01,03)=\frac{0+1}{2+0+1}=\frac{1}{3}$$

$$d(02,03)=\frac{1+2}{1+1+2}=\frac{3}{4}$$

可见，患者 02 和 03 的相异度值较大，其所患疾病很可能不同，而患者 01 和 03 可能患有相似的疾病。

3.5.4　数值属性的邻近度

用于计算数据对象数值属性的邻近性度量包括欧几里得距离（Euclidean Distance）等。在一些情况下，计算距离之前需要将数据规范化，即进行数据变换。例如，对于数值属性“高度”，采用不同计量单位时，属性取值不同。计量单位越小，数值越大，对属性的影响或权重也越大，因此需要进行数据变换，将所有数值属性变换到相同的取值范围内。

1. 欧几里得距离与曼哈顿距离

欧几里得距离被广泛应用于数值属性的距离度量。

令 $i=(x_{i1}, x_{i2}, \cdots, x_{ip})$ 和 $j=(x_{j1}, x_{j2}, \cdots, x_{jp})$ 是两个被 p 个数值属性描述的对象，则对象 i 和对象 j 之间的欧几里得距离定义为

$$d(i,j)=\sqrt{(x_{i1}-x_{j1})^2+(x_{i2}-x_{j2})^2+\cdots+(x_{ip}-x_{jp})^2} \tag{3.16}$$

曼哈顿距离（Manhattan Distance，也称城市街区距离）也经常被应用于数值属性的距离

度量，对于对象 i 和对象 j，其计算公式为

$$d(i,j)=|x_{i1}-x_{j1}|+|x_{i2}-x_{j2}|+\cdots+|x_{ip}-x_{jp}| \tag{3.17}$$

2. 闵可夫斯基距离

闵可夫斯基距离（Minkowski Distance）是欧几里得距离和曼哈顿距离的推广，其定义为

$$d(i,j)=\sqrt[h]{|x_{i1}-x_{j1}|^h+|x_{i2}-x_{j2}|^h+\cdots+|x_{ip}-x_{jp}|^h} \tag{3.18}$$

式中，h 是实数，且 $h\geqslant 1$。显然，$h=1$ 时，闵可夫斯基距离即为曼哈顿距离，$h=2$ 时，为欧几里得距离。

3. 上确界距离

上确界距离是闵可夫斯基距离在 $h\to\infty$ 时的极限。假设对象 i 和对象 j 在第 k 个属性上具有最大差值，这个最大差值就是上确界距离，定义为

$$d(i,j)=\lim_{h\to\infty}\left(\sum_{f=1}^{p}|x_{if}-x_{jf}|^h\right)^{\frac{1}{h}}=\max_f^p|x_{if}-x_{jf}| \tag{3.19}$$

式中，h 是实数，且 $h\geqslant 1$。

需要说明的是，距离都具有 4 个性质：①非负性，即满足 $d(i,\ j)\geqslant 0$。②同一性，即 $d(i,\ i)=0$。③对称性，即 $d(i,\ j)=d(j,\ i)$。④三角不等式，即 $d(i,\ j)\leqslant d(i,\ k)+d(k,\ j)$。满足这 4 个性质的测度被称为度量（Metric）。

例 3.16 欧几里得距离、曼哈顿距离和上确界距离计算。令 $x_1=(1,\ 2)$ 和 $x_2=(3,\ 5)$ 表示两个数据对象，它们之间的欧几里得距离为 $\sqrt{2^2+3^2}=\sqrt{13}$，曼哈顿距离为 $|1-3|+|2-5|=2+3=5$。两个数据对象在第二个属性上的差值最大，为 $|2-5|=3$，即两个数据对象的上确界距离为 3。

如果对每个属性根据其重要性程度赋予权重 $w=(w_1,\ w_2,\ \cdots,\ w_p)$，则得到加权欧几里得距离，定义为

$$d(i,j)=\sqrt{w_1(x_{i1}-x_{j1})^2+w_2(x_{i2}-x_{j2})^2+\cdots+w_p(x_{ip}-x_{jp})^2} \tag{3.20}$$

同样，加权方式也可用于其他距离度量。

3.5.5 序数属性的邻近度

序数属性的值之间的序或排位具有意义。通过将数值属性离散化也可以得到序数属性。当数据对象包含序数属性时，计算邻近度需要考虑关于序的信息。

假设 f 是描述 n 个对象的一个序数属性，属性 f 有 M 个有序状态，表示为排位 1，2，…，M，对象 i 的 f 值为 f_i，使用对应的排位 $r_i\in\{1,\ 2,\cdots,\ M\}$ 取代 f_i。由于每个序数属性可能具有不同的状态数目，为使每个属性具有相同的权重，通常需要将每个属性的值映射到 [0.0，1.0] 区间，见式（3.21），然后再用 z_i 取代 r_i 实现数据的规范化。

$$z_i=\frac{r_i-1}{M-1} \tag{3.21}$$

接下来用 z_i 代替 f_i，将序数属性序的信息转换为数值，从而可以选用任意一种数值属性的邻近度算法完成序数属性的邻近度计算。

例 3.17 序数属性的相异度计算。使用表 3.5 中的数据，考察表中的对象标识符和序数属性（属性 2）。属性 2 包含 3 个有序状态，分别为优秀、良好和合格，其排序为

{合格，良好，优秀}，即 $M=3$。首先把属性 2 的每个属性值替换为它的排位，4 个对象的属性 2 分别被赋值为排位 3、1、2、3，然后通过式（3.21）将排位 1 映射为 0.0，排位 2 映射为 0.5，排位 3 映射为 1.0，完成排位规范化，表 3.5 中的对象标识符和属性 2（序数属性）规范化的结果见表 3.8。

表 3.8　序数属性的规范化结果

对象标识符	属性 2（序数属性）
1	1.0
2	0.0
3	0.5
4	1.0

最后使用曼哈顿距离得到 4 个对象的相异度矩阵为

$$\begin{pmatrix} 0.0 & & & \\ 1.0 & 0.0 & & \\ 0.5 & 0.5 & 0.0 & \\ 0.0 & 1.0 & 0.5 & 0.0 \end{pmatrix}$$

由结果可知，对象 1 与对象 2、对象 2 与对象 4 的差异性最大，该结论符合直观判断。

序数属性的相似度值可以由相异度与相似度的关系式得到。

3.5.6　混合类型属性的邻近度

实际应用中的数据对象往往包含各种不同类型的属性，那么这种情况下如何计算邻近度呢？

此处介绍一种比较简单且常用的方法，首先计算每个属性的相异度，并将每个相异度转换到同一个区间（例如，区间 [0.0, 1.0]），然后将各属性的相异度组合，产生相异度矩阵。

假设数据集包含 k 个不同类型的属性，对于对象 i 和对象 j，计算各属性的相异度 d_k。d_k 的计算方式由属性 k 的类型决定。将 d_k 的取值范围转换到区间 [0.0, 1.0]，则对象 i 和对象 j 之间的相异度 $d(i, j)$ 计算公式为

$$d(i,j)=\frac{\sum_{k=1}^{k}\delta_k d_k}{\sum_{k=1}^{k}\delta_k} \tag{3.22}$$

式中，δ_k 为指示变量，其定义为

$$\delta_k=\begin{cases}0,\text{当一个对象的属性 } k \text{ 有缺失值，}\\ \quad\text{或者两个对象属性 } k \text{ 的值都为 } 0\text{，且属性 } k \text{ 为非对称二元属性}\\ 1,\text{其他}\end{cases} \tag{3.23}$$

当样本空间中不同属性的重要性不同时，可以使用加权相异度，以体现属性间重要性的不同，加权相异度计算公式为

$$d(i,j)=\frac{\sum_{k=1}^{k} w_k \delta_k d_k}{\sum_{k=1}^{k} \delta_k} \tag{3.24}$$

式中，w_k 为权重值。

需要说明的是，式（3.22）和式（3.24）同样适用于混合属性组成的对象之间相似度的计算。

例 3.18 混合类型属性的相异度计算。此处以表 3.5 中的数据对象为例，计算表中对象的相异度矩阵。首先计算每个属性的相异度，属性 1 为标称属性，其相异度矩阵为

$$\begin{pmatrix} 0 & & & \\ 1 & 0 & & \\ 1 & 1 & 0 & \\ 0 & 1 & 1 & 0 \end{pmatrix}$$

属性 2 为序数属性，其相异度矩阵为

$$\begin{pmatrix} 0.0 & & & \\ 1.0 & 0.0 & & \\ 0.5 & 0.5 & 0.0 & \\ 0.0 & 1.0 & 0.5 & 0.0 \end{pmatrix}$$

对于属性 3（数值属性），首先计算数据对象之间的相异度 d_{ij}（此处使用曼哈顿距离度量相异度），结果为

$$\begin{pmatrix} 0.0 & & & \\ 2.9 & 0.0 & & \\ 1.2 & 4.1 & 0.0 & \\ 0.7 & 2.2 & 1.9 & 0.0 \end{pmatrix}$$

使用最小-最大规范化方法将相异度矩阵的值规范化到区间［0.0，1.0］中，结果为

$$\begin{pmatrix} 0.00 & & & \\ 0.65 & 0.00 & & \\ 0.15 & 1.00 & 0.00 & \\ 0.00 & 0.44 & 0.35 & 0.00 \end{pmatrix}$$

基于式（3.22）计算对象之间的相异度，对于每个属性 k，本例中指示变量的值 d_k 都为 1，例如，$d(3,\ 1)=\frac{1\times1+1\times0.5+1\times0.15}{3}=0.55$，同理得到由 3 个不同类型属性所描述的数据对象的相异度矩阵为

$$\begin{pmatrix} 0.00 & & & \\ 0.88 & 0.00 & & \\ 0.55 & 0.83 & 0.00 & \\ 0.00 & 0.81 & 0.62 & 0.00 \end{pmatrix}$$

由矩阵可知，$d(4,\ 1)$ 为最小值，即对象 1 和对象 4 是最相似的，直接观测表 3.5 可以得到同样的结论，$d(2,\ 1)$ 为最大值，表示对象 1 和对象 2 最相异。

3.5.7 余弦相似度

文本分析经常用到文档数据集。文档数据集具有大量属性，每个属性记录文档中的一个特定词（如关键词）或短语出现的频数，即每个文档用一个词频向量表示，文档集合用一个文档-词向量矩阵表示，这样的数据集往往高度非对称。文档向量或词频向量见表 3.9。

表 3.9 文档向量或词频向量

文档	三分球	越位	罚球	点球	犯规	抢断	任意球	得分	中场	扣篮
文档 1	4	0	1	0	2	4	0	5	0	1
文档 2	3	0	2	0	5	2	0	7	0	3
文档 3	0	4	0	2	8	0	0	3	0	0
文档 4	0	1	0	0	6	8	2	0	3	0

表 3.9 中共包含 10 个属性，分别为 10 个词，每行记录了一个文档的词频向量。例如，文档 1 的词频向量为 [4, 0, 1, 0, 2, 4, 0, 5, 0, 1]，表示文档 1 中出现了“三分球”“罚球”“犯规”“抢断”“得分”和“扣篮” 6 个关键词，其中“三分球”出现 4 次，而“越位”在文档 1 中没有出现。

词频向量通常很长，且具有稀疏性，文本分析、信息检索、生物学分类和基因特征映射都会用到这种结构。数据的稀疏性使得传统的邻近性度量效果不好，例如，两个词频向量可能有很多同为 0 的值，此时使用传统的邻近性度量计算出的相异度值可能很小，表示词频向量较相似，而实际上这种情况表示所对应的文档有许多词是不共有的，意味着它们之间的相似性程度很低，因此需要一种忽略 0-0 匹配且能够处理非二元向量的邻近性度量。

余弦相似度（Cosine Similarity）可以用来比较文档或针对给定的查询词向量对文档排序。令 $\boldsymbol{x}$ 和 $\boldsymbol{y}$ 是两个待比较的词向量，它们之间的余弦相似度计算公式为

$$\cos(\boldsymbol{x},\boldsymbol{y})=\frac{\boldsymbol{x}\cdot\boldsymbol{y}}{\|\boldsymbol{x}\|\|\boldsymbol{y}\|} \tag{3.25}$$

式中，“·”表示向量的点积，$\boldsymbol{x}\cdot\boldsymbol{y}=\sum_{i=0}^{p}x_i y_i$，$\|\boldsymbol{x}\|$是向量 $\boldsymbol{x}=(x_1,\ x_2,\cdots,\ x_p)$ 的欧几里得范数（即欧几里得距离）。概念上，$\|\boldsymbol{x}\|$与$\|\boldsymbol{y}\|$分别为向量 $\boldsymbol{x}$ 与 $\boldsymbol{y}$ 的长度。

余弦相似度计算向量 $\boldsymbol{x}$ 和 $\boldsymbol{y}$ 之间夹角的余弦值。余弦值为 0 意味着两个向量呈 90°夹角（正交），没有匹配；余弦值越接近 1，夹角越小，意味向量之间的匹配度越大。需要注意的是，余弦相似度并不满足度量的性质，因此它被称作非度量（Non-metric）测度。

例 3.19 计算两个词频向量的余弦相似度。

假设 $\boldsymbol{x}$ 和 $\boldsymbol{y}$ 是表 3.9 的前两个文档的词频向量，即 $\boldsymbol{x}=(4,\ 0,\ 1,\ 0,\ 2,\ 4,\ 0,\ 5,\ 0,\ 1)$，$\boldsymbol{y}=(3,\ 0,\ 2,\ 0,\ 5,\ 2,\ 0,\ 7,\ 0,\ 3)$，$\boldsymbol{x}$ 和 $\boldsymbol{y}$ 的相似性使用余弦相似性计算得到

$$\boldsymbol{x}\cdot\boldsymbol{y}=4\times3+0\times0+1\times2+0\times0+2\times5+4\times2+0\times0+5\times7+0\times0+1\times3=70$$

$$\|\boldsymbol{x}\|=\sqrt{4^2+0^2+1^2+0^2+2^2+4^2+0^2+5^2+0^2+1^2}=\sqrt{63}$$

$$\|\boldsymbol{y}\|=\sqrt{3^2+0^2+2^2+0^2+5^2+2^2+0^2+7^2+0^2+3^2}=10$$

$$\cos(\boldsymbol{x},\boldsymbol{y})\approx0.88$$

以余弦相似度比较这两个文档时，$\boldsymbol{x}$ 与 $\boldsymbol{y}$ 高度相似。

当属性是二元属性时，余弦相似度可以用共享属性解释。假设对象 $\boldsymbol{x}$ 和 $\boldsymbol{y}$ 来自同一个二元属性数据集，$x_i=1$ 表示对象 $\boldsymbol{x}$ 具有第 i 个属性，则 $\boldsymbol{x}\cdot\boldsymbol{y}$ 是对象 $\boldsymbol{x}$ 和 $\boldsymbol{y}$ 共同具有的属性数目，$\|\boldsymbol{x}\|\|\boldsymbol{y}\|$是 $\boldsymbol{x}$ 具有的属性数目与 $\boldsymbol{y}$ 具有的属性数目的几何平均数，此时，可以使用余弦度量的一个简单变换，如下

$$\cos(\boldsymbol{x},\boldsymbol{y})=\frac{\boldsymbol{x}\cdot\boldsymbol{y}}{\|\boldsymbol{x}\|^2+\|\boldsymbol{y}\|^2-\boldsymbol{x}\cdot\boldsymbol{y}} \tag{3.26}$$

即计算 $\boldsymbol{x}$ 和 $\boldsymbol{y}$ 所共有的属性个数与 $\boldsymbol{x}$ 或 $\boldsymbol{y}$ 所具有的属性个数之间的比率。

此函数被称为广义 Jaccard 系数，也称为 Tanimoto 距离或 Tanimoto 系数（但是，还有一种系数也被称为 Tanimoto 系数）。广义 Jaccard 系数经常被用在信息检索和生物学分类中。

价值观：多角度分析，全面认识事物。

要全面了解数据集是困难的，必须从数据集的属性和数据对象两个角度进行分析。

针对每个属性，首先要了解属性的类型，然后根据类型选择适当的方式进行概括性度量和可视化分析。概括性度量从集中趋势和离散程度两个角度开展，并辅以分布图形进行概括描述；可视化分析需要从多个角度展示数据，以准确了解属性分布。相异度和相似度则是对数据对象间的关系进行度量。只有层层分解、多角度分析，才能从整体上全面地认识数据集，了解数据集的基本特点和结构。了解数据如此，认识复杂现实世界中的事物更是如此。面对实际问题时，首先应该全方位地探索了解事物的角度，然后针对每个角度做分析研究，以便全面、准确地了解事物，评估问题，进而顺利地解决问题。

习　　题

1. 将下列属性分类成二元的、分类的或连续的，并判断它们是无序（标称）的还是有序的。例如：年龄。回答：分类的，有序的。

1）用 AM 和 PM 表示的时间。

2）根据曝光表测出的亮度。

3）根据人的判断测出的亮度。

4）医院中的患者数。

5）书的 ISBN 号。

6）用每立方厘米表示的物质密度。

7）快递单号。

2. 问卷调查是社会调查研究活动中收集资料的常用工具。问卷调查通过编制详细周密的问卷，并要求被调查者根据问卷内容作答，完成资料的收集。通过问卷调查收集数据，可能会出现哪些数据质量问题？该如何避免？

3. 假设用于分析的数据集包含年龄属性，年龄属性的值如下（以递增序）：13，15，16，16，19，20，20，21，22，22，25，25，25，25，30，33，33，35，35，35，35，36，40，45，46，52，70。

1）数据的均值是多少？中位数是多少？

2）数据的众数是多少？

3）数据的中列数是多少？

4）数据的四分位数是多少？Q_1 和 Q_3 分别是多少？

5）给出数据的五数概括，并绘制盒须图。

6）绘制数据的分位数图。

4. 从某一行业中随机抽取 12 家企业，调查其产量和生产费用数据，结果见表 3. 10。

表 3. 10　产量和生产费用数据

产量/件	40	42	50	55	65	78	84	100	116	125	130	140
生产费用/万元	130	150	155	140	150	154	165	170	167	180	175	185

1）计算产量和生产费用的均值、中位数和标准差。

2）绘制产量和生产费用的盒须图。

3）绘制产量和生产费用的散点图和分位数-分位数图。

5. 从 UCI 机器学习库取得一个数据集，尽可能多地使用本章介绍的可视化技术探索数据集。

6. 基于可视化技术的一般概念，完成下列数据信息的可视化展示。

1）计算机网络，确保包括网络的静态属性（如是否连接）和动态属性（如通信量）。

2）特定的植物和动物在全世界的分布情况。

3）对于一组基准数据库程序，计算机资源（如内存、磁盘和运算量）的使用情况。

4）过去 30 年某地区工人职业的变化情况。假设收集了每个工人每年的相关信息，并获得了工人的性别和受教育程度。

在设计可视化方案时，确保完成了如下问题：①表示。如何将对象、属性和联系映射到可视化元素？②安排。如何显示可视化元素？例如，如何选择视点、设定透明度、将对象分组等。③选择。如何处理大量属性和数据对象？

7. 简要描述如何计算被如下属性描述的数据对象的相异性。

1）标称属性。

2）非对称的二元属性。

3）数值属性。

4）词频向量。

8. 假设两个数据对象分别被向量（22,1,42,10）和（20,0,36,8）描述，回答下列问题：

1）计算两个数据对象之间的欧几里得距离。

2）计算两个数据对象之间的曼哈顿距离。

3）假设 $q=3$，计算两个数据对象之间的闵可夫斯基距离。

4）计算两个数据对象之间的上确界距离。

9. 在数据分析中，相似性度量的选择十分重要，同一个数据集使用不同的相似性度量可能产生不同的结果。

假设有二维数据集见表 3. 11。

表 3. 11　二维数据集

	y_1	y_2
x_1	1.5	1.7
x_2	2.0	1.9
x_3	1.6	1.8
x_4	1.2	1.5
x_5	1.5	1.0

将此二维数据集看作二维数据点的集合，给定一个新数据点 $x_1=(1.4,1.6)$ 作为查询点，使用欧几里得距离、曼哈顿距离、上确界距离和余弦相似度4种邻近性度量，根据与查询点的相似性，对数据集中数据对象排序。

实　　验

1. 实验目的

1）对数据集进行探索分析，了解数据集的基本特性。

2）使用 Python 进行数据可视化。

2. 实验内容

（1）数据读取。使用 Pandas 完成数据读取。红酒数据集的线上地址为 https://archive.ics.uci.edu/ml/machine-learning-databases/wine-quality/winequality-red.csv，数据集以分号为分隔符号。

（2）数据分析。分析数据集的属性类型、数据质量和各属性分布情况。

1）属性类型分析。列出数据集12个属性中的标称属性、二元属性和序数属性的数量，并说明哪些属性是离散属性，哪些属性是连续属性，再对各属性进行统计描述。

2）数据质量分析。对数据集进行数据质量分析，了解数据集是否存在缺失值、离群点、数据不一致和重复数据等数据质量问题。

3）属性分布分析。对各属性的集中趋势和离散程度进行度量分析，并选择合适的方式进行图形展示。

① 使用柱状图展示数据集中属性 quality 的分布情况。

② 使用盒须图分别展示不同 quality 值下属性 volatile acidity、属性 citric acid 和属性 alcohol 的分布情况。

③ 计算各属性之间的相关系数，使用热力图展示属性之间的相关性。

④ 使用散点图分别展示数据集中属性 fixed acidity 与属性 density 和属性 pH 之间的关系。

（3）相似性与相异性度量。使用 NumPy 库的 pdist() 函数，计算各数值属性之间的欧几里得距离、曼哈顿距离和余弦距离，并比较分析几个距离的异同。

3. 实验环境

Python。

4. 数据集

本实验使用 UCI 机器学习库的红酒数据集，其中包含1599个对象和12个属性，其中属性 quality 表示红酒质量，是专家品鉴之后的评分分值，分数在0~10。

5. 实验结果与总结

1）数据集是否存在数据质量问题？你是如何处理数据质量问题的？

2）哪些属性之间的相关性较高？这些相关性较高的属性之间的距离度量值一定较小吗？为什么？

3）属性 quality 与哪些属性相关？它们之间的相关关系是怎样的？

参考文献

[1] 陈封能，斯坦巴赫，库玛尔. 数据挖掘导论：完整版［M］. 范明，范宏建，译. 北京：人民邮电出版社，2011.

[2] 韩家炜，坎伯，裴健. 数据挖掘：概念与技术　第3版［M］. 范明，孟小峰，译. 北京：机械工业出版社，2012.

[3] 蒋盛益，李霞，郑琪. 数据挖掘原理与实践［M］. 北京：电子工业出版社，2013.

[4] 周志华. 机器学习［M］. 北京：清华大学出版社，2016.

[5] 贾俊平．统计学［M］．7版．北京：中国人民大学出版社，2018.

[6] 埃维森，格根．统计学：基本概念和方法［M］．吴喜之，译．北京：高等教育出版社，2000.

[7] 麦金尼．利用Python进行数据分析：第2版［M］．徐敬一，译．北京：机械工业出版社，2018.

[8] 约翰逊．Python科学计算和数据科学应用：使用NumPy、SciPy和Matplotlib 第2版［M］．黄强，译．北京：清华大学出版社，2020.

[9] 弗里德曼，皮萨尼，贝维斯，等．统计学［M］．魏宗舒，施锡铨，林举干，等译．北京：中国统计出版社，1997.

[10] 凯勒，沃拉克．统计学：在经济和管理中的应用 第6版［M］．王琪延，赫志敏，廉晓红，译．北京：中国人民大学出版社，2006.

[11] HASTIE，TIBSHIRANI，FRIEDMAN. 统计学习基础［M］．北京：世界图书出版公司，2009.

第 4 章　数据预处理

不同于结构化数据库中的标准数据，现实世界中的数据大都是不完整、不一致的“脏数据”。例如，从多个数据源采集的数据很有可能出现数据格式不统一、量纲不同、分类标准不一致等问题，数据集中可能存在包含大量空值、异常值等问题的不合格样本，数据集的大小不满足数据挖掘算法的要求等。如果忽略数据集的这些问题，直接计算或对其采用数据挖掘算法，会严重影响数据挖掘任务的输出质量。事实上，受制于数据集的大小、格式、质量等因素，数据挖掘算法往往不能直接运用于原始数据。结合实际业务，有时即使数据符合算法要求，直接进行数据挖掘也会出现数据挖掘任务占用资源过多、所得结果不准确等问题。因此需要对所获取的原始数据进行预处理，提高数据集的质量，最大限度地提升数据集与数据挖掘算法的契合度，以保证数据挖掘任务顺利进行，并有望生成更好的预测模型和分析结果。

数据预处理（Data Preprocessing）是在开始业务分析之前对数据所做的预先处理过程。完成预处理加工后的数据，具有更好的完整性、准确性和一致性，数据质量更高，更适应数据挖掘模型的计算。实际业务中，数据预处理已成为数据挖掘流程的基本步骤。

本章介绍数据预处理的方法及作用，包括数据清洗（Data Cleaning）、数据归约（Data Reduction）、数据离散化（Data Discretization）和数据规范化（Data Normalization）等，并结合相关实例介绍具体内容。

4.1　数据预处理任务

数据预处理过程涉及的方法很多，且作用各不相同。在具体的数据挖掘任务中，数据预处理任务包括数据清洗、数据归约、数据离散化和数据规范化等，它们所要达成的目标各不相同。数据预处理过程和相关任务如图 4.1 所示。

在面向具体业务的数据挖掘任务中，需要根据业务数据的特点和挖掘任务确定数据预处理阶段的任务和目标，并以此决定使用哪些方法进行数据预处理。

数据清洗的主要任务是解决数据集中缺失值和噪声数据等问题。原始数据的不完整性、不准确性和不一致性是客观存在的，也是无法避免的。数据清洗是把“脏数据”清洗处理为“干净数据”的过程。经过数据清洗，数据集中的缺失值被填充或删除，噪声数据被平滑，离群点和异常值被识别、标注或删除，数据集中的描述不一致、量纲不一致、同一属性的类型不一致等不一致性问题被解决。完成数据清洗后的数据集能够基本满足数据挖掘算法的运行要求，并为后续进行数据归约、特征提取和数据规范化提供基础条件。

数据归约就是将一个大规模的数据集用一个较小的、精炼的数据集来替代。前提条件是要最大限度地保证数据集中包含的信息不丢失。数据归约是去除数据冗余的过程，以既降低数据集的规模，又不损害数据挖掘模型和算法的运算结果为目标。数据归约得到数据集的简化表示，同时能够产生同样的或几乎同样的、不损失数据挖掘任务准确性的分析结果。经过数据归约，数据集的规模被压缩，数据集的统计参数和重要特征被保存，数据挖掘任务计算

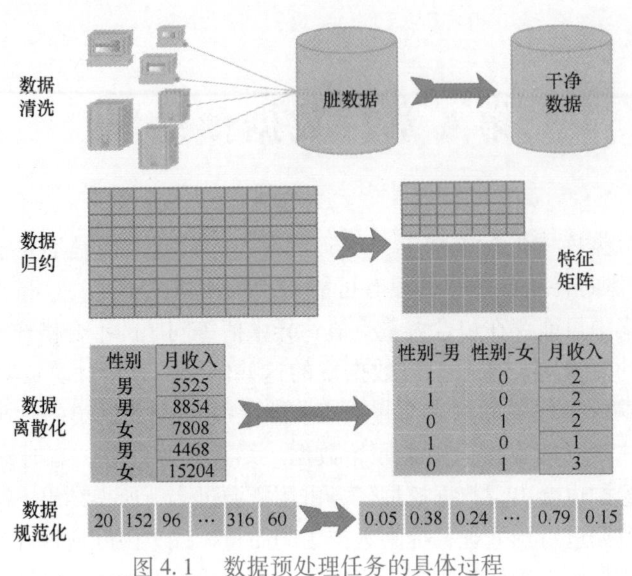

图 4.1 数据预处理任务的具体过程

结果准确性变化较小，同时数据挖掘任务的可行性得到提升，模型和算法所必需的计算资源和运行时间被极大压缩。

数据离散化通过将数据的连续属性域划分为多个区间，以区间标号替代落入该区间的实际属性值，将连续属性转换为分类属性。特别地，把离散或分类属性变换为一个或多个二元属性的过程称为二元化。经过数据离散化，数据集中某些连续属性转换为离散属性，某些离散属性和分类属性转换为二元属性，甚至产生了一些新的二元属性。完成数据离散化之后，输入数据的属性值将满足某些特定算法的要求。数据离散化能够提升算法的运算效率和计算结果的准确性。

数据规范化是将原始数据变换成更适合数据挖掘的数据格式的过程。在进行模型计算或算法运算时，可能面临数据集的特征或分布不适合当前模型或算法的情况，此时可以进行数据变换。在此过程中，可能会对数据集的属性值进行不同程度的缩放或规范化，也可能计算出一些新的属性或特征，使得量纲不同等问题对数据挖掘模型的影响被削弱，确保数据集符合模型或算法的输入条件。经过数据规范化，数据集对模型或算法的适应性更强，这使数据挖掘过程更有效，输出的结果更准确。

需要指出的是，数据预处理过程的 4 个部分之间既紧密联系又各有侧重，它们既不互斥，也非必须按照顺序全部完成。在实际的数据挖掘业务中需要根据数据的质量和模型要求来选择具体的数据预处理操作。例如，数据清洗阶段对数据集进行去重操作以减少数据冗余，而这一过程也是数据归约阶段的目的之一；数据归约阶段的特征工程可能会产生新的数据属性，而数据离散化过程也可能会产生新的数据属性；数据离散化过程和数据规范化过程本质上都是对数据的属性值进行变换计算等。

4.2 数据清洗

所谓“种瓜得瓜，种豆得豆”，没有高质量的数据，就没有高质量的数据挖掘结果，因此，数据挖掘任务通常都需要进行数据预处理，而数据预处理过程的第一步常常是进行数据质量分析，对数据集中存在的问题进行检测和纠正，并进行数据清洗，以保证数据集的准确性、完整性和一致性。数据清洗过程通常包括数据集的缺失值处理和噪声数据处理。

4.2.1 缺失值

当数据集中的缺失值占比较小时，可对缺失值样本进行删除或人工填写处理。但在实际任务中，数据集的缺失值样本往往占有相当的比重，这时如果进行人工填写处理则非常低效，如果直接删除缺失值样本或相关属性又会丢失大量信息，按照“垃圾进，垃圾出”原则，最终很可能得出不正确的结论。

在处理缺失值之前，了解缺失值出现的原因是必要的。在数据产生或收集过程中，可能造成数据集中出现缺失值的原因是多样的。例如，设备故障使得在收集、传输和存储过程中，由于信息丢失而造成数据值缺失；因人工遗漏而造成数据值缺失；因样本的属性值本身为空而造成数据值缺失等。

同时，在完成数据收集后，缺失值在数据集中的表现方式也是多样的。例如，观测值为“NULL”“NAN”“”等；出现身高属性的值为“-1”、年龄属性值为“999”等不符合客观现实的数据等。此时，可以按照缺失值的处理方法进行数据清洗。

需要说明的是，对缺失值的处理应该具体问题具体分析，根据具体数据挖掘任务中实际业务条件下缺失值可能包含的信息进行合理填充（或删除）。特别地，当数据集中某些属性值的缺失本身就是一种信息时，需要根据缺失值的具体业务含义进行处理。

常用的缺失数据的处理方法有：忽略样本、删除样本和数据填充。

忽略样本就是不处理缺失值，直接在包含缺失值的数据上进行数据挖掘。通常在描述统计任务或分类任务中使用这种方法。某些对缺失值不敏感的数据挖掘模型可以直接忽略缺失值，如朴素贝叶斯分类器等。

删除样本就是将数据集中存在缺失值的样本删除，以得到完备的数据集。这种处理方法简单易行，在数据样本存在多个属性的缺失值，或者有缺失值的样本在整体数据集中占比非常小时十分有效。需要注意的是，当缺失数据所占比例较大，或者缺失值包含特殊业务信息时，删除样本的方法可能导致数据发生偏离，以至于得出错误的结论。

数据填充就是用一定的值去填充数据集中的缺失值，以得到完备的数据集。这种方法适用范围较为广泛，效果较好。数据填充方法通常基于统计学原理，根据数据集中现有样本的分布情况对缺失值数据进行估计和填充。常用的填充方式有以下几种。

（1）人工填写。当缺失数据较少或缺失本身存在特殊业务信息时，可使用人工填写的方式进行缺失值填充。该方式适用情况极其有限，且成本较高，非特殊业务要求不推荐使用。

（2）特殊标注。将缺失值当作一种特殊的数值类型来处理，使用一个全局变量（或常量）替换它，使其不同于其他属性值。例如，将所有的缺失值都用“unknown”或“-1”等标注填充。由于这种填充方式可能为模型带来新的无意义信息，因此一般将其作为临时填充或数据预处理的中间过程。

（3）使用属性的中心度量填充。使用中心度量填充时，需要分别处理数值型属性和非数值型属性。对于数值型属性，若数据分布是对称的，根据该属性其他所有样本取值的平均值填充该属性的缺失值；若数据分布是倾斜的，则使用中位数填充较好。对于非数值型属性，用该属性在其他所有样本的取值次数最多的值（即众数）来填充该属性的缺失值。进一步，当数据集还包含其他属性时，对于存在缺失值的属性，可以根据其他属性先对数据集进行分类，然后使用与缺失值样本属于同一类别的所有样本的中心度量填充。

使用属性的中心度量填充缺失值的基本思想是以最大概率的可能取值来补充缺失的属性值，即使用现存数据的多数信息来推测缺失值。该方式的适用范围较广，实现简单。

（4）使用所有可能的值填充。使用缺失属性的所有可能的值来填充。例如，当数据集中性别属性存在缺失值时，使用“男”和“女”分别填充缺失数据（此举会产生新的样本数据）。这种方式适用于数据集中没有任何可参考信息的情况，对于取值有限的非数值型属性能够得到较好的补齐效果，但当数据量很大或者缺失的属性值较多时，产生的样本很多，相当于人为填充噪声数据。

（5）使用插值法填充。使用插值法可以计算缺失值的估计值。该方式利用已知数据建立插值函数，然后根据插值函数计算缺失值的近似值。常用的插值法有多项式插值法（例如拉格朗日插值法或牛顿插值法）、分段插值法和样条插值法等。需要注意的是，当缺失值较多时，插值法的估计误差较大。

（6）使用模型填充。使用回归、决策树、参数估计、贝叶斯网络、人工神经网络等方法对属性的缺失值进行推导，完成缺失值的填充。

（7）基于相似度填充。对于包含缺失值的样本，使用相似性度量找到与该样本最相似的一个或多个样本，再利用相似样本对应的属性值的均值或相似度的加权平均值等进行填充。

以上所列方法中，直接删除样本和使用平均值填充的方法虽然易于实现但效果较差，基于相似度填充和使用模型填充的方法在实际业务中效果较好。对于具体的数据挖掘应用而言，不同方法得到的结果可能差别很大，所以应尝试多种填充方法，选择效果最好的方法。

需要注意的是，大多数数据挖掘过程都会在数据预处理阶段采用删除样本或数据填充的方法对缺失数据进行处理。但是，并不存在一种处理缺失值的方法适用于任何数据集或任何数据挖掘任务，无论哪种缺失值处理方法，都无法避免对数据集产生影响，继而影响模型结果。在缺失值过多时，更值得关注的问题是数据集出现大量缺失值的原因。

4.2.2 噪声数据

噪声是指被测量属性的随机误差。噪声数据是无意义的数据，但可能对数据挖掘模型和结果产生影响。在数据挖掘时，很难完全避免噪声数据或者剔除噪声数据，但是可以使用基本的数据统计描述技术和数据可视化方法（例如，盒须图或散点图）来识别可能代表噪声的离群点或异常值。

常见的识别和平滑噪声数据的方法有分箱法、聚类法和回归法等。

1. 分箱法

分箱法是一种简单的数据预处理方法，通过考察相邻数据来确定最终值，以达到平滑噪声的效果，是一种局部平滑方法。

分箱的主要目的是去噪，将连续数据离散化，平滑数据。分箱法通过将待处理的数据（一般为某列属性的值）按照一定的规则放进一些箱子中，用箱子的深度表示箱子中数据的个数，用箱子的宽度表示每个箱子的取值范围，然后对箱中数据进行平滑处理。在采用分箱技术处理数据时，首先需要确定具体的分箱方法，其次需要确定箱子中平滑数据的方法。

常用的分箱方法有等深分箱法、等宽分箱法和自定义区间法等。

等深分箱法：落入每个箱子中的数据个数相同。方法是将数据集按数据的记录行数分箱，所有箱子具有相同的记录数。这是最简单的一种分箱方法。

等宽分箱法：每个箱子中数据的取值区间相同。方法是将数据集某一属性的取值区间平均划分，保持每个箱子的宽度相同。

自定义区间法：根据实际业务或分析需要自定义区间。当明确希望观察某些区间范围内的数据分布时，使用自定义区间法可以快速完成数据分析任务。

完成分箱之后，需要选择一种方法对数据进行平滑处理，平滑数据的方法包括按平均值平滑、按边界值平滑和按中值平滑等。

按平均值平滑：对同一箱子中的数据求平均值，用平均值替代该箱子中的所有数据。

按边界值平滑：对箱子中的每一个数据，观察它和箱子两个边界值的距离，用距离较小的那个边界值替代该数据。

按中值平滑：用箱子的中值（即中位数）替代箱子中的所有数据。

下面举例说明上述噪声平滑方法。

假设数据集中排序后的某属性值见表 4.1。

表 4.1　排序后的某属性值

800	1000	1200	1500	1500	1800	2000	2300
2500	2800	3000	3500	4000	4500	4800	5000

（1）分箱。首先使用不同的方法分箱。

1）等深分箱法。设定箱子深度为 4，则分箱结果为：

箱子 1：800，1000，1200，1500

箱子 2：1500，1800，2000，2300

箱子 3：2500，2800，3000，3500

箱子 4：4000，4500，4800，5000

2）等宽分箱法。设定箱子宽度为 1000，则分箱结果为：

箱子 1：800，1000，1200，1500，1500，1800

箱子 2：2000，2300，2500，2800，3000

箱子 3：3500，4000，4500

箱子 4：4800，5000

3）自定义区间法。假设将数据划分为 $(-\infty,1000]$、$(1000,2000]$、$(2000,3000]$、$(3000,4000]$ 和 $(4000,+\infty)$ 五组，则分箱结果为：

箱子 1：800，1000

箱子 2：1200，1500，1500，1800，2000

箱子 3：2300，2500，2800，3000

箱子 4：3500，4000

箱子 5：4500，4800，5000

（2）数据平滑。接下来进行数据平滑处理。此处基于等深分箱的结果分别按平均值平滑、按边界值平滑和按中值平滑。

1）按平均值平滑。箱子1中的四个数据的均值为1125，将这四个数据都用1125代替。同理，对箱子2、箱子3、箱子4中的数据进行平滑，结果为：

箱子1：1125，1125，1125，1125

箱子2：1900，1900，1900，1900

箱子3：2950，2950，2950，2950

箱子4：4575，4575，4575，4575

2）按边界值平滑。箱子1中，边界值为800和1500，将箱子中的其他值分别用离它最近的边界值代替。同理对箱子2、箱子3、箱子4中的数据进行平滑处理，结果为：

箱子1：800，800，1500，1500

箱子2：1500，1500，2300，2300

箱子3：2500，2500，3500，3500

箱子4：4000，4000，5000，5000

3）按中值平滑。箱子1中的四个数据的中位数为1100，将这四个数据都用1100代替。同理对箱子2、箱子3、箱子4中的数据进行平滑处理，结果为：

箱子1：1100，1100，1100，1100

箱子2：1900，1900，1900，1900

箱子3：2900，2900，2900，2900

箱子4：4650，4650，4650，4650

2. 聚类法

聚类分析可以帮助发现离群点数据，需要注意的是，虽然离群点与噪声数据都表现为游离于正常数据之外，但离群点数据不同于噪声数据，甚至某些情况下离群点反而是数据分析的重要目标。此处讨论使用聚类法识别离群点，将离群点视为噪声或异常值而丢弃，以完成降噪。聚类分析的结果通常是相似或相邻的数据对象聚合在一起形成的各个聚类集合（簇），那些位于聚类集合之外的数据对象被认为是离群点数据，将发现的离群点数据进行标注或删除，完成降噪。聚类法不需要任何先验知识，数据维度不高时效果较好（聚类分析的具体内容见第7章）。

通过将数据可视化，可以直观地发现聚类结果和离群点。需要注意的是，使用聚类法识别离群点时，常常需要根据簇的凝聚度和分离度等指标来判断离群点。

以鸢尾花数据集为例，使用K-means聚类算法将数据集分为两个簇，并输出两个簇的聚类中心，然后计算每个数据点到其聚类中心的距离，将到聚类中心的距离超过均值3个标准差的数据点定义为离群点数据。通过散点图将结果可视化，可以轻易找到游离于簇之外的离群点数据。使用聚类结果散点图发现鸢尾花离群点如图4.2所示。

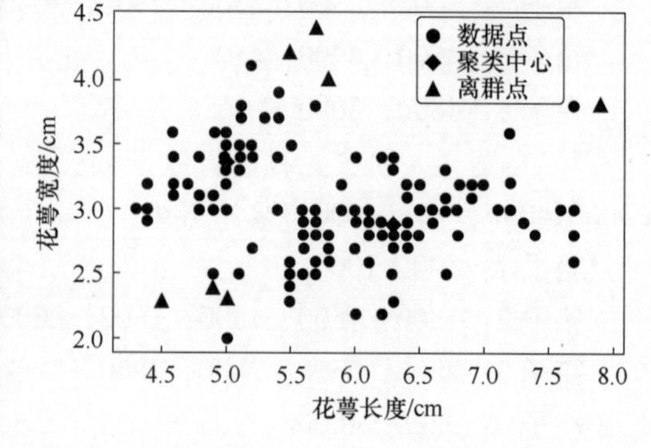

图4.2　使用聚类结果散点图发现鸢尾花离群点

需要注意的是，图 4.2 中的离群点是否被确定为噪声或异常值是需要进一步分析的。

3. 回归法

在进行数据降噪时，还可以利用拟合函数对数据进行平滑处理，例如使用线性回归方法或多元回归方法，可以获得多个变量之间的拟合关系，借此利用一个或一组变量值来预测另一个连续变量的值。

在使用回归法降噪时，首先利用回归分析方法，得到以待平滑数据属性为目标变量的拟合函数，然后使用拟合函数值代替原始值，帮助平滑数据或剔除数据中的噪声。

图 4.3 展示了使用拟合函数进行平滑后的数据（Smooth Data）与未经处理的原始数据（Raw Data）的对比。

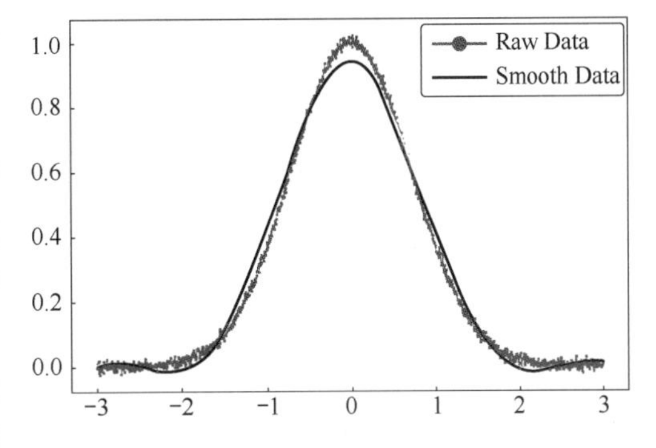

图 4.3 使用拟合函数平滑前后的数据

4.3 数据归约

完成数据清洗后，数据集往往整合了多个数据源，同时数据结构完好、内容完整、质量良好。但数据清洗无法改变数据集的规模，此时的数据集一般较为复杂和庞大，直接数据挖掘需要耗费大量计算资源。为了提高数据挖掘效率，降低成本，提高质量，需通过技术手段降低数据集规模，以缩短模型运算时间，降低运行成本，这一过程就是数据归约。

数据归约技术可以得到数据集的归约表示，该表示仍然接近地保持原始数据的完整性，但数据集规模小得多。这样，在归约后的数据集上挖掘会更有效，并产生相同或几乎相同的分析结果。数据归约技术主要通过属性选择和数据采样两个途径，对原始数据集进行压缩。

本节介绍聚集、抽样、维归约、特征子集选择和特征创建等数据归约方法。

4.3.1 聚集

进行数据分析时，有时候需要分析的数据对象有很多。例如一个超市中顾客的消费数据，除了包含顾客所购商品外，还包括商品的生产日期、价格、税费、出售时间点、保质期、季节时令等。此时可能会考虑如何按照某个属性的取值将两个或多个数据对象合并成一个数据对象来减少数据对象的个数，这种合并或汇总就是数据聚集（Data Aggregation）。在聚集中，需要合并所有记录的每个属性的值。定量属性（如价格）通常使用求和、求平均等方法进行聚集；定性属性在聚集后可能会失去意义，此时可以忽略或将相关取值汇总在一起。

需要注意的是，聚集虽然可以达到数据归约、转换标度和得到更“稳定”的数据的目的，但也可能会丢失数据中的重要细节。

4.3.2 抽样

抽样（Sampling）是指从全部调查对象中抽取一部分样本作为研究对象。抽样的基本要求是进行有效抽样，即所抽取的样本对总体要具有充分的代表性并保留原始数据集的性质。代表性即样本能够代表总体的程度，可以通过分析样本性质与总体性质的差异进行简单的判断。

统计学中的抽样调查能够根据样本数据对总体目标进行估计，借助抽样技术以及对少量样本特征的分析，评估调查对象的总体特征，完成数据分析。在数据挖掘中，抽样技术主要用来获取原始数据集的子集，在样本具有代表性的前提下，使用子集代替总体数据集进行挖掘分析。

在一些情况下，使用抽样技术可以压缩数据量，以适合某些效果较好但复杂度较高的数据挖掘算法。同时，面对庞大的数据集和漫长的模型计算时间，抽样技术允许在合理时间内完成多次实验，有利于快速提升模型的计算效果，大量节约模型调参时间。先对样本数据进行数据分析，然后根据所得结果对总体数据集进行分析与推断，这是数据挖掘面对大规模数据时的常用方法之一，并得到了广泛的应用。

抽样时，为保证抽样结果的代表性，有代表性的样本被抽中的概率需要尽量大。抽样方法和样本容量对抽样结果的有效性影响较大。

根据不同的调查目的和调查对象，成熟的、可供选择的抽样技术有很多。此处介绍最基本的抽样技术及其衍生技术。

简单随机抽样（Simple Random Sampling）是最基本的抽样方法，在简单随机抽样法中，抽样框中每个样本被抽到的概率均相等。

简单随机抽样包括有放回抽样和无放回抽样两种方式。在有放回抽样中，每次抽中的对象仍放回总体，某些对象可能不止一次被抽中。在无放回抽样中，抽中的对象不再放回总体，一个对象最多被抽中一次。当样本与数据集相比较小时，两种方式产生的样本差别不大。但是在实际分析中，有放回抽样较为简单，因为在抽样过程中每个对象被抽中的概率保持不变。

当总体由不同类型的对象组成，每种类型的对象数量差别很大时，简单随机抽样的抽样结果一般不能充分地代表不太频繁出现的样本类型。例如，当为稀有类型构建分类模型时（如信用卡用户分析中的违约用户、信号分析中的异常信号等），样本中必须提供包含一定数量的稀有类型的数据，此时需要一种可以抽取具有不同频率的目标样本的抽样方案。分层抽样（Stratified Sampling）是解决此类问题的有效抽样方法。

分层抽样先依据一个或几个特征将总体分为若干个集合（即“层”），然后从每层中随机抽取样本，这些样本集合起来，就是分层抽样的抽样结果。

最简单的分层抽样方式是从每个层中抽取相同个数的数据对象，在每个数据层数据对象数量不同时，也可以按照每个数据层占总体的比例，等比例地进行样本抽取。例如，要对某项政策的实施效果进行社会调查，调查总体包含 100 万人，其中学历分布情况：小学或以下学历占比 25%，初中学历占比 20%，高中或中专学历占比 30%，大专及以上学历占比 25%。为保证各学历阶段数据都能被收集到，进行分层抽样，设样本容量为总体数据量的 20%，分层抽样的具体过程如图 4. 4 所示。

确定抽样方法后，就需要确定样本容量，完成抽样过程。较大的样本容量增大了样本具有代表性的概率，同时也增加了样本数量——这就抵消了抽样带来的节省时间资源等好处，但如果使用较小容量的样本，可能又会丢失数据集中的关键模式，甚至检测出错误的模式。因此，需要根据总体的大小及分布、数据分析任务的准确性要求等因素，使用系统的方法，在可接受的误差范围内确定合适的样本容量。

在实际的数据挖掘任务中，要确定合适的样本容量是比较困难的。有时需要使用自适应

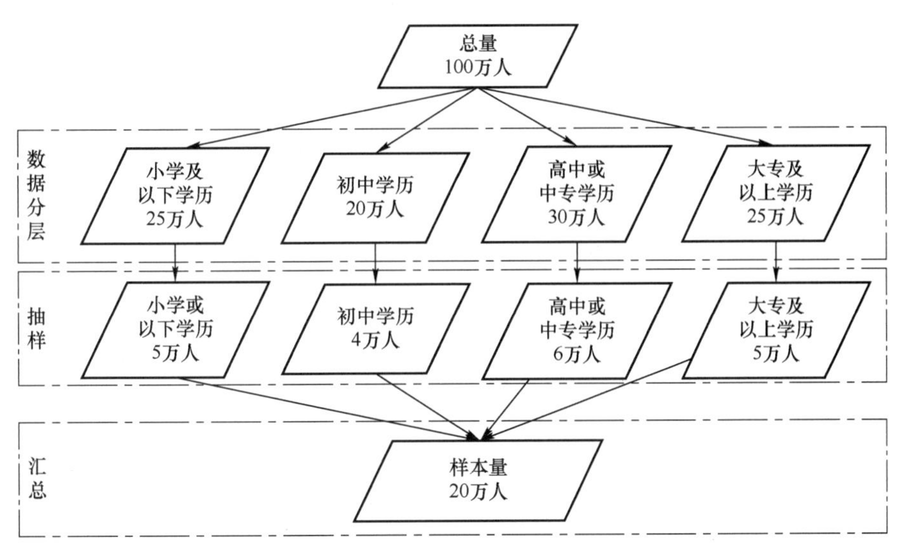

图 4.4　分层抽样过程

（Adaptive）或渐进抽样（Progressive Sampling）方法来确定样本容量，即从一个小样本开始建模，根据模型准确度等指标的变化，逐渐增加样本容量，直至得到足够容量的样本（如当模型的准确率保持稳定时）。通过掌握模型准确率随样本逐渐增大的变化情况，基于模型准确率稳定时的样本容量进行多次抽样和实验，估计出当前样本容量与模型准确率稳定点的接近程度，从而确定合适的样本容量。

4.3.3　维归约

“维灾难”是数据预处理过程中较为常见的现象，通常是指随着数据维度的增加，数据集在它所占据的空间中越来越稀疏，此时数据分析过程变得非常困难。

出现“维灾难”现象时，许多算法如分类、聚类等算法都面临准确性和效率降低的问题。例如：对于分类任务，“维灾难”可能造成没有足够的数据对象来创建模型，极端情况下，甚至无法进行模型训练；对于聚类任务，稀疏数据集在计算数据点之间的密度和距离时无法找到合适的指标和计量方式，聚类过程和结果也就无法度量。

对于某些数据挖掘任务，数据集本身可能包含大量属性，或者经过简单的数据处理后，数据集维度急剧增加，其中许多属性是与数据挖掘任务无关或冗余的，因此需要对属性进行精简或筛选。例如，进行文本分析时，一个文档集合完成文本分词之后，每个文档被表示为一个向量，该向量由文档集合中出现的每个词的频次来表示，每个词即为一个属性（即维度）。在这种情况下，每个属性代表文档集合的词汇表中的一个词，文档集合通常有成千上万个属性。又如，进行协同过滤推荐时，通常需要构建用户-商品评分矩阵，该矩阵的维数一般为商品数目，当用户和商品数较多时，维数通常较高，此时的用户-商品评分矩阵十分稀疏，需要对数据集进行精简计算。

维归约技术就是一种通过消除不相关属性或维度来避免“维灾难”现象的技术。

维归约技术从数学角度可描述为：对于给定的 p 维数据向量 $\boldsymbol{X}=\{x_1,x_2,x_3,\cdots,x_p\}$，为达成目的，寻找一个能反映原始数据信息的较低维的表示，如向量 $\boldsymbol{S}=\{s_1,s_2,s_3,\cdots,s_k\}$，使得

$k \leqslant p$（大多数情况下要求 $k \ll p$）。

除了避免“维灾难”现象，提升数据挖掘算法和模型的效果之外，维归约技术还有多方面的优势：

1）维归约技术可以使模型更易于解释和理解。

2）维归约技术使得模型结果更容易实现数据可视化。即使维归约没有将数据归约到二维或者三维，也可以通过观察属性对或者三元组属性完成数据可视化，且属性对和三元组属性的组合数目会大大减少。

3）维归约技术减少了算法和模型计算所需的时间和内存需求。

常用的维归约技术有两种：一种是特征子集选择，筛选原有属性，从而得到新的属性集；另一种是特征创建，通过合并原有属性，创建出新的属性以减少数据集的维度。

4.3.4 特征子集选择

冗余特征是指重复包含了一个或多个其他属性中的部分或全部信息的特征。例如，一种产品的购买价格和销售税额之间就存在冗余特征。不相关特征是指对于数据挖掘任务几乎完全没用的特征。例如学生的学号、姓名等信息对于预测学生的总成绩几乎没有任何帮助。特征子集选择（Feature Subset Selection，FSS）的主要目的是从原始属性集中删除那些不具有预测能力或预测能力微弱的属性，从而在较小的属性子集上进行数据挖掘。特征子集选择也是对高维数据降维的一种有效手段。

在进行特征子集选择时，通常能够根据数据分析常识或项目相关的专业知识快速排除一些不相关的或冗余的特征，但是要选择最佳的特征子集，就需要系统的方法。从概念上讲，特征子集选择就是搜索所有可能的属性子集，选择最好属性子集的过程。穷举法是将所有可能的属性子集都作为模型的输入，选取能够产生最好结果的那一个子集。穷举法是特征子集选择的常用方法之一。假设数据集包含 n 个属性，那么此种方法需要进行 2^n 次实验，当 n 较大时（如 $n>20$），搜索空间很大，用穷举法找出属性的最佳子集可能是不现实的。更常用的特征子集选择方法有嵌入法、过滤法和包装法三种。

嵌入法（Embedded Approach）将特征子集选择作为数据挖掘算法的一部分集成到算法的学习过程中。数据挖掘算法运行时，自动筛选特征子集构造决策树分类器的算法通常以这种方式运行。

过滤法（Filter Approach）使用某种独立于数据挖掘算法的方法，在数据挖掘算法运行前进行特征子集选择。例如在进行特征子集选择时，尽可能地选择属性值相关性低的属性子集。

包装法（Wrapper Approach）将目标数据挖掘算法作为黑盒，使用与穷举法相似的方法选择特征子集，区别在于包装法一般并不枚举所有可能的子集来找出最佳特征子集。

特征子集选择的过程一般由子集生成、子集评估、停止判断和结果检验四个部分组成。特征子集选择流程如图 4.5 所示。

1. 子集生成

在进行特征子集选择时，首先可以使用各种生成策略完成待评估特征子集的生成，生成策略的复杂度应尽量低，且应尽可能地包含所有属性组合，此时需要平衡各种生成策略中子集数量和策略复杂度之间的关系。通常特征子集的生成策略会关注子集质量，尽量生成质量

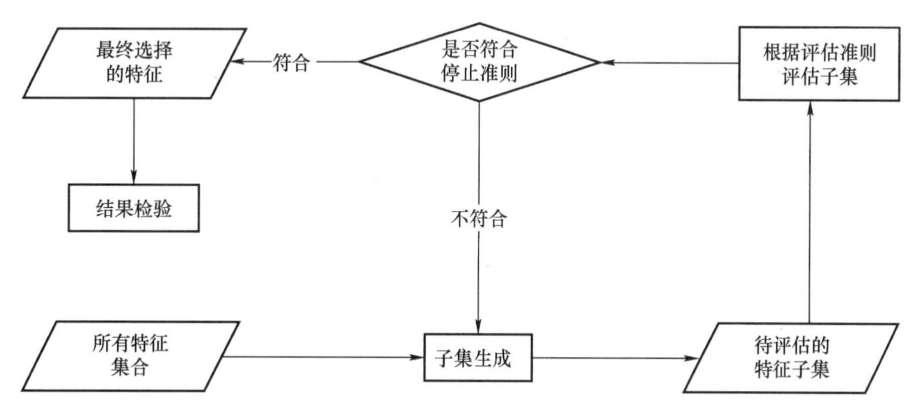

图 4.5 特征子集选择流程

越来越高的特征子集，以减少评估次数。按照不同的搜索策略，子集生成方法有穷举法、启发式方法和随机法三种。

穷举法在属性个数 n 较大时实用性较差。

启发式方法通常使用压缩搜索空间的启发式算法。在搜索属性空间时，按照“贪心”原则，总是寻找局部最优结果，借此得到全局最优解或次优解。特征子集生成的基本启发式方法有以下几种：

（1）逐步向前选择。由空属性集合开始，选择原属性集合中评估结果最好的属性，并将它添加到上次评估的属性集合中。其后的每一次迭代，总是将原属性集合剩下的最好的特征添加到前一次选中的属性集合中，直到满足停止条件为止。

（2）逐步向后删除。与逐步向前选择方式相反，此方法由整个属性集合开始，在每一步迭代中总是删除属性集合中评估结果最坏的特征，直到满足停止条件为止。

（3）向前选择和向后删除相结合。将逐步向前选择和逐步向后删除方法结合使用，每一步选择一个评估结果最好的属性，并在剩余属性中删除一个评估结果最坏的属性，直到满足停止条件为止。

（4）决策树归纳。决策树算法会构造一个类似于流程图的树结构，其中根节点和每个内部节点均表示一个属性上的分类测试条件，算法总是选择评估结果最好的属性，并对当前节点上的数据集进行分裂，每个叶节点都被赋予一个类标号，表示一个决策结果。

2. 子集评估

完成子集生成后，需要确定特征子集的评估方法和评估度量，以评估特征子集的质量。子集评估是根据预先设定的评估准则（通常为模型运算结果或运行状态等相关指标）评价并比较、确定最优特征子集的过程。

过滤法的子集评估过程独立于具体的数据挖掘算法，其评估方式和度量主要针对特征子集本身，如评估特征子集属性之间的相关性、覆盖度等指标来确定子集的优劣；包装法将子集应用于特定的数据挖掘算法，评估子集时一般要结合算法的运行结果，如根据算法的运行状况和结果直接评估子集的质量。

3. 停止判断

通常特征选择的停止规则可以设定为以下条件之一：

1）预先定义所要选择的属性数目。子集评估过程中，当子集的属性数量从小到大递增至超过预先设定的属性数目即停止选择。

2）当 n 较大时，预先定义迭代次数。子集选择过程的重复次数超过该迭代次数时停止选择。

3）设定判断规则。当无论增加（或删除）任何属性都不产生更好的评估结果时，结束子集的选择过程。

4）设定明确的评估标准。当评估结果达到评估标准时停止子集的选择过程。

4. 结果检验

所选择的最优子集需要通过测试和比较，即完成最后的结果检验过程。

常用的子集验证方法为：在全部属性集合上运行算法，并将结果与使用选定特征子集得到的结果进行比较。理想情况下，特征子集产生的结果比使用所有特征产生的结果更好，或者几乎一样好。此外，还可以使用类似于子集评估过程的方式进行子集验证，比较数据挖掘算法在每个子集上的运行结果，确定所选的特征子集的质量。

需要说明的是，嵌入法的特征子集选择流程被集成到特定的数据挖掘算法中。过滤法和包装法的不同体现在子集评估过程上：过滤法的子集评估独立于算法，以特征子集的相关性等指标进行子集评估；包装法则根据目标数据挖掘算法的性能指标进行子集评估。

4.3.5 特征创建

特征子集选择通过对原始数据集进行属性筛选和过滤来达到降维的效果。特征创建（Feature Creation）则是在原属性集合的基础上，通过创建新的属性来进行数据降维。特征创建包括特征提取（Feature Extraction）、映射数据到新的空间（Mapping the Data to a New Space）和特征构造（Feature Construction）。

（1）特征提取。由原始数据创建新的特征集称为特征提取。例如，处理照片数据集，需要按照照片是否包含人脸分类，此处原始数据是像素的集合，不适合大多数成熟的分类算法。数据处理时，创建一些新的特征，如与人脸高度相关的某些类型的边或区域等，之后就能使用更多分类技术进行数据挖掘。

在特定的领域，如图像识别、自然语言处理等，已经开发出许多成熟的特征提取技术，但是这些技术在其他领域的应用十分有限。

（2）映射数据到新的空间。横看成岭侧成峰，远近高低各不同。使用一种新的视角挖掘数据可能揭示出重要或有意义的特征。例如，现实任务中原始样本空间内并不存在一个能正确划分两类样本的超平面（线性不可分），此时可以将样本从原始空间影射到一个更高维的特征空间，从而使得样本在特征空间内线性可分。

（3）特征构造。有时，原始数据集中包含必要的信息，使用原特征构造的新特征却更有用。例如，文物数据库包含每件文物的体积和质量等信息。假定这些文物的材质可能是木材、陶土、青铜和黄金，希望根据文物的材质对它们分类。此时由质量和体积特征构造的密度特征（即密度=质量/体积）可以更加直接地产生准确的分类。数据挖掘中常常使用简单的数学组合进行特征构造，如计算两个属性值的比值、差或增长百分比等来合成新属性，在具体的应用中，往往需要结合具体业务并参考专家意见来构造特征。

基于线性代数技术，将原数据集由高维空间投影到低维空间，以实现降维的目的，也是维归约很常用的方法。下面介绍主成分分析法和线性判别分析法。

（1）主成分分析法。主成分分析（Principal Component Analysis，PCA）法是一种无监督的线性降维方法，也是最常用的降维方法之一。主成分分析的前提是高信息等于高方差，即方差越大，信息量就越大。主成分分析通过识别一组特定数据中具有的高方差维度，将高维的数据映射到低维的空间中，并期望在所映射的维度上数据的信息量最大（即方差最大），使用较少的数据维度保留较多的原始数据的特征，从而达到特征创建和降维的目的。

假设数据集共有 n 个属性，主成分分析法的思想是将 n 维特征映射到 k 维（$k \leqslant n$），这些 k 维特征均是原特征的线性组合，而且相互正交，这些新的特征被称为主成分。在图 4.6 中，经过线性变换，主成分分析法将原来在二维空间（x_1，x_2）中的数据集映射到了二维空间（y_1，y_2）中，其中：主成分 y_1 对应数据集的最大方差值，为第一主成分；y_2 与 y_1 正交，为第二主成分。

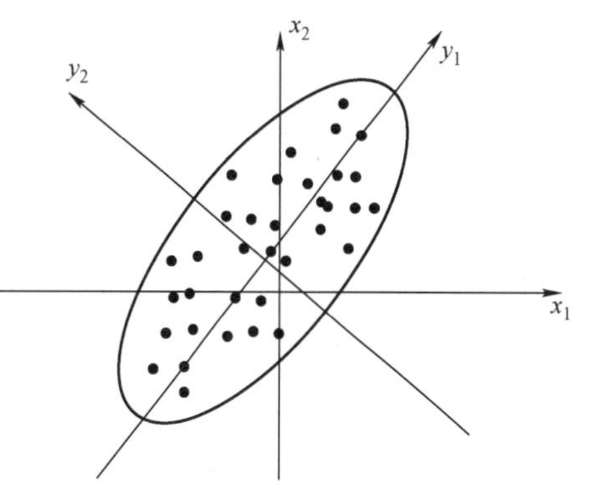

图 4.6 主成分分析法

主成分分析法的基本步骤如算法 4.1 所示。

算法 4.1 主成分分析法

输入：原始 n 维数据集；子空间的维度 k
输出：降维后的数据集
过程：
1：数据标准化，即数据集每个特征的值减去该特征的均值再除以该特征的标准差。
2：计算标准化数据的协方差矩阵。
3：计算协方差矩阵的特征值和特征向量。
4：将所有特征值按从大到小排序。
5：保留最大的 k 个特征值对应的 k 个特征向量（即主成分）。
6：将数据转换到 k 个特征向量构建的新空间中，得到降维后的数据集。

第一步，对数据集进行标准化处理，即首先计算每个特征的均值和标准差，然后将每个数值减去其对应特征的均值再除以标准差。标准化处理消除了各属性的量纲和量级差异带来的偏差，使得各属性处于同一数量级。

第二步，计算标准化处理后数据的协方差矩阵 $\boldsymbol{C}$。假设原数据集是二维的，则其协方差矩阵计算公式为

$$\boldsymbol{C}=\begin{pmatrix} \operatorname{cov}(x_1,x_1) & \operatorname{cov}(x_1,x_2) \\ \operatorname{cov}(x_2,x_1) & \operatorname{cov}(x_2,x_2) \end{pmatrix} \tag{4.1}$$

式中，cov（x_i，x_j）（i，j=1，2）的计算公式为

$$\operatorname{cov}(x_i,x_j)=\frac{1}{M-1}\sum_{m=1}^{M}(x_i^m-\bar{x}_i)(x_j^m-\bar{x}_j) \tag{4.2}$$

式中，M 为样本数，x_i^m 为第 i 个特征第 m 条数据的数值，$\bar{x}_i$ 为第 i 个特征的均值，i=1，2，x_j^m 为第 j 个特征第 m 条数据的数值，$\bar{x}_j$ 为第 j 个特征的均值，j=1，2。

第三步，计算协方差矩阵的特征值和特征向量。用 λ_i 表示协方差矩阵的第 i 个特征值，n 个属性对应 n 个特征值，用 $\boldsymbol{L}_i$ 表示特征值 λ_i 对应的特征向量，n 个属性对应 n 维特征

向量。

第四步，将所有特征值按从大到小排列。

第五步，保留最大的 k 个特征值对应的 k 个特征向量构成投影矩阵 $\boldsymbol{L}$。k 值的确定常以累积贡献率$G_k=\frac{\sum_{q=1}^{k}\lambda_q}{\sum_{q=1}^{n}\lambda_q}$达到足够大的阈值（通常取 85%）为原则。通常使用方差贡献率 $C_i=\frac{\lambda_i}{\sum_{q=1}^{n}\lambda_q}$来解释对应主成分$P_i$ 所反映的信息量的大小。

第六步，使用线性变换 $\boldsymbol{P}=\boldsymbol{LX}$ 将数据转换到特征向量构建的 k 维新空间中，得到特征较少的新数据集，完成降维。

Scikit-Learn 中的 PCA( ) 方法在 decomposition 模块中，主成分分析法的实现代码见 2.4.10 节的主成分分析示例。

主成分分析法是最常用的线性降维方法之一，其降维过程仅以数据自身的方差衡量信息量，不受数据集以外的因素影响，主成分之间两两正交，消除了原始数据特征间的相关影响，且计算方法简单，易于实现，尤其是当原数据受到噪声影响时，最小的特征值所对应的特征向量往往与噪声有关，舍弃它们能在一定程度上达到去噪的效果。需要注意的是，由于各主成分是原特征的综合，所以它们的含义往往具有一定的模糊性，不如原特征的解释性强。当然，降维后的数据存在较小的信息损失。

（2）线性判别分析法。线性判别分析（Linear Discriminant Analysis，LDA）法是一种有监督的线性降维方法。线性判别分析法的目标是找到一个投影超平面，使得高维数据经过这个超平面投影后能够最大化区分不同类别的样本。在投影过程中，需要满足下面两个约束：

1）同类的数据点在投影后尽可能地接近。

2）不同类的数据点在投影后尽可能地分开。

以二维数据为例，线性判别分析法的目的是在平面直角坐标系中找到一条投影直线，使得所有同类别数据的投影点尽可能地接近，不同类别数据的投影点尽可能地远离，如图 4.7 所示。

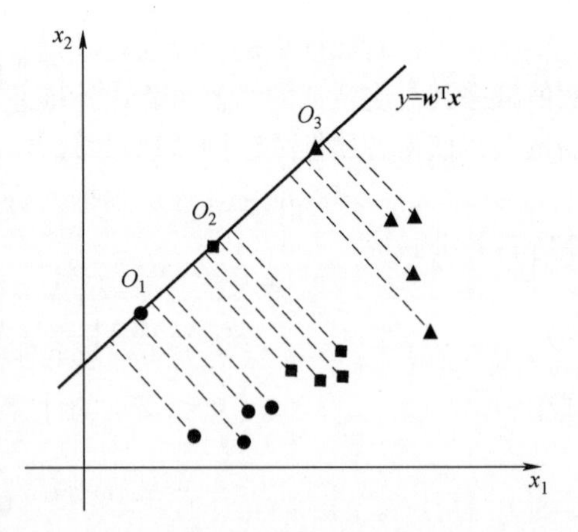

图 4.7　二维数据的线性判别分析法

图 4.7 中三种不同形状的图标展示了不同种类的数据点，虚线表示投影，O_1、O_2、O_3 表示三类数据投影后的中心点。投影后 O_1、O_2、O_3 之间的距离尽量远，使同类别数据的投影点的距离尽量近。

推广到一般情况，假设数据集中共有 n 个属性，N 个类别，x_i、$\boldsymbol{\mu}_i$ 和 $\boldsymbol{C}_i$ 分别表示第 i 类数据的集合、均值向量和协方差矩阵（$i=1, 2,\cdots, N$），$\boldsymbol{w}$ 表示数据映射的超平面，则各类数据的中心（即均值）在超平面上的投影为 $\boldsymbol{w}^{\mathrm{T}}\boldsymbol{\mu}_i$，投影后各类数据的协方差为 $\boldsymbol{w}^{\mathrm{T}}\boldsymbol{C}_i\boldsymbol{w}$。

结合线性判别分析法的两个约束，同类数据点在投影后应尽可能地接近，所以要求同类样本数据投影点的协方差尽量小，即$\sum_{i=1}^{N} \boldsymbol{w}^{\mathrm{T}} \boldsymbol{C}_i \boldsymbol{w}$尽量小；不同类的数据点在投影后应尽可能地分开，所以要求异类样本数据中心投影点之间的距离尽量大，即$\sum_{1 \leqslant i, j \leqslant N} \|\boldsymbol{w}^{\mathrm{T}} \boldsymbol{\mu}_i - \boldsymbol{w}^{\mathrm{T}} \boldsymbol{\mu}_j\|_2^2$尽量大，于是目标函数定义为

$$J(\boldsymbol{w}) = \frac{\sum_{i=1}^{N} \sum_{j>i}^{N} \|\boldsymbol{w}^{\mathrm{T}} \boldsymbol{\mu}_i - \boldsymbol{w}^{\mathrm{T}} \boldsymbol{\mu}_j\|_2^2}{\sum_{i=1}^{N} \boldsymbol{w}^{\mathrm{T}} \boldsymbol{C}_i \boldsymbol{w}} = \frac{\boldsymbol{w}^{\mathrm{T}} \sum_{i=1}^{N} \sum_{j>i}^{N} [(\boldsymbol{\mu}_i - \boldsymbol{\mu}_j)(\boldsymbol{\mu}_i - \boldsymbol{\mu}_j)^{\mathrm{T}}] \boldsymbol{w}}{\boldsymbol{w}^{\mathrm{T}} \sum_{i=1}^{N} \boldsymbol{C}_i \boldsymbol{w}} \tag{4.3}$$

定义类内（Within-class）散度矩阵为

$$\boldsymbol{S}_{\mathrm{w}} = \sum_{i=1}^{N} \boldsymbol{C}_i = \sum_{i=1}^{N} \sum_{\boldsymbol{x} \in \boldsymbol{x}_i} (\boldsymbol{x} - \boldsymbol{\mu}_i)(\boldsymbol{x} - \boldsymbol{\mu}_i)^{\mathrm{T}} \tag{4.4}$$

定义类间（Between-class）散度矩阵为

$$\boldsymbol{S}_{\mathrm{b}} = \sum_{i=1}^{N} \sum_{j>i}^{N} (\boldsymbol{\mu}_i - \boldsymbol{\mu}_j)(\boldsymbol{\mu}_i - \boldsymbol{\mu}_j)^{\mathrm{T}} \tag{4.5}$$

则目标函数转换为

$$J(\boldsymbol{w}) = \frac{\boldsymbol{w}^{\mathrm{T}} \boldsymbol{S}_{\mathrm{b}} \boldsymbol{w}}{\boldsymbol{w}^{\mathrm{T}} \boldsymbol{S}_{\mathrm{w}} \boldsymbol{w}} \tag{4.6}$$

由于是求目标函数$J(\boldsymbol{w})$的最大值，所以对$J(\boldsymbol{w})$关于$\boldsymbol{w}$求偏导，并令其为0，此时，$J(\boldsymbol{w})$取最大值的问题就转化成了一个求特征值和特征向量的问题。

线性判别分析法降维算法的过程一般分为6个步骤，如算法4.2所示。

算法4.2　LDA降维法

输入：原始n维数据集，子空间的维度k

输出：降维后的数据集

过程：

1：计算数据集中每个数据类别的均值向量μ_i。

2：计算每个数据类别的协方差矩阵C_i。

3：计算所有数据类别的样本方差之和，记为类内散度矩阵S_w，计算所有类别间的中心距离之和，记为类间散度矩阵S_b。

4：根据约束建立目标函数，求解目标函数，得到特征值和特征向量。

5：对特征向量按照特征值的大小降序排列，并选择前k个特征向量组成投影矩阵w。

6：将数据转换到k个特征向量构建的新空间中，得到降维后的数据集。

Scikit-Learn中的LinearDiscriminantAnalysis()方法在discriminant_analysis模块中，线性判别分析法降维的实现过程与主成分分析法的类似。

线性判别分析法通过k维投影矩阵将数据集映射到k维空间，k通常远小于数据集的属性数量n，达到降维的目的。线性判别分析法在数据投影过程中使用了类别信息，是常用的监督降维技术。在样本分类信息依赖均值而不是方差时，线性判别分析法的降维效果好于主成分分析法。

4.4 离散化与二元化

有些数据挖掘算法要求输入数据集必须为分类属性，因此常常需要把连续属性转换成分类属性，这一过程即离散化（Discretization）。有时需要将连续属性和离散属性变换成一个或多个二元属性，即进行二元化（Binarization）处理。如果一个分类属性的取值较多，或者存在出现次数很少的属性值，常见的做法是合并某些值来减少分类属性的类别数目。

离散化技术通过将连续属性的取值范围划分为若干区间，将落在每个区间里的值用一个分类值来代替，达到减少连续属性的取值个数的目的。二元化技术通过二进制编码的形式将分类属性转变为二元属性。

4.4.1 离散化

对连续属性进行离散化时需要考虑两个问题：①需要多少个分类值，即将属性值域范围分为几个区间；②如何将原数据映射到这些分类值上。这意味着离散化过程的关键在于确定分割点的个数以及分割点的位置，其中分割点的个数一般由用户确定，分割点的位置可以由非监督的方法或监督的方法来确定。离散化的结果可以用区间集合$\{(x_0, x_1], (x_1, x_2], \cdots, (x_{n-1}, x_n)\}$来表示，其中 x_0 和 x_n 可以分别是$-\infty$ 和∞ 。

对连续数据进行离散化处理的方法，根据离散化过程是否使用数据的类别信息可以分为非监督离散化（Unsupervised Discretization）和监督离散化（Supervised Discretization）。非监督离散化不使用数据的类别信息，通常使用一些相对简单的方法。监督离散化使用数据的类别信息，通常能取得更好的离散化效果。

1. 非监督离散化

下面介绍常用的非监督离散化方法，包括分箱、直方图分析和聚类分析。

（1）分箱。4.2.2 节讨论了用于数据平滑的分箱法，这些方法也可以用于数据离散化。例如，通过等宽或等频分箱，利用箱均值或中位数替换箱中的每个值（即按均值平滑或按中位数平滑），可以将连续属性离散化。分箱法对用户指定的箱子个数比较敏感，也容易受离群点的影响。

（2）直方图分析。3.4.2 节介绍的直方图也可以用于离散化。直方图分析基于数据分布，能够将属性 A 的值划分为不相交的区间。直方图通常分为等宽直方图和等频直方图。等宽直方图将属性值划分为相等宽度的区间，等频直方图将属性值划分为个数相同的区间。

（3）聚类分析。聚类分析是一种比较常用的离散化方法，用聚类算法将属性的值划分成簇，一个簇即一个区间。聚类分析在划分过程中考虑了属性值的分布和相似性，能够产生高质量的离散化结果。

2. 监督离散化

监督离散化方法使用数据中的类别信息，能够产生更好的离散化结果。下面介绍两种监督离散化方法：基于熵的离散化和 ChiMerge 算法。

（1）基于熵（Entropy）的离散化。基于熵的离散化的基本思想是找出划分连续属性值域的最佳分割点，使得划分所产生的区间尽量纯，即确保区间中尽可能多的数值对应的数据对象具有相同的类别。用熵来度量数据纯度，熵值越小，数据纯度越高。

设 k 是不同的类标号数目，m_i 是某个划分出的第 i 个区间中待离散化的数据对象的个数，m_{ij}是第 i 个区间中的数据对象属于类 j 的个数，则第 i 个区间的熵 e_i 为

$$e_i = -\sum_{j=1}^{k} p_{ij}\log_2 p_{ij} \tag{4.7}$$

式中，$p_{ij}=\dfrac{m_{ij}}{m_i}$是第 i 个区间对应的数据对象属于类 j 的概率。

一个划分所对应的总熵是每个区间的熵值的加权平均，计算公式为

$$e = \sum_{i=1}^{n} w_i e_i \tag{4.8}$$

式中，n 是区间的个数，$w_i=\dfrac{m_i}{m}$是第 i 个区间的值占属性值总数的比例。

显然，如果一个区间对应的数据对象都属于同一个类，则 $p_{ij}=1$，此时数据对象最纯，则该区间的熵为 0。如果一个区间对应的数据对象有较多类别，则数据对象不纯，尤其当该区间中对应的数据对象均匀分布于各类时，数据对象最不纯，熵值最大。

基于熵的离散化过程：首先按照连续属性的取值大小，将数据对象排序；然后把连续属性的每对相邻值的中点都作为可能的分割点，选择熵最小的中点作为最终分割点，产生两个区间。如果离散化要产生多于两个的区间，则取其中的一个区间（通常选取熵大的区间），重复上述分割过程，直到区间的个数达到用户指定的个数，或者满足终止条件。

下面以表 4.2 的二维数据为例，说明基于熵的离散化方法。

表 4.2　待离散化的数据

X	Y
0	P
4	P
12	P
16	N
16	N
18	P
24	N
26	N
28	N

表 4.2 中的二维数据包含两个属性 X 和 Y，其中属性 X 为连续属性，属性 Y 为分类属性，对属性 X（已排序）进行基于熵的离散化，要求将数据划分为两个区间。

假设 S 为待离散化的数据集，即 S 包含连续属性 X 和类别属性 Y，其中属性 Y 包含两个类别 P 和 N。根据表 4.2 中 X 的取值可得分割点 v 的可能取值为{2，8，14，16，17，21，25，27}，设给定 v 将 S 划分为子集 S_1 和 S_2，则由式（4.8）可得到划分 S 为子集 S_1 和 S_2 后的熵，其计算公式为

$$\text{Info}(S_1,S_2)=\frac{n_1}{9}\text{Entropy}(S_1)+\frac{n_2}{9}\text{Entropy}(S_2) \tag{4.9}$$

式中，n_1、n_2 分别为子集 S_1 和 S_2 包含的数据对象的个数，Entropy（S_1）与 Entropy（S_2）由式（4.7）计算。

实际运算中不需要计算每个可能的分割点的熵值，根据熵值的特征可知，使熵值最小的分割点一定位于类别不同的两个值之间，此处只需要计算分割点 14、17、21 对应的熵值。

$v=14$ 时，数据集被分割为两部分，其中

$$S_1=\{(0,\mathrm{P}),(4,\mathrm{P}),(12,\mathrm{P})\},\mathrm{Entropy}(S_1)=0$$

$$S_2=\{(16,\mathrm{N}),(16,\mathrm{N}),(18,\mathrm{P}),(24,\mathrm{N}),(26,\mathrm{N}),(28,\mathrm{N})\}$$

$$\mathrm{Entropy}(S_2)=-\frac{1}{6}\log_2\frac{1}{6}-\frac{5}{6}\log_2\frac{5}{6}\approx 0.650$$

以 14 为分割点划分的信息熵为

$$\mathrm{Info}(S_1,S_2)=\frac{3}{9}\mathrm{Entropy}(S_1)+\frac{6}{9}\mathrm{Entropy}(S_2)\approx 0.43$$

$v=17$ 时，数据集被分割为两部分，其中

$$S_1=\{(0,\mathrm{P}),(4,\mathrm{P}),(12,\mathrm{P}),(16,\mathrm{N}),(16,\mathrm{N})\}$$

$$\mathrm{Entropy}(S_1)=-\frac{3}{5}\log_2\frac{3}{5}-\frac{2}{5}\log_2\frac{2}{5}\approx 0.971$$

$$S_2=\{(18,\mathrm{P}),(24,\mathrm{N}),(26,\mathrm{N}),(28,\mathrm{N})\}$$

$$\mathrm{Entropy}(S_2)=-\frac{1}{4}\log_2\frac{1}{4}-\frac{3}{4}\log_2\frac{3}{4}\approx 0.811$$

以 17 为分割点划分的信息熵为

$$\mathrm{Info}(S_1,S_2)=\frac{5}{9}\mathrm{Entropy}(S_1)+\frac{4}{9}\mathrm{Entropy}(S_2)\approx 0.90$$

$v=21$ 时，数据集被分割为两部分，其中

$$S_1=\{(0,\mathrm{P}),(4,\mathrm{P}),(12,\mathrm{P}),(16,\mathrm{N}),(16,\mathrm{N}),(18,\mathrm{P})\}$$

$$\mathrm{Entropy}(S_1)=-\frac{4}{6}\log_2\frac{4}{6}-\frac{2}{6}\log_2\frac{2}{6}\approx 0.918$$

$$S_2=\{(24,\mathrm{N}),(26,\mathrm{N}),(28,\mathrm{N})\},\mathrm{Entropy}(S_2)=0$$

以 21 为分割点划分的信息熵为

$$\mathrm{Info}(S_1,S_2)=\frac{6}{9}\mathrm{Entropy}(S_1)+\frac{3}{9}\mathrm{Entropy}(S_2)\approx 0.61$$

可见，分割点 $v=14$ 为最佳划分。

（2）ChiMerge 算法。ChiMerge 算法是一种基于 χ^2 检验的离散化方法，它采用自底向上的策略，使用 χ^2 统计量检验属性的多个区间的独立性，将未通过独立性检验（即区间之间没有显著性差异）的相邻区间合并。

ChiMerge 算法的过程是：首先按照连续属性的取值大小对数据对象排序，把属性的每个不同值看作一个区间，即确定离散化的初始区间，并设定合并区间的阈值；然后对每对相邻的区间进行 χ^2 检验，将 χ^2 值最小的相邻区间合并（因为低 χ^2 值表明它们具有相似的类分布）；接着重复合并相邻的区间，直到没有两个相邻区间的 χ^2 值小于阈值或区间数量满足要求为止。

4.4.2 二元化

二元化方法一般应用于分类属性。分类属性包括标称属性和序数属性。标称属性的值是无序的，比如物品的颜色为红色、白色、绿色等，这些属性值是无序的；序数属性的值是有序的，比如物品的质量表示为高级、中级、劣质等。对序数属性和标称属性通常采用不同的二元化方法。

1. 序数属性二元化

假设一个序数属性有 m 个分类值，则最简单的二元化方法是将每个值保序（按原顺序）地分别赋予 $[0,m-1]$ 中的一个整数，然后将这 m 个整数分别转换为二进制数。此时需要 $\log_2 m$ 个二进制位进行转换，因此需要 $\log_2 m$ 个二元属性来表示这些二进制位。例如，假设一个序数属性包含 5 个类别值，为{非常不满意,不满意,一般,满意,非常满意}，则需要 3 个二进制位来表示整数{0,1,2,3,4}，其被转换为 3 个二元属性$\{x_1,x_2,x_3\}$，见表 4.3。

表 4.3 一个序数属性的二元化变换

序数属性类别值	整数值	x_1	x_2	x_3
非常不满意	0	0	0	0
不满意	1	0	0	1
一般	2	0	1	0
满意	3	0	1	1
非常满意	4	1	0	0

需要说明的是，这种变换会增加数据集的维度，导致数据集复杂化，另外，转换之后的数据集可能会具备无实际意义的相关关系。在表 4.3 中，新生成的二元属性 x_2 和 x_3 之间的相关系数不为 0，表示它们是有相关关系的，而实际上新生成的 3 个二元属性之间没有任何有意义的关系。此处介绍一种能够避免结果产生相关性的二元化方法。

2. 标称属性二元化

标称属性二元化通常采用独热编码（One-hot Encoding）方法。具体方法为：为每一个标称属性引入一个二元属性，一个有 m 个类别值的标称属性用 m 个二元属性表示，当数据对象的取值为第 i 个类别时，将第 i 个二元属性的编码设置为 1，其余二元属性的编码均设置为 0。独热编码形成的变量也叫作虚拟变量或者哑变量（Dummy Variable）。例如，颜色属性包含 5 个类别值{红色,橙色,黄色,绿色,蓝色}，采用独热编码对该其进行转换，结果见表 4.4。

表 4.4 一个标称属性的二元化变换

标称属性类别值	x_1	x_2	x_3	x_4	x_5
红色	1	0	0	0	0
橙色	0	1	0	0	0
黄色	0	0	1	0	0
绿色	0	0	0	1	0
蓝色	0	0	0	0	1

显然，独热编码方法避免了二元化后数据集产生相关性，当属性的类别值非常多时，独热编码方法需要使用同样多的变量才能完成二元化转换，这会产生大量冗余数据，不利于模型的计算。极端情况下，有些数据挖掘算法需要分析二元属性的类别值是否出现，这时可能需要用两个非对称的二元属性表示一个二元属性。例如，对于二元属性——性别，算法需要将其转换成两个非对称的二元属性，其中一个二元属性仅当性别为“男性”时为1，而另一个二元属性仅当性别为“女性”时为1，这种二元化方式无疑会产生更多冗余，但其在某些场景中又是必需的。

需要注意的是，序数属性的二元化方法和标称属性的二元化方法在实际应用中并无明显的应用界限，序数属性的二元化方法容易产生有相关关系的结果，而独热编码方法产生的结果更加稀疏，这在实际应用中应予以充分考虑。此外，当分类属性的类别数目较多时，需要使用下文介绍的方法对类别数目进行处理，然后再进行属性二元化。

4.5 数据规范化和数据泛化

数据规范化和数据泛化是数据变换的基本策略之一，数据变换是将原始数据变换成更适合数据挖掘的数据格式的过程。经过变换的数据，对模型和算法的适应性更强，这使挖掘过程更有效，输出的结果更准确。

广义上的数据变换包括数据平滑、特征创建、聚集、离散化、数据规范化和数据泛化等策略。数据平滑、特征创建、聚集和离散化已经讨论过了，本节介绍数据规范化和数据泛化。

4.5.1 数据规范化

现实数据中，可能存在以下问题：特征的量纲不一致，特征的值域相差较大，特征的取值需要变换到某个特定区间等。这些问题不被处理，便会影响数据分析的结果，特别是在使用基于距离的挖掘方法（如SVM、KNN、聚类、神经网络等方法）时，数据在输入模型前一定要进行规范化（Norimalization）或者标准化（Standardization）处理。

规范化或标准化（在数据挖掘中，规范化和标准化通常不加区分）的目标是使所有属性被模型平等对待，避免因为属性值的量纲不一致或值域较小而弱化某些属性的信息。规范化通过适当的函数对某个特征的所有值进行变换，或统一量纲，或将不同的数据按照一定比例缩放，使之落入一个特定的区域。例如，考虑以客户为对象，使用年龄和收入两个变量对客户进行比较和分析。当需要计算两个客户之间的距离时，由于年龄值域和收入值域的差异性，客户收入之差的绝对值通常比客户年龄之差的绝对值大很多，如果不进行规范化处理，则客户之间的距离值将很大程度上被绝对值较大的收入差异所左右。

假设数值属性 A 有 n 个观测值 v_1，v_2，…，v_n，下面介绍三种数据规范化方法：最小-最大规范化、z 分数规范化和小数定标规范化。

1. 最小-最大规范化

最小-最大规范化通过对原始数据进行线性变换，将其映射到一个新的区间。首先计算数据集 A 的最小值 $\min_A$ 和最大值 $\max_A$，然后根据设定好的新区间的最小值 new_min_A 和最大值 new_max_A，计算属性 A 的所有数值，计算公式为

$$v_i' = \frac{v_i - \min_A}{\max_A - \min_A}(\text{new\_max}_A - \text{new\_min}_A) + \text{new\_min}_A \tag{4.10}$$

该式可将数据映射到新的区间。

最小-最大规范化保持了原始数据之间的联系，但有一定的局限性，例如当数据集中有新的数据加入，一旦新数据不在原始数据区间内，就会面临“越界”错误。

2. z 分数规范化

z 分数（z-score）规范化也叫作零均值规范化，基于原始数据的均值和标准差进行数据规范化，也是应用最广泛的数据规范化方法之一。z 分数规范化的计算公式为

$$v_i' = \frac{v_i - \bar{A}}{\sigma_A} \tag{4.11}$$

式中，$\bar{A}$ 和 σ_A 分别是 A 的均值和标准差。

z 分数规范化回答了“某个数据值距离其均值多少个标准差”的问题，度量了每个数据值在其所在组中的相对位置，大于均值的数据值会得到一个正的标准化分数，小于均值的数据值会得到一个负的标准化分数。在很难获得属性的最大值和最小值时，或者属性的值域受离群点的影响较大时，z 分数规范化是十分有效的。

当属性中存在离群点时，采用均值绝对偏差（Mean Absolute Deviation）s_A 替换标准差，以降低离群点对总体偏差结果的影响，以便取得更好的效果，计算公式为

$$s_A = \frac{1}{n}\sum_{i=1}^{n} |v_i - \bar{A}| \tag{4.12}$$

由此，式（4.11）变为式（4.13）

$$v_i' = \frac{v_i - \bar{A}}{s_A} \tag{4.13}$$

3. 小数定标规范化

小数定标规范化通过移动属性值的小数点位置进行规范化。小数点的移动位数取决于属性值的最大绝对值，计算公式为

$$v_i' = \frac{v_i}{10^j} \tag{4.14}$$

式中，j 是使得 $\max(|v_i'|)<1$ 的最小整数。

假设属性 A 的取值范围是［-938，929］，A 的最大绝对值为 938，使用 1000（即 $j=3$）除每个值，则-938 被规范化为-0.938，而 929 被规范化为 0.929。

4.5.2 数据泛化

当分类属性的类别值较多时，如果分类属性是有序的（即序数属性），可以参考连续属性离散化的方法来减少分类值的个数；如果分类属性是无序的（即标称属性），则需要一个非常庞大的布尔矩阵，这反而给数据挖掘算法增加了存储负担和运算成本，此时就需要考虑其他方法。

对于无序的分类属性，可以通过概念分层（Concept Hierarchy）的方法来解决分类属性值过多的问题。概念分层可以把数据变换到不同的粒度层，例如，对于地址信息，国家是一

个较高粒度层的概念，其次是省份、市区县、街道/乡镇等，这些概念层次的粒度越来越低。在属于低概念层次属性值较多的情况下，通过用较高层次的概念替换较低层次的属性值来进行汇总表示，这种方法被称为数据泛化（Generalization）。经过泛化后的数据，尽管细节信息丢失了，但是更具有决策意义，更容易理解。

通常，数据的概念层次是由用户或领域专家针对具体问题设定的，如果领域知识不能提供有用的指导，或者设定的分层性能较差，则需要使用更为经验性的方法，如仅当概念分层的结果能提高模型的准确率或能达成其他数据挖掘目标时，才进行数据泛化。

价值观：抓住主要矛盾，达成核心目标。

数据预处理的目标是通过适当操作使数据变得更利于分析和模式的挖掘。数据预处理过程的各环节既不互斥，也没有很明确的顺序。在具体的数据挖掘任务中，数据预处理各环节所要达成的目标不同，甚至在某些时候会出现矛盾。在解决实际应用问题时，需要根据现有数据的质量和建模要求设定数据预处理各环节的目标，进而选择合适的数据预处理方法，即抓住主要矛盾，明确主要任务，实现数据预处理的核心目标。

在人生的道路上，当我们遇到各种错综复杂的问题时，也应抓住主要矛盾，深入分析问题，选择正确的解决问题的方法，不忘初心，努力实现人生的核心目标。

习　　题

1. 数据质量可以从多方面加以评估，包括准确性、完整性和一致性。讨论数据质量出现相关问题的原因有哪些，并举例说明。

2. 实际任务中数据缺失的现象十分常见，讨论数据缺失对数据挖掘过程的影响，并描述处理缺失值的方法。

3. 缺失值填充方法中插值填充法和模型填充法有何异同？试分别描述其应用场景。

4. 假设数据集包含属性年龄。属性年龄的取值如下（已排序）：13，15，16，16，19，20，20，21，22，22，25，25，25，25，30，33，33，35，35，35，35，36，40，45，46，52，70。

1）使用分箱法处理以上数据，箱的深度为 3，用箱均值做平滑处理并解释步骤。

2）用均值做平滑处理的效果如何？还有哪些数据平滑的方法？

5. 举例说明噪声数据和离群点的区别，并简单介绍离群点分析的意义。

6. 数据集为 m 个对象的集合，将这些对象划分成 k 个组，其中第 i 组的大小为 m_i。假设希望得到容量为 $n<m$ 的样本，下面两种抽样方案有什么区别？（假设使用有放回抽样。）

1）从每组随机地抽取 $\frac{nm_i}{m}$ 个元素。

2）从数据集中随机地抽取 n 个元素。

7. 用流程图概述如下特征子集选择的过程：

1）逐步向前选择。

2）逐步向后删除。

3）逐步向前选择和逐步向后删除相结合。

8. 分别使用基于熵的离散化和 ChiMerge 方法对习题 4 的数据进行离散化，并对比分箱法、基于熵的离散化和 ChiMerge 方法这三种离散化方法的结果。

9. 写出下列数据规范化方法的值域：

1）最小-最大规范化。

2）z分数规范化。

3）z分数规范化使用绝对偏差。

4）小数定标规范化。

10. 分别使用下列4种方法规范化如下数据：

200，300，400，600，1000

1）令 min=0，max=1，用最小-最大规范化方法规范化。

2）用z分数规范化法规范化。

3）用z分数规范化法规范化，使用均值绝对偏差而不是标准差。

4）用小数定标规范化法规范化。

实　验

1. 实验目的

1）加深对数据的认识和理解。

2）掌握数据预处理的各种方法，学会处理现实中的数据。

2. 实验内容

1）数据探索。探索数据集基本情况，了解数据集的数据量、属性数目、各属性类型及特点，输出各属性统计的基本信息，对数据集进行数据质量分析。

2）数据清洗。查找存在缺失值的属性，根据缺失值特点和属性特征完成缺失值填充。分析数据集是否存在噪声数据，若存在，选择适当手段完成噪声数据处理。

3）特征工程。对数据集中的分类属性（如性别等）进行二元化处理。完成二元化处理后，数据集属性数目增加，使用两种降维方法进行特征子集选择。

3. 实验环境

Python。

4. 数据集

泰坦尼克号数据集是很好的数据分析入门数据集，数据集涉及13个变量和超过1500条记录，是Kaggle数据竞赛平台上被探索最多的数据集之一。该数据集包含了乘坐泰坦尼克号的乘客信息，目标是根据乘客的特征来预测他们是否能幸存下来。

5. 实验结果与总结

1）在对泰坦尼克号数据集进行数据质量分析的时候遇到了哪些数据质量问题？你分别采用了哪些处理方法？说说你选择这些方法的理由。

2）数据清洗过程中，你使用了哪些方法对缺失值进行处理？如何评价缺失值处理效果？

3）分别使用两种降维方法进行数据降维处理，将数据映射到二维空间并进行可视化。

参考文献

[1] 陈封能，斯坦巴赫，库玛尔．数据挖掘导论：完整版［M］．范明，范宏建，译．北京：人民邮电出版社，2011.

[2] 韩家炜，坎伯，裴健．数据挖掘：概念与技术　第3版［M］．范明，孟小峰，译．北京：机械工业出版社，2012.

[3] 蒋盛益，李霞，郑琪. 数据挖掘原理与实践 [M]. 北京：电子工业出版社，2013.
[4] 周志华. 机器学习 [M]. 北京：清华大学出版社，2016.
[5] 刘明吉，王秀峰，黄亚楼. 数据挖掘中的数据预处理 [J]. 计算机科学，2000，27 (4)：54-57.
[6] 李晓菲. 数据预处理算法的研究与应用 [D]. 成都：西南交通大学，2006.
[7] 朱永华. 属性选择算法研究 [D]. 南宁：广西大学，2019.
[8] 许明旺，施润身. 维规约技术综述 [J]. 计算机应用，2006 (10)：2401-2404.
[9] 桑雨. 连续数据离散化方法研究 [D]. 大连：大连理工大学，2012.
[10] 王举范，陈卓. 基于信息熵的粗糙集连续属性多变量离散化算法 [J]. 青岛科技大学学报（自然科学版），2013，34 (4)：423-426.

第5章 分类概念与方法

数据挖掘是数据驱动的，涉及实践意义而非理论意义上的学习，这种学习通过一定的技术和策略从数据中找出和表达隐藏的结构模式或模型，该结构模式或模型能够作为工具来帮助解释数据，并做出预测。

分类是数据挖掘应用领域中一种重要的学习形式，它通过一个已知类别标签的数据集来学习对未知实例（即类别标签未知的实例）分类的方法。由于分类学习所用的每一个样本都有一个明确的结论即类别标签，也就是说学习是在这些已知的类别标签的“监督”或“指导”下进行的，所以分类学习也被称为有监督学习或有指导学习。

分类任务有很多，比如：从电子邮件的标题和内容提取特征，以“垃圾邮件”“非垃圾邮件”作为类标签的垃圾邮件过滤；从医学影像检查资料中提取特征，以“恶性”“良性”作为类标签的肿瘤鉴定；从信用卡消费行为中提取特征，以“盗用”“非盗用”为类别标签的信用卡欺诈检测等。

5.1 基本概念

为了更加清楚地说明分类学习的基本概念，首先举一个例子。

例5.1 表5.1是一个疾病诊断的假想训练数据集，其中“嗓子疼”“发烧”“淋巴肿”“充血”和“头疼”是一个人患某种疾病（链球菌感染性咽炎、感冒、敏感症）可能的临床症状，而“诊断结果”是根据临床症状得出的判断。现以该数据集中临床症状属性作为输入属性（即自变量），以“诊断结果”作为希望预测的属性（即目标变量），建立一个概化模型，来表示数据中隐含的临床症状和诊断结果之间的关系。

表5.1 疾病诊断的假想训练数据集

患者ID	嗓子疼	发烧	淋巴肿	充血	头疼	诊断结果
1	是	是	是	是	是	链球菌感染性咽炎
2	否	否	否	是	是	敏感症
3	是	是	否	是	否	感冒
4	是	否	是	否	否	链球菌感染性咽炎
5	否	是	否	是	否	感冒
6	否	否	否	是	否	敏感症
7	否	否	是	否	否	链球菌感染性咽炎
8	是	否	否	是	是	敏感症
9	否	是	否	是	是	感冒
10	是	是	否	是	是	感冒

该数据集中的目标变量有三个不同的取值，意味着所有实例来自三个不同的类别，而且每个实例的类别值（即类别标号或类别标签）已知，希望在这些类别标号的指导下建立一个关于输入属性和类别标号之间关系的模型，该模型能够对那些未知实例（即未知类别值的实例）预测一个类别值。

这是一个分类任务。将表 5.1 中的数据提交给 C4.5 决策树学习算法（J. Ross Quinlan, 1993），会得到图 5.1 所示的决策树（Decision Tree），该决策树拟合了输入实例集。决策树是一种结构简单的分类模型（Classification Model），非树叶节点（即根节点与内部节点）表示一个属性上的测试，树叶节点反映决策的结果（即类别标号）。

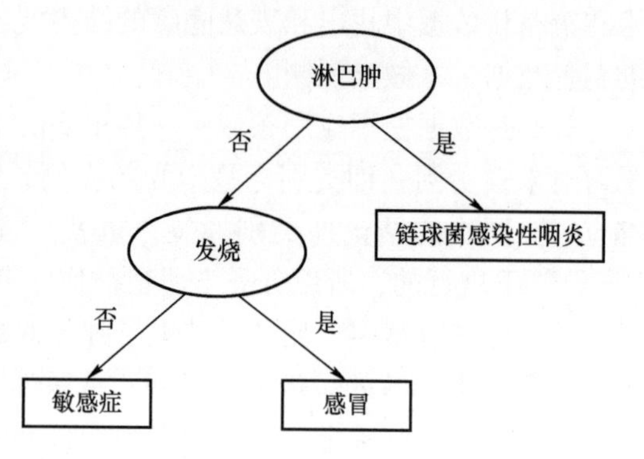

图 5.1　决策树

该决策树表明属性集与类别标签之间存在如下关系：

如果患者有淋巴肿症状，则诊断为链球菌感染性咽炎。

如果患者无淋巴肿症状，但发烧，则诊断为感冒。

如果患者无淋巴肿症状，也不发烧，则诊断为敏感症。

另外，决策树还表明将注意力放在患者“淋巴肿”和“发烧”这两个属性上，就可以准确地为数据集中的患者做出诊断，而“嗓子疼”“充血”和“头疼”对获得诊断结果没有起到作用。可见，决策树不仅概化了数据，还归纳出哪些属性和属性关系对于准确的诊断具有至关重要的作用。

如果该决策树在一般使用中具有良好的效果，那么就可以用于表 5.2 中的未知实例指定类别标签了（即分类了）。

表 5.2　未知类别的数据实例

患者 ID	嗓子疼	发烧	淋巴肿	充血	头疼	诊断结果
11	是	否	是	是	否	?
12	是	是	否	是	是	?
13	否	是	否	否	是	?

“患者 ID=11”的患者由于“淋巴肿=是”，从决策树的根节点沿着右边路径到达叶节点“链球菌感染性咽炎”，表示该患者得了“链球菌感染性咽炎”。

“患者 ID=12”的患者由于“淋巴肿=否”，从决策树的根节点沿着左边路径向下，并检查属性“发烧”的取值，由于“发烧=是”到达叶节点“感冒”，表示该患者得了“感冒”。

“患者 ID=13”的患者由于“淋巴肿=否”，从决策树的根节点沿着左边路径向下，并检查属性“发烧”的取值，由于“发烧=否”到达叶节点“敏感症”，表示该患者得了“敏感症”。

分类任务是指通过在数据集中学习，得到一个分类模型，该分类模型能把数据集中的每个属性值集 X 映射到一个预先定义的类别标号 y。其中的数据集由一组实例（X, y）组成，每个实例由属性值集 X 与和其相关联的类别标号 y 为特征。属性集可以包含离散属性，也可以包含连续属性，但类别标号 y（即目标变量）必须是离散且无序的。

分类模型是对数据集中属性集与类别标号之间关系的形式化抽象表达，表达形式可以是树、规则、概率表、网络或一个实值参数的向量等。有了分类模型，就能对数据集中的每个属性值集确定一个预先定义的类别标号（即预测值）。分类模型也称为分类函数或分类器（Classifier）。

从数据中获得模型的过程被称为“学习”（Learning）或“训练”（Training），这个过程通过执行某个算法来完成。训练模型的数据集被称为训练集（Training Set）。

分类建模有两种用途：一种是描述性建模，概括数据实例中的结构生成模型，模型作为解释工具，用来区分不同类中的对象；另一种是预测性建模，模型用于预测未知记录的类别标号。分类模型是一个黑盒子，当给定未知记录的属性集取值时，自动赋予未知记录一个类别标号。分类模型最适合描述或预测二元类型或标称类型的数据集。

分类法是指根据训练集训练或建立分类模型的方法，有决策树法、基于规则的分类法、贝叶斯分类法、神经网络、支持向量机等。

例 5.1 中的任务就是一个分类任务，以表 5.1 中的数据集为训练集，利用 C4.5 决策树学习算法建立了图 5.1 所示的决策树模型，对于未知“诊断结果”的患者，该模型根据属性“淋巴肿”和“发烧”的取值能够指定一个“诊断结果”（三种疾病之一，即类别标号）。

5.2 分类的一般方法

分类是一个两阶段过程，包括学习阶段（或训练阶段）和分类阶段。

学习阶段通过分类算法在训练集上“学习”来构建分类模型，对训练集中属性集与类别之间的对应关系进行概化描述，该阶段是一个归纳（Induction）过程。训练集是元组（$\boldsymbol{X}$，y）的集合，$\boldsymbol{X}$ 是属性的集合，可用 n 维属性向量 $\boldsymbol{X}=(x_1, x_2, \cdots, x_n)$ 表示，训练集中的元组称为训练元组，一般从所分析的数据库中随机选取。这里的元组也称为实例、样本、数据点或对象。

分类阶段使用已建模型对将来的或未知的实例分类（即给定一个类别标签），该阶段是一个演绎（Deduction）过程。学习算法所构建的模型既要很好地拟合训练数据，也要尽可能正确地预测未知实例的类别标签，所以分类阶段首先要评估分类模型的预测准确率（或错误率）。由于分类模型可能拟合了训练数据中的特定异常，这些个性化异常并不在一般数据集中出现，用训练集评估分类模型的准确率会导致过于乐观的结果，因此评估分类模型的数据集应独立于训练集，以洞察分类模型在一般使用中的泛化性能。用于评估分类模型泛化性能的数据集被称为测试集（Test Set），测试集中实例的类别标号是已知的。

分类器在测试集上的准确率（错误率）是指分类器正确（错误）分类的测试实例所占的百分比。其中正确分类是指分类器对测试实例预测的类别标号与其原有的类别标号一致。准确率（错误率）是评估分类模型泛化性能的最基本度量，大多数分类学习算法致力于学习测试集上的最高准确率或最低错误率的模型。

评估模型性能是数据挖掘过程中的关键步骤，直接决定模型是否被使用。把测试集提交给要评估的模型后，可以把测试信息汇总成一个表格，这个表格被称为混淆矩阵。表 5.3 是一个二分类混淆矩阵，表 5.4 是一个三分类混淆矩阵。

表 5.3　二分类混淆矩阵

		预测的类别	
		C_1	C_2
实际的类别	C_1	f_{11}	f_{12}
	C_2	f_{21}	f_{22}

表 5.4　三分类混淆矩阵

		预测的类别		
		C_1	C_2	C_3
实际的类别	C_1	f_{11}	f_{12}	f_{13}
	C_2	f_{21}	f_{22}	f_{23}
	C_3	f_{31}	f_{32}	f_{33}

一般地，对 k 分类问题，混淆矩阵中的 f_{ij} 表示模型将 i 类中的实例预测到 j 类中的数目。当 $i=j$ 时，表示正确预测的实例数；当 $i\neq j$ 时，表示错误预测的实例数。C_i 行的数值表示实际属于 C_i 类的实例数，C_i 列的数值表示模型划分到 C_i 类的实例数（$i,j=1,2,\cdots,k$）。分类器在测试集上的预测准确率与错误率可通过混淆矩阵来计算，计算公式为

$$准确率=\frac{\sum_{i=1}^{k} f_{ii}}{\sum_{i=1}^{k}\sum_{j=1}^{k} f_{ij}} \tag{5.1}$$

$$错误率=1-准确率 \tag{5.2}$$

如果准确率与错误率能够被接受，那么分类模型就可用来对未知实例分类了。

5.3　决策树归纳

决策树是一种类似于流程图的树结构。一棵决策树包含一个根节点、若干个内部节点和若干个叶节点，其中：根节点没有入边，只有出边；内部节点既有入边，也有出边；叶节点只有入边，没有出边。根节点和内部节点（非终端节点）表示一个属性上的测试，每个分枝代表该测试的一个输出，每个叶节点（终端节点）存放一个类别标签，表示决策结果。有些决策树算法只生成具有二路分枝的二叉树（如 CART 算法），而另一些决策树算法则生成具有多路分枝的决策树（如 C4.5 算法）。

决策树的生成包含两个部分：决策树的构建和决策树的剪枝。在开始构建决策树时，所有的训练实例都集中在根节点，然后递归地选择属性不断分裂数据集。对决策树进行剪枝是因为充分生长的决策树中的许多分枝可能反映的是训练数据中的特殊情况或异常，树剪枝试图检测并剪去这样的分枝，以提高模型在一般使用中的泛化性能。

5.3.1 决策树归纳的基本原理

决策树的归纳问题采用“分而治之”(Divide-and-Conquer) 的策略来解决。决策树的生成可以用自顶向下的递归过程来表示。大多数决策树算法都使用这种自顶向下的贪心递归划分策略，从训练集中属性集和它们相关联的类别标号开始构建决策树。随着树的生长，训练集递归地被划分成一个个子集。首先要选择一个属性作为根节点上的测试属性，接着为每个可能的属性值产生一个分枝，训练集被分裂成若干个子集，一个子集对应一个属性值。然后对每个分枝仅使用到达这个分枝的实例递归地重复上述过程，直到产生叶节点为止。从训练集中归纳决策树的基本算法如算法 5.1 所示。

算法 5.1 决策树学习的基本算法

```
输入：训练集 D，训练元组和它们对应的类标号的集合；属性集合 X.
输出：一棵决策树.
过程：函数 Generate_decision_tree(D,X)
1：创建一个节点 N；
2：if D 中元组全部属于同一类别 C then
3：      将 N 标记为类标号为 C 的叶节点；return
4：end if
5：if X = φ 或 D 中元组在属性 X 上的取值相同 then
6：      将 N 标记为叶节点，类标号为 D 中的多数类；return
7：end if
8：从 X 中选择最优的分裂属性 A；
9：for A 的每个取值 a_i do
10：     为结点 N 产生一个分枝，并划分 D；
11：     设 D_i 表示 D 中属性 A 的取值为 a_i 的元组集合；
12：     if D_i = φ then
13：           将分枝节点标记为叶节点，类标号为 D 中的多数类；return
14：     else
15：           以 Generate_decision_tree(D_i, X\{A}) 为分枝节点；
16：     end if
17：end for
```

可以看出，在三种情形下递归返回：①当前节点包含的元组均属于同一个类别时，无须划分当前数据集，将当前节点标记为叶节点，存放当前元组集所属的类别标号；②当前属性集为空（即无候选属性），或所有当前元组在所选属性上取值相同时，无法划分当前数据集，将当前节点标记为叶节点，存放当前元组集中多数类的类标号；③当前节点包含的元组集为空集时，不能进行划分，将当前节点标记为叶节点，存放其父节点所包含元组集中多数类的类别标号。

接下来的问题是，对于一个给定的训练集，如何判断应该在哪个属性上分裂（即选择最优的分裂属性）。以表 5.5 所示的气象数据集 D 为例，该数据集有四个属性，因此根节点的分裂存在四种可能性，最顶层产生的“树桩”如图 5.2 所示，每个叶节点上列举的是沿该分枝到达的实例的类别标号（yes 和 no）。当一个叶节点只拥有单一的类别标号（yes 或

no）时，将不再继续分裂，该分枝上的递归过程停止。由于要寻找较小的树，因此希望递归过程尽早停止。如果能够度量每一个节点的纯度，就可以选择能够产生最纯子节点的属性进行划分。在图 5.2 中，应该选择哪一个属性作为根节点，对数据集进行划分呢？

表 5.5　气象数据集 *D*

编号（No.）	天气（outlook）	温度（temperature）	湿度（humidity）	有风（windy）	打网球（play）
1	sunny	hot	high	false	no
2	sunny	hot	high	true	no
3	overcast	hot	high	false	yes
4	rainy	mild	high	false	yes
5	rainy	cool	normal	false	yes
6	rainy	cool	normal	true	no
7	overcast	cool	normal	true	yes
8	sunny	mild	high	false	no
9	sunny	cool	normal	false	yes
10	rainy	mild	normal	false	yes
11	sunny	mild	normal	true	yes
12	overcast	mild	high	true	yes
13	overcast	hot	normal	false	yes
14	rainy	mild	high	true	no

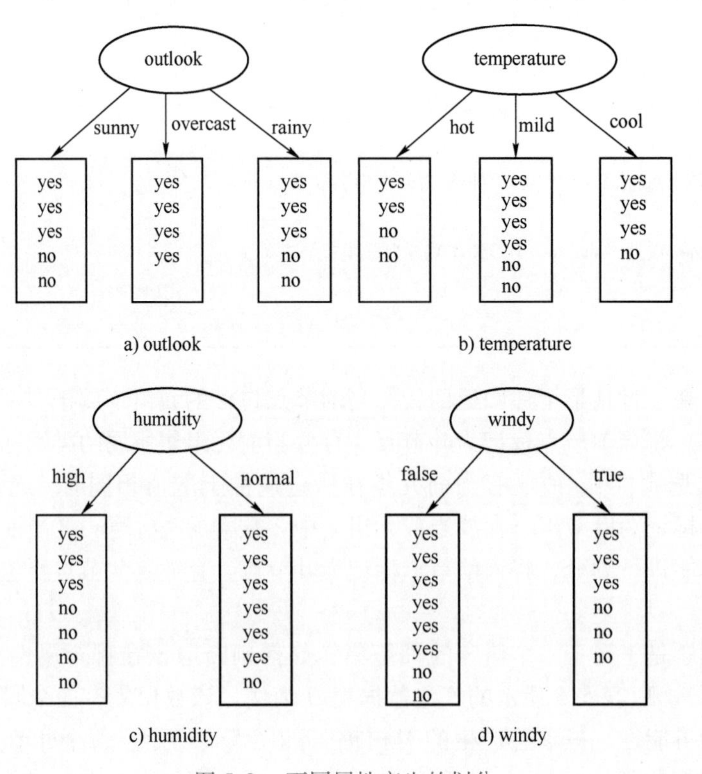

图 5.2　不同属性产生的划分

5.3.2 属性划分的度量

决策树学习的关键是最优划分属性的选择。随着决策树的生长，训练实例被划分成较小的子集，理想的情况是每个子集都是纯的，即包含在子集中的实例属于同一个类。实际中希望能够产生尽可能纯的划分。

有多种关于“纯度”（Purity）的度量，这些度量使用划分前与划分后的实例的类分布来定义，下面介绍常用的三种划分属性的度量。

1. 信息增益

信息增益（Information Gain）基于“信息论之父”克劳德·香农（Claude Shannon）关于信息论的先驱性工作。1948 年，香农在论文“A Mathematical Theory of Communication”中系统论述了信息的定义。他利用消息中的不确定性度量信息，提出了信息量的数学表达式，信息熵（Information Entropy）的概念和计算公式等。信息熵是度量纯度最常用的指标。

假设数据集 D 中的类别标号为 $C_j(j=1,2,\cdots,n)$，$|D|$表示 D 中的实例数，$|C_j|$表示 D 中属于类 C_j 的实例数，p_j 表示 D 中任意元组属于类 C_j 的概率，则 D 的信息熵定义为

$$\text{Entropy}(D) = -\sum_{j=1}^{n} p_j \log_2 p_j \tag{5.3}$$

式中，p_j 用$|C_j|/|D|$来估计。使用以 2 为底的对数函数是因为信息用二进制编码。D 的信息熵是识别 D 中实例不同类别标号所需要的平均信息量，也是对 D 中实例分类所需要的期望信息。该信息熵越小，意味着 D 的纯度越高。计算信息熵时约定，$p=0$ 时，$p\log_2 p=0$。

信息熵的性质：①当一个节点包含的实例集的类别值在可能的类别值上均匀分布时，该节点的信息熵最大；②当一个节点上包含的实例集的类别值唯一时，该节点的信息熵最小。

例如，图 5.3 显示了两类问题的不同纯度：从左往右信息熵依次减小，意味着不纯性依次降低，即纯度依次增大。其中，图 5.3a 中 C_0 类与 C_1 类的实例数相等，信息熵取到最大值 1，不纯性最强，即纯度最小；图 5.3f 中的所有实例均属于 C_0 类，信息熵取到最小值 0，不纯性最低，即纯度最大。

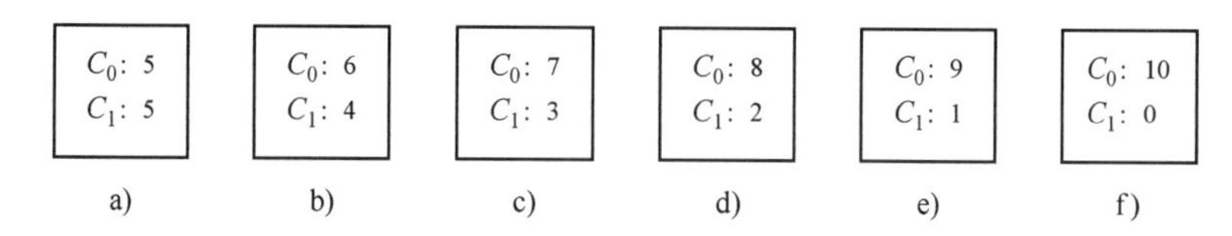

图 5.3 节点不纯性（纯度）的度量

假设 N 为存放 D 的节点，且 A 是离散属性，有 k 个不同取值$\{a_1,a_2,\cdots,a_k\}$。根据 A 的不同取值，可将数据集 D 划分为 k 个子集$\{D_1,D_2,\cdots,D_k\}$，并产生由节点 N 生长的 k 个分枝，其中 D_i 由 D 中 A 的取值为 a_i 的所有实例组成，存放于第 i 个分枝的子节点，用$|C_{ij}|$表示 D_i 中属于类 C_j 的实例数（$i=1,2,\cdots,k$；$j=1,2,\cdots,n$）。希望每个子节点上的子集都是纯的，实际的纯度如何呢？可用每个子节点的信息熵的加权平均来度量，权重为各节点所包含的实例数所占的比例，计算公式为

$$\text{Entropy}(D,A) = \sum_{i=1}^{k} \frac{|D_i|}{|D|} \text{Entropy}(D_i) \tag{5.4}$$

Entropy(D,A) 越小，意味着划分的纯度越高。

属性 A 划分数据集 D 所获得的信息增益定义为划分前（父节点）的信息熵与划分后（子节点）的信息熵之间的差值，计算公式为

$$\begin{aligned}\text{Gain}(D,A) &= \text{Entropy}(D) - \text{Entropy}(D,A) \\ &= -\left[\sum_{j=1}^{n}\frac{|C_j|}{|D|}\log_2\left(\frac{|C_j|}{|D|}\right) - \sum_{i=1}^{k}\frac{|D_i|}{|D|}\left(\sum_{j=1}^{n}\frac{|C_{ij}|}{|D_i|}\log_2\left(\frac{|C_{ij}|}{|D_i|}\right)\right)\right]\end{aligned} \tag{5.5}$$

一般而言，由于在属性 A 上所做的划分提高了纯度（即降低了不纯性），所以分类所需信息减少了。Gain(D,A) 表达了属性 A 所做贡献的大小，所以总是非负的。信息增益越大，意味着使用属性 A 进行划分所获得的纯度提升越大，进一步分类所需信息越少。Quinlan 在著名的 ID3（Iterative Dichotomiser）决策树学习算法中就以信息增益为度量准则，选择具有最大信息增益的属性作为划分属性。

2. 信息增益率

当某些属性具有大量可能的取值时，由它们产生的划分的信息熵将会偏小，从而导致信息增益偏大。也就是说，信息增益具有选择高分枝属性的倾向性。例如，对表 5.1 中的数据集，属性"患者 ID"的不同取值的数目与训练实例数一样多，用该属性作为划分属性将产生大量分枝，每个分枝的子节点只包含一个实例，所以都是纯的，从而 Entropy（D，患者 ID）= 0，因此"患者 ID"产生的信息增益最大，但将其作为划分属性对分类没有任何意义。

为减少这种倾向性带来的不利影响，在著名的 C4.5 决策树算法中，Quinlan 使用信息增益率（Information Gain Ratio）作为选择最佳划分属性的度量准则。增益率使用"分裂信息"（Split Information）对信息增益进行规范化处理。由于增益率的获得考虑到了属性分裂数据集所产生的子节点的数量和规模，所以信息增益对高分枝属性的倾向性得到校正。

属性 A 划分数据集 D 所获得的信息增益率的定义为信息增益与分裂信息的比值，计算公式为

$$\text{GainRatio}(D,A) = \frac{\text{Gain}(D,A)}{\text{SplitInfo}(D,A)} \tag{5.6}$$

其中

$$\text{SplitInfo}(D,A) = -\sum_{i=1}^{k}\frac{|D_i|}{|D|}\log_2\left(\frac{|D_i|}{|D|}\right) \tag{5.7}$$

需要注意的是，属性 A 的可能取值数目越多，SplitInfo(D,A) 的值通常会越大，这使得某些情况下增益率会产生过度的修正补偿。

3. 基尼指数

基尼指数（Gini Index）度量的是数据集对于所有类别的不纯性。数据集 D 的基尼指数定义为

$$\text{Gini}(D) = 1 - \sum_{j=1}^{n} p_j^2 \tag{5.8}$$

式中，p_j 表示 D 中任意元组属于类 C_j 的概率，用 $|C_j|/|D|$ 来估计。数据集的基尼指数越小，其纯度越高。

继续采用前述符号。离散属性 A 的基尼指数的定义为其划分 D 产生的每个子节点的基尼指数的加权平均，权重为各节点所包含的实例数所占的比例，计算公式为

$$\text{Gini}(D,A)=\sum_{i=1}^{k}\frac{|D_i|}{|D|}\text{Gini}(D_i) \tag{5.9}$$

按属性 A 的不同取值划分数据集 D，导致的不纯性的下降（或纯度的提高）为

$$\Delta\text{Gini}(D,A)=\text{Gini}(D)-\text{Gini}(D,A) \tag{5.10}$$

Breiman 等人在著名的 CART（Classification and Regression Tree）决策树学习算法中使用基尼指数选择划分属性。CART 算法既可用于分类，也可用于回归。

例 5.2 对表 5.5 中的气象数据集 D，计算属性“outlook”的信息增益、增益率和基尼指数。

用 D 表示气象数据集，则该数据集的信息熵为

$$\text{Entropy}(D)=-\sum_{j=1}^{2}\frac{|C_j|}{|D|}\log_2\frac{|C_j|}{|D|}=-\frac{9}{14}\log_2\frac{9}{14}-\frac{5}{14}\log_2\frac{5}{14}\approx 0.940$$

属性 outlook 有“sunny”“overcast”和“rainy”3 个不同取值，因此数据集 D 被划分为 3 个子集$\{D_1,D_2,D_3\}$。D_1 包含 5 个实例（编号为 1,2,8,9,11），其中 2 个实例的类标号为“yes”，3 个实例的类标号为“no”；D_2 包含 4 个实例（编号为 3,7,12,13），4 个实例的类别标号均为“yes”；D_3 包含 5 个实例（编号为 4,5,6,10,14），其中 3 个实例的类别标号为“yes”，2 个实例的类别标号为“no”。将$\{D_1,D_2,D_3\}$依次存放于相应分枝的子节点$\{N_1,N_2,N_3\}$。子节点层的信息熵是每个子节点信息熵的加权平均，即

$$\begin{aligned}\text{Entropy}(D,\text{outlook})&=\sum_{i=1}^{3}\frac{|D_i|}{|D|}\text{Entropy}(D_i)\\&=\frac{5}{14}\left(-\frac{2}{5}\log_2\frac{2}{5}-\frac{3}{5}\log_2\frac{3}{5}\right)+\frac{4}{14}\left(-\frac{4}{4}\log_2\frac{4}{4}-0\right)+\\&\quad\frac{5}{14}\left(-\frac{3}{5}\log_2\frac{3}{5}-\frac{2}{5}\log_2\frac{2}{5}\right)\approx 0.694\end{aligned}$$

属性 outlook 划分 D 所获得的信息增益为

$$\begin{aligned}\text{Gain}(D,\text{outlook})&=\text{Entropy}(D)-\text{Entropy}(D,\text{outlook})\\&\approx 0.940-0.694=0.246\end{aligned}$$

属性 outlook 提供的分裂信息为

$$\begin{aligned}\text{SplitInfo}(D,\text{outlook})&=-\sum_{i=1}^{3}\frac{|D_i|}{|D|}\log_2\frac{|D_i|}{|D|}\\&=-\frac{5}{14}\log_2\frac{5}{14}-\frac{4}{14}\log_2\frac{4}{14}-\frac{5}{14}\log_2\frac{5}{14}\approx 1.577\end{aligned}$$

属性 outlook 划分 D 所获得的增益率为

$$\text{GainRatio}(D,\text{outlook})=\frac{\text{Gain}(D,\text{outlook})}{\text{SplitInfo}(D,\text{outlook})}=\frac{0.247}{1.577}\approx 0.156$$

属性 outlook 的基尼指数为

$$\begin{aligned}\text{Gini}(D,\text{outlook})&=\sum_{i=1}^{3}\frac{|D_i|}{|D|}\text{Gini}(D_i)\\&=\frac{5}{14}\left[1-\left(\frac{2}{5}\right)^2-\left(\frac{3}{5}\right)^2\right]+\frac{4}{14}\left[1-\left(\frac{4}{4}\right)^2-0\right]+\frac{5}{14}\left[1-\left(\frac{3}{5}\right)^2-\left(\frac{2}{5}\right)^2\right]\\&\approx 0.343\end{aligned}$$

另外，建立决策树还可选择其他属性度量，比如卡方统计量，基于最小描述长度（MDL）原理的属性选择度量等，所有度量都具有某种偏倚。不同的度量准则对决策树的大小有较大影响，但对泛化性能的影响很有限。决策树归纳的时间复杂度一般随树的深度指数增加，已经得到证明。因此，倾向于产生较浅的树（比如，多路划分而不是二元划分，以促成更平衡的划分）的度量更可取。然而，某些研究发现，较浅的树趋向于具有大量的树叶和较高的错误率。尽管已有一些比较研究，但并未发现一种度量显著优于其他度量。大部分度量都能产生相当好的结果。

5.3.3 树剪枝

在决策树的创建过程中，为了尽可能正确地分类训练实例，节点划分过程不断被重复，有时会造成决策树分枝过多，这时有可能对训练数据学习得“太好”，以致于训练集中的噪声和孤立点所代表的一些个性特点被当作所有数据的一般性质而导致“过拟合”，结果是：其中的一些分枝，反映的仅是训练数据中的异常。剪枝（Pruning）是决策树算法处理这种过拟合问题的主要手段。通常使用统计度量剪掉最不可靠的分枝，来降低决策树过拟合的风险，从而提升模型的泛化性能。剪枝后的决策树更简单、规模更小、更易理解，而且在对独立的检验集进行正确分类时比未剪枝的树速度更快，准确率更高。决策树剪枝的常用策略有先剪枝（Prepruning）和后剪枝（Postpruning）。

1. 先剪枝

先剪枝通过提前停止树的生长对树进行剪枝。当前节点是否停止分裂，而成为叶节点，可以通过预设的诸如节点中包含的实例数、信息增益、基尼指数等度量的阈值或泛化误差来评估划分的优劣。如果划分一个节点所产生的不纯性下降未达到阈值，或者泛化误差的估计值没有下降，则停止分裂该节点存放的数据子集并使该节点成为叶节点，并用子集中最多数类的类别标号进行标记。

先剪枝能够降低过拟合的风险，缩短决策树的训练时间和测试时间，但很难为提前终止树的生长选取一个适当的阈值。高阈值可能导致决策树尚未学习到数据中的真实模式就提前结束生长（比如有些被终止生长的分枝可能在后续划分中能显著提升泛化性能），低阈值则可能导致不能充分解决过拟合问题。先剪枝基于“贪心”的本质，更倾向于禁止更多分枝的展开，使剪枝后的决策树具有欠拟合的风险。

2. 后剪枝

后剪枝则是先在训练集上生成一棵“完全生长”的决策树，然后按照自底向上的方式进行修剪。后剪枝有两种操作：①将某个非叶节点为根节点的子树替换为叶节点，并用子树中最多数类的类别标号进行标记，这种操作称为子树替换（Subtree Replacement）。②用子树中最常用分枝置换子树，这种操作称为子树提升（Subtree Raising）。子树替换是主要的后剪枝操作。

替换前决策树如图 5.4a 所示，使用子树替换操作得到的决策树，如图 5.4b 所示。

这是一个二分类问题，模型中的属性除 C 之外均为连续属性，类别标号为 P 和 N。在图 5.4a中，首先考虑将属性 C 子树的三个子节点替换成单个叶节点，然后从该叶节点开始，将只有两个叶节点的 B 子树替换成单个叶节点，类别标号为 N（设 N 为多数类）。这里需要说明的是，替换前的决策树是在训练集上按照最大规模生长的一棵完整的决策树，进行子树

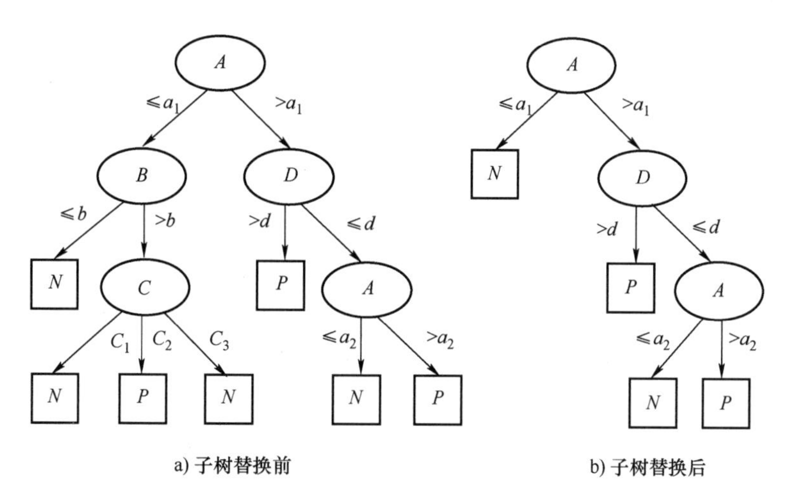

图 5.4 子树替换举例

替换虽然会导致模型在训练集上的准确率下降，但会提高模型在独立的检验集上的准确率，也就是会提升模型的泛化性能。

用图 5.5 中的虚拟例子来解释子树提升。考虑对决策树 a（见图 5.5a）进行子树提升操作，剪枝结果如决策树 b（见图 5.5b）。在该操作中，自 C 以下的子树被提升上来替换以 B 为根节点的子树。虽说这里 C 的子节点和 B 的另外两个子节点是叶节点，但它们也可以是完整的子树。当然，如果要进行子树提升操作，还需要将节点 L_4 和节点 L_5 处的实例重新划分到标有 C 的新子树中去，因此 C 的新子节点标为 L_1'、L_2' 和 L_3'。

子树提升较为复杂，也可能比较耗时。在实际实现过程中，一般只提升最常使用的分枝。在图 5.5 中，假设从 B 到 C 的分枝比从 B 到节点 L_4 或者 B 到节点 L_5 的分枝有更多的训练实例，所以考虑图中所示的提升。如果节点 L_4 是 B 的主要子节点，则将考虑提升节点 L_4 代替 B，并重新对 C 以下的所有实例以及节点 L_5 的实例进行分类后加入新的节点。

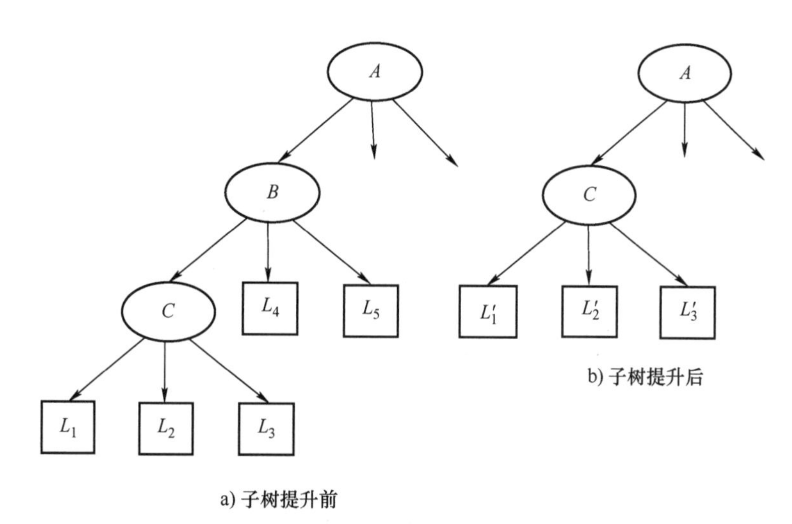

图 5.5 子树提升举例（节点 C 提升并包含节点 B）

是否要用单个叶节点来替换一个内部节点（子树替换），或者要用位于一个内部节点下面的某个节点来替换该内部节点（子树提升），取决于剪枝操作对决策树泛化性能的提升。为了做出理性的判断，应该用一个独立的测试集在所考察的节点处进行错误率的估计。不仅要在内部节点处进行错误率的估计，也要在叶节点处进行错误率的估计。有了这样的估计值，就可以通过比较替换子树和被替换子树的错误率来决定是否要对某个子树进行替换或提升操作。在对预备提升的子树进行错误率估计之前，当前节点的兄弟节点（如图 5.5 中节点 L_4 和 L_5）所包含的实例必须暂时重新分类到被提升的树中。

与先剪枝相比，后剪枝通常会保留更多的分枝。一般情形下，先剪枝精确地估计何时停止树的成长是很困难的，而后剪枝决策树的欠拟合风险小，泛化性能往往也要优于先剪枝决策树，所以后剪枝更加常用。但后剪枝过程是在构建完全决策树之后进行的，并且要自底向上地对树中所有非叶节点进行逐一的考察，因此其训练时间开销要比未剪枝决策树和先剪枝决策树大得多。

决策树的生成对应于模型的局部选择，决策树的剪枝对应于模型的全局选择。决策树的生成只考虑局部最优，相对地，决策树的剪枝则考虑全局最优。

5.3.4 决策树归纳算法

决策树算法属于有监督学习，由类别标号已知的数据通过归纳来建立树状结构的模型，从中提取规则，从而预测未知实例的类别标号。决策树的层级结构，有利于分析不同层次的自变量对目标变量的影响。

根据目标变量的类型可将决策树分为分类树（Classification Tree）和回归树（Regression Tree）。二者最大的区别在于分类树的目标变量是类别形态的，而回归树的目标变量是连续形态的。常用的决策树学习算法有 C4.5/C5.0、CART、CHAID（Chi-squared Automatic Interaction Detection，卡方自动交互检测）等。

1. C4.5/C5.0

C4.5 决策树算法（Quinlan，1993）是 ID3 算法（Quinlan，1986）的改良。C4.5 采用信息增益率作为选择划分属性的度量准则，以校正 ID3 算法采用信息增益作为选择划分属性度量准则时对多值属性的倾向性。为防止校正过度，C4.5 在选择增益率最大的候选属性作为划分属性时，增加了一个约束：该属性的信息增益要大于等于所考察属性的信息增益的平均值。C4.5 对 ID3 的改良还包括处理连续属性（离散化）、缺失值、噪声数据，以及树剪枝的方法和由决策树产生规则的方法等。

商业化版本 C5.0（Quinlan，1998）是 C4.5 的进阶，增加了使用交叉验证（Cross Validation）法评估模型，以及使用提升法（Boosting）提高模型的准确率。与 C4.5 算法相比，C5.0 的计算速度更快，建立的决策树模型更准确，需占用的内存资源也较少，适用于处理较大的数据集。

C5.0 的核心算法仍以 C4.5 为主，下面介绍 C4.5 中分枝的产生和剪枝。

（1）决策树的创建。设当前节点为 t，计算每个候选属性的信息增益率，穷举搜索所有可能的分枝，从中选择具有最大信息增益率的候选属性作为节点 t 处的划分属性。由于信息增益率对不同取值数目较少的属性有一定的倾向性，因此 C4.5 算法增加了一个约束：选取的划分属性的信息增益要不低于所有候选属性的平均信息增益。

例 5.3　对表 5.5 中的气象数据集 D，采用 C4.5 算法建立决策树模型。

根节点 N 处存放 D 中的 14 个实例，例 5.2 中已经求得属性 outlook 的信息增益率，相关计算结果为：Entropy(D) = 0.940，Entropy(D, outlook) = 0.694，Gain(D, outlook) = 0.246，SplitInfo(D, outlook) = 1.577，GainRatio(D, outlook) = 0.156。

同样的方法计算属性 temperature 的信息增益率。

属性 temperature 有 3 个不同取值："hot""mild" 和 "cool"。按其不同取值将 D 中的 14 个实例划分为 3 个子集$\{D_1, D_2, D_3\}$。D_1 包含 4 个实例（编号为 1,2,3,13），其中 2 个实例的类标号为 "yes"，2 个实例的类标号为 "no"；D_2 包含 6 个实例（编号为 4,8,10,11,12,14），其中 4 个实例的类标号为 "yes"，2 个实例的类标号为 "no"；D_3 包含 4 个实例（编号为 5,6,7,9），其中 3 个实例的类标号为 "yes"，一个实例的类标号为 "no"。将它们依次存放于相应分枝的子节点$\{N_1, N_2, N_3\}$。子节点层的信息熵是每个子节点信息熵的加权平均，即

$$\begin{aligned}\text{Entropy}(D,\text{temperature}) &= \sum_{i=1}^{3}\frac{|D_i|}{|D|}\text{Entropy}(D_i)\\ &= \frac{4}{14}\left(-\frac{2}{4}\log_2\frac{2}{4}-\frac{2}{4}\log_2\frac{2}{4}\right)+\frac{6}{14}\left(-\frac{4}{6}\log_2\frac{4}{6}-\frac{2}{6}\log_2\frac{2}{6}\right)+\\ &\quad\frac{4}{14}\left(-\frac{3}{4}\log_2\frac{3}{4}-\frac{1}{4}\log_2\frac{1}{4}\right)\approx 0.911\end{aligned}$$

temperature 划分 D 所获得的信息增益为

$$\begin{aligned}\text{Gain}(D,\text{temperature}) &= \text{Entropy}(D)-\text{Entropy}(D,\text{temperature})\\ &= 0.940-0.911=0.029\end{aligned}$$

属性 temperature 提供的分裂信息为

$$\begin{aligned}\text{SplitInfo}(D,\text{temperature}) &= -\sum_{i=1}^{3}\frac{|D_i|}{|D|}\log_2\frac{|D_i|}{|D|}\\ &= -\frac{4}{14}\log_2\frac{4}{14}-\frac{6}{14}\log_2\frac{6}{14}-\frac{4}{14}\log_2\frac{4}{14}\\ &= 1.557\end{aligned}$$

属性 temperature 划分 D 所获得的增益率为

$$\text{GainRatio}(D,\text{temperature})=\frac{\text{Gain}(D,\text{temperature})}{\text{SplitInfo}(D,\text{temperature})}=\frac{0.029}{1.557}\approx 0.019$$

同理计算属性 humidity 和属性 windy 的增益率。树桩的计算结果见表 5.6，可见 outlook 的增益率最大，且其信息增益高于平均水平 0.119，所以根节点处选择 outlook 作为划分属性。

表 5.6　气象数据集 D 各候选属性的增益率

A	Entropy(D)	Entropy(D, A)	Gain(D, A)	SplitInfo(D, A)	GainRatio(D, A)
outlook	0.940	0.694	0.246	1.577	0.156
temperature	0.940	0.911	0.029	1.557	0.019
humidity	0.940	0.788	0.152	1.000	0.152
windy	0.940	0.892	0.048	0.985	0.049

针对气象数据集 D，决策树根节点处各候选属性的增益率见表5.6。分析信息增益到增益率的数值变化可以发现：虽然 outlook 的信息增益率和它的信息增益一样仍然取到最大值，但使用增益率作为纯度的度量准则时，有两个不同取值的 humidity 已经成了 outlook 的有力竞争者，由此看到增益率对信息增益偏向于多分枝属性的校正。

针对气象数据集 D，分类决策树如图5.6所示。

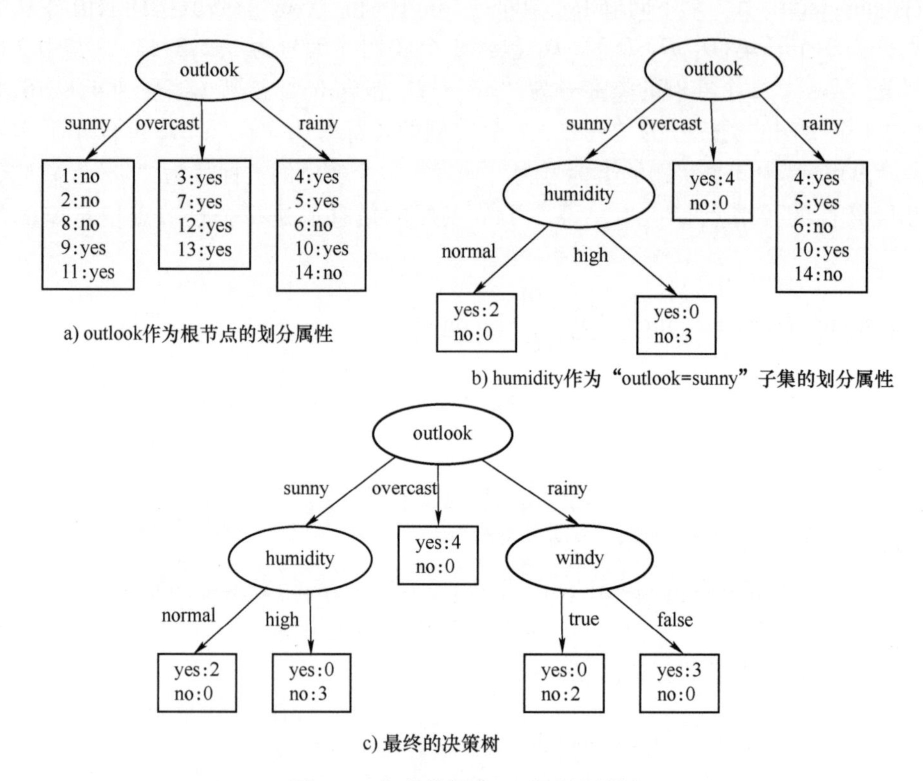

图5.6　气象数据集 D 分类决策树

如图5.6a所示，按照 outlook 的不同取值“sunny”“overcast”和“rainy”将数据集 D 分裂为3个子集 $\{D_1,D_2,D_3\}$，依次存放于相应分枝的子节点 $\{N_1,N_2,N_3\}$。其中沿“outlook = overcast”分枝到达 N_2 的子集 D_2 中有4个实例，其类标号均为“yes”，因此将该节点标成类别为“yes”的叶节点。沿其他两个分枝到达子节点的子集 D_1 和 D_3 尚需继续分裂。

子集 D_1 共有5个实例（编号为1,2,8,9,11），其中2个实例的类标号为“yes”，3个实例的类标号为“no”。计算对 D_1 进行分裂的候选属性“temperature”“humidity”和“windy”的增益率。按属性 temperature 的不同取值“hot”“mild”和“cool”将 D_1 划分为3个子集 $\{D_{11},D_{12},D_{13}\}$。D_{11} 包含2个实例（编号为1,2），它们的类标号均为“no”；D_{12} 包含2个实例（编号为8,11），其中1个实例的类标号为“yes”，1个实例的类标号为“no”；D_{13} 包含1个实例（编号为9），类标号为“yes”。将 $\{D_{11},D_{12},D_{13}\}$ 依次存放于相应分枝的子节点 $\{N_{11},N_{12},N_{13}\}$。子节点层的信息熵是每个子节点信息熵的加权平均，即

$$\text{Entropy}(D_1)=-\sum_{j=1}^{2}\frac{|C_{1j}|}{|D_1|}\log_2\frac{|C_{1j}|}{|D_1|}=-\frac{2}{5}\log_2\frac{2}{5}-\frac{3}{5}\log_2\frac{3}{5}\approx 0.971$$

$$\begin{aligned}\text{Entropy}(D_1,\text{temperature})&=\sum_{j=1}^{3}\frac{|D_{1j}|}{|D_1|}\text{Entropy}(D_{1j})\\&=\frac{2}{5}\left(-\frac{2}{2}\log_2\frac{2}{2}-0\right)+\frac{2}{5}\left(-\frac{1}{2}\log_2\frac{1}{2}-\frac{1}{2}\log_2\frac{1}{2}\right)+\\&\quad\frac{1}{5}\left(-\frac{1}{1}\log_2\frac{1}{1}-0\right)=0.400\end{aligned}$$

$$\begin{aligned}\text{Gain}(D_1,\text{temperature})&=\text{Entropy}(D_1)-\text{Entropy}(D_1,\text{temperature})\\&=0.971-0.400=0.571\end{aligned}$$

$$\begin{aligned}\text{SplitInfo}(D_1,\text{temperature})&=-\sum_{i=1}^{3}\frac{|D_{1i}|}{|D_1|}\log_2\frac{|D_{1i}|}{|D_1|}\\&=-\frac{2}{5}\log_2\frac{2}{5}-\frac{2}{5}\log_2\frac{2}{5}-\frac{1}{5}\log_2\frac{1}{5}\approx 1.522\end{aligned}$$

属性 temperature 划分 D_1 所获得的增益率为

$$\text{GainRatio}(D_1,\text{temperature})=\frac{\text{Gain}(D_1,\text{temperature})}{\text{SplitInfo}(D_1,\text{temperature})}=\frac{0.571}{1.522}\approx 0.375$$

同理计算属性 humidity 和 windy 的增益率。各候选属性的增益率见表 5.7。humidity 的增益率最大，且其信息增益高于平均水平 0.521，所以内部节点 N_1 处选择 humidity 作为划分属性。如图 5.6b 所示，按照 humidity 的不同取值“high”“normal”产生两个分枝，将 D_1 分裂为两个子集$\{D_{11},D_{12}\}$，存放于相应分枝的子节点$\{N_{11},N_{12}\}$。其中，D_{11}中有 3 个实例（编号为 1,2,8），类别标号均为“no”，故将 N_{11}标成类别为“no”的叶节点；D_{12}有 2 个实例（编号为 9,11），其类别标号均为“yes”，将 N_{12}标成类别为“yes”的叶节点。

表 5.7　“outlook=sunny”的子集 D_1 各候选属性的增益率

A	Entropy(D_1)	Entropy(D_1,A)	Gain(D_1,A)	SplitInfo(D_1,A)	GainRatio(D_1,A)
temperature	0.971	0.400	0.571	1.522	0.375
humidity	0.971	0.000	0.971	0.971	1.000
windy	0.971	0.951	0.020	0.971	0.021

子集 D_3 存放于内部节点 N_3 处，共有 5 个实例（编号为 4,5,6,10,14），其中 3 个实例的类别标号为“yes”，2 个实例的类别标号为“no”。同样的方法计算分裂 D_3 的候选属性 temperature 和 windy 的增益率，结果见表 5.8。windy 的增益率更大，且其信息增益高于平均水平 0.496，所以内部节点 N_3 处选择 windy 作为划分属性。按照 windy 的不同取值“true”和“false”产生 2 个分枝，将 D_3 分裂为 2 个子集$\{D_{31},D_{32}\}$，存放于相应分枝的子节点$\{N_{31},N_{32}\}$。其中 D_{31}中有 2 个实例（编号为 6,14），类标号均为“no”，于是将 N_{31}标成类别为“no”的叶节点；D_{32}有 3 个实例（编号为 4,5,10），其类标号均为“yes”，将 N_{32}标成类别为“yes”的叶节点。至此，得到完整的决策树，如图 5.6c 所示，其在训练集 D 上的准确率达 100%。

表 5.8 “outlook=rainy”的子集 D_3 各候选属性的增益率

A	Entropy(D_3)	Entropy(D_3,A)	Gain(D_3,A)	SplitInfo(D_3,A)	GainRatio(D_3,A)
temperature	0.971	0.951	0.020	0.971	0.021
windy	0.971	0.000	0.971	0.971	1.000

（2）连续属性的处理。ID3 算法只能处理离散属性。C4.5 算法既能处理离散属性，也能处理连续属性。

由于连续属性的可取值数目不再有限，所以不能像离散属性那样直接根据属性的取值对节点处的数据集进行划分。C4.5 算法增加了对连续属性离散化的环节，它采用二分机制来处理连续属性（Quinlan，1993），基本做法是：对于连续属性 A，首先将其在数据集 D 上的 n 个不同取值从小到大排序，记为$\{a_1, a_2, \cdots, a_n\}$。然后选择每对相邻属性值$\{a_i, a_{i+1}\}$的中点 $v_i=(a_i+a_{i+1})/2(i=1, 2, \cdots, n-1)$ 作为可能的二元分裂点，通过计算并比较每个分裂点对应的信息增益来选择具有最大信息增益的分裂点 $v(\text{Gain}(D,v)=\max_{v_i}\text{Gain}(D,v_i))$，以 v 作为划分点对连续属性进行划分。

例 5.4 对表 5.9 中的气象数据集（记为 D_c）利用 C4.5 算法建立决策树。

表 5.9 包含连续属性的气象数据集

编号 (No.)	天气 (outlook)	温度 (temperature)	湿度 (humidity)	有风 (windy)	打网球 (play)
1	sunny	85.0	85.0	false	no
2	sunny	80.0	90.0	true	no
3	overcast	83.0	86.0	false	yes
4	rainy	70.0	96.0	false	yes
5	rainy	68.0	80.0	false	yes
6	rainy	65.0	70.0	true	no
7	overcast	64.0	65.0	true	yes
8	sunny	72.0	95.0	false	no
9	sunny	69.0	70.0	false	yes
10	rainy	75.0	80.0	false	yes
11	sunny	75.0	70.0	true	yes
12	overcast	72.0	90.0	true	yes
13	overcast	81.0	75.0	false	yes
14	rainy	71.0	91.0	true	no

与表 5.5 中的气象数据集 D 所不同的是 D_c 中的 temperature 与 humidity 均为连续属性。离散属性增益率的计算在这里不再赘述，下面计算连续属性的增益率。

将属性 temperature 的 12 个不同取值按从小到大顺序排序，共有 11 个可能的分裂点$\{64.5,66.5,68.5,69.5,70.5,71.5,73.5,77.5,80.5,82.0,84.0\}$。这里仅以分裂点 71.5 为

例，计算信息熵。测试条件“temperature≤71.5”产生二元划分，将值域划分为两个部分：一部分包含4个“yes”类、2个“no”类实例；另一部分包含5个“yes”类、3个“no”类实例，故

$$\begin{aligned}\text{Entropy}(D_c,\text{temperature},71.5)&=\frac{6}{14}\left(-\frac{4}{6}\log_2\frac{4}{6}-\frac{2}{6}\log_2\frac{2}{6}\right)+\frac{8}{14}\left(-\frac{5}{8}\log_2\frac{5}{8}-\frac{3}{8}\log_2\frac{3}{8}\right)\\&=0.939\end{aligned}$$

所有分裂点产生的二元划分的信息熵见表5.10。分裂点84.0对应的信息熵最小，即信息增益最大，即84.0为最佳分裂点，因此将其作为连续属性temperature的划分点进行二元划分，并求得信息增益率为0.115。

表5.10 temperature所有分裂点产生的二元划分的信息熵

属性值	64	65	68	69	70	71	72	75	80	81	83	85
类别标号	yes	no	yes	yes	yes	no	no yes	yes yes	no	yes	yes	no
分裂点	64.5	66.5	68.5	69.5	70.5	71.5	73.5	77.5	80.5	82.0	84.0	
信息熵	0.893	0.930	0.940	0.925	0.895	0.939	0.939	0.915	0.940	0.930	0.827	

同样方法处理连续属性humidity。

所有候选属性中，outlook的增益率最大，因此根节点的划分情况与例5.3相同。对于分枝“outlook=sunny”，通过计算候选属性temperature、humidity和windy在当前五个实例（编号为1,2,8,9,11）上的增益率，得知子节点的划分属性应选humidity，测试条件为“humidity≤77.5”，产生的二元划分将值域分裂为两个部分：一部分包含两个“yes”类实例，另一部分包含三个“no”类实例。对于“outlook=rainy”的分枝，采用同样方法进行递归划分，最终生成如图5.7所示的决策树。

需要注意的是：①从理论上讲，连续属性的使信息熵最小的最佳分裂点不会位于同一个类别的两个实例之间；②即使当前节点的划分属性是某个连续属性，该属性还可以作为其后代节点的划分属性，因为对于不同节点上的数据集，不同的分裂点可能仍然对提高纯度有益。

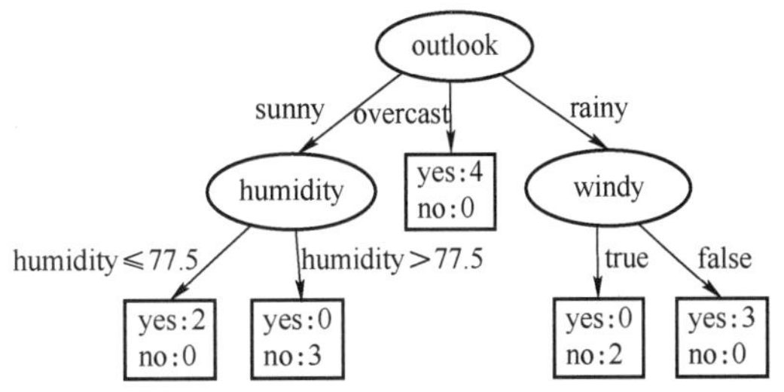

图5.7 基于表5.9的决策树

（3）剪枝。完成决策树的生长后，C4.5使用一种被称为悲观错误剪枝（Pessimistic Error Pruning，PEP）的方法修剪决策树。这种方法使用训练集上的结果估计分类错误率，进而对子树剪枝做出判断。由于基于训练集的错误率或准确率过于乐观而具有较大的偏倚，因此悲观错误剪枝方法通过增加一个惩罚来调节训练集上得到的错误率，以抵消所出现的偏倚。

设T_t为以内部节点t为根的子树，N_{T_t}为子树T_t的叶节点数，$n(t)$为达到节点t的训练实例数，$e(t)$为t上被误分类的实例数，$r(t)$为t上的误分类率即错误率，则$r(t)$的计算公式为

$$r(t)=\frac{e(t)}{n(t)} \tag{5.11}$$

决策树构建期间的误分类实例数的分布可看作二项分布，二项分布是逼近正态分布的。为了调节从训练集中得到的过于乐观的错误率，Quinlan 引入了一个基于二项分布的连续校正公式，修正从训练集中产生的错误率，其中惩罚因子为 1/2，连续校正后的错误率计算公式为

$$r'(t)=\frac{e(t)+1/2}{n(t)} \tag{5.12}$$

据此，子树 T_t 的错误率计算公式为

$$r(T_t)=\frac{\sum_i e(i)}{\sum_i n(i)} \tag{5.13}$$

式中，i 取遍子树的叶节点。

子树 T_t 校正后的错误率计算公式为

$$r'(T_t)=\frac{\sum_i [e(i)+1/2]}{\sum_i n(i)}=\frac{\sum_i e(i)+N_{T_t}/2}{\sum_i n(i)} \tag{5.14}$$

使用训练数据，子树总是比对应节点产生的错误率小，但校正后的数值却并非如此，因为该数值不仅依赖于误分类的实例数，而且依赖于叶节点数。算法仅维持这样的子树：子树校正后的数值比节点校正后的数值好一个标准差。

为了简单，接下来使用错误数而不是错误率。

对于节点 t，校正后的误分类实例数计算公式为

$$e'(t)=e(t)+1/2 \tag{5.15}$$

对于子树 T_t，校正后的误分类实例数计算公式为

$$e'(T_t)=\sum_i e(i)+N_{T_t}/2 \tag{5.16}$$

标准差的计算公式为

$$\mathrm{SE}(e'(T_t))=\sqrt{\frac{e'(T_t)[n(t)-e'(T_t)]}{n(t)}} \tag{5.17}$$

如果式（5.18）成立

$$e'(t)\leqslant e'(T_t)+\mathrm{SE}(e'(T_t)) \tag{5.18}$$

则剪去子树 T_t，否则维持该子树。该不等式的右部分为误分类实例数的置信上限，即最悲观的误差。

悲观错误剪枝法虽然也有局限性，但是在实际应用中表现出较高的精度。训练集同时用于树的生长和剪枝，效率高，速度快。

例 5.5 图 5.8 为一个二分类决策树，其中，t_i（$i=1, 2, \cdots, 9$）表示节点，其下方的数字表示属于不同类别的实例数。对以 t_4 为根节点的子树使用悲观错误剪枝法进行剪枝处理。

由式（5.15）可得节点 t_4 上校正后的误分类实例数为

$$e'(t_4)=7+1/2=7.5$$

以 t_4 为根的子树校正后的误分类实例数由式（5.16）计算

$$e'(T_{t_4})=(2+0+3)+3/2=6.5$$

由式（5.17）计算标准差

$$\mathrm{SE}(e'(T_{t_4}))=\sqrt{\frac{6.5\times(16-6.5)}{16}}\approx 1.96$$

由于 6.5+1.96=8.46>7.5，即式（5.18）成立，因此以 t_4 为根节点的子树被剪枝。

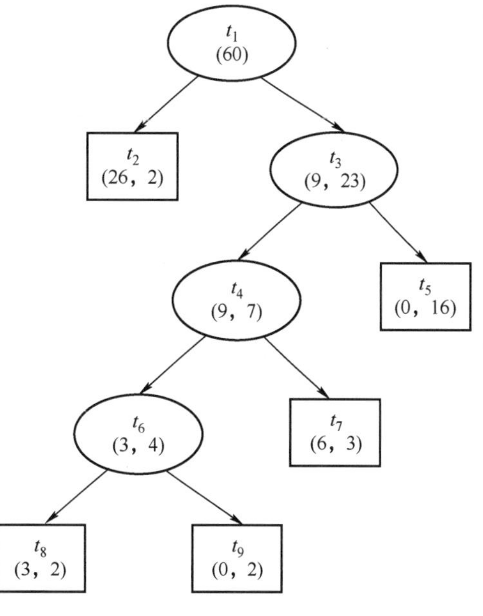

图 5.8　二分类决策树

2. CART

CART 算法的特色是建立二叉树（Breiman et al.，1984）。它既可以用于处理类别变量以及连续变量的分类问题，也可以用于处理回归问题。对于分类问题（例如，预测贷款者是否拖欠还款），CART 以基尼指数作为选择划分属性的度量准则，对分枝节点进行数据分裂，建立一个二元划分的分类树；对于回归问题（例如，预测一个人的年龄），则将样本的平方误差最小化作为节点分裂的依据，建立一个二元划分的回归树。

（1）分类树的二元划分。使用基尼指数考虑每个属性的二元划分。如果 A 是离散属性，在训练集 D 中有 k 个不同取值$\{a_1,\ a_2,\cdots,\ a_k\}$。为确定 A 上最好的二元划分，考察 A 的已知值所形成的所有可能子集对 D 的二元分裂。例如，“婚姻状况”有 3 个不同取值{已婚，离异，单身}，可能的子集包括：{已婚}，{离异}，{单身}，{已婚，离异}，{已婚，单身}，{离异，单身}，{已婚，离异，单身}和{ }。其中{已婚，离异，单身}和{ }不形成任何有效分裂，因此不予以考虑，而剩余的 6 个子集中首尾对应的子集将产生等价的二元划分，因此只需考察前 3 个子集即可。可以证明，基于 A 的二元划分，共有 $2^{k-1}-1$ 种对 D 的可能的分裂方法。

若用 D_A 表示任意一个有效的可能子集，则可形成如“$A\in D_A$?”的二元测试。对于一个给定实例，当该实例属性 A 的取值出现在 D_A 所列出值中时，满足测试条件，否则，不满足测试条件。用 D_1 表示满足测试条件的实例集合，D_2 表示不满足测试条件的实例集合。则属性 A 进行二元划分的基尼指数计算公式为

$$\mathrm{Gini}(D,A)=\frac{|D_1|}{|D|}\mathrm{Gini}(D_1)+\frac{|D_2|}{|D|}\mathrm{Gini}(D_2) \tag{5.19}$$

对于离散属性，在每一种可能的候选二元划分中，选择基尼指数最小的子集构成测试条件，对 D 进行二元分裂。

如果 A 是连续属性，首先根据属性 A 的取值按从小到大的顺序对实例排序，再从排过序的相邻属性值中选择中间值 v 作为候选分裂点，生成形式如“$A\leqslant v$?”的二元测试。属性 A 的值中，满足“$A\leqslant v$”的实例组成的集合用 D_1 表示，满足“$A>v$”的实例组成的集合用 D_2 表示，同理以式（5.19）计算基尼指数，然后选择能够产生最小基尼指数的数值 v 作为分裂

点，构成测试条件，并对 D 进行二元分裂。

属性 A 的二元划分导致的不纯性的下降，计算公式为

$$\Delta\text{Gini}(D,A)=\text{Gini}(D)-\text{Gini}(D,A) \tag{5.20}$$

在所有候选属性中，能够最大化不纯性下降（即具有最小基尼指数）的属性被选为最终的划分属性，该属性和它的分裂子集（对于离散属性）或分裂点（对于连续属性）共同形成二元划分准则。

需要注意的是，对序数属性进行二元划分时不应违反属性值的有序性。例如，在图 5.9 基于属性“衬衣尺码”的二元划分中，a、b 和 c 三张子图中的划分均保留了属性值之间的顺序，d 子图中的划分则违反了有序性。

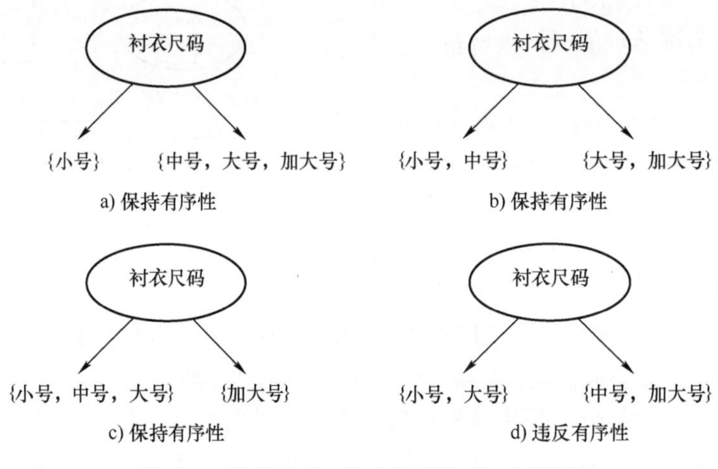

图 5.9　序数属性“衬衣尺码”的二元划分

（2）回归树。在 CART 算法中，当目标变量是连续变量时，对给定的训练数据集，生成一个回归树。在生成回归树时，以平方误差最小化作为选择划分属性的依据。回归树的每个叶节点存放一个数值型值，作为对目标变量的预测，该值是到达对应叶节点的所有训练实例的目标变量取值的平均值。

设 y 为目标变量，(X_i,y_i)（$i=1,2,\cdots,n$）为训练集 D 中的实例，$f(X_i)$ 为回归树模型的预测值，A 为任意一个候选属性，且基于 A 的某个二元划分（记为 a）将数据集 D 分裂为实例数为 n_1 的子集 $D_1(A,a)$ 和实例数为 n_2 的子集 $D_2(A,a)$，分别存放于子节点$\{N_1,N_2\}$。

当划分是确定的时，可以用平方误差 $\sum\limits_{X_i\in D_j(A,a)}(y_i-f(X_i))^2$（记为 SE_j）表示回归树对于训练数据的预测误差，用平方误差最小的准则求得每个子集上的最优输出值。可以证明，$D_j(A,a)$上的最优输出值是 $D_j(A,a)$ 上所有训练实例对应的输出 y_i 的平均值。

计算 $D_j(A,a)$ 上的平方误差 SE_j。SE_j 越小，说明 $D_j(A,a)$ 上 y 的差异性越小，预测值与实际值相差较小的可能性就越大。因此，在所有候选属性及其所有二元划分的分裂子集（对于离散属性）或分裂点（对于连续属性）中，选取满足式（5.21）的候选属性及分裂作为最优选择，即通过求解该式来选择最优的划分属性 A 及其二元划分 a。

$$\min_{A,a}\left(\min_{\mu_1}\sum_{X_i\in D_1(A,a)}(y_i-\mu_1)^2+\min_{\mu_2}\sum_{X_i\in D_2(A,a)}(y_i-\mu_2)^2\right) \tag{5.21}$$

对于取定的属性 A，能够找到最优划分 a，μ_j 的最优值计算公式为

$$\hat{\mu}_j=\frac{1}{n_j}\sum_{X_i\in D_j(A,a)}y_i,\ j=1,2 \tag{5.22}$$

遍历所有候选属性，能够找到最优划分属性 A，然后基于 (A,a) 对数据集进行划分。接着，对每个子数据集重复上述划分过程，直到满足停止条件为止。

通过递归地以平方误差最小化为准则选择属性和分裂点，将每个区域划分为子区域并计算每个子区域上的输出值，从而构建的二叉决策树称为最小二乘回归树。

假设递归过程最终将训练集 D 划分为 M 个不相交的子集 D_1，$D_2,\cdots$，D_M，则回归模型可表示为

$$f(X)=\sum_{m=1}^{M}\hat{\mu}_m I(X\in D_m) \tag{5.23}$$

式中，$I(\cdot)$ 是指示函数，当参数为真时为1，否则为0。

CART 算法的停止条件是节点中的实例数小于预设的阈值，或者实例集的基尼指数小于预设的阈值（即实例基本属于同一类别），或者无候选属性。

例 5.6 表 5.11 为一个虚构的“学习情况”数据集，其中“成绩”为目标变量，以此数据集为训练集，使用 CART 算法创建根节点。目标变量为连续变量，因此使用 CART 可以建立一棵回归树。

表 5.11 “学习情况”数据集

序 号	是否经常缺课	上晚自习周平均天数	成 绩
1	是	3	75
2	否	4	80
3	否	5	78
4	是	2	45
5	否	3	72
6	是	3	62
7	否	5	92
8	否	4	83
9	否	4	81

“是否经常缺课”是一个二元属性，只有一种分裂，以“是否经常缺课=是?”作为测试进行二分，两个子集的均值分别为 (75+45+62)/3=60.67 和 (80+78+72+92+83+81)/6=81，平方误差为

$$SE_1=(75-60.67)^2+(45-60.67)^2+(62-60.67)^2=452.67$$

$$SE_2=(80-81)^2+(78-81)^2+(72-81)^2+(92-81)^2+(83-81)^2+(81-81)^2=216$$

$$SE_1+SE_2=668.67$$

“上晚自习周平均天数”为连续属性，取值为2、3、4、5，分别取分割点2.5、3.5、4.5对数据集进行划分，相关计算见表5.12。

表5.12　属性“上晚自习周平均天数”的划分相关计算

分割点	2.5		3.5		4.5	
二元划分	≤	>	≤	>	≤	>
实例序号	4	1，2，3，5，6，7，8，9	1，4，5，6	2，3，7，8，9	1，2，4，5，6，8，9	3，7
$\hat{\mu}_j$	45.00	77.88	63.50	82.80	71.14	85.00
SE_j	0.00	534.88	549.00	118.80	1098.86	98.00
SE_1+SE_2	534.88		667.80		1196.86	

可以看出，对于属性“上晚自习周平均天数”，平方误差之和的最小值对应的分割点是2.5。再与“是否经常缺课”的计算结果相比较，选择“上晚自习周平均天数”作为根节点上的划分属性，2.5为该属性的最优分割点。CART回归树树桩示例如图5.10所示。

左分枝的子节点只有一个实例，无须再分。右分枝子节点上有8个实例，重复上面的计算方法，继续划分，直到满足停止条件。在递归的过程中，随着回归树节点的不断分裂，平方误差会越来越小。

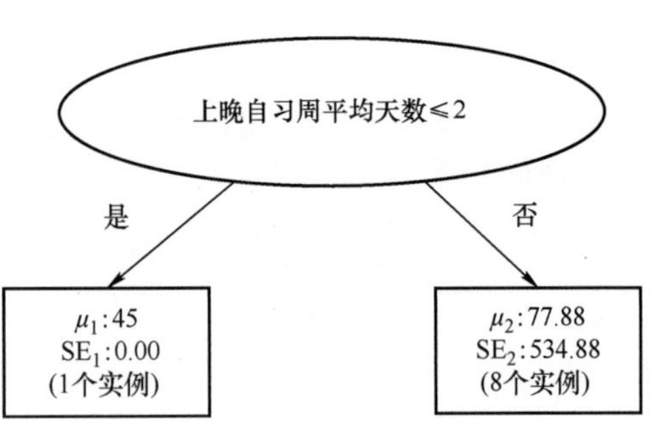

图5.10　CART回归树树桩示例

需要注意的是，处理具有大量变量和样本的数据集时，回归树模型具有高简洁性和有效性，但随着树的生长，基于小样本估计的不可靠性，回归树可能在较低层次上的决策质量较低，即基于小样本的估计很难泛化到未知实例。一个极端情况是一棵过大的树，每个叶节点都只有一个训练实例，它的误差平方和为0。另外，CART建立的决策树是二叉树，一个多值离散属性可能被多次使用。

（3）剪枝。CART使用后剪枝算法CCP（代价复杂度）来处理模型的过拟合。该方法把树的复杂度看作树中叶节点的个数和树的误差率的函数。它从树的底部开始，对于每个内部节点t，计算t的子树的代价复杂度和该子树剪枝后t的子树（用一个叶节点替换）的代价复杂度。如果剪去t的子树有较小的代价复杂度，则剪去该子树；否则，保留该子树。

CCP剪枝算法由两步组成：①从生成算法产生的原始决策树T_0底端开始不断剪枝，直到T_0的根节点，形成一个子树序列$\{T_0, T_1, \cdots, T_n\}$，其中$T_{i+1}$从$T_i$产生，$T_n$为根节点；②从上一步产生的子树序列中，根据树的真实误差估计，对子树序列进行测试，从中选择最优子树。

具体步骤1：生成子树序列$\{T_0, T_1, \cdots, T_n\}$的基本思想是从$T_0$开始，裁剪$T_i$中关于训练数据集的误差增加最小的分枝，得到$T_{i+1}$。事实上，当一棵树$T$在节点$t$处被剪枝时，直观上它的误差增加是$R(t)-R(T_t)$，其中，$R(t)$表示节点$t$的子树被剪枝后节点$t$的误差代价，$R(T_t)$表示节点$t$的子树未被剪枝时子树$T_t$的误差代价。然而，剪枝后$T$的叶节点减

少了 $L(T_t)-1$，其中，$L(T_t)$ 表示子树 T_t 的叶节点数，即剪枝使 T 的复杂度降低。因此，考虑到模型的复杂度，树的分枝被裁剪后误差的增加程度为

$$\alpha=\frac{R(t)-R(T_t)}{L(T_t)-1} \tag{5.24}$$

计算 α，在 T_i 中剪去 α 值最小的 T_t 便得到 T_{i+1}。

具体步骤 2：在子树序列 $\{T_0, T_1, \cdots, T_n\}$ 中通过交叉验证法（5.5 中会讲到）选取最优子树 T_α。具体地，利用独立的验证数据集，测试子树序列 $\{T_0, T_1, \cdots, T_n\}$ 中每个子树的平方误差或基尼指数。平方误差或基尼指数最小的决策树被认为是最优的决策树。

Scikit-Learn 中默认使用 CART 建立决策树，使用的方法是 DecisionTreeClassifier( )，该方法的输入为［n_samples，n_features］形式的训练样本和标签，其中 n_samples 表示样本，n_features 表示样本对应的标签。

例 5.7 以图 5.8 中的决策树为原始决策树 T_0，使用 CCP 算法的第 1 个步骤产生子树序列。

设 $r(t)$ 表示节点 t 的误差率，$p(t)$ 表示节点 t 上训练数据所占的比例。图 5.8 中的决策树 T_0 有三个内部结点 t_6、t_4和 t_3。

首先考察 t_6，$L(T_{t_6})=2$，$r(t_6)=3/7$，$p(t_6)=7/60$，又有

$$R(t_6)=r(t_6)p(t_6)=\frac{3}{7}\times\frac{7}{60}=\frac{3}{60}$$

$$R(T_{t_6})=\sum_i R(i)=\left(\frac{2}{5}\times\frac{5}{60}\right)+\left(\frac{0}{2}\times\frac{2}{60}\right)=\frac{2}{60}$$

于是由式（5.24）可得

$$\alpha(t_6)=\frac{\frac{3}{60}-\frac{2}{60}}{2-1}=\frac{1}{60}\approx 0.0167$$

对 t_4，$L(T_{t_4})=3$，$r(t_4)=7/16$，$p(t_4)=16/60$。

$$R(t_4)=r(t_4)p(t_4)=\frac{7}{16}\times\frac{16}{60}=\frac{7}{60}$$

$$R(T_{t_4})=\sum_i R(i)=\left(\frac{2}{5}\times\frac{5}{60}\right)+\left(\frac{0}{2}\times\frac{2}{60}\right)+\left(\frac{3}{9}\times\frac{9}{60}\right)=\frac{5}{60}$$

$$\alpha(t_4)=\frac{7/60-5/60}{3-1}=\frac{1}{60}\approx 0.0167$$

同理可得，$\alpha(t_3)\approx 0.0222$。

虽然 $\alpha(t_4)=\alpha(t_6)$，但裁剪 t_4 的子树可以得到更小的决策树，因此对原始决策树 T_0，剪枝以 t_4 为根的子树，得到子树 T_1。T_1 有一个内部节点 t_3，剪枝后得 T_2，T_2 是仅由根节点和两个叶节点构成的子树，无法继续裁剪。所得子树序列为 $\{T_0, T_1, T_2\}$，其中，T_1和 T_2 如图 5.11 所示。各节点的 α 值见表 5.13。

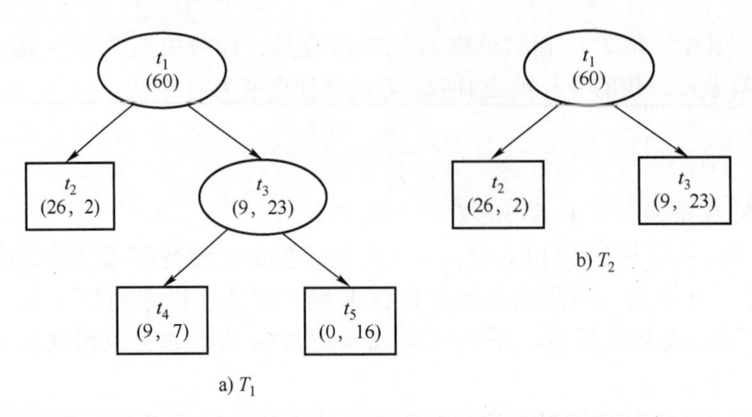

图 5.11　例 5.7 子树序列中的 T_1 和 T_2

表 5.13　剪枝子树后误差的增加程度

T_0	$\alpha(t_6)=0.0167$	$\alpha(t_4)=0.0167$	$\alpha(t_3)=0.0222$
T_1	$\alpha(t_3)=0.0222$	—	—

5.3.5　决策树归纳的一般特点

一般而言，决策树归纳有以下特点：

（1）适用性。决策树归纳是一种构建分类模型的非参数方法，它不需要任何关于数据类别和其他属性的概率分布的先验假设，因此适用于各种数据集。对于连续可分类数据，不需要通过二元化、标准化或规范化将属性转换为通用表示。与某些二分类器不同，决策树既可以处理二分类问题，也可以处理多分类问题。在处理多分类问题时，不需要将多分类任务分解为多个二分类任务。

（2）表达能力。决策树为离散值函数提供了一个通用表示。因为一个数据集中的离散属性由若干个有限值来表示，每个离散属性取值的唯一组合都被赋予一个类别标签，每个属性组合都可以对应到决策树中的一个叶节点，所以总能找到一个决策树来归纳数据集。当某些独特的属性组合可以表示为同一个叶节点时，决策树还可以提供紧凑表示。

（3）解释能力。决策树简单直观，解释性强。可以将决策树看成一个 if-then 规则的集合。由决策树的根节点到叶节点的每一条路径均能构建一条规则，路径中非叶节点上的属性对应规则的条件，而叶节点的类别标号对应规则的结论。

（4）计算效率。对于给定的属性集，可以构造的决策树的数目是指数级的。因此许多决策树算法采用基于启发式的方法在大规模的搜索空间中寻找决策树，例如，使用自顶向下的贪心递归划分策略来生成决策树。即使训练集的规模很大，这种技术也能快速构建合理的决策树。一旦决策树生成，就可迅速对测试记录分类。

（5）处理缺失值。对于有缺失值的训练集和测试集，决策树分类器可以通过多种方式处理缺失值。在训练过程中，当候选属性在当前节点的训练实例上有缺失值时，度量纯度增益的方法有所不同。一种简单的方法是将当前数据集中候选属性值缺失的实例排除，在形成的新数据集上计算该属性的纯度增益，然后将增益乘以新数据集中的实例数与原始数据集中实例数的比值，扩充到原始数据集上去。

对于测试集中的每个实例，从根节点开始，根据测试属性的取值决定沿着哪条路径到达叶节点。如果给定测试实例的划分属性值缺失，则分类器必须决定遵循哪个分枝。C4.5 决策树分类器采用概率划分法（Probabilistic Split Method），它根据缺失属性具有特定值的概率，将实例分配给划分节点的每个子节点，最后结合相关各叶节点的类分布进行综合计算，并选择概率最大的类别对该测试实例的类别进行预测。CART 算法则使用替代拆分法（Surrogate Split Method）将划分属性值缺失的实例根据其他非缺失替代属性的值分配给一个子节点。处理缺失值的其他策略基于数据预处理，在分类器训练之前，对包含缺失值的实例，可利用模式（对于分类属性）和平均值（对于连续属性）等对缺失值进行估计或丢弃实例。

（6）处理相关属性之间的相互作用。相关属性被认为是相互作用的，它们在单独使用时只能提供很少或不提供信息，一起使用时却能够区分类别。由于决策树中划分标准的本质是贪心的，这些属性可能会与其他不太有效的属性一起使用，这可能导致生成非必要的更为复杂的决策树。因此，当属性之间存在相互作用时，决策树可能表现不佳。

（7）处理不相关属性。由于不相关属性与类别属性的标签之间的关联性很弱，它们在纯度度量上几乎没有增益，因此少量不相关属性的存在不会影响决策树的构建。但是，如果分类问题复杂而且存在大量不相关属性，在树的生长过程中就可能会意外选择一些不相关属性，从而影响决策树的性能。这是因为不相关属性在一些偶然情况下可能会提供比相关属性更好的纯度增益。通过数据预处理可以消除不相关属性，提高决策树的准确性。

（8）处理冗余属性。当数据中的一个属性和另一个属性强相关时，该属性就是冗余的。由于强相关属性用于划分时纯度增益相近，因此只有其中之一被选作划分属性。

（9）不纯性度量的选择。不同的不纯性度量，其值往往是一致的（例如熵、基尼指数和分类误差），因此不纯性度量的选择通常对决策树的性能没有影响。

（10）直线决策边界。不同类别的两个相邻区域之间的边界被称为决策边界。当将每个属性看作坐标空间中的一个坐标轴时，由 d 个属性描述的实例就对应着 d 维空间的数据点，对数据集分类就意味着在该坐标空间中探寻不同类别实例之间的决策边界。当决策树中的每个测试条件都只涉及一个属性时，决策树所形成的决策边界由若干个平行于坐标轴的直线段组成，如图 5.12 所示。这个特点也使得决策树模型具有较好的可解释性，但这限制了决策树对具有连续属性数据集的决策边界的表达能力。这时，若使用斜的划分边界的“多变量

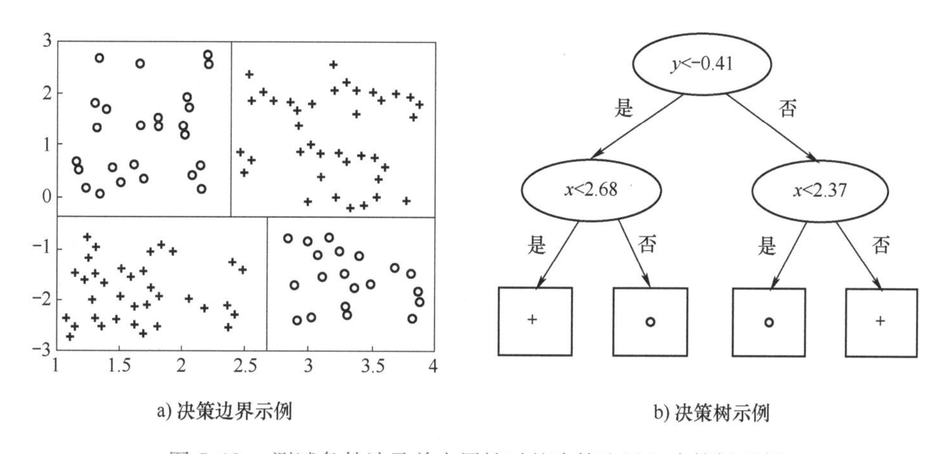

图 5.12 测试条件涉及单个属性时的决策边界和决策树示例

决策树”，就可以克服这个限制。在多变量决策树中，非叶节点上的测试条件由多个属性的组合来指定，如图 5.13 所示。

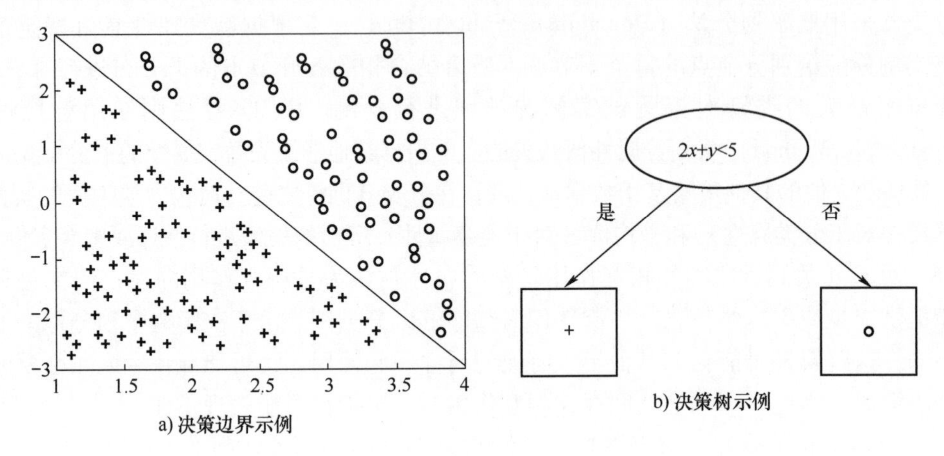

图 5.13　测试条件涉及多个属性时的决策边界和决策树示例

5.4　模型的评估与选择

分类模型建立在训练数据集上。很多情况下，可以建立一个在训练集上表现很好、错误率很低甚至错误率为零的分类器。实际上，还希望所建模型在分类未知实例时能有很好的表现。

在实际的建模任务中，往往有多种学习算法可供选择。同一种学习算法也可由于参数配置不同，而产生不同的模型。选择哪一种算法和参数配置构建模型，应由该模型的泛化能力来决定。

5.4.1　模型的过拟合

学习方法的泛化能力（Generalization Ability）是指由该方法训练得到的模型对未知实例的预测能力。将模型的预测输出与实例的真实输出之间的差异称为“误差”（Error）。分类模型的误差大致分为两种：训练误差（Training Error）和泛化误差（Generalization Error）。训练误差也称为经验误差（Empirical Error），是指模型在训练集上的误差。泛化误差则是指模型在未知实例上的误差，用来评价学习方法的泛化能力。由于无法直接获得泛化误差，通常所能做的是努力使训练误差最小化。然而，有些模型即使有很小的训练误差，也可能表现出较差的泛化能力。因此，通常需要一个独立于训练集的含有类别标号的测试集，通过计算模型在测试集上的测试误差（Testing Error）来估计泛化误差，以反映模型对未知实例的预测能力。

在模型的训练过程中，要尽可能地从训练集中学习所有潜在实例的“普遍规律”，但当学得“太好”，以致把训练实例中的个性化特点当成一般性质时，就会导致模型泛化能力的下降，这种现象被称为模型的过拟合（Model Overfitting）。与过拟合相对的是模型的欠拟合（Model Underfitting），这种现象是指在训练集上的学习不够充分，尚未学习到数据中的“普遍规律”。欠拟合一般容易克服，例如在决策树模型中扩展分枝；过拟合则富有挑战性。尽管各类学习算法有针对过拟合的措施，但这些措施通常无法彻底避免过拟合，只能缓解或降低其风险。

在决策树生长的初期，决策树过于简单，训练集和测试集上的错误率一般都很高，这时的情况属于模型欠拟合（也称拟合不足）。随着决策树中节点数的增加，训练集和测试集上的错误率均会下降，但当决策树规模增大到一定程度之后，训练集上的错误率会继续变小，甚至下降为零，而测试集上的错误率却不再变小，反而可能会越来越大，这时就发生了模型的过拟合现象。

导致模型过拟合的最主要因素有模型的复杂度过高和训练数据的代表性不足等。

1. 模型的复杂度过高

一般地，比较复杂的模型能够更好地表达数据中的复杂模式。例如，和叶节点数目较少的决策树相比，具有更多叶节点的决策树能够表达更复杂的决策边界。但相对于训练集，一个过于复杂的模型由于强大的学习能力，在学习到训练集中普遍规律的同时，也会学习到训练集中的特定模式或异常。这样的模型由于拟合了训练集中的特定模式或异常，便不能很好地对不同于训练集的新样本进行预测。

通常，以模型的参数数量来度量模型的复杂度。学习时，模型所包含的参数过多时就容易过拟合。因此，应谨慎使用复杂度过高的模型，以免发生过拟合现象。

表5.14中有10个实例，其中蝙蝠与鲸都是哺乳类动物，表中却错误地将它们标记为了非哺乳类动物（即噪声数据，以类别标号右侧的星号来表示）。为了说明过拟合，以表5.14中的实例作为训练集，建立模型M_1和M_2，如图5.14所示。以表5.15中的实例作为测试集。

决策树模型M_1完全拟合了表5.14中的训练实例，即训练误差为0，但M_1在表5.15中测试集上的错误率却高达30%，“人”与“海豚”被误分类为“非哺乳类动物”，原因是它们在属性“体温”“胎生”“四条腿”上的值与训练集中噪声数据对应的属性值相同。“针鼹”被模型错误分类为“非哺乳类动物”则是个例外，因为训练集中只有“鹰”这一个实例“体温=恒温”且“胎生=否”，其类别标号为“非哺乳类动物”，这与“针鼹”的类别标号正好相反。例外导致的错误是不可避免的，它设定了分类器可以达到的最小错误率。

表5.14　哺乳类动物分类的训练实例

名　称	体　温	胎　生	四条腿	冬　眠	哺乳类动物（类别标号）
豪猪	恒温	是	是	是	是
狮子	恒温	是	是	否	是
袋鼠	恒温	是	是	否	是
蝙蝠	恒温	是	否	是	否*
鲸	恒温	是	否	否	否*
青蛙	冷血	否	是	是	否
巨蜥	冷血	否	是	否	否
蝾螈	冷血	否	是	是	否
虹鳉	冷血	是	否	否	否
鹰	恒温	否	否	否	否

表 5.15 哺乳类动物分类的测试实例

名 称	体 温	胎 生	四 条 腿	冬 眠	哺乳类动物（类别标号）
人	恒温	是	否	否	是
鸽子	恒温	否	否	否	否
象	恒温	是	是	否	是
海龟	冷血	否	是	否	否
企鹅	冷血	否	否	否	否
豹纹鲨	冷血	是	否	否	否
鳗	冷血	否	否	否	否
希拉毒蜥	冷血	否	是	是	否
海豚	恒温	是	否	否	是
针鼹	恒温	否	是	是	是

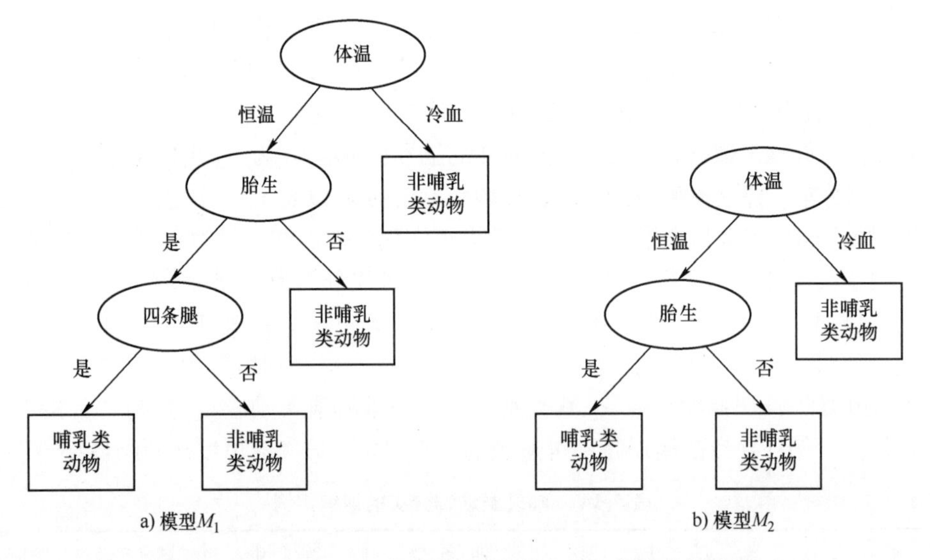

图 5.14 以表 5.14 中的数据为训练集建立的决策树模型

模型 M_2 未拟合全部训练数据，尽管其在训练集上的错误率为 20%，但在测试集上具有较低的错误率 10%。显然，M_1 过分拟合了包括噪声在内的所有训练实例，因为 M_2 是一个更简单、在测试集上错误率更低的模型。噪声使得 M_1 中的测试条件“四条腿”看上去是有价值的，事实上，这是一种误导。

一般而言，数据中难免存在噪声，而且决策树的规模越大，模型与训练数据的拟合就越好，但模型的复杂度也就越高，过拟合的风险也就越大。剪枝是应对过拟合的重要手段，它通过去掉一些分枝降低模型的复杂度，进而减小过拟合的风险。5.3.4 节中讲述了 C4.5 剪枝和 CART 剪枝。

2. 训练数据的代表性不足

表 5.16 中，每个实例的类别标号都是正确的，以其中的六个实例为训练集，建立决策

树模型，如图 5.15 所示。该模型完全拟合了训练实例，在训练集上的错误率为 0，但在表 5.15中测试集上的错误率却高达 30%。“人”“象”“海豚”均被模型错误地分类为“非哺乳类动物”，原因是模型从“鹰”这个唯一“体温=恒温”且“冬眠=否”、类别标号为“非哺乳类动物”的实例学习到“恒温”但“不冬眠”的脊椎动物为“非哺乳类动物”的决策。

可见，少量的训练实例往往缺乏代表性，所建立的分类模型容易发生过拟合，基于此模型做出的预测很可能是错误的预测。

表 5.16 哺乳类动物分类的训练数据

名称	体温	胎生	四条腿	冬眠	哺乳类动物（类别标号）
巨蜥	冷血	否	是	否	否
蝾螈	冷血	否	是	是	否
虹鳉	冷血	是	否	否	否
鹰	恒温	否	否	否	否
弱夜鹰	恒温	否	否	是	否
鸭嘴兽	恒温	否	是	是	是

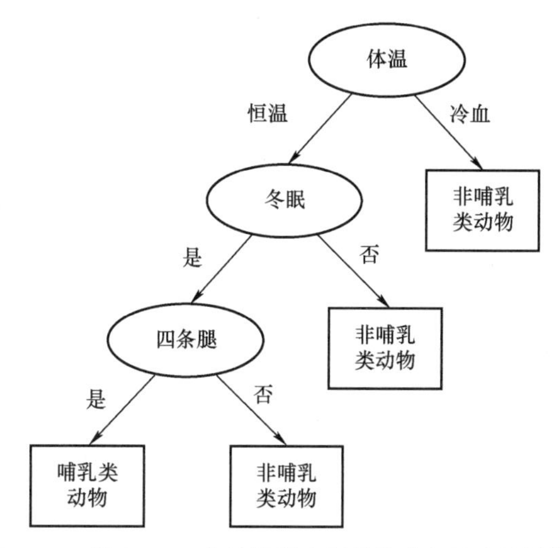

图 5.15 以表 5.16 中的数据为训练集建立的决策树模型

5.4.2 模型的性能度量

评估模型性能是数据挖掘过程中的关键步骤，直接决定模型是否被使用。

要评估模型的泛化性能，首先要有衡量模型泛化能力的评价标准，即性能度量（Performance Measure）。在比较不同模型的泛化性能时，不同的性能度量可能导致不同的评判结果，也就是说模型的优劣是相对的。一个模型是否为高质量的模型，不仅取决于数据和算法，还取决于任务需求。

前面章节多次出现的准确率或错误率对类分布不平衡问题并不适用。这时，可选的对类倾斜敏感的评估指标有真正率、真负率、精度、召回率、F_1 度量等。

混淆矩阵是分析分类器识别能力的常用工具，二分类问题的混淆矩阵见表 5.17。

表 5.17　二分类问题的混淆矩阵

		预测结果	
		正　例	负　例
实际情况	正例	TP	FN
	负例	FP	TN

表 5.17 涉及下面术语：

真正例（True Positive，TP）：分类模型正确预测的正样本。TP 表示真正例的数目。

真负例（True Negative，TN）：分类模型正确预测的负样本。TN 表示真负例的数目。

假正例（False Positive，FP）：被分类模型错误预测为正类的负样本。FP 表示假正例的数目。

假负例（False Negative，FN）：被分类模型错误预测为负类的正样本。FN 表示假负例的数目。

利用混淆矩阵中的数据可以计算模型的性能度量值。

1. 准确率与错误率

准确率（Accuracy）与错误率（Error Rate）是分类任务最常使用的性能度量。准确率是分类器正确分类的实例数占总实例数的比例，错误率是分类器错误分类的实例数占总实例数的比例，见式（5.25）与式（5.26）。

$$\text{accuracy}=\frac{\text{TP}+\text{TN}}{\text{TP}+\text{FN}+\text{FP}+\text{TN}} \tag{5.25}$$

$$\text{error rate}=\frac{\text{FP}+\text{FN}}{\text{TP}+\text{FN}+\text{FP}+\text{TN}} \tag{5.26}$$

2. 真正率、真负率与 G-mean

在类不平衡问题中，准确率度量不太适用，因为它倾向于正确分类多数类的分类器。

例如，在欺诈检测任务中，人们感兴趣的类（即正类）是“欺诈”，与“非欺诈”类相比，“欺诈”类要稀少得多。假设在 10000 个实例的测试集中，“非欺诈”类的实例数为 9990，“欺诈”类的实例数为 10，如果分类模型将所有实例均预测为“非欺诈”类，那么该模型的预测准确率高达 99.9%，但是它对所有“欺诈”类的实例都给出了错误预测。显然，这时的高准确率具有欺骗性。这时，可使用真正率（True Positive Rate，TPR）和真负率（True Negative Rate，TNR）等指标度量。

TPR 的定义为分类器正确识别的正实例在实际正实例中所占的比例，计算公式为

$$\text{TPR}=\frac{\text{TP}}{\text{TP}+\text{FN}} \tag{5.27}$$

TNR 的定义为分类器正确识别的负实例在实际负实例中所占的比例，计算公式为

$$\text{TNR}=\frac{\text{TN}}{\text{FP}+\text{TN}} \tag{5.28}$$

准确率是真正率与真负率的函数。

对于上面的欺诈问题，真正率为 0，真负率为 1。可见，虽然分类模型的准确率很高，

但它识别“欺诈”类（感兴趣类）的能力却很差。

在医学界，真正率也称为灵敏度（Sensitivity），真负率也称为特效性（Specificity）。

类似地，定义假正率（False Positive Rate，FPR）和假负率（False Negative Rate，FNR）的计算公式为

$$\mathrm{FPR}=\frac{\mathrm{FP}}{\mathrm{FP}+\mathrm{TN}} \tag{5.29}$$

$$\mathrm{FNR}=\frac{\mathrm{FN}}{\mathrm{TP}+\mathrm{FN}} \tag{5.30}$$

可见，FPR = 1−TNR，FNR = 1−TPR。

G-mean 定义为 TPR 和 TNR 的几何平均值，见式（5.31）。真正率 TPR 与真负率 TNR 分别描述正类和负类的分类精确度。G-mean 更接近于 TPR 和 TNR 之中较小者，只有当 TPR 和 TNR 较接近时，G-mean 的值才可达到峰值。常用 G-mean 检测 TPR 和 TNR 之间的平衡关系。在数据不平衡的情况下，该指标很有参考价值。对上面的欺诈问题，G-mean = 0。

$$\text{G-mean}=\sqrt{\mathrm{TPR}\times\mathrm{TNR}} \tag{5.31}$$

3. 精度、召回率与 F_1 度量

精度（Precision）可看成精确性的度量，是对倾斜敏感的评估度量。精度的定义为分类器预测为正类的实例中实际为正类的实例所占的比例，见式（5.32）。召回率（Recall）是完全性度量，定义为分类器将正类实例预测为正类的比例，见式（5.33）。精度越高，分类器的假正类错误率就越低。具有高召回率的分类器很少会将正样本误分类为负样本。召回率在数值上等于真正率。

$$\mathrm{precision}=\frac{\mathrm{TP}}{\mathrm{TP}+\mathrm{FP}} \tag{5.32}$$

$$\mathrm{recall}=\frac{\mathrm{TP}}{\mathrm{TP}+\mathrm{FN}} \tag{5.33}$$

具有高精度的分类器的正类预测的正确性高。对于高度倾向的测试集，精度是一种有用的度量。精度与召回率之间趋向于呈现逆关系，有可能以降低一个的值为代价来提高另一个值。精度与召回率通常一起使用，在召回率值固定的情况下比较精度，或在精度值固定的情况下比较召回率。

在信息检索中，精度也称为查准率，表示“检索出的信息中用户感兴趣的比例”；召回率也称为查全率，表示“用户感兴趣的信息中被检索到的比例”。

一般而言，查准率高时，查全率会偏低；查全率高时，查准率会偏低。例如，当尽可能检索更多的信息时，用户感兴趣的信息会增多，但查准率就会较低；反之，为提高查准率，致力于关注用户的主要兴趣，缩小检索范围，但这样难免会遗漏一些令用户感兴趣的信息，导致查全率较低。当然，在有些简单任务中，查准率和查全率也可能都很高。

为此，将精度和召回率综合平衡为一个性能度量，这就是 F_1 度量和 F_β 度量。F_1 度量的定义为精度与召回率的调和平均，计算公式为

$$F_1=\frac{2\times\mathrm{precision}\times\mathrm{recall}}{\mathrm{precision}+\mathrm{recall}}=\frac{2\times\mathrm{TP}}{2\times\mathrm{TP}+\mathrm{FP}+\mathrm{FN}} \tag{5.34}$$

两个数字的调和平均趋向于接近其中较小的一个，所以 F_1 度量取高值时，意味着精度

和召回率都较高。

F_1 度量中赋予精度和召回率相等的权重。但在一些应用中，精度和召回率的受重视程度并不相同。例如在重大罪犯信息检索时，查全率更重要；在新闻推荐时，查准率可能更重要。因此，定义更一般的 F_β 度量，见式（5.35）。它是精度和召回率的加权调和平均，其中，赋予召回率的权重是精度的 β^2 倍。

$$F_\beta=\frac{(1+\beta^2)\times\text{precision}\times\text{recall}}{\beta^2\times\text{precision}+\text{recall}}=\frac{(\beta^2+1)\times\text{TP}}{(\beta^2+1)\times\text{TP}+\beta^2\times\text{FN}+\text{FP}} \tag{5.35}$$

式中，β 为非负实数，度量了召回率对精度的相对重要性，β 的低值使 F_β 更接近精度，而高值使其更接近召回率。取 $\beta=1$，F_β 度量退化为 F_1 度量，表示精度与召回率同等重要；取 $\beta<1$，F_β 受精度影响更大，这时表示精度更重要；取 $\beta>1$，F_β 受召回率影响更大，这时表示召回率更重要。

捕获 F_β 值和准确率的更一般度量是加权准确率，定义公式为

$$\text{加权准确率}=\frac{\omega_1\text{TP}+\omega_4\text{TN}}{\omega_1\text{TP}+\omega_2\text{FP}+\omega_3\text{FN}+\omega_4\text{TN}} \tag{5.36}$$

当权重 ω_1、ω_2、ω_3 和 ω_4 取表 5.18 中的相应值时，加权准确率退化为准确率、精度、召回率、F_β。

表 5.18　加权准确率与其他性能度量间的关系

度　量	ω_1	ω_2	ω_3	ω_4
准确率	1	1	1	1
精　度	1	1	0	0
召回率	1	0	1	0
F_β	β^2+1	1	β^2	0

例 5.8　表 5.19 是一个医疗数据集上的混淆矩阵，其中，类别标号属性 cancer 的取值为“yes”和“no”，计算该分类器的准确率、灵敏度、特效性、精度和召回率，并对分类器的性能进行分析。

表 5.19　医疗数据集上的混淆矩阵

		预测的类	
		yes	no
实际的类	yes	87	218
	no	127	9568

依据上述公式，准确率 $=\frac{9655}{10000}=96.55\%$，灵敏度 $=\frac{87}{305}=28.52\%$，特效性 $=\frac{9568}{9695}=98.69\%$，精度 $=\frac{87}{214}=40.65\%$，召回率 $=\frac{87}{305}=28.52\%$。

该分类器具有很高的准确率，但灵敏度很低，说明它正确标记正类（稀有类“yes”）的能力很差。特效性高表示分类器极少将“no”类错误地标记为“yes”类。精度表示分类

器标记为正类的样本中实际为正类的只有40.65%。召回率表示分类器只识别出一小部分正类样本，未识别出的正类样本超过70%。

4. ROC与AUC

有些预测模型（例如神经网络）对测试样本产生的预测值是一个实值或概率。将这个预测值与分类阈值（Threshold）相比较，若大于等于阈值则将对应测试样本划分为正类，否则划分为负类。该预测值直接决定模型的泛化能力。

接收者操作特征（Receiver Operating Characteristic，ROC）曲线是一种被广泛用于分类器综合评估的可视化工具，它显示了给定分类器在不同评分阈值时真正率（TPR）与假正率（FPR）之间的折中。对于二类问题，通过ROC曲线，可以对测试集的不同部分，观察模型正确识别正样本的比例与错误地把负样本识别成正样本的比例之间的权衡。

现实任务中无法得到光滑的ROC曲线，只能根据有限个坐标对，绘制近似的ROC曲线。在ROC曲线中，纵轴为TPR，横轴为FPR。计算并绘制ROC曲线的一般步骤如下：

1）根据分类器产生的预测值的递减序对样本排序。

2）以序列表中排在第一位的样本的预测值作为阈值，将预测值大于等于该阈值的测试样本分到正类，将预测值小于该阈值的测试样本分到负类，计算TP、FP、TN、FN，以及TPR与FPR。

3）选择下一个预测值作为阈值，将预测值大于等于该阈值的测试样本分到正类，将预测值小于该阈值的测试样本分到负类，更新TP、FP、TN和FN的值，并计算TPR与FPR。

4）重复步骤3），直到选择序列表中最小预测值为阈值时，将所有的样本都分到正类，这时TN=FN=0，TPR=FPR=1。

5）将各点连接起来绘制折线。

例5.9 表5.20显示了如何根据一个概率分类器M对10个测试样本的类预测概率来计算TPR和FPR。测试集中包含5个正样本和5个负样本，已按预测概率的递减序排列。其中第一列是测试样本的实际类别标号，第二列为分类器返回的概率值。

表5.20 计算每个阈值对应的TPR和FPR

类别	概率	TP	FP	TN	FN	TPR	FPR
P	0.93	1	0	5	4	0.2	0.0
P	0.90	2	0	5	3	0.4	0.0
N	0.86	2	1	4	3	0.4	0.2
P	0.85	3	1	4	2	0.6	0.2
N	0.85	3	2	3	2	0.6	0.4
N	0.80	3	3	2	2	0.6	0.6
N	0.78	3	4	1	2	0.6	0.8
P	0.50	4	4	1	1	0.8	0.8
N	0.40	4	5	0	1	0.8	1.0
P	0.25	5	5	0	0	1.0	1.0

首先，阈值取为0.93。分类器只将排在第一位的样本分到正类，将其余样本均分到负类，第一个样本的类别标号为正，因此TP=1，FP=0，TN=5，FN=4，TPR=TP/(TP+FN)=0.2，FPR=FP/(FP+TN)=0.0。

接下来，阈值取为0.90。这样，分类器将排在前两位的样本分到正类，将其余样本分到负类，而前两个样本的类别标号均为正，因此TP=2，FP=0，TN=5，FN=3，TPR=TP/(TP+FN)=0.4，FPR=FP/(FP+TN)=0.0。以此类推进行计算。

最后，阈值取为0.25。分类器将所有样本均分到正类，因此TP=5，FP=5，TN=FN=0，TPR=FPR=1。

以TPR为纵轴，FPR为横轴，绘制一条锯齿线，这就是模型M的ROC曲线，如图5.16所示。

图5.16中的主对角线代表随机猜测。把每个样本都预测为负类时，TPR=0，FPR=0；把每个样本都预测为正类时，TPR=1，FPR=1；理想模型时，TPR=1，FPR=0。一个模型的ROC曲线离对角线越近，模型的准确率越低。当一个分类器的ROC曲线将另一个分类器的ROC曲线完全包住时，前一个模型的性能优于后者。当两个模型的ROC曲线相交叉时，无法一般性地判断哪个模型性能更优。这时如果一定要进行比较，只能分段比较，更合理的方法是比较ROC曲线下的面积（Area Under ROC Curve，AUC），如图5.17所示。

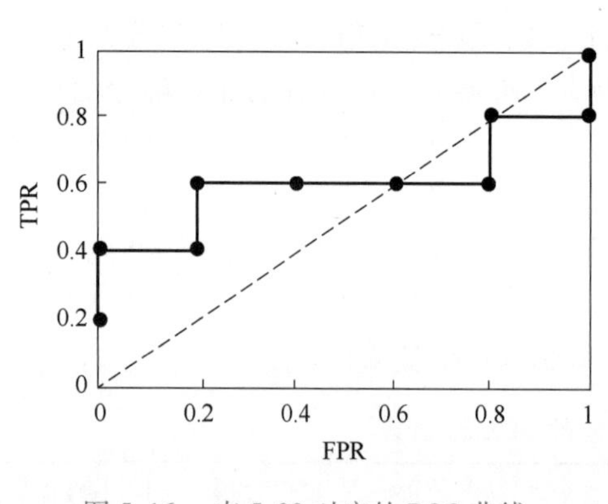

图5.16　表5.20对应的ROC曲线

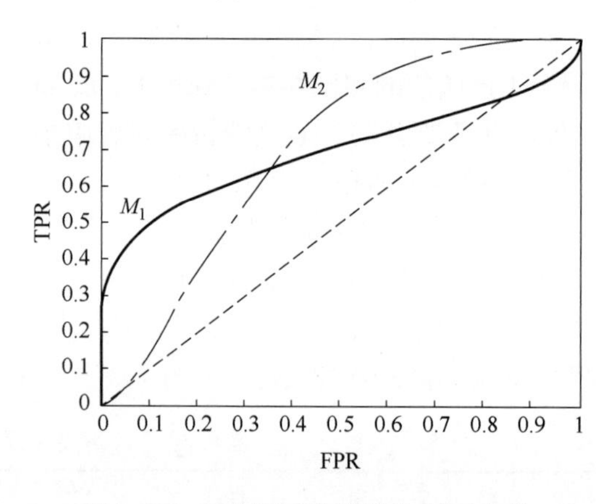

图5.17　两个不同分类器的ROC曲线

AUC提供了对模型平均性能的评价。完美模型的AUC值等于1；随机猜测的AUC值等于0.5；一个模型优于另一个模型时，它的AUC值较大。

5.4.3　模型评估方法

1. 保持法与随机二次抽样法

保持法（Hold-out）也称为留出法，是前面讨论准确率时暗指的方法。这种方法将有类别标号的原始数据划分成两个不相交的集合，分别作为训练集和测试集。在训练集上归纳模型，在测试集上评估模型的泛化性能。例如，将2/3的样本作为训练集，剩余1/3的样本作为测试集，在训练集上归纳模型，然后根据模型在测试集上的准确率或错误率来估计模型的准确率或错误率。

需要注意的是，该方法的结果高度依赖于训练集与测试集的构成，因此，训练集与测试集的划分在数据分布方面应尽可能地与原始数据保持一致，以免因数据划分引入额外的偏差对最终结果产生影响。例如在分类任务中，数据划分应至少保持类别比例的一致性。通常使用“分层抽样”的方法。目的是评估在原始数据集上所训练模型的性能。当划分生成的训练集中包含样本较少时，所训练的模型会与原模型有较大差异，但测试集过小又会影响评估结果的准确性和稳定性。常见的做法是将2/3~4/5的样本用于训练，其余样本用于测试。

另外，即使给定训练集与测试集的样本比例，对原始数据集的划分仍然有多种选择，不同的划分选择也会导致不同的评估结果。为了降低单次使用保持法造成的评估结果的不稳定性，多次重复保持法，采用若干次随机划分、重复评估后的各评估值的平均值作为最终评估结果，这就是随机二次抽样法（Random Subsampling）。可见，随机二次抽样法是保持法的变形。

2. 交叉验证法

交叉验证法（Cross Validation）是一种被广泛使用的模型评估方法，旨在有效地利用所有的标记实例进行训练和测试，以减少保持法取样所引起的偏差。

在k折交叉验证法中，首先要确定一个固定的折数k，将数据集D随机分成大小大致相等的k个互斥子集$D_i(i=1,2,\cdots,k)$，每个子集应该尽量保持数据分布的一致性；然后将$D_i(i=1,2,\cdots,k)$轮流用作测试集，将剩余的$k-1$个子集中的数据用作训练集，共进行k次训练和测试，最终的评估值为k次评估值的平均。

k折交叉验证法中，每个样本一次用于测试，$k-1$次用于训练。每次迭代使用（$k-1$）/k部分的数据训练模型，用$1/k$部分的数据测试模型。显然，k值的大小对评估结果有直接的影响。大量实验表明：10折交叉验证可被作为标准方法。另外，将数据集D随机划分为k个子集时存在多种划分选择，为降低数据集的不同划分给评估结果带来的不稳定性，通常将k折交叉验证法重复n次，最终的评估结果是n次k折交叉验证结果的平均值。标准程序是重复10次10折交叉验证（即进行100次训练和测试），然后取它们的平均值。对于大型数据集，过高的k值会造成很大的计算开销。在大多数实际应用中，k值取为5~10。

为了使每个子集的类分布与原始数据的类分布一致，在对原始数据集进行k个分区的划分时，对不同的类别执行分层抽样，这种方法称为分层交叉验证。

k折交叉验证中，每次迭代都会学习到不同的模型。通过聚合这k个模型在其测试集上的性能，得出最终的评估结果。因此，虽然交叉验证法有效地利用了数据集D中的每个样本进行训练和测试，但所得评估结果并不能代表在特定训练集上学习到的单一模型的性能。尽管如此，在实际应用中，通常仍将该评估结果用于估计基于数据集D构建的模型的泛化性能，因为当k值很大，即训练数据接近整体数据时，由交叉验证法能够得到接近在数据集D上学习到的模型的预期性能。

3. 自助法

自助法（Bootstrap）在数据集较小、难以有效划分训练集和测试集时很有用。自助法在给定的训练数据集D中采用有放回抽样，即在D中随机抽取一个训练样本并复制，之后再将其放回到原数据集D中，使它在下次采样时能够被等可能地重新抽取。有多种自助方法，这里介绍最常用的“.632自助法”。

如果原始数据集D中有n个样本，有放回抽样n次，产生包含n个样本的自助样本集。平均来讲，大小为n的自助样本（容量与D相同，但有一些样本是重复的）大约包含原始

数据集 D 中63.2%的样本，因为一个样本被自助抽样抽到的概率为

$$1-\lim_{n\to\infty}\left(1-\frac{1}{n}\right)^{n}=1-e^{-1}=0.632$$

以自助样本集作为训练集建立模型，以未出现在自助样本集中的约36.8%的样本作为测试集测试模型，得到自助样本准确率或错误率的一个估计。这样，实际评估的模型与期望评估的模型均使用 n 个训练样本，而且约占总数据量1/3的测试集与训练集互斥。

通常将抽样过程重复 k 次，得到 k 个自主样本。用 M_i 表示第 i 个自助样本训练的模型，可通过式（5.37）中的组合计算总准确率acc。

$$\text{acc}=\frac{1}{k}\sum_{i=1}^{k}\left(0.632\text{acc}(M_i)_{\text{test\_set}}+0.368\text{acc}(M_i)_{\text{train\_set}}\right) \tag{5.37}$$

式中，$\text{acc}(M_i)_{\text{test\_set}}$ 表示第 i 个自助样本得到的模型在对应测试集上的准确率，$\text{acc}(M_i)_{\text{train\_set}}$ 表示第 i 个自助样本得到的模型在原始数据集上的准确率。

对于较小的数据集，自助法的评估效果很好。由于自助法产生的数据集改变了原始数据集的分布，所以会引入估计偏差。在原始数据集的数据量足够时，保持法和交叉验证法更常用一些。

5.4.4 模型选择

高复杂度是分类模型过拟合的主要因素之一。复杂模型中的附加成分很大程度上是对偶然的拟合，因此评估分类模型性能时应考虑模型的复杂度。对决策树模型，估计泛化误差时可以引入复杂度罚项，以避免产生过于乐观的结果。常会选择具有最低泛化误差的模型。然而，错误率或平均错误率都只是泛化误差的估计，那么模型真正的错误率的置信区间是怎样的？当两个模型的泛化误差的估计值之间存在差异时，该差异是偶然的，还是具有统计显著性的？这些问题，都是选择模型时应该考虑的问题。

1. 结合模型复杂度的泛化误差估计

模型的复杂度越高，发生过拟合的可能性就越高。

14世纪，英格兰的逻辑学家威廉·奥卡姆（William Ockham）提出了奥卡姆剃刀（Ockam's Razor）定律，也称节俭原则（Principle of Parsimony），即“简单有效原则”。奥卡姆剃刀定律在哲学、科学等领域得到了广泛应用。它用于模型选择时的含义为：在所有可选模型中，能够很好地解释已知数据并且十分简单的模型才是最好的模型，也就是应该选择的模型。它表明，当两个模型具有相同的误差时，较简单的模型更可取。下面介绍一种结合模型复杂度的悲观误差评估（Pessimistic Error Estimate）法，该方法可用于估计决策树的泛化误差，进而帮助选择决策树模型。

设训练集 D 中有 N 个样本，T 为 D 上训练的决策树模型，k 为 T 的叶节点数。该决策树的复杂度可用叶节点数与训练样本数的比值 k/N 来评估。决策树 T 的泛化错误率 err（T）的计算公式为

$$\text{err}(T)=\text{err}_{\text{train}}(T)+\alpha\times\frac{k}{N} \tag{5.38}$$

式中，$\text{err}_{\text{train}}(T)$ 是决策树 T 的训练误差；$\alpha\geqslant 0$ 是权衡减小训练误差和最小化模型复杂度的超参数，较大的 α 倾向于选择较简单的模型（树），较小的 α 倾向于选择较复杂的模型

(树)，$\alpha=0$ 意味着只考虑模型与训练数据的拟合程度，不考虑模型的复杂度。需要在学习分类模型之前确定超参数，其取值需要在模型选择过程中确定，例如可以使用交叉验证法确定超参数。与常规的模型参数不同，超参数不会出现在用于对未知样本分类的最终模型中。

例 5.10 在同一个数据集 D 上建立决策树 T_1 和 T_2，其中 T_2 是 T_1 的扩充，如图 5.18 所示。分别利用训练误差以及超参数 α 取 0.5 与 1 时的悲观误差估计来获得泛化误差的估计值，进而选取模型。

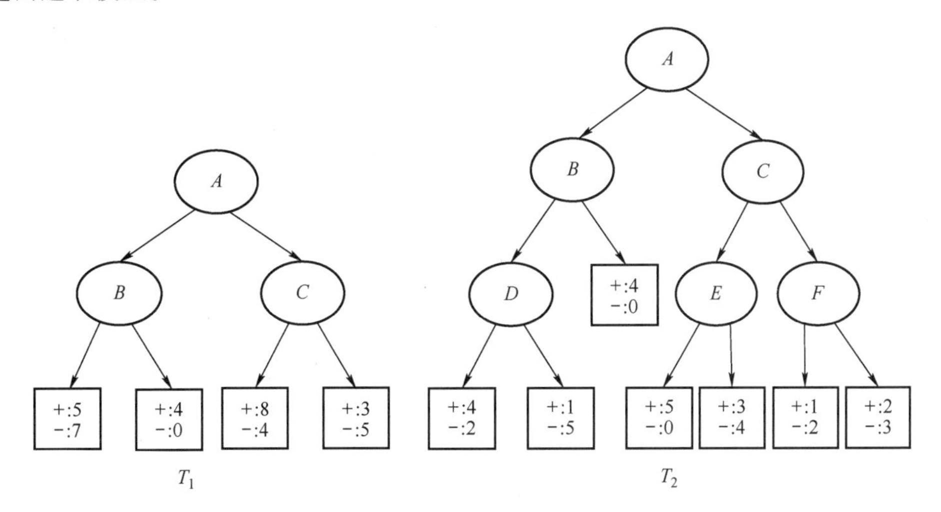

图 5.18 在同一个训练集上产生的两个决策树

对于 T_1 和 T_2 中的每个叶节点，利用多数类决策产生类别标号。

$\text{err}_{\text{train}}(T_1)=12/36$，$\text{err}_{\text{train}}(T_2)=9/36$，若以训练错误率作为泛化误差的估计，$T_2$ 优于 T_1，选择 T_2。

利用悲观误差估计法，$\alpha=0.5$ 时

$$\text{err}(T_1)=\text{err}_{\text{train}}(T_1)+0.5\times\frac{4}{36}=\frac{14}{36}$$

$$\text{err}(T_2)=\text{err}_{\text{train}}(T_2)+0.5\times\frac{7}{36}=\frac{25}{72}$$

$\text{err}(T_1)>\text{err}(T_2)$，$T_2$ 仍然优于 T_1，选择 T_2。

当 $\alpha=1$ 时

$$\text{err}(T_1)=\text{err}_{\text{train}}(T_1)+\frac{4}{36}=\frac{16}{36}$$

$$\text{err}(T_2)=\text{err}_{\text{train}}(T_2)+\frac{7}{36}=\frac{16}{36}$$

$\text{err}(T_1)=\text{err}(T_2)$，尽管这时的泛化错误率的估计值相等，但由奥卡姆剃刀定律可知，应该选择模型 T_1。

可见，α 的不同取值可能改变对模型的选择。对二叉树而言，α 取 0.5 时，如果一个节点扩充成两个子节点可以至少改善一个训练样本的分类，就应该扩充节点；α 取 1 时，如果一个节点扩充成两个子节点可以改善多于一个的训练样本的分类，才应该扩充节点。

2. 单个模型错误率的置信区间

现实任务中模型的泛化性能度量值，比如泛化误差不得而知。通常是用模型在测试集上的错误率来估计泛化误差的。然而，测试集上的错误率不仅与测试集的大小和构成有关，还与学习算法本身有关。具有一定随机性的算法，即使采用相同的参数设置，它在同一个测试集上多次运行的结果也会有所不同。因此，相较于直接以泛化性能的估计值的大小为依据，更可取的方法是借助区间估计和统计显著性检验来选择模型。

分类模型对测试集上的样本类别标号的预测可以看作 n 重伯努利试验。假设测试集中有 N 个样本，模型对每个测试样本类别标号的预测要么"成功"要么"失败"，测试过程由 N 个独立试验组成，每个试验"成功"或"失败"的概率为常数。于是，预测任务可以采用伯努利概型来建模。

令 X 为测试集中被模型错误预测类别标号的样本数，q 是模型真正的错误率，则 X 服从均值为 Nq、方差为 $Nq(1-q)$ 的二项分布，测试集上的错误率 $\mathrm{err}=X/N$ 则服从均值为 q、方差为 $q(1-q)/N$ 的二项分布。又由于正态分布是二项分布的极限分布，所以当 N 足够大时，可以用正态分布来近似二项分布，即当 N 足够大时，近似地有 $\mathrm{err}\sim N(q, q(1-q)/N)$，于是有式（5.39）。

$$P\left(\frac{\mathrm{err}-q}{\sqrt{q(1-q)/N}}\leqslant Z_{\alpha}\right)=1-\alpha \tag{5.39}$$

式中，$1-\alpha$ 为置信度。

不等式求解，得 q 的置信度为 $1-\alpha$ 的置信区间为

$$\frac{2N\times\mathrm{err}+Z_{\alpha}^{2}\pm Z_{\alpha}\sqrt{Z_{\alpha}^{2}+4N\times\mathrm{err}-4N\times\mathrm{err}^{2}}}{2(N+Z_{\alpha}^{2})} \tag{5.40}$$

例 5.11 已知模型 M 在 100 个测试样本上的错误率为 20%，在 95%置信度下模型的真实错误率的置信区间是什么？如果测试集中的样本数增大到 500、1000、5000，置信区间又是什么呢？

$N=100$，$\mathrm{err}=0.20$，$1-\alpha=95\%$，$\alpha=0.05$，查标准正态分布表得 $Z_{\alpha}=1.645$，由式（5.40）可得置信区间为（0.142,0.273），同理可得 N 为 500、1000、5000 时的置信区间，见表 5.21。

表 5.21　不同测试样本容量时模型错误率的置信区间

N	100	500	1000	5000
置信区间	（0.142，0.273）	（0.172，0.231）	（0.180，0.222）	（0.191，0.209）

模型的错误率是用模型在测试集上的错误率来近似的，尽管误差的精确值不得而知，但通过 95%置信度下的置信区间可以了解模型错误率的置信下限和置信上限。可以看出，随着测试样本数 N 的增加，置信区间的长度越来越小，意味着以测试集上的错误率作为模型错误率的近似值时，可能的误差在减小。

3. 使用统计显著性检验选择模型

在现实应用任务中，一般要学习多个模型，然后从中选择性能较优者。这就需要比较不同的模型。下面介绍交叉验证的 t 检验法。

假设由训练集建立了两个分类模型 M_1 和 M_2，并进行了 10 次 10-折交叉验证（k 取 10），每次对数据都进行不同的 10 折划分，每个划分都独立抽取。分别对 M_1 和 M_2 得到的 10 个

错误率计算平均值，得到每个模型的平均错误率。直观地看，可以选择 M_1 和 M_2 中平均错误率较低的那个模型。但是，平均错误率只是对模型在未知数据上错误率的估计值。k-折交叉验证实验的各错误率之间可能存在很大的方差。尽管 M_1 和 M_2 的平均错误率的数值可能有差异，但这个差异是否具有统计显著性呢？因此，提出原假设为两个平均错误率的差为0，如果能够拒绝原假设，则可以断言 M_1 和 M_2 之间的差异是统计显著的，这时就可以选择具有较低错误率的模型。

在数据挖掘实践中，通常使用相同的数据集测试 M_1 和 M_2。在10-折交叉验证的每一轮，逐对比较两个模型，即对10-折交叉验证的第 i 轮，使用相同的交叉验证划分得到 M_1 的错误率和 M_2 的错误率。所使用的显著性检验是 t 检验。

设 $\mathrm{err}(M_1)_i$ 和 $\mathrm{err}(M_2)_i$ 是 M_1 和 M_2 分别在相同的第 i 轮得到的错误率，它们的平均错误率分别为 $\overline{\mathrm{err}}(M_1)$ 和 $\overline{\mathrm{err}}(M_2)$，两个模型错误率之差的方差为 $\mathrm{var}(M_1-M_2)$。对于一个给定的模型，可以将交叉验证法中计算的每个错误率看作来自一种概率分布的不同独立样本。一般地，它们服从自由度为 $k-1$ 的 t 分布。逐对比较的 t 统计量的计算公式见式（5.41）。

$$t=\frac{\overline{\mathrm{err}}(M_1)-\overline{\mathrm{err}}(M_2)}{\sqrt{\mathrm{var}(M_1-M_2)/k}} \tag{5.41}$$

式中，$\mathrm{var}(M_1-M_2)=\frac{1}{k}\sum_{i=1}^{k}[\mathrm{err}(M_1)_i-\mathrm{err}(M_2)_i-(\overline{\mathrm{err}}(M_1)-\overline{\mathrm{err}}(M_2))]^2$。

通常选择显著性水平 α 为0.05（或0.01），如果计算得到的 t 值（自由度为 $k-1$）满足 $t>t_{\alpha/2,k-1}$ 或 $t<-t_{\alpha/2,k-1}$，则 t 值落在拒绝域，意味着可以拒绝 M_1 和 M_2 的错误率均值相同的原假设，即认为两个模型之间的差异存在统计显著性。否则，如果 $-t_{\alpha/2,k-1}<t<t_{\alpha/2,k-1}$，则不能拒绝原假设，即认为两个模型之间的差异可能是随机的。

例5.12　有两个分类预测模型 M_1 和 M_2，已经在每个模型上进行了10轮10-折交叉验证，其中在第 i 轮，M_1 和 M_2 使用相同的数据划分。M_1 得到的错误率为30.5、32.2、20.7、20.6、31.0、41.0、27.7、28.0、21.5、28.0；M_2 得到的错误率为22.4、14.5、22.4、19.6、20.7、20.4、22.1、19.4、18.2、35.0。在1%和5%的显著性水平下，分别判断一个模型是否显著好于另一个模型（注：给出的错误率为百分比的分子）。

根据题意，需要在显著性水平 α 下检验假设：H_0 为 M_1 和 M_2 的错误率均值相同；H_1 为 M_1 和 M_2 的错误率均值不同。

已知 $\mathrm{err}(M_1)_i$ 和 $\mathrm{err}(M_2)_i$ 的值（$i=1, 2, \cdots, 10$），$k=10$，经过计算得：$\overline{\mathrm{err}}(M_1)-\overline{\mathrm{err}}(M_2)=28.12-21.47=6.65$，$\mathrm{var}(M_1-M_2)=63.6225$，$t=2.6364$。取 α 为0.01，查 t 分布表可知 $t_{(0.005,9)}=3.2498$，由于 t 值在（$-3.2498, 3.2498$），因此接受原假设，即在1%的显著性水平下认为两个模型之间没有显著性不同。

如果 α 取0.05，情况会怎样呢？查 t 分布表可得 $t_{(0.025,9)}=2.2622$，由于 t 值大于 $t_{(0.025,9)}$，落在拒绝域，这时拒绝原假设，接受备择假设 H_1，即在5%的显著性水平下认为两个模型之间具有显著性差异。这时，选择平均错误率小的模型 M_2。

5.5 基于规则的分类

决策树可以转换为分类规则。其实，还可以直接从数据集中提取分类规则。规则具有更好的可解释性，它能使用户对分类过程有更清楚的了解。规则基于数理逻辑中的蕴含关系，具有很强的表达能力，绝大多数人类知识都能够通过数理逻辑中的命题演算来表达。因此，规则学习过程便于更自然地引入领域知识，而且在处理一些高度复杂的人工智能任务时，逻辑规则的抽象表达能力具有显著的优势。

5.5.1　使用 IF-THEN 规则分类

基于规则的分类器使用一组被表示为“IF … THEN …”的规则集，对数据实例进行分类。也可将规则集用逻辑联结词“蕴含”（→）表示为一组蕴含式

$$r_i:(\text{condition}_i)\rightarrow y_i$$

式中，（Condition_i）是属性测试条件的合取，即将属性值表达式由逻辑联结词“合取”（Λ）连接起来的式子，y_i 是预测的类别标号。左边部分也称为规则的“前件”或“前提”，右边部分也称为规则的“后件”或“结论”。

例如下面的规则

r_1: IF 体温=恒温 and 胎生=是 THEN 哺乳类动物=是

r_1 也可以表示为

r_1:(体温=恒温)Λ(胎生=是)→(哺乳类动物=是)

对于给定的实例，如果一个规则的前件中的每个条件都成立，则意味着这个规则的前件被满足，称规则覆盖了实例，也称规则被激活或被触发。

规则的质量可以用它的覆盖率和准确率来评估。规则的覆盖率被定义为规则所覆盖的实例所占的比例。规则的准确率则被定义为触发规则的实例中被正确分类的实例所占的比例。对给定的数据集 D 与规则 r，设 n_{covers} 为规则 r 覆盖的实例数，n_{correct} 为规则 r 正确分类的实例数，则规则 r 的覆盖率和准确率可形式化地表示为式（5.42）和式（5.43）。

$$\text{coverage}(r)=\frac{n_{\text{covers}}}{|D|}\tag{5.42}$$

$$\text{accuracy}(r)=\frac{n_{\text{correct}}}{n_{\text{covers}}}\tag{5.43}$$

例 5.13　已知数据集 D 见表 5.22，计算规则 r_1 的覆盖率和准确率。

表 5.22 中共有 14 个实例，满足恒温且胎生的实例有 5 个，这 5 个实例的类别标号均为哺乳类。因此，规则 r_1 的覆盖率 coverage(r_1)=5/14=35.7%，准确率 accuracy(r_1)=5/5=100%。

表 5.22　脊椎动物数据集

名　称	体　温	表皮覆盖	胎　生	水生动物	飞行动物	有　腿	冬　眠	类别标号
人类	恒温	毛发	是	否	否	是	否	哺乳类
蟒蛇	冷血	鳞片	否	否	否	否	是	爬行类
鲑鱼	冷血	鳞片	否	是	否	否	否	鱼类
鸽子	恒温	羽毛	否	否	是	是	否	鸟类
猫	恒温	软毛	是	否	否	是	否	哺乳类
豪猪	恒温	刚毛	是	否	否	是	是	哺乳类
美洲鳄	冷血	鳞片	否	半	否	是	否	爬行类

（续）

名　称	体　温	表皮覆盖	胎　生	水生动物	飞行动物	有　腿	冬　眠	类别标号
企鹅	恒温	羽毛	否	半	否	是	否	鸟类
蝙蝠	恒温	毛发	是	否	是	是	是	哺乳类
鲸	恒温	毛发	是	是	否	否	否	哺乳类
青蛙	冷血	无	否	半	否	是	是	两栖类
巨蜥	冷血	鳞片	否	否	否	是	否	爬行类
蝾螈	冷血	无	否	半	否	是	是	两栖类
虹鳉	冷血	鳞片	是	是	否	否	否	鱼类

5.5.2　规则分类器的性质

对某个待分类的实例 X 来讲，当规则 r 是唯一被 X 触发的规则时，规则 r 会为实例 X 指定一个类别标号。但当实例 X 触发多个规则时，由于不同规则可能为 X 指定不同的类别标号而出现冲突，这是一个问题。另一个问题是由于规则集中没有规则覆盖实例 X 而导致无法为其指定一个类别标号。

基于规则的分类器生成的规则集遵循两个重要的性质。

1）互斥规则集：如果规则集 R 中不存在两条规则被同一实例触发，则称规则集 R 中的规则是互斥的。该互斥性确保每个实例至多被 R 中的一条规则覆盖。

2）穷举规则集：如果对属性值的任一组合，规则集 R 中都存在一条规则可覆盖它，则称规则集 R 具有穷举覆盖。该穷举性确保每个实例至少被 R 中的一条规则覆盖。

当这两个性质同时得以满足时，每一个实例都有且仅有一个规则覆盖它。但一些基于规则的分类器可能并不满足这两个性质。这时，采取怎样的处理措施呢？

当规则集不满足互斥性时，有多种策略可以解决可能出现的分类冲突问题，这里介绍两种：有序规则集策略和无序规则集策略。

有序规则集策略预先确定规则的优先次序。这种次序可以基于规则质量的度量（如准确率、覆盖率、总描述长度或领域专家的建议等），这时，将规则按优先级降序排列，这样的有序规则集也称为决策表。最先出现在决策表中的被触发的规则具有最高优先级，当测试实例出现时，激活其类预测，而触发的其他规则均被忽略。规则的次序也可以是基于类的，类按“重要性”递减排序，如按“普遍性”降序排列，最频繁类的所有规则优先出现，次频繁类的规则紧随其后，以此类推，每个类中的规则不必排序，由于预测类相同，所以不存在冲突。大部分基于规则的分类器使用基于类的排序策略。

无序规则集策略允许一条测试实例触发多条规则，根据每条被触发规则的后件对相应类投票，然后对每个类计票，测试实例被指派到得票最多的类。有时，可以用规则的准确率对投票加权。

当规则不满足穷举性时，可以建立一个默认的规则来覆盖未被覆盖的所有实例。该规则的前件为空，后件对应没有被已有规则覆盖的所有训练实例的多数类。当所有其他规则都失效时，默认规则被触发。

5.5.3 由决策树提取规则

决策树分类法很常用，并且以准确率较高著称。决策树很大时，就会变得难以解释。这时，从决策树中提取 IF-THEN 规则，建立基于规则的分类器就很必要。和决策树相比，规则更易于理解。

原则上讲，从决策树根节点到每一个叶节点的路径都可提取一个分类规则。路径上测试条件的合取形成规则的前件，叶节点处的类别标号形成规则的后件。所提取的规则之间为析取（逻辑或）关系。因为这些规则是直接从决策树提取的，所以规则集是互斥的，也是穷举的。因此，规则的序无关紧要，规则是无序的。由于一个叶节点对应一个规则，所以由决策树生成的规则集并不比决策树简单。某些情况下，提取的规则可能比决策树更难解释，例如当决策树中存在子树重复和复制时。因为某些属性测试可能是不相关的和冗余的，由决策树提取的规则集可能很大而且更难解释，所以需要对决策树中提取的规则集剪枝。

对规则集剪枝的原则是：对于给定的规则前件，不能降低规则错误率（提高规则准确率）的任何合取项都可以剪去，从而提升该规则的泛化性。例如，C4.5 从未剪枝的决策树提取规则，然后利用悲观错误剪枝方法对规则剪枝，即只要剪枝后规则的悲观错误率低于原规则的错误率，就剪去相应的合取项，重复规则剪枝，直到规则的悲观错误率不再降低。由于原来不同的某些规则剪枝后可能变得相同，所以还要删去规则集中的重复规则。

剪枝后的规则集不再是互斥的和穷举的。为了处理冲突，需要对规则定序。C4.5 采用基于类的定序方案，将同一个类的所有规则先放在一个子集中，再确定类规则集的秩。方法是：计算每个类规则子集的总描述长度，并将各类按照总描述长度从小到大排序。总描述长度最小的类优先级最高。类的总描述长度等于 $L_{\text{exception}}+\alpha L_{\text{model}}$，其中 $L_{\text{exception}}$ 是对误分类样本编码所需要的比特位，L_{model} 是对模型编码所需要的比特位，α 为调节参数，默认值为 0.5。调节参数的取值取决于模型中冗余属性的数量，模型含有很多冗余属性时，调节参数的值很小。

5.5.4 使用顺序覆盖算法归纳规则

1. 顺序覆盖算法

顺序覆盖（Sequential Covering）算法是最常用的挖掘分类规则集的方法，它直接从训练集中提取分类规则，基于某种评估度量以贪心的方式逐条归纳出规则，一次提取一个类的规则。先产生哪个类的规则可取决于类的普遍性（取决于训练集中属于该类的实例所占的比例），或者给定类中误分类实例的代价等。

假定将类别根据其在训练集中的普遍性从小到大排序，形成类别的有序列表（y_1，y_2，…，y_k）。依次为类 y_1，y_2，…，y_{k-1} 学习规则，将普遍性最高的类 y_k 指定为默认规则中的类别。

在为特定类学习规则时，将属于该类的实例看作正类实例，属于其他类的实例看作负类实例。希望所学规则能覆盖该类的大多数实例，没有或很少覆盖其他类的实例。这样的规则通常具有较高的准确率。规则不必具有高覆盖率，这是因为每个类可以学习多个规则，不同规则可以覆盖同一类中的不同实例。重复学习过程，直到满足某终止条件。终止条件可以是不再有未被规则覆盖的当前类实例，或产生的规则的质量低于阈值等。

顺序覆盖算法的一般策略是：对于一个特定类，使用 Learn-One-Rule 函数，一次学习一个规则，学到规则后，删除该规则覆盖的实例，并在剩余实例上重复该过程，直到满足某种终止条件。顺序覆盖算法的过程如算法 5.2 所示。

Learn-One-Rule 函数的目标是学习一个分类规则，该规则覆盖训练集中当前类的大量实例，没有或仅覆盖少量其他类的实例。但由于搜索空间是指数级的，找到一个最佳规则的计算开销很大，因此 Learn-One-Rule 函数以一种贪心方式增长规则，以此来解决指数搜索问题。它产生一个初始规则 r，并不断对该规则求精，直到满足某种终止条件。然后再修剪该规则，以改进其泛化误差，避免模型的过拟合。

算法 5.2　顺序覆盖算法

输入：训练集 D，训练元组和它们对应的类标号的集合；A，属性-值对的集合$\{(A_j,v_j)\}$；

　　Y，类的有序集合$\{(y_1,y_2,\cdots,y_k)\}$.

输出：分类规则集 R.

过程：

1：令 R = { } 为初始规则列表；

2：for　每个类 $y\in Y-\{y_k\}$ do

3：　　while　终止条件不满足 do

4：　　　　r←Learn-One-Rule（D，A，y）

5：　　　　从 D 中删除被 r 覆盖的训练实例

6：　　　　追加 r 到规则列表尾部：$R\leftarrow R\vee r$

7：　　end while

8：end for

9：把默认规则 $\{\ \}\rightarrow y_k$ 追加到规则列表 R 尾部

2. 规则增长

RIPPER 是许多顺序覆盖算法中一种被广泛使用的规则归纳算法。该算法的复杂度几乎随训练实例的数目增加而线性增长，而且很适合为类分布不平衡的数据集建模。RIPPER 还能很好地处理噪声数据，因为它使用验证集来防止模型过拟合。

Learn-One-Rule 函数采用一种贪心的深度优先策略增长规则。对于类 y_i，首先初始化一个规则 $r:\{\ \}\rightarrow y_i$，其中左边为空集，右边为目标类；接着，根据训练实例选择最能提高规则质量的属性测试，添加一个新的合取项到当前规则，不断重复细化规则，直到满足某个停止条件。其中，规则质量使用 FOIL 信息增益度量。这一方式同时考虑了候选规则的准确率和支持度的增益。假设当前规则 r：$A\rightarrow y_i$ 覆盖 p_0 个类 y_i（正类）的实例和 n_0 个其他类（负类）的实例，添加新的合取项 B 后，扩展的规则 r'：$A\wedge B\rightarrow y_i$ 覆盖 p_1 个类 y_i 的实例和 n_1 个其他类的实例，则所扩展规则的 FOIL 信息增益的计算公式为

$$\text{FOIL\_Gain}=p_1\left(\log_2\frac{p_1}{p_1+n_1}-\log_2\frac{p_0}{p_0+n_0}\right)\tag{5.44}$$

例如，初始规则为 r:{ }→哺乳类，可以增加到规则左边的候选合取项有：{表皮覆盖=毛发}，{体温=恒温}，{有腿=否}。分别添加每个合取项后，计算得知合取项{体温=恒温}的 FOIL 信息增益最大，所以将初始规则扩展为：体温=恒温→哺乳类。规则扩充一直持续到满足终止条件：新添加的合取项不再提高 FOIL 信息增益。

3. 规则剪枝

扩展规则时，Learn-One-Rule 函数在训练集上使用 FOIL 信息增益评估规则。这种评估是乐观的，因为规则可能过拟合训练数据。为了防止过拟合，提升规则的泛化性能，可以对规则剪枝。RIPPER 根据规则在验证集上的性能，通过删除一个合取项剪枝。

给定规则 r，以式（5.45）计算 FOIL_Prune（r），如果剪枝后该度量增加，就删除相应的合取项。剪枝从最后添加的合取项开始。只要剪枝产生改进，就一次剪去一个合取项。例如给定规则 $ABCD \rightarrow y$，RIPPER 先检查是否应该剪去 D，然后是 CD、BCD 等。原来的规则可能仅覆盖正类实例，然而剪枝后的规则可能会覆盖训练集中的一些负类实例。

$$\text{FOIL\_Prune}(r)=\frac{p-n}{p+n} \tag{5.45}$$

式中，p 和 n 分别是被规则 r 覆盖的验证集中的正类实例和负类实例的数目。该值随着规则 r 在验证集上的准确率的增加而增大。

4. 建立规则集

规则生成后，它所覆盖的所有正类实例和负类实例都要被删除。只要该规则不违反基于最小描述长度的终止条件，就把它添加到规则集中。如果新规则把规则集的总描述长度增加了至少 d 个比特位，那么 RIPPER 就停止把该规则加入规则集（默认的 d 是 64 位）。RIPPER 使用的另一个终止条件是规则在确认集上的错误率不超过 50%。

RIPPER 算法也采用其他优化步骤来决定规则集中现存的某些规则能否被更好的规则替代。

5.6 最近邻分类器

决策树归纳、基于规则的分类等分类法都属于急切学习法。急切学习法（Eager Learner）在接收到待分类的新实例之前，就根据给定的训练集构造了分类模型。相反，惰性学习法（Lazy Learner）直到需要对新实例分类之时才构造模型。对于给定的一个训练集，惰性学习法只是对它进行简单的存储（或稍加处理），等到给定一个需要分类的实例时，才进行泛化，以便根据与所存储训练实例的相似性，对该需要分类的实例分类。由于惰性学习法存储训练实例，因此也被称为基于实例的学习法（Instance-based Learner），尽管在本质上所有的学习都是基于实例的。

5.6.1 *K*-最近邻分类

最近邻分类是一种被广泛使用的惰性学习法。它基于类比学习，即通过将待分类实例与和它相似的训练实例相比较来学习。

当给定需要分类的未知实例时，K-最近邻（K-Nearest Neighbor，KNN）分类算法搜索模式空间，找出与未知实例最相似的 k 个训练实例（称为未知实例的 k 个最近邻），然后将未知实例指派到它的 k 个最近邻的多数类。k-最近邻算法的过程如算法 5.3 所示。

获得待分类实例 $z=(x',y')$ 的 k 个最近邻后，z 的类别标号 y' 由式（5.46）确定。

多数表决：
$$y'=\underset{v}{\operatorname{argmax}} \sum_{(x_i,y_i)\in D_z} I(v=y_i) \tag{5.46}$$

式中，D_z 为 z 的 k 个最近邻构成的集合，v 表示类别标号，y_i 为一个最近邻的类别标号，$I(\cdot)$为指示函数，当其参数为真时返回值为 1，否则为 0。

算法 5.3 K-最近邻（k-NN）分类算法

输入：训练集 D，训练元组 x 与其对应的类标号 y 的集合；k，最近邻数目.

输出：待分类实例 z=(x', y') 的类标号 y'.

过程：

1：for 每个待分类实例 z=(x', y') do

2：　计算 z 和每个训练实例（x, y）∈D 之间的距离 d(x', x)

3：　选择离 z 最近的 k 个训练实例的集合 D_z

4：　$y'=\underset{v}{\operatorname{argmax}}\sum_{(x_i,y_i)\in D_z} I(v=y_i)$

5：end for

在多数表决方法中，每个近邻对分类结果的影响相同，这使得分类结果对 k 的取值很敏感。为了减少 k 值产生的影响，可采用距离加权投票方法。该方法根据待分类实例与其最近邻的距离，权衡每个最近邻的影响。z 的类别标号 y' 由式（5.47）确定。

距离加权投票：
$$y'=\underset{v}{\operatorname{argmax}}\sum_{(x_i,y_i)\in D_z}\omega_i I(v=y_i) \tag{5.47}$$

式中，最近邻（x_i,y_i）的影响体现为 $\omega_i=1/d\ (x',x_i)^2$。

寻找待分类实例的最近邻时，邻近性使用距离来度量，如欧几里得距离。通常在计算距离之前，要对每个属性值进行规范化处理，以防止具有较大初始值域的属性权重过大。如利用最小-最大规范化将数值属性 A 的值 a 变换到［0，1］区间中的 a'

$$a'=\frac{a-\min_A}{\max_A-\min_A} \tag{5.48}$$

5.6.2　最近邻分类器的特点

早在 20 世纪 60 年代，最近邻法就被用于分类，此后广泛用于模式识别领域。

最近邻分类器具有以下特点：

1）是一种基于实例的学习，不需要建立全局模型，但需要一个邻近性度量来确定实例间的相似性。

2）需要计算待分类实例与所有训练实例之间的邻近度，所以分类一个测试实例的开销很大。不过，一些引入更高级数据结构的算法能够成功处理数千维的实例空间。

3）可以生成任意形状的决策边界，相较于决策树和基于规则的分类器通常局限于直线决策边界，最近邻分类器能提供更加灵活的模型表示。

4）需要适当的邻近性度量和数据预处理步骤，以防止因邻近性度量被某些属性所左右而产生错误的预测。

5）基于局部信息进行预测，即为每个测试实例建立局部模型，k 很小时，对噪声非常敏感。

6）难以处理训练集与测试集中的缺失值。虽然可以在两个实例均存在属性值的属性上计算邻近度，但因为邻近度的度量对每对实例可能不同而难以比较，因此不会产生良好的结果。

7）不能确定相关属性。当包含大量不相关属性和冗余属性时，最近邻分类器将产生较高的分类错误率。如果通过属性预处理能够确定一组最佳的相关属性，那么通常会工作得很好。

5.7 贝叶斯分类器

一些分类问题涉及不确定性。即使测试实例的属性集和某些训练实例相同，也不能正确地预测它的类别标号，比如体育比赛。也就是说，属性集与类别变量之间具有不确定性关系。贝叶斯分类器是一种概率框架下的统计学习分类器，它通过对训练数据的属性集和类别变量的概率关系建模，来解决涉及不确定性的分类问题。

贝叶斯分类器基于贝叶斯定理。朴素贝叶斯分类器是贝叶斯分类器中一种简单且有效的分类法，具有和随机森林、神经网络等分类器可比的性能，常用于垃圾文本过滤、情感预测、推荐系统等。下面先介绍贝叶斯定理，再介绍朴素贝叶斯分类器。

5.7.1 贝叶斯定理

托马斯·贝叶斯（Thomas Bayes）（1702—1761）是伟大的数学家和数理统计学家，是18世纪概率论与决策论的早期研究者。1763年，由Richard Price整理发表了贝叶斯的成果，其中提出了贝叶斯定理。以贝叶斯定理为基础的统计学派在统计学界占据着重要的地位。贝叶斯定理出现在18世纪，但真正大规模运用还是在计算机出现之后。它在很多计算机应用领域中都大有作为，如自然语言处理、机器学习、推荐系统、图像识别和博弈论等。

设X和Y是一对随机变量，则X取值x，且Y取值y的联合概率为$P(X=x,Y=y)$，已知X取值x的情况下，Y取值y的后验概率为$P(Y=y|X=x)$，已知Y取值y的情况下，X取值x的后验概率为$P(X=x|Y=y)$，贝叶斯定理给出的公式为

$$P(Y=y|X=x)=\frac{P(Y=y)P(X=x|Y=y)}{P(X=x)} \tag{5.49}$$

在贝叶斯的术语中，X被看作“证据”。

例5.14 作为原发性肝癌的血清标志物，甲胎蛋白用于原发性肝癌的诊断和疗效监测。设X表示甲胎蛋白的检验结果（$X=1$表示阳性，$X=0$表示阴性），Y表示被检验者肝癌的筛查结果（$Y=1$表示患肝癌，$Y=0$表示未患肝癌）。由过去的资料得知$P(X=1|Y=1)=0.95$，$P(X=0|Y=0)=0.90$，又已知某地居民肝癌的发病率为$P(Y=1)=0.0004$，在筛查中查出一批甲胎蛋白检验结果为阳性的人，求这批人中真的患肝癌的概率。

由贝叶斯公式得

$$\begin{aligned}P(Y=1|X=1)&=\frac{P(Y=1)P(X=1|Y=1)}{P(X=1)}\\&=\frac{P(Y=1)P(X=1|Y=1)}{P(Y=1)P(X=1|Y=1)+P(Y=0)P(X=1|Y=0)}\\&=\frac{0.0004\times0.95}{0.0004\times0.95+0.9996\times0.1}=0.0038\end{aligned}$$

可见，甲胎蛋白检验结果为阳性的人群中，真正患有肝癌的人还是很少的（0.38%）。其实，当已知病人患肝癌或未患肝癌时，甲胎蛋白检验的准确性是比较高的，$P(X=1|Y=1)=0.95$，$P(X=0|Y=0)=0.90$可以说明这一点。但如果不知病人是否患肝癌，要从甲胎蛋白检验结果为阳性这一事实出发，来判断病人是否患肝癌，准确性还是比较低的。这是因为患

肝癌的人毕竟很少 [$P(X=1)=0.0004$]，于是未患肝癌的人占了绝大多数 [$P(X=0)=0.9996$]，这使得检验结果为错误的部分 $P(Y=0)$ $P(X=1|Y=0)$ 相对很大，从而造成 $P(Y=1|X=1)$ 很小。既然如此，甲胎蛋白检验的意义何在呢？实际诊断中，医生总是先采取一些其他简单易行的辅助方法进行检查，在怀疑某个病人可能患肝癌时，才建议用甲胎蛋白法检验。在怀疑的对象中，肝癌的发病率是显著增加的。比如，在被怀疑的对象中 $P(Y=1)=0.5$，这时 $P(Y=1|X=1)=0.90$，准确性就相当高了。

5.7.2 朴素贝叶斯分类器

1. 朴素贝叶斯分类器的基本原理

对于分类问题，如果类变量与属性之间为不确定性关系，则将属性与类变量看作随机变量。

设 D 表示训练集，随机向量 $\boldsymbol{X}$ 表示 m 个属性 $X_1,X_2,\cdots,X_m$组成的属性集，即 $\boldsymbol{X}=(X_1,X_2,\cdots,X_m)$，随机变量 Y 表示可能取值为 $C_1,C_2,\cdots,C_n$ 的类变量。对于如何分类，希望确定在给定“证据”或属性集取值 x 的情况下，该实例属于类 C_i 的后验概率 $P(Y=C_i|\boldsymbol{X}=x)$ $(i=1,2,\cdots,n)$。由贝叶斯定理可得

$$P(Y=C_i|\boldsymbol{X}=x)=\frac{P(Y=C_i)P(\boldsymbol{X}=x|Y=C_i)}{P(\boldsymbol{X}=x)},i=1,2,\cdots,n \tag{5.50}$$

式中，$P(Y=C_i)$ 为类先验概率，独立于属性值 x，$P(\boldsymbol{X}=x|Y=C_i)$ 为类条件概率，度量从属于类 C_i 的实例分布中观察到 x 的可能性。

对于待分类实例 $\boldsymbol{X}=\{x_1,x_2,\cdots,x_m\}$，朴素贝叶斯分类器（Naive Bayes Classifier）通过在训练集上学习先验概率 $P(Y=C_i)$ 和类条件概率 $P(X_1=x_1,X_2=x_2,\cdots,X_m=x_m|Y=C_i)$，将实例 $\boldsymbol{X}$ 预测到具有最高后验概率的类中，即朴素贝叶斯分类器预测实例 $\boldsymbol{X}$ 属于类 C_j，当且仅当式（5.51）成立。

$$P(Y=C_j|\boldsymbol{X}=x)=\underset{C_i}{\operatorname{argmax}}\,P(Y=C_i|\boldsymbol{X}=x) \tag{5.51}$$

由式（5.49）可知，对所有的类 C_i，计算后验概率 $P(Y=C_i|\boldsymbol{X}=x)$ 的分母均为 $P(\boldsymbol{X}=x)$，所以只需要分子 $P(Y=C_i)$ $P(\boldsymbol{X}=x|Y=C_i)$ 最大即可。

2. 类先验概率与类条件概率的估计

类先验概率 $P(Y=C_i)$ 可由式（5.52）来估计。

$$P(C_i)=\frac{|C_i|}{|D|} \tag{5.52}$$

式中，$|D|$表示 D 中的实例数，$|C_i|$表示 D 中属于类 C_i 的实例数。

类条件概率 $P(\boldsymbol{X}=x|Y=C_i)$ 是所有属性上的联合概率，难以从有限的训练实例直接估计。为降低计算难度，朴素贝叶斯分类器采用了“类条件独立”的朴素假定：给定类别标号的条件下，所有属性相互独立。也就是说，在已知类别标号的情况下，各属性之间的依赖关系就不存在了，因此每个属性独立地对分类结果产生影响。于是，关于类条件概率有式(5.53)。

$$P(\boldsymbol{X}=x|Y=C_i)=\prod_{j=1}^{m}P(X_j=x_j|Y=C_i) \tag{5.53}$$

对于离散属性，用$|C_{ij}|$表示属于类C_i且属性X_j取值为x_j的实例数，则条件概率$P(X_j=x_j|Y=C_i)$可用式（5.54）估计。

$$P(X_j=x_j|Y=C_i)=\frac{|C_{ij}|}{|C_i|} \tag{5.54}$$

对于连续属性，可假定概率密度函数$p(x_j|C_i)\sim N(\mu_{ij},\sigma_{ij}^2)$，其中$\mu_{ij}$和$\sigma_{ij}^2$可以分别由属于类$C_i$且在属性$X_j$上所取值的均值和方差来估计。条件概率$P(X_j=x_j|Y=C_i)$在数值上可由式（5.55）来估计。

$$P(X_j=x_j|Y=C_i)=p(x_j|C_i)=\frac{1}{\sqrt{2\pi}\sigma_{ij}}e^{-\frac{(x_j-\mu_{ij})^2}{2\sigma_{ij}^2}} \tag{5.55}$$

连续属性的条件概率也可以通过将其离散化成序数属性之后进行估计。

例 5.15 训练数据集D见表5.23，使用朴素贝叶斯分类器预测测试实例X=(有房=否，婚姻状况=已婚，年收入=120）的类别标号。

表 5.23 朴素贝叶斯分类器的训练集 D

Tid	有房	婚姻状况	年收入（千元）	拖欠贷款	Tid	有房	婚姻状况	年收入（千元）	拖欠贷款
1	是	单身	125	否	6	否	已婚	60	否
2	否	已婚	100	否	7	是	离异	220	否
3	否	单身	70	否	8	否	单身	85	是
4	是	已婚	120	否	9	否	已婚	75	否
5	否	离异	95	是	10	否	单身	90	是

首先估计类先验概率$P(C_i)$，显然有：P(拖欠贷款=否)=7/10，P(拖欠贷款=是)=3/10。

然后，估计相关的条件概率$P(X_j=x_j|Y=C_i)$，有：P(有房=否|拖欠贷款=否)=4/7，P(有房=否|拖欠贷款=是)=1，P(婚姻状况=已婚|拖欠贷款=否)=4/7，P(婚姻状况=已婚|拖欠贷款=是)=0。

对于连续属性“年收入”，“拖欠贷款=否”类的样本均值为110，样本方差为2975；“拖欠贷款=是”类的样本均值为90，样本方差为25。

$$P(\text{年收入}=120|\text{拖欠贷款}=\text{否})=\frac{1}{\sqrt{2\pi}\times 54.54}e^{-\frac{(120-110)^2}{2\times 2975}}\approx 0.0072$$

$$P(\text{年收入}=120|\text{拖欠贷款}=\text{是})=\frac{1}{\sqrt{2\pi}\times 5}e^{-\frac{(120-90)^2}{2\times 25}}\approx 1.2\times 10^{-9}$$

于是，式（5.50）的分子分别为

P(拖欠贷款=否)P(有房=否|拖欠贷款=否)

P(婚姻状况=已婚|拖欠贷款=否)P(年收入=120|拖欠贷款=否)

$$\approx\frac{7}{10}\times\frac{4}{7}\times\frac{4}{7}\times 0.0072\approx 0.0016$$

$$P(\text{拖欠贷款=是})P(\text{有房=否}\mid\text{拖欠贷款=是})$$
$$P(\text{婚姻状况=已婚}\mid\text{拖欠贷款=是})P(\text{年收入=120}\mid\text{拖欠贷款=是})$$
$$\approx\frac{3}{10}\times1\times0\times1.2\times10^{-9}=0$$

可见，$P(\text{拖欠贷款=否}\mid \boldsymbol{X})>P(\text{拖欠贷款=是}\mid \boldsymbol{X})$。因此，预测该记录的类别标号为“拖欠贷款=否”。

在现实任务中，朴素贝叶斯分类器有多种使用方法。例如，当任务对预测速度要求较高时，可提前在训练集上学习所有的概率估值并加以存储，在需要预测时查询使用即可；如果任务数据更替频繁，则可采用惰性学习法，待收到预测请求之后，再计算分类所需要的概率估值。

3. 零条件概率的拉普拉斯修正

在例5.15的计算中，暴露了使用朴素贝叶斯假设的一个潜在问题：在计算条件概率时，如果某属性值在训练集中未出现在某个类中，则相应的条件概率值为零；这样无论其他属性上的条件概率为何值，式（5.50）的分子都为零，这显然是不合理的。

为了避免其他属性携带的信息被训练集中未出现的属性值“抹去”，通常使用“拉普拉斯修正”进行“平滑”，以调整条件概率的估值。设 n_j 为属性 X_j 不同的可能取值数，则将式（5.54）用拉普拉斯估计修正为式（5.56）。

$$P(X_j=x_j\mid Y=C_i)=\frac{|C_{ij}|+1}{|C_i|+n_j} \tag{5.56}$$

于是，例5.15中

$$P(\text{婚姻状况=已婚}\mid\text{拖欠贷款=是})=\frac{0+1}{3+3}=\frac{1}{6}$$

$$P(\text{婚姻状况=已婚}\mid\text{拖欠贷款=否})=\frac{4+1}{7+3}=\frac{1}{2}$$

$$p(\boldsymbol{X}\mid\text{拖欠贷款=是})\approx\frac{4}{5}\times\frac{1}{6}\times1.2\times10^{-9}=1.6\times10^{-10}$$

$$p(\boldsymbol{X}\mid\text{拖欠贷款=否})\approx\frac{5}{9}\times\frac{1}{2}\times0.0072=0.002$$

$$P(\text{拖欠贷款=是})p(\boldsymbol{X}\mid\text{拖欠贷款=是})\approx\frac{3}{10}\times1.6\times10^{-10}=4.8\times10^{-11}$$

$$P(\text{拖欠贷款=否})p(\boldsymbol{X}\mid\text{拖欠贷款=否})\approx\frac{7}{10}\times0.002=0.0014$$

虽然对该测试实例的分类结果没有变化，但拉普拉斯修正避免了因训练实例不充分而出现的零概率值。事实上，拉普拉斯修正可以看作对每个属性-值对增加一个实例。当训练集的数据量较大时，拉普拉斯估计值不仅避免了零概率值，而且很接近原概率值。

5.7.3 朴素贝叶斯分类器的特征

朴素贝叶斯分类器具有以下特征：

1）朴素贝叶斯分类器是能够通过提供后验概率估计来量化预测中不确定性的概率分类

模型。除计算后验概率外，它也试图捕捉生成属于每个类的数据实例背后的基础机制。因此，它有助于获取预测性和描述性见解。

2）朴素贝叶斯假设使得在给定类别标号的条件下，可以容易地计算高维情况下的类条件概率。因此，作为一种简单高效的分类方法，朴素贝叶斯分类器常用于不同的应用问题，如文本分类等。

3）朴素贝叶斯分类器对孤立的噪声点具有鲁棒性，因为这些点不会对条件概率的估计值产生显著影响。

4）朴素贝叶斯分类器在计算条件概率时，通过忽略每个属性的缺失值来处理训练集中的缺失值。在计算后验概率时，它通过只使用非缺失的属性值来有效地处理测试实例中的缺失值。如果特定属性的缺失值的频率取决于类别标号，则它无法准确地估计后验概率。

5）朴素贝叶斯分类器对不相关属性具有鲁棒性。因为一个不相关属性在每个类上的分布几乎都是均匀分布，所以对于每个类的类条件概率很接近，从而可以忽略对后验概率估计的影响。

6）相关属性可能会降低朴素贝叶斯分类器的性能，这是因为对于这些属性，类条件独立的假设已不成立。

5.8 后向传播分类

1974年，Paul Werbos 首次提出后向传播（Back-Propagation，BP）算法，1982年，他明确提出后向传播算法的首个面向神经网络的应用。1986年，David Rumelhart、Geoffrey Hinton和 Ronald Williams 发表文章，通过计算实验证明了后向传播可以在神经网络的隐藏层中产生有用的内部表征。BP 算法是迄今最成功的神经网络算法之一，现实任务中的神经网络多数使用 BP 算法进行训练。一直以来，后向传播被认为是深度学习的根基，也是第三次人工智能浪潮的重要推动因素。

神经网络是具有一组连接的输入、输出单元的多层网络，其中每个连接都关联一个权重。在学习阶段，后向传播用来调整神经网络中各个节点之间连接的权重，使得网络输出的预测标签与样本实际标签相一致。

5.8.1 多层前馈神经网络

人工神经网络（Artificial Neural Networks，ANN）也简称为神经网络（NN），是模拟生物神经网络进行信息处理的一种数学模型。它以对大脑的生理研究成果为基础，目的在于模拟大脑的某些机理与机制，实现一些人脑功能的基本特性。人工神经网络具有突出的特点和优势：高度的并行结构和并行实现能力，能够发挥计算机的高速运算能力，可以很快找到优化解；自学习、自组织、自适应能力；非线性处理能力，人脑的思维是非线性的，故神经网络模拟人的思维也应是非线性的。

目前，神经网络已经发展为一个相当庞大的、多学科交叉的学科领域。在多种多样的神经网络的定义中，使用最广泛的定义是“神经网络是由具有适应性的简单单元组成的广泛且并行互联的网络，它的组织能够模拟生物神经网络系统对真实世界物体所做出的交互反应”（Kohonen，1988）。

多层前馈神经网络由一个输入层、一个或多个隐藏层和一个输出层组成，其中隐藏层和输出层都是具有激活函数的神经元，相邻两层之间的神经元都进行全连接。

1. 神经元模型

生物学上神经元通常由细胞体、树突、细胞核和轴突构成。树突用来接收其他神经元传导过来的信号，一个神经元有多个树突；细胞核是神经元中的核心模块，用来处理所有传入信号；轴突是输出信号的单元，它有很多个轴突末梢，给其他神经元的树突传递信号。人工神经网络参考了生物神经网络中神经元的结构。1943 年，Warren McCulloch 和 Walter Pitts 将神经元抽象为图 5.19 所示的“M-P 神经元模型”，一个神经元接收其他神经元传递的输入信号，这些信号通过带权重的连接传递，并采用一种激活函数对传递的神经信号进行处理，得到神经元的输出。

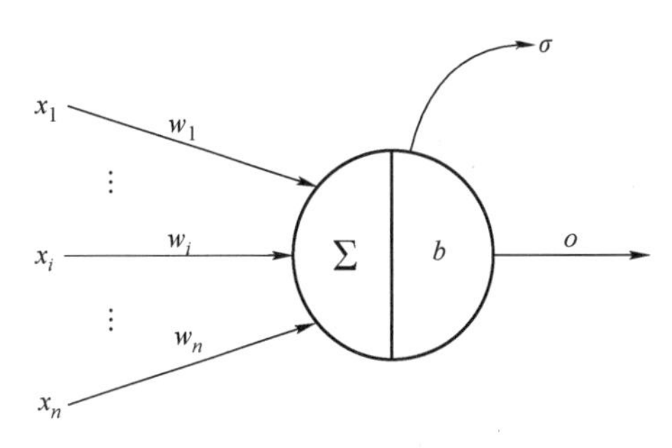

图 5.19 M-P 神经元模型

在图 5.19 中，$X=(x_1,\cdots,x_i,\cdots,x_n)$ 为上一层神经元的输出或者网络输入，$W=(w_1,\cdots,w_i,\cdots,w_n)$ 为神经元的连接权重，σ 为激活函数，B 为偏置（又称阈值）b 的集合，O 为输出神经元的输出 o 的集合，$\sum$ 为 x_i 和 w_i 的组合，o 的计算公式为

$$o=\sigma\left(\sum w_i x_i+b\right) \tag{5.57}$$

多层神经网络的每个神经元都使用激活函数，这是因为不使用激活函数的情况下，每一层输出都只是上一层输入的线性变换，即无论神经网络有多少层，输出都是输入的线性组合。激活函数的使用为神经元引入了非线性因素，在足够多的训练样本和隐藏层单元的情况下，神经网络可以逼近任意函数，使得神经网络可以应用于非线性模型中。常用的激活函数有 Sigmoid 函数、Tanh 函数、Relu 函数等。

Sigmoid 函数见式（5.58）。该函数容易求导，函数的输出映射在（0,1）之间，单调连续输出的范围有限，输出不以 0 为中心。

$$\sigma(x)=\frac{1}{1+\mathrm{e}^{-x}} \tag{5.58}$$

Tanh 函数见式（5.59）。该函数容易求导，函数的输出映射在（−1,1）之间，单调连续输出的范围有限，输出以 0 为中心。

$$\sigma(x)=\frac{\mathrm{e}^{x}-\mathrm{e}^{-x}}{\mathrm{e}^{x}+\mathrm{e}^{-x}} \tag{5.59}$$

Relu 函数见式（5.60）。Relu 函数是目前应用最广泛的激活函数，几乎适用于所有深度学习和神经网络，在随机梯度下降算法中收敛速度快，不会像 Sigmoid 函数那样出现梯度消失问题，并且提供了网络稀疏表达能力，在无监督训练中也有良好的表现。但是 Relu 函数的输出不以 0 为中心，前向传播过程中，如果 x 小于 0，则神经元保持在非激活状态，且在后向传播过程中梯度消失，从而造成权重无法更新、网络无法学习的现象。

$$\sigma(x)=\max(0,x) \tag{5.60}$$

2. 多层前馈神经网络

一个典型的多层前馈神经网络是一个至少包含三个层次的网络，它们分别是输入层、隐藏层和输出层。图 5. 20 所示的多层前馈神经网络中，图 5. 20a 通常被称为单隐藏层前馈神经网络，图 5. 20b 是双隐藏层前馈神经网络，它们是两个隐藏层中神经元数量不同的网络。神经网络结构中的拓扑代表着训练和预测过程中的数据从输入层进入网络，数据流经隐藏层后从输出层输出，其中输入层神经元只接收外界输入，隐藏层和输出层神经元加工处理数据信号，最终结果由输出层神经元输出。

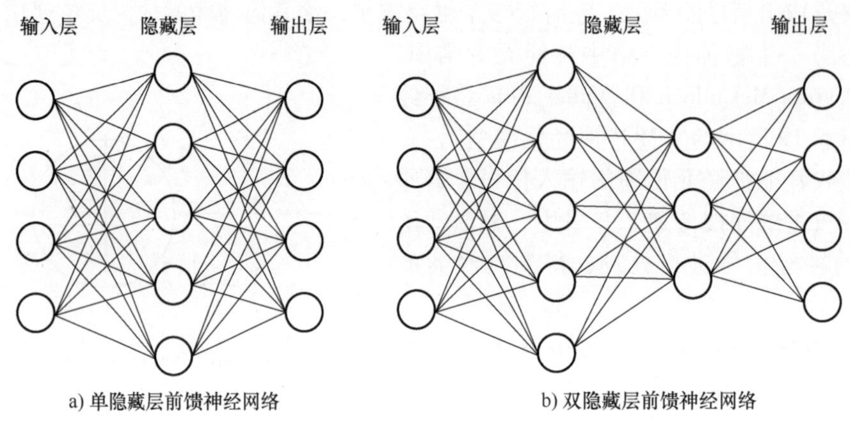

图 5. 20　多层前馈神经网络结构图

图 5. 20 中的圆圈代表神经元，连线代表神经元之间的连接，每条连线对应一个随机初始化的权重，每个神经元都有一个随机初始化的偏置，所有权重和偏置都需要通过训练得到。在开始训练之前，必须设计神经网络的拓扑结构，即确定输入层的单元数、隐藏层数和每个隐藏层的单元数、输出层的单元数。输入层与输出层的神经元数通常是固定的，隐藏层和隐藏层中的神经元数则没有明确的设定规则，是可以自由指定的。网络结构的设计往往是一个反复实验的过程。

3. 向前传播

事实上，多层前馈神经网络是一个从输入 X 到输出 O 的映射函数，函数中的参数是待训练网络中的参数 W 和 B。随机初始化函数中的参数之后，对于任何输入 x^i 能计算得到一个与之对应的输出 o^i。数据集中只有训练集的输入 X 和目标变量 Y，要如何调整网络参数 W 和 B，使 X 中每个样本 x^i 经过网络计算得到的输出 o^i 与 Y 中 x^i 对应的样本实际值 y^i 尽量接近，这是神经网络需要解决的问题。简单的多层前馈神经网络如图 5. 21 所示。

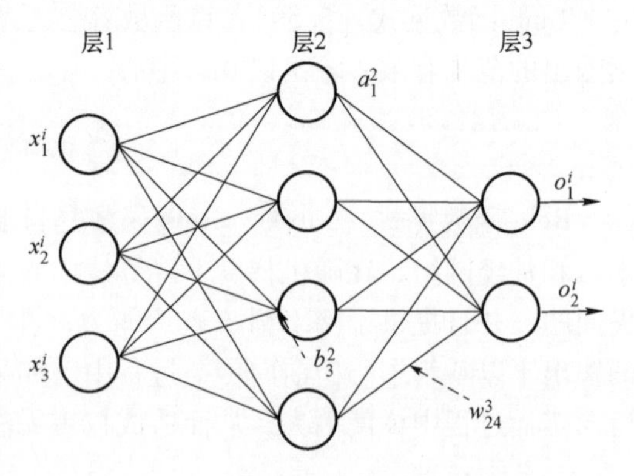

图 5. 21　简单的多层前馈神经网络

记 w_{jk}^l 为第 l-1 层第 k 个神经元到第 l 层第 j 个神经元的权重，b_j^l 为第 l 层第 j 个神经元的偏置，a_j^l 为隐藏层中第 l 层第 j 个神经元的输出，a_j^l 的计算结果取决于上一层神经元，在输入层 $a_j^1=x_j^i$，在输出层 $a_j^3=o_j^i$。图 5. 21 中隐藏层的输出从上至下见式（5. 61）。

$$
\begin{aligned}
a_1^2&=\sigma(w_{11}^2x_1^i+w_{12}^2x_2^i+w_{13}^2x_3^i+b_1^2)\\
a_2^2&=\sigma(w_{21}^2x_1^i+w_{22}^2x_2^i+w_{23}^2x_3^i+b_2^2)\\
a_3^2&=\sigma(w_{31}^2x_1^i+w_{32}^2x_2^i+w_{33}^2x_3^i+b_3^2)\\
a_4^2&=\sigma(w_{41}^2x_1^i+w_{42}^2x_2^i+w_{43}^2x_3^i+b_4^2)
\end{aligned}
\tag{5.61}
$$

输出层 o^i 的计算公式为

$$
\begin{aligned}
o_1^i&=\sigma(w_{11}^3a_1^2+w_{12}^3a_2^2+w_{13}^3a_3^2+w_{14}^3a_4^2+b_1^3)\\
o_2^i&=\sigma(w_{21}^3a_1^2+w_{22}^3a_2^2+w_{23}^3a_3^2+w_{24}^3a_4^2+b_2^3)
\end{aligned}
\tag{5.62}
$$

结合式（5.61）和式（5.62），将前馈神经网络隐藏层与输出层的输出计算统一为表达式

$$a_j^l=\sigma\left(\sum_k w_{jk}^l a_k^{l-1}+b_j^l\right) \tag{5.63}$$

该表达式的矩阵形式为 $a^l=\sigma(w^la^{l-1}+b^l)$。为了方便表示，记 $z^l=w^la^{l-1}+b^l$，则 $a^l=\sigma(z^l)$。在实际应用中，通过随机初始化方法得到权重 w_{jk}^l 和偏置 b_j^l 的初始值，之后计算训练样本 X 由输入层向前传播到输出层所产生的预测值，该预测值与样本实际的目标变量值的差距可能较大，这时可利用后向传播算法迭代地处理一组训练样本，对权重和偏置进行不断的更新和优化。

5.8.2 误差的后向传播算法

通过前馈神经网络计算得到的输出，与样本的目标变量值之间往往存在很大的误差，存在误差的主要因素是随机初始化得到的网络参数 W 和 B。只有通过学习，才能更加准确地将训练样本的特性刻画在网络中，即将误差反馈到网络中，更新网络参数 W 和 B。误差后向传播算法（BP 算法），不仅可以用于多层神经网络，也可以用于其他类型的神经网络，通常所说的“BP 网络”一般是指使用 BP 算法训练的多层前馈神经网络。

1. 后向传播算法的原理

网络的训练由正向传播过程和反向传播过程组成，正向传播过程即前馈的过程。如果输出层没有得到期望的计算结果，则定义样本输出值与样本目标变量值间的误差 $E=\text{cost}(O,Y)$ 为目标函数，转入反向传播计算，目标是更新权重 W 和偏置 B，使得 E 最小。计算过程为逐层求出目标函数对各神经元中权重和偏置的偏导数，构成目标函数对权重和偏置的梯度，作为修改权重和偏置的依据。在后向传播的过程中更新权重和偏置，直至计算达到终止条件。

假设隐藏层和输出层神经元都使用激活函数 σ，对给定的训练集 $D=\{(x^1,y^1),(x^2,y^2),\cdots,(x^n,y^n)\}$，$x^i\in\mathbf{R}^d$，$y^i\in\mathbf{R}^m$，即输入样本的维度为 d，目标变量的维度为 m，例如图 5.21 所示的网络中，$d=3$，$m=2$。对于训练集中的样本 (x^i,y^i)，将 x^i 输入多层前馈神经网络，得到的输出为 $o^i=(o_1^i,o_2^i,\cdots,o_m^i)$，$y^i$ 和 o^i 之间的均方误差计算公式

$$E^i=\frac{1}{2}\sum_{j=1}^{m}(o_j^i-y_j^i)^2 \tag{5.64}$$

均方误差是一种常用的误差，误差可根据实际的应用需求定义。在标准后向传播算法中，每次只针对一个训练样本更新权重 W 和偏置 B，更新较为频繁，不同样本的误差所产

生的更新效果可能出现抵消。与标准后向传播算法不同，累计后向传播算法基于累计误差最小化的原则更新参数。训练网络时，让误差在每个样本的迭代过程中进行累计，当所有样本迭代一遍后，根据累计误差更新参数，累计误差计算公式见式（5.65）。显然，累计后向传播算法对参数的更新频率要低得多，累积误差可以全局累计，也可以按照批次累计。

$$E=\frac{1}{2n}\sum_{i=1}^{n}\sum_{j=1}^{m}(o_j^i-y_j^i)^2 \tag{5.65}$$

后向传播算法的核心是计算误差 E 对网络中各层权重 W 和偏置 B 的偏导数（梯度），它们描述了代价函数 E 随权重 W 和偏置 B 的变化而变化的程度。采用链式求导法则，计算网络中权重 W 和偏置 B 中每个元素的偏导，如果激活函数 σ 采用 Sigmoid 函数，则其导数计算公式为

$$\sigma'(x)=\sigma(x)[1-\sigma(x)] \tag{5.66}$$

假设使用 Sigmoid 函数作为激活函数，根据式（5.63），更新单个样本权重的计算公式为

$$\begin{aligned}\frac{\partial E^i}{\partial w^l}&=\frac{\partial E^i}{\partial a^l}\frac{\partial a^l}{\partial z^l}\frac{\partial z^l}{\partial w^l}\\&=(a^l-y)\sigma(z^l)[1-\sigma(z^l)]a^{l-1}\\&=(a^l-y)a^l(1-a^l)a^{l-1}\end{aligned} \tag{5.67}$$

式中，a^{l-1}为上一层神经元前馈输出或网络的原始输入；a^l 为当前隐藏层的输出，y 为目标变量。至此，求导算式中所有的变量均已知。如采用式（5.67）计算关于 w_{24}^3和 w_{13}^2的梯度的过程如下：

$$\begin{aligned}\frac{\partial E^i}{\partial w_{24}^3}&=\frac{\partial E^i}{\partial o^i}\frac{\partial o^i}{\partial z^i}\frac{\partial z^i}{\partial w_{24}^3}\\&=[(o_1^i-y_1^i)+(o_2^i-y_2^i)]\frac{\partial o^i}{\partial z^3}\frac{\partial z^3}{\partial w_{24}^3}\\&=(o_1^i-y_1^i)\frac{\partial o_1^i}{\partial z_1^3}\frac{\partial z_1^3}{\partial w_{24}^3}+(o_2^i-y_2^i)\frac{\partial o_2^i}{\partial z_2^3}\frac{\partial z_2^3}{\partial w_{24}^3}\\&=(o_2^i-y_2^i)\frac{\partial o_2^i}{\partial z_2^3}\frac{\partial z_2^3}{\partial w_{24}^3}\\&=(o_2^i-y_2^i)\sigma(z_2^3)[1-\sigma(z_2^3)]\frac{\partial z_2^3}{\partial w_{24}^3}\\&=(o_2^i-y_2^i)\sigma(z_2^3)[1-\sigma(z_2^3)]a_4^2\end{aligned}$$

式中，由于 z_1^3 中未包含 w_{24}^3项，所以$(o_1^i-y_1^i)\frac{\partial o_1^i}{\partial z_1^3}\frac{\partial z_1^3}{\partial w_{24}^3}=0$。

通过计算，$\frac{\partial E^i}{\partial w_{24}^3}$表达式中的项均为已知。同理，求导隐藏层权重和偏置时，采用链式求导法逐层求导，可得

$$\frac{\partial E^i}{\partial w_{13}^2}=\frac{\partial E^i}{\partial o^i}\frac{\partial o^i}{\partial z^i}\frac{\partial z^i}{\partial a^i}\frac{\partial a^i}{\partial w_{13}^2}$$

$$=[(o_1^i-y_1^i)+(o_2^i-y_2^i)]\frac{\partial o^i}{\partial z^i}\frac{\partial z^i}{\partial a^i}\frac{\partial a^i}{\partial w_{13}^2}$$

$$=(o_1^i-y_1^i)\frac{\partial o_1^i}{\partial z_1^3}\frac{\partial z_1^3}{\partial a_1^2}\frac{\partial a_1^2}{\partial w_{13}^2}+(o_2^i-y_2^i)\frac{\partial o_2^i}{\partial z_2^3}\frac{\partial z_2^3}{\partial a_1^2}\frac{\partial a_1^2}{\partial w_{13}^2}$$

$$=\left[(o_1^i-y_1^i)\sigma(z_1^3)(1-\sigma(z_1^3))\frac{\partial z_1^3}{\partial a_1^2}+(o_2^i-y_2^i)\sigma(z_2^3)(1-\sigma(z_2^3))\frac{\partial z_2^3}{\partial a_1^2}\right]\frac{\partial a_1^2}{\partial w_{13}^2}$$

$$=[(o_1^i-y_1^i)\sigma(z_1^3)(1-\sigma(z_1^3))w_{11}^3+(o_2^i-y_2^i)\sigma(z_2^3)(1-\sigma(z_2^3))w_{21}^3]\frac{\partial a_1^2}{\partial w_{13}^2}$$

$$=[(o_1^i-y_1^i)\sigma(z_1^3)(1-\sigma(z_1^3))w_{11}^3+(o_2^i-y_2^i)\sigma(z_2^3)(1-\sigma(z_2^3))w_{21}^3](\sigma(z_1^2)(1-\sigma(z_1^2))x_3^i)$$

可见，在实现算法时，更新权重的计算使用矩阵相乘。首先，计算第 l 层网络的误差矩阵，方法是第 $l+1$ 层网络的误差矩阵乘以第 $l-1$ 层到第 l 层网络的权重矩阵的转置，再乘以激活函数对第 l 层网络输出 a^l 的偏导数矩阵。其次，计算第 l 层网络的权重更新矩阵，方法是第 $l-1$ 层网络的输出 a^{l-1} 的转置乘以第 l 层网络的误差矩阵。

标准后向传播算法基于梯度下降策略，以目标的负梯度方向对参数进行调整。累计后向传播算法基于随机梯度下降法（Stochastic Gradient Descent，SGD），以目标的负梯度方向对参数进行调整。对累计误差 E，给定学习率 η（梯度下降的步长），则更新权重的计算公式为

$$w^l=w^l+\Delta w^l=w^l-\eta\times\frac{\partial E}{\partial w^l} \tag{5.68}$$

学习率通常在 0.0 与 1.0 之间取值。η 取值太大，可能错过最优值；η 取值太小，则需要更多步才能找到最优值。适当的学习率有助于避免学习过程陷入决策空间的局部极小，并有助于找到全局最小。

同理对 b^l 求导，得出偏置项的更新规则见式（5.69），求导过程中需要计算每个权重和偏置项的导数，对于后向传播过程中多级的参数，需要使用链式求导法则，逐层求导。

$$b^l=b^l+\Delta b^l=b^l-\eta\times\frac{\partial E}{\partial b^l} \tag{5.69}$$

在很多任务中，累计误差下降到一定程度后，进一步下降的速度可能变得很缓慢，这时标准后向传播算法往往会较快地得到较好的解，尤其在训练集很大的情况下。

后向传播算法的过程如算法 5.4 所示。

算法 5.4 后向传播算法

输入：训练集 $D=\{(x^i,y^i)\}_{i=1}^n$；学习率 η

输出：训练后的神经网络，即权重 W 和偏置 B

过程：

1：在（-1,1）的范围内随机初始化所有权重 W 和偏置 B

2：repeat

3：forall $(x^i,y^i)\in D$

4:　　前馈计算当前样本的输出 o
5:计算样本的输出 o 与样本 y 值之间的误差
6:　　后向传播计算权值梯度 Δw^l 和偏置梯度 Δb^l
7:更新权重 W 和偏置 B
8:end for
9:until 达到终止条件

通常，网络的权重被初始化为小随机数，例如由-1.0 到 1.0，或由-0.5 到 0.5。每个神经元都有一个相关联的偏置，偏置也被初始化为小随机数。

每个训练样本 X 均按以下步骤处理：

1）向前传播计算预测值。

2）计算误差并后向传播。

3）重复以上两步，直至满足终止条件。

后向传播算法的终止条件主要有两个：一是达到设定的最大迭代次数；二是当训练样本的误差降低到设定的阈值。

2. 后向传播分类实例

例 5.16　在 Iris 数据集上训练一个后向传播神经网络实现鸢尾花的分类。使用 sklearn 库中多层感知机 MLP 的 MLPClassifier( ) 方法。该方法用随机梯度下降（SGD）算法进行训练。网络输入数据是花萼长度、花萼宽度、花瓣长度和花瓣宽度四个特征组成的样本，是一个 n 行 4 列的矩阵。设 x_train 为输入样本，y_train 为目标变量的取值，则 x_train 为 n 行 4 列的矩阵，y_train 为 n 个数值的列表。在如下代码中，MLPClassifier( ) 方法的参数 hidden_layer_sizes=100 为隐藏层神经元的数量，仅有 1 个隐藏层，如果需要定义多层，则使用元组设定该参数，激活函数 activation 的取值为 logistic，即将 Sigmoid 函数作为激活函数，学习率 learning_rate_init=0.001。输出该网络训练完成后在测试集上的预测准确度为 100%。实现代码如代码 5.1 所示。

代码 5.1　利用 sklearn 库在 Iris 数据集上训练一个 BP 神经网络

```
from sklearn import datasets
from sklearn.model_selection import train_test_split
from sklearn.neural_network import MLPClassifier
iris=datasets.load_iris()
iris_x=iris.data
iris_y=iris.target
x_train,x_test,y_train,y_test=train_test_split(iris_x,iris_y,test_size=0.3)
#定义模型
bp=MLPClassifier(hidden_layer_sizes=100,max_iter=10000,\
    learning_rate_init=0.001,activation='logistic')
bp.fit(x_train,y_train)
score=bp.score(x_test,y_test)
print('模型的准确度:{0}'.format(score))
```

程序运行结果如下：

```
模型的准确度:1.0
```

5.8.3 人工神经网络的特点

在学习阶段，通过调整权重，逐步提高神经网络的预测准确性。由于神经元之间的连接，神经网络学习又称连接者学习。从信息处理角度看，神经元可以看作一个多输入单输出的信息处理单元，根据神经元的特性和功能，可以把神经元抽象成一个简单的数学模型。

1. 神经网络的优点

（1）非线性映射能力。神经网络本质上实现了从输入到输出的映射功能，经证明三层的神经网络能够以任意精度逼近任何非线性连续函数，因此神经网络具有较强的非线性映射能力，适合求解内部机制复杂的问题。

（2）自学习和自适应能力。神经网络在学习时，能够通过自动提取输出，输出数据之间的合理规则，并自适应地将学习内容记忆于网络的权重中。

（3）泛化能力。设计模式分类器时，既要保证网络能够对待分类对象进行正确的分类，还要关心网络在经过训练后，能够对未见过的模式或有噪声污染的模式进行正确的分类。也就是说，神经网络具有将学习成果应用于新知识的能力。

（4）容错能力强。神经网络中，局部的或者部分的神经元受到破坏后不会对全局的训练结果造成很大的影响，即模型即使受到局部损伤，仍然可以正常工作。

2. 神经网络的缺点

（1）局部最优问题。传统的 BP 神经网络是一种局部搜索的优化方法，它要解决复杂非线性化问题，网络的权重是沿局部改善的方向逐渐调整的。这使得算法可能陷入局部最优，从而导致网络训练失败。神经网络对初始网络权重非常敏感，以不同的权重初始化网络，往往会收敛于不同的局部最优。

（2）神经网络算法的收敛速度慢。由于神经网络算法本质上为梯度下降法，所要优化的目标函数非常复杂，因此，会出现“锯齿形现象”，使神经网络算法低效；又由于优化的目标函数的复杂性，因此会在神经元输出接近 0 或 1 的情况下，出现一些平坦区，在这些区域内，权重误差改变很小，使训练过程几乎停顿。神经网络模型中，为了使网络执行 BP 算法，不能使用传统的一维搜索法求每次迭代的步长，必须把步长的更新规则预先赋予网络，这种方法也会引起算法低效。

（3）神经网络结构选择不一。神经网络结构的选择至今尚无一种统一而完整的理论指导。网络结构复杂，即增加网络的宽度或深度，训练效率不高，可能出现过拟合现象，造成网络性能降低，容错性下降；若减少网络的宽度或深度，则可能会造成网络不收敛。

（4）应用实例与网络规模的矛盾问题。神经网络难以解决应用问题的实例规模和网络规模间的矛盾问题，这涉及网络容量的可能性与可行性的关系问题，即学习复杂性问题。

（5）神经网络预测能力和训练能力的矛盾问题。预测能力也称泛化能力或者推广能力，训练能力也称逼近能力或者学习能力。一般情况下，训练能力差时，预测能力也差，并且在一定程度上，随着训练能力的提高，预测能力也会得到提高。但是，这种趋势不是固定的，而是有一个极限，当达到此极限时，随着训练能力的提高，预测能力反而会下降，即出现所谓“过拟合”现象。出现该现象的原因是网络学习了过多的样本细节，学习出的模型已不能反映样本所包含的规律，所以如何才能把握好学习的度，解决网络预测能力和训练能力间矛盾问题也是神经网络的重要研究内容。

（6）神经网络样本依赖性问题。网络模型的训练和预测能力与学习样本的典型性密切相关，从问题中选取典型样本实例组成训练集则是一个很困难的问题。

近些年来，神经网络已经在众多领域得到了广泛的应用。在民用领域的应用，如语言识别、图像识别与理解、计算机视觉、智能机器人故障检测、实时语言翻译、企业管理、市场分析、决策优化、物资调运、自适应控制、专家系统、智能接口、神经生理学、心理学和认知科学研究等；在军用领域的应用，如雷达、声呐的多目标识别与跟踪，战场管理和决策支持系统，军用机器人控制各种情况、信息的快速获取、分类与查询，导弹的智能引导，保密通信，航天器的姿态控制等。

5.9 支持向量机

1963 年，Vladimir Vapnik 就提出了支持向量的概念。1968 年，Vladimir Vapnik 和 Alexey Chervonenkis 提出了“VC 维”理论，1974 年又提出了结构风险最小化原则。在这些统计学习理论的基础上，1992 年 Vladimir Vapnik 与他的同事发表了支持向量机的第一篇论文，1995 年发表的文章与出版的书籍对支持向量机进行了更详细的讨论。支持向量机在文本分类问题上取得巨大成功后，支持向量机很快成为机器学习的主流技术。

支持向量机（Support Vector Machine，SVM）是一种二分类模型，该二分类模型利用定义在特征空间中的线性或非线性决策边界来分离类。其学习策略是间隔最大化，即选择更好地隔离两个类的超平面作为决策边界。SVM 的一个特点是它仅使用训练实例的一个子集表示决策边界，该子集被称作支持向量。

SVM 的学习方法根据训练数据是否线性可分，分为线性支持向量机和非线性支持向量机。训练数据线性可分时，通过间隔最大化学习一个线性分类器；训练数据近似线性可分时，通过软间隔最大化学习一个线性分类器；训练数据非线性可分时，通过引入核函数和软间隔最大化学习一个非线性分类器，核函数的使用为非线性决策边界的表示提供了显著优势，并且使维灾难现象得以避免。

5.9.1 线性可分支持向量机与硬间隔最大化

1. 数据集的线性可分性

简单地讲，数据集线性可分指的是可以用一个线性函数将两类样本无误差地分开。其中，线性函数在二维空间是直线，在三维空间是平面，在高维空间是超平面。

数据集线性可分的严格定义为：给定一个数据集 $\boldsymbol{D}=\{(\boldsymbol{x}_1,y_1),(\boldsymbol{x}_2,y_2),\cdots,(\boldsymbol{x}_n,y_n)\}$，其中 $\boldsymbol{x}_i\in\mathbf{R}^m$，$y_i\in\{-1,1\}$，$i=1,2,\cdots,n$，如果存在某个超平面 S：$\boldsymbol{w}^{\mathrm{T}}\boldsymbol{x}+b=0$，能够将数据集中的两类实例点完全正确地划分到超平面的两侧，即对所有 $y_i=1$ 的实例 $\boldsymbol{x}_i$，有 $\boldsymbol{w}^{\mathrm{T}}\boldsymbol{x}+b>0$，对所有 $y_i=-1$ 的实例 $\boldsymbol{x}_i$，有 $\boldsymbol{w}^{\mathrm{T}}\boldsymbol{x}+b<0$，就称数据集 D 是线性可分的数据集（Linearly Separable Data Set），否则，称数据集 $\boldsymbol{D}$ 线性不可分。其中，$\boldsymbol{w}=(w_1,w_2,\cdots,w_m)$，$\boldsymbol{x}_i=(x_{i1},x_{i2},\cdots,x_{im})^{\mathrm{T}}$。

在数据集 $\boldsymbol{D}=\{(\boldsymbol{x}_1,y_1),(\boldsymbol{x}_2,y_2),\cdots,(\boldsymbol{x}_n,y_n)\}$ 中，$(\boldsymbol{x}_i,y_i)$ 为样本点，$\boldsymbol{x}_i$ 为第 i 个样本点

的特征向量，y_i 为 $\boldsymbol{x}_i$ 的类标签。当 $y_i=1$ 时，称 $\boldsymbol{x}_i$ 为正例；当 $y_i=-1$ 时，称 $\boldsymbol{x}_i$ 为负例。数据集 $\boldsymbol{D}$ 可用矩阵形式表示为

$$\boldsymbol{D}=(\boldsymbol{x},y)=\begin{pmatrix} x_{11} & x_{12} & \cdots & x_{1m} & y_1 \\ x_{21} & x_{22} & \cdots & x_{2m} & y_2 \\ \vdots & \vdots & & \vdots & \vdots \\ x_{n1} & x_{n2} & \cdots & x_{nm} & y_n \end{pmatrix} \tag{5.70}$$

2. 线性可分支持向量机的基本原理

对于给定的线性可分数据集 $\boldsymbol{D}=\{(\boldsymbol{x}_1,y_1),(\boldsymbol{x}_2,y_2),\cdots,(\boldsymbol{x}_n,y_n)\}$，其中 $\boldsymbol{x}_i\in\mathbf{R}^m$，$y_i\in\{-1,1\},i=1,2,\cdots,n$，学习算法的基本思想是找到一个划分超平面（也称分离超平面），将不同类别的样本分开。在二维空间中，即$m=2$，每个点 $\boldsymbol{x}_i(x_{i1},x_{i2})$ 有两个属性，超平面即为直线。事实上，存在无穷多的超平面可以将样本分开，如图5.22所示。对于图5.22中这些不同的超平面，直观上看，应该用“中间”那个作为划分超平面，因为它与两个类别最近点的距离差不多相等，对于样本的局部扰动“容忍性”最高，因此有更好的鲁棒性和泛化能力。

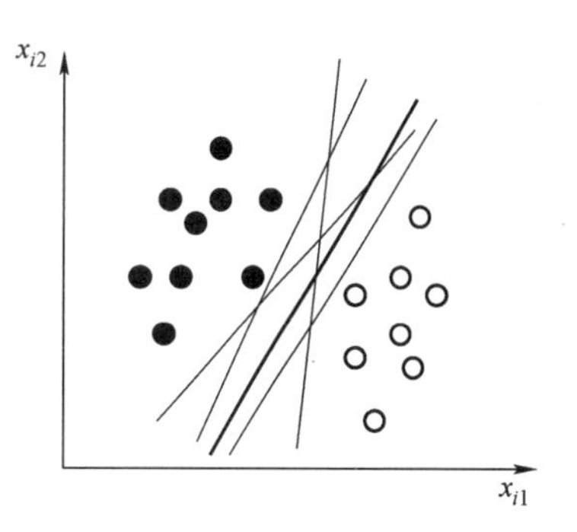

图5.22 可以划分样本的多个超平面

线性支持向量机的基本原理是求解能够正确划分训练数据集，且间隔最大的划分超平面。在图5.22中，划分超平面为 $\boldsymbol{w}^{\mathrm{T}}\boldsymbol{x}+b=0$。其中，$\boldsymbol{w}=(w_1,w_2,\cdots,w_m)$ 为法向量，决定超平面的方向；b 为位移，是超平面与原点的距离，决定超平面的位置。假设把要学习得到的超平面记为 $(\boldsymbol{w},b)$，则样本空间中的任一点 $\boldsymbol{x}$ 到超平面 $(\boldsymbol{w},b)$ 的距离为

$$d=\frac{|\boldsymbol{w}^{\mathrm{T}}\boldsymbol{x}+b|}{\|\boldsymbol{w}\|} \tag{5.71}$$

式中，$\|\boldsymbol{w}\|=\sqrt{(w_1)^2+(w_2)^2+\cdots+(w_m)^2}$。

假设超平面可以将样本正确分类，可以得到

$$\begin{cases}\boldsymbol{w}^{\mathrm{T}}\boldsymbol{x}+b\geqslant1, y_i=1\\ \boldsymbol{w}^{\mathrm{T}}\boldsymbol{x}+b\leqslant-1, y_i=-1\end{cases} \tag{5.72}$$

如图5.23所示，距离划分超平面最近的训练样本点使式（5.72）成立，被称为支持向量，支持向量对于超平面的位置和方向具有决定性影响。两个不同的支持向量到超平面的距离之和被称为（硬）间隔（Margin），记为 γ，其计算公式为

$$\gamma=\frac{2}{\|\boldsymbol{w}\|} \tag{5.73}$$

想要找出最大间隔的划分超平面，就需要找到能够满足式（5.72）约束的超平面参数 $(\boldsymbol{w},b)$，使得 γ 最大，即

$$\max_{\boldsymbol{w},b}\frac{2}{\|\boldsymbol{w}\|},\text{st. } y_i(\boldsymbol{w}^{\mathrm{T}}\boldsymbol{x}+b)\geqslant1, i=1,2,\cdots,n \tag{5.74}$$

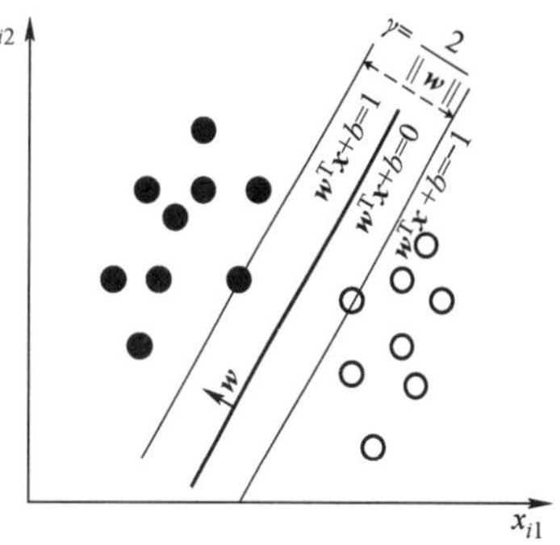

图5.23 支持向量间隔

式（5.74）可以等价变化为

$$\min_{\boldsymbol{w},b}\frac{1}{2}\|\boldsymbol{w}\|^2,\text{st. } y_i(\boldsymbol{w}^{\mathrm{T}}\boldsymbol{x}+b)\geqslant 1, i=1,2,\cdots,n \tag{5.75}$$

式（5.75）为支持向量机的基本模型，随后的变换旨在便于求解，不影响结果。

3. 学习的对偶算法

式（5.75）是一个含有不等式约束的凸二次规划问题。可以对其使用拉格朗日乘子法得到对偶问题，通过求解对偶问题得到原始问题的最优解。这样做的原因有二：一是对偶问题通常更易求解；二是可自然引入核函数，以便推广到非线性分类问题。

对每个不等式约束，通过添加拉格朗日乘子 $\alpha_i\geqslant 0$，来捕获不等式约束，并在目标函数中合并约束条件，将有约束的原始目标函数转换为无约束的拉格朗日目标函数，即

$$L(\boldsymbol{w},b,\boldsymbol{\alpha})=\frac{1}{2}\|\boldsymbol{w}\|^2+\sum_{i=1}^{n}\alpha_i[1-y_i(\boldsymbol{w}^{\mathrm{T}}\boldsymbol{x}_i+b)] \tag{5.76}$$

式中，$\boldsymbol{\alpha}=(\alpha_1,\alpha_2,\cdots,\alpha_m)^{\mathrm{T}}$ 为拉格朗日乘子向量。对于拉格朗日函数 $L(\boldsymbol{w},b,\boldsymbol{\alpha})$，优化问题为$\min\limits_{\boldsymbol{w},b}\max\limits_{\boldsymbol{\alpha}}L(\boldsymbol{w},b,\boldsymbol{\alpha})$。根据拉格朗日对偶性，原始问题的对偶问题是极大极小问题。因此，为了得到对偶问题的解，先需要对 $\boldsymbol{w}$，b 极小化 $L(\boldsymbol{w},b,\boldsymbol{\alpha})$，再关于 $\boldsymbol{\alpha}$ 求极大值，即 $\max\limits_{\boldsymbol{\alpha}}\min\limits_{\boldsymbol{w},b}L(\boldsymbol{w},b,\boldsymbol{\alpha})$。

对 $L(\boldsymbol{w},b,\boldsymbol{\alpha})$ 中的 $\boldsymbol{w}$，b 求偏导，由偏导为零可得式（5.77）和式（5.78）。

$$\frac{\partial L}{\partial \boldsymbol{w}}=0\Rightarrow \boldsymbol{w}=\sum_{i=1}^{n}\alpha_i y_i\boldsymbol{x}_i \tag{5.77}$$

$$\frac{\partial L}{\partial b}=0\Rightarrow \sum_{i=1}^{n}\alpha_i y_i=0 \tag{5.78}$$

将式（5.77）代入 $L(\boldsymbol{w},b,\boldsymbol{\alpha})$ 中，得

$$\begin{aligned}
L(\boldsymbol{w},b,\boldsymbol{\alpha})&=\frac{1}{2}\|\boldsymbol{w}\|^2+\sum_{i=1}^{n}\alpha_i[1-y_i(\boldsymbol{w}^{\mathrm{T}}\boldsymbol{x}_i+b)]\\
&=\frac{1}{2}\boldsymbol{w}^{\mathrm{T}}\boldsymbol{w}+\sum_{i=1}^{n}\alpha_i-\boldsymbol{w}^{\mathrm{T}}\sum_{i=1}^{n}\alpha_i y_i\boldsymbol{x}_i-b\sum_{i=1}^{n}\alpha_i y_i\\
&=\frac{1}{2}\boldsymbol{w}^{\mathrm{T}}\sum_{i=1}^{n}\alpha_i y_i\boldsymbol{x}_i-\boldsymbol{w}^{\mathrm{T}}\sum_{i=1}^{n}\alpha_i y_i\boldsymbol{x}_i+\sum_{i=1}^{n}\alpha_i\\
&=\sum_{i=1}^{n}\alpha_i-\frac{1}{2}\left(\sum_{i=1}^{n}\alpha_i y_i\boldsymbol{x}_i\right)^{\mathrm{T}}\sum_{i=1}^{n}\alpha_i y_i\boldsymbol{x}_i\\
&=\sum_{i=1}^{n}\alpha_i-\frac{1}{2}\sum_{i,j=1}^{n}\alpha_i\alpha_j y_i y_j\boldsymbol{x}_i^{\mathrm{T}}\boldsymbol{x}_j
\end{aligned}$$

再求$\min\limits_{\boldsymbol{w},b}L(\boldsymbol{w},b,\boldsymbol{\alpha})$ 关于 $\boldsymbol{\alpha}$ 的极大值，即式（5.76）的对偶问题为

$$\max_{\boldsymbol{\alpha}}\sum_{i=1}^{n}\alpha_i-\frac{1}{2}\sum_{i,j=1}^{n}\alpha_i\alpha_j y_i y_j\boldsymbol{x}_i^{\mathrm{T}}\boldsymbol{x}_j \tag{5.79}$$

$$\text{st. }\sum_{i=1}^{n}\alpha_i y_i=0,\alpha_i\geqslant 0,\quad i=1,2,\cdots,n$$

至此，将原始问题利用拉格朗日乘子法转换为其对偶问题，对偶问题与原始优化问题的解是等价的。对偶问题是先极小化再极大化问题，仅涉及拉格朗日乘子和训练数据，而原始

问题涉及拉格朗日乘子和决策边界（划分超平面）中的参数。

解出 $\boldsymbol{\alpha}$ 之后（后续求解），即可求得 $\boldsymbol{w}$，b，从而得到最大间隔超平面，表示为

$$\boldsymbol{w}^{\mathrm{T}}\boldsymbol{x}+b=\sum_{i=1}^{n}\alpha_i y_i x_i^{\mathrm{T}}\boldsymbol{x}+b=0 \tag{5.80}$$

求解 $\boldsymbol{\alpha}$ 时，由于它对应于训练样本（x_i, y_i），需要满足一定的约束条件，实际为 KKT 条件（Karush Kuhn Tucker conditions），见式（5.81）。

$$\begin{cases}\alpha_i \geqslant 0 \\ y_i f(x_i)-1 \geqslant 0 \\ \alpha_i(y_i f(x_i)-1)=0\end{cases} \tag{5.81}$$

由此可见，对于任意训练样本（x_i, y_i），总有 $\alpha_i=0$ 或 $y_i f$（x_i）$=1$。

若 $\alpha_{\mathrm{i}}=0$，则该样本不会在 $f(\boldsymbol{x})=\sum_{i=1}^{n}\alpha_i y_i x_i^{\mathrm{T}}\boldsymbol{x}+b$ 中出现，也就不会对 $f(\boldsymbol{x})$ 有任何影响；若 $\alpha_i>0$，则必有 $y_i f(x_i)=1$，所对应的样本点位于最大间隔超平面（决策边界）上，是一个支持向量。训练完成后，大部分训练样本都不需保留，即对应的 $\alpha_i=0$。最终模型仅与支持向量有关。

4. SMO 算法求解 α

SMO（Sequential Minimal Optimization）算法是序列最小优化算法。需要寻找的是一系列拉格朗日乘子，以使得式（5.78）取极值。问题是拉格朗日乘子的值有多个，很难同时优化。SMO 算法的核心思想是把这一系列拉格朗日乘子的一个 α_i 设定为变量，其他乘子全部固定为常数。但由于限制条件 $\sum_{i=1}^{n}\alpha_i y_i=0$，一个拉格朗日乘子改变时，另一个也要随之变化。因此 SMO 算法每次选定两个变量 α_i 和 α_j，固定剩下的 $n-2$ 个参数，在参数初始化后，不断迭代直至收敛。

在选定了 α_i 和 α_j 后，式（5.79）中的约束可重写为

$$\alpha_i y_i+\alpha_j y_j=-\sum_{k=1,k\neq i,j}^{n}\alpha_k y_k, \alpha_i \geqslant 0, \alpha_j \geqslant 0 \tag{5.82}$$

则 $\alpha_j=-\dfrac{1}{y_j}\left(\sum_{k=1,k\neq i,j}^{n}\alpha_k y_k+\alpha_i y_i\right)$，将其代入式（5.79），该式中变量仅剩 α_i，得到一个关于 α_i 的单变量二次规划问题，约束为 $\alpha_i \geqslant 0$，对式中变量 α_i 求导并令其等于零，即可解出更新后的 α_i，同时也可获得更新后的 α_j，迭代执行至算法收敛，可解出 $\boldsymbol{\alpha}$。

在式（5.80）的划分超平面中，除了迭代求解 $\boldsymbol{\alpha}$ 外，还有一个偏移项 b，对任意一个支持向量（$\boldsymbol{x}_s, y_s$），都有 $y_s f(\boldsymbol{x}_s)-1=0$，即式（5.83）。

$$y_s\left(\sum_{i=1}^{n}\alpha_i y_i \boldsymbol{x}_s^{\mathrm{T}}\boldsymbol{x}_s+b\right)=1, \text{其中 } S=\{i \mid \alpha_i>0, i=1,2,\cdots,n\} \tag{5.83}$$

理论上，可选任意向量并通过求解式（5.82）获得 b。在实际应用中，有多个支持向量时，可计算出多个偏移项值，通常取它们的平均值作为最终的 b 值，即

$$b=\frac{1}{|S|}\sum_{s\in S}\left(\frac{1}{y_s}-\sum_{i=1}^{n}\alpha_i y_i \boldsymbol{x}_i^{\mathrm{T}}\boldsymbol{x}_s\right)s \tag{5.84}$$

可见，求得拉格朗日乘子后，根据支持向量可计算最优解法向量 $\boldsymbol{w}$ 和位移项 b，从而得到划分超平面 $\boldsymbol{w}^{\mathrm{T}}\boldsymbol{x}+b=0$，分类决策函数 $f(\boldsymbol{x})=\mathrm{sign}(\boldsymbol{w}^{\mathrm{T}}\boldsymbol{x}+b)$。其中，$\mathrm{sign}(z)$ 为符号函数，当 $z \geqslant 0$ 时，$f(z)=1$，即测试样本 z 被分到正类，当 $z<0$ 时，$f(z)=-1$，测试样本 z 被分到负类。

例 5.17　有一个包含 8 个训练样本的二维数据集，通过求解优化问题已得到每一个训练样本的拉格朗日乘子 α_i，见表 5.24。

表 5.24　8 个训练样本及拉格朗日乘子

x_1	x_2	y_i	α_i
0.3858	0.4687	+1	65.5261
0.4871	0.6110	−1	65.5261
0.9218	0.4103	−1	0
0.7382	0.8936	−1	0
0.1763	0.0579	+1	0
0.4057	0.3529	+1	0
0.9355	0.8132	−1	0
0.2146	0.0099	+1	0

由表 5.24 可知，只有前两个样本的拉格朗日乘子不为零，即这两个样本是该数据集中的支持向量。令 $w=(w_1,w_2)$ 和 b 为决策边界的参数，则有

$$w_1=\sum_{i=1}^{2}\alpha_i y_i x_{i1}=65.6261\times1\times0.3858+65.5261\times(-1)\times0.4871=-6.64$$

$$w_2=\sum_{i=1}^{2}\alpha_i y_i x_{i2}=65.6261\times1\times0.4687+65.5261\times(-1)\times0.6110=-9.32$$

$$b_1=1-\boldsymbol{w}x_1=1-(-6.64)\times0.3858-(-9.32)\times0.4687=7.93$$

$$b_2=-1-\boldsymbol{w}x_2=-1-(-6.64)\times0.4871-(-9.32)\times0.6110=7.93$$

对 b_1 和 b_2 取平均值得 $b=7.93$，即决策边界为 $-6.64x_1-9.32x_2+7.93=0$，如图 5.24 所示。

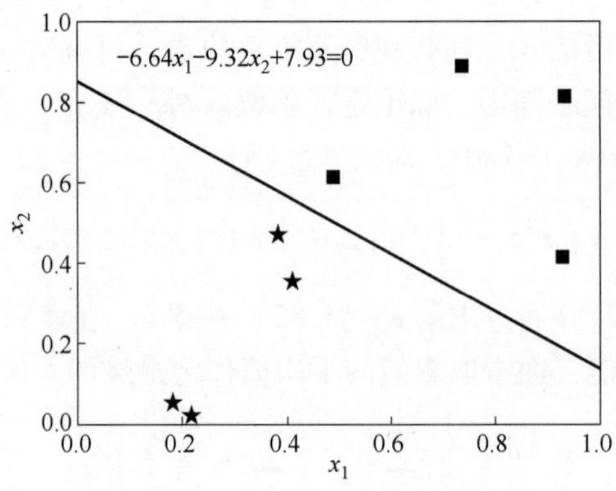

图 5.24　例 5.17 的决策边界

5.9.2 线性支持向量机与软间隔最大化

在实际应用中，由于噪声和异常的存在，样本完全线性可分往往是理想情况。通常会遇到这样的情形：训练数据中有一些异常点，若将这些异常点除去，剩余的大部分样本点组成的数据集是线性可分的，即训练数据近似线性可分。

1. 软间隔最大化

对于线性不可分（近似现性可分）的训练数据，由于不存在超平面能够将两类样本完美分开，也就是式（5.71）的条件约束不能得到满足，所以线性可分问题的支持向量机学习方法不适用于线性不可分问题。软间隔则允许分类器在一些特殊情况下出现分类错误，从而可以更好地适应某些实际问题。

软间隔最大化（Soft Margin）是指在支持向量机中，通过引入松弛变量（Slack Variable）允许一些样本点出现在分类器错误的一侧，从而允许一定程度上的分类误差。在软间隔支持向量机中，目标是在最大化“间隔”的同时，也通过引入的松弛变量来控制误分类样本对最大化间隔的影响，从而得到一个更加健壮的分类器。

对训练集中的每个样本 (x_i, y_i)，引入一个松弛变量 $\xi_i \geqslant 0$，使 $y_i(\boldsymbol{w}^{\mathrm{T}} x_i + b)$ 加上松弛变量 ξ_i 之后 $\geqslant 1$，即满足

$$y_i(\boldsymbol{w}^{\mathrm{T}} x_i + b) \geqslant 1 - \xi_i \tag{5.85}$$

对每一个松弛变量 ξ_i，都要支付一个代价。目标函数由 $\frac{1}{2}\|\boldsymbol{w}\|^2$ 变为 $\frac{1}{2}\|\boldsymbol{w}\|^2 + C\sum_{i=1}^{n}\xi_i$，其中 C 为惩罚参数，通常取决于应用问题。

于是，线性不可分（近似线性可分）的支持向量机的学习问题转化为式（5.86）所示的凸二次规划问题（原始问题）。

$$\min_{\boldsymbol{w}, b} \frac{1}{2}\|\boldsymbol{w}\|^2 + C\sum_{i=1}^{n}\xi_i \tag{5.86}$$

$$\text{st.} \quad y_i(\boldsymbol{w}^{\mathrm{T}}\boldsymbol{x}_i + b) \geqslant 1 - \xi_i, \xi_i \geqslant 0, C > 0, i = 1, 2, \cdots, n$$

式中，C 值大时对误分类的惩罚增大，C 值小时对误分类的惩罚减小。最小化目标函数包含两层含义：间隔尽量大，同时也使误分类点的数目尽量少；系数 C 在二者之间起着调和作用。

2. 学习的对偶算法

原始问题式（5.86）的求解和线性支持向量机中的对偶问题相似，先构造拉格朗日乘子函数，即

$$L(\boldsymbol{w}, b, \xi, \boldsymbol{\alpha}, \mu) = \frac{1}{2}\|\boldsymbol{w}\|^2 + C\sum_{i=1}^{n}\xi_i + \sum_{i=1}^{n}\alpha_i[1 - \xi_i - y_i(\boldsymbol{w}^{\mathrm{T}}\boldsymbol{x}_i + b)] - \sum_{i=1}^{n}\mu_i\xi_i \tag{5.87}$$

式中，$\alpha_i \geqslant 0$，$\mu_i \geqslant 0$ 是拉格朗日乘子。

对 $L(\boldsymbol{w}, b, \xi, \boldsymbol{\alpha}, \mu)$ 中的 $\boldsymbol{w}$，b，ξ_i 求偏导，并令其为零可得式（5.88）~式（5.90）。

$$\frac{\partial L}{\partial \boldsymbol{w}} = 0 \Rightarrow \boldsymbol{w} = \sum_{i=1}^{n}\alpha_i y_i \boldsymbol{x}_i \tag{5.88}$$

$$\frac{\partial L}{\partial b}=0 \Rightarrow \sum_{i=1}^{n} \alpha_i y_i = 0 \tag{5.89}$$

$$\frac{\partial L}{\partial \xi_i}=0 \Rightarrow \alpha_i + \mu_i = C \tag{5.90}$$

将式（5.88）、式（5.89）和式（5.90）代入式（5.77）得

$$\min_{\boldsymbol{w},b,\xi} L(\boldsymbol{w},b,\xi,\boldsymbol{\alpha},\mu) = \sum_{i=1}^{n} \alpha_i - \frac{1}{2}\sum_{i=1}^{n}\sum_{i=1}^{n} \alpha_i\alpha_j y_i y_j \boldsymbol{x}_i^{\mathrm{T}}\boldsymbol{x}_j \tag{5.91}$$

再对$\min\limits_{\boldsymbol{w},b,\xi} L$（$\boldsymbol{w},b,\xi,\boldsymbol{\alpha},\mu$）求$\boldsymbol{\alpha}$的极大值，并消去$\mu_i$只留$\alpha_i$，得对偶问题式，即

$$\max_{\boldsymbol{\alpha}} \sum_{i=1}^{n} \alpha_i - \frac{1}{2}\sum_{i,j=1}^{n} \alpha_i\alpha_j y_i y_j \boldsymbol{x}_i^{\mathrm{T}}\boldsymbol{x}_j \tag{5.92}$$

$$\text{st.} \sum_{i=1}^{n} \alpha_i y_i = 0,\ C \geqslant \alpha_i \geqslant 0,\ i=1,2,\cdots,n$$

可见，它与线性可分支持向量机的不同之处仅在于α_i的范围不同。

同理，线性不可分（近似线性可分）的线性支持向量机满足的 KKT 条件为

$$\begin{cases}\alpha_i \geqslant 0, \mu_i \geqslant 0 \\ y_i f(\boldsymbol{x}_i)-1+\xi_i \geqslant 0 \\ \alpha_i(y_i f(\boldsymbol{x}_i)-1+\xi_i)=0 \\ \xi_i \geqslant 0, \mu_i\xi_i = 0\end{cases} \tag{5.93}$$

使用 SMO 快速学习算法迭代求得拉格朗日乘子$\alpha_i(i=1,2,\cdots,n)$。

对于任意样本（$\boldsymbol{x}_i,y_i$），总有$\alpha_i=0$或$y_i f(\boldsymbol{x}_i)=1-\xi_i$。

若$\alpha_i=0$，则该样本不在最大间隔平面上，不是支持向量，即不会在决策函数$f(\boldsymbol{x})$中出现，也就不会对决策边界产生影响。

若$\alpha_i>0$，则有$y_i f(\boldsymbol{x}_i)=1-\xi_i$，所对应的样本点位于最大间隔边界上，是一个支持向量。据式（5.93），若$\alpha_i<C$，则$\mu_i>0$，从而$\xi_i=0$，该样本处于一个间隔边界上。

若$\alpha_i=C$，则$\mu_i=0$，此时如果$\xi_i\leqslant 1$，则该样本处于间隔边界与划分超平面之间，如果$\xi_i>1$，则该样本位于划分超平面错误分类的一侧。

得到支持向量后，与线性可分支持向量机一样，可得线性不可分（近似线性可分）支持向量机的划分超平面和决策函数，并且表达形式相同。如果输入数据是可以线性分类的，则软间隔支持向量机与硬间隔支持向量机表现相同，但即使不可线性分类，仍能学习出可行的分类规则。

例 5.18 使用 sklearn 中的 make_blobs 方法生成 200 个具有两个中心的数据集，在此数据集上使用支持向量机算法进行分类。实现代码如代码 5.2 所示。

代码 5.2 在 make_blobs 生成的数据集上使用支持向量机算法分类

```
import numpy as np
from sklearn.datasets.samples_generator import make_blobs
from sklearn.svm import SVC
from sklearn.model_selection import train_test_split
#利用 sklearn 随机生成数据
x,y = make_blobs(n_samples=200,centers=2,random_state=0,cluster_std=0.5)
x_train,x_test,y_train,y_test = train_test_split(x,y,test_size=0.3)
```

```
model = SVC(kernel='linear',C=0.4)  #初始化一个线性支持向量机
model.fit(x_train,y_train)
print(model.get_params())
pred_y_test = model.predict(x_test)
print('模型的准确度:{0}'.format(model.score(x_test,y_test)))
decision_Function=model.decision_function(x_test)
print("Decision_Function:\n",decision_Function)
```

程序运行结果如下：

```
{'C':0.4,'cache_size':200,'class_weight':None,'coef0':0.0,'decision_function_shape':'ovr','degree':3,'gamma':'auto_deprecated','kernel':'linear','max_iter':-1,'probability':False,'random_state':None,'shrinking':True,'tol':0.001,'verbose':False}
模型的准确度:1.0
Decision_Function:
[ 2.26114098  2.18164022 -3.24362349 -1.80897725 -2.62728749 -2.18171025
 -2.459363    2.39635858 -1.66616309 -2.06244611 -2.88387621 -1.88234853
 -2.48182942 -3.21997349 -2.33072349  1.83066716 -2.79067119  2.4943646
 -1.94553505 -1.85402592  2.22874726 -2.20803615 -2.27792957 -1.87934651
  1.39728938  1.98698597  2.46523027 -2.53150478  1.9759336  -1.90950001
 -2.80258675 -2.44333817  1.74799456 -1.80743535  2.48300763  2.44714542
  1.73281179  2.83788077  3.72195092 -2.30803905  2.29238416  1.89816673
  1.76016734 -1.26214172  2.08198465  1.12912055  2.61188677 -2.68066745
  1.50625289  2.23075329  1.75867127 -1.59979517  2.8405716   1.73133335
  1.95063724  1.47037263  2.32098546  2.3241532   3.42149676  2.1906496 ]
```

在该实例中，sklearn 使用 SVC( ) 方法定义模型，kernel='linear'为线性分类，$C=0.4$ 为惩罚参数（默认为 1.0）。C 值大，对误分类的惩罚增大，C 值越大越趋向于对训练集全分对的情况，对训练集测试的准确率很高，但泛化能力弱；C 值小，对误分类的惩罚减小，允许容错，将误分类的样本当成噪声点，泛化能力较强。也可以使用 LinearSVC( ) 方法，该方法不需要指定 kernel，默认为 linear。

5.9.3 非线性可分支持向量机与核函数

对于线性分类问题，线性支持向量机是一种很有效的方法。但在一些情况下，分类问题并不是线性可分或近似线性可分的。在图 5.25 中，不存在一个可以划分两类数据点的划分超平面。对于这种非线性分类问题，即使在高维空间中也不能找到一个线性超平面来分离数据。

如果原始样本空间维度有限，可通过非线性变换将原空间的样本映射转化到某个更高维特征空间中，将非线性分类问题变换为线性分类问题，然后在新的高维特征空间中用线性分类学习方法学习线性支持向量机。在这个过程中，要用到核函数。

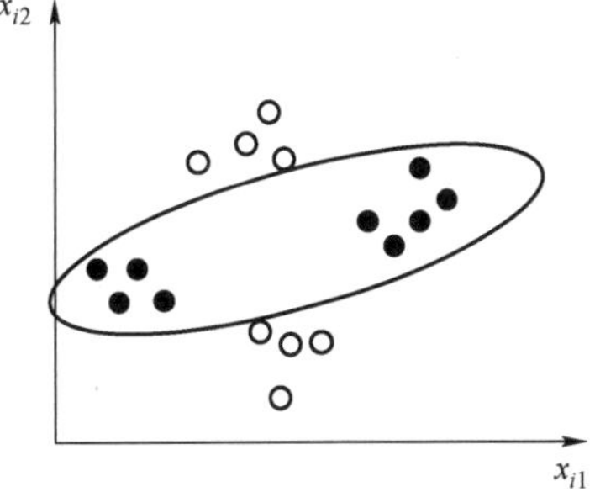

图 5.25　非线性样本空间

1. 核函数

核函数的基本思想是将样本数据从低维空间映射到高维空间，使得在高维空间中，数据线性可分。通过这种方式，支持向量机可以在高维空间中找到一个线性超平面来分离两种类别的样本。

核函数是一个实值函数，它可以将原始空间中的数据映射到另一个高维特征空间中，并在该特征空间中计算数据之间的内积。具体来说，设 $\boldsymbol{x}$ 和 $\boldsymbol{y}$ 为原始空间中的两个向量，$\boldsymbol{\phi}(\boldsymbol{x})$ 为一个原始空间到高维特征空间的映射函数，那么核函数 $k(\boldsymbol{x},\boldsymbol{y})$ 可以表示为

$$k(\boldsymbol{x},\boldsymbol{y})=\boldsymbol{\phi}(\boldsymbol{x})^{\mathrm{T}}\boldsymbol{\phi}(\boldsymbol{y}) \tag{5.94}$$

表 5.25 列举了几种常用的核函数。

表 5.25 常用的核函数

名　称	核　函　数	参　数
线性核	$k(\boldsymbol{x}_i,\boldsymbol{x}_j)=\boldsymbol{x}_i^{\mathrm{T}}\boldsymbol{x}_j$	无参数
多项式核	$k(\boldsymbol{x}_i,\boldsymbol{x}_j)=(\boldsymbol{x}_i^{\mathrm{T}}\boldsymbol{x}_j)^d$	$d\geqslant 1$, d 是多项式次数
高斯核	$k(\boldsymbol{x}_i,\boldsymbol{x}_j)=\exp\left(-\dfrac{\Vert\boldsymbol{x}_i-\boldsymbol{x}_j\Vert^2}{2\sigma^2}\right)$	$\sigma\geqslant 0$
拉普拉斯核	$k(\boldsymbol{x}_i,\boldsymbol{x}_j)=\exp\left(-\dfrac{\Vert\boldsymbol{x}_i-\boldsymbol{x}_j\Vert}{\sigma}\right)$	$\sigma\geqslant 0$
Sigmoid 核	$k(\boldsymbol{x}_i,\boldsymbol{x}_j)=\tanh(\alpha\boldsymbol{x}_i^{\mathrm{T}}\boldsymbol{x}_j+c)$	$\alpha\geqslant 0, c<0$

希望样本在特征空间内线性可分，因此特征空间对支持向量机的性能至关重要。需注意的是，在不知道特征映射的形式时，并不知道什么样的核函数是合适的，而核函数也仅是隐式地定义了这个特征空间。于是，核函数的选择成为支持向量机的最大变数。若核函数选择得不合适，则意味着将样本映射到了一个不合适的特征空间，很可能导致性能不佳。因此核函数的选择是非线性支持向量机模型性能好坏的最大影响因素。

在实际应用中，核函数的选择往往依赖领域知识，所选核函数的有效性需要通过实验验证。

2. 核函数在支持向量机中的应用

令 $\boldsymbol{\phi}(\boldsymbol{x})$ 为 $\boldsymbol{x}$ 映射后的特征向量。经过映射，图 5.25中的数据点在新空间的分布如图 5.26 所示。在映射后的特征空间中，能够根据线性分类学习方法找到划分超平面。

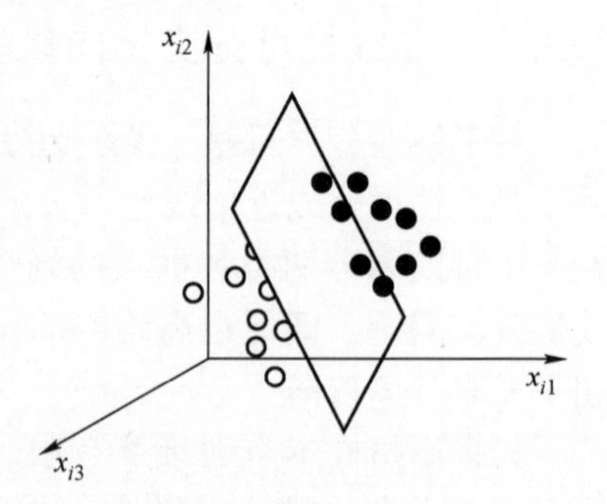

图 5.26 非线性样本映射到更高维空间

引入 $\boldsymbol{\phi}(\boldsymbol{x})$ 后，对应的模型可表示为

$$f(\boldsymbol{x})=\boldsymbol{w}^{\mathrm{T}}\boldsymbol{\phi}(\boldsymbol{x})+b \tag{5.95}$$

式中，$\boldsymbol{w}$ 和 b 是模型参数。

对应于式（5.79）或式（5.92），即对偶问题的目标函数为

$$\max_{\boldsymbol{\alpha}} \sum_{i=1}^{n} \alpha_i - \frac{1}{2}\sum_{i,j=1}^{n} \alpha_i\alpha_j y_i y_j \boldsymbol{\phi}(\boldsymbol{x}_i)^{\mathrm{T}}\boldsymbol{\phi}(\boldsymbol{x}_j) \tag{5.96}$$

$$\text{st.} \sum_{i=1}^{n} \alpha_i y_i = 0, \alpha_i \geqslant 0, i = 1,2,\cdots,n$$

求解式（5.96）时，需要计算 $\boldsymbol{\phi}(\boldsymbol{x}_i)^{\mathrm{T}}\boldsymbol{\phi}(\boldsymbol{x}_j)$，直接计算通常会因为维度高而遇到困难。为了避开维度高导致的计算复杂问题，可设想一个核函数 $k(\boldsymbol{x},\ \boldsymbol{y})=\boldsymbol{\phi}(\boldsymbol{x})^{\mathrm{T}}\boldsymbol{\phi}(\boldsymbol{y})$，使得 $\boldsymbol{x}_i$，$\boldsymbol{x}_j$ 在映射后的高维空间的内积可以通过函数 k 在原始空间中计算出来。由核函数得

$$k(\boldsymbol{x}_i,\boldsymbol{x}_j)=\boldsymbol{\phi}(\boldsymbol{x}_i)^{\mathrm{T}}\boldsymbol{\phi}(\boldsymbol{x}_j) \tag{5.97}$$

从而式（5.96）可重写为

$$\max_{\boldsymbol{\alpha}} \sum_{i=1}^{n} \alpha_i - \frac{1}{2}\sum_{i,j=1}^{n} \alpha_i\alpha_j y_i y_j k(\boldsymbol{x}_i,\boldsymbol{x}_j) \tag{5.98}$$

$$\text{st.} \sum_{i=1}^{n} \alpha_i y_i = 0, \alpha_i \geqslant 0, i = 1,2,\cdots,n$$

求解即可得到模型为

$$\begin{aligned} f(\boldsymbol{x}) &= \boldsymbol{w}^{\mathrm{T}}\boldsymbol{\phi}(\boldsymbol{x}) + b \\ &= \sum_{i=1}^{n} \alpha_i y_i \boldsymbol{\phi}(\boldsymbol{x}_i)^{\mathrm{T}}\boldsymbol{\phi}(\boldsymbol{x}) + b \\ &= \sum_{i=1}^{n} \alpha_i y_i k(\boldsymbol{x}_i,\boldsymbol{x}) + b \end{aligned} \tag{5.99}$$

可以看出，模型中的内积用核函数来代替。于是分类决策函数为

$$f(\boldsymbol{x}) = \mathrm{sign}\left(\sum_{i=1}^{n} \alpha_i y_i k(\boldsymbol{x}_i,\boldsymbol{x}) + b\right) \tag{5.100}$$

决策函数中的 k 即核函数，它将原始空间的计算变换成了新的特征空间的内积。在新的特征空间，从训练样本中学习线性支持向量机。当映射函数是非线性函数时，学习到的含有核函数的支持向量机就是非线性分类模型了。

例 5.19 使用 sklearn 库中的非线性支持向量机方法 SVR 对其中集成的波士顿房价数据分类，对比不同核函数对分类的影响。可观察到除核函数外，支持向量机对参数非常敏感。实现代码如代码 5.3 所示。

代码 5.3 利用 sklearn 库中的 SVR 对波士顿房价数据分类

```
from sklearn.datasets import load_boston
from sklearn.model_selection import train_test_split
from sklearn.svm import SVR
from sklearn.preprocessing import StandardScaler
from sklearn import metrics
#导入数据集
boston = load_boston()
data = boston.data
target = boston.target
```

```
#数据预处理
x_train,x_test,y_train,y_test = train_test_split(data,target,test_size=0.3)
Stand_data = StandardScaler()  #特征标准化
Stand_target = StandardScaler()  #标签标准化
x_train = Stand_data.fit_transform(x_train)
x_test = Stand_data.transform(x_test)
y_train = Stand_target.fit_transform(y_train.reshape(-1,1))
y_test = Stand_target.transform(y_test.reshape(-1,1))

clf = SVR(kernel='rbf',C=10,gamma=0.1,coef0=0.1)
clf.fit(x_train,y_train)
y_pred = clf.predict(x_test)
print("高斯核函数 R2 得分:",metrics.r2_score(y_test,y_pred.reshape(-1,1)))

clf = SVR(kernel='sigmoid',C=10,gamma=0.1,coef0=0.1)
clf.fit(x_train,y_train)
y_pred = clf.predict(x_test)
print("Sigmoid 核函数 R2 得分:",metrics.r2_score(y_test,y_pred.reshape(-1,1)))

clf = SVR(kernel='poly',C=10,gamma=0.1,coef0=0.1)
clf.fit(x_train,y_train)
y_pred = clf.predict(x_test)
print("多项式核函数 R2 得分:",metrics.r2_score(y_test,y_pred.reshape(-1,1)))
```

程序运行结果:

```
高斯核函数 R2 得分:0.876511494463386
Sigmoid 核函数 R2 得分:-3885.081368289416
多项式核函数 R2 得分:0.8365866993106329
```

可以看出，三种核函数对分类有很大的影响，其中高斯核函数的性能最好，多项式核函数次之。所选核函数对不同的样本集效果不同，可使用网格搜索 GridSearchCV()方法进行优化选择。使用 GridSearchCV()方法优化代码 5.3，优化后代码如代码 5.4 所示。

代码 5.4　使用 GridSearchCV() 方法优化代码 5.3

```
from sklearn.datasets import load_boston
from sklearn.model_selection import train_test_split
from sklearn.svm import SVR
from sklearn.preprocessing import StandardScaler
from sklearn import metrics
from sklearn.model_selection import GridSearchCV
import numpy as np
# 导入数据集
boston = load_boston()
```

```
data = boston.data
target = boston.target

# 数据预处理
x_train,x_test,y_train,y_test = train_test_split(data,target,test_size=0.3)
Stand_data = StandardScaler() # 特征标准化
Stand_target = StandardScaler() # 标签标准化
x_train = Stand_data.fit_transform(x_train)
x_test = Stand_data.transform(x_test)
y_train = Stand_target.fit_transform(y_train.reshape(-1,1))
y_test = Stand_target.transform(y_test.reshape(-1,1))

clf = GridSearchCV(SVR(),param_grid={'kernel':['poly','sigmoid','rbf'],\
     'C':[0.1,1,10],'gamma': [0.1,1,10]},cv=5)
clf.fit(x_train,np.ravel(y_train))
print("最优模型参数:",clf.best_params_)
print("平均交叉验证分数:",clf.best_score_)
```

程序运行结果：

```
最优模型参数:{'C':10,'gamma':0.1,'kernel':'rbf'}
平均交叉验证分数:0.8101224758329396
```

5.9.4 支持向量机的优缺点

支持向量机（SVM）具有完善的数学理论，是一个非常优雅的算法，常见于解决分类和回归问题。SVM 具有以下优缺点：

1. SVM 的优点

（1）在高维空间中有效。SVM 在高维空间中表现良好，可以处理高维数据，这使得它在文本分类、图像分类等任务中非常有用。

（2）有效避免过拟合。SVM 采用结构化风险并使其最小化的方法选择模型，这可以有效避免过拟合，提高泛化性能。

（3）易于解释。SVM 的决策边界是由一些支持向量组成的，这些支持向量对于理解分类器的决策边界非常重要，从而使得 SVM 的结果比较容易解释。

（4）可以处理非线性问题。通过使用核函数，SVM 可以将数据映射到高维空间中，从而能够处理非线性分类和回归问题。

2. SVM 的缺点

（1）对大规模数据集的处理效率较低。当训练集规模很大时，SVM 的训练时间消耗和内存消耗都会很高，因此它在大规模数据集上的处理效率相对较低。

（2）对参数的选择比较敏感。SVM 有多个参数需要调整，包括核函数的类型和参数、正则化参数等，对参数的选择比较敏感，需要经过反复实验才能得到比较好的结果。

（3）不能直接处理多分类问题。SVM 最初只是针对二分类问题的，因此处理多分类问题时需要使用诸如一对多策略等额外处理。

5.10 集成学习方法

在有监督学习算法中，目标是学习出一个稳定的且在各个方面都表现得较好的模型，但实际情况往往不理想，有时只能得到多个有偏好的、在某些方面表现得比较好的弱监督模型。集成学习（Ensemble Learning）就是将多个弱学习模型集成，通过组合多个模型来消除单个模型中的偏差，以期得到一个更好的、更全面的强学习模型。集成学习本身并不是一个单独的机器学习算法，而是通过构建并结合多个机器学习器来完成学习任务的学习技术。集成学习可以用于分类问题集成、回归问题集成、特征选取集成、异常点检测集成等。与单一模型相比，组合模型可以在准确性、稳健性和泛化能力等方面有更好的表现。

5.10.1 基本原理

在机器学习领域，如何根据训练样本学习一个精确的分类模型（即分类器），从而得到准确的分类结果，这是需要解决的主要问题。通常，通过训练样本应用某个算法得出一个训练模型，使用测试数据来评估这个模型的预测准确率。如果这个准确率可以接受，就将该模型用于预测。然而，寻找一个有高准确率的模型往往是困难的。

Kearns 和 Valiant 在 1988 年和 1994 年分别发表论文，提出弱可学习理论模型，论文中指出了一个非常重要的事实，即在一定条件下，即使一个学习算法只能比随机猜测稍微好一些，也可以通过集成多个这样的弱分类器，获得一个强分类器，这个强分类器的预测性能可以远远超过任何单个弱分类器。1990 年 Schapire 已经证明强学习和弱学习是相互等价的，即如果一个学习问题可以被强学习算法解决，那么一定可以被弱学习算法解决，反之亦然。这意味着比一个随机猜测好一些的弱分类器，可以被某种集成方法提升为强分类器。集成学习的示意图如图 5.27 所示。

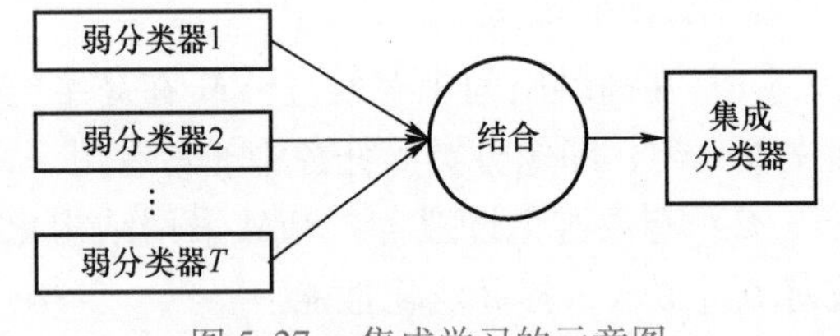

图 5.27 集成学习的示意图

集成学习中的弱学习器，即个体学习器或基学习器，可分为两类：第一类是所有个体学习器都是同一个种类的，称为同质，如都是决策树，或者都是神经网络；第二类是个体弱学习器不全是同一类的，称为异质，如对训练集采用支持向量机、逻辑回归和朴素贝叶斯方法来学习的个体学习器，它们通过某种结合策略相结合以确定最终的强学习器。目前同质弱学习器的应用更广泛，同质弱学习器使用最多的模型是 CART 决策树和神经网络等。

1. 同质弱学习器

同质弱学习器按照学习器之间是否存在依赖关系可以分为两类。第一类是弱学习器之间不存在强依赖关系，一系列弱学习器可以被并行生成，称为并行集成学习，其代表方法有袋装（Bagging，全称为 Bootstrap Aggregating）和随机森林（Random Forest）等；第二类是弱学习器之间存在强依赖关系，一系列弱学习器需要被串行生成，称为串行集成学习，其代表方法是提升（Boosting）系列算法，如 AdaBoost 算法。

（1）并行集成学习算法。并行集成学习（Parallel Ensemble Learning）的弱学习器之间不存在强依赖关系。这些弱学习器可以通过并行训练得到，然后这一系列弱学习器被组合，而得到强学习器。

Bagging 是典型的并行集成学习算法。首先根据均匀概率分布从数据集中有放回地自助采样：给定包含 m 个样本的训练数据集，每次采样先随机抽取一个样本放入采样集中，再把该样本放回训练数据集（下次采样时该样本仍有可能被选中），同样方法抽取下一个样本，直到抽取 m 个样本。每次抽取的 m 个样本的采样集不同，训练得到不同的弱学习器，然后使用投票法（分类）或求平均（回归）集成弱学习器，以获得最终结果。Bagging 算法关注降低模型的方差，从而提高模型的泛化能力，学习流程如图 5.28 所示。

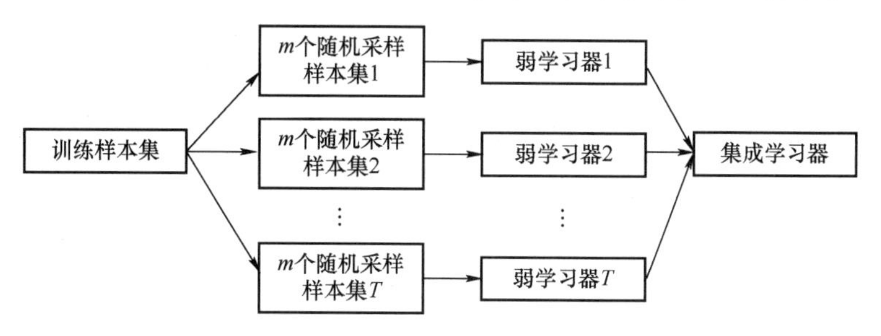

图 5.28　Bagging 算法学习流程

（2）串行集成学习算法。串行集成学习方法（Sequential Ensemble Learning）串行地训练一系列弱学习器，每个弱学习器都基于先前学习器的输出，将这一系列弱学习器集成，得到强学习器。

Boosting 系列算法是典型的串行集成学习算法。Boosting 系列算法的弱学习器之间有强依赖关系，必须串行运行，如图 5.29 所示。Boosting 算法的工作机制是，首先从训练集用初始权重训练出弱学习器，根据弱学习器的学习误差率来更新训练样本的权重，使得在弱学习器中学习误差率高的训练样本的权重变大，权重较大的样本在后面的弱学习器学习中得到更多的重视，基于调整权重后的训练集来训练弱学习器，如此重复，直到弱学习器个数达到事先指定的数目 T，最终将 T 个弱学习器通过某种组合策略集成，得到强学习器。Boosting 算法重点关注分类错误的样本，以期得到更好的整体性能。

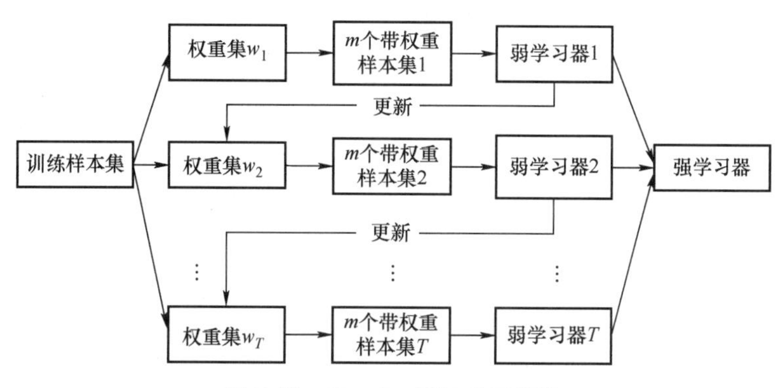

图 5.29　Boosting 算法学习流程

2. 集成策略

假定通过训练得到 T 个弱学习器 $\{h_1, h_2, \cdots, h_T\}$，其中 h_i 在样本 x 上的输出为 $h_i(x)$，弱

分类器 $h_i(x)$ 的集成策略分以下几种：

（1）平均法。对于回归问题，通常使用算术平均法或加权平均法作为集成策略。

最简单的平均是算术平均，最终预测计算公式为

$$H(x)=\frac{1}{T}\sum_{i=1}^{T}h_i(x) \tag{5.101}$$

如果每个弱学习器 $h_i(x)$ 有一个权重 w_i，则最终预测计算公式为

$$H(x)=\sum_{i=1}^{T}w_ih_i(x),w_i\geqslant 0,\sum_{i=1}^{T}w_i=1 \tag{5.102}$$

（2）投票法。对于分类问题的预测，通常使用的集成策略是投票法。投票法有“硬投票”（Hard Voting）与“软投票”（Soft Voting）之分。在硬投票法中，学习器的预测结果是类标记；在软投票法中，学习器的预测结果是类概率。下面介绍硬投票法中的相对多数投票法、绝对多数投票法和加权投票法。

假设类别标签集合为$\{c_1,c_2,\cdots,c_k\}$，对于任意一个测试样本 x，$h_i^j(x)$ 为弱学习器 $h_i(x)$ 在类别标签 c_j 上的输出（$j=1,2,\cdots,k$）。

相对多数投票法的投票原则就是常说的少数服从多数。T 个弱学习器对样本类别的预测中，数量最多的类别作为最终的预测结果，见式（5.103）。如果不止一个类别票数最高，则随机选择其中之一作为最终的预测结果。

$$H(x)=c_p,p=\underset{j}{\operatorname{argmax}}\sum_{i=1}^{T}h_i^j(x) \tag{5.103}$$

绝对多数投票法的投票原则就是常说的票过半数，即在相对多数投票法的基础上，不仅要求获得最高票，还要求票过半数，否则会拒绝预测，见式（5.104）。在可靠性要求较高的学习任务中，这是一个很好的机制。

$$H(x)=\begin{cases}c_p,\sum_{i=1}^{T}h_i^p(x)>\frac{1}{2}\sum_{k=1}^{N}\sum_{i=1}^{T}h_i^k(x)\\ \text{拒绝(reject)},\text{其他(otherwise)}\end{cases} \tag{5.104}$$

加权投票法和加权平均法一样，每个弱学习器的分类票数要乘以一个权重，最终将各类别的加权票数求和，最大值对应的类别为最终类别，见式（5.105）。

$$H(x)=c_p,\ p=\underset{j}{\operatorname{argmax}}\sum_{i=1}^{T}w_ih_i^j(x),\ w_i\geqslant 0,\ \sum_{i=1}^{T}w_i=1 \tag{5.105}$$

（3）学习法。当训练样本数据很多时，更为强大的集成策略是“学习法”。学习法首先学习多个弱学习器，组合多个弱学习器的输出后，再次学习得到强学习器，典型代表为Stacking。

Stacking 从初始数据集训练出个体学习器，再把个体学习器的输出组合成新的数据集，然后通过算法学习个体学习器的输出集合，最终得到强学习器。个体学习器被称为初级学习器，用于集成的学习器被称为次级学习器。

5.10.2 随机森林

随机森林（Random Forest，RF）是 Bagging 的一个变体，最早由 Leo Breiman 和 Adele Cutler 提出。随机森林试图构造多个相关决策树，并组合多个决策树分类器来提高泛化性

能。它兼顾了解决回归问题和分类问题的能力，是最常用的也是最强大的监督学习算法之一。随机森林基于 Bagging 的思想，将多棵决策树组合在一起。对于分类问题，其输出类别由各决策树输出类别的众数所决定；对于回归问题中，最终的结果是各决策树输出的平均值。

给定一个由 n 个实例和 d 个属性组成的训练集 D，随机森林生成集成分类器的步骤如下：

1）样本随机选取。从 D 中采取有放回抽样方法，随机抽取 n 个样本 D_i，$i=(1,2,\cdots,n)$，它们组成决策树的训练数据集。假设使用 D_i 来学习决策树 T_i。

2）特征随机选择。传统决策树在选择划分属性时，会在当前节点的属性集合中选择一个最优属性；在随机森林中，对个体决策树的每个节点，先从该节点的属性集合中随机选择一个包含 k 个属性的子集，再从该子集中选择一个最优属性用于划分。参数 k 控制随机性的引入程度，若 $k=d$，则个体决策树的构建与传统决策树相同；若 $k=1$，则随机选择一个属性用于划分。k 越小模型越健壮，此时对训练集的拟合程度会越差。文献中一般建议 $k=\sqrt{d}$ 或 $k=\log_2 d$，但对于给定的训练集，合适的 k 值总是可以通过在验证集上不断调整来得到。

3）重复步骤 1）和 2）建立 T 棵 CART 树 T_i，这些树都要完全成长且不被修剪，这些树形成了森林。

4）根据树的预测结果投票，决定样本的最后预测类别。

例 5.20 使用 sklearn 自带的乳腺癌数据集，建立随机森林，并使用交叉验证 cross_val_score()方法计算模型的平均得分。实现代码如代码 5.5 所示。

代码 5.5 在乳腺癌数据集上建立随机森林并计算交叉验证的平均得分

```
from sklearn.datasets import load_breast_cancer
from sklearn.ensemble import RandomForestClassifier
from sklearn.model_selection import cross_val_score

breast = load_breast_cancer()
data = breast.data
target = breast.target

rfc = RandomForestClassifier(n_estimators=100,random_state=90)
score_pre = cross_val_score(rfc,data,target,cv=10).mean()
print("平均得分:{0}".format(score_pre))
```

程序运行结果：

```
平均得分:0.9666925935528475
```

sklearn 中 RandomForestClassifier()的主要参数有：子树的数量 n_estimators，树的最大生长深度 max_depth，叶子的最小样本数量 min_samples_leaf，分支节点的最小样本数量 min_samples_split，最大选择特征数 max_features，其中 n_estimators 是影响程度最大的参数。通常参数的取值不固定，最佳参数的选择需要使用网格搜索 GridSearchCV()方法调优。当模型复杂度不足时，机器学习不足，会出现欠拟合现象，泛化误差会很大；当复杂度逐渐提高到最佳模型复杂度时，泛化误差会达到最低点；若复杂度继续提高，泛化误差则会从最小值开始逐渐增大，出现过拟合现象。

比如，对 n_estimators 参数的网格搜索，如代码 5.6 所示。

代码 5.6　对 n_estimators 参数的网格搜索

```
from sklearn.datasets import load_breast_cancer
from sklearn.ensemble import RandomForestClassifier
from sklearn.model_selection import cross_val_score
from sklearn.model_selection import GridSearchCV
import numpy as np

breast = load_breast_cancer()
data = breast.data
target = breast.target

rfc = RandomForestClassifier(random_state=90)
#用网格搜索调整 n_estimators
param_grid = {'n_estimators':np.arange(1,200,10)}
GS = GridSearchCV(rfc,param_grid,cv=10)
GS.fit(data,target)

best_param = GS.best_params_
best_score = GS.best_score_
print(best_param,best_score)
```

程序运行结果如下：

```
{'n_estimators':41} 0.968365553602812
```

随机森林是一种灵活的、便于使用的集成学习算法，执行分类和回归任务时，即使没有进行超参数调整，大多数情况下也会有好的结果，被誉为“代表集成学习技术水平的方法”。

（1）随机森林算法的优点。

1）由于采用了集成算法，随机森林算法的精度比大多数单模型算法的要好，准确性高。

2）在测试集上表现良好，由于两个随机性的引入，随机森林算法不容易陷入过拟合。

3）由于两个随机性的引入，随机森林算法具有一定的抗噪声能力，即鲁棒性较强。

4）由于决策树的集成，随机森林可以处理非线性数据，因此属于非线性分类模型。

5）能够处理很高维度的数据，并且不用做特征选择，对数据集的适应能力强，既能处理离散型数据，也能处理连续型数据，数据集无须规范化。

6）训练速度快，可以运用在大规模数据集上。

7）可以处理缺失值，不用对缺失值进行额外处理。

8）由于存在袋外数据（OOB），因此可以在模型生成过程中取得真实误差的无偏估计，且不损失训练数据量。

9）在训练过程中，能够检测到特征之间的互相影响，且可以得出特征的重要性，这有助于理解哪些特征对模型的贡献最大。

10）由于每棵树可以独立且同时生成，故容易使用并行化方法。

（2）随机森林算法的缺点。

1）当随机森林中的决策树个数很多时，训练需要的空间比较大，时间比较长。

2）在某些噪声数据量比较大的样本集上，随机森林模型容易陷入过拟合。

3）划分取值比较多的特征容易对随机森林的决策产生更大的影响，从而影响拟合模型的效果。

5.10.3 AdaBoost 算法

AdaBoost（Adaptive Boosting）即自适应增强算法，它是最具有代表性的 Boosting 方法，将多个弱分类器组合成强分类器，由 Yoav Freund 和 Robert Schapire 在 1995 年提出。它的自适应体现在前一个弱分类器分错的样本的权重会得到加强，迫使下一个弱学习器更多地关注错误分类的样本，权重更新后的样本被用来训练下一个新的弱分类器。在每轮训练中，用样本总体训练新的弱分类器，产生新的样本权重以及该弱分类器的权重，不断迭代，直到达到预定的错误率或指定的最大迭代次数。

1. AdaBoost 算法的步骤

1）初始化训练样本的权重分布。设训练集中有 n 个样本，则每一个训练样本最开始时都被赋予相同的权重 $1/n$，D_1 表示样本权重，见式（5.106），假设有 T 个弱分类器。

$$D_1=(w_{11},w_{12},\cdots,w_{1i},\cdots,w_{1n}),w_{1i}=\frac{1}{n},i=1,2,\cdots,T \tag{5.106}$$

2）进行 T 次迭代训练弱分类器 $h_k(x)$。具体训练中，如果某个样本已经被准确地分类，那么在构造的下一个训练集中，它的权重就被降低；相反，如果某个样本点没有被准确地分类，那么它的权重就被提高。以这样的方式，得到弱分类器对应的权重。更新权重后的样本集被用于训练下一个分类器，整个训练过程如此迭代进行。

多元分类是二元分类的推广，故假设分类问题是二元分类，输出为$\{-1,1\}$，则：

① 第 k 个弱分类器 $h_k(x)$ 在训练集上的加权误差率为

$$e_k=\sum_{i=1}^{n}P(h_k(x_i)\neq y_i)=\sum_{i=1}^{n}w_{ki}I(h_k(x_i)\neq y_i) \tag{5.107}$$

② 对于二元分类问题，第 k 个弱分类器 $h_k(x)$ 的权重系数为

$$\alpha_k=\frac{1}{2}\ln\frac{1-e_k}{e_k} \tag{5.108}$$

从式（5.107）式可以看出，分类误差率 e_k 越大，则对应的弱分类器权重系数 a_k 越小，也就是说，误差率越小的弱分类器权重系数越大。

③ 假设第 k 个弱分类器的样本集权重系数为 $D_k=(w_{k1},w_{k2},\cdots,w_{kn})$，则对应的第 $k+1$ 个弱分类器的样本集权重系数为

$$w_{(k+1),i}=\frac{w_{ki}}{Z_k}\exp(-\alpha_k y_i h_k(x_i)) \tag{5.109}$$

式中，Z_k 是规范化因子，见式（5.110）。规范化是为了使更新后的权重和为 1。

$$Z_k = \sum_{i=1}^{n} w_{ki}\exp(-\alpha_k y_i h_k(x_i)) \tag{5.110}$$

从 $w_{(k+1),i}$ 计算公式可以看出，如果第 i 个样本分类错误，则 $y_i h_k(x_i) < 0$，导致样本的权重在第 $k+1$ 个弱分类器中增大；如果分类正确，则权重在第 $k+1$ 个弱分类器中减小。

3）将各个训练所得到的弱分类器组合成强分类器。各个弱分类器的训练过程结束后，分类误差率小的弱分类器的权重较大，在最终的分类函数中起着较大的作用；分类误差率大的弱分类器的权重较小，在最终的分类函数中起着较小的作用。AdaBoost 分类采用的是加权表决法，由弱分类器的线性组合实现，即

$$f(x) = \sum_{k=1}^{T} \alpha_k h_k(x) \tag{5.111}$$

最终的强学习器即

$$H(x) = \text{sign}(f(x)) = \text{sign}\left(\sum_{k=1}^{T} \alpha_k h_k(x)\right) \tag{5.112}$$

例 5.21 给定的训练数据集见表 5.26，假设弱分类器由 $x<\theta$ 或 $x \geqslant \theta$ 产生，其中阈值 θ 使该分类器在训练数据集上的分类误差最低。

表 5.26 训练数据集

序号	1	2	3	4	5	6	7	8	9	10
x	0	1	2	3	4	5	6	7	8	9
y	1	1	1	−1	−1	−1	1	1	1	−1

使用 AdaBoost 训练一个强学习器的步骤如下：

1）初始化数据权重分布 $D_1=(w_{1,1}, w_{1,2}, \cdots, w_{1,10})$，$w_{1i}=0.1$，$i=1,2,\cdots,10$，则 $m=1$ 轮迭代过程为：

① 在权重分布 D_1 的训练数据集上，阈值 θ 为 2.5 时分类误差最低，故

$$G_1(x)=\begin{cases} 1, & x<2.5 \\ -1, & x \geqslant 2.5 \end{cases}$$

② $G_1(x)$ 的误差率 $e_1=P(G_i(x_i) \neq y_i)=0.3$。

③ 计算 $G_1(x)$ 的系数

$$\alpha_1=\frac{1}{2}\log\frac{1-e_1}{e_1}=0.3$$

④ 更新权重分布 D_1，得到权重分布 $D_2=(w_{2,1}, w_{2,2}, \cdots, w_{2,10})$，$w_{2i}=\dfrac{w_{1i}}{z_1}\exp(-\alpha_1 y_i G_1(x_i))$，$z_m=\sum_{i=1}^{n} w_{mi}\exp(-\alpha_m y_i G_m(x_i))$，计算得到 $D_2=(0.07143, 0.07143, 0.07143, 0.07143, 0.07143, 0.07143, 0.07143, 0.16667, 0.16667, 0.16667, 0.07143)$，则 $f_1(x)=0.4236G_1(x)$，分类器 $\text{sign}(f_1(x))$ 在训练集上有 3 个误分类点。

2）$m=2$ 轮迭代中，根据 D_2 重新训练分类器。

① 对权重分布 D_2，阈值 θ 为 8.5 时分类误差最低。

② $G_2(x)$ 的误差率 $e_2=0.2143$。

③ 计算 $G_2(x)$ 的系数

$$\alpha_2=\frac{1}{2}\log\frac{1-e_2}{e_2}=0.6496$$

④ 利用步骤 1）的方法更新权重分布 D_2，得到权重分布 $D_3=(w_{3,1},w_{3,2},\cdots,w_{3,10})$，得到 $D_3=(0.0455,0.0455,0.0455,0.1667,0.1667,0.1667,0.1060,0.1060,0.1060,0.0455)$，则 $f_2(x)=0.4236G_1(x)+0.6496G_2(x)$，分类器 $\text{sign}(f_2(x))$ 在训练集上有 3 个误分类点。

3）$m=3$ 轮迭代中，根据 D_3 重新训练分类器。

① 在权重分布 D_3，阈值 θ 为 5.5 时分类误差最低。

② $G_3(x)$ 的误差率 $e_3=0.1820$。

③ 计算 $G_3(x)$ 的系数

$$\alpha_3=\frac{1}{2}\log\frac{1-e_3}{e_3}=0.7514$$

④ 利用步骤 1）的方法更新权重分布 D_3，得到权重分布 $D_4=(w_{4,1},w_{4,2},\cdots,w_{4,10})$，得到 $D_4=(0.125,0.125,0.125,0.102,0.102,0.102,0.065,0.065,0.065,0.125)$，则 $f_3(x)=0.4236G_1(x)+0.6496G_2(x)+0.7514G_3(x)$，分类器 $\text{sign}(f_3(x))$ 在训练集上误分类点的个数为 0，故得到最终的强分类器为 $G(x)=\text{sign}(f_3(x))=\text{sign}(0.4236G_1(x)+0.6496G_2(x)+0.7514G_3(x))$。

例 5.22 以 sklearn 库自带的手写体数字数据集为例，使用 AdaBoost 模型对其分类。

实现代码如代码 5.7 所示。

代码 5.7 使用 AdaBoost 模型对手写体数字数据集分类

```
from sklearn.ensemble import AdaBoostClassifier
from sklearn.datasets import load_digits
from sklearn.model_selection import train_test_split
from sklearn.tree import DecisionTreeClassifier
digits=load_digits()
data=digits.data
target=digits.target
#数据划分
x_train,x_test,y_train,y_test = train_test_split(data,target,test_size=0.3)
#模型定义
clf=AdaBoostClassifier(DecisionTreeClassifier(max_depth=5),n_estimators=40)
clf.fit(x_train,y_train)

y_pred=clf.predict(x_test)
print("训练集模型的准确率:{0}".format(clf.score(x_train,y_train)))
print("测试集模型的准确率:{0}".format(clf.score(x_test,y_test)))
```

程序运行结果如下：

```
训练集模型的准确率:0.9984089101034208
测试集模型的准确率:0.9425925925925925
```

AdaBoostClassifier( )方法中的第一个参数 base_estimator 指定弱学习器，默认是决策树。sklearn 实现了两种 AdaBoost 分类算法：SAMME 和 SAMME. R。两者的主要区别是弱学习器权重的度量不同，SAMME 以对样本集分类的效果作为弱学习器权重，而 SAMME. R 使用对样本集分类的预测概率作为弱学习器权重。由于 SAMME. R 使用了概率度量的连续值，迭代一般比 SAMME 快，因此 AdaBoostClassifier 的默认算法 algorithm 的值也是 SAMME. R。

2. AdaBoost 的优点和缺点

（1）AdaBoost 算法的优点

1）很好地利用了弱分类器进行级联。

2）AdaBoost 并没有限制弱学习器的种类，所以可以使用不同的学习算法来构建弱分类器。

3）具有很高的精度。

4）相对于 Bagging 和随机森林，AdaBoost 充分考虑了每个分类器的权重。

5）AdaBoost 的参数较少，实际应用中不需要调节太多的参数。

（2）Adaboost 算法的缺点

1）数据不平衡问题导致分类精度下降。

2）训练耗时，主要是多个弱分类器的训练耗时。

3）弱分类器的数目不易设定，可以使用交叉验证设定。

4）对异常样本敏感。由于 AdaBoost 会增加错误样本的权重，因此异常样本会获得高权重，从而影响最终分类器的精度。

5.10.4 类别不平衡数据的分类

类别不平衡（Class Imbalance）（简称不平衡）数据的分类是指分类任务中不同类别的训练样本数目差别很大。不平衡数据集经常出现在实际应用数据集中，比如银行欺诈、异常检测、网络攻击、医疗诊断等数据集中。不平衡数据的学习是在分布不均匀的数据集中学习到有用的信息。

传统的学习方法以降低总体分类精度为目标，对所有样本一视同仁，造成了分类器在多数类上的分类精度较高而在少数类上的分类精度较低。机器学习模型都有一个待优化的损失函数，以优化总体的精度为目标，不同类别的误分类情况产生的误差是相同的，很显然这样的学习效果不是很好，因此传统的学习算法在不平衡数据集中具有较大的局限性。

不平衡数据集的处理方法主要分为两种：一种是从数据的角度出发，对样本数据进行重采样；另一种是从算法的角度，考虑不同误分类情况代价的差异性，对算法进行优化。

1. 重采样

学习不平衡数据，首先是将不平衡训练集转换为平衡训练集，然后使用常用的分类技术学习模型。

重采样的基本思想是通过改变训练数据的分布来消除或降低数据的不平衡程度。主要方法有欠采样和过采样。

（1）过采样。过采样（Oversampling）方法通过增加少数类样本，来提高少数类的分类性能。最简单的办法是随机过采样，它采取简单复制样本的策略来增加少数类别样本，缺点是可能导致过拟合，并未对少数类增加任何新的信息。

改进的过采样方法通过在少数类中加入随机高斯噪声或产生新的合成样本来解决数据的不平衡问题。2002 年 Chawla 提出了合成少数类过采样技术（Synthetic Minority Oversampling Technique，SMOTE）算法，它是基于随机过采样算法的一种改进方案。该算法是目前处理不平衡数据的常用手段，得到学术界和工业界的一致认同。

SMOTE 算法的基本思想是对少数类样本进行分析和模拟，并将人工合成的少数类的新样本添加到数据集中，进而使数据集中的类别不再严重失衡。该算法的模拟过程采用了 KNN 技术，模拟生成新样本的步骤如下：

1）对于少数类中每一个样本 x_i，以某种距离为标准计算它到少数类样本集中每个样本的距离，得到其 k 个最近邻。

2）对于每一个随机选出的近邻样本 $\hat{x}_i$，分别与原样本 x_i 按照式（5.113）合成新的样本，其中 δ 为 0~1 的随机数。

$$x_{\text{new}}=x_i+(\hat{x}_i-x_i)\delta \tag{5.113}$$

3）根据样本不平衡比例设置一个采样比例，称为过采样率，按照过采样率确定过采样样本总数 N，重复 1）和 2）生成 N 个新样本。

SMOTE 算法也存在一些问题：在近邻选择时存在一定的盲目性；无法克服不平衡数据集的数据分布问题，有时会合成噪声，导致过拟合和分类性能下降。因此 SMOTE 算法的改进方法有很多，如 Borderline-SMOTEB 就是 SMOTE 算法的扩展，它通过在现有少数类样本之间插值来生成少数类的合成样本，使得合成后的少数类样本分布得更为合理，有助于减少合成样本中的噪声并提高整体分类性能。

（2）欠采样。欠采样（Undersampling）方法通过减少多数类样本来提高少数类的分类性能。最简单的方法是通过随机地去掉一些多数类样本来减小多数类的规模。缺点是会丢失多数类的一些重要信息，不能够充分利用已有信息。因此也产生了一些改进算法，如 EasyEnsemble 算法、BalanceCascade 算法等。

EasyEnsemble 算法是将 Bagging 与 AdaBoost 方法结合起来的一种集成学习算法，步骤如下：

1）从多数类样本中有放回地随机采样 T 次，每次选取与少数类样本数量相等的样本，得到 T 个样本集合$\{S_1,S_2,\cdots,S_T\}$。

2）将每一份抽取的多数类样本与少数类样本相结合，组成一组训练样本集，得到$\{D_1,D_2,\cdots,D_T\}$，并在每一组训练样本集上训练一个 AdaBoost 强分类器 $H_i(x)$，每个 $H_i(x)$ 都是由 s_i 个弱分类器 $h_{ij}(x)$ 组成的，每个弱分类器的权重为 α_{ij}，阈值为 θ_i，AdaBoost 产生的强分类器计算公式为

$$H_i(x)=\text{sign}\left(\sum_{j=1}^{s_i}\alpha_{ij}h_{ij}(x)-\theta_i\right) \tag{5.114}$$

3）结合 T 个 AdaBoost 模型 $H_i(x)$ 形成最终的欠采样模型，见式（5.115）。使用多数

表决方案组合 T 个预测，其中得票最多的类别被选为最终的预测。

$$H(x) = \operatorname{sign}\left(\sum_{i=1}^{T}\sum_{j=1}^{s_i}\alpha_{ij}h_{ij}(x) - \sum_{i=1}^{T}\theta_i\right) \tag{5.115}$$

BalanceCascade 算法和 EasyEnsemble 算法都是用于解决不平衡数据集问题的集成学习算法，有相似之处，也存在差异。BalanceCascade 算法是一种迭代算法，通过对多数类进行欠采样来创建原始不平衡数据集的子集。但 BalanceCascade 算法不像 EasyEnsemble 算法那样一次创建多个子集，而是一次创建一个子集。它首先使用欠采样创建平衡数据集，接着在该子集上训练分类器，然后，使用分类器对整个数据集进行预测，并将错误分类的多数类样本从数据集中移除。对剩余的数据集重复上述过程，直到达到所需的分类器数量或多数类已从数据集中完全删除。最后，对多个分类器使用多数表决方案组合预测，其中得票最多的类别被选为最终的预测结果。

2. 代价敏感学习算法

重采样算法从数据层面解决不平衡数据的学习问题，从算法层面上解决不平衡数据学习的方法主要是代价敏感学习算法。

在许多实际应用中，将样本错误分类到不同类别的代价是不同的，但传统的机器学习算法无论何种情况，都将错误分类的代价同等对待。代价敏感学习算法通过将错误分类的代价纳入学习过程来解决这一问题。该算法为分类问题分配一个代价矩阵，矩阵中的每个元素表示将样本从一个类错误地分到另一个类的代价。代价敏感学习的主要目标是优化错误分类的总体代价，而不仅是优化分类器的整体准确性。

二分类代价矩阵见表 5.27，损失程度相差越大，C_{01} 和 C_{10} 的值差别越大。代价敏感分类为不同类别的分类错误分配不同的代价，使得在分类时高代价错误产生的代价总和最小。

表 5.27　二分类代价矩阵

实际	预　测	
	0	1
0	0	C_{01}
1	C_{10}	0

代价敏感学习算法有多种类型。其中，组合方法结合多个代价敏感的分类器以形成更强的分类器。AdaCost 是一种基于 AdaBoost 的代价敏感学习算法。在每次迭代中，利用代价矩阵中错误分类的代价为样本分配权重。该算法通过增加错误分类样本的权重，减少正确分类样本的权重，将注意力更多集中在错误分类的样本上。

AdaCost 算法的步骤如下：

1）定义代价矩阵。代价矩阵是一个 $n \times n$ 的矩阵，其中 n 是类的数量，每个元素 C_{ij} 表示将 i 类的样本分到 j 类的成本。

2）初始化权重。为训练集中每个样本分配一个初始权重，初始权重等于 $1/n$。

3）训练弱分类器。基于加权样本训练一系列弱分类器，每次迭代中样本的权重根据代价矩阵中定义的误分类代价进行调整。

4）计算总体错误率。每次迭代后，使用更新后的样本权重计算集成的总错误率，该错误率用于计算当前弱分类器在最终集成中的权重。

5）更新样本权重。每次迭代后，增加错误分类样本的权重，同时减少正确分类样本的权重，确保算法专注于错误分类的样本。

6）组合弱分类器。最终分类器是弱分类器的加权组合，其中每个弱分类器的权重与其准确率成正比。

5.11 多类问题

实际应用中的很多分类问题都是二分类问题，前面介绍的一些分类技术最初也是针对二分类问题而设计的。但真实世界中经常会出现多分类任务或多标签分类任务。其中多分类任务是指样本标签有多个类别值，即每个样本属于多个类别中的一个类别，且每个样本有且只有一个标签。比如，在鸢尾花数据集中，样本的类别有三种，每个样本属于三种中的一种；手写体数字数据集中，每个样本属于0~9十个类别中的一个。多标签分类（Multilabel Classification）给每个样本一系列目标标签，即一个数据点的各属性不是相互排斥的。比如，一个文档的话题可能同时被认为属于宗教、政治、金融或者教育相关的话题；一部电影的话题同时被认为属于爱情、动作、喜剧相关的话题；一个图片中既包含人物特征，也包含建筑物特征、其他物品特征等多个标签。可以将多类别分类问题转化为二分类问题的延伸，如将多分类任务拆分为若干个二分类任务求解。对于多标签分类问题，则需要根据样本数据之间的复杂性，有针对性地设计相应的问题转换方法。

5.11.1 多类别分类

现实中常遇到多分类学习任务，有些二分类学习方法可直接推广到多分类，但在更多情形下，会基于一些基本策略利用二分类学习器来解决多分类问题，可见解决多分类问题的基础依然是二分类问题。

假设一个多分类任务中有 k 个类别，给定数据集 $D=\{(\boldsymbol{x}_1,y_1),(\boldsymbol{x}_2,y_2),\cdots,(\boldsymbol{x}_n,y_n),y_i\in\{C_1,C_2,\cdots,C_k\}\}$。多分类学习的基本思路是“拆分法”，将多分类任务拆分为若干个二分类任务求解。首先拆分，然后为拆分所得的每个二分类任务训练一个分类器。测试时，将这些分类器的预测结果组合，以获得最终的多分类结果。该方法需要解决的关键问题是如何拆分多分类任务，以及如何组合多个分类器。

最常用的拆分策略有三种，分别是“一对一”（One vs One，OvO）、“一对余”（One vs Rest，OvR）和“多对多”（Many vs Many，MvM）。

1. OvO 策略

OvO 策略将 k 个类别两两配对，从而构建 $k(k-1)/2$ 个二类分类器，每一个分类器用来区分一对类 C_i 和 C_j，该分类器把 D 中的 C_i 类样本作为正例，C_j 类样本作为反例，构建二类分类器时，不属于 C_i 或 C_j 的样本被忽略。在测试阶段，将测试样本同时提交给所有分类器，得到 $k(k-1)/2$ 个分类结果，最终结果通过投票产生，票数最多的类别作为最终的分类结果。假设 $k=4$，OvO 示意图如图 5.30 所示。

例 5.23 sklearn 中的逻辑回归可以实现多分类任务。multiclass 中包含了三种拆分策略，即 OvO、OvR 和 multinomial，默认采用 OvR 方式，multinomial 是 MvM 拆分策略。代码 5.8

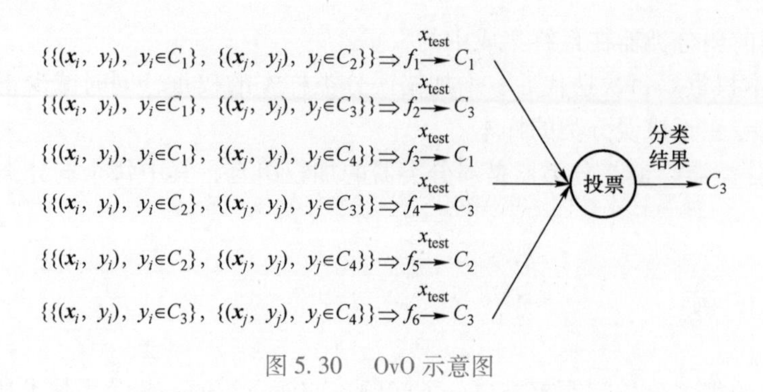

图 5.30　OvO 示意图

使用 Iris 数据集，用 OvO 方式实现了三个类别的分类。

代码 5.8　用 OvO 方式对 Iris 数据集进行三类别的分类

```
from sklearn import datasets
from sklearn.model_selection import train_test_split
from sklearn.multiclass import OneVsOneClassifier
from sklearn.linear_model import LogisticRegression

iris=datasets.load_iris()
data=iris.data
target=iris.target

#数据划分
x_train,x_test,y_train,y_test = train_test_split(data,target,test_size=0.3)
clf=LogisticRegression()          #定义一种二分类算法
ovo=OneVsOneClassifier(clf)       #进行多分类转换 OvO
ovo.fit(x_train,y_train)
print("OvO 策略准确率:{0}".format(ovo.score(x_test,y_test)))
```

程序运行结果如下：

```
OvO 策略准确率:0.9555555555555556
```

2. OvR 策略

OvR 策略每次将一个类的样本作为正例，将其他所有类的样本作为反例，这样就形成 k 个二分类问题，从而可训练 k 个分类器。一种方法是在测试阶段时，如果一个分类器将一个测试样本分为正类，则正类得一票；如果一个样本被分为负类，则除正类之外的所有类都得一票。最终该测试样本被分到得票数最多的类别中。然而，这种方法可能出现不同类的平局现象。另一种方法是将二分类分类器的输出变换成概率估计，然后将测试样本指派到具有最高概率的类。当测试结果中仅有一个分类器的预测结果为正类时，将该正类对应的类别标号作为最终的分类结果，因为该类的票数最高。

图 5.31 为 OvR 示意图，其中$\overline{C_i}$表示预测结果不属于 C_i 类。如果预测结果中有多个分类器的预测结果为正类，则出现平局，这时可考虑各分类器的预测置信度，即计算测试样本属

于每个类的概率，选择置信度（概率）最大的类别标号作为最终的分类结果。

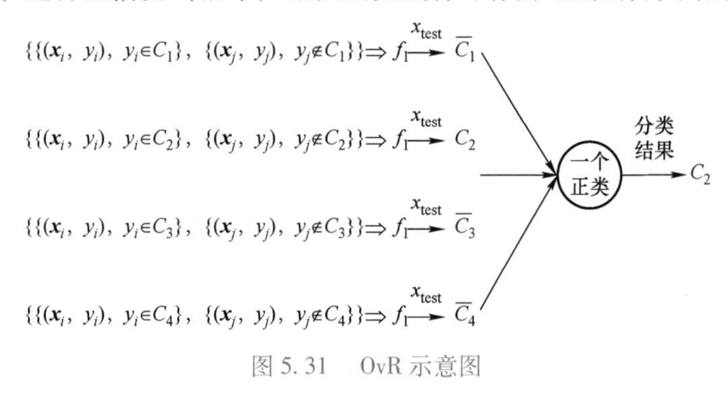

图 5.31 OvR 示意图

例 5.24 接例 5.23，使用 OvR 方式实现 Iris 数据集中三个类别的分类，实现代码如代码 5.9 所示。

代码 5.9 用 OvR 方式对 Iris 数据集进行三类别的分类

```
from sklearn import datasets
from sklearn.model_selection import train_test_split
from sklearn.multiclass import OneVsOneClassifier
from sklearn.linear_model import LogisticRegression

iris=datasets.load_iris()
data=iris.data
target=iris.target

#数据划分
x_train,x_test,y_train,y_test = train_test_split(data,target,test_size=0.3)
#默认多类分类方式为 OvR
clf=LogisticRegression()          #定义一种二分类算法
clf.fit(x_train,y_train)
print("默认策略准确率:{0}".format(clf.score(x_test,y_test)))

ovr=OneVsOneClassifier(clf)      #进行多分类转换 OvR
ovr.fit(x_train,y_train)
print("OvR 策略准确率:{0}".format(ovr.score(x_test,y_test)))
```

程序运行结果如下：

```
默认策略准确率:0.9777777777777777
OvR 策略准确率:0.9777777777777777
```

同样地，在其他一些二分类模型中也可加入 OvO 和 OvR，来进行多类别分类，OvR 只需训练 k 个分类器，而 OvO 需训练 $k(k-1)/2$ 个分类器，因此，OvO 的存储开销和测试时间开销通常比 OvR 的更大。但在训练时，OvR 的每个分类器均使用全部训练样本，而 OvO 的每个分类器仅用到两个类的样本，因此，在类别很多时，OvO 的训练时间开销通常比 OvR

的更小。预测性能则取决于具体的数据分布，在多数情形下两者不相上下。

3. MvM 策略

MvM 每次将若干个类作为正类，若干个其他类作为反类。显然，OvO 和 OvR 是 MvM 的特例。MvM 的正类、反类构造必须有特殊的设计，不能随意选取。一种最常用的 MvM 技术是“纠错输出码”（Error Correcting Output Code，ECOC）。

ECOC 将编码的思想引入类别拆分，并尽可能地在解码过程中具有容错性，ECOC 工作过程主要分为两步：

1）编码。对 k 个类别做 m 次划分，每次划分将一部分类别划为正类，另一部分类别划为反类，从而形成一个二分类训练集。这样一共产生 m 个训练集，可训练出 m 个分类器。

2）解码。m 个分类器分别对测试样本进行预测，这些预测标记组成一个编码。将预测编码与每个类别各自的编码进行比较，返回其中距离最小的类别作为最终预测结果。

假设 $k=4$，采用二元编码，即编码中只使用 $\{-1,+1\}$ 两种码值，进行 $m=5$ 次划分，得到的编码结果如图 5.32 所示。

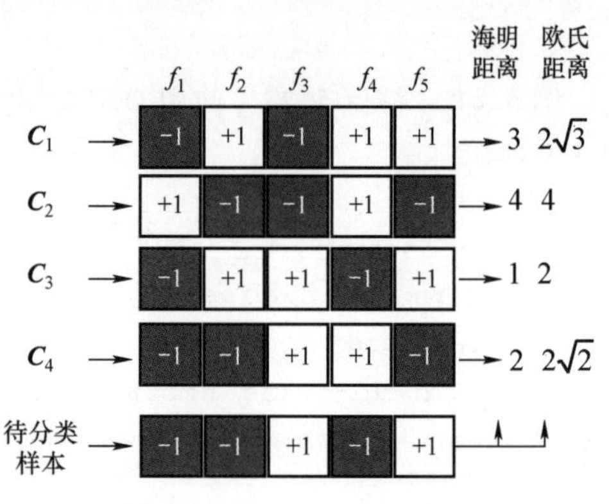

图 5.32　二元 ECOC 编码

其中每一列为 $m=5$ 次划分中的一次，原来的类别被重新划分到正类和反类，每次划分学习到的学习器为 f_i，待分类样本使用 m 个分类器进行预测，得到预测向量，计算预测向量与 $\boldsymbol{C}_i$ 行向量的距离，其中海明距离的计算使用异或运算，得到距离最短的类别 $\boldsymbol{C}_3$ 为最终的预测类别。也可以使用三元编码，即$\{-1,0,+1\}$，其中 0 表示“停用类”，三元编码原理和二元编码的原理相似，但在海明距离的计算中因为有 0 而不能仅使用异或运算；向量对应位置为 0,1 或 0,-1 的四种情况下，距离为 0.5。

ECOC 编码的纠错能力与行向量间隔直接相关。行向量间隔定义为行向量之间的区分程度，每一位编码应该与其余位置的编码不相关，同一时刻多个不同位置发生错误的概率就会很低，出现错误后的可纠正率也就较高。

在 LinearSVC( ) 方法中，multi_class 参数决定了分类方式的选择，有 ovr 和 crammer_singer 两种参数值可选，默认值是 ovr，crammer_singer 则是直接针对目标函数设置多个参数值，最后进行优化，得到不同类别的参数值大小。在模型定义行给出了 OutputCodeClassifier( ) 方法定义 ECOC 编码的另一个更加灵活的方案，其中 code_size 用于指定分类器的数量。

例 5.25　用 ECOC 对手写体数字数据集进行多类别分类的代码如代码 5.10 所示。

代码 5.10　用 ECOC 对手写体数字数据集进行多类别分类

```
from sklearn import datasets
from sklearn.multiclass import OutputCodeClassifier
from sklearn.model_selection import train_test_split
from sklearn.svm import LinearSVC

digit=datasets.load_digits()
```

```
data=digit.data
target=digit.target

#数据划分
x_train,x_test,y_train,y_test = train_test_split(data,target,test_size=0.3)
#clf = OutputCodeClassifier(estimator=LinearSVC(random_state=0),\
       code_size=5,random_state=0)
clf = LinearSVC(multi_class="crammer_singer",random_state=0)
      clf.fit(x_train,y_train)
print("分类准确率:{0}".format(clf.score(x_test,y_test)))
```

程序运行结果如下：

分类准确率:0.9555555555555556

5.11.2 多标签分类

多标签分类（Multi-label Classification，MLC）研究的对象由属性集和标签的集合组成。多标签分类问题又称多标记学习问题，不同于多类别分类问题。在多标签分类问题中一个样本可以属于多个类别，不同类别之间有关联。假设 $D=\{(\boldsymbol{x}_1,Y_1),(\boldsymbol{x}_2,Y_2),\cdots,(\boldsymbol{x}_n,Y_n)\}$，其中 $\boldsymbol{x}_i\in\mathbf{R}^d$ 表示 d 维的样本空间，$Y_i\subseteq Y=\{y_1,y_2,\cdots,y_q\}$ 表示标签的集合，通过训练模型 $h(x)$，对未知数据 x，预测 $h(x)\subseteq Y$。一个多标签分类器返回一个相关的标签集合，该集合在标签集 Y 上的补集称为无关标签集合。

多标签分类和二分类问题相比，具有三个难点：①标签数量不确定，有些样本可能只有一个类标签，有些样本的类标签可能高达几十甚至上百个；②类标签之间相互依赖，例如文本分类中包含经济类的样本，那么很大概率上也包含政治类，如何解决类标签之间的依赖性问题也是一大难点；③多标签的训练集比较难以获取。

多标签学习的主要难点在于输出空间的爆炸性增长，例如有 10 个标签时，输出空间达 210，即标签空间呈指数级增长。多标签学习成功的关键则是有效地挖掘标签之间的相关性。根据对相关性挖掘的情况，可将多标签学习策略分为三类。①一阶策略：忽略和其他标签的相关性，比如把多标签分类问题分解为多个独立的二分类问题；②二阶策略：考虑标签之间的成对关联，比如相关标签和不相关标签排序；③高阶策略：考虑多个标签之间的关联，比如对每个标签考虑所有其他标签的影响。其中，一阶策略简单高效，但没有考虑标签间可能存在的关联；高阶策略效果最优，但其模型复杂度往往过高，可能难以处理大规模学习问题。

关于多标签的学习方法有很多，依据解决问题的角度，可以将多标签学习方法分为三大类，分别是问题转换、算法改编和多标签分类器集成（Ensembles of Multi-label Classifier，EMLC）。目前，问题转换和算法改编方法较为完善。

1. 问题转换

问题转换方法将多标签学习问题转换为多个单标签学习任务。代表性的问题转换方法有二元关联（Binary Relevance，BR）、分类器链（Classifier Chain，CC）及标签幂集（Label Powerset，LP）等。

（1）二元关联。二元关联方法适用于样本标签之间相互独立的情况，将一个多标签问题转换为每个标签的独立二元分类任务，分别为每个标签建立一个决策树，如图 5.33 所示。

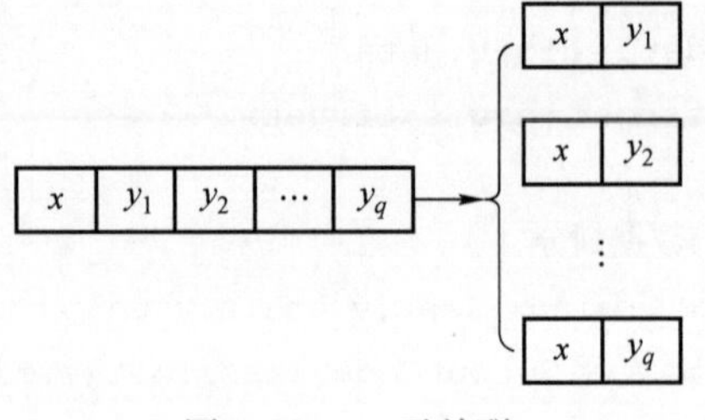

图 5.33　二元关联

二元关联方法对一个样本分类时，算法将每个训练样本转换为多个二元样本（x,y_i）分类问题，即一个多分类问题，可以训练出 q 个分类模型，用 q 个分类模型对测试样本进行预测，再通过投票法选择最终的分类结果。

在之前的实例中，使用的是 Anaconda 中的 sklearn 库。现在使用命令 pip install pip install-U scikit-learn 安装 sklearn，再使用命令 pip install scikit-multilearn 安装多标签学习库。

例 5.26　使用朴素贝叶斯方法构建二元关联模型，实现代码如代码 5.11 所示。

代码 5.11　使用朴素贝叶斯方法构建二元关联模型

```
from skmultilearn.problem_transform import BinaryRelevance
from sklearn.datasets import make_multilabel_classification
from sklearn.naive_bayes import GaussianNB
from sklearn.model_selection import train_test_split
from sklearn.metrics import accuracy_score

#生成多标签数据集
X,Y=make_multilabel_classification(sparse=True,n_labels=20,\
    return_indicator="sparse",allow_unlabeled=False)
x_train,x_test,y_train,y_test = train_test_split(X,Y,test_size=0.3)
#使用朴素贝叶斯模型构建 BR 模型
mlclf = BinaryRelevance(GaussianNB())
mlclf.fit(x_train,y_train)
y_pred = mlclf.predict(x_test)
print("分类准确率:{0}".format(accuracy_score(y_test,y_pred)))
```

程序运行结果如下：

```
分类准确率:0.7666666666666667
```

实例中，用 make_multilabel_classification( ) 方法随机构造一个多标签数据集；sparse 为 True，返回一个有大量零元素的稀疏矩阵；n_labels 表示每个样本的平均标签数量；return_indicator 为 sparse，表示在稀疏的二进制指示器格式中返回 Y；当 allow_unlabeled 为 True 时，某些样本可能不属于任何类，此处将其设置为 False。在多标签分类问题中能简单计算预测的准确性，比如使用 accuracy_score( ) 函数计算子集上的分类的准确率。

二元关联方法所学习模型的数量等于标签的数量，在某些领域标签数量可能有几百或几千个之多。该方法的最大缺点是忽略标签间可能存在的相关性，单独处理每个标签，因此结果模型仅识别与单个标签相关的特性，而不识别具有高整体相关性的特性。

可以使用朴素贝叶斯方法构建二元关联模型，也可以使用其他任何二分类模型。

（2）分类器链。分类器链的核心思想是将多标签分类问题分解，将其转换成一个二元分类器链的形式，链中二元分类器的构建基于前一分类器的预测结果。模型构建时，首先按照标签随机排序，然后从头到尾分别构建每个标签对应的模型，模型构建过程如图 5.34 所示。

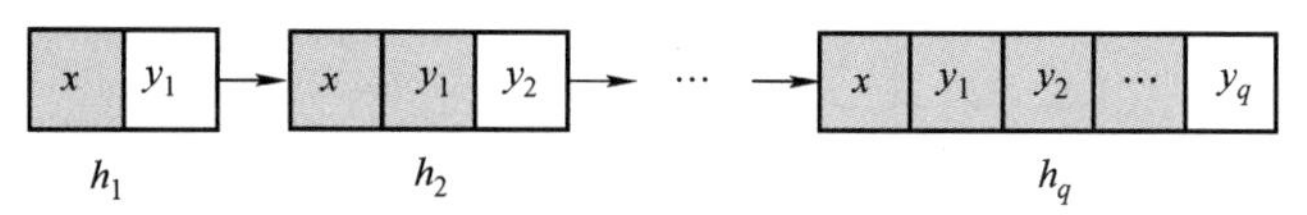

图 5.34　模型构建过程

图 5.34 中有填充背景色的区域为每次输入的样本，无填充背景色的区域为样本标签，只有训练 h_1 时，使用原始的样本 x，其他每次训练都是将前一次训练的样本标签加入样本中作为输入数据，每次训练模型的过程与二元关联非常相似，唯一的区别在于为了保持标签的相关性，分类器链形成了链。

分类器链算法以随机的方式考虑所有标签的相互关系。与二元相关性相比，分类器链虽然利用了标签相关性，但同时失去了并行实现的可能。

例 5.27　使用朴素贝叶斯方法构建分类器链模型，实现代码如代码 5.12 所示。

代码 5.12　使用朴素贝叶斯方法构建分类器链模型

```
from skmultilearn.problem_transform import ClassifierChain
from sklearn.datasets import make_multilabel_classification
from sklearn.naive_bayes import GaussianNB
from sklearn.model_selection import train_test_split
from sklearn.metrics import accuracy_score

#生成多标签数据集
X,Y =make_multilabel_classification(sparse=True,n_labels=20,\
    allow_unlabeled=False)
x_train,x_test,y_train,y_test = train_test_split(X,Y,test_size=0.3)
#使用朴素贝叶斯模型构建 CC 模型
mlclf = ClassifierChain(GaussianNB())
mlclf.fit(x_train,y_train)
y_pred = mlclf.predict(x_test)
print("分类准确率:{0}".format(accuracy_score(y_test,y_pred)))
```

程序运行结果如下：

```
分类准确率:0.6666666666666666
```

可以看到，使用分类器链模型得到了约 66%的准确率，比二元关联的要低，原因是随机生成的数据没有标签相关性。

（3）标签幂集。标签幂集又称标签排序，核心思想是将多标签分类问题分解，将其转换为标签的排序问题，排序后将具有相同标签集的样本归为同一类，并为每一类重新指定一个唯一的新标签，之后采用解决多类问题的方法训练模型，即将原来的多标签问题转换成多分类问题来解决。标签幂集示意图如 5.35 所示。

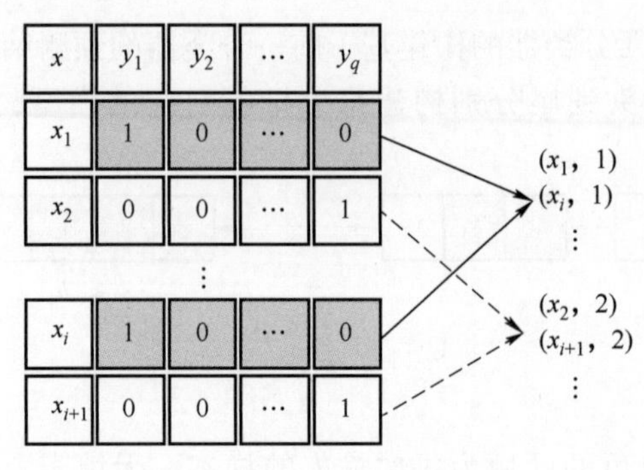

图 5.35　标签幂集示意图

图 5.35 中，假设 x_1 和 x_i 的标签集合相同，在排序后会排列在一起，将相同的样本标签归为同一类，并赋予一个新的标签。

例 5.28　使用朴素贝叶斯方法构建标签幂集模型，实现代码如代码 5.13 所示。

代码 5.13　使用朴素贝叶斯方法构建标签幂集模型

```
from skmultilearn.problem_transform import LabelPowerset
from sklearn.datasets import make_multilabel_classification
from sklearn.naive_bayes import GaussianNB
from sklearn.model_selection import train_test_split
from sklearn.metrics import accuracy_score

#生成多标签数据集
X,Y =make_multilabel_classification(sparse=True,n_labels=20,\
    allow_unlabeled=False)
x_train,x_test,y_train,y_test = train_test_split(X,Y,test_size=0.3)
#使用朴素贝叶斯模型构建 LP 模型
mlclf = LabelPowerset(GaussianNB())
mlclf.fit(x_train,y_train)
y_pred = mlclf.predict(x_test)
print("分类准确率:{0}".format(accuracy_score(y_test,y_pred)))
```

程序运行结果如下：

```
分类准确率:0.5666666666666667
```

与二元关联算法不同，标签幂集算法考虑了标签之间的相关性，随着标签的增加，新类的数量急剧增加，容易导致训练阶段的复杂度提高，类的数量可能会变得非常大，同时许多类仅与很少的训练样本相关联，从而导致类不平衡的问题。

2. 算法改编

算法改编又叫作算法适应（Algorithm Adaptation，AA）策略，它利用多种算法将现有的单标签学习模型应用到多标签学习中，从而解决多标签学习任务。算法改编直接执行多标签分类，而不是将问题转换为不同的问题子集。算法改编的典型方法是多标签 *K*-最近邻算法（Multilabel K-Nearest Neighbor，ML-KNN）、SVM 的多标签版本 Rank-SVM、决策树的多标签版本 ML-DT 等。以 ML-KNN 为例，对于一个给定的新样本，ML-KNN 算法首先在训练集中找到最相似的前 k 个样本，并统计计算样本中的标签数量，通过最大后验估计得到标签的预测概率，以概率最大的标签作为预测标签，算法步骤如下：

1）通过 KNN 算法寻找和样本最相似的 k 个样本。

2）统计 k 个样本中每个类别的个数。

3）根据步骤 2）的统计，采用朴素贝叶斯方法计算每个标签的概率。

4）得出预测标签。

skmultilearn 库中提供了一些自带的数据集，可使用 load_dataset_dump( ) 读取文件数据，可使用 load_dataset('emotions','train') 方法加载 emotions 数据集。emotions 为音乐情感数据集，数据集中共有 391 个训练样本和 202 个测试样本，其中样本有 72 个特征，标签维度为 6。

例 5.29 算法改编示例代码如 5.14 所示。

代码 5.14 算法改编示例

```
from skmultilearn.adapt import MLkNN
from sklearn.metrics import hamming_loss
from skmultilearn.dataset import load_dataset
from sklearn.model_selection import GridSearchCV

#加载多标签数据集
x_train,y_train,feature_names,label_names = load_dataset('emotions','train')
x_test,y_test,_,_ =load_dataset('emotions','test')
print(x_train.shape,y_train.shape)
#mlclf = MLkNN(k=3)
parameters = {'k':range(1,3),'s':[0.5,0.7,1.0]}
score = 'f1_micro'
mlclf = GridSearchCV(MLkNN(),parameters,scoring=score)
mlclf.fit(x_train,y_train)
print(mlclf.best_params_,mlclf.best_score)
```

程序运行结果如下：

```
(391,72)(391,6)
{'k':2,'s':0.3} 0.4924357159999501
```

运行结果中（391,72）输出了样本的数量和特征数，（391,6）输出了标签的数量和维度，print(mlclf.best_params_, mlclf.best_score）打印输出了使用网格搜索的最佳超参数，$k=2$，$s=0.3$，模型在该超参数的设定下，预测的准确率接近 50%。

通常，用六种评价指标来评价多标签分类器的泛化能力。其中海明损失（Hamming Loss）统计被误分类的标签的比例，准确率（Accuracy Score）评价分类器预测标签组合的程度，Jaccard 相似系数（Jaccard Similarity Coefficient）比较样本之间的相似性和差异性，还包括传统的精度、召回率和 F1 值。

当数据量较小时，可以使用 skmultilearn 库中的多标签分类模型；当数据量较大时，为了提高准确率，可以尝试直接使用深度神经网络来进行多标签分类，特别是在文本分类任务中。深度学习模型在计算机视觉与语音识别方面取得了卓越的成就。自然语言处理（NLP）领域将卷积神经网络（CNN）应用到文本分类任务中，利用多个不同大小的卷积核来提取句子中的关键信息，从而能够更好地捕捉局部相关性。TextCNN 网络是 2014 年 Yoon Kim 在论文“Convolutional Neural Networks for Sentence Classification”中提出的用来进行文本分类的卷积神经网络，由于结构简单、效果好，在文本分类、推荐等方面得到广泛应用。TextCNN 网络结构如图 5.36 所示。

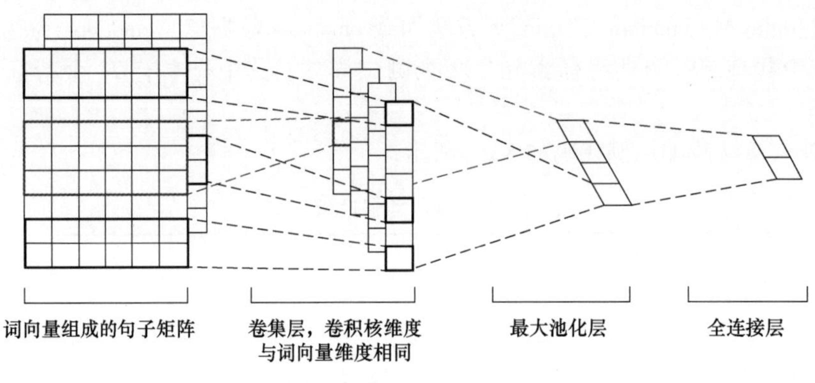

图 5.36　TextCNN 网络结构

图 5.36 中，TextCNN 网络结构分为四层，分别是嵌入层（Embedding Layer）、卷积层（Convolution Layer）、池化层（Poding Layer）和全连接层（Fully Connected Layer），基本结构是简化的 CNN。

（1）嵌入层。最左侧为待分类文本数据，嵌入层将文本分词，通过 word2vec 或者 GloVe 等工具将词转换为词向量，每个词由一个 k 维向量表示，句子表示为一个 nk 维的矩阵。

（2）卷积层。在处理图像数据时，CNN 使用行列相等的卷积核。在 TextCNN 中，因为输入的每一个行向量代表一个词，沿着向量的行方向没有意义，所以卷积核的宽度与词向量的维度一致，在抽取特征的过程中以词作为文本的最小粒度。高度则和 CNN 一样，可以设置（通常取值为 2,3,4,5）。由于输入是一个句子，句子中相邻的词之间关联性很高，因此当用卷积核进行卷积时，不仅考虑了词义而且考虑了词序及其上下文。假设卷积核的高度为 3，每次偏移 1 行，卷积过程中卷积核与卷积核覆盖的文本向量做点积，则每个句子卷积后可得到 $n-3+1=n-2$ 维的向量，称为卷积向量，使用多个卷积核得到多个卷积向量，不同大小的卷积核得到不同大小的卷积向量。

（3）池化层。因为在卷积层卷积过程中使用了不同高度的卷积核，通过卷积层后得到的卷积向量维度不一致，所以在池化层使用 1-Max-Pooling 将每个卷积向量池化成一个值，即抽取每个卷积向量的最大值代表该向量，且最大值表示的是最重要的特征。对所有卷积向量进行 1-Max-Pooling 处理之后将每个值拼接起来，便得到池化层池化后的特征向量。

（4）全连接层。全连接层跟 CNN 模型一样，将池化后的特征向量作为输入，使用

Softmax 激活函数得到属于每个类的概率。

在 CNN 中，卷积核中的值是随机初始化的，在 CNN 向前卷积和分类后，预测类别和实际类别之间存在差异，使用反向传播算法对卷积核求导后执行更新。

价值观：聚集智慧，建设美丽中国。

在复杂的数据挖掘问题中，建立的单一分类器的预测性能往往比较弱。集成学习可以将若干个性能比较弱的基学习器组合在一起形成强学习器，从而获得更好的性能。

正如俗话所说：三个臭皮匠，顶个诸葛亮。在科学技术快速发展的今天，更需要团队合作，群策群力，集思广益，凝聚共识，汇集智慧，做出更科学的决策，制定更优的解决问题的方案。中华民族勤劳又智慧，全国人民精诚团结，努力奋斗，中华民族的伟大复兴就一定能实现。

习 题

1. 简述决策树分类的主要步骤。

2. 表 5.28 是一个二分类问题的训练数据集。

1）计算训练集关于类别的熵。

2）计算属性 x_1、x_2 的信息增益。

3）对连续属性 x_3，计算所有可能的划分的信息增益。

4）根据信息增益，找出 x_1、x_2、x_3 中的最佳划分。

5）如果用基尼指数作为不纯性的度量，哪个划分是 x_1、x_2、x_3 中的最佳划分？

表 5.28 二分类问题的训练数据集

实例编号	x_1	x_2	x_3	目标类
1	T	T	1.0	+
2	T	T	6.0	+
3	T	F	5.0	-
4	F	F	4.0	+
5	F	T	7.0	-
6	F	T	3.0	-
7	F	F	8.0	-
8	T	F	7.0	+
9	F	T	5.0	-

3. 以表 5.28 作为训练数据集，用信息增益率选择最佳属性划分，使用贪心策略建立决策树。

4. 考虑图 5.37 中的决策树。

1）使用乐观方法计算决策树的泛化错误率。

2）使用悲观方法计算决策树的泛化错误率，罚项因子取 0.5。

3）使用测试集计算决策树的泛化错误率。这种方法叫作降低误差剪枝。

5. 考虑一个二分类问题，数据集包含相同数量的正样本和负样本，假设每个样本的类别标号都是随机

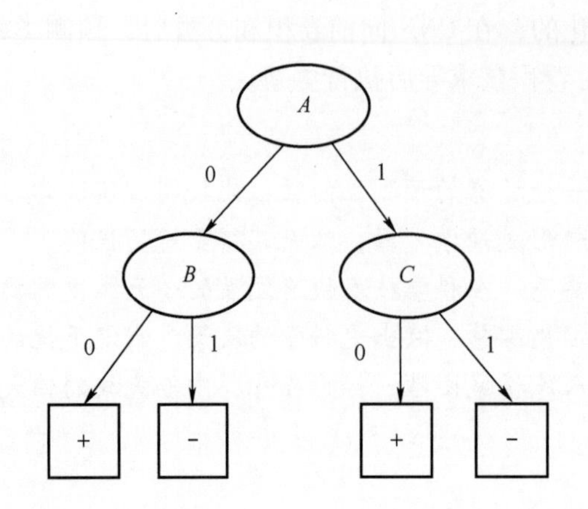

训练集

实例编号	A	B	C	类别
1	0	0	0	+
2	0	0	1	+
3	0	1	0	+
4	0	1	1	-
5	1	0	0	+
6	1	0	0	+
7	1	1	0	-
8	1	0	1	+
9	1	1	0	-
10	1	1	0	-

测试集

实例编号	A	B	C	类别
11	0	0	0	+
12	0	1	1	+
13	1	1	0	+
14	1	0	1	-
15	1	0	0	+

图 5.37　习题 4 的决策树和数据集

产生的，所使用的分类器是一棵未剪枝的决策树。使用下面方法确定分类器的准确率：

1）保持方法，使用 2/3 的数据作为训练集，其余 1/3 的数据作为测试集。

2）10-折交叉验证法。

3）.632 自助法。

4）从结果看，以上三种方法中哪种方法对分类器的准确率提供了更可靠的估计。

6. 考虑一个包含 100 个数据实例的有标签数据集，这些数据实例被随机划分为 A 和 B 两组，每组包含 50 个实例。使用 A 作为训练集，学习两个决策树 T_1 和 T_2，其中 T_1 具有 10 个叶节点，T_2 具有 100 个叶节点。数据 A 和 B 的两个决策树的准确率见表 5.29 所示。

表 5.29　决策树 T_1 和 T_2 的准确率

数 据 集	准 确 率	
	T_1	T_2
A	0.86	0.97
B	0.84	0.77

1）根据表 5.29 显示的准确率，你认为哪个决策树对应分类模型在未知实例上具有更好的性能？说明理由。

2）在整个数据集（$A+B$）上测试了 T_1 和 T_2，发现 T_1 的分类准确率为 0.85，T_2 的分类准确率为 0.87，综合考虑后，你最终会选择哪个决策树对应的分类模型分类？说明理由。

7. 考虑表5.30中的数据。

1）K分别取1、3、5、9时，利用K-最近邻分类法，对数据点$x=5.0$分类。

2）使用距离加权表决法重复1）中的分析。

表5.30 习题7的数据集

x	0.5	3.0	4.5	4.6	4.9	5.2	5.3	5.5	7.0	9.5
y	−	−	+	+	+	−	−	+	−	−

8. 简述朴素贝叶斯分类法的主要思想。

9. 概述处理类不平衡问题的方法。假设银行想开发一个分类器，预防信用卡交易过程中的欺诈。基于大量非欺诈实例和很少欺诈实例，如何构造高性能的分类器？

10. 分析推导神经网络前馈算法和后向传播算法。

11. 分析学习率对神经网络算法训练的影响。

12. 试分析SVM算法对噪声敏感的原因。

13. 描述SVM算法的基本思想和数学原理。

14. 分析随机森林为什么比决策树Bagging组合的训练速度快。

15. 比较SVM、AdaBoost和逻辑回归模型的学习策略和算法。

实　　验

1. 自定义编程实现KNN算法，利用UCI中的数据集测试算法。

2. 利用UCI中的人口普查收入数据集Adult，实现C4.5决策树算法预测收入是否大于5万，使用10-折交叉验证评价模型。

3. 下载UCI中的垃圾邮件数据集Spambase，使用Pandas读取数据集，并利用朴素贝叶斯模型训练一个分类器，实现垃圾邮件的分类。

4. 编程实现三层神经网络。输入节点2个，隐藏节点2个，输出节点1个，训练样本见表5.31，测试样本见表5.32。学习因子分别为0.5和0.6，最大误差为0.01。输出训练完成后的网络权重和阈值；输入测试样本，输出预测标签。

表5.31 训练样本

x		y
0	0	0
0	1.0	1.0
1.0	0	1.0
1.0	1.0	0

表5.32 测试样本

x	
0.05	0.1
0.2	0.9
0.86	0.95

5. 使用神经网络模型分类手写体数字数据集。

6. 使用 SVM 对 Scikit-Learn 中的葡萄酒数据集进行分类。

7. 选择 Scikit-Learn 中的两个数据集，分别用线性核函数和高斯核函数训练 SVM，并于 BP 神经网络和决策树中实验进行比较。

8. 创建一个含有 1000 个样本 20 维特征的随机分类数据集，以决策树为基分类器，采用 Bagging 算法实现样本分类。

9. 编程实现例 5.21 的算法。

参考文献

[1] 周志华. 机器学习 [M]. 北京：清华大学出版社，2016.

[2] 陈封能，斯坦巴赫，库玛尔. 数据挖掘导论：第 2 版 [M]. 段磊，张天庆，译. 北京：机械工业出版社，2019.

[3] 威滕，弗兰克，霍尔. 数据挖掘：实用机器学习工具与技术　第 3 版 [M]. 李川，张永辉，译. 北京：机械工业出版社，2014.

[4] 李航. 统计学习方法 [M]. 北京：清华大学出版社，2012.

[5] QUINLAN J R. C4.5：Programs for Machine Learning [M]. San Mateo：Morgan-Kaufmann Publishers，1992.

[6] LECUN Y，BOSER B，DENKER J，et al. Backpropagation Applied to Handwritten Zip Code Recognition [J]. Neural Computation，1989，1 (4)：541-551.

[7] WIDROW B，LEHR M A. 30 Years of Adaptive Neural Networks：Perceptron，Madaline，and Backpropagation [J]. IEEE，1990，78 (9)：1415-1442.

[8] LI J，MICHEL A N，POROD W. Analysis and Synthesis of a Class Neural Networks：Linear Systems Operating on Closed Hypercube [J]. IEEE Trans. Circuits Syst.，1989，36 (11)：1405-1422.

[9] LIPPMANN R P. An Introduction to Computing with Neural Nets [J]. IEEE Acoustics，Speech and Signal Processing Magazine，1987，2 (4)：4-22.

[10] GROSSBERG S，MINGOLLA E，TODOVORIC D. A Neural Network Architecture for Preattentivevision [J]. IEEE Trans. Biomed. Eng.，1989，36：65-83.

[11] NARENDRA K S，PARTHASARATHY P. Identification and Control of Dynamical Systems Using Neural Networks [J]. IEEE Trans. Neural Networks，1990，1 (1)：4-27.

[12] CORTES C，VAPNIK V. Support-vector Networks [J]. Mach. Learn，1995，20 (3)：273-297.

[13] CHEN P，LU Y Z. Nonlinear Model Predictive Control with the Integration of Support Vector Machine and Extremal Optimization [C]. The 8th World Congress on Intelligent Control and Automation (WCICA). Jinan，China：IEEE，2010.

[14] IPLIKCI S. A Support Vector Machine Based Control Application to the Experimental Three-tank System [J]. ISA Trans.，2010，49 (3)：376-386.

[15] SUYKENS J A K. Support Vector Machines：A Nonlinear Modelling and Control Perspective [J]. Eur. J. Control，2001，1 (2)：311-327.

[16] FITRIYANI N L，SYAFRUDIN M，ALFIAN G，et al. Development of Disease Prediction Model Based on Ensemble Learning Approach for Diabetes and Hypertension [J]. IEEE Access，2019，7：144777-144789.

[17] WANG Y，WANG D，GENG N，et al. Stacking-based Ensemble Learning of Decision Trees for Interpretable Prostate Cancer Detection [J]. Applied Soft Computing，2019，77：188-204.

[18] ZHENG H，ZHANG Y，YANG L，et al. A New Ensemble Learning Framework for 3D Biomedical Image

Segmentation [J]. AAAI Technical Track: Machine Learning, 2019, 33 (1): 5909-5916.

[19] GAO X Y, AMIN A A, SHABAN H H, et al. Improving the Accuracy for Analyzing Heart Diseases Prediction Based on the Ensemble Method [J]. Complexity, 2021, 2021: 1-10.

[20] PAN S J, YANG Q. A Survey on Transfer Learning [J]. IEEE Transactions on Knowledge and Data Engineering, 2010, 22 (10): 1345-1359.

[21] ZHUANG F Z, LUO P, HE Q, et al. Survey on Transfer Learning Research [J]. Journal of Software, 2015, 26 (1): 26-39.

[22] DAI W, XUE G R, YANG Q, et al. Co-clustering Based Classification for Out-of-domain Documents [C] //ACM SIGKDD International Conference on Knowledge Discovery and Data Mining. San Jose, CA USA: ACM SIGKDD, 2007: 210-219.

[23] MUHAMMAD M, LIU Y, SUN M, et al. Enriching the Transfer Learning with Pre-trained Lexicon Embedding for Low-resource Neural Machine Translation [J]. Tsinghua Science and Technology, 2022, 27 (1): 150-163.

[24] LIN J, LIANG L, HAN X, et al. Cross-target Transfer Algorithm Based on the Volterra Model of SSVEP-BCI [J]. Tsinghua Science and Technology, 2021, 26 (4), 505-522.

第6章 关联分析概念与方法

关联分析（Association Analysis）能够从大量数据中发现项集之间有趣的联系，因此被用于发现隐藏在大型数据集中的有意义的关联。通常将所发现的联系表示为关联规则（Association Rule）或频繁项集（Frequent Itemset）。

关联规则挖掘的一个典型例子是购物篮分析（Market Basket Transaction）。该过程通过发现顾客放入其购物篮中不同商品之间的联系，分析顾客的购买行为以便发现有价值的关联模式。商场依据这些关联模式，制定营销策略、设计商品价目表、制订商品促销计划、优化商品的摆放和进行基于购买模式的顾客划分等。

表6.1展示的是购物篮事务样例数据，表中每一行对应一个事务，包含一个唯一标识TID和对应顾客购买的商品集合。

表6.1 购物篮事务样例数据

TID	商品集合
1	{面包,牛奶}
2	{面包,尿布,啤酒,鸡蛋}
3	{牛奶,尿布,啤酒,可乐}
4	{面包,牛奶,尿布,啤酒}
5	{面包,牛奶,尿布,可乐}

从表6.1展示的样例数据中可以提取出如下规则：

$$\{尿布\}\rightarrow\{啤酒\}$$

该规则表明尿布和啤酒的销售之间存在很强的联系，有许多购买尿布的顾客也购买啤酒。商场可以使用这类规则发现新的交叉销售商机。

在对购物篮数据进行关联分析时，需要处理两个关键问题：①计算复杂度问题。从大型事务数据集中发现有意义的规则在计算上要付出很高的代价。②规则的筛选问题。所发现的某些规则可能是虚假的或不令人感兴趣的，因为它们可能是偶然发生的或者是已经被研究者所熟知的。本章内容主要围绕这两个问题组织：首先介绍关联分析的基本概念，其次介绍基本关联模式的有效的基本挖掘方法，最后介绍评估关联模式的方法，以获得有意义的关联规则。

6.1 基本概念

本节讨论购物篮分析的方法和过程，基于购物篮分析过程介绍关联分析的基本概念，并对关联规则挖掘任务的关键度量给出形式化描述。

6.1.1 购物篮分析

关联分析概念是在 1993 年由 Agrawal、Imielinski 和 Swami 提出的，目的是发现被顾客放入购物篮中的不同商品之间的联系，从而分析顾客的购买习惯，了解哪些商品经常被顾客连带购买，为制定方便顾客选取的货架摆放方案和合理的营销策略提供依据，该分析被称为购物篮分析。

完整的购物篮数据至少包含两方面的信息：①顾客的购买行为序号，一个顾客可能会发生多次购买行为，每次购买行为均被记录下来，这个序号也就是超市或者商店的交易流水号；②顾客在每次购物过程中交易的商品列表。事实上，在交易中会产生非常多的信息，如商品价格、某件商品的购买数量、商品的购买次序等。本章讨论较简单的关联分析，商品列表只涉及顾客购买的不同商品的名称。

购物篮数据涉及关联分析的两个基本术语：事务（Transaction）和项集（Itemset）。

事务是关联分析的研究对象，表 6.1 中的每行对应一个事务，包含一个唯一标识 TID 和对应顾客购买的商品集合。

项目（Item）是事务中的单个对象。一次交易中的商品通常是若干个项目的集合，叫作项集。

购物篮分析的目的是找到所有购物篮中不同商品之间的关联关系，从而了解哪些商品频繁地被顾客同时购买，帮助零售商制定合理的营销策略。例如，从表 6.1 中提取的规则{尿布}→{啤酒}表明顾客的购物篮中经常会出现尿布和啤酒的购物组合,那么商场可以根据这一规则指导尿布和啤酒的货架摆放位置：一种方案是把尿布和啤酒尽可能地放得近一些，方便顾客自取；另一种方案是将尿布和啤酒放得远一些，顾客在选择了其中之一后，很有可能会去寻找另一种商品，那么沿途货架上的商品就有可能也被顾客加入购物篮中。

除了购物篮分析外，关联分析也被应用于公共管理、生物信息学、医疗诊断、网页挖掘和推荐系统等领域。例如，关联分析可以帮助公安机关从已有的案件中找到各属性之间的隐含关系，发现其中的犯罪行为规律，为新案件的侦破提供线索；在移动通信行业，关联分析可以帮助运营商发现不同业务之间的关联关系，从而推进新业务的发展；关联分析也可以用来分析保险行业的客户数据，找到各险种潜在客户的人群特征，进而进行精准营销。

6.1.2 频繁项集和关联规则

在实际分析时，获取的原始数据通常是与表 6.1 相似的订单数据，为方便计算机处理，需要在数据预处理阶段对订单数据进行二元化处理和转换，使得转换后的数据每行都对应一个事务，每列都对应一个项目，如果该项目出现在事务中，其值用 1 表示，否则用 0 表示。例如，表 6.1 中涉及的 6 种商品被转换为表 6.2 中的 6 个变量，以便对数据进行二元表示。通常认为项目在事务中出现比不出现更重要，因此项目是非对称的二元变量。同时，这样的二元表示是对购物篮数据的比较简单的处理方式，只考虑了商品是否出现在购物篮中，忽略了购买商品的价格、数量、次序等信息。

假设 t_i 表示单个事务，$T=\{t_1,t_2,t_3,\cdots,t_n\}$ 是所有事务的集合，i_k 表示项目，$I=\{i_1,i_2,i_3,\cdots,i_d\}$ 是 T 中所有项目的集合，每个事务 t_i 包含的项目都是 I 的子集。例如，在表 6.2 中，共有 5 个事务，$I=\{$鸡蛋,可乐,面包,尿布,牛奶,啤酒$\}$，TID 为 1 的事务包含面包和牛奶两个项目，{面包,牛奶} $\in I$。

表 6.2　购物篮数据的二元表示

TID	鸡　蛋	可　乐	面　包	尿　布	牛　奶	啤　酒
1	0	0	1	0	1	0
2	1	0	1	1	0	1
3	0	1	0	1	1	1
4	0	0	1	1	1	1
5	0	1	1	1	1	0

项集是若干个项目的集合，一个项集中可以有 0 个项目，也可以有多个项目，如果一个项集包含 k 个项目，则称为 k-项集，例如，{面包,牛奶}是一个 2-项集。含有 0 个项目的项集称为空集，表示为{ }。

在关联分析中，将包含指定项集的事务个数称为该项集的支持度计数。如果一个项集 X 是某个事务的子集，项集 X 的支持度计数（Count）可以表示为

$$\mathrm{Count}(X)=|\{t_i|X\in t_i,t_i\in T\}| \tag{6.1}$$

式中，符号 $|\cdot|$ 表示集合中元素的个数。表 6.2 中，count {面包,牛奶} = 2，count {面包,尿布,牛奶} = 3。

支持度计数表示的是项集 X 出现的频数，项集 X 出现的频率称为支持度（Support），表示为

$$\sup(X)=\frac{\mathrm{count}(X)}{N} \tag{6.2}$$

式中，N 是事务总数，$N=|\{t_i|t_i\in T\}|$。

如果一个项集的支持度不小于（大于等于）预先指定的最小支持度阈值，则称该项集为频繁项集。

关联分析要找到各个项集之间的关联关系。关联关系可以用频繁项集或关联规则来表示。关联规则是形如 $X\rightarrow Y$ 的蕴含式，X 和 Y 是两个不相交的非空项集，X 称为规则的前件，Y 称为规则的后件。

在实际应用中，一个数据集中可能会挖掘出成千上万条关联规则，此时需要对关联规则进行筛选，找出真正有意义且令人感兴趣的规则以指导决策。一般情况下，关联规则的强度在支持度和置信度（Confidence）框架下来度量。

规则 $X\rightarrow Y$ 的支持度的度量为

$$\sup(X\rightarrow Y)=P(X\cup Y)=\frac{\mathrm{count}(X\cup Y)}{N} \tag{6.3}$$

即规则 $X\rightarrow Y$ 的支持度是 X 和 Y 同时出现的概率，用 X 和 Y 两个项集同时出现的事务数与数据集中的事务总数的比值来计算。可以看出，该比值也是规则 $Y\rightarrow X$ 和项集$\{X,Y\}$的支持度。例如，对表 6.2 提取的关联规则{尿布}→{啤酒}，项集{尿布,啤酒}的支持度计数是 3，总事务数是 5，因此 sup（{尿布}→{啤酒}）= 60%，同时，sup（{啤酒}→{尿布}）= sup（{尿布}→{啤酒}）= 60%。

规则 $X \to Y$ 的置信度的度量为

$$\mathrm{conf}(X \to Y) = P(Y|X) = \frac{\mathrm{count}(X \cup Y)}{\mathrm{count}(X)} \tag{6.4}$$

即规则 $X \to Y$ 的置信度是 X 发生的条件下 Y 发生的条件概率，用 X 和 Y 两个项集同时出现的事务数与 X 项集出现的事务数之比来计算。例如，由表 6.2 提取的关联规则{尿布}→{啤酒}，项集{尿布,啤酒}的支持度计数是 3，项集{尿布}的支持度计数是 4，因此 conf({尿布}→{啤酒})= 75%。

在关联分析中，支持度用来度量项集的频繁程度。如果在购物篮分析中，某些关联规则出现的频率很低，则意味着规则前件和后件所代表的商品被同时购买的可能性很小，因此，在商务应用中，通常将低支持度的项集删去。置信度则被用来度量规则后件中的项集在包含规则前件项集的事务中出现的可能性大小。置信度越高，说明规则后件的商品被规则前件的商品连带购买的概率越高。在实际的分析过程中，会设定最小支持度阈值和最小置信度阈值，同时满足最小支持度（min_sup）阈值和最小置信度（min_conf）阈值的规则被称为强关联规则（Strong Association Rule），关联分析的目标就是挖掘出隐藏的强关联规则。

实际应用中的关联规则有许多类型，可以根据不同的标准对关联规则分类。

根据处理的数据类型，关联规则可以分为布尔关联规则和量化关联规则。布尔关联规则是指处理的数据类型都是离散属性或分类属性，量化关联规则则是指处理的数据类型包含连续属性。例如，上文的购物篮数据分析只考虑商品在购物篮中是否出现，这就是一种布尔关联规则的挖掘。

根据处理的数据维度，关联规则可以分为单维关联规则和多维关联规则。单维关联规则通常从事务数据中挖掘，所涉及数据只有一个维度，处理的是单个维度内的关系。例如，规则{尿布}→{啤酒}只涉及“购买”这一个维度。多维关联规则涉及两个及两个以上维度之间的关系，是关于数据多个维度的关联规则，例如，规则{性别=" 女"}→{职业="秘书"}涉及“性别”和“职业”两个维度。

根据数据的抽象层次，关联规则可以分为单层关联规则和多层关联规则。在单层关联规则中，没有考虑现实数据的多层次性。多层关联规则是指在规则挖掘中，充分考虑了数据的多层性。例如：规则{IBM 台式机}→{Sony 打印机}是一个细节数据上的单层关联规则，而规则{台式机}→{Sony 打印机}则是一个较高层次和细节层次之间的多层关联规则。

这里只讨论单维、单层的布尔关联规则的挖掘。

需要说明的是，分类规则与关联规则都是蕴含式，但关联规则与分类规则不同。关联规则用于挖掘数据中项集之间的关联关系，分类规则用于数据分类。关联规则的规则后件可以包含一个或多个属性，且不同关联规则的规则前件和规则后件可以是相同的属性；分类规则的后件中只有类别变量。此外，关联规则和分类规则的评价指标也不同。

6.2 关联分析的方法

一般而言，只有满足一定支持度和置信度的强关联规则在现实中才具有较大的价值。给定事务数据集 T，关联规则挖掘就是要找出支持度大于等于最小支持度阈值且置信度大于等于最小置信度阈值的所有强关联规则。

比较原始的方法是蛮力搜索（Brute Force），其过程如下：

1）穷举一个事务数据集中包含的所有规则。

2）计算每个规则的支持度和置信度。

3）筛选出满足最小支持度和最小置信度的强规则。

显然，这种蛮力搜索的计算量大，代价高。可以证明：通过以上方法生成规则，筛选完成后，满足最小支持度和最小置信度的规则占比较小。这意味着大部分支持度和置信度的计算开销是无用开销。为避免不必要的开销，可通过事先对候选项集剪枝来减少候选项集的数量。为此，大多数关联规则挖掘算法将关联规则挖掘任务分解为以下两个主要的子任务：

1）产生频繁项集。目标是发现满足最小支持度阈值的所有频繁项集。

2）产生规则。目标是从所发现的频繁项集中提取所有的强关联规则。

接下来先介绍先验原理，然后讨论 Apriori 算法产生频繁项集和关联规则的过程，最后探讨提高 Apriori 算法效率的相关技术。

6.2.1 先验原理

R. Agrawal 和 R. Srikant 于 1994 年提出了 Apriori 算法，用来快速地挖掘关联规则。正如算法的名字，这个方法基于一个有关频繁项集的先验原理。

先验原理被描述为：如果一个项集是频繁项集，则它的所有子集都是频繁项集。

例如，如果$\{a,b\}$是频繁项集，那么任何包含$\{a,b\}$的事务一定包含它的子集$\{a\}$、$\{b\}$，则$\{a\}$、$\{b\}$出现的频率必定不小于最小支持度计数，因此$\{a,b\}$的子集也都是频繁的。

相反，如果一个项集不是频繁项集，则它的所有超集都不是频繁项集。例如，设$\{a,b\}$不是频繁项集，则它的任何超集，如$\{a,b,c\}$出现的频率必定小于最小支持度，因此其超集必定也不是频繁项集。可见，一旦发现一个非频繁项集，那么包含该项集的所有超集都可以被剪枝，这样的方法被称为基于支持度的剪枝（Support-based Pruning）。

基于支持度的剪枝依赖于支持度度量的一个关键性质，即一个项集的支持度绝不会超过它的子集的支持度，这个性质也被称为支持度度量的反单调性（Anti-monotone）。任何具有反单调性的度量都能够直接结合到挖掘算法中，对候选项集的指数搜索空间有效地剪枝，以减少生成频繁项集的计算代价。

6.2.2 Apriori 算法产生频繁项集

Apriori 算法是关联规则挖掘的经典算法，它开创性地使用了基于支持度的剪枝技术来控制候选项集的指数增长。此处以表 6.3 的事务数据集为例，展示 Apriori 算法挖掘频繁项集产生强关联规则的基本过程。

表 6.3 事务数据集

TID	商品集合
1	{牛奶,鸡蛋,面包,薯片}
2	{鸡蛋,爆米花,薯片,啤酒}
3	{鸡蛋,面包,薯片}

（续）

TID	商品集合
4	{牛奶,鸡蛋,面包,爆米花,薯片,啤酒}
5	{牛奶,面包,啤酒}
6	{鸡蛋,面包,啤酒}
7	{牛奶,面包,薯片}
8	{牛奶,鸡蛋,面包,黄油,薯片}
9	{牛奶,鸡蛋,黄油,薯片}

假定最小支持度 min_sup 为 30%，数据集中共有 9 个事务，则最小支持度应为 9×30% = 2.7，取最小支持度计数为 3。Apriori 生成频繁项集的过程如下：

首先扫描数据集，识别所有单个项，即 1-项集，称这些 1-项集为候选 1-项集，其集合记作 C_1，并计算每个候选项集对应的支持度计数（或支持度），见表 6.4。候选 1-项集包含了数据集中涉及的所有项目。

表 6.4　候选 1-项集及对应的支持度计数

项　集	支持度计数
{爆米花}	2
{黄油}	2
{鸡蛋}	7
{面包}	7
{牛奶}	6
{薯片}	7
{啤酒}	4

然后利用最小支持度对候选 1-项集进行筛选，得到频繁 1-项集的集合，记作 L_1，见表 6.5。

表 6.5　频繁 1-项集及对应的支持度计数

项　集	支持度计数
{鸡蛋}	7
{面包}	7
{牛奶}	6
{薯片}	7
{啤酒}	4

得到了所有的频繁 1-项集后，接着基于频繁 1-项集产生候选 2-项集，进而识别所有的频繁 2-项集。

在生成候选 2-项集时，不需要考虑候选 1-项集中的非频繁 1-项集。基于频繁 1-项集生成候选2-项集的集合（记作 C_2），并第二次扫描数据集，计算候选2-项集的支持度计数（或支持度），见表6.6。

表6.6　候选2-项集及对应的支持度计数

项　　集	支持度计数
{鸡蛋,面包}	5
{鸡蛋,薯片}	6
{鸡蛋,啤酒}	3
{面包,薯片}	5
{面包,啤酒}	3
{牛奶,鸡蛋}	4
{牛奶,面包}	5
{牛奶,薯片}	5
{牛奶,啤酒}	2
{薯片,啤酒}	2

利用最小支持度计数对候选2-项集进行筛选，得到频繁2-项集的集合，记作 L_2，见表6.7。

表6.7　频繁2-项集及对应的支持度计数

项　　集	支持度计数
{鸡蛋,面包}	5
{鸡蛋,薯片}	6
{鸡蛋,啤酒}	3
{面包,薯片}	5
{面包,啤酒}	3
{牛奶,鸡蛋}	4
{牛奶,面包}	5
{牛奶,薯片}	5

得到了所有的频繁2-项集后，使用同样的方式生成候选3-项集。在得到候选3-项集后需要再次扫描数据集计算支持度计数。当候选3-项集很多时，扫描数据集和计算支持度计数等过程需要花费较多的时间和资源，因此基于支持度对候选3-项集剪枝，以减少不必要的计算开销。

根据支持度度量的反单调性，若一个候选3-项集存在非频繁的子集，则该候选3-项集就一定不是频繁的。例如，基于频繁2-项集 L_2 生成候选3-项集 C_3 时，将3-项集{牛奶,鸡蛋,啤酒}从候选项集中删除，因为2-项集{牛奶,啤酒}不是频繁的，同理{面包,薯片,啤酒}、{鸡蛋,薯片,啤酒}也不是频繁的。第三次扫描数据集，计算剪枝后的所有候选3-项集的支持度计数（或支持度），这些候选3-项集的集合 C_3 及各支持度计数见

表 6.8。

表 6.8　经过剪枝的候选 3-项集及对应的支持度计数

项　　集	支持度计数
{鸡蛋,面包,薯片}	4
{鸡蛋,面包,啤酒}	2
{牛奶,鸡蛋,面包}	3
{牛奶,鸡蛋,薯片}	4
{牛奶,面包,薯片}	4

根据最小支持度计数筛选得到频繁 3-项集的集合 L_3，结果见表 6.9。

表 6.9　经过筛选得到的频繁 3-项集及对应的支持度计数

项　　集	支持度计数
{鸡蛋,面包,薯片}	4
{牛奶,鸡蛋,面包}	3
{牛奶,鸡蛋,薯片}	4
{牛奶,面包,薯片}	4

由频繁 3-项集的集合 L_3 生成候选 4-项集，并剪枝，得到最终的候选 4-项集的集合 C_4，见表 6.10。

表 6.10　最终的候选 4-项集

项　　集	{牛奶,鸡蛋,面包,薯片}

第四次扫描数据集，计算支持度，并筛选得到频繁 4-项集的集合 L_4，见表 6.11。

表 6.11　频繁 4-项集及其支持度计数

项　　集	支持度计数
{牛奶,鸡蛋,面包,薯片}	3

得到 1 个频繁 4-项集，无法生成 5-项集，即 $L_5=\varnothing$，至此完成频繁项集的生成过程。接下来进行关联规则的生成和筛选。

计算产生的候选项集数目可以检验先验原理的有效性，若枚举所有项集（到产生 4-项集），将产生 $C_7^1+C_7^2+C_7^3+C_7^4=98$ 个候选项集需要进行支持度计数，使用先验原理后，候选项集减少为 7+10+5+1=23 个候选项集，减少了 75 个候选项集的支持度计数的计算过程，效果显著。

关联规则的生成和筛选可以概括为如下过程：

对于 L_k 中的每个频繁 k-项集 $F_k(k\geqslant 2)$，找出其所有非空子集，对于某非空子集 s，形成一个规则 R：$s\rightarrow F_k-s$；对于规则 R，计算其置信度 $\mathrm{conf}(R)=\dfrac{\mathrm{count}(F_k)}{\mathrm{count}(s)}$；当 $\mathrm{conf}(R)\geqslant$

min_conf时 R 为强关联规则。

显然，一个频繁 2-项集能够生成两条关联规则，一个频繁 3-项集能够生成 $2^3-2=6$ 条关联规则。本例中的所有频繁项集能够产生共 8 * 2+4 * 6+14=54 条关联规则。以频繁 3-项集{鸡蛋,面包,薯片}为例对关联规则的生成和筛选进行说明。设定置信度阈值为 80%，即min_conf=80%。

频繁 3-项集{鸡蛋,面包,薯片}的所有非空子集为{鸡蛋}，{面包}，{薯片}，{鸡蛋,面包}，{鸡蛋,薯片}，{面包,薯片}，可以得到 6 个规则，并计算其置信度，结果见表 6.12。

表 6.12　由频繁 3-项集{鸡蛋,面包,薯片}生成的规则

规　则	置 信 度
R_1：{鸡蛋}→{面包,薯片}	4/7（57.1%）
R_2：{面包}→{鸡蛋,薯片}	4/7（57.1%）
R_3：{薯片}→{鸡蛋,面包}	4/7（57.1%）
R_4：{鸡蛋,面包}→{薯片}	4/5（80%）
R_5：{鸡蛋,薯片}→{面包}	4/6（66.7%）
R_6：{面包,薯片}→{鸡蛋}	4/5（80%）

由 min_conf=80%得，R_4 和 R_6 为强关联规则。

算法 6.1 给出了 Apriori 产生频繁项集部分的伪代码。其中，F_k 为频繁 k-项集及其对应的支持度计数的集合，sup(i)为候选项集的支持度计数，C_k 为候选 k-项集的集合，T 为事务数据集。

算法的步骤 1 和步骤 2 首先扫描了数据集，确定每个项目的支持度，得到了所有频繁 1-项集及其支持度计数的集合 F_1，其中 I 为所有 1-项集的集合，N 为事务数据集的数据量。

算法的步骤 3~9 基于已经得到的频繁（k-1）-项集产生候选 k-项集的集合，同时扫描数据集，对生成的候选项集进行支持度计数，重复此过程直到没有候选项集产生，即 $F_k=\emptyset$。需要注意的是，步骤 5 使用了 apriori_gen( )函数产生候选项集，步骤 6~9 实现了候选项集的支持度计数，进行了数据集的再次扫描，其中步骤 8 使用了 issubset( )函数判断候选项集是否在事务集中出现。算法的步骤 10 得到了筛选出频繁 k-项集及其对应的支持度计数的集合。

算法 6.1　Apriori 算法产生频繁项集

```
输入：事务数据集 T，最小支持度阈值 min_sup.
输出：频繁项集.
过程：
1：k=1
2：        F_k={(i,sup(i)) | i∈I∧sup(i)≥N×min_sup}
3：repeat
4：        k=k+1
5：        C_k=apriori_ gen (F_{k-1})
6：        for 事务 t∈T do
7：        for 候选项集 c∈C_k do
```

```
8:         if c.issubset (t)
9:             sup(c)= sup(c)+1
10:         end if
11:         end for
12:         end for
13:         Fk = {(c,sup(c)) | c ∈ Ck ∧ sup(c) ≥ N×min_sup}
14: until Fk = Ø
15: result = ∪ Fk
```

伪代码中算法每增加一次迭代，候选项集和频繁项集的项目个数均增加 1，因此总迭代次数是 $k_{max}+1$，其中 k_{max}是产生的频繁项集的最大长度。候选项集的产生，依赖于前一次迭代得到的频繁项集，每计算一个候选项集的支持度都需要遍历事务数据集，所以此搜索过程需要利用先验原理剪枝，以减少候选项集的数目，尽可能地减少遍历事务数据库的次数。

算法 6.1 中，Apriori 算法产生频繁项集的每次迭代由三个环节组成：产生候选项集，依据先验原理剪枝，计算候选项集支持度计数。下面对这三个环节进行详细说明。

1. 产生候选项集

理论上有许多产生候选项集的方法。有效的候选项集的产生过程应该满足以下要求：

1）避免产生太多不必要的候选项目。根据支持度度量的反单调性，一个候选项集只要有一个非频繁子集，那么该候选项集就一定是非频繁的，进行数据库扫描时，这样的候选项集被剪枝。

2）确保候选项集是完全的。产生候选项集的过程中不能遗漏任何频繁项集，因此必须确保生成的候选项集包含所有频繁项集。

3）不会产生重复候选项集。候选项集可以由多种方法和策略生成，应选择不会产生重复候选项集的方法和策略，以免造成计算资源的浪费。

诚然，可以使用穷举法、蛮力方法等简单方法产生候选项集，但其结果很难满足以上三个要求。此处介绍 Apriori 算法产生候选项集的策略——$F_{k-1}\times F_{k-1}$方法，此方法也是算法 6.1 中 apriori_gen( ) 函数使用的产生候选项集的方法，通过合并两个前 $k-2$ 个项相同的频繁 $(k-1)$-项集产生候选 k-项集。

令 $A=\{a_1,a_2,\cdots,a_{k-1}\}$ 和 $B=\{b_1,b_2,\cdots,b_{k-1}\}$ 是一对频繁$(k-1)$-项集，且两个频繁项集中的项目均按照字典序存储，即 A 和 B 中的项目是按字母顺序排列的。只有当条件

$$a_i=b_i\ (i=1,2,\cdots,k-2)\ 且\ a_{k-1}\neq b_{k-1}$$

得到满足时，可合并 A 与 B 生成候选 k-项集 $C=\{a_1,a_2,\cdots,a_{k-2},a_{k-1},b_{k-1}\}$。

以表 6.7 中的频繁 2-项集为例，使用 $F_{k-1}\times F_{k-1}$方法生成候选 3-项集的过程如图 6.1 所示。图 6.1 中频繁 2-项集{鸡蛋,面包}和{鸡蛋,牛奶}合并形成候选 3-项集{鸡蛋,面包,牛奶}，但算法不会将频繁 2-项集{鸡蛋,面包}和{面包,牛奶}合并形成候选 3-项集{鸡蛋,面包,牛奶}，因为频繁 2-项集{鸡蛋,面包}和{面包,牛奶}的第 1 项不同。同时，项集中的项目要按字典序排列（图 6.1 项集中的项目按拼音首字母排列），这样就避免了重复候选项集的产生。又由于每一个频繁 k-项集都由一个频繁（$k-2$）-项集和两个频繁 1-项集合并得到，所以 $F_{k-1}\times F_{k-1}$方法产生的候选 k-项集不但能够避免产生太多不必要的候选，而且

所产生的候选 k-项集一定包含了所有频繁 k-项集。

需要注意的是，由于每个候选 k-项集都是由一对频繁（k-1)-项集合并而成的，因此需要附加候选剪枝步骤来确保该候选 k-项集的另外 k-2 个子集即（k-1)-项集不是非频繁的。

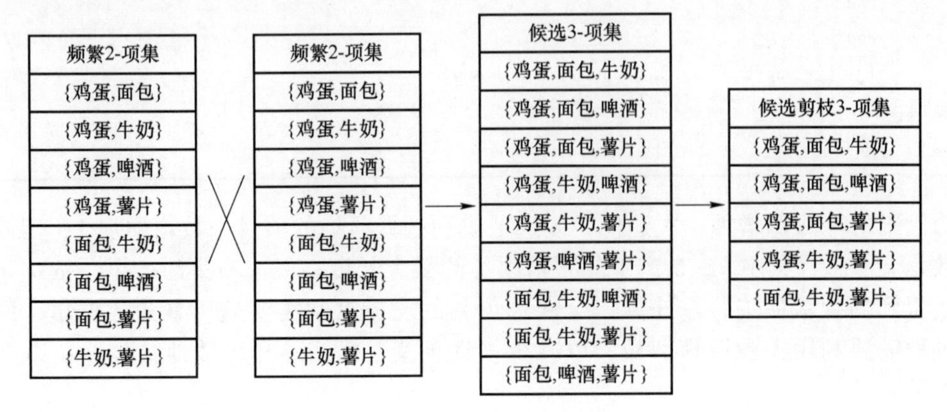

图 6.1　$F_{k-1} \times F_{k-1}$方法产生的候选项集

2. 候选项集的剪枝

候选项集的剪枝操作采用基于支持度的剪枝策略，删除一些候选 k-项集。例如，对于候选 k-项集 $X=\{i_1, i_2, \cdots i_k\}$，若其存在非频繁真子集，则 X 会被剪枝。由于每个候选 k-项集都是通过合并一对频繁（k-1)-项集产生的，因此又可以证明：如果候选 k-项集 X 有一个大小小于 k-1 的非频繁子集，那么 X 至少有一个大小为 k-1 的子集一定是非频繁的。因此 $F_{k-1} \times F_{k-1}$方法只要求在 X 的 k 个（k-1)-项子集中检查 k-2 个即可，这是因为在产生候选的过程中，已经有两个（k-1)-项子集被确定为频繁项集。

3. 计算候选项集的支持度计数并产生频繁项集

计算支持度最简单的方法是将每个事务与所有的候选项集比较，若一个事务中包含某个候选项集，则这个候选项集的支持度计数增加 1，直到比较完数据库中所有事务。显然，当事务的数目和候选项集的数目较大时，采用这种方法计算支持度的开销十分巨大。

一种可行的方法是枚举每个事务所包含的项集，然后将它们与候选项集对比，更新其对应的候选项集的支持度。例如，事务 $t=\{1,2,3,5,6\}$包含 $C_5^3=10$ 个 3-项集。这些长度为 3 的子集中一部分可能与候选 3-项集相同，一部分不同。通过对比，增加与事务的子集相同的候选 3-项集的支持度计数即可。

图 6.2 展示了枚举事务 t 中所有 3-项集的过程。假定每个项集中的项都以递增的字典序排列，项集的枚举过程为：先指定最小项，后续跟随较大的项，直至得到 3-项集。对于给定的事务 $t=\{1,2,3,5,6\}$，由于项以字典顺序递增排列，因此其所有 3-项集只可能以 1、2 或 3 开始。

图 6.2 中第一层的前缀结构描述了包含在事务 t 中所有 3-项集的第 1 项的方法。第 1 项为 1 的 3-项集，其后续两个项取自集合{2,3,5,6}；第 1 项为 2 的 3-项集，其后续两个项取自集合{3,5,6}；第 1 项为 3 的 3-项集，其后续两个项必定为 5 和 6。

确定第 1 项后，第 2 项的指定方法在第二层展示。第 1 项为 1，第 2 项为 2，即前缀为

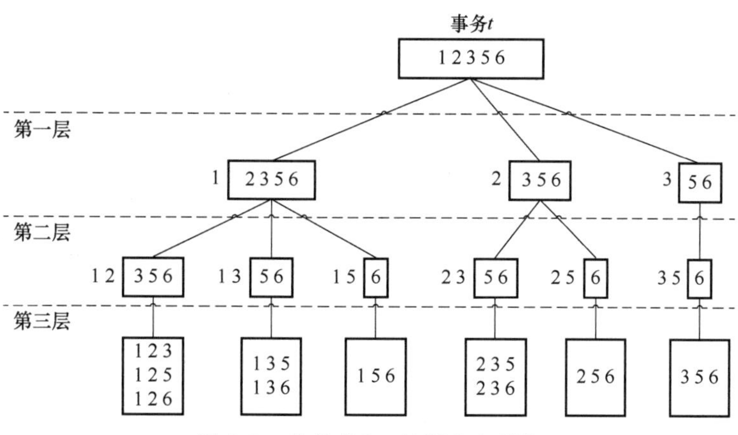

图 6.2　枚举事务 t 的所有 3-项集

{1,2}的 3-项集，后续项取自集合{3,5,6}，其他情形的选择方式与此相同。第三层的前缀结构显示了事务 t 包含的所有 3-项集。例如，以{1,2}为前缀的 3-项集包含{1,2,3}、{1,2,5}和{1,2,6}；以{2,3}为前缀的 3-项集为{2,3,5}和{2,3,6}。

图 6.2 中展示了枚举事务所包含项集的过程。要完成候选项集支持度计数的更新，还需要确定每个项集是否与候选项集匹配。为了减少比较次数，Apriori 算法将候选项集划分为不同的桶，并使用 Hash（散列）树存储候选项集。进行支持度计数时，把包含在事务中的项集散列在相应的桶中，并将它们与同一个桶内的候选项集进行匹配比较。

图 6.3 展示了一棵 Hash 树，树中使用 Hash 函数 $h(p)=p \bmod 3$ 来确定每个内部节点应当沿着当前节点的哪个分枝向下，即 Hash 树的每个叶子节点最多能存放 3 个项集。例如，假设有 15 个候选 3-项集，分别是{1,2,4}，{1,2,5}，{1,3,6}，{1,4,5}，{1,5,9}，{2,3,4}，{3,4,5}，{3,5,6}，{3,5,7}，{3,6,7}，{3,6,8}，{4,5,7}，{4,5,8}，{5,6,7}和{6,8,9}。第 1 项为 1、4 和 7 的候选 3-项集应当沿最左分枝向下，因为其与 3 的模运算结果都为 1；第 1 项为项 2、5 和 8 的候选 3-项集应沿中间分枝向下；第 1 项为 3、6 和 9 的候选 3-项集应该沿最右边分枝向下。第一层确定第 1 项后，继续以同样方式在第二层确定第 2 项，直到所有的候选项集都存放在 Hash 树的叶子节点中。15 个候选 3-项集被存放在 9 个叶子节点中。

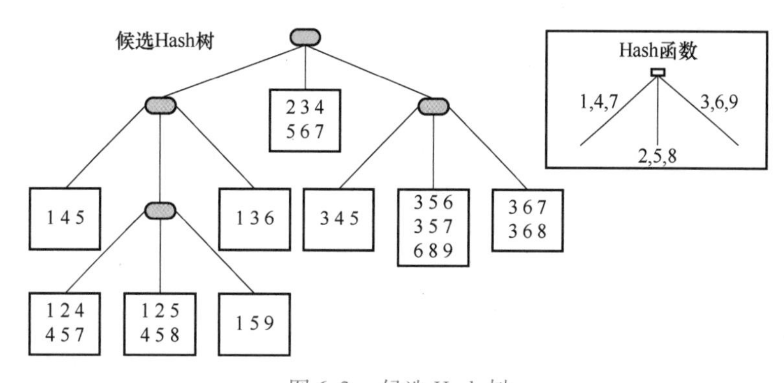

图 6.3　候选 Hash 树

然后使用 Hash 树进行支持度计数，仍以事务 $t=\{1,2,3,5,6\}$ 为例，在图 6.3 的候选 Hash 树上进行展示。首先进行第一层散列，首项为 1 的项集，应该散列在左边，首项为 2 的散列在中间，首项为 3 的散列在右边，如图 6.4 所示。

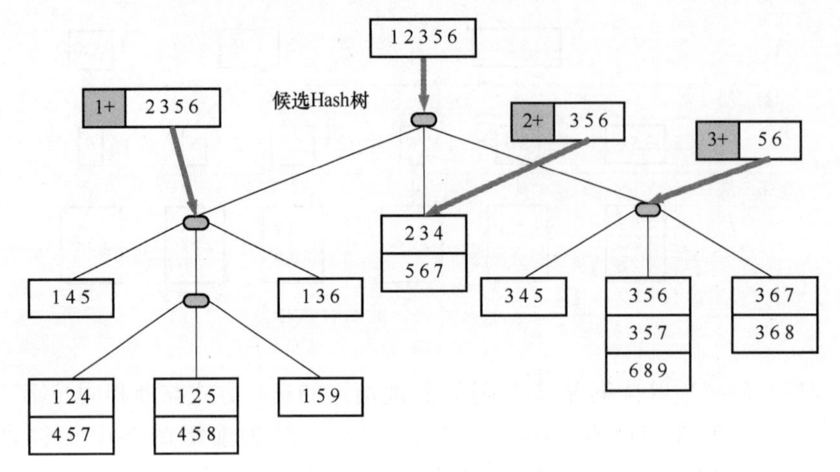

图 6.4　在候选 Hash 树上散列事务 3-项集的第 1 项

按同样方式进行第二层散列，第 1 项为 1 的 3-项集中第 2 项为 2、3 和 5，其中第 2 项为 2 和 5 的 3-项集被散列到第二层的中间节点，第 2 项为 3 的 3-项集被散列到第二层的右节点，结果如图 6.5 所示。

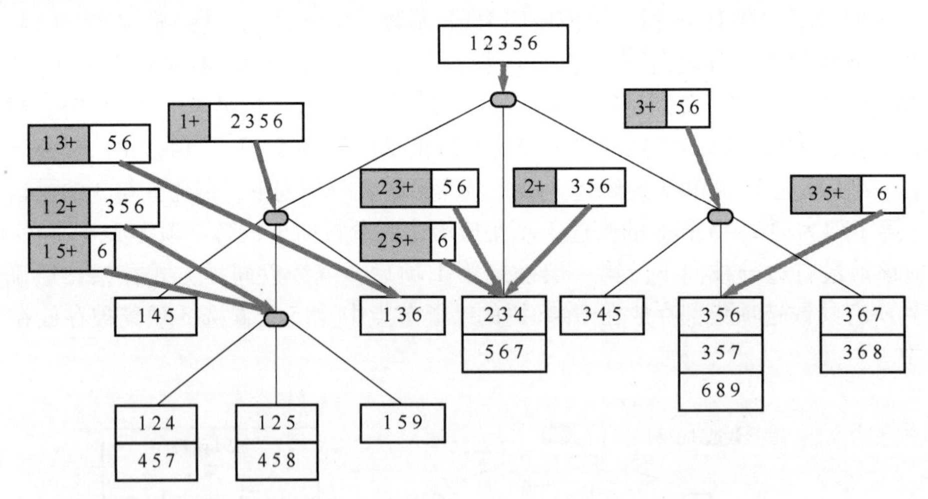

图 6.5　在候选 Hash 树上散列事务 3-项集的第 2 项

同理进行第三层散列，结果如图 6.6 所示。图 6.6 中灰色叶子节点表示候选 Hash 树上事务 3-项集被散列的桶。

至此，事务 t 中的所有 3-项集都被散列到候选 Hash 树的叶子节点。将存放在对应叶子节点中的候选项集与事务 t 的散列结果进行比较，如果叶子节点中存在相同的候选项集和事务子集，则候选项集的支持度计数增加。图 6.6 中，共访问了候选 Hash 树的 9 个叶子节点中的 5 个，比较了 15 个候选 3-项集中的 9 个，最终结果为候选 3-项集$\{1,2,5\}$、$\{1,3,6\}$和

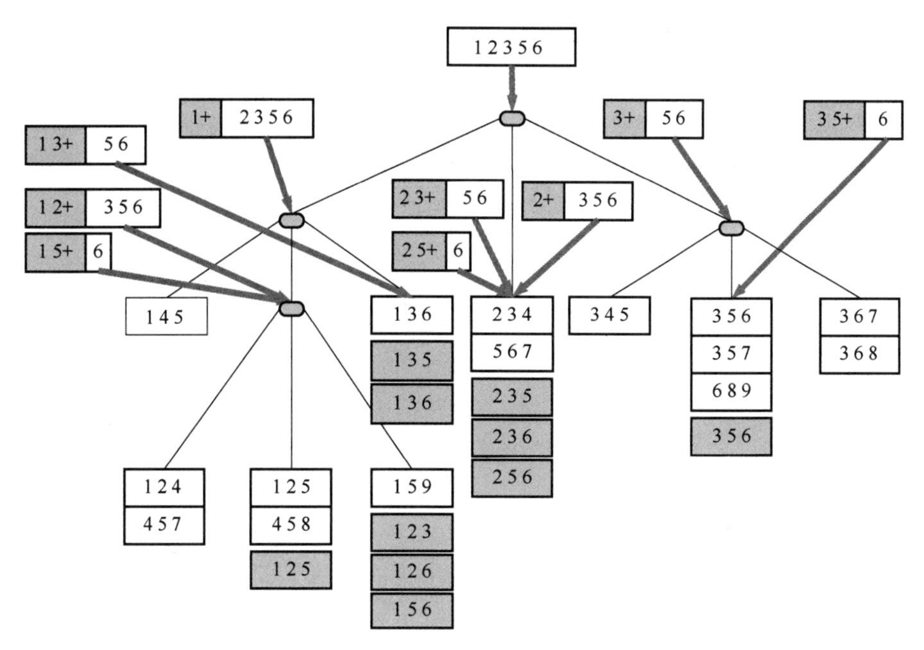

图 6.6　在候选 Hash 树上散列事务 3-项集的第 3 项

{3,5,6}的支持度计数增加 1。

完成支持度计数后，就可以根据支持度阈值进行频繁项集的筛选了。支持度阈值的大小影响频繁项集的数目。支持度越低，产生的频繁项集越多，算法的计算代价越高；支持度太高，可能会丢失部分重要的信息。因此，需要权衡业务需求，设定合理的支持度阈值。

6.2.3　Apriori 算法生成关联规则

Apriori 算法中关联规则的提取以产生的频繁项集为基础，一个频繁 k-项集可以生成 2^k-2 个规则。关联规则的提取过程为：将一个频繁项集分成两个非空的子集，一个作为规则前件，另一个作为规则后件。假设有频繁项集 Y 且 $Y\neq\emptyset$，将 Y 划分成两个非空子集 X 和 $(Y-X)$，则产生规则 $X\rightarrow(Y-X)$，其支持度为 count$(Y)/N$(N 为项集的数量)，置信度为 count$(Y)/$count(X)。规则 $X\rightarrow(Y-X)$ 的支持度和生成该规则的频繁项集的支持度相同，必定满足支持度阈值，因此只需要计算其置信度，然后利用置信度阈值提取强关联规则。

根据支持度的反单调性，Y 是频繁的，则它的子集 X 和 $Y-X$ 也一定是频繁的，并且其支持度计数在产生频繁项集的时候已经计算出来了，因此计算置信度时不用再次扫描事务数据库。

对于频繁 k-项集，Apriori 算法逐层提取关联规则。过程为：第一步提取规则后件中含有一个项目的规则，使用这些规则生成下一层的候选规则，如$\{b,c,d\}\rightarrow\{a\}$和$\{a,c,d\}\rightarrow\{b\}$合并生成$\{c,d\}\rightarrow\{a,b\}$；重复此过程直到规则后件中项目的数目达到 $k-1$个。

假设 4-项集$\{a,b,c,d\}$是频繁的，由该频繁项集产生规则的过程如图 6.7 所示。第一层可以看作根节点，规则后件为{ }；第二层的规则后件来自项集$\{a,b,c,d\}$只有一个项目的子集，分别是$\{a\}$、$\{b\}$、$\{c\}$、$\{d\}$，规则前件分别是项集中的剩余部分；第三层的规则后件由上一层的规则后件合并而成，规则前件依然是项集的剩余部分；最后一层规则后件仍由上一层的规则后件合并得到，规则后件的项目数达到 3 个，规则生成过程结束。

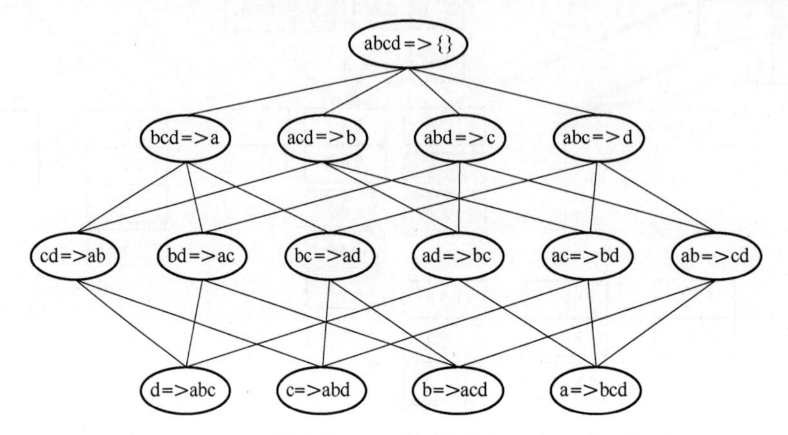

图 6.7　Apriori 算法使用逐层提取的方法产生关联规则

考虑规则$\{b,c,d\}\rightarrow\{a\}$,其置信度为 count($\{a,b,c,d\}$)/count($\{b,c,d\}$)，在其与其他规则合并成的第二层规则中，如$\{c,d\}\rightarrow\{a,b\}$，该规则的置信度为 count($\{a,b,c,d\}$)/count($\{c,d\}$)，显然有 count($\{b,c,d\}$)$\leqslant$count($\{c,d\}$)，因此规则$\{c,d\}\rightarrow\{a,b\}$的置信度不会高于规则$\{b,c,d\}\rightarrow\{a\}$的置信度,那么当规则$\{b,c,d\}\rightarrow\{a\}$的置信度不满足置信度阈值 min_conf,即不是强规则时，$\{c,d\}\rightarrow\{a,b\}$也必定不是强规则。由此可见，在生成规则的过程中，一旦有低置信度的规则出现，就可以利用它来剪枝，此过程称为基于置信度的剪枝（Confidence-based Pruning)，如图 6.8 所示。采用剪枝策略可有效降低生成关联规则的计算复杂度。

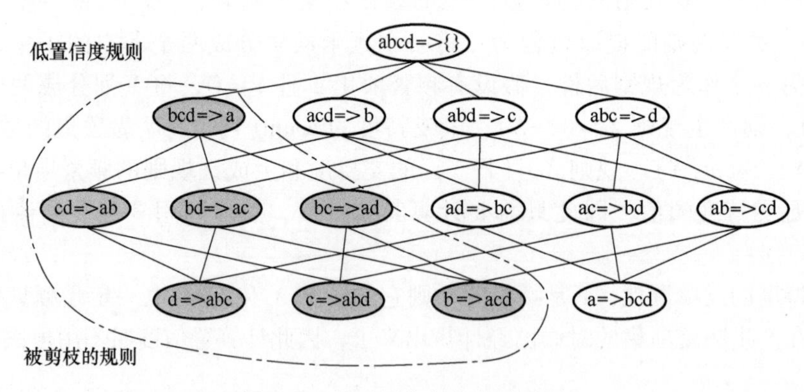

图 6.8　基于置信度的剪枝示例

以表 6.3 中数据作为数据集，使用 Apriori 算法对其进行频繁项集的挖掘和关联规则的生成。

实现代码如下：

```
import pandas aspd
from mlxtend.frequent_patterns import apriori,association_rules
from mlxtend.preprocessing import TransactionEncoder

def apriori_demo():
  #1 数据生成独热编码
  print("----------------------------------------------------------")
  data = [['牛奶','鸡蛋','面包','薯片'],
        ['鸡蛋','爆米花','薯片','啤酒'],
        ['鸡蛋','面包','薯片'],
        ['牛奶','鸡蛋','面包','爆米花','薯片','啤酒'],
        ['牛奶','面包','啤酒'],
        ['鸡蛋','面包','啤酒'],
        ['牛奶','面包','薯片'],
        ['牛奶','鸡蛋','面包','黄油','薯片'],
        ['牛奶','鸡蛋','黄油','薯片']]
    te = TransactionEncoder()
    one_hot = te.fit(data).transform(data)
    df = pd.DataFrame(one_hot,columns=te.columns_)
    print(df)
    #2 采用 apriori 算法生成频繁项集(最小支持度为 0.3)
    print("----------------------------------------------------------")
    frequent_items = apriori(df,min_support=0.3,use_colnames=True)
    frequent_items['length'] = frequent_items['itemsets'].apply(lambda x: len(x))
    print(frequent_items)
    #3 计算关联规则(最小置信度为 0.8)
    rules = association_rules(frequent_items,metric='confidence',\
        min_threshold=0.8)
    #4 设置最小提升度为 1
    print("----------------------------------------------------------")
    rules = rules.drop(rules[rules.lift <=1.0].index)
    rules = rules[['antecedents','consequents','support','confidence','lift']]
    print(rules)
    print("----------------------------------------------------------")

if __name__ == '__main__':
    apriori_demo()
```

运行结果如下：

```
---------------------------------------------------------------
   啤酒   爆米花   牛奶    薯片    面包    鸡蛋    黄油
0  False  False   True    True    True    True    False
1  True   True    False   True    False   True    False
2  False  False   False   True    True    True    False
3  True   True    True    True    True    True    False
4  True   False   True    False   True    False   False
5  True   False   False   False   True    True    False
6  False  False   True    True    True    False   False
7  False  False   True    True    True    True    True
8  False  False   True    True    False   True    True
---------------------------------------------------------------
   support         itemsets           length
0  0.444444        (啤酒)               1
1  0.666667        (牛奶)               1
2  0.777778        (薯片)               1
3  0.777778        (面包)               1
4  0.777778        (鸡蛋)               1
5  0.333333      (面包,啤酒)            2
6  0.333333      (鸡蛋,啤酒)            2
7  0.555556      (薯片,牛奶)            2
8  0.555556      (面包,牛奶)            2
9  0.444444      (鸡蛋,牛奶)            2
10 0.555556      (面包,薯片)            2
11 0.666667      (薯片,鸡蛋)            2
12 0.555556      (面包,鸡蛋)            2
13 0.444444    (面包,薯片,牛奶)         3
14 0.444444    (鸡蛋,薯片,牛奶)         3
15 0.333333    (鸡蛋,面包,牛奶)         3
16 0.444444    (面包,薯片,鸡蛋)         3
17 0.333333  (鸡蛋,面包,薯片,牛奶)      4
---------------------------------------------------------------
      antecedents     consequents    support    confidence    lift
0     (牛奶)           (薯片)         0.555556   0.833333      1.071429
1     (牛奶)           (面包)         0.555556   0.833333      1.071429
2     (薯片)           (鸡蛋)         0.666667   0.857143      1.102041
3     (鸡蛋)           (薯片)         0.666667   0.857143      1.102041
4   (牛奶,鸡蛋)        (薯片)         0.444444   1.000000      1.285714
5 (牛奶,面包,鸡蛋)     (薯片)         0.333333   1.000000      1.285714
```

可见，上述代码使用 Apriori 算法对事务数据集进行频繁项集的挖掘和关联规则的生成，设定最小支持度为 0.3，共得到 18 个频繁项集，其中频繁 1-项集有 5 个，频繁 2-项集有 8 个，频繁 3-项集有 4 个，频繁 4-项集有 1 个。基于得到的 13 个频繁项集（不包含频繁 1-项集，因为它们无法生成关联规则），设定最小置信度为 0.8，最小提升度为 1，生成 6 条强关联规则。需要说明的是，此处使用的提升度指标将在 6.3.1 节介绍讨论。

6.2.4 提高 Apriori 算法效率

Apriori 算法是挖掘关联规则最经典的算法。现实中事务的数目和项目的数目是巨大的，提高 Apriori 算法的计算速度和效率非常重要。除 6.2.2 节中介绍的通过“$F_{k-1}\times F_{k-1}$”方法产生候选项集，通过建立 Hash 树，利用散列技术计算候选项集支持度计数之外，还有一些其他提高 Apriori 算法效率的技术，下面列举几项。

1. 事务压缩技术

事务压缩技术认为不包含任何频繁 k-项集的事务不可能包含频繁（k+1）-项集。在处理过程中对这样的事务进行标记或者删除，扫描事务数据库时，不再需要处理这样的事务，从而减少计算次数。

2. 划分技术

划分技术是将数据库中所有事务划分为 n 个非重叠的部分，对每个部分找出其中的频繁项集，结果被称为局部频繁项集（Local Frequent Itemset），再从所有局部频繁项集中选择全局频繁项集（Global Frequent Itemset）。整个过程只需要扫描两次事务数据集，减少数据库扫描次数。

第一次扫描，找出所有局部频繁项集，如果支持度的阈值为 min_sup，则每个部分的最小支持度计数为：min_sup×该部分的事务数。局部频繁项集并不是整个数据库的频繁项集，但是可以作为生成全局频繁项集的候选项集。

第二次扫描，评估每个候选项集在整个数据库的实际支持度，来确定全局频繁项集。

使用划分技术寻找频繁项集的流程如图 6.9 所示。

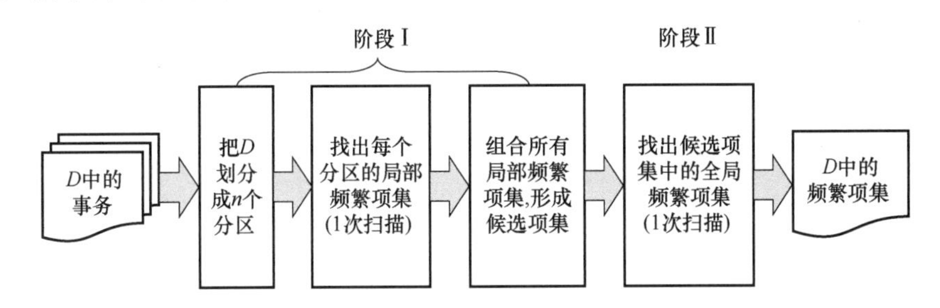

图 6.9 使用划分技术寻找频繁项集的流程

3. 选样技术

选样技术是选取事务数据库中的一个随机样本 S，在 S 中搜索频繁项集。这种方式可能会丢失一些全局频繁项集的信息，可以使用比最小支持度低的支持度阈值来找出 S 中的频繁项集，然后用没有被选中的部分来验证从 S 中找出的频繁项集的实际支持度。如果从 S 中找出的频繁项集包含了全局频繁项集的项目，那么只需扫描一次数据库；否则，需要进行第二次扫描，用来找出被遗漏的频繁项集。需要说明的是，选样技术所产生结果的精确度是需要被质疑的。在实际应用中，当效率很重要的时候，可以考虑用精确度来换取高效率。

各种改进技术主要围绕减少扫描事务数据库的次数，在改变事务数据库的存储结构、减少数据量等方面优化 Apriori 算法的效率。接下来详细介绍三种提高效率的方法。

6.2.5 挖掘频繁项集的模式增长算法

频繁项集的挖掘是关联分析的关键步骤，Apriori 算法通过多次扫描事务数据库产生候选项集，再由候选项集得到频繁项集。Jiawei Han 等人在 2000 年提出了一种关联分析方法——频繁模式增长算法（FP-growth Algorithm），这是一种不通过产生候选项集来挖掘全部频繁项集的方法。

频繁模式增长算法采取分治的策略，首先将频繁项集的数据库压缩为一棵频繁模式树（Frequent Pattern Tree），简称 FP 树，该树仍保留项集的关联信息。然后在 FP 树中通过递归直接挖掘频繁模式。该算法分为两个步骤：第一步构建 FP 树，第二步从 FP 树中挖掘频繁模式。

1. 构建 FP 树

使用 FP 树可以对事务数据集进行压缩表示，FP 树是通过逐一读取事务数据，并把每个事务映射到 FP 树的一条路径来构造的。由于不同的事务中可能会存在部分相同的项目，因此 FP 树的路径会有部分重叠，重叠的部分越多，说明使用 FP 树压缩的效果越好。如果 FP 树足够小，可以把 FP 树存放在内存中，从中直接提取频繁项集，不需要一遍遍地扫描事务数据库，从而提高计算的效率。

下面用一个例子来说明 FP 树的构建过程。表 6.13 是一个事务数据集，包含的 10 个事务涉及 5 个项目，分别是 a、b、c、d、e。

表 6.13　一个事务数据集

TID	项　集
1	$\{a,b\}$
2	$\{b,c,d\}$
3	$\{a,c,d,e\}$
4	$\{a,d,e\}$
5	$\{a,b,c\}$
6	$\{a,b,c,d\}$
7	$\{a\}$
8	$\{a,b,c\}$
9	$\{a,b,d\}$
10	$\{b,c,e\}$

FP 树初始由一个根节点构成，用符号 null 标记，通过逐个读入事务生成子节点来扩充 FP 树，每个节点都包括一个项目和对该项目的计数。把表 6.13 的事务数据集压缩到一个 FP 树的过程如下：

1）第一次扫描数据，计算每个项目的支持度计数，设定支持度阈值，丢弃非频繁的项目，并将频繁的项目按照支持度计数降序排列。

表 6.13 中 5 个项目的支持度计数降序排序如下：count(a) = 8>count(b) = 7>count(c) = 6>count(d) = 5>count(e) = 3。

2）第二次扫描数据，扩充 FP 树。

读入 TID=1 的事务$\{a,b\}$，创建标记为 a 和 b 的节点，形成 null→a→b 的路径，a、b 节点的计数标记为 1，如图 6.10a 所示。

读入 TID=2 的事务$\{b,c,d\}$，为 b、c、d 创建节点。由于$\{b,c,d\}$和$\{a,b\}$没有相同的前缀，因此这两个事务的路径不相交，需要连接 null 节点，形成 null→b→c→d 路径，每个节点的计数标记为 1，如图 6.10b 所示。

读入 TID=3 的事务$\{a,c,d,e\}$，第三个事务与第一个事务$\{a,b\}$有相同的前缀项 a，因此第三个事务和第一个事务部分重叠，共享一个前缀项目 a，节点 a 的计数增加 1，变为 2，第三个事务其他结点的计数标记为 1。

重复该过程，直到读入所有事务，每个事务都映射到了 FP 树上的一条路径中，如图 6.10d 所示。

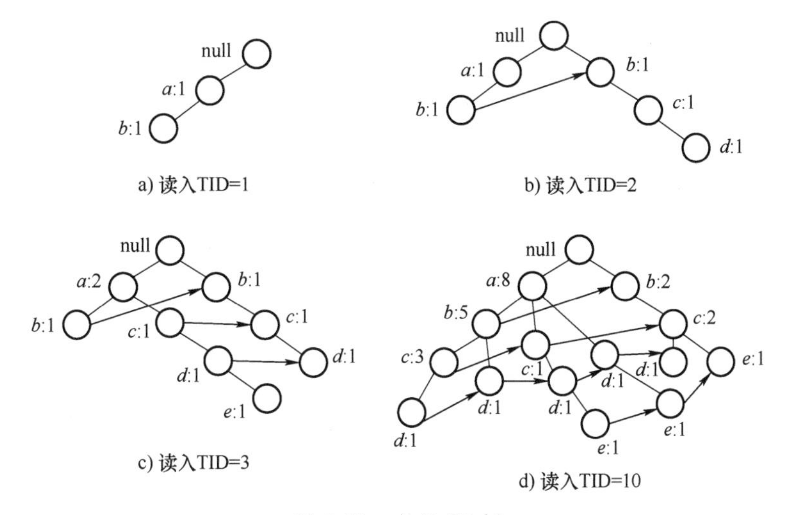

图 6.10 构造 FP 树

通过以上方法构建的 FP 树具有以下几个特点：

1）在 FP 树中，事务通过共享前缀项得到了压缩。如果数据集中所有事务的项目都相同，那么 FP 树只包含一条节点路径；如果数据集中所有事务中均不存在相同的项目，那么所构造 FP 树的大小和原数据集的大小一样。

2）FP 树的大小与项目按支持度计数的排序方式有关。当第一步事务中的项目按支持度的增序排列时，根节点上的分枝数目由 2 个增加到了 5 个，并且包含高支持度项目 a 和 b 的节点数目由 3 个增加到了 12 个，也就是说构建的 FP 树显得更加茂盛，如图 6.11 所示。需要注意的是，按支持度计数降序排列并非总是能够得到最小的树。

3）FP 树中还包含了连接相同项目节点的指针列表。这些指针在图 6.10 和图 6.11 中用箭头表示，有助于方便快速地访问树中的项目。

2. 从 FP 树中挖掘频繁模式

频繁模式增长算法采用自底向上的方式探索 FP 树并挖掘频繁模式。给定图 6.10 中构建

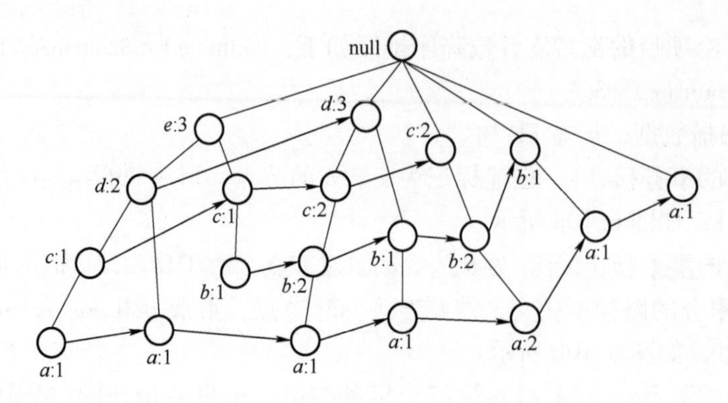

图 6.11　按照支持度的增序排列项目所构建的 FP 树

的 FP 树，算法首先查找以 e 结尾的频繁项集，接下来是 d、c、b，最后是 a。由于每一个事务都映射到 FP 树中的一条路径，仅考察包含特定节点（例如 e）的路径就可以发现以 e 结尾的频繁项集。使用与节点 e 相关联的指针，可以快速访问这些路径，提取的包含节点 e 的路径如图 6.12a 所示，包含节点 d、c、b、a 的路径分别如图 6.12b～e 所示。

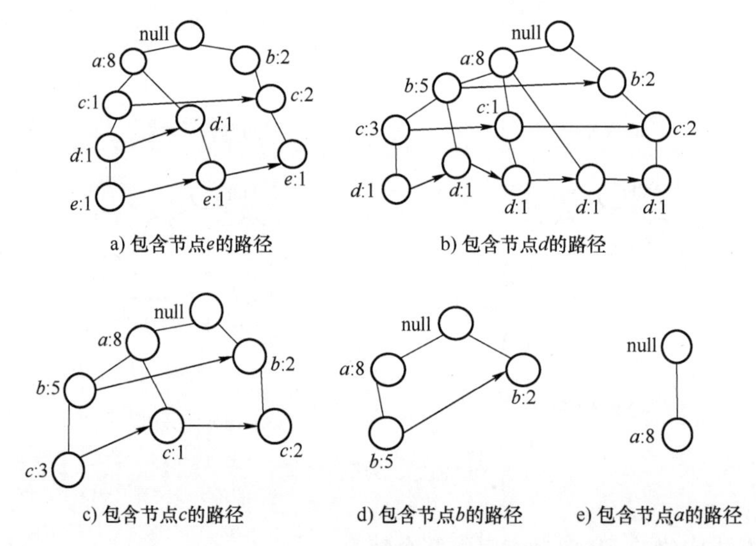

图 6.12　包含 e、d、c、b、a 节点的前缀路径

频繁模式增长算法的分治体现在发现以特定后缀结尾的所有频繁项集，从而将频繁项集产生的问题分解为子问题。例如，想要发现以 e 结尾的所有频繁项集子问题，首先要检查项集{e}本身是否频繁。若{e}非频繁，则以 e 结尾的路径无法产生频繁项集；若{e}频繁，则发现以 de 结尾的频繁项集子问题，接着依次是 ce、be 和 ae，每一个子问题都可以进一步划分为更小的子问题，通过合并这些子问题的结果，找到所有以 e 结尾的频繁项集。这种分治策略是频繁模式增长算法的关键策略。

为了更具体地说明如何解决这些子问题，以发现所有以 e 结尾的频繁项集为任务，设定支持度计数的阈值是 2，具体步骤如下：

1）收集包含 e 节点的所有路径，这些初始路径被称为前缀路径（Prefix Path），如图 6.13a 所示。

2）在以 e 结尾的前缀路径中，把包含 e 节点的所有路径中 e 的支持度计数相加，得到 count$(e)=3$，即$\{e\}$是频繁项集。

3）由于$\{e\}$是频繁的，因此算法接下来处理以 de、ce、be 和 ae 结尾的频繁项集的子问题。此时将 e 的前缀路径转化成条件 FP 树（Conditional Frequent Pattern Tree）。构建条件 FP 树的步骤如下：

① 更新前缀路径的支持度计数，因为某些路径中存在不含 e 的事务，如图 6.13a 最右边的路径 null→b：2→c：2→e：1，包括不含 e 的事务$\{b,c\}$，因此需将这条路径上 b 和 c 的计数调整为 1，用来反映真实包含 e 的事务$\{b,c,e\}$的实际个数。

② 删除 e 节点，修剪前缀路径。此时前缀路径的支持度计数已经更新，发现以 de、ce、be、ae 结尾的频繁项集的子问题不再需要 e 节点。

③ 删除非频繁的节点。更新了前缀路径的支持度计数后，某些项目可能不再是频繁的，如图 6.13a 中节点 b 更新支持度计数后为 1，表示其只出现了 1 次，可见同时包含 b 和 e 的事务只有 1 个，以 be 结尾的项集一定是非频繁项集，后续不需要再进行分析，因此删除节点 b。

通过以上三个步骤构建的 e 的条件 FP 树如图 6.13b 所示。

4）开始发现以 de 结尾的频繁项集。从 e 的条件 FP 树中收集 d 的前缀路径，如图 6.13c 所示，通过对与节点 d 相关联的频度计数求和，得到项集$\{d,e\}$的支持度计数。项集$\{d,e\}$的支持度计数等于 2，为频繁项集。接下来采用 3）的方法构建 de 的条件 FP 树，如图 6.13d 所示。该条件 FP 树只包含了一个满足最小支持度计数的项目 a，因此算法提取出频繁项集$\{a,d,e\}$。接下来转到下一个子问题，产生以 ce 结尾的频繁项集，处理 c 的前缀路径，仅发现项集$\{c,e\}$是频繁的，继续解决下一个子问题，产生以 ae 结尾的频繁项集，发现项集$\{a,e\}$是剩下唯一的频繁项集，如图 6.13e 和图 6.13f 所示。

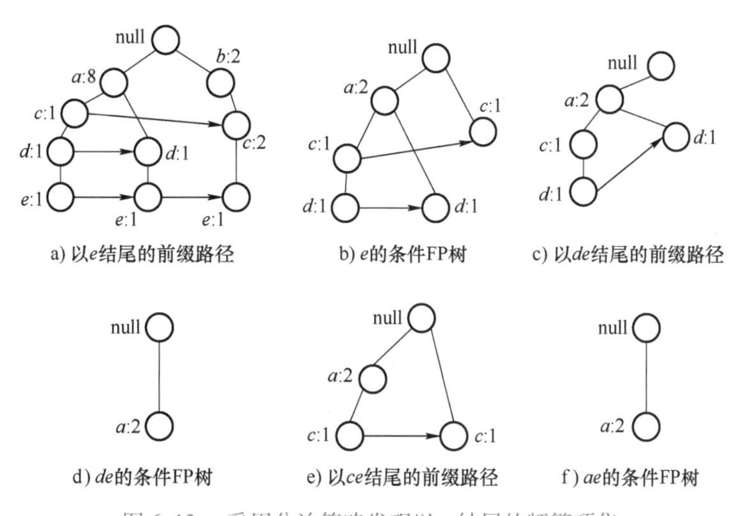

图 6.13　采用分治策略发现以 e 结尾的频繁项集

通过以上的分治策略，得到以 e 结尾的所有频繁项集：$\{e\}$、$\{d,e\}$、$\{a,d,e\}$、$\{c,e\}$和$\{a,e\}$。发现以 e 结尾的频繁项集之后，处理与节点 d 相关联的路径，寻找以 d 结尾的频繁项集。继续该过程，直到处理了所有与节点 c、b 和 a 相关联的子问题。它们对应的所有频繁项集见表 6.14。

表 6.14　根据后缀排序的频繁项集

后　缀	频繁项集
e	$\{e\}$，$\{d,e\}$，$\{a,d,e\}$，$\{c,e\}$，$\{a,e\}$
d	$\{d\}$，$\{c,d\}$，$\{b,c,d\}$，$\{a,c,d\}$，$\{b,d\}$，$\{a,b,d\}$，$\{a,d\}$
c	$\{c\}$，$\{b,c\}$，$\{a,b,c\}$，$\{a,c\}$
b	$\{b\}$，$\{a,b\}$
a	$\{a\}$

频繁模式增长算法使用了事务数据集的压缩表示，从而有效地生成频繁项集，需要注意的是，频繁模式增长算法只能用来发现频繁项集，不能用来寻找关联规则。与 Apriori 算法相比，频繁模式增长算法发现频繁项集的效率较高，只需要对事务数据集进行两次扫描，执行速度快于 Apriori 算法。

6.2.6　使用垂直数据格式挖掘频繁项集

事务数据集的表示方法有很多，最常见的是列表表示方法（见表 6.1），在实际运用中还会用到二元表格形式的矩阵表示方法（见表 6.2），还有上一节介绍的将数据库压缩为树状结构的表示方法，本节介绍一种与列表表示方法相对应的垂直数据结构表示方法。

列表表示法将一个事务数据集用两列来表示。例如，在表 6.15 中，第一列是交易流水号，用来标识每一个事务，记为事务标识符 TID；第二列是每个事务中交易的商品集合，记为 TID 中的项集。这样的表示方法也被称为水平数据布局、水平数据格式。将一个水平数据格式的事务数据集转换为垂直数据布局，可以看作是将水平数据布局的数据集进行了一次转置，记录的是每个项目出现的事务集合，见表 6.16。

表 6.15　水平数据格式的事务数据集

TID	项　集
1	$\{a,b\}$
2	$\{b,c,d\}$
3	$\{c,e\}$
4	$\{a,c,d\}$
5	$\{a,b,c,d\}$
6	$\{a\}$
7	$\{a,b\}$
8	$\{a,b,c\}$
9	$\{a,c,d,e\}$
10	$\{b\}$

表 6.16　垂直数据格式的事务数据集

项　　目	TID 集合
a	{1,4,5,6,7,8,9}
b	{1,2,5,7,8,10}
c	{2,3,4,5,8,9}
d	{2,4,5,9}
e	{3,9}

下面使用垂直数据格式有效地挖掘频繁项集：

1）扫描一次事务数据集，将水平数据格式的数据集转换成垂直数据格式的。

2）计算每个项目的 TID 集合的长度，即该项目的支持度计数。设定支持度计数的阈值为 3，将每个项目的支持度计数和支持度阈值对比，得到频繁 1-项集，见表 6.17。

表 6.17　用垂直数据格式产生频繁 1-项集

项　　目	TID 集合	支持度计数	是否频繁 1-项集
a	{1,4,5,6,7,8,9}	7	是
b	{1,2,5,7,8,10}	6	是
c	{2,3,4,5,8,9}	6	是
d	{2,4,5,9}	4	是
e	{3,9}	2	否

3）使用频繁 1-项集构造候选 2-项集，通过项目 TID 集合的交集运算得到每个候选 2-项集的 TID 集合，进而得到频繁 2-项集，见表 6.18。

表 6.18　用垂直数据格式产生频繁 2-项集

项　　目	TID 集合	支持度计数	是否频繁 2-项集
$\{a, b\}$	{1,5,7,8}	4	是
$\{a, c\}$	{4,5,8,9}	4	是
$\{a, d\}$	{4,5,9}	3	是
$\{b, c\}$	{2,5,8}	3	是
$\{b, d\}$	{2,5}	2	否
$\{c, d\}$	{2,4,5,9}	4	是

4）根据 Apriori 算法的先验原理，$\{b, d\}$是非频繁项集，那么$\{b, d\}$的超集必然也是非频繁的，因此接下来构造的候选 3-项集只有两个，见表 6.19。

表 6.19　用垂直数据格式产生频繁 3-项集

项　　目	TID 集合	支持度计数	是否频繁 3-项集
$\{a, b, c\}$	{5,8}	2	否
$\{a, c, d\}$	{4,5,9}	3	是

5）由于4）中只产生了一个频繁3-项集，无法构造候选4-项集，算法结束。

采用垂直数据格式挖掘频繁项集时，算法在整个执行过程中只扫描了一次事务数据库，比水平数据格式在时间效率上有一定的优越性，节省了多次扫描数据库的时间开销。但是在实际工作中TID集合可能很长，此时不仅需要大量存储空间，而且交集运算也需要大量的计算资源，因此使用垂直数据格式挖掘频繁项集的方法仍然具有很大的改进空间。

6.2.7 频繁项集的紧凑表示

实践中，由事务数据集产生的频繁项集的数量可能非常大，因此从中识别出可以推导出其他所有频繁项集的、较小的、具有代表性的项集是有价值的。例如，一个k-项集，会产生2^k-1个非空子集。根据先验原理，一个项集如果是频繁的，那么它的所有子集都是频繁的，即一个频繁的长项集包含了大量的频繁短项集的信息。例如，一个长度为100的频繁项集$\{a_1,a_2,\cdots,a_{100}\}$，包含$C_{100}^1=100$个频繁1-项集$\{a_1\},\{a_2\},\cdots,\{a_{100}\}$，包含$C_{100}^2=4950$个频繁2-项集$\{a_1,a_2\},\{a_1,a_3\},\cdots,\{a_{99},a_{100}\}$，其包含的频繁项集的总个数为

$$C_{100}^1+C_{100}^2+C_{100}^3+\cdots+C_{100}^{100}=2^{100}-1\approx1.27\times10^{30}$$

在实际运用中，事务数据库中的项集长度k往往很大，包含的子项集数量非常巨大，计算机可能无法存储和计算。下面介绍两种具有代表性的频繁项集的紧凑表示：极大频繁项集和闭频繁项集。

1. 极大频繁项集

如果某个项集的直接超集都不是频繁项集，则称该项集为极大频繁项集（Maximal Frequent Itemset）。

极大频繁项集是一种十分有效的频繁项集的紧凑表示。极大频繁项集的任意一个子集都是频繁的，即从极大频繁项集中可以导出所有频繁项集，又由于极大频繁项集的超集都不是频繁的，所以极大频繁项集是能完成这一任务的最小项集。

假设支持度阈值为40%，以表6.3中的事务数据集为例，其中{鸡蛋,啤酒}、{面包,啤酒}和{鸡蛋,牛奶,面包,薯片}是极大频繁项集，因为它们都是频繁的且它们的直接超集都不是频繁的，因此可以将表6.3事务数据集中的频繁项集用{鸡蛋、啤酒}、{面包,啤酒}和{鸡蛋,牛奶,面包,薯片}这三个极大频繁项集进行紧凑表示。

尽管极大频繁项集能够导出所有频繁项集，但是它无法提供其子集的支持度信息，这就需要再扫描一遍数据集来确定这些子集的支持度计数，此时需要保有支持度信息的频繁项集的最小表示。

2. 闭频繁项集

闭频繁项集（Closed Frequent Itemset）提供了频繁项集的一种最小表示，该表示不会丢失支持度信息。

如果一个项集的直接超集的支持度计数都不等于该项集本身的支持度计数，则称该项集为闭项集（Closed Itemset）。也就是说，如果一个项集不是闭的，那么至少存在一个它的直接超集，该超集的支持度计数和它本身的支持度计数相等。

如果一个项集是闭项集，同时其支持度满足支持度阈值，则称该项集为闭频繁项集。例如，表6.3中的{面包,牛奶}就是一个闭频繁项集，{面包,牛奶,薯片}也是一个闭频繁项集。

假设项集 X 是一个闭频繁项集，那么在数据集中不存在 X 的直接超集 Y，使得 Y 的支持度计数和 X 的支持度计数相同，且 X 满足最小支持度计数。一个闭频繁项集中包含了该项集所涉及项构成的所有频繁项集，这相当于对这些满足支持度阈值的频繁项集实现了压缩存储，且不会丢失支持度信息，即通过闭频繁项集可以反推出所有频繁项集以及它们相应的支持度信息。

极大频繁项集都是闭的，因为任何极大频繁项集都不可能与其直接超集有相同的支持度计数。频繁项集、闭频繁项集和极大频繁项集的关系如图 6.14 所示。

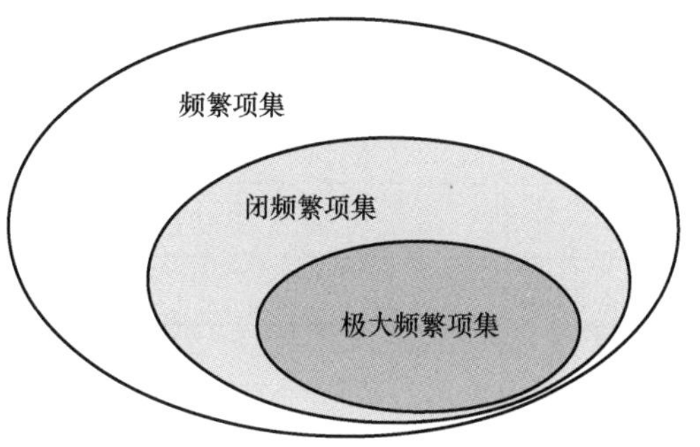

图 6.14　频繁项集、闭频繁项集和极大频繁项集的关系图

使用极大频繁项集和闭频繁项集进行频繁项集的紧凑表示，可以减少频繁项集中的冗余，降低算法的计算复杂度。需要注意的是，要使用极大频繁项集和闭频繁项集的紧凑表示，前提是能够有效地从事务数据集中快速识别出极大频繁项集和闭频繁项集。

6.3　关联模式评估

6.3.1　模式兴趣度度量

在商业数据集中挖掘关联规则时，尽管有支持度阈值和置信度阈值的限制，但仍然会挖掘出大量的关联规则，其中有很大一部分是商业决策者们不感兴趣的——这些规则没有实际的应用价值。因此，需要建立一组能被广泛接受的评估关联模式质量的标准来评价和筛选关联规则。目前认可度较高的关联模式评估标准有以下两种：

1）通过统计论据建立的客观兴趣度度量（Objective Interestingness Measure）。客观兴趣度度量是指从数据中推导统计量，用统计量来判断关联模式是否有趣。这时，相互独立的模式或者覆盖少量事务的模式被认为是无趣的，可以排除。支持度和置信度都是客观兴趣度度量，除它们之外，还有很多客观兴趣度度量。

2）通过主观论据建立的主观兴趣度度量（Subjective Interestingness Measure）。主观兴趣度度量主要依据人们的经验信息来判断模式是否有趣，需要将领域专家的主观知识加入模式评估的工作中。不能揭示料想不到的信息或者不能导致有益行动的信息都被认为是无趣的。例如，在一个购物篮数据中挖掘出{黄油}→{面包}，这个规则是无趣的，尽管这个规则有很高的支持度和置信度，但是揭示的信息显而易见，不能提供有价值的行动方案；{尿布}→{啤酒}这个规则是有趣的，这样的规则揭示了数据中隐藏的规律，给零售业提供了商品交叉销售的机会。

因为基于主观兴趣度度量评估关联模式需要收集领域专家的经验，所以在实际运用中可操作性较差，实现比较困难，这里主要讨论客观兴趣度度量。

1. 支持度-置信度框架的局限性

整体来讲，客观兴趣度度量方法在数据驱动下完成关联模式评估。其值可通过相依表中列出的频度计数计算出来。表6.20显示的是一对二元变量A和B的相依表，其中$A(B)$表示A（B）在事务中出现，$\overline{A}(\overline{B})$表示$A(B)$未在事务中出现，$f_{ij}$表示一个频度计数（$i,j=0,1$），如$f_{11}$表示同时包含$A$和$B$的所有事务数，$f_{10}$表示包含$A$但不包含$B$的事务数，而$f_{1+}$表示包含$A$的事务数，即$A$的支持度计数，$f_{+1}$表示包含$B$的事务数，即$B$的支持度计数。

表6.20 一对二元变量A和B的相依表

	B	$\overline{B}$	合 计
A	f_{11}	f_{10}	f_{1+}
$\overline{A}$	f_{01}	f_{00}	f_{0+}
合计	f_{+1}	f_{+0}	N

根据相依表可计算一个规则的支持度和置信度。例如，根据表6.20，规则$A \rightarrow B$的支持度和置信度分别为

$$\sup(A \rightarrow B)=\frac{f_{11}}{N},\operatorname{conf}(A \rightarrow B)=\frac{f_{11}}{f_{1+}}$$

关联规则挖掘算法要找出满足支持度阈值和置信度阈值的强关联规则，支持度能够确保规则的普遍性，置信度能够确保规则的合理性，这是传统的评估关联规则有效性的方法，即支持度-置信度框架。

支持度-置信度框架存在一定的局限性：

支持度的缺点：由于支持度阈值是由主观经验人为设定的，如果阈值过低，则会产生大量频繁项集，提高算法的计算复杂度；如果阈值过高，则会导致一些潜在的有意义的规则被删除。例如，在商场的购物记录中购买奢侈品的人数是比较少的，那么奢侈品的购买模式就有可能因为达不到支持度阈值而被过滤掉。

置信度的缺点：计算置信度时并没有考虑规则前后件的关系，当规则的前后件是两个完全独立的事件时，就有可能生成误导性的规则。下面通过一个实例来说明。

一个谷类早餐的零售商对一所学校学生每天早上的活动进行了一次调查。该所学校共有5000名学生。数据表明：60%的学生（即3000名学生）打篮球，75%的学生（即3750名学生）吃该零售商售卖的谷类早餐，40%的学生（即2000名学生）既打篮球也吃这种谷类早餐。假设关联规则挖掘的支持度阈值为40%，置信度阈值为60%。得到的相依表见表6.21。

表6.21 学生早上从事活动的相依表

	吃谷类早餐	$\overline{\text{吃谷类早餐}}$	合 计
打篮球	2000	1000	3000
$\overline{\text{打篮球}}$	1750	250	2000
合计	3750	1250	5000

现使用表6.21中的信息评估关联规则{打篮球}→{吃谷类早餐}，规则的支持度为$\frac{f_{11}}{N}=$

$\frac{2000}{5000}=40\%$，置信度为$\frac{f_{11}}{f_{1+}}=\frac{2000}{3000}=66.67\%$，均满足阈值，规则为强关联规则。这似乎说明“一名学生早上打篮球的话也会吃谷物早餐”。然而，进一步分析会发现这个关联规则是个误解。因为吃谷物早餐的学生中打篮球的学生所占的比例（53.33%）小于所有吃谷物早餐学生所占的比例（75%），即早上打篮球会导致早上吃谷物早餐的学生比例减少，这说明吃谷物早餐和打篮球这两项学生早上活动之间实际上是逆相关的。项目包含在某个项集中，会降低它包含在其他项集中的可能性。如果没有充分意识到这一点，就有可能在使用关联规则进行商业活动或科学研究时出错。

由于支持度-置信度框架的局限性，在评估关联模式时常常需要使用其他客观兴趣度度量方法。一种方法是用相关性度量来扩充支持度-置信度框架，形成如下相关规则（Correlation Rule）

$$A \rightarrow B\ [\text{support}, \text{confidence}, \text{correlation}]$$

即相关规则不仅会用支持度和置信度度量进行过滤，还会考虑规则前后件的相关关系。在实际运用中，可以考虑多种不同的相关性度量。

2. 提升度

提升度（Lift）评估的是一个事件的出现提升另一个事件出现的程度，它考虑了规则前后件出现概率之间的关系，是一个比较简单的相关性度量。

提升度的定义如下：如果$P(A\cup B)=P(A)P(B)$，则认为项集A的出现独立于项集B的出现，否则认为项集A和项集B是依赖的（Dependent）和相关的（Correlation）。项集A和项集B之间的提升度的计算公式为

$$\text{lift}(A,B)=\frac{P(A\cup B)}{P(A)P(B)} \tag{6.5}$$

若$\text{lift}(A,B)=1$，说明项集A和项集B的出现是独立的，互不影响。

若$\text{lift}(A,B)>1$，说明项集A和项集B的出现是正相关的，意味着一个项集的出现会引起另一个项集的出现。

若$\text{lift}(A,B)<1$，说明项集A和项集B的出现是负相关的，意味着一个项集的出现会导致另一个项集的不出现。

利用相依表计算提升度，容易得到

$$\text{lift}(A,B)=\frac{P(A\cup B)}{P(A)P(B)}=\frac{Nf_{11}}{f_{1+}f_{+1}} \tag{6.6}$$

回到表6.21中的例子，计算规则{打篮球}→{吃谷类早餐}的提升度，lift(打篮球，吃谷类早餐)$=\frac{Nf_{11}}{f_{1+}f_{+1}}=88.89\%$，提升度小于1，说明学生在早上打篮球和吃谷类早餐这两项活动是负相关的。

虽然提升度的定义考虑的是两个项集之间的关系，但提升度的定义是可以推广到多个项集上去的。

3. 卡方度量

卡方度量（Chi-square Measures）通过相依表中每个位置的期望值和观测值来计算χ^2（卡方）值，并根据χ^2值来判断两个项集出现的相关性。计算公式为

$$\chi^2=\sum\sum\frac{(f_{o(ij)}-f_{e(ij)})^2}{f_{e(ij)}} \tag{6.7}$$

式中，f_o 表示观察值，f_e 表示期望值，$f_{e(ij)}=\frac{f_{i+}f_{+j}}{N}$。

在表 6.21 的相依表中增加期望值，见表 6.22，期望值显示在括号内。

表 6.22　显示期望值的相依表

	吃谷类早餐	$\overline{\text{吃谷类早餐}}$	合　计
打篮球	2000（2250）	1000（750）	3000
$\overline{\text{打篮球}}$	1750（1500）	250（500）	2000
合计	3750	1250	5000

由表 6.22 计算χ^2 值如下

$$\chi^2=\frac{(2000-2250)^2}{2250}+\frac{(1000-750)^2}{750}+\frac{(1750-1500)^2}{1500}+\frac{(250-500)^2}{500}=277.78$$

$\chi^2_{0.05}(1)=3.8415$，$\chi^2>\chi^2_{0.05}(1)$，因此早上打篮球和吃谷类早餐两项活动是不独立的，又由于在（打篮球，吃谷类早餐）的位置上观测值（2000）小于期望值（2250），因此早上打篮球和吃谷类早餐两项活动是负相关的，这和用提升度度量得到的结论一致。

除了在支持度-置信度框架加入相关性度量评估关联规则之外，还有一些客观兴趣度度量通过改进置信度来避免支持度-置信度框架的局限性，比如全置信度（All_confidence）、最大置信度（Max_confidence）、Kulczynski 度量和余弦度量等。

4. 全置信度

给定两个项集 A 和 B，它们的全置信度定义为

$$\text{all\_conf}(A,B)=\frac{\sup(A\cup B)}{\max\{\sup(A),\sup(B)\}}=\min\{P(A|B),P(B|A)\} \tag{6.8}$$

式中，$\max\{\sup(A),\ \sup(B)\}$是 A 和 B 的最大支持度，因此 $\text{all\_conf}(A,B)$ 又称为 A 项集和 B 项集构成的两个关联规则 $A\rightarrow B$ 与 $B\rightarrow A$ 的最小置信度。

5. 最大置信度

给定两个项集 A 和 B，它们的最大置信度定义为

$$\text{max\_conf}(A,B)=\max\{P(A|B),P(B|A)\} \tag{6.9}$$

6. Kulczynski 度量

给定两个项集 A 和 B，它们的 Kulczynski（Kulc）度量定义为

$$\text{Kulc}(A,B)=\frac{1}{2}(P(A|B)+P(B|A)) \tag{6.10}$$

Kulczynski 度量是两个置信度的平均值。

7. 余弦度量

给定两个项集 A 和 B，它们的余弦度量定义为

$$\cos(A,B)=\frac{P(A\cup B)}{\sqrt{P(A)P(B)}}=\frac{\sup(A\cup B)}{\sqrt{\sup(A)\sup(B)}}=\sqrt{P(A|B)P(B|A)} \tag{6.11}$$

余弦度量是两个置信度乘积的二次方根。余弦度量和提升度度量的不同之处在于余弦度量对项集 A 和项集 B 出现的概率的乘积取了二次方根，因此，余弦度量也可以叫作调和提升度度量。

6.3.2 关联模式评估度量比较

针对支持度-置信度框架的局限性，6.3.1 节中介绍了两种类型的客观兴趣度度量方法：一种是相关分析方法：包括提升度度量和 χ^2 度量；另一种是改进置信度的方法，包括全置信度、最大置信度、*Kulczynski* 度量和余弦度量。在实际应用中，选择哪个度量方法比较好呢?

考虑表 6.23 所示的一个两项相依表，当使用不同的数据集时，相依表中各个位置的数据是不一样的。假设有 6 个不同的数据集 $D_1 \sim D_6$，它们在相依表中 4 个位置的数据以及 6 个兴趣度度量的值见表 6.24。

表 6.23 一个两项相依表

	吃谷类早餐	$\overline{\text{吃谷类早餐}}$	合 计
打篮球	mc	$\overline{m}c$	c
$\overline{\text{打篮球}}$	$m\overline{c}$	$\overline{mc}$	$\overline{c}$
合计	m	$\overline{m}$	Σ

表 6.24 6 个数据集的度量值比较

数据集	mc	$\overline{m}c$	$m\overline{c}$	$\overline{mc}$	提升度	χ^2	全置信度	最大置信度	Kulc	余 弦
D_1	10000	1000	1000	100000	9.26	90556.76	0.91	0.91	0.91	0.91
D_2	10000	1000	1000	100	1.00	0.00	0.91	0.91	0.91	0.91
D_3	100	1000	1000	100000	8.44	670.01	0.09	0.09	0.09	0.09
D_4	1000	1000	1000	100000	25.75	24740.30	0.50	0.50	0.50	0.50
D_5	1000	100	10000	100000	9.18	8172.83	0.09	0.91	0.50	0.29
D_6	1000	10	100000	100000	1.97	965.54	0.01	0.99	0.50	0.10

对比 D_1 和 D_2 对应的相依表数据，只有$\overline{mc}$不一样。D_1 中提升度度量和χ^2 度量显示对应的两个项集的出现是正相关的；D_2 中提升度度量和χ^2 度量显示对应的两个项集是独立的，互不影响。可见，在 D_1 和 D_2 两个数据集上，采用提升度度量和χ^2 度量时得到了截然不同的结论，但是用全置信度、最大置信度、Kulczynski 度量和余弦度量得到的结论完全一致，说明提升度度量和χ^2 度量对$\overline{mc}$值的大小比较敏感。

$\overline{mc}$指的是既不吃谷类早餐也不打篮球的人数，即不包含任何感兴趣的项集的事务数目。不包含任何感兴趣的项集的事务被称为零事务（Null-transaction），那么$\overline{mc}$就是零事务的个数。

数据集 D_3 中，相对 mc 值，零事务的个数非常多，要挖掘的感兴趣的事务出现的概率极小，即吃谷类早餐和打篮球两项活动不太可能同时发生，4 种改进置信度的度量方法很好地证明了这一点，但是采用提升度度量和χ^2度量得到的结论却与此相悖。

类似地，在数据集D_4中，提升度度量和χ^2度量显示了吃谷类早餐和打篮球两项活动的出现呈现强的正相关关系，但是4种改进置信度的度量方法显示两者呈“中性”的关联关系，即如果一个学生早上吃了谷类早餐（打了篮球），那么他打篮球（吃谷类早餐）的概率是50%。

在购物篮数据中，不吃谷类早餐也不打篮球的学生是非常多的，因此在实际情况中，这个数值会非常大。提升度度量和χ^2度量显然会受到零事务个数的影响，不能很好地评估关联模式，这也是这两个度量的局限性。

如果一个客观兴趣度度量不受零事务个数的影响，那么称这个度量具有零不变性（Null-invariant），6个兴趣度度量的取值范围和零不变性特征见表6.25。

表6.25　6个兴趣度度量的取值范围和零不变性特征

兴趣度度量	定　义	取值范围	是否具备零不变性
提升度	$\frac{P(A\cup B)}{P(A)\ P(B)}$	$[0,\infty]$	否
χ^2	$\sum\sum\frac{(f_{o(ij)}-f_{e(ij)})^2}{f_{e(ij)}}$	$[0,\infty]$	否
全置信度	$\min\{P(A\mid B),P(B\mid A)\}$	$[0,1]$	是
最大置信度	$\max\{P(A\mid B),P(B\mid A)\}$	$[0,1]$	是
Kulc	$\frac{1}{2}(P(A\mid B),P(B\mid A))$	$[0,1]$	是
余弦	$\sqrt{P(A\mid B)\ P(B\mid A)}$	$[0,1]$	是

可见，改进置信度的4种度量方法不受零事务个数的影响，因此它们都具备零不变性。那么这4种度量方法哪种更好呢？

D_5和D_6这两个数据集中，m发生的次数和c发生的次数的差距很大，这说明在数据集中，两个项集出现的概率有时是很不平衡的，即两项活动中一项是学生经常选择的活动（热门活动），另一项是学生不太会选择的活动（冷门活动）。这种情况下，使用不平衡比（Imbalance Ratio，IR）衡量两个项集A和B出现的不平衡程度，计算公式为

$$\mathrm{IR}(A,B)=\frac{|P(A)-P(B)|}{P(A)+P(B)-P(A\cup B)} \tag{6.12}$$

可以看出，如果两个项集出现的概率相同，则$\mathrm{IR}(A,B)$为0；两者相差越大，$\mathrm{IR}(A,B)$越大，且逐渐接近1。数据集D_4、D_5和D_6的不平衡比见表6.26。

表6.26　改进置信度的4种度量方法的比较

数据集	mc	$\overline{m}c$	$m\overline{c}$	$\overline{mc}$	全置信度	最大置信度	Kulc	余弦	IR
D_4	1000	1000	1000	100000	0.50	0.50	0.50	0.50	0
D_5	1000	100	10000	100000	0.09	0.91	0.50	0.29	0.89
D_6	1000	10	100000	100000	0.01	0.99	0.50	0.10	0.99

对于数据集 D_4，$\mathrm{IR}(A,B)=0$，m 与 c 之间呈现很好的平衡性；对于数据集 D_5，$\mathrm{IR}(A,B)=0.89$，m 与 c 之间的不平衡程度较大；对于数据集 D_6，$\mathrm{IR}(A,B)=0.99$，m 与 c 之间极度不平衡。不平衡比中分子分母均为项集出现的概率，因此不平衡比独立于零事务的个数。在不平衡的数据集 D_5 和 D_6 上，全置信度度量和余弦度量说明了两个项集的出现是负相关的，最大置信度度量给出的结论是强正相关，与平衡的数据集 D_4 上得到的结论不一样。但是 Kulc 度量在数据集 D_4、D_5 和 D_6 上得到的结论一致，均说明学生早上吃谷类早餐和打篮球的活动之间呈“中性”相关关系。可见 Kulc 度量比较稳定，既不受零事务个数的影响，也不受数据集不平衡程度的影响。因此，在实际应用中，可以将 Kulc 度量与不平衡比搭配使用。

习　　题

1. 给出如下几种关联规则的例子，并说明它们是否有价值。

1）高支持度和高置信度的规则。

2）高支持度和低置信度的规则。

3）低支持度和高置信度的规则。

4）低支持度和低置信度的规则。

2. 考虑表 6.27 中的购物篮数据集示例，回答以下问题。

表 6.27　购物篮数据集示例

顾客 ID	事务 ID	项　目
1	T0001	$\{a,d,e\}$
1	T0024	$\{a,b,c,e\}$
2	T0012	$\{a,b,d,e\}$
2	T0031	$\{a,c,d,e\}$
3	T0015	$\{b,c,e\}$
3	T0022	$\{b,d,e\}$
4	T0029	$\{c,d\}$
4	T0040	$\{a,b,c\}$
5	T0033	$\{a,d,e\}$
5	T0038	$\{a,b,e\}$

1）将每个事务看作一个购物篮，计算项集 $\{e\}$、$\{b,d\}$ 和 $\{b,d,e\}$ 的支持度。

2）在 1）的计算结果上，计算关联规则 $\{b,d\}\rightarrow\{e\}$ 和 $\{e\}\rightarrow\{b,d\}$ 的置信度。判断置信度是否一个对称性度量。

3）将每个顾客看作一个购物篮，计算项集 $\{e\}$、$\{b,d\}$ 和 $\{b,d,e\}$ 的支持度。

4）在 3）的计算结果上，计算关联规则 $\{b,d\}\rightarrow\{e\}$ 和 $\{e\}\rightarrow\{b,d\}$ 的置信度。判断置信度是否一个对称性度量。

3. 证明如下几个结论：

1）频繁项集的所有非空子集一定也是频繁的。

2）一个项集的任意一个非空子集的支持度至少和该项集的支持度一样大。

3）给定频繁项集 l 和其某个子集 s，证明规则 $s'\rightarrow(l-s')$ 的置信度不高于 $s\rightarrow(l-s)$ 的置信度，其中 s' 是 s 的子集。

4）一种优化 Apriori 算法的技术是划分技术，将事务数据库 D 划分成 n 个不重叠的分区。证明在 D 中的频繁项集至少在 D 的一个分区中也是频繁的。

4. 考虑下面频繁 3-项集集合：{1,2,3}，{1,2,4}，{1,2,5}，{1,3,4}，{1,3,5}，{2,3,4}，{2,3,5}，{3,4,5}。

假定数据集中只有 5 个项。

1）根据 Apriori 算法候选项集产生的过程，由以上频繁 3-项集生产候选 4-项集。

2）列出剪枝后的候选 4-项集。

5. 根据图 6.15 所示的候选 3-项集的哈希树结构，对事务{1,3,4,5,8}中包含的候选 3-项集进行支持度计数。

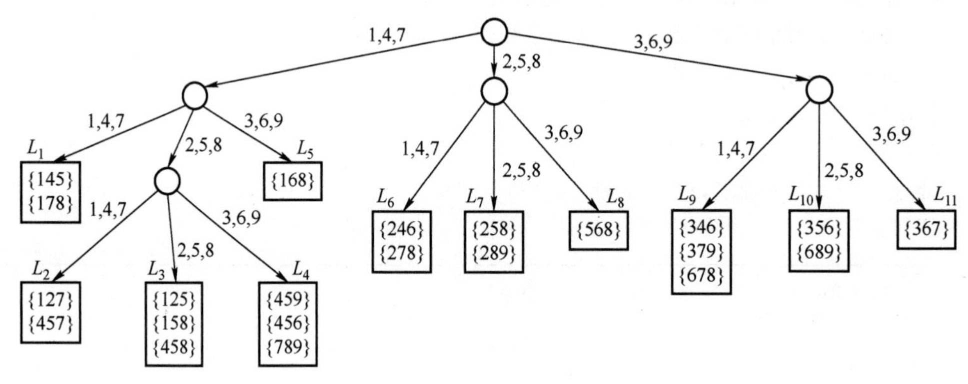

图 6.15　候选 3-项集的哈希树结构

6. 某大型超市为了解顾客消费行为以及商品组合的销售情形，定期搜集各收款机的交易记录，以获得各时段中各种类型商品的购买次数及单笔数量。表 6.28 为抽样的 5 笔交易记录。

表 6.28　某大型超市抽样的 5 笔交易记录

事务 ID	购买的商品
T100	{面包,果酱,花生酱}
T200	{面包,花生酱}
T300	{面包,花生酱,牛奶}
T400	{面包,啤酒}
T500	{牛奶,啤酒}

1）若支持度阈值设定为 20%，置信度阈值设定为 20%，利用 Apriori 算法找出所有频繁项集。

2）在 1）基础上，列出从频繁 3-项集中挖掘到的强关联规则，并对其进行解释。

7. 数据库有 5 个事务，见表 6.29。设最小支持度阈值为 60%，最小置信度阈值为 80%。

表 6.29　事务数据库示例

事务 ID	购买的商品
T100	$\{M,O,N,K,E,Y\}$
T200	$\{D,O,N,K,E,Y\}$
T300	$\{M,A,K,E\}$
T400	$\{M,U,C,K,Y\}$
T500	$\{C,O,K,I,E\}$

1）试构造事务数据库的 FP 树。

2）描述利用 FP 树挖掘频繁项集的过程。

8. 热狗和汉堡两种商品的相依表见表 6.30。

表 6.30　热狗和汉堡的相依表

	热狗	$\overline{\text{热狗}}$	合　计
汉堡	2000	500	2500
$\overline{\text{汉堡}}$	1000	1500	2500
合计	3000	2000	5000

1）假设挖掘出了关联规则热狗→汉堡，给定最小支持度阈值为 25%，最小置信度阈值为 50%，判断该规则是否强关联规则。

2）判断“购买热狗”和“购买汉堡”两个事件是否相互独立。如果不相互独立，这两个事件存在何种关联关系？

3）在给定的数据上，比较提升度度量、χ^2 度量、全置信度、最大置信度、Kulczynski 度量和余弦度量这 6 种客观兴趣度度量。

实　　验

1. 实验目的

1）加深对 Apriori 算法原理的理解。

2）掌握用 Apriori 算法解决实际问题的能力。

2. 实验内容

1）用 Python 实现 Apriori 算法，挖掘表 6.31 所列事务数据集的强关联规则。

表 6.31　事务数据集

事务 ID	购买的商品
T100	{牛奶,洋葱,肉豆蔻,芸豆,鸡蛋,酸奶}
T200	{莳萝,洋葱,肉豆蔻,芸豆,鸡蛋,酸奶}
T300	{牛奶,苹果,芸豆,鸡蛋}
T400	{牛奶,独角兽,玉米,芸豆,酸奶}
T500	{玉米,洋葱,芸豆,冰淇淋,鸡蛋}

2）尝试采用一种方法优化 1）的 Apriori 算法。

3. 实验步骤提示

1）获取数据集。

2）设定最小支持度和最小置信度。

3）封装程序需要的各个函数：获取频繁项集，计算置信度，提取关联规则等。

4）使用 3）中的函数提取强关联规则。

5）优化算法。

4. 思考与实验总结

1）在实验中，最小支持度、最小置信度、规则数量等阈值应该如何设置才会更加合理？

2）优化后的算法进行了哪方面的改进？效果如何？

价值观：透过现象看本质，发现事物间的真实联系。

关联分析从数据中学习存在的联系。唯物辩证法认为世界是一个统一的整体，世界上的万事万物都处于普遍联系之中，任何一个事物都不是孤立存在的，即任何事物都无条件地、绝对地处在普遍联系之中，不存在不与周围事物相联系的事物。但是，事物之间存在普遍联系，并不等于说世界上的任何两个事物之间都是相互联系的。一个事物是否与另一事物有联系，是有条件的、相对的、具体的。

联系是指一切事物、现象之间，以及事物内部诸要素之间的相互依赖、相互制约、相互影响。学习发现联系的方法，提高分析复杂问题的能力，探寻事物间的真实联系，可以帮助我们更好地认识事物，准确地预测未来，找到解决问题的更好方案。

参考文献

[1] 陈封能，斯坦巴赫，库玛尔. 数据挖掘导论：完整版［M］. 范明，范宏建，译. 北京：人民邮电出版社，2011.

[2] 韩家炜，坎伯，裴健. 数据挖掘：概念与技术　第 3 版［M］. 范明，孟小峰，译. 北京：机械工业出版社，2012.

[3] 殷复莲. 数据分析与数据挖掘实用教程［M］. 北京：中国传媒大学出版社，2017.

[4] 蒋盛益，李霞，郑琪. 数据挖掘原理与实践［M］. 北京：电子工业出版社，2011.

[5] 张良均. 数据挖掘：实用案例分析［M］. 北京：机械工业出版社，2013.

[6] 张良均，杨海宏，何子健，等. Python 与数据挖掘［M］. 北京：机械工业出版社，2016.

[7] 毛国君，段立娟，王实，等. 数据挖掘原理与算法［M］. 北京：清华大学出版社，2007.

[8] 简祯富，许嘉裕. 大数据分析与数据挖掘［M］. 北京：清华大学出版社，2016.

[9] AGRAWAL R, SRIKANT R. Fast Algorithms for Mining Association Rules in Large Databases［C］//The 20th Int. Conf. Very Large Data Bases（VLDB）. Burlington：Morgan Kaufman Press，1994：487-499.

[10] AGRAWAL R, IMIELINSKI T, SWAMI A. Mining Association Rule between Sets of Items in Large Databases［J］. ACM SIGMOD Record，1993，22（2）：207-216.

[11] HAN J, PEI J, YIN Y. Mining Frequent Patterns without Candidate Generation［J］. ACM-SIGMOD Record，2000，29（2）：1-12.

[12] ZAKI M J. Scalable Algorithm for Association Mining［J］. IEEE Transactions Knowledge and Data Engineering，2000，12（3）：372-390.

[13] 崔妍，包志强. 关联规则挖掘综述 [J]. 计算机应用研究，2016，33（2）：330-334.
[14] 赵洪英，蔡乐才，李先杰. 关联规则挖掘的 Apriori 算法综述 [J]. 四川理工学院学报（自然科学版），2011，24（1）：66-70.
[15] 毕建欣，张岐山. 关联规则挖掘算法综述 [J]. 中国工程科学，2005（4）：88-94.
[16] 黄进，尹治本. 关联规则挖掘的 Apriori 算法的改进 [J]. 电子科技大学学报，2003（1）：76-79.
[17] 刘锡铃. 关联规则挖掘算法及其在购物篮分析中的应用研究 [D]. 苏州：苏州大学，2009.
[18] 刘喜苹. 基于 FP-growth 算法的关联规则挖掘算法研究和应用 [D]. 长沙：湖南大学，2006.
[19] 李超，余昭平. 基于矩阵的 Apriori 算法改进 [J]. 计算机工程，2006（23）：68-69.
[20] 陈伟. 使用垂直数据格式挖掘频繁项集 [J]. 微型机与应用，2011，30（18）：6-7；13.
[21] 邢长征，安维国，王星. 垂直数据格式挖掘频繁项集算法的改进 [J]. 计算机工程与科学，2017，39（7）：1365-1370.
[22] 吴春旭，陈家耀，刘博文. 一种挖掘频繁闭项集的改进算法 [J]. 计算机系统应用，2008（10）：32-35；46.
[23] 秦丽君，罗雄飞. 基于动态项集计数的加权频繁项集算法 [J]. 计算机工程，2012，38（3）：31-33.
[24] 张炘，廖频，郭波. 一种挖掘频繁闭项集的深度优先算法 [J]. 计算机应用，2010，30（3）：806-809.
[25] 姜晗，贾泂，徐峰. 基于频繁项集挖掘最大频繁项集和频繁闭项集 [J]. 计算机工程与应用，2008（28）：146-148.
[26] 何月顺. 关联规则挖掘技术的研究及应用 [D]. 南京：南京航空航天大学，2010.
[27] 亓文娟，晏杰. 基于客观兴趣度的关联规则评价方法 [J]. 计算机系统应用，2013，22（9）：227-229.

第7章　聚类分析概念与方法

关于相似的人或物会聚集在一起的思想由来已久。在《周易·系辞传》中提出了“方以类聚，物以群分”，而在《战国策·齐策三》表述了“物以类聚，人以群分”。

聚类分析（Cluster Analysis）是为了发现有意义或者有用的群组或者簇（Cluster）。同一个簇中的对象之间有很强的相似性，而不同簇间的对象之间有很强的相异性。相似性的度量可以根据对象的属性值来计算，距离是经常使用的度量方式。作为统计学的一个分支，聚类分析已被应用于数据挖掘、机器学习、模式识别、计算机视觉、生物信息学等许多领域。

聚类分析主要有两个方面的应用，一方面是理解数据，另一方面是实用。

在理解数据方面，聚类分析是为了发现有意义的自然分组，并且标识潜在的抽象结构。聚类分析是为了理解类别，或者说是为了理解概念上有意义的一组拥有共同特征的对象。簇是潜在的类，聚类分析就是研究如何自动发现这些类的技术。事实上，人类擅长将对象分成组（簇），并将给定的对象分配到这些组（分类）。在信息检索领域，用户利用搜索引擎查询的网页结果被分组；在生物领域，可以根据功能将基因或蛋白质分组；在金融领域，可以根据相似的股票波动将股票分组。

在实用方面，聚类分析提供了从单个数据对象到它所属簇的抽象。聚类分析可以用于数据概括以缩小数据规模。一些聚类技术使用簇原型（即代表簇中所有对象的一个数据对象）来描述簇。簇的原型可以作为很多数据分析技术的基础。因此可以说，聚类分析是研究寻找最具代表性的簇原型的技术。聚类分析也可以用于汇总、压缩和发现最近邻等。汇总是指在大数据集的情况下，很多算法因为时间空间复杂度太高而不可行，则可以利用簇原型构成的数据集来代表整个数据集，在簇原型数据集上应用算法。压缩是一种向量量化的技术。建立一张原型索引表，数据对象可以用它所在簇的原型索引来表示。另外，发现最近邻需要计算所有的点对之间的距离，这样计算量很大。可以通过簇原型之间的距离，度量簇之间的邻近性来确定可能的近邻所在的簇，从而减少距离的计算量。

7.1　基本概念

7.1.1　什么是聚类分析

聚类分析或聚类（Clustering）是指给定一个数据集，将数据点分成若干个簇的过程。簇是一组数据对象的集合，同一组内的数据对象尽量相似（或相关），而组间的数据对象尽量不同（或无关）。聚类分析根据数据的特征，选择适当的关于数据对象之间邻近性（相似性或相异性）的度量（相似度或相异度），进而将数据对象分成若干个簇。通常使用数据点之间的距离作为它们之间的相异度。两个对象越相似，它们之间的相异度值越小，相似度值越大。簇内对象间的相似性越强，簇间对象的相异性越强，聚类的结果就越好。在实际应用中，簇的构造是困难的，簇的定义并不精确，簇的最好定义往往依赖于数据的结构和期望的结果。邻近度在3.5节已经介绍，这里不再赘述。

不同于分类任务中的数据有标签，或者在有预定义的情况下确定类别，它们属于监督学习，聚类是无监督学习。无监督学习（Unsupervised Learning）的基本思想是对给定数据进行某种“压缩”，从而找到数据的本质结构。通常假定损失最小的压缩得到的结果就是本质结构。除了聚类外，无监督学习还包括PCA降维、关联规则挖掘、概率密度估计等。聚类分析通常被认为是无监督学习中最重要的任务，用于标签未知的情况。聚类分析把数据对象分成有意义的几个组，相似性强的数据对象被分到同一组，以捕获数据中的自然结构。和用于分类建模的每个对象有类别标号不同，聚类分析中为了进行区分，一般对生成的每个组指定一个组编号（或名称），组中的对象便与该编号对应起来。比如，聚类将数据集按相似性分成3个组，组编号可以是“第1组”“第2组”“第3组”，也可以是“簇1”“簇2”“簇3”或“C_1”“C_2”“C_3”等。这样的组编号没有明确的实际意义，因此它们并不能描述每个组具体是什么样的组。

用于聚类的每个无标签数据对象都可以表示为空间中的一个点或向量。假设数据集$\boldsymbol{X}$中有n个数据点，每个数据点$\boldsymbol{x}_i$有d维，或者有d个特征，即$\boldsymbol{x}_i=(x_{i1},x_{i2},\cdots,x_{id})^{\mathrm{T}}\in\mathbf{R}^{d\times1}$，那么数据集可以表示为数据矩阵$\boldsymbol{X}$，见式（7.1）。在很多情况下，聚类算法将数据集$\boldsymbol{X}$划分为$k$不相交的簇$\{C_j\mid j=1,2,\cdots,k\}$，其中$C_j\cap C_l=\varnothing(j\neq l)$并且$\boldsymbol{X}=\cup_{j=1}^{k}C_j$。

$$\boldsymbol{X}=\{\boldsymbol{x}_1,\boldsymbol{x}_2,\cdots,\boldsymbol{x}_n\}=\begin{pmatrix} x_{11} & x_{12} & \cdots & x_{1n} \\ x_{21} & x_{22} & \cdots & x_{2n} \\ \vdots & \vdots & & \vdots \\ x_{d1} & x_{d2} & \cdots & x_{dn} \end{pmatrix} \tag{7.1}$$

7.1.2 聚类分析方法

1. 对聚类分析的基本要求

数据挖掘对于聚类分析的基本要求主要有以下几个方面：

1）可伸缩性：不仅能够处理小数据集，而且能够处理大规模数据集。

2）处理不同数据类型：不仅能够处理二元类型、分类型、序数型、比率标度型等类型的数据，而且能够处理图像、音频、视频和文档等多媒体数据。

3）发现任意形状的簇：常用的基于距离的聚类算法倾向于发现数据中的球形分布的簇，而现实世界中数据的簇可能是任意形状的。

4）对输入参数领域知识的要求：对于高维数据，有些参数（例如簇数）很难确定，需要领域知识。但这一要求也使得聚类质量很难得到控制。

5）处理噪声数据：对空缺值、离群点、数据噪声不敏感，即对噪声具有鲁棒性。

6）处理新增数据和对输入数据顺序不敏感：在很多应用场景下，聚类完成后会有新增加的数据需要聚类。另外，数据输入顺序应该不影响聚类结果。

7）处理高维数据：高维数据通常比较稀疏，而且分布非常不均匀。

8）满足约束：真实世界中的聚类需要很多约束条件，既要满足约束条件，又要具有良好聚类性能。

9）可解释性和可用性：聚类需要特定的语义解释，以及与具体应用相联系。

以上既是对聚类算法的要求和期望，也是许多聚类算法面临的挑战。

2. 主要的聚类方法

聚类方法可以分为5类，分别是划分方法、层次方法、基于密度的方法、基于网格的方法和基于模型的方法。

（1）划分方法（Partitioning Method）。给定包含 n 个数据点的数据集，构造 k（$k \leq n$）数据分区（Partition），每个分区表示一个簇。首先，给定分区数 k，创建初始分区。然后，使用迭代重定位技术，尝试通过将数据点从一个组移动到另一个组来改进分区。典型方法包括：k 均值，k 中心点和 CLARANS 等。

（2）层次方法（Hierarchical Method）。层次方法可以分为凝聚方法和分裂方法。凝聚方法从每个对象形成一个单独的簇开始，连续地合并彼此接近的数据，直到所有簇合并为一个或终止条件成立。分裂方法从同一个簇中的所有数据开始，在连续的迭代中，一个簇被分解成更小的簇，直到最终每个数据点均形成簇或终止条件成立。典型方法包括：BIRCH、CURE、DIANA、AGNES 和 CAMELEON 等。

（3）基于密度的方法（Density-based Method）。该方法基于密度函数和连接度。只要"邻近节点"的密度超过某个阈值，就继续增长给定簇。对于数据点，给定半径的邻域必须至少包含最少的点数。可用于滤除噪声和离群点，并发现任意形状的簇。典型方法包括：DBSCAN 和 OPTICS 等。

（4）基于网格的方法（Grid-based Method）。将对象空间量化为形成网格结构的有限数量的单元格，所有聚类操作都在网格结构上执行。优点是处理速度快，通常与数据点数量无关，仅仅依赖于量化空间中每个维度中的单元数量。典型方法包括：STING、WaveCluster 和 CLIQUE 等。

（5）基于模型的方法（Model-based Method）。假设数据集是由一系列概率分布所决定的。对于每个簇假定一个模型（模型可能是数据点在空间中的概率密度函数），然后去寻找数据对给定模型的最佳拟合。其中，多变量的高斯分布混合模型应用得最为广泛。典型算法包括：EM（Expectation-Maximization）、GMM（Gaussian Mixture Model）、Cobweb 和 SOM（Self Organized Map）等。

3. 聚类分析的主要步骤

聚类过程可以分为以下几个步骤：

1）特征选择：选择任务的相关特征，包含最小的冗余信息。

2）相似度度量：确定合适的度量方法，以描述两个特征向量（数据点）之间的相似度，例如距离。

3）效果评估准则：通过损失函数或者其他规则来制定。

4）聚类算法：采用特定的聚类算法，执行聚类。

5）结果评估：验证聚类。

6）结果解释：解释聚类的结果。

7.2 k 均值聚类

基于划分的聚类算法通常需要选择代表每个簇的原型点（Prototype Point），因此它们也被称为基于原型的聚类算法（Prototype-based Clustering）。

7.2.1 基本 k 均值算法

k 均值（k-Means）聚类是在实际应用中最简单、有效和流行的一种划分聚类算法。基本 k 均值算法需要把整个数据集划分成 k 个簇，每个簇都有一个点作为原型或者质心（Centroid），作为这个簇的代表。基本思想是：首先，用户指定表示簇数目的参数 k 的取值，并选择 k 个数据点作为初始质心。然后，每个点被指派到最近的质心，分配到同一质心的点形成一个簇。最后，根据同一个簇中的数据点，通过计算平均值来更新每个簇的质心。重复分配和更新，直到簇或质心不再发生变化。算法 7.1 列出了基本 k 均值聚类算法的步骤。

算法 7.1 基本 k 均值聚类算法

输入：数据集 X，簇数 k
输出：k 个簇的集合
过程：
1：从 X 中任意选取 k 个数据点作为初始质心
2：repeat
3：　　通过将每个点指派给离它最近的质心，得到 k 簇
4：　　　　基于均值重新计算每个簇的质心
5：until 质心不发生变化

k 均值聚类算法的迭代过程的图形演示如图 7.1 所示。图 7.1 显示了从 3 个初始质心开始，通过 4 次分配和更新，找到最后簇的过程。图中用加号表示质心；不同形状代表不同簇中的点。可以看出，在迭代过程中，簇包含的数据点和质心都不断变化，直到簇或质心不再变化时，算法结束。

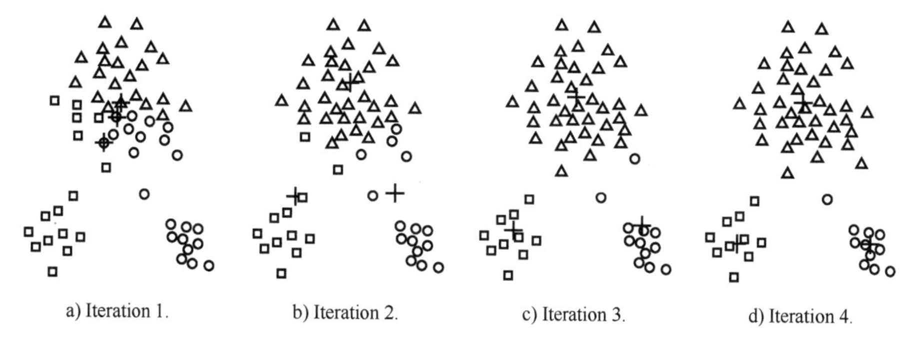

图 7.1 k 均值聚类算法的迭代过程的图形演示

下面详细讨论 k 均值算法迭代过程中的几个关键问题，以及时间和空间复杂度。

1. 指派数据点到最近的质心

为了指派数据点到最近的质心，需要量化数据点的“最近”概念。邻近度（Proximity）是聚类分析中的重要概念，直接影响聚类结果，它的选择是聚类的根本问题。邻近度矩阵是包含数据集 $\boldsymbol{X}$ 邻近度的成对指标的矩阵。通常，邻近度矩阵是对称的。常用的邻近度矩阵有距离矩阵（记为 $\boldsymbol{D}$）和相似度矩阵（记为 $\boldsymbol{S}$）。距离矩阵 $\boldsymbol{D}$ 可以定义为

$$D \in \mathbf{R}^{n\times n} = \begin{pmatrix} 0 & d_{12} & \cdots & d_{1n} \\ d_{21} & 0 & \cdots & d_{2n} \\ \vdots & \vdots & & \vdots \\ d_{n1} & d_{n2} & \cdots & 0 \end{pmatrix} \tag{7.2}$$

式中，$d_{ij}=\text{distance}(x_i,x_j)$ 代表第 i 点 x_i 到第 j 点 x_j 之间的距离。相似度矩阵可以定义为

$$S \in \mathbf{R}^{n\times n} = \begin{pmatrix} 1 & s_{12} & \cdots & s_{1n} \\ s_{21} & 1 & \cdots & s_{2n} \\ \vdots & \vdots & & \vdots \\ s_{n1} & s_{n2} & \cdots & 1 \end{pmatrix} \tag{7.3}$$

式中，$s_{ij}=\text{similarity}(x_i,x_j)$ 代表点 x_i 与点 x_j 之间的相似度。

常用的邻近度度量有闵可夫斯基距离、马氏距离、相关系数和余弦相似度等。通常，欧氏空间的点用欧氏距离（L_2）或曼哈顿距离（L_1），文档数据用余弦相似度或 Jaccard 系数等。

2. 质心和目标函数

目标函数用来表示聚类的目标，依赖于点之间或点到簇质心的邻近度。欧氏空间中的数据使用误差平方和（Sum of Squared Errors，SSE）或残差平方和（Residual Sum of Squares，RSS）作为度量聚类质量的目标函数。SSE 也称为散度（Scatter），也就是计算每个数据点的误差，即每个数据点到它所在簇的质心的欧氏距离，然后计算 SSE。SSE 越小，簇中的点距离簇的原型（质心）越近，簇中的点越紧密（分散度越低）地围绕在质心周围，簇中点的相似度也越高。SSE 的定义为

$$\text{SSE} = \sum_{j=1}^{k}\sum_{x_i \in C_j}\|x_i - m_j\|_2^2 \tag{7.4}$$

式中，$C=\{C_1,C_2,\cdots,C_k\}$ 表示 k 均值聚类后得到的 k 个簇，x_i 表示第 i 数据点，m_j 是第 j 簇 C_j 的质心。

k 均值聚类本质上是一个以最小化 SSE 目标函数为目标的优化问题。簇的质心是簇内数据点的平均值，如

$$m_j = \frac{1}{|C_j|}\sum_{x_i \in C_j} x_i \tag{7.5}$$

式中，$|C_j|$ 代表 C_j 中数据点的个数。

事实上，邻近度量为 L_2 时，为了最小化 SSE，通过求 SSE 对 m_j 的导数，并设导数为 0 来求解 m_j，如

$$\begin{gathered} \frac{\partial E}{\partial m_j} = \frac{\partial}{\partial m_j}\sum_{i=1}^{k}\sum_{x_i \in C_j}(m_j - x_i)^2 = \sum_{i=1}^{k}\sum_{x_i \in C_j}\frac{\partial}{\partial m_j}(m_j - x_i)^2 = \sum_{x_i \in C_j} 2(m_j - x_i) = 0 \\ \Rightarrow |C_j| m_j = \sum_{x_i \in C_j} x_i \Rightarrow m_j = \frac{1}{|C_j|}\sum_{x_i \in C_j} x_i \end{gathered} \tag{7.6}$$

同理可以推出：邻近度度量为 L_1 时，使簇的 L_1 绝对误差和（SAE）最小的质心是中位数。

k 均值算法的步骤 3 和 4 试图直接最小化 SSE。步骤 3 通过将点指派到最近的质心形成簇，最小化给定质心集的 SSE；步骤 4 重新计算质心，进一步最小化 SSE。然而，k 均值的步骤 3 和 4 只能确保找到关于 SSE 的局部最优，因为它们针对选定的簇和质心，而不是针对所有可能的选择来优化 SSE。

3. 选择初始质心

在随机选取初始质心时，不同的质心初始化往往会产生不同的聚类结果，即不同的簇划分、质心和总 SSE。最优和次优的聚类如图 7.2 所示。

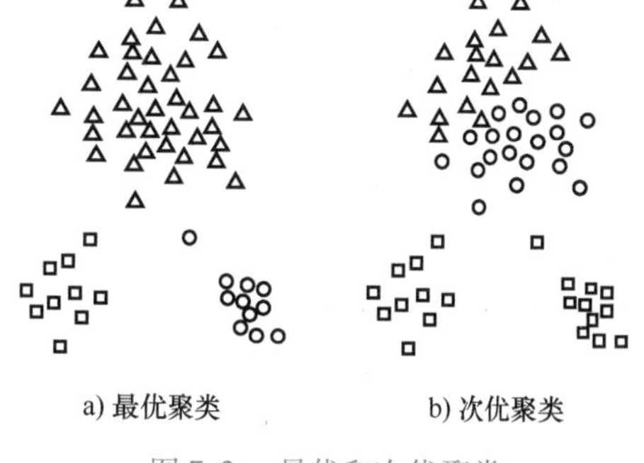

图 7.2 最优和次优聚类

选择合适的初始质心是 k 均值聚类的关键步骤。常见方法是随机选取初始质心，但是簇的质量往往很差。可以重复运行几次 k 均值聚类算法，每次随机选取一组不同的初始质心，最后选取 SSE 最小的运行结果。

如果随机初始化的 k 个质心刚好落在 k 个簇中，也就是每个簇恰好有一个初始质心，那么这是比较理想的初始化。但实际上往往可能出现图 7.3 所示的情况，初始化质心在不同簇的分配不均匀：有的簇没有初始质心，有的簇具有两个以上的初始质心。

随机选取初始质心均匀分配的概率很小，可以证明，随着 k 的增大，此概率会更小。

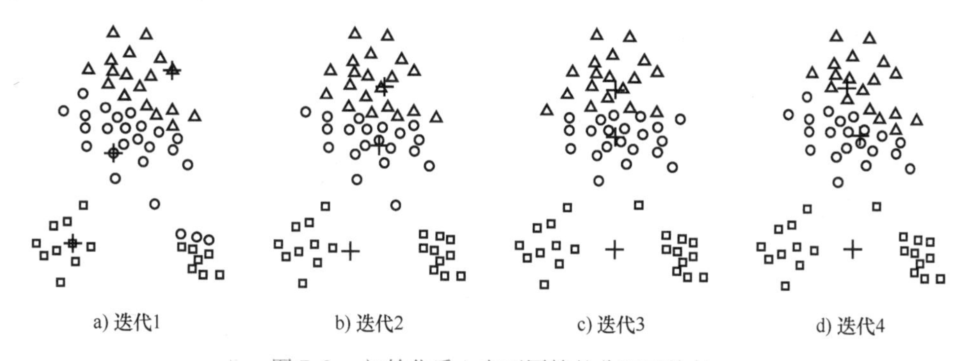

图 7.3 初始化质心在不同簇的分配不均匀

仅仅重复运行算法多次，可能并不能很好地解决随机选取初始质心存在的问题。常用的解决方法主要有两种：①对原数据抽样，使用层次聚类提取 k 个簇，并用簇的质心作为初始质心，但是由于层次聚类开销较大，这种方法仅适用于样本数 n 较小并且 $k \ll n$ 的情况；②随机选取第一个质心（例如选取所有点的质心），然后选择距离第一个质心最远的点，得到随机分散的初始质心集合，但有可能选中离群点，而且开销较大。

4. 时间和空间复杂度

因为只需要存储数据点和质心，k 均值的空间复杂度为 $O((n+k)d)$，其中 n 是数据点数，d 是属性数（维数）。k 均值的时间复杂度为 $O(tkdn)$，其中 t 是迭代次数。t 通常很小，目标函数往往经过几次迭代就可以快速收敛。因此，只要 $k \ll n$，k 均值的计算时间就与 n 之间呈线性关系，并且简单有效。

7.2.2 基本 k 均值的附加问题

1. 处理空簇

可能得到没有任何点的空簇。这时可选择一个距离当前任何质心都最远的点作为替补质心，以校正偏大的 SSE。也可从具有最大 SSE 的簇中随机选取一个替补质心，分裂簇并降低总 SSE。有多个空簇时，可以多次重复这个过程。

2. 离群点

使用平方误差时，离群点可能影响质心的代表性，而且会使 SSE 偏大。既可以提前发现并删除离群点，也可以后处理离群点，就是记录每个点对 SSE 的影响，删除影响大的点。很小的簇中的点，很可能就是离群点。使用聚类压缩数据时，必须保留离群点。在某些应用中，离群点可能是最有价值的点（例如大客户）。

3. 使用后处理降低 SSE

k 均值常收敛于局部极小，可使用修补技术，产生具有更小 SSE 的聚类。常用方法是交替使用簇分裂与簇合并，尽量避开局部极小，并保持期望的簇数目不变。

（1）簇分裂。通过增加簇的个数来降低簇 SSE，进而减小总 SSE。可以使用以下两种策略：

1）分裂簇：选择具有最大 SSE 的簇进行分裂。

2）引入新质心：选择距离所有簇质心最远的点作为新的簇质心。

（2）簇合并。通过合并簇来减少簇的数目，并最小化总 SSE 的增加。可以使用以下两种策略：

1）拆散簇：删除要拆散的簇质心，将该簇中的点重新分配到其他簇，被拆散的簇应该使总 SSE 增加得最少。

2）合并簇：合并质心最接近的两个簇或使总 SSE 增加量最少的两个簇。

4. 增量更新质心

在每次将点分配到簇后，增量地更新质心，而不是在将所有点都分配到簇中之后才更新质心。每步需要零次或两次更新簇的质心：留在原簇（零次更新）或转移到新簇（两次更新）。所有的簇都从一个点开始，并且如果簇只有一个点，则该点总是被重新分配到相同的簇，所以不会产生空簇。不过这样可能会导致次序依赖性，即产生的簇可能依赖于点的处理次序。但是基本上 k 均值把所有点分配到簇中之后才更新质心，没有次序依赖性。增量更新的开销相对较大，但由于 k 均值收敛很快，因此切换簇的点数会快速变小。

7.2.3 k 均值的优点和缺点

k 均值是解决聚类问题的经典算法，得到广泛应用。它有如下优点和缺点。

优点：它是解决聚类问题的经典和流行算法，简单快速；处理大数据集时相对可伸缩并且高效；当结果簇密集时，效果较好；适用于球形簇；二分 k 均值等改进算法运行良好，受初始化问题的影响较小。

缺点：它仅限于处理具有质心概念的数据；不能应用于所有的数据类型；必须提前指定超参数：簇数 k；初始化敏感，不同初始值可能导致不同结果；容易陷入局部最优；难以处理具有不同大小、不同密度或非球形（非凸形状）的簇；对于噪声和孤立点数据敏感。

7.2.4 k 均值的改进算法

k 均值算法框架简单，在它的基础上已经构建了很多非常灵活、有效的算法。这些改进算法主要基于三种技术：选择不同的簇原型；选择更好的初始质心；应用某种特征转换技术。

1. *k* 中心点（*k*-medoids）

k 中心点算法不使用均值，而是以实际的数据对象为原型，这个对象称为簇的中心点，其余每个对象都被指派到与它最近的中心点所在的簇。划分方法会最小化所有对象与其对应的中心点之间相异度之和，使用式（7.7）定义绝对误差标准。

$$E=\sum_{j=1}^{k}\sum_{x_i\in C_j}\|x_i-m_j\|_1 \tag{7.7}$$

算法 7.2 给出了 *k* 中心点算法的具体过程。与 *k* 均值相比，因为使用了实际的数据对象而不是数据对象的均值作为簇的中心点，而且通常使用 L_1 范数而不是 L_2 范数的二次方作为数据对象之间的距离度量，所以对数据中的噪声和离群点具有较强的鲁棒性，但 *k* 中心点算法的执行代价较高，*k* 中心点的时间复杂度是 $O(k(n-k)^2)$。

PAM（Partitioning Around Medoids）是 *k* 中心点聚类算法的一种流行的实现。PAM 通过迭代、贪心的方法处理问题。*k* 中心点的计算复杂度更高，因此不适用于大型数据集。结合 PAM 和抽样方法，有人提出了能处理更大规模数据集的聚类算法 CLARA（Clustering Large Application）。CLARA 考虑多个样本，并对每个样本应用 PAM，最终返回最优中心点集。CLARANS（A Clustering Algorithm based on Randomized Search）随机算法则是将 CLARA 和 PAM 有效地结合起来，以平衡聚类的开销和有效性。

算法 7.2　*k* 中心点算法

```
输入：数据集 X，簇数 k
输出：k 个簇的集合
过程：
1：从 X 中任意选取 k 个数据点作为初始中心点
2：repeat
3：    通过将每个点指派给离它最近的中心点，得到 k 个簇
4：    随机选择一个非中心点对象 x_i
5：    计算交换中心点 m_j 和 x_i 的总代价 S
6：    if S<0
7：        用 x_i 交换 m_j，形成一组新的中心点
8：    end if
9：until 满足收敛条件
```

2. *k* 中位数（*k*-median）

k 中位数聚类计算每个簇的中位数，而不是像 *k* 均值聚类那样计算簇的均值。与 *k* 均值相比，*k* 中位数算法中使用的距离度量是 L_1 范数，而不是使用 L_2 范数的二次方。*k* 中位数的目标函数见式（7.8）。*k* 中位数对异常值有更强的鲁棒性。

$$E=\sum_{j=1}^{k}\sum_{x_i\in C_j}\|x_i-m_j\|_1 \tag{7.8}$$

3. *k* 众数（*k*-mode）

k 众数用簇众数取代簇均值来聚类标称类型的数据。*k* 众数聚类是一种非参数聚类算法，在不使用任何显式距离度量的情况下优化匹配度量（L_0 损失函数）。这个损失函数是 L_p 范数在 p 趋近于 0 的情况下的特例。与计算数据点和质心之间距离的 L_p 范数相比，*k* 众数聚类中的损失函数使用不匹配数来估计数据点之间的相异性。

4. *k* 原型（*k*-prototype）

k 原型算法源于 *k* 均值和 *k* 众数算法，旨在对混合型数据集进行聚类。实际应用的数据中，往往一部分属性是数值类型的，另一部分属性是分类类型的。*k* 原型算法通过对数值属性和分类属性分别定义原型并加以综合，来定义混合型数据簇的原型，通过分别计算数值属性与分类属性之间的相异度并再求和，来定义相异度。

5. 二分 *k* 均值（Bisecting *k*-mean）

为克服 *k* 均值算法收敛于局部最小值问题，有人提出了二分 *k* 均值算法。算法 7.3 给出了二分 *k* 均值算法。二分 *k* 均值算法是基本 *k* 均值算法的直接扩充：为了得到 *k* 簇，先将点集分裂成两个簇，然后从两个簇中选取一个继续分裂，如此重复，直到产生 *k* 个簇。在选择继续分裂的簇时有不同的策略，可以选择当前最大的簇，也可以选择具有最大 SSE 的簇，总之原则是可以最大限度地降低 SSE 的值。

算法 7.3　二分 *k* 均值算法

```
输入：数据集 X，簇数 k
输出：k 个簇的集合
过程：
1：初始化，将所有点看成一个簇
2：repeat
3：     选取一个簇；
4：     for i=1 to 对每个簇的二分次数 do
5：           在选定簇上进行基本 k 均值聚类（k=2）
6：     end for
7：     选择使得总 SSE 最小的两个簇
8：until 得到 k 个簇
```

比如 $k=4$ 时，第一次分裂由 1 个簇生成 2 个簇，然后从 2 个簇中选择分裂后 SSE 降幅比较大的簇，将其分裂成 2 个簇，然后再从 3 个簇里选出 1 个继续分裂，生成 4 个簇。另一种做法是：选择 SSE 最大的簇进行分裂，直到簇数达到 *k* 为止。SSE 能够衡量聚类性能：SSE 值越小表示数据点越接近质心，聚类效果就越好；SSE 值越大，越有可能把多个簇当成了一个簇。

6. *k* 均值++

k 均值的改进算法中，对初始值选择的改进是很重要的，其中最具影响力的算法是 *k* 均值++(*k*-means++) 算法。*k* 均值++算法如算法 7.4 所示。

算法 7.4　*k* 均值++算法

输入：数据集 X，簇数 k
输出：k 个簇的集合
过程：
1：在数据点中随机均匀地选择一个质心
2：repeat
3：　对于尚未选择的每个数据点 x，计算 D(x)，即 x 与最近已选择的质心之间的距离
4：　按照式（7.9），选择一个新数据点作为新质心
5：until 选择了 k 个质心
6：继续使用基本 k 均值聚类

算法随机选择第一个质心（$j=1$）。假设已经选取了 j 个初始质心（$0<j<k$），距离当前 j 个质心越远的点会有更高的概率被选为第 $j+1$ 个质心。概率的计算公式为

$$P(x)=\frac{D(x)^2}{\sum D(x)^2} \tag{7.9}$$

式中，$D(x)$ 是点 x 与最近已选择的质心之间的距离。k 均值++选择与已选质心距离最远的点作为下一个质心。质心当然是互相离得越远或者越分散越好。事实上，这也可能导致选中离群点，而不是稠密区域中的点。在完成初始质心的选择后，k 均值++的后续步骤和基本 k 均值算法相同。

7. 模糊 *k* 均值

每个数据点都只从属于一个簇，这种聚类被称为硬聚类。很多情况下，数据集中的点不能划分为明显分离的簇。模糊聚类（也称为软聚类）允许每个数据点属于多个簇，并赋予每个数据点与每个簇之间一个取值范围在［0,1］的权重，指明一个数据点属于一个簇的程度（称为隶属度）。

模糊 k 均值（Fuzzy *K*-Mean，FKM）也称作模糊 C 均值（Fuzzy *C*-Mean，FCM）。

假设数据集中有 n 个点，要划分到 k 个簇中，x_i 是第 i 个点，c_j 是第 j 个簇 C_j 的质心。w_{ij}是 x_i 属于 C_j 的隶属度，且 $0\leqslant w_{ij}\leqslant 1$，$\sum_{j=1}^{k} w_{ij}=1$。FCM 的目标函数 E、w_{ij}和 c_j 的计算公式分别见式（7.10）、式（7.11）和式（7.12）。

$$E=\sum_{j=1}^{k}\sum_{x_i\in C_j} w_{ij}^m \|x_i-c_j\|^2 \tag{7.10}$$

$$w_{ij}=\frac{1}{\sum_{p=1}^{j}\left(\frac{x_i-c_j}{x_i-c_p}\right)^{\frac{2}{m-1}}} \tag{7.11}$$

$$c_j=\frac{\sum_{x_i\in C_j} w_{ij}^m x_i}{\sum_{x_i\in C_j} w_{ij}} \tag{7.12}$$

式中，m 是控制簇的模糊程度的超参数。m 越大，最终的聚类结果就越模糊，所有的簇质心都越趋向于所有数据点的全局质心。该算法类似于 k 均值算法，在交替更新 w_{ij}和 c_j 之后，迭代地最小化 SSE，一直持续到质心收敛。

8. 核 k 均值（kernel k-mean）

核 k 均值聚类是将原始数据投影到高维核空间后获得最终聚类。该算法首先使用核函数将输入空间中的数据点映射到高维特征空间。常用的核函数有多项式核函数、高斯核函数和 Sigmoid 核函数。式（7.13）、式（7.14）和式（7.15）分别是核 k 均值的 SSE 和质心 $\boldsymbol{m}_j$ 计算公式，以及任意两点 $\boldsymbol{x}_p$，$\boldsymbol{x}_q \in C_j$ 的核矩阵 $\boldsymbol{K}$，其中 $\phi(\boldsymbol{x}_i)$ 是投影函数。

$$\mathrm{SSE} = \sum_{j=1}^{k} \sum_{x_i \in C_j} \|\phi(\boldsymbol{x}_i) - \boldsymbol{m}_j\|_2^2 \tag{7.13}$$

$$\boldsymbol{m}_j = \frac{1}{|C_j|} \sum_{x_i \in C_j} \phi(\boldsymbol{x}_i) \tag{7.14}$$

$$K_{x_p x_q} = \phi(\boldsymbol{x}_p)\phi(\boldsymbol{x}_q) \tag{7.15}$$

7.2.5 Iris 数据集上的 k 均值聚类

Iris 数据集（http://archive.ics.uci.edu/ml/datasets/iris）是演示算法常用的数据集。Iris 有 3 个亚属，即 Setosa、Versicolor 和 Virginica，如图 7.4 所示。

Setosa

Versicolour

Virginica

图 7.4 Iris 的 3 个亚属

Iris 数据集包含 150 个数据样本，分属 Setosa、Versicolour 和 Virginica 3 个类，每类有 50 条数据样本，共包含 4 个特征（单位为 cm），即花萼长度（sepal length）、花萼宽度（sepal width）、花瓣长度（petal length）、花瓣宽度（petal width）。Iris 具体数据（节选）见表 7.1。

表 7.1 Iris 数据集（节选）（单位：cm）

	花萼长度	花萼宽度	花瓣长度	花瓣宽度	目标（target）
0	5.1	3.5	1.4	0.2	0.0
1	4.9	3.0	1.4	0.2	0.0
2	4.7	3.2	1.3	0.2	0.0
3	4.6	3.1	1.5	0.2	0.0
4	5.0	3.6	1.4	0.2	0.0

代码7.1首先展示了Iris数据集，并用可视化库seaborn画出配对图（Pair Plot）。其次，利用sklearn库对Iris数据集进行了k均值聚类，通过Iris数据集中4个特征的数据值来预测亚属。代码7.1聚类结果的配对图如图7.5所示。

代码7.1 利用seaborn库对Iris数据集进行k均值聚类

```
from sklearn import datasets
from sklearn.cluster import KMeans
import numpy as np
import pandas as pd
import matplotlib.pyplot as plt
import seaborn as sns
def display_iris():
    iris=datasets.load_iris()
    print(iris)
    data_frame=pd.DataFrame(data=np.c_[iris['data'],iris['target']],\
        columns=iris['feature_names'] + ['target'])
    pd.set_option('display.width',1000)          # 调整显示宽度,以便整行显示
    pd.set_option('display.max_columns',None)    # 显示所有列
    pd.set_option('display.max_rows',None)       # 显示所有行
    print(data_frame)
    sns.pairplot(data_frame,hue="target",markers=["o","s","v"])
    plt.show()
def k_means():
    iris=datasets.load_iris()                    # 加载 Iris 数据集
    model=KMeans(n_clusters=3)                   # 分 3 类
    model.fit(iris.data)                         # 训练
    predict=model.predict(iris.data)             # 预测
    print(predict)
    data =pd.DataFrame(data=np.c_[iris['data'],predict],\
        columns=iris['feature_names'] + ['predict'])
    sns.pairplot(data,hue="predict",markers=["o","s","D"],palette="colorblind")
    plt.show()
if __name__ == '__main__':
    display_iris()
    k_means()
```

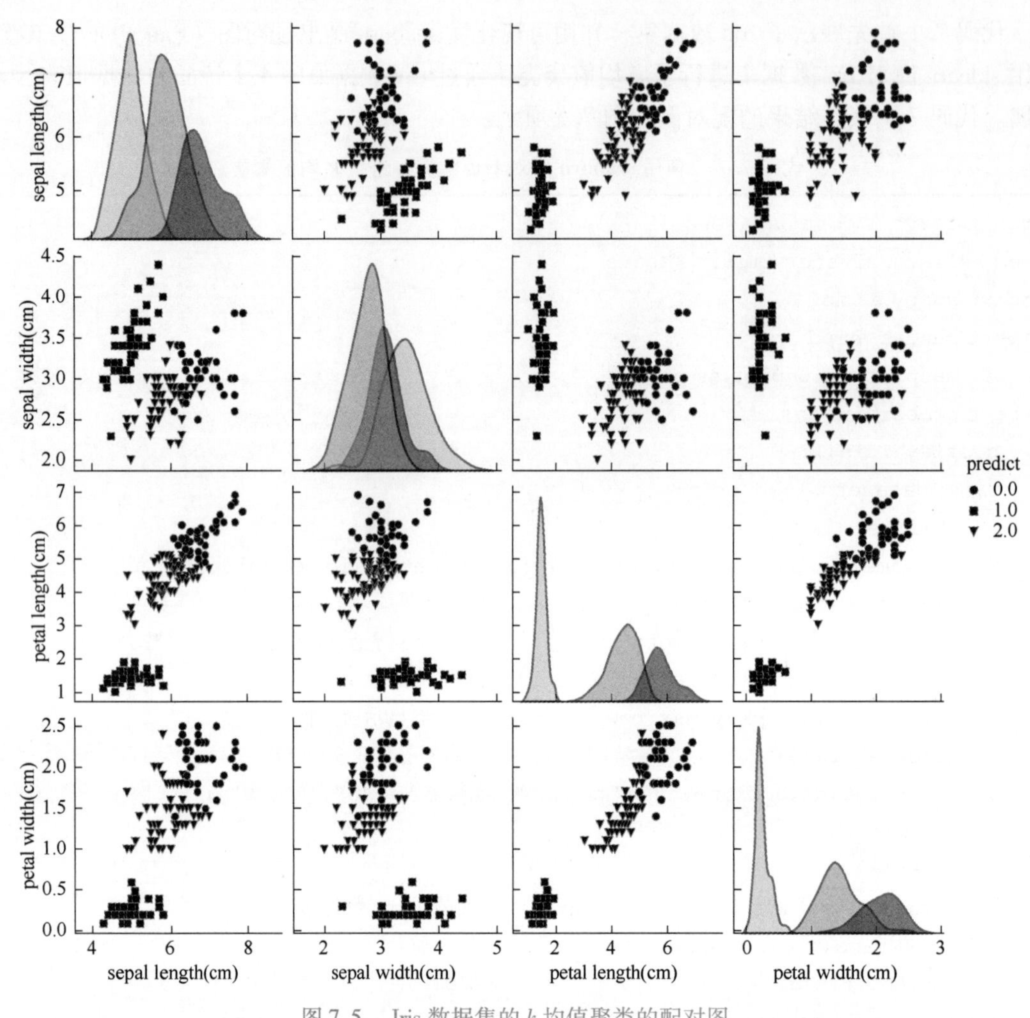

图 7.5 Iris 数据集的 k 均值聚类的配对图

如果不调用 sklearn 库函数，那么可以用简单的代码 7.2 实现 k 均值聚类。

代码 7.2 Iris 数据集上的 k 均值聚类

```
from sklearn import datasets
from sklearn.metrics import pairwise_distances_argmin
import numpy as np
import matplotlib.pyplot as plt
def k_means_clustering(X,k,seed=2):
    rng=np.random.RandomState(seed)                          # 随机选择簇的质心
    i=rng.permutation(X.shape[0])[:k]
    centroids=X[i]
    while True:
        labels =pairwise_distances_argmin(X,centroids)        # 基于最近的质心指定标签
```

```
        new_centroids=np.array([X[labels == i].mean(0) for i in range(k)]) # 根据点平均值找
                                                                            到新质心
        if np.all(centroids == new_centroids):                              # 确认质心不再变化
            break
        centroids=new_centroids
    return centroids,labels
if __name__ == '__main__':
    iris =datasets.load_iris()                              # 加载 Iris 数据集
    data=iris.data
    centers,labels =k_means_clustering(data,3)              # 聚类
    plt.scatter(data[:,0],data[:,1],c=labels,s=50)          # 散点图
    plt.show()
```

代码 7.3 实现了 Iris 数据集上 k 均值聚类的迭代优化过程。

代码 7.3　Iris 数据集上 k 均值聚类的迭代优化过程

```
from sklearn import datasets
from sklearn.metrics import pairwise_distances_argmin
import numpy as np
import matplotlib.pyplot as plt
import seaborn as sns
import pandas as pd
from scipy.spatial import ConvexHull
def k_means_clustering_step(X,k,centroids):
    labels=pairwise_distances_argmin(X,centroids)           # 基于最近的质心指定标签
    centroids=np.array([X[labels == i].mean(0)for i in range(k)])
    # 根据点的平均值找到新质心
    return centroids,labels
def plot_sub_figure(iris,centroids,predicts):
    markers={0: "o",1: "s",2: "v"}
    n=iris['data'].shape[0]  # n=150
    point_sizes=np.full((n,1),1)
    data2=pd.DataFrame(data=np.c_[iris['data'],predicts,point_sizes],
         columns=iris['feature_names'] + ['predicts'] + ['point_sizes'])
    sns.scatterplot(data=data2,x="sepal length (cm)",y="sepal width (cm)",\
                hue="predicts",style="predicts",palette="colorblind",\
                markers=markers,legend=False,size="point_sizes")
  plt.scatter(centroids[:,0],centroids[:,1],c='k',marker='+',s=50)
  plt.title(chr(96 + int(subfig_no)))
  if subfig_no > 1:
```

```
        plot_outline(iris.data,predicts,k)
def plot_convex_hull(points,c):
    hull=ConvexHull(points)
    hull1=hull.vertices.tolist()
    hull1.append(hull1[0])
    plt.plot(points[hull1,0],points[hull1,1],'--',c=c,lw=1)
def plot_outline(data,predicts,k):
    colors=['#4EACC5','#FF9C34','#4E9A06']
  for i in range(k):
      p=data[predicts == i,:]
      q=p[:,:2]
      plot_convex_hull(q,colors[i])
def init_centroids(data,k):
    seed=2
    rng=np.random.RandomState(seed)   #随机选择簇的质心
    n=data.shape[0]   #n=150
    i=rng.permutation(n)[:k]
    centroids=data[i]
    return centroids
if __name__ == '__main__':
    iris=datasets.load_iris()
    data=iris.data
    k=3
    centroids=init_centroids(data,k)
    rows=2
    columns=3
    subfig_no=1
    n=data.shape[0]    #n=150
    predicts=np.zeros((n,),dtype=np.int32)
    plt.subplot(rows,columns,subfig_no)
    plot_sub_figure(iris,centroids,predicts)
    subfig_no=2
    predicts=pairwise_distances_argmin(data,centroids)
    plt.subplot(rows,columns,subfig_no)
    plot_sub_figure(iris,centroids,predicts)
    for subfig_no in range(3,rows * columns+1):
        old_centroids=centroids
        centroids,predicts=k_means_clustering_step(data,k,centroids)
        plt.subplot(rows,columns,subfig_no)
        plot_sub_figure(iris,centroids,predicts)
        if np.all(centroids == old_centroids):
              break
        plt.suptitle("K-means clustering on Iris dataset")
        plt.tight_layout()
    plt.show()
```

图 7.6 演示了代码 7.3 在 Iris 数据集上 k 均值聚类的迭代优化过程。十字表示质心，圆形、三角形和方形代表了不同的簇。虚线是簇的边界。子图 a 是数据的初始状态，随机选取 3 个点作为质心，所有点都没有被划分。子图 b 展示了计算每个点到 3 个初始质心的距离，然后将它划分到最近的质心代表的簇，可以看出所有点被划分成了 3 个簇，但质心并不在簇的中心。子图 c 展示了重新计算 3 个簇的新质心（簇内点的均值），以及第 1 次迭代完成后，所有点被划分成 3 个质心代表的 3 个簇。子图 d 是第 2 次迭代，首先，重新分配所有点到距离它最近的质心；然后，重新计算簇内点均值作为新质心。簇内的点、边界和质心都发生了变化。子图 e 是第 3 次迭代。同样，重新分配所有点，再重新计算质心。子图 f 是第 4 次迭代。质心没有变化，于是退出循环，结束算法。

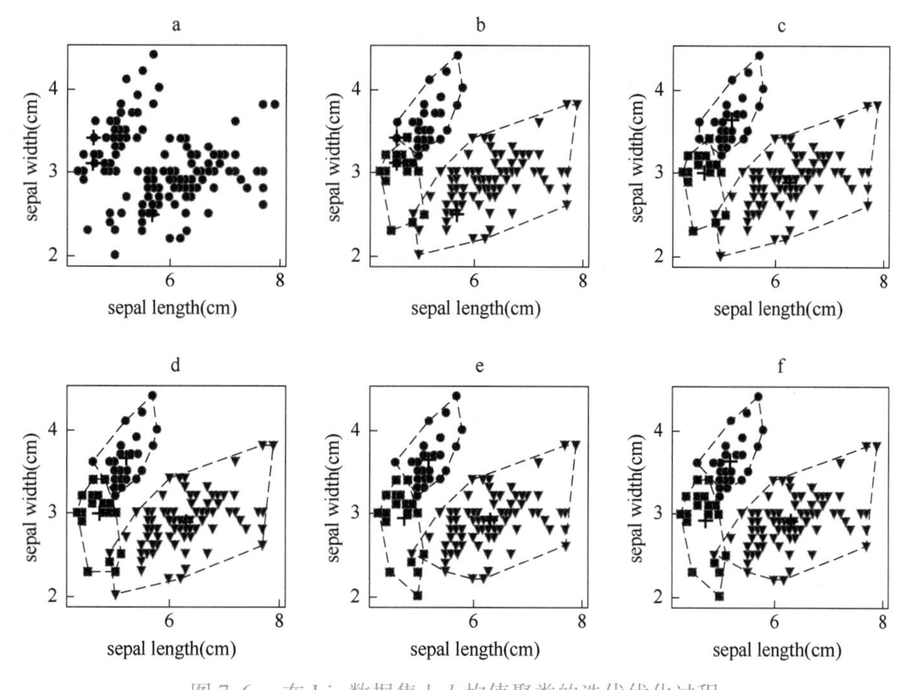

图 7.6　在 Iris 数据集上 k 均值聚类的迭代优化过程

7.3　凝聚层次聚类

层次聚类（Hierarchical Clustering）也是出现较早且非常流行的方法，它假设数据对象之间存在层次结构关系，将数据聚类到层次化的簇中。

簇的层次结构可以使用标准的二叉树来解释。根表示所有数据点集，即层次结构的顶点（级别为 0）。层次结构中的每一层对应于一组簇，子节点作为整个数据集的子集对应于簇，每个簇中的数据可以通过从当前簇节点到基本单例数据点的遍历来确定。层次结构的底部由叶节点组成，每个叶节点由单个点组成。这种聚类层次结构也称为树状图（Dendrogram）。层次聚类也可以使用嵌套簇图（Nested Cluster Diagram）表示。如图 7.7 所示，图 7.7b 中的每个椭圆均表示一个簇，椭圆外的数字表示合并生成每个簇的序号。

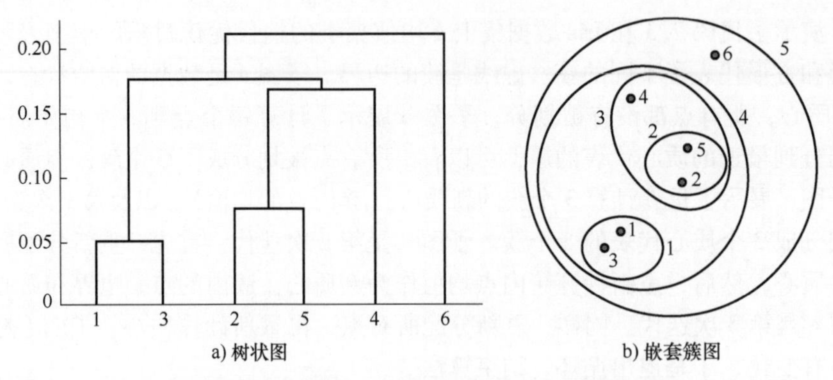

图 7.7　6 个数据点层次聚类的树状图和嵌套簇图

两种基本的层次聚类方法为凝聚的层次聚类和分裂的层次聚类。

（1）凝聚的层次聚类。从单个点作为个体簇开始，自底向上，每一步合并两个最接近的簇。

（2）分裂的层次聚类。从包含所有点的簇开始，自顶向下，每一步分裂一个簇，直到仅剩下单点簇。

本节介绍最常见的凝聚的层次聚类。

7.3.1　簇间邻近度度量

层次聚类的一个核心问题是计算簇间的邻近度。不同类型的凝聚聚类方法采用的相似性度量不同。簇间相似性度量主要有单链接（Single Linkage）、全链接（Complete Linkage）、平均链接（Average Linkage）、质心方法和 Ward 方法（最小方差）等，前四种方法如图 7.8 所示。

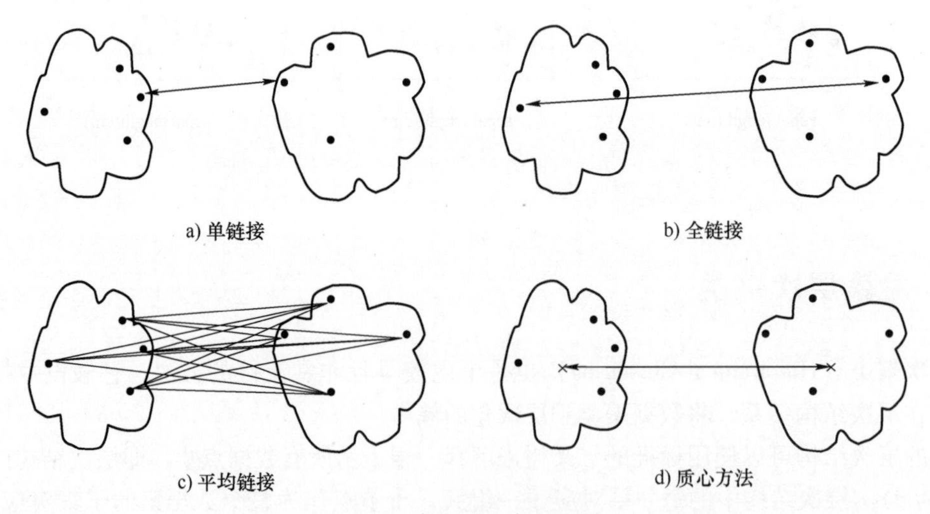

图 7.8　簇间的相似性度量

给定簇 C_i 和 C_j，设它们的质心分别为 c_i 和 c_j，$d(p, q)$ 表示点 p 和 q 之间的距离。以下分别给出簇间相似性度量的定义和计算公式。

（1）单链接。单链接也叫作最小距离。将两个簇中任意两点之间距离的最小值定义为两个簇的簇间距离。单链接的定义为

$$d_{\min}(C_i,C_j)=\min_{p\in C_i,q\in C_j}d(p,q) \tag{7.16}$$

（2）全链接。全链接也叫作最大距离。与单链接相反，将两个簇中任意两点之间距离的最大值定义为两个簇的簇间距离。全链接的定义为

$$d_{\max}(C_i,C_j)=\max_{p\in C_i,q\in C_j}d(p,q) \tag{7.17}$$

（3）平均链接。平均链接也叫作平均距离。将两个不同簇中所有点对之间距离的平均值定义为两个簇的簇间距离。平均链接的定义为

$$d_{\text{avg}}(C_i,C_j)=\frac{1}{|C_i||C_j|}\sum_{p\in C_i}\sum_{q\in C_j}d(p,q) \tag{7.18}$$

（4）质心方法。两个簇的质心间的距离是两个簇间的邻近度。基于原型的观点，用质心代表簇，所以两个簇的邻近度可以定义为这两个簇的质心之间的邻近度，即

$$d_{\text{centroid}}(C_i,C_j)=d(c_i,c_j) \tag{7.19}$$

（5）Ward 方法。簇用质心来代表，使用合并两个簇导致的 SSE 增量来定义簇间的邻近性。像 k 均值一样，Ward 方法也试图最小化 SSE。设簇 C_i 和 C_j 合并后的簇为 C_k，其对应的 SSE 分别为 SSE_i、SSE_j 和 SSE_k，这时的簇间邻近度为

$$d_{\text{ward}}(C_i,C_j)=\text{SSE}_k-(\text{SSE}_i+\text{SSE}_j) \tag{7.20}$$

7.3.2 基本凝聚层次聚类算法

AGNES（Agglomerative Nesting）是一种采用自底向上聚合策略的层次聚类算法。它先将数据集中的每个样本看作一个初始簇，然后找出距离最近的两个簇，将它们合并，不断重复直至达到预设的簇个数。这里的关键是如何计算簇之间的距离。AGNES 算法具体过程如算法 7.5 所示。

算法 7.5 AGNES 算法

```
输入:数据集 X={x_1,x_2,…,x_n},簇数 k,簇距离度量函数 d
输出:簇划分: C={C_1,C_2,…,C_k}
过程:
1:for j=1,2,…,n do
2:     C_j={x_j}
3:end for
4:for i=1,2,…,n do
5:     for j=1,2,…,n do
6:          M(i,j)=d(C_i,C_j)
7:          M(j,i)=M(i,j)
8:     end for
9:end for
10:设置当前聚类簇个数: q=m
11:while q>k do
12:     找出距离最近的两个簇C_i* 和C_j*
13:     合并C_i* 和C_j* :C_i* =C_i* ∪C_j*
14:     for j=j* +1,j* +2,…,q   do
```

```
15:        将簇C_j重新编号为C_{j-1}
16:    end for
17:    删除距离矩阵 M 的第 j* 行和第 j* 列
18:    for j=1,2,…,q-1 do
19:        M(i*,j)=d(C_i*,C_j)
20:        M(j,i*)=M(i*,j)
21:    end for
22:    q=q-1
23:end while
```

7.3.3 凝聚层次聚类实例

下面通过实例来演示几种不同凝聚层次聚类算法的具体过程。对于图 7.9 中给出的数据集，图 7.10 描述了使用欧氏距离计算出的相异度矩阵（距离矩阵）$\boldsymbol{M}$。$\boldsymbol{M}$ 中的元素 m_{ij} 或 $M(i,j)$代表了单点簇 i 和单点簇 j 之间的相异度（距离）。因为距离对称，所以相异度矩阵是对称矩阵。$\boldsymbol{M}$ 的主对角线元素 m_{ii} 全为 0，表示簇（点）到自身的距离为 0。

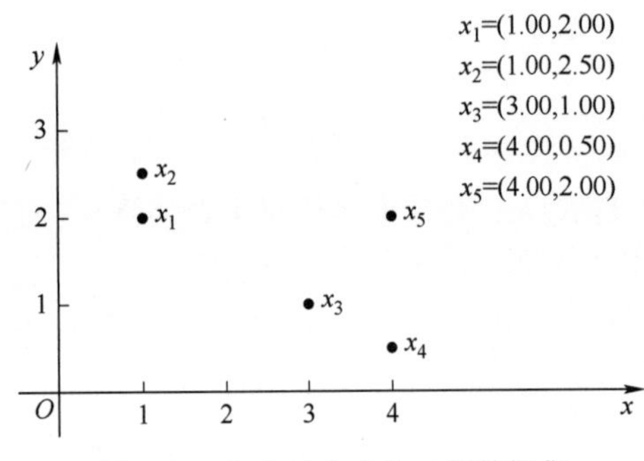

图 7.9 包含 5 个点的二维数据集

	x_1	x_2	x_3	x_4	x_5
x_1	0.00	0.50	2.24	3.35	3.00
x_2	0.50	0.00	2.50	3.61	3.04
x_3	2.24	2.50	0.00	1.12	1.41
x_4	3.35	3.61	1.12	0.00	1.50
x_5	3.00	3.04	1.41	1.50	0.00

图 7.10 初始的相异度矩阵

1. 单链接

对于单链接或最小距离层次聚类，簇间邻近度可定义为两个簇中任意两点间的最短距离（最大相似度）。从只含一个样本的单点簇开始，并初始化距离矩阵。然后不断合并距离最短的簇，并更新距离矩阵。重复以上过程，直到达到预设的簇数。单链接技术擅长于处理非椭圆形状的簇，但对噪声和离群点很敏感。

例 7.1 单链接凝聚层次聚类。

第 1 轮迭代，需要在图 7.10 所示的相异度矩阵中找到最近的两个簇，也就是矩阵中除对角线上的 0 以外的值最小的元素。明显地，最小值是 $m_{21}=m_{12}=0.50$，即$\{x_1\}$和$\{x_2\}$这两个单点簇之间的距离最短。合并这两个簇（点），得到新簇 $\{x_1,x_2\}$。然后分别计算新簇$\{x_1,x_2\}$到其他 3 个簇$\{x_3\}$、$\{x_4\}$和$\{x_5\}$之间的距离。

$$D(\{x_1,x_2\},\{x_3\})=\min\{d(x_1,x_3),d(x_2,x_3)\}=2.24$$
$$D(\{x_1,x_2\},\{x_4\})=\min\{d(x_1,x_4),d(x_2,x_4)\}=3.35$$
$$D(\{x_1,x_2\},\{x_5\})=\min\{d(x_1,x_5),d(x_2,x_5)\}=3.00$$

式中，D 表示簇间距离，d 表示点间距离。得到更新的相异度矩阵如图 7.11 所示。

	$\{x_1,x_2\}$	$\{x_3\}$	$\{x_4\}$	$\{x_5\}$
$\{x_1,x_2\}$	0.00	2.24	3.35	3.00
$\{x_3\}$	2.24	0.00	1.12	1.41
$\{x_4\}$	3.35	1.12	0.00	1.50
$\{x_5\}$	3.00	1.41	1.50	0.00

图 7.11　第 1 次单链接合并后的相异度矩阵

第 2 轮迭代，从图 7.11 可以看出，距离最近（最小）的两个簇是$\{x_3\}$和$\{x_4\}$（距离是 1.12）。合并$\{x_3\}$和$\{x_4\}$，得到新簇$\{x_3,x_4\}$。下一步计算新簇$\{x_3,x_4\}$到其他两个簇$\{x_1,x_2\}$或x_5的距离。

$$D(\{x_3,x_4\},\{x_1,x_2\})=\min\{d(x_1,x_3),d(x_2,x_3),d(x_1,x_4),d(x_2,x_4)\}$$
$$=\min\{D(\{x_1,x_2\},\{x_3\}),D(\{x_1,x_2\},\{x_4\})\}=2.24$$
$$D(\{x_3,x_4\},\{x_5\})=\min\{d(x_3,x_5),d(x_4,x_5)\}=1.41$$

得到更新的相异度矩阵如图 7.12 所示。

第 3 轮迭代，根据图 7.12 所示的相异度矩阵，合并距离最小（1.41）的两个簇$\{x_3,x_4\}$和x_5，得到更新的相异度矩阵如图 7.13 所示。

	$\{x_1,x_2\}$	$\{x_3,x_4\}$	$\{x_5\}$
$\{x_1,x_2\}$	0.00	2.24	3.00
$\{x_3,x_4\}$	2.24	0.00	1.41
$\{x_5\}$	3.00	1.41	0.00

图 7.12　第 2 次单链接合并后的相异度矩阵

	$\{x_1,x_2\}$	$\{x_3,x_4,x_5\}$
$\{x_1,x_2\}$	0.00	2.24
$\{x_3,x_4,x_5\}$	2.24	0.00

图 7.13　第 3 次单链接合并后的相异度矩阵

第 4 轮迭代，所有点都被合并成一个簇。

单链接层次凝聚聚类的树状图和嵌套簇图分别如图 7.14 和图 7.15 所示。

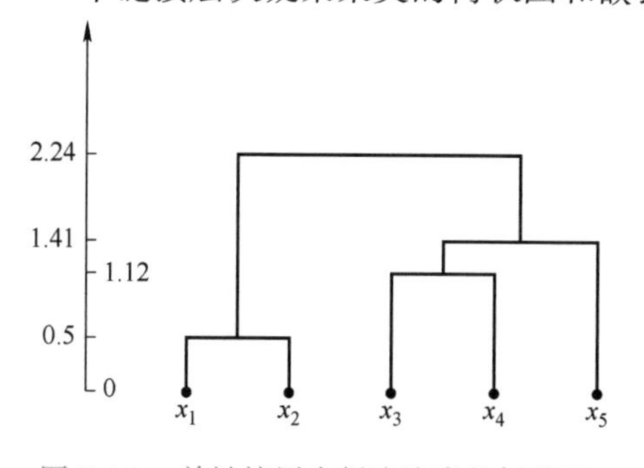

图 7.14　单链接层次凝聚聚类的树状图

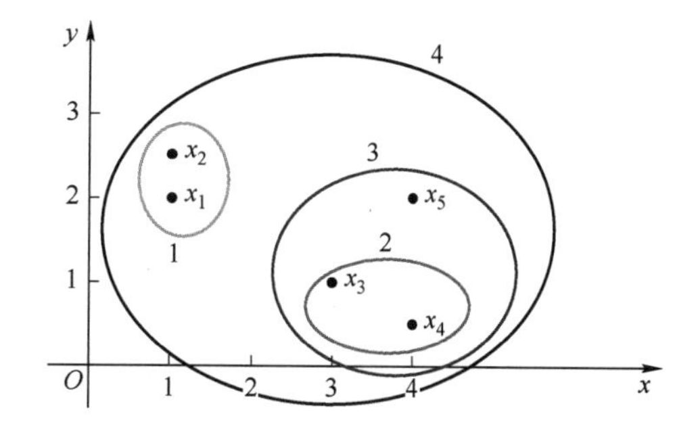

图 7.15　单链接层次凝聚聚类的嵌套簇图

图 7.14 中的树状图是一棵二叉树。叶节点代表了每个数据点（单点簇）。根节点代表了最后所有节点合并成了一个簇。每个节点（子树）代表了一个簇。节点的两个子节点（子树），表示簇由两个子簇合并而成。或者换一种看法，树状图可以看成由横线和竖线构成。每条竖线代表一个簇，每条横线代表一次迭代或簇的合并。由下至上有 4 条横线，表示按时间顺序的 4 次迭代或簇的合并。竖线的高度代表了簇间距离。最早合并的x_1和x_2是最“矮”的树，说明它们之间距离最近。图 7.15 中的每个椭圆表示一个簇。椭圆外的数字表

示合并生成每个簇的序号。

2. 全链接

对于全链接或最大距离的层次聚类，簇间邻近度被定义为两个簇中任意两点之间的最大距离（最小相似度）。首先从只含一个样本的单点簇开始，并初始化距离矩阵。然后不断合并距离最短的簇，并更新距离矩阵。重复以上过程，直到达到预设的簇数。全链接对噪声和离群点不太敏感，但是它可能使大的簇破裂，并且偏好球形簇。

例 7.2　全链接凝聚层次聚类。

第 1 轮迭代，在初始相异度矩阵中找到最近的两个簇$\{x_1\}$和$\{x_2\}$，合并得到簇$\{x_1, x_2\}$。然后分别计算新簇到其他 3 个簇之间的距离。得到更新的相异度矩阵，如图 7.16 所示。

$$D(\{x_1,x_2\},\{x_3\})=\max\{d(x_1,x_3),d(x_2,x_3)\}=2.50$$
$$D(\{x_1,x_2\},\{x_4\})=\max\{d(x_1,x_4),d(x_2,x_4)\}=3.61$$
$$D(\{x_1,x_2\},\{x_5\})=\max\{d(x_1,x_5),d(x_2,x_5)\}=3.04$$

	$\{x_1,x_2\}$	$\{x_3\}$	$\{x_4\}$	$\{x_5\}$
$\{x_1,x_2\}$	0.00	2.50	3.61	3.04
$\{x_3\}$	2.50	0.00	1.12	1.41
$\{x_4\}$	3.61	1.12	0.00	1.50
$\{x_5\}$	3.04	1.41	1.50	0.00

图 7.16　第 1 次全链接合并后的相异度矩阵

第 2 轮迭代，距离最近（最小）的两个簇是$\{x_3\}$和$\{x_4\}$（距离是 1.12）。合并$\{x_3\}$和$\{x_4\}$得到簇$\{x_3,x_4\}$。下一步要计算簇$\{x_3,x_4\}$到其他两个簇$\{x_1,x_2\}$和$\{x_5\}$的距离。得到更新的相异度矩阵如图 7.17 所示。

$$D(\{x_3,x_4\},\{x_1,x_2\})=\max\{d(x_1,x_3),d(x_2,x_3),d(x_1,x_4),d(x_2,x_4)\}$$
$$=\max\{D(\{x_1,x_2\},\{x_3\}),D(\{x_1,x_2\},\{x_4\})\}=3.61$$
$$D(\{x_3,x_4\},\{x_5\})=\max\{d(x_3,x_5),d(x_4,x_5)\}=1.50$$

第 3 轮迭代，根据图 7.17 中的相异度矩阵，将距离最小（1.5）的两个簇$\{x_3,x_4\}$和$\{x_5\}$合并。

$$D(\{x_1,x_2\},\{x_3,x_4,x_5\})=\max\{d_{13},d_{14},d_{15},d_{23},d_{24},d_{25}\}$$
$$=\max\{D(\{x_1,x_2\},\{x_3,x_4\}),D(\{x_1,x_2\},\{x_5\})\}=3.61$$

式中，$d_{ij}=d(x_i,x_j)$。得到的相异度矩阵如图 7.18 所示。

	$\{x_1,x_2\}$	$\{x_3,x_4\}$	$\{x_5\}$
$\{x_1,x_2\}$	0.00	3.61	3.04
$\{x_3,x_4\}$	3.61	0.00	1.50
$\{x_5\}$	3.04	1.50	0.00

图 7.17　第 2 次全链接合并后的相异度矩阵

	$\{x_1,x_2\}$	$\{x_3,x_4,x_5\}$
$\{x_1,x_2\}$	0.00	3.61
$\{x_3,x_4,x_5\}$	3.61	0.00

图 7.18　第 3 次全链接合并后的相异度矩阵

第 4 轮迭代，所有点都被合并成一个簇。

全链接聚类的树状图和嵌套簇图分别如图 7.19 和图 7.20 所示。全链接和单链接的树状图形状一样，只是高度不同。

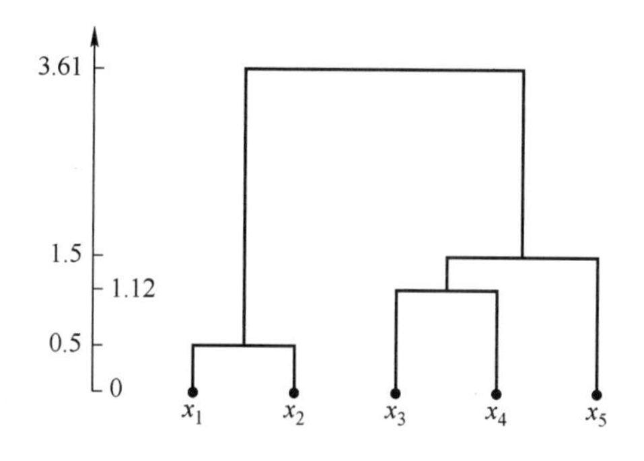

图 7.19 全链接层次凝聚聚类的树状图

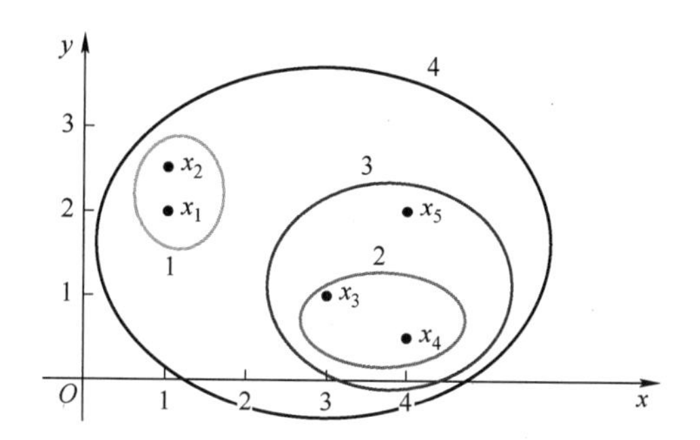

图 7.20 全链接层次凝聚聚类的嵌套簇图

3. 平均链接

对于平均链接或组平均层次聚类，两个簇的邻近度被定义为不同簇的所有点对邻近度的平均值。这是一种介于单链接和全链接之间的折中方法。

4. 质心方法

质心方法通过计算质心之间的距离来计算簇间邻近度。质心方法有一种倒置（Inversion）的可能性，即合并的两簇可能比前一步合并的簇对更相似。

5. Ward 方法

Ward 方法中，两个簇的邻近度被定义为两簇合并时导致的平方误差的增量。这样，该方法使用的目标函数与 k 均值相同。可以证明：当两点之间的邻近度取它们之间距离的二次方时，Ward 方法与组平均非常相似。

7.3.4 时间和空间复杂度

设 n 是数据点的数目，假定邻近度矩阵对称，需要存储 $n^2/2$ 个邻近度，保存簇的空间正比于簇数 $n-1$，因此层次聚类算法总的空间复杂度为 $O(n^2)$。需要 $O(n^2)$ 时间计算邻近度矩阵，一般需要 n 次迭代，时间复杂度为 $O(n^3)$。通过一些优化措施，层次聚类算法的时间复杂度可以降到 $O(n^2\log n)$。

7.3.5 层次聚类的优点和主要问题

凝聚层次聚类没有直接的全局优化目标函数，算法在每一步局部地确定应当合并或分裂哪些簇，这避开了难解的组合优化问题。算法没有选择初始点的困难。在许多情况下，较高的时间复杂度 $O(n^2\log n)$ 和空间复杂度 $O(n^2)$ 阻碍了算法的应用。处理待合并两个簇的大小差别有两种方法：加权方法和非加权方法。如果考虑簇的大小，就赋予不同簇的点以不同的权重；如果不考虑簇的大小，就赋予不同簇的点以相同的权重。一旦合并了两个簇，操作就不能撤销，这阻碍了局部最优变成全局最优。层次聚类算法能够产生较高质量的聚类，对于噪声、高维数据（如文档数据）是敏感的。

7.3.6 凝聚层次聚类的 Python 实现

scikit-learn 库中函数 Agglomerative Clustering 实现了凝聚层次聚类。链接（Linkage）准则有 ward、complete、average 和 single 这 4 种选项，默认是 ward 选项。代码 7.4 实现了凝聚聚类的迭代过程和嵌套簇图。

代码 7.4　凝聚聚类的迭代过程和嵌套簇图

```
from sklearn.cluster import kmeans_plusplus
import matplotlib.pyplot as plt
import numpy as np
from sklearn.datasets import make_blobs
from sklearn.cluster import AgglomerativeClustering
from sklearn.neighbors import KernelDensity

def plot_agglomerative_clustering():
    # 1 生成 3 个中心的随机数据
    X,y=make_blobs(random_state=0,n_samples=12)
    # 2 凝聚层次聚类
    ac =AgglomerativeClustering(n_clusters=X.shape[0],compute_full_tree=True).fit(X)
    # 3 分步画出不断合并的簇的的迭代过程
    eps =X.std() / 2
    x_min,x_max=X[:,0].min() - eps,X[:,0].max() + eps
    y_min,y_max=X[:,1].min() - eps,X[:,1].max() + eps
    xx,yy=np.meshgrid(np.linspace(x_min,x_max,100),\
        np.linspace(y_min,y_max,100))
    grid_points=np.c_[xx.ravel().reshape(-1,1),yy.ravel().reshape(-1,1)]
    fig,axes =plt.subplots(X.shape[0] // 5,5,\
        subplot_kw={'xticks': (),'yticks': ()},figsize=(20,8))
    for i,ax in enumerate(axes.ravel()):
         ax.set_xlim(x_min,x_max)
         ax.set_ylim(y_min,y_max)
         ac.n_clusters=X.shape[0] - i
         ac.fit(X)
         ax.set_title("Step % d" %  i)
         ax.scatter(X[:,0],X[:,1],s=60,c='#45a0a2')
         plot_agg(X,ac,ax,grid_points,xx,yy)
    axes[0,0].set_title("Initialization")
    plt.show()
    # 4 画出嵌套簇图
    ax =plt.gca()
    for i,x in enumerate(X):
         ax.text(x[0] +.1,x[1],"% d" %  i,horizontalalignment='left',\
             vertica-lalignment='center')
    ax.scatter(X[:,0],X[:,1],s=60,c='#FF9C34')
    ax.set_xticks(())
    ax.set_yticks(())
    for i in range(10):
```

```
        ac.n_clusters=X.shape[0] - i
        ac.fit(X)
        plot_agg(X,ac,ax,grid_points,xx,yy)
    ax.set_xlim(x_min,x_max)
    ax.set_ylim(y_min,y_max)
    plt.show()

def plot_agg(X,agg,ax,grid_points,xx,yy):
    bins =np.bincount(agg.labels_)
    for cluster in range(agg.n_clusters):
        if bins[cluster] > 1:
            points=X[agg.labels_ == cluster]
            other_points=X[agg.labels_ != cluster]
            # 核密度估计
            kde=KernelDensity(bandwidth=.5).fit(points)
            scores=kde.score_samples(grid_points)
            score_inside=np.min(kde.score_samples(points))
            score_outside=np.max(kde.score_samples(other_points))
            levels=.8 * score_inside + .2 * score_outside
            # 绘制轮廓线
            ax.contour(xx,yy,scores.reshape(100,100),levels=[levels],\
                colors='k',linestyles='solid',linewidths=2)

if __name__ == '__main__':
plot_agglomerative_clustering()
```

代码 7.4 的运行结果如图 7.21 和图 7.22 所示。图 7.21 给出在数据集上寻找 3 个簇的凝聚聚类过程。图 7.22 给出了对应的嵌套簇图，图中的数字为 12 个随机点的序号。

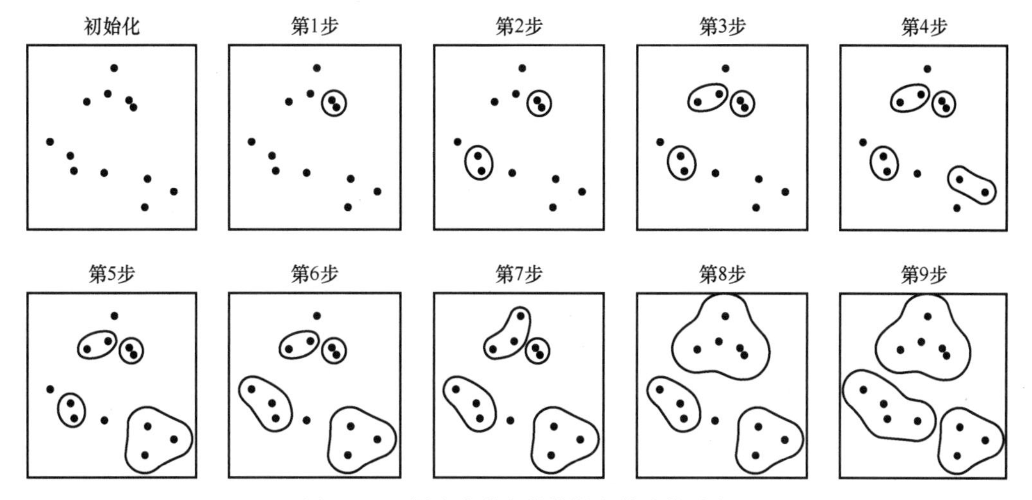

图 7.21　凝聚聚类合并数据点的迭代过程

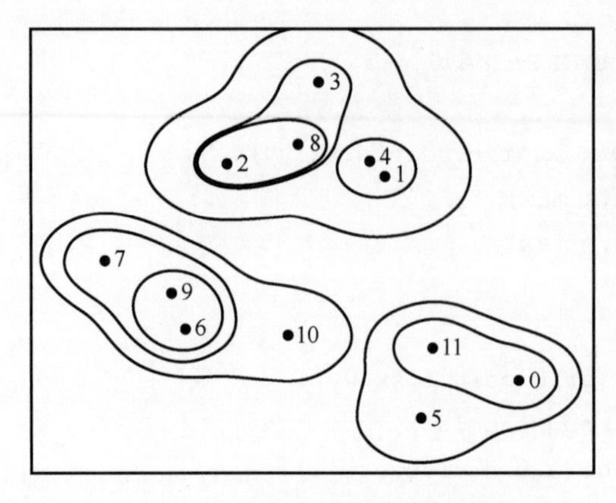

图 7.22　凝聚聚类嵌套簇图

SciPy 提供了层次聚类的相似度计算和绘制树状图的函数。代码 7.5 实现了对 6 个数据点进行 4 种不同链接的层次聚类，并显示对应的树状图和散点图。

代码 7.5　对 6 个数据点进行 4 种不同链接的层次聚类

```
import matplotlib.pyplot as plt
import numpy as np
from scipy.cluster.hierarchy import linkage,dendrogram
from sklearn.cluster import AgglomerativeClustering
def agglomerative():
    data =np.array([[0.4005,0.5306],[0.2148,0.3854],[0.3457,0.3156],
                    [0.2652,0.1875],[0.0789,0.4139],[0.4548,0.3022]])
    links=["ward","complete","average","single"]
    markers=["o","s"]
    colors=['#FF9C34','#4E9A06']
    for i inrange(4):
        plt.subplot(2,4,i + 1)
        z=linkage(data,method=links[i])
        dendrogram(z,0)  # 树状图
        plt.title(links[i])
        for i in range(4):
            plt.subplot(2,4,i + 5)
            model=AgglomerativeClustering(linkage=links[i]) # 根据不同链接凝聚聚类
            model.fit(data)
            for k in range(2):
                cluster_data=model.labels == k
                plt.scatter(data[cluster_data,0],data[cluster_data,1],\
                    c=colors[k],marker=markers[k],s=40) # 散点图
            for j in range(data.shape[0]):
                plt.text(data[j,0],data[j,1],str(j))
            plt.title(links[i])
```

```
        plt.tight_layout()
    plt.show()
if __name__ == '__main__':
    agglomerative()
```

图 7.23 展示了代码 7.5 的运行结果。层次聚类树状图的横轴上的数字是数据点的序号，纵轴的坐标值表示簇之间的距离。散点图横轴和纵轴分别代表了数据点的横坐标和纵坐标。

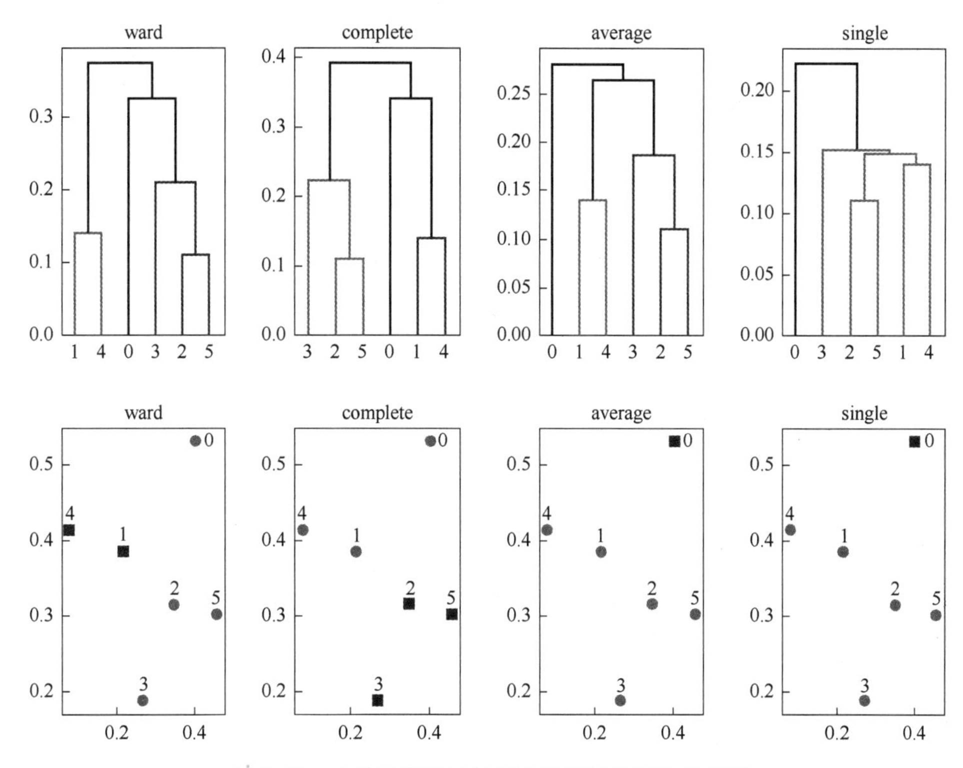

图 7.23　4 种不同链接的层次聚类树状图和散点图

7.4　DBSCAN 聚类

密度聚类亦称“基于密度的聚类”（Density-based Clustering）。密度聚类寻找被低密度区域分离的高密度区域。这种聚类算法假设能通过样本分布的紧密程度确定簇的结构，它从样本密度的角度来考察样本之间的可连接性，并基于可连接样本不断扩展簇以获得最终结果。

7.4.1　DBSCAN 算法的有关概念

DBSCAN 算法是一种简单有效的基于密度的聚类算法，它解释了基于密度的聚类方法的许多重要概念。

（1）ε 邻域（ε-neighborhood）。点 p 的密度可以用点 p 的邻近点数量来度量。点 p 的 ε 邻域是以点 p 为中心、以参数邻域半径 ε 为半径的空间。邻域密度可以用邻域内的点数来度量。使用参数邻域密度阈值 MinPts 指定稠密区域的密度阈值。

（2）核心点（Core Point）。如果点 p 的 ε 邻域至少包含 MinPts 个点，那么点 p 就是核心点。核心点是稠密区域的核心。找到了核心点就找到了稠密区域。稠密区域可以作为簇。给定点集 D，便可以识别关于参数 ε 和 MinPts 的所有核心点，聚类任务就归结为使用核心点和它们的邻域形成稠密区域（簇）了。

（3）直接密度可达（Directly Density-reachable）。如果点 p 在核心点 q 的 ε 邻域内，则称点 p 是从核心点 q（关于 ε 和 MinPts）直接密度可达的。显然，点 p 是从点 q 直接密度可达的，当且仅当 q 是核心点，并且 p 在 q 的 ε 邻域中。使用直接密度可达关系，核心点可以把它的邻域中的所有点都“带入”一个稠密区域。

（4）密度可达（Density-reachable）。如果存在点序列 $x_1,x_2,\cdots,x_k$，其中 $x_1=q$，$x_k=p$，并且对于 $x_i\in D$（$1\leqslant i\leqslant n$），x_{i+1} 是从 x_i（关于 ε 和 MinPts）直接密度可达的，则称点 p 是从点 q（关于 ε 和 MinPts）密度可达的。因为不对称，所以密度可达不是等价关系。如果 p 和 q 都是核心点，并且 p 是从 q 密度可达的，那么 q 也是从 p 密度可达的。然而，如果 q 是核心点而 p 不是，那么 p 可能是从 q 密度可达的，但不能反过来说 q 是从 p 密度可达的。

（5）密度相连（Density-connected）：如果存在点 o，使点 p 和点 q 都是关于 ε 和 MinPts 密度可达的，则称点 p 和点 q 是关于 ε 和 MinPts 密度相连的。

例 7.3 密度可达和密度相连。如图 7.24 所示，设给定圆的半径为 ε，MinPts = 3。m、p、o 和 r 都是核心点，因为它们的 ε 邻域内都至少包含 3 个点。q 是从 m 直接密度可达的。m 是从 p 直接密度可达的，反之亦然。q 是从 p（间接）密度可达的，这是因为 q 从 m 直接密度可达，并且 m 从 p 直接密度可达。然而，p 并不是从 q 密度可达的，因为 q 不是核心点。类似地，r 和 s 是从 o 密度可达的，而 o 是从 r 密度可达的。因此，o、r 和 s 都是密度相连的。

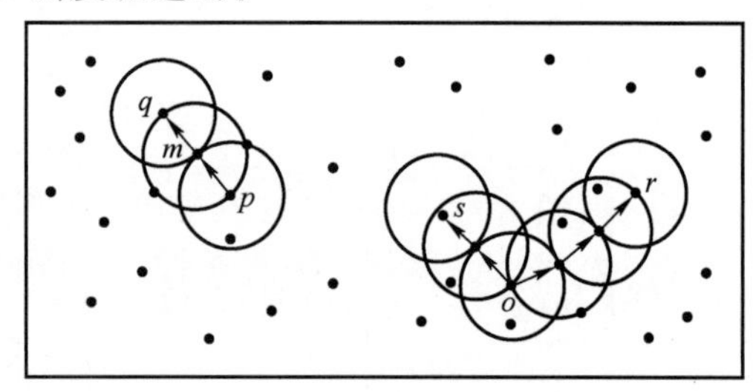

图 7.24　密度可达和密度相连

可以使用密度相连的闭集来发现连通的稠密区域作为簇。每个闭集都是一个基于密度的簇。对于子集 $C\subseteq D$，如果对于任意两点 p，$q\in C$，p 和 q 是密度相连的，并且不存在点 $r\in C$ 和点 $s\in$（$D-C$），使得 r 和 s 是密度相连的，那么子集 C 是一个簇。

7.4.2 DBSCAN 算法及实现

最初标记数据集 D 中的所有点为“unvisited”（代表未访问）。随机选择一个未访问点 p 并标记为“visited”（代表已访问）。检查 p 的 ε 邻域是否至少包含 MinPts 个点：如果不是，就标记 p 为噪声点；否则为 p 创建新簇 C，并且把 p 的 ε 邻域中所有点都放到候选集合 N 中。迭代地把 N 中不属于其他簇的点添加到 C 中。在此过程中，将 N 中标记为“unvisited”的点 q，标记为“visited”，并且检查它的 ε 邻域。如果 q 的 ε 邻域至少有 MinPts 个点，则 q 的 ε 邻域中的所有点都被添加到 N 中。继续添加点到 C，直到 C 不能再扩展，即直到 N 为空。这时，簇 C 完全生成。为了找到下一个簇，从剩下的点中随机地选择一个未访问点，继续上述过程直到访问了所有点。

DBSCAN 算法如算法 7.6 所示。代码 7.6 实现了在“双月”数据集上的 DBSCAN 算法。图 7.25 是相应的聚类结果。

算法 7.6 DBSCAN 算法

输入：D：n个点的数据集，ε：半径，MinPts：邻域密度阈值
输出：基于密度的簇的集合
方法：
1：标记所有点为 unvisited
2：do
3： 随机选择一个 unvisited 点 p
4： 标记 p 即为 visited
5： if p 的 ε 邻域至少有 MinPts 个点
6：   创建一个新簇 C，并把 p 添加到 C
7：   设 N 为 p 的 ε 邻域中的点集
8：   for N 中每个点 q
9：   if q 是 unvisited
10：   标记 q 为 visited
11：   if q 的 ε 邻域至少有 MinPts 个点
12：   把这些点添加到 N
13：   if q 还不是任何簇的成员，
14：   把 q 添加到 C
15：   end for
16：   输出 C
17： else
18：   标记 p 为噪声
19：until 没有标记为 unvisited 的点

代码 7.6 在“双月”数据集上的 DBSCAN 算法

```
from sklearn.datasets import make_moons
from sklearn.cluster import DBSCAN
import matplotlib.pyplot as plt
from sklearn.preprocessing import StandardScaler
def dbscan_moons():
    X,y=make_moons(n_samples=200,noise=0.05,random_state=0)
    scaler=StandardScaler()
    scaler.fit(X)
    X_scaled=scaler.transform(X)
    dbscan=DBSCAN()
    markers={0: "o",1: "^"}
    colors=['#FF9C34','#4E9A06']
    labels=dbscan.fit_predict(X_scaled)
    for i in range(2):
        plt.scatter(X_scaled[labels == i,0],X_scaled[labels == i,1],\
            c=colors[i],s=40,marker=markers[i])
    plt.show()
if __name__ =='__main__':
    dbscan_moons()
```

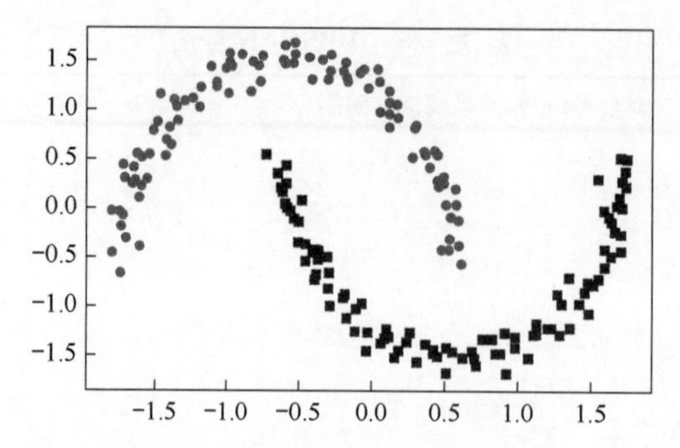

图 7.25　在“双月”数据集上 DBSCAN 算法的聚类结果

7.4.3　DBSCAN 时间和空间复杂度

DBSCAN 的基本时间复杂度是 $O(nt)$，其中 n 是点数，t 是找出 ε 邻域中的点所需要的时间。在最坏情况下，时间复杂度是 $O(n^2)$。然而，在低维空间，kd 树（k-dimensional 树的简称）可以有效地检索特定点的给定距离内的所有点，时间复杂度可以降低到$O(n\log n)$。

DBSCAN 的空间复杂度是 $O(n)$。对每个点只需要维持少量数据，即簇的标签，以及每个点是核心点、边界点还是噪声点的标识。

7.4.4　DBSCAN 参数选择

DBSCAN 需要确定的主要参数是 MinPts 和 ε 这两个算法参数。

根据经验，MinPts 可以根据数据的维数 d 导出。如果 MinPts$\geqslant d+1$，则 MinPts = 1 不合理，因为根据定义，每个点都是一个簇。如果 MinPts$\leqslant$2，结果将与使用单链接度量的分层聚类相同。因此，MinPts 必须至少选择 3。若该值选取得过小，则稀疏簇由于密度小于 MinPts 被认为是边界点，而不被用于簇的进一步扩展；若该值选取得过大，则密度较大的两个邻近簇可能被合并为同一簇。根据经验，可以使用 MinPts = $2d$。但是对于非常大的数据、有噪声的数据或在有许多重复数据的情况下，可能需要选择更大的值。

若 ε 设置得过小，大部分数据不能聚类；若 ε 设置得过大，多个簇和大部分对象会归并到同一个簇中。给定参数 k（一般将 k 值设为 4），对每个数据点，计算其对应的第 k 个最近邻距离，并按照降序方式排序，得到排序的 k 距离图（k-distance Graph），在 k 距离图中曲线的明显拐点位置对应较好的 ε。

7.4.5　DBSCAN 优点与缺点

DBSCAN 使用簇的基于密度的定义来发现簇，因此相对抗噪声。相比 k 均值算法，DBSCAN 的最大优势是能够发现任意形状和大小的簇，而且 DBSCAN 可以自动确定簇的数目而不需要预先指定。但是当不同簇的密度变化很大时，DBSCAN 的聚类质量较差。尤其对于高维数据，很难定义密度，或者很难找出合适的 ε。另外，当近邻算法需要计算所有点对之间的邻近度（如欧氏距离）时，DBSCAN 的开销可能会很大。

7.5 期望最大化算法

本节将系统地研究允许一个对象隶属于多个簇的聚类问题。从讨论模糊簇的概念开始；然后，推广模糊簇到基于概率模型的簇；最后，介绍期望最大化算法，以及发现模糊簇的一般框架。

7.5.1 模糊簇

给定数据集 $X=\{x_1,x_2,\cdots,x_n\}$，模糊集 S 是 X 的一个子集，它允许 X 中的每个对象都具有一个 0 到 1 的属于 S 的隶属度。模糊集 S 可以用函数 $f_s=X\rightarrow[0,1]$ 建模。

把模糊集概念用在聚类分析上产生了模糊聚类。给定数据集 X，一个簇 C 就是一个模糊集 S。这种簇称为模糊簇。一个聚类包含多个模糊簇。一个对象对于所有模糊簇的隶属度之和为 1。传统的聚类（又称硬聚类）强制要求每个对象互斥地仅属于一个簇。前文介绍过的模糊 C 均值（FCM）属于模糊聚类（又称软聚类），它允许一个对象属于多个簇。

给定对象集$\{x_1,x_2,\cdots,x_n\}$，k 个模糊簇 $C_1,C_2,\cdots,C_k$ 的模糊聚类可以用一个划分矩阵 $\boldsymbol{M}=[w_{ij}]$（$1\leqslant i\leqslant n$，$1\leqslant j\leqslant k$）表示。其中 w_{ij}是 x_i 在模糊簇 C_j 的隶属度。例如，模糊聚类将 5 个数据对象划分成 3 个簇，隶属度矩阵 $\boldsymbol{M}$ 见式（7.21）。这个 5 行 3 列的矩阵的第 i 行代表第 i 个数据对象，元素 w_{ij}表示了第 i 个对象对于第 j 个簇的隶属度。每行元素的和都为 1。

$$\boldsymbol{M}=\begin{pmatrix}0.70 & 0.20 & 0.10\\ 0.60 & 0.30 & 0.10\\ 0.10 & 0.40 & 0.50\\ 1.00 & 0.00 & 0.00\\ 0.00 & 0.80 & 0.20\end{pmatrix} \tag{7.21}$$

设 $c_1,c_2,\cdots,c_k$ 分别为簇 $C_1,C_2,\cdots,C_k$ 的中心，聚类的 SSE 定义为

$$\mathrm{SSE}\,(C)=\sum_{i=1}^{n}\sum_{j=1}^{k}w_{ij}^{p}d_{ij}^{2} \tag{7.22}$$

式中，d_{ij}代表 x_i 到模糊簇 C_j 的中心 c_j 的距离，p 控制隶属度的影响，p 值越大，隶属度的影响越大。

7.5.2 基于概率模型的聚类

模糊簇允许一个对象属于多个簇。下面，研究一个聚类的一般框架，数据集中对象可以用概率的方式参与多个簇。

进行聚类分析是因为假定数据集中的对象属于不同的固有类别。可以使用聚类趋势分析考察数据集是否包含能够形成有意义的簇的对象。这里，隐藏在数据中的固有类别是潜在的，因为它们无法被直接观测到，而必须使用观测数据来推断。

因此，聚类分析的目标是发现隐藏的类别。作为聚类分析主题的数据集可以看作隐藏类别的可能实例的一个样本，但是没有类别标号。由聚类分析导出的簇使用数据集来推断，并

且目标是在逼近隐藏的类别。

从统计学讲，可以假定隐藏的类别是数据空间中的一个分布，可以使用概率密度函数（或分布函数）精确地表示，这种隐藏的类别被称为概率簇（Probabilistic Cluster）。对于一个概率簇 C，它的密度函数为 f，它的数据空间的点为 x，$f(x)$ 是 C 的一个实例在 x 上出现的相对似然。

假设想通过聚类分析找出 k 个概率簇 $C_1,C_2,\cdots,C_k$。对于 n 个对象的数据集 X，可以把 X 看作这些簇的可能实例的一个有限样本。可以假定 X 按如下方法形成。每个簇 $C_j(1\leqslant j\leqslant k)$ 都与一个实例从该簇抽样的概率 w_j 相关联。通常假定 $w_1,w_2,\cdots,w_k$ 作为问题设置的一部分，是给定的，并且 $\sum_{j=1}^{k} w_j=1$，确保所有对象都被 k 个簇产生。这里，参数 w_j 捕获了关于簇 C_j 的相对总体的背景知识。

然后，按照以下两步过程，产生 X 的一个对象。这个两步过程总共执行 n 次，产生 X 的 n 个对象 $x_1,x_2,\cdots,x_n$。

1）按照概率 $w_1,w_2,\cdots,w_k$，选择一个簇 C_j。

2）按照 C_j 的概率密度函数 f_j，选择一个 C_j 的实例。

该数据产生过程是混合模型的基本假定。混合模型假定观测对象集是来自多个概率簇的实例的混合。从概念上讲，每个观测对象都独立地由两步产生：第 1 步，根据簇的概率选择一个概率簇；第 2 步，根据选定簇的概率密度函数选择一个样本。

给定数据集 X 和簇数 k，基于概率模型的聚类分析任务是推导出 k 个概率簇，使用以上数据产生过程，这 k 个概率簇最可能生成 X。任务会涉及如何度量 k 个概率簇的集合和它们的概率产生观测数据集的似然。

考虑 k 个概率簇 $C_1,C_2,\cdots,C_k$ 的集合 C，k 个簇的概率密度函数 $f_1,f_2,\cdots,f_k$，概率分别为 $w_1,w_2,\cdots,w_k$。对于对象 x，x 被簇 $C_j(1\leqslant j\leqslant k)$ 产生的概率为 $p(x|C_j)=w_jf_j(x)$，因此，x 被簇的集合 C 产生的概率为

$$p(x|C)=\sum_{j=1}^{k} w_jf_j(x) \tag{7.23}$$

假定对象是独立地产生的，对于 n 个对象的数据集 $X=\{x_1,x_2,\cdots,x_n\}$，有

$$p(X|C)=\prod_{i=1}^{n} p(x_i|C)=\prod_{i=1}^{n}\sum_{j=1}^{k} w_jf_j(x_i) \tag{7.24}$$

现在，数据集 X 上的基于概率模型的聚类分析的任务是，找出 k 个概率簇的集合 C，使得 p（$X|C$）最大化。这个最大化问题通常很难处理，因为簇的概率密度函数通常可以取任意复杂的形式。为了使基于概率模型的聚类是计算可行的，通常假定概率密度函数是一个参数分布。

设 $x_1,x_2,\cdots,x_n$ 是 n 个观测对象，$\theta_1,\theta_2,\cdots,\theta_k$ 是 k 个分布的参数，分别令 $X=\{x_1,x_2,\cdots,x_n\}$，$\theta=\{\theta_1,\theta_2,\cdots,\theta_k\}$，于是对于任意对象 $x_i\in X(1\leqslant i\leqslant n)$，式（7.23）可以改写为

$$p(x_i|\theta)=\sum_{j=1}^{k} w_jp_j(x_i|\theta_j) \tag{7.25}$$

式中，$p_j(x_i|\theta_j)$ 是 x_i 使用参数 θ_j，由第 j 个分布产生的概率。因此，式（7.24）可以改

写为

$$p(X|\theta)=\prod_{i=1}^{n}\sum_{j=1}^{k}w_jp_j(x_i|\theta_j) \tag{7.26}$$

使用参数概率分布模型，基于概率模型的聚类分析任务是推导出最大化式（7.26）的参数集 θ。

例 7.4　单变量高斯混合分布。假定每个簇的概率密度函数都服从一维高斯分布。每个簇的概率密度函数的两个参数是中心 μ_j 和标准差 $\sigma_j(1\leqslant j\leqslant k)$。记参数为 $\theta_j=(\mu_j,\sigma_j)$，$\theta=\{\theta_1,\theta_2,\cdots,\theta_k\}$。设数据集为 $X=\{x_1,x_2,\cdots,x_n\}$，其中 $x_i(1\leqslant i\leqslant n)$ 是实数。对于每个点 $x_i\in X$，有一维高斯分布 θ_j 在点 x_i 的概率密度函数为

$$p(x_i|\theta_j)=\frac{1}{\sqrt{2\pi}\sigma_j}e^{\frac{-(x_i-\mu_j)^2}{2\sigma^2}} \tag{7.27}$$

将式（7.27）代入式（7.25），有

$$p(x_i|\theta)=\sum_{j=1}^{k}w_j\frac{1}{\sqrt{2\pi}\sigma_j}e^{\frac{-(x_i-\mu_j)^2}{2\sigma^2}} \tag{7.28}$$

假定每个簇都有相同的概率，即 $w_1=w_2=\cdots=w_k=1/k$，代入式（7.28），有

$$p(x_i|\theta)=\frac{1}{k}\sum_{j=1}^{k}\frac{1}{\sqrt{2\pi}\sigma_j}e^{\frac{-(x_i-\mu_j)^2}{2\sigma^2}} \tag{7.29}$$

再由式（7.26），得

$$p(X|\theta)=\frac{1}{k}\prod_{i=1}^{n}\sum_{j=1}^{k}\frac{1}{\sqrt{2\pi}\sigma_j}e^{\frac{-(x_i-\mu_j)^2}{2\sigma^2}} \tag{7.30}$$

假定有两个高斯分布，其中 $\mu_1=-4$，$\mu_2=4$，$\sigma_1=\sigma_2=2$。假定每个分布以等概率来选取，即 $w_1=w_2=0.5$，于是有

$$p(x_i|\theta)=0.5\times\left[\frac{1}{2\sqrt{2\pi}}e^{\frac{-(x+4)^2}{8}}+\frac{1}{2\sqrt{2\pi}}e^{\frac{-(x-4)^2}{8}}\right] \tag{7.31}$$

图 7.26a 显示该混合模型的概率密度函数图，图 7.26b 显示由该混合模型产生的 20000 个点的直方图。

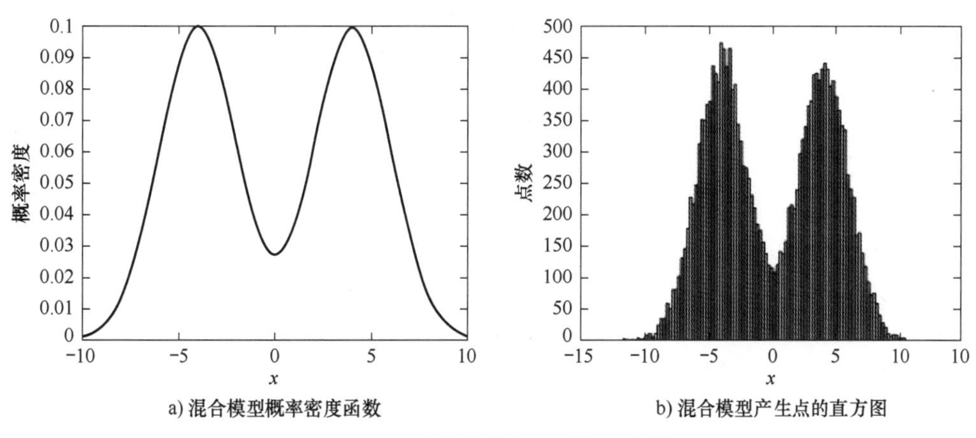

图 7.26　两个高斯分布组成的混合模型

7.5.3 使用最大似然估计模型参数

给定数据的统计模型，必须估计模型参数，一种常用的方法是最大似然估计，基本步骤如下：

首先，考虑由一维正态分布产生的 n 个点的集合。假定点的产生是独立同分布的，则这些点的概率是每个点概率的乘积，见式（7.32）。因为这个概率值很小，所以使用对数概率，即

$$p(X|\theta)=\prod_{i=1}^{n}\frac{1}{\sqrt{2\pi}\sigma}e^{\frac{-(x_i-\mu)^2}{2\sigma^2}} \tag{7.32}$$

$$\ln p(X|\theta)==-\sum_{i=1}^{n}\frac{(x_i-\mu)^2}{2\sigma^2}-0.5n\ln(2\pi)-n\ln\sigma \tag{7.33}$$

如果 μ 和 σ 的值未知，那么需要估计。一种方法是选择合适的参数值使得数据是最可能的（最似然的），或者说选择使式（7.32）中概率最大化的 μ 和 σ，即利用统计学中的最大似然原理（Maximum Likelihood Principle）。使用最大似然原理由数据估计统计分布参数的方法称作最大似然估计法，所得参数的估计值称作最大似然估计值。

给定数据集，数据概率可以看作参数的函数，称作似然函数（Likelihood Function）。可将式（7.32）写成式（7.34），以强调把统计参数 μ 和 σ 看作变量，而把数据 X 看作常量。然后采用对数似然，由式（7.33）导出的对数似然见式（7.35）。因为对数函数是单调递增函数，所以最大化对数似然的参数值也会最大化该似然。

$$\text{likelihood}(\theta|X)=L(\theta|X)=\prod_{i=1}^{n}\frac{1}{\sqrt{2\pi}\sigma}e^{\frac{-(x_i-\mu)^2}{2\sigma^2}} \tag{7.34}$$

$$\ln\text{ likelihood}(\theta|X)=(\theta|X)=-\sum_{i=1}^{n}\frac{(x_i-\mu)^2}{2\sigma^2}-0.5n\ln2\pi-n\ln\sigma \tag{7.35}$$

例 7.5 最大似然参数估计。下面说明使用最大似然估计来得到参数值的方法。假定按照 $\mu=-4.0$，$\sigma=2.0$ 的高斯分布，随机产生一个 200 个点的数据集，直方图如图 7.27a 所示。这个过程是已经知道概率分布，或者说已知参数 θ，包含参数 μ 和 σ，来生成数据集 X 的过程。最大似然估计则是一个“反向”的过程。已经知道数据集 X，估计或计算“最合适”的 $\hat{\mu}$ 和 $\hat{\sigma}$，去逼近真实或隐含的参数 μ 和 σ。图 7.27b 显示了这 200 个点的对数似然图。找到曲面的最高点，使对数概率最大化的参数值是 $\hat{\mu}=-4.1$，$\hat{\sigma}=2.1$，与隐含的高斯分布参数值 $\mu=-4.0$，$\sigma=2.0$ 很接近。

式（7.26）的对数似然函数为式（7.36）。

$$\ln p(X|\theta)=\ln\left(\prod_{i=1}^{n}\sum_{j=1}^{k}w_jp_j(x_i|\theta_j)\right)=\sum_{i=1}^{n}\ln\left(\sum_{j=1}^{k}w_jp_j(x_i|\theta_j)\right) \tag{7.36}$$

对于高斯混合模型，把式（7.27）代入式（7.36），得

$$\ln p(X|\theta)=\sum_{i=1}^{n}\ln\left(\sum_{j=1}^{k}w_j\frac{1}{\sqrt{2\pi}\sigma_j}e^{\frac{-(x_i-\mu_j)^2}{2\sigma^2}}\right) \tag{7.37}$$

可以看到这个式子比较复杂，对数中有个求和式。

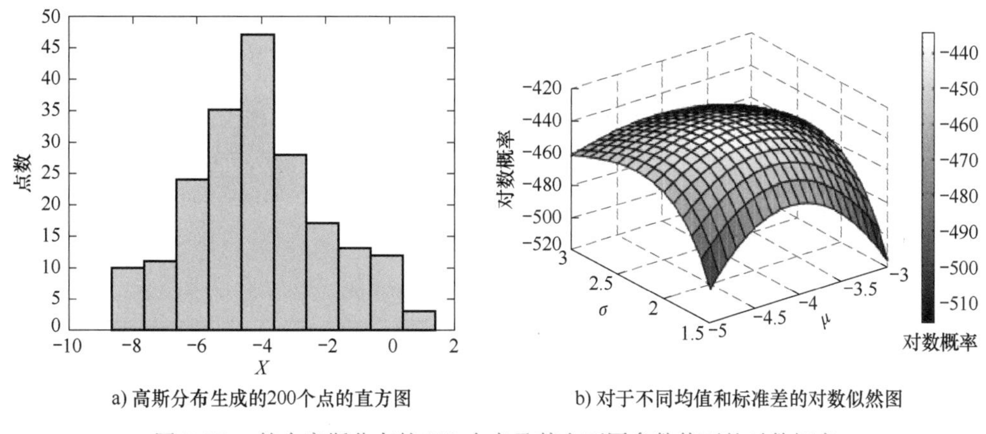

a) 高斯分布生成的200个点的直方图　　b) 对于不同均值和标准差的对数似然图

图 7.27　符合高斯分布的 200 个点及其在不同参数值下的对数概率

7.5.4　期望最大化算法的具体步骤

容易证明，k 均值聚类是模糊聚类的一种特例。k 均值算法迭代执行，直到不能再改进聚类。每次迭代包括两个步骤：

1）期望步（E 步）：给定当前的簇质心，每个对象都被指派到其与簇质心距离最近的簇。这里，期望每个对象都属于最近的簇。

2）最大化步（M 步）：给定簇，对于每个簇，算法调整其质心，使得指派到该簇的对象到该新质心的距离之和最小化，也就是将指派到一个簇的对象的相似度最大化。

可以推广这个两步过程来处理模糊聚类和基于概率模型的聚类。通常，期望最大化（Expectation-Maximization，EM）算法是一种框架，它逼近统计模型参数的最大似然或最大后验估计。在模糊聚类或基于概率模型聚类的情况下，EM 算法从初始参数集出发，不断迭代直到不能改善聚类，即直到聚类收敛或改变充分小（小于给定阈值）。每次迭代也由两个步骤组成：

1）期望步：根据当前的模糊聚类或概率簇的参数，把对象指派到簇中。

2）最大化步：发现新的聚类或参数，最小化模糊聚类的 SSE 或基于概率模型的聚类的期望似然。

例 7.6　使用 EM 算法的模糊聚类。考虑图 7.28中所显示的 6 个点，使用 EM 算法实现将这些点划分为两个簇的模糊聚类。

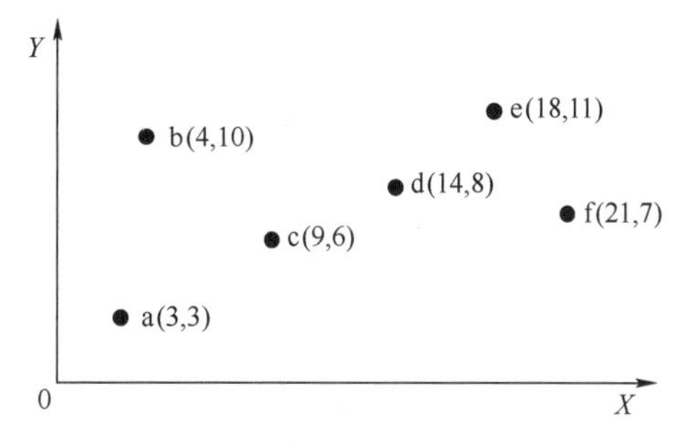

图 7.28　模糊聚类的数据集

随机地选择两个点，如 c_1=a，c_2=b，作为两个簇的初始中心。第 1 次迭代执行期望步和最大化步的细节如下：

在期望步中，对于每个点，计算它属于每个簇的隶属度。对于任意点 x，设 x 到 c_i 的欧氏距离为 $d_{x,c_i}(i=1,2)$，那么 x 对于 c_1 和 c_2 的隶属权重 w 分别为

$$w_{x,c_1}=\frac{1/d_{x,c_1}^2}{1/d_{x,c_1}^2+1/d_{x,c_2}^2}=\frac{d_{x,c_2}^2}{d_{x,c_1}^2+d_{x,c_2}^2},w_{x,c_2}=\frac{1/d_{x,c_2}^2}{1/d_{x,c_1}^2+1/d_{x,c_2}^2}=\frac{d_{x,c_1}^2}{d_{x,c_1}^2+d_{x,c_2}^2}$$

x 到 c_1 的距离 d 越近，x 对于 c_1 的隶属度越大。同时，x 对于所有中心（c_1 和 c_2）的隶属度和为 1。可以计算每个点对于中心的隶属度。对于点 a，有 $w_{a,c_1}=1.00$，$w_{a,c_2}=0.00$。对于点 b，有 $w_{b,c_1}=0$，$w_{b,c_2}=1.00$。对于点 c，$w_{c,c_1}=41/(45+41)=0.48$，$w_{c,c_2}=45/(45+41)=0.52$。其他点的隶属度见表 7.2。

表 7.2 EM 算法的前 3 次迭代

迭代次数	期望步	最大化步
1	$M^{\mathrm{T}}=\begin{pmatrix}1.00&0.00&0.48&0.42&0.41&0.47\\0.00&1.00&0.52&0.58&0.59&0.53\end{pmatrix}$	$c_1=(8.47,5.12)$ $c_2=(10.42,8.99)$
2	$M^{\mathrm{T}}=\begin{pmatrix}0.73&0.49&0.91&0.26&0.33&0.42\\0.27&0.51&0.09&0.74&0.67&0.58\end{pmatrix}$	$c_1=(8.51,6.11)$ $c_2=(14.42,8.69)$
3	$M^{\mathrm{T}}=\begin{pmatrix}0.80&0.76&0.99&0.02&0.14&0.23\\0.20&0.24&0.01&0.98&0.86&0.77\end{pmatrix}$	$c_1=(6.40,6.24)$ $c_2=(16.55,8.64)$

在最大化步中，根据划分矩阵重新计算簇的中心，极小化式（7.22）中的 SSE。新的中心应该得以调整，即

$$c_j=\frac{\sum_{i=1}^{n}w_{x_i,c_j}^2 x_i}{\sum_{i=1}^{n}w_{x_i,c_j}^2} \tag{7.38}$$

在本例的第 1 次迭代中，

$$c_1=\left(\frac{1.00^2\times3+0.00^2\times4+0.48^2\times9+0.42^2\times14+0.41^2\times18+0.47^2\times21}{1.00^2+0.00^2+0.48^2+0.42^2+0.41^2+0.47^2},\frac{1.00^2\times3+0.00^2\times10+0.48^2\times6+0.42^2\times8+0.41^2\times11+0.47^2\times7}{1.00^2+0.00^2+0.48^2+0.42^2+0.41^2+0.47^2}\right)$$
$$=(8.47,\ 5.12)$$

$$c_2=\left(\frac{0.00^2\times3+1.00^2\times4+0.52^2\times9+0.58^2\times14+0.59^2\times18+0.53^2\times21}{0^2+1^2+0.52^2+0.58^2+0.59^2+0.53^2},\frac{0.00^2\times3+1.00^2\times10+0.52^2\times6+0.58^2\times8+0.59^2\times11+0.53^2\times7}{0^2+1^2+0.52^2+0.58^2+0.59^2+0.53^2}\right)$$
$$=(10.42,\ 8.99)$$

重复迭代，每次迭代都包含期望步和最大化步。表 7.2 显示了前 3 次迭代的结果。当簇中心收敛或改变足够小时，算法终止。

例 7.7　对混合模型使用 EM 算法。设数据集为 $X=\{x_1,x_2,\cdots,x_n\}$，希望挖掘参数集 $\theta=\{\theta_1,\theta_2,\cdots,\theta_k\}$，使式（7.30）中的 $p(X|\theta)$ 最大化，其中 $\theta_j=(\mu_j,\sigma_j)$ 分别是第 $j(1\leqslant j\leqslant k)$ 个单变量高斯分布的均值和标准差。

可以使用 EM 算法，把随机值作为初值赋予参数 θ，然后迭代执行期望步和最大化步，

直到参数收敛或改变充分小。

在期望步，对于每个对象 $x_i \in X(1 \leqslant i \leqslant n)$，计算 x_i 属于每个分布的概率，即

$$p(\theta_j | x_i, \theta) = \frac{p(x_i | \theta_j)}{\sum_{m=1}^{k} p(x_i | \theta_m)} \tag{7.39}$$

在最大化步，调整参数 θ，使式（7.30）中 $p(X|\theta)$ 期望似然最大化。可以通过设置式（7.40)和式（7.41）来实现。

$$\mu_j = \frac{1}{k} \sum_{i=1}^{n} x_i \frac{p(\theta_j | x_i, \theta)}{\sum_{m=1}^{n} p(\theta_j | x_m, \theta)} = \frac{1}{k} \frac{\sum_{i=1}^{n} x_i p(\theta_j | x_i, \theta)}{\sum_{i=1}^{n} p(\theta_j | x_i, \theta)} \tag{7.40}$$

$$\sigma_j = \sqrt{\frac{\sum_{i=1}^{n} p(\theta_j | x_i, \theta)(x_i - \mu_j)^2}{\sum_{i=1}^{n} p(\theta_j | x_i, \theta)}} \tag{7.41}$$

EM 算法类似于 k 均值算法。事实上，使用欧氏距离的 k 均值算法是具有相同协方差矩阵，但有不同均值的球形高斯分布的 EM 算法的特例。期望步对应于 k 均值将每个数据分配到一个簇的步骤，不过它是将每个数据以某一概率指派到每个簇（分布）。最大化步对应于计算簇的质心，但是它选取分布的所有参数以及权重参数来最大化似然。这个过程常常是直接的，因为参数一般使用由最大似然估计推导出来的公式进行计算，例如，对于单个高斯分布，均值的最大似然估计是分布中数据对象的均值。在混合分布和 EM 算法的背景下，均值的计算需要修改，以说明每个数据以一定的概率属于某分布。

7.5.5 使用期望最大化算法的混合模型聚类的优缺点

优点方面，混合模型比 k 均值或模糊 C 均值更通用，因为它可以使用各种类型的分布。这样，混合模型（基于高斯分布）可以发现不同大小的椭球形状簇。此外，基于模型的方法提供了一种消除与数据相关联的复杂性的方法。为了发现数据中的模式，常常需要简化数据。如果模型与数据较好地匹配，用数据拟合模型是简化数据的好办法。进一步，模型可以仅用少量参数来描述，所以更容易描述所产生的簇。最后，许多数据集实际上是随机处理的结果，因此应当满足这些模型的统计假设。

缺点方面，EM 算法可能收敛于局部极大值，而不是收敛于最优解。EM 算法可能很慢，不适合具有大量分量的模型；EM 算法也不能很好地处理只包含少量数据点的簇或数据点几乎在同一条直线上的情况。另外，聚类结果对于参数的初始值是敏感的，在估计簇的个数或者在选择正确的模型形式方面也常常遇到问题。通常使用贝叶斯方法处理这种问题。粗略地讲，贝叶斯方法以由数据得到的估计为基础，给出一个模型相对于另一个模型的概率。混合模型在有噪声和离群点时也可能出现问题。

7.5.6 高斯混合模型的代码实现

Scikit-Learn 中的 GaussianMixture 对象实现了用于拟合高斯混合模型的期望最大化

（EM）算法。它还可以为多变量模型绘制置信椭球，并计算贝叶斯信息准则来评估数据中的簇数。GaussianMixture. fit 方法提供了一种从训练数据中学习高斯混合模型的拟合。给定测试数据，可以使用 GaussianMixture. predict 为每个样本指定它最可能属于的簇。Scikit-Learn 提供了不同的选项来约束估计的差异类的协方差：球面协方差、对角协方差、并列协方差或完全协方差。

7.6 聚类评估

有很多度量指标可以评估有监督的分类模型，比如准确度、精度和召回率等。同样，无监督的聚类模型也需要被评估，尽管评估无监督聚类模型比评估有监督分类模型更困难。

通常情况下，无监督聚类分析的目标不如有监督学习的目标明确，聚类往往是一种试探性数据分析过程。但是，即使数据集中不存在自然的簇结构，任何聚类算法几乎总能从数据集中得到簇，而且不同的聚类方法或算法甚至同一聚类算法可能得到不同的簇，这些就使得聚类评估（Cluster Evaluation）或者聚类验证（Cluster Validation，也称簇验证）显得非常必要和重要。聚类评估是指在数据集上估计聚类的可行性以及聚类方法生成的结果的质量。评估簇的目的，是为了比较两种不同的聚类算法，比较两种不同的簇的划分，比较两个簇。

7.6.1 概述

聚类评估要解决的一些重要问题如下：

1）确定数据集的聚类趋势，识别数据中是否实际存在非随机结构。

2）确定正确的簇数。

3）只使用数据，而不引用附加的信息，评估聚类分析结果对数据的拟合情况。

4）将聚类分析结果与已知的客观结果（如外部提供的类别标签）比较。

5）比较两个簇集，确定哪个更好。

前 3 个问题不使用任何外部信息（是无监督的），而第 4 个问题使用外部信息（有监督的），第 5 个问题可以使用有监督或无监督方式执行。后 3 个问题还可以进一步区分是评估整个聚类还是个别簇。

用于评估簇的评估度量或指标一般分成以下三类。

（1）无监督的。这类评估度量或指标是聚类结构的优良性度量，不考虑外部信息（例如 SSE），可以分成两类：簇的凝聚性（Cohesion）度量，确定簇中对象的密切相关程度；簇的分离性（Separation）度量，确定簇与簇之间的差异性程度。因为只使用数据集内部信息，所以无监督度量通常也称为内部指标（Internal Index）。

（2）有监督的。这类评估度量或指标用于度量聚类算法发现的簇结构与外部结构的匹配程度，例如熵，可以用来度量簇的标号与外部提供的类别标签的匹配程度。因为使用了不在数据集中出现的外部信息，所以有监督度量通常也称为外部指标（External Index）。

（3）相对的。这类评估度量或指标用于比较不同的聚类或簇，是用于比较的有监督或无监督评估度量。实际上相对度量不是一种单独的簇评估度量类型，而是度量的一种具体使用。例如，两个 k 均值聚类可以使用 SSE 或熵进行比较。

7.6.2 无监督簇评估：凝聚度和分离度

1. 基于原型的凝聚度和分离度

对于基于原型的簇，簇内凝聚度可以定义为簇内所有点关于簇原型（质心或中心点）的邻近度（Proximity）的和。簇间分离度可以用两个簇原型的邻近性度量。基于原型的凝聚度和分离度如图 7.29 所示，簇质心用“+”标记。

基于原型的凝聚度和分离度的公式定义见式（7.42）、式（7.43）和式（7.44）。式中，c_i 是簇 C_i 的质心，c 是总质心。式（7.42）表示了簇 C_i 内任意点 x 到质心 c_i 的邻近度的和。当使用欧氏距离时，式（7.42）就是簇的 SSE。式（7.43）用两个质心 c_i 和 c_j 的邻近度代表两个簇 C_i 和 C_j 之间的分离度。式（7.44）用簇 C_i 的质心 c_i 和总质心 c 的邻近度代表簇 C_i 的分离度。

$$\text{cohesion}(C_i)=\sum_{x\in C_i}\text{proximity}(x,c_i) \tag{7.42}$$

$$\text{separation}(C_i,C_j)=\text{proximity}(c_i,c_j) \tag{7.43}$$

$$\text{separation}(C_i)=\text{proximity}(c_i,c) \tag{7.44}$$

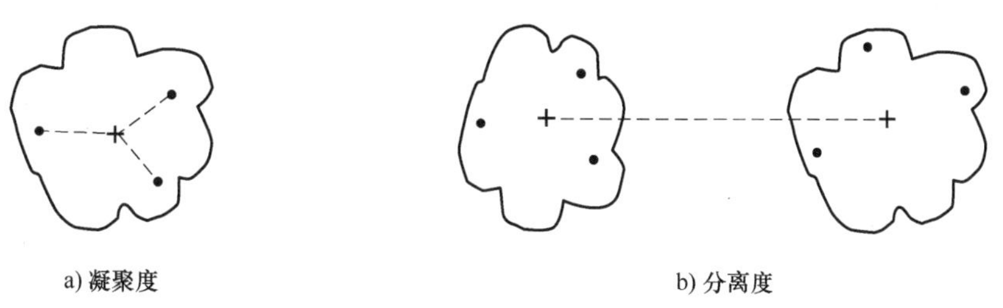

图 7.29　基于原型的凝聚度和分离度

2. 基于图的凝聚度和分离度

对于基于图的簇，簇的凝聚度可以定义为邻近度图中连接簇内点的边的加权和，如图 7.30a所示。邻近度图以数据对象为点，每对点之间有一条边，每条边分配一个权重，权重表示边所关联的两点之间的邻近度。同样，簇间分离度可以用从一个簇的点到另一个簇的点的边的加权和来度量，如图 7.30b 所示。

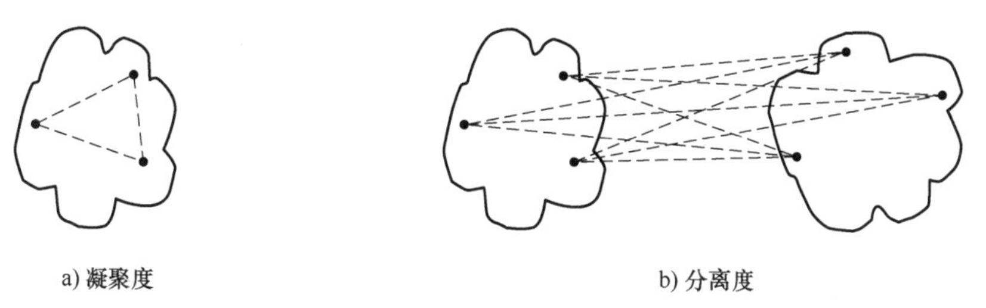

图 7.30　基于图的凝聚度和分离度

凝聚度和分离度的公式定义见式（7.45）和式（7.46），其中邻近度函数可以是相似度或相异度函数。

$$\text{cohesion}(C_i)=\sum_{x,y\in C_i}\text{proximity}(x,y) \tag{7.45}$$

$$\text{separation}(C_i,C_j)=\sum_{x\in C_i,y\in C_j}\text{proximity}(x,y) \tag{7.46}$$

3. 凝聚度和分离度的总度量

通常，将 k 个簇的集合的总体簇有效性表示成个体簇有效性的加权和，即

$$\text{overall validity}=\sum_{i=1}^{k}w_i\ \text{validity}(C_i) \tag{7.47}$$

式中，w_i 是簇 C_i 的有效性权重，validity 函数可以是凝聚度或分离度函数，或者它们的组合，具体可见表 7.3。

表 7.3　凝聚度和分离度的总度量

序　号	簇 度 量	簇 权 重	类　型
1	$\sum_{\substack{x\in C_i\\ y\in C_i}}\text{proximity}(x,y)$	$1/\lvert C_i\rvert$	基于图的凝聚度
2	$\sum_{x\in C_i}\text{proximity}(x,c_i)$	1	基于原型的凝聚度
3	$\text{proximity}(c_i,c)$	$\lvert C_i\rvert$	基于原型的分离度
4	$\sum_{\substack{j=1\\ j\neq i}}^{k}\sum_{\substack{x\in C_i\\ y\in C_j}}\text{proximity}(x,y)$	$\dfrac{1}{\sum_{\substack{x\in C_i\\ y\in C_i}}\text{proximity}(x,y)}$	基于图的凝聚度和分离度

4. 基于原型的凝聚度和基于图的凝聚度之间的联系

对于某些邻近性度量，基于图的方法与基于原型的方法是等价的。例如，对于 SSE 和欧氏空间的点，簇中逐对点的平均距离等于簇的 SSE，见式（7.48）所示。其中 d 是距离函数。

$$\text{SSE}(C_i)=\sum_{x\in C_i}d(c_i,x)^2=\frac{1}{2\lvert C_i\rvert}\sum_{x\in C_i}\sum_{y\in C_i}d(x,y)^2 \tag{7.48}$$

5. 两种基于原型的分离性度量方法

当邻近度用欧氏距离来度量时，簇间分离度是组间二次方和 SSB（C_i），即簇质心 c_i 到总质心 c 的距离的二次方和。总 SSB 见式（7.49）。总 SSB 越高，簇间分离度越好。

$$\text{SSB}_{\text{all}}=\sum_{i=1}^{k}\lvert C_i\rvert\text{SSB}(C_i)=\sum_{i=1}^{k}\lvert C_i\rvert d(c_i,c)^2 \tag{7.49}$$

可以证明，总 SSB 与质心之间的逐对距离有直接关系。特别地，如果每个簇包含的数据点数相同，即 $\lvert C_i\rvert=n/k$，n 为数据点总数，则总 SSB 见式（7.50）给出的简单形式。正是由于这类等价性，推导出了式（7.43）和式（7.44）的原型分离度定义。

$$\text{SSB}=\frac{1}{2k}\sum_{i=1}^{k}\sum_{j=1}^{k}\frac{n}{k}d(c_i,c_j)^2 \tag{7.50}$$

6. 凝聚度和分离度之间的联系

凝聚度和分离度之间也存在很强的联系。总 SSE 和总 SSB 之和是一个常数，即总二次

方和（TSS）：每个点到数据集的总均值的距离的二次方和。推理见式（7.51）。重要的结论是最小化 SSE（凝聚度）等价于最大化 SSB（分离度）。

$$
\begin{aligned}
\mathrm{TSS} &= \sum_{i=1}^{k}\sum_{x\in C_i}(x-c)^2 \\
&= \sum_{i=1}^{k}\sum_{x\in C_i}[(x-c_i)-(c-c_i)]^2 \\
&= \sum_{i=1}^{k}\sum_{x\in c_i}(x-c_i)^2 - 2\sum_{i=1}^{k}\sum_{x\in c_i}(x-c_i)(c-c_i) + \sum_{i=1}^{k}\sum_{x\in C_i}(c-c_i)^2 \\
&= \sum_{i=1}^{k}\sum_{x\in C_i}(x-c_i)^2 + \sum_{i=1}^{k}\sum_{x\in C_i}(c-c_i)^2 \\
&= \sum_{i=1}^{k}\sum_{x\in C_i}(x-c_i)^2 + \sum_{i=1}^{k}|C_i|(c-c_i)^2 \\
&= \mathrm{SSE} + \mathrm{SSB}
\end{aligned}
\tag{7.51}
$$

7. 评估个体簇和数据点

簇的有效性度量也能用来评估单个簇和对象。例如可以根据簇的凝聚度和分离度的具体值确定每个簇个体的排名。通常，具有较高凝聚度的簇比具有较低凝聚度的簇好。如果一个簇凝聚度低，那么可以将它分裂成几个子簇。如果两个簇相对凝聚，分离性不好，那么可以将它们合并成一个簇。

也可以根据单个数据点对簇的总凝聚度或分离度的贡献，来评估簇内的点：贡献越大的点就越靠近簇的“中心”；反之，点可能靠近簇的“边缘”。

8. 轮廓系数

轮廓系数（Silhouette Coefficient）结合了凝聚度和分离度。对于 n 个点的数据集 D，假设 D 被划分成 k 个簇 $C_1,C_2,\cdots,C_k$。对于每个点 $o\in D$，$a(o)$ 是 o 与其所属簇的其他点之间的平均距离，体现了凝聚度；$b(o)$ 是 o 到不包含 o 的每个簇中点的平均距离的最小值，体现了分离度。假设 $o\in C_i(1\leqslant i\leqslant k)$，则轮廓系数为

$$
s(o)=\frac{b(o)-a(o)}{\max(a(o),b(o))} \tag{7.52}
$$

轮廓系数的取值在-1 和 1 之间。当点 o 的轮廓系数值接近 1 时，包含 o 的簇是紧凑的，并且 o 远离其他簇。然而，当轮廓系数的值为负时，o 距离其他簇的数据点的最小平均距离比 o 到同一簇的数据点的平均距离更近，这可能意味着聚类是失败的。

为了度量一个簇，可以计算簇中所有点的轮廓系数的平均值。为了度量聚类的质量，可以使用数据集中所有点的轮廓系数的平均值。

7.6.3 无监督簇评估：邻近度矩阵

1. 通过相关性度量簇的有效性

如果给定数据集的相似度矩阵和聚类分析得到的簇标号，则可以通过考察相似度矩阵和基于簇标号的理想相似度矩阵之间的相关性来评估聚类的“优良性”。

理想的簇是其中的点与簇内所有点的相似度为 1，而与其他簇中所有点的相似度为 0。

如果将相似度矩阵的行和列排序，使得属于相同簇的对象在一起，那么理想的相似度矩阵具有块对角（Block Diagonal）结构，也就是在相似度矩阵中代表簇内相似度的元素的块内相似度为1，而其他地方为0。理想的相似度矩阵构造方法如下：矩阵的每个元素代表两个数据点的相似度。如果两个点属于同一个簇，矩阵中的对应元素为1，否则为0。

理想和实际相似度矩阵之间高度相关，表明属于同一个簇的点相互之间很接近，而低相关恰恰相反。由于两个相似度矩阵都是对称的，因此只需要计算矩阵对角线下方或上方的相关度。对于许多基于密度和基于近邻的簇，这不是好的度量，因为它们不是球形的，并且常常与其他簇紧密地盘绕在一起。

例 7.8 实际相似度矩阵和理想相似度矩阵。利用 k 均值聚类后，计算实际的相似度矩阵和理想的相似度矩阵之间的相关系数。分离好的簇的相似度矩阵如图 7.31（包括3个明显分离的簇）所示。分离差的簇的相似度矩阵如图 7.32（随机数据）所示，它们对应的相关系数分别为 0.9235 和 0.5810，这说明在明显分离的数据上找到的簇比在随机数据上找到的簇好很多。

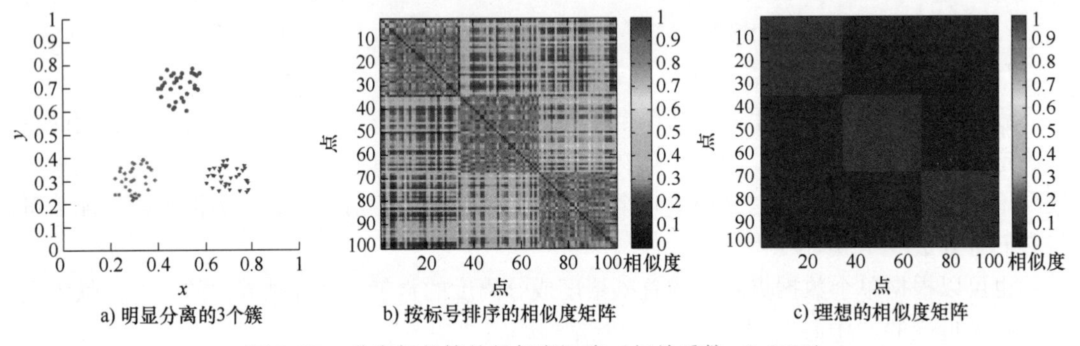

图 7.31　分离好的簇的相似度矩阵（相关系数=0.9235）

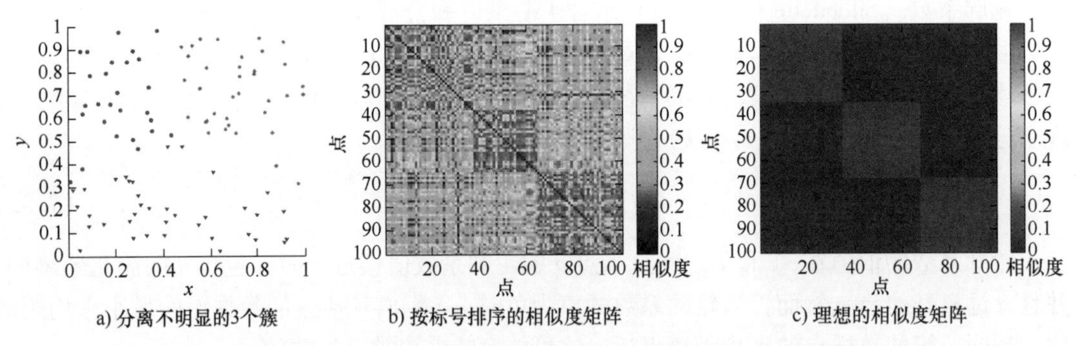

图 7.32　分离差的簇的相似度矩阵（相关系数=0.5810）

2. 通过可视化相似度矩阵评价聚类

例 7.9 可视化相似度矩阵。图 7.32b）显示的是重新排序的相似度矩阵，使用式 $s=1-(d-\text{min\_d})/(\text{max\_d}-\text{min\_d})$ 将距离变换成相似度。在图 7-26 中的概率分布所表示的随机数据集上，分别使用 DBSCAN、k 均值和全链接发现的簇所对应的相似度矩阵，如图 7.33 所示。这些相似度矩阵也存在弱块对角模式。

对于大型数据集，因为相似度计算需要的时间为 $O(n^2)$，开销太大，所以可以通过对其抽样，在较小规模数据集上使用相似度矩阵方法。

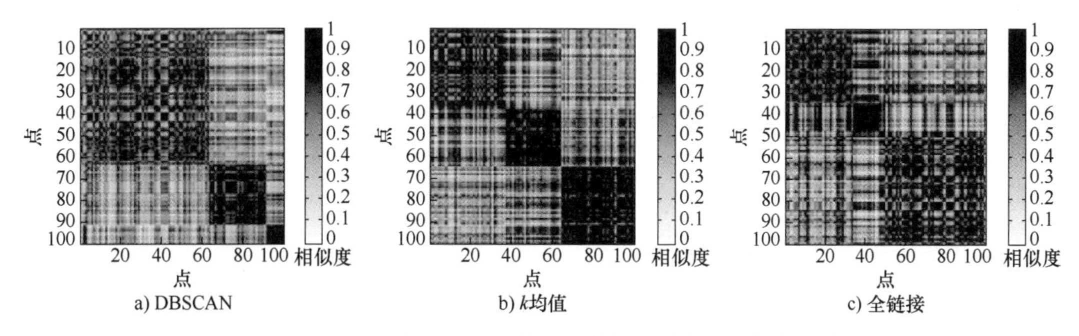

图 7.33 随机数据按不同算法的簇标号排序的相似度矩阵

7.6.4 层次聚类的无监督评估

层次聚类无监督评估的常用度量是共性分类相关系数（Cophenetic Correlation Coefficient，CPCC），该系数与共性分类距离有关。两点之间的共性分类距离（Cophenetic Distance）是凝聚层次聚类首次将数据点放在同一个簇时的邻近度。例如，如果在凝聚层次聚类进程的某个时刻，两个合并的簇之间的最小距离是 0.1，那么一个簇中所有点关于另一个簇中各点的共性分类距离都是 0.1。在共性分类距离矩阵中，每个元素是每对点之间的共性分类距离。点集的每个层次聚类的共性分类距离不同。

CPCC 是共性分类距离矩阵与原来的相异度矩阵的元素之间的相关度。对于特定的数据类型，CPCC 被用来评估哪种类型的层次聚类最好。

7.6.5 确定簇的数目

确定数据集的合适的簇数目非常重要。不仅因为诸如 k 均值这样的算法需要这个参数，而且因为合适的簇数目可以控制适当的聚类分析粒度，在聚类的可压缩性与准确性之间寻找平衡。下面是三种确定簇数目的方法。

方法一：经验方法。对于 n 个点的数据集，簇数目为$\sqrt{n/2}$，而每个簇中的样本点数在期望条件下是$\sqrt{2n}$。

方法二：肘方法。当簇数目小于真实簇数目时，增加簇数目可以捕获粒度更细的簇，簇内点的聚合程度增高，所以有助于降低簇内误差平方和，从而降低总的误差平方和 SSE。当簇数目达到真实簇数目时，再增加簇数目，SSE 的下降幅度便会骤减，接着趋于平缓。可见，SSE 和簇数目的关系图呈手肘形状，选择正确簇数目的启发式方法是，寻找 SSE 和簇数目曲线的拐点。

严格地，给定 $k>0$，可以使用诸如 k 均值这样的算法对数据集聚类，并计算簇内误差平方和，即 SSE(k)。然后，绘制 SSE 关于 k 的曲线。曲线的第一个（或最显著的）拐点暗示“正确的”簇数。肘方法如图 7.34 所示。

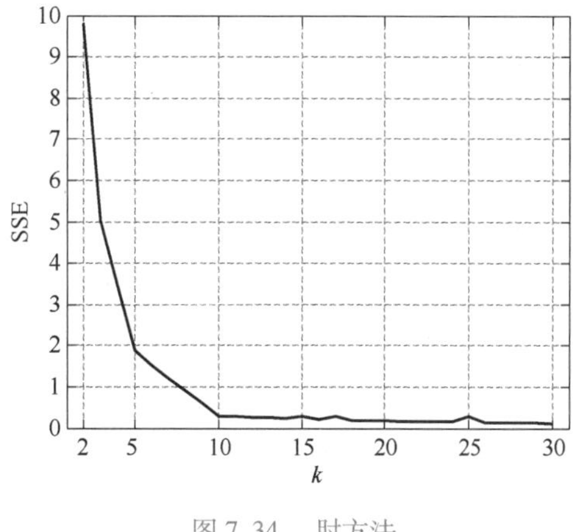

图 7.34 肘方法

方法三：交叉检验法。首先，把给定的数据集 D 划分成 p 个部分。然后，使用 $p-1$ 个部分建立一个聚类模型，并使用剩下的一部分检验聚类的质量。

除了这三种方法，确定簇数目的方法还有轮廓系数法、间隔量统计法等。

7.6.6 聚类趋势

对于给定数据集，聚类趋势可以评估是否具有可以引出有意义的非随机结构的簇。给定一个没有任何非随机结构的数据集，例如均匀分布的点，尽管聚类可以返回簇，但这些簇是随机的，没有任何意义。确定数据集中是否包含簇的一种方法是试着对它聚类。然而，几乎所有聚类算法都会发现簇。如果用多种方法评估所发现簇的质量，结果都很差，那么这可能表明数据中确实没有簇。只有至少找到一些高质量的簇，才能说明数据集中包含簇。

换一种方法，可以关注聚类趋势度量——试图评估数据集中是否包含簇，而不是先聚类。最常用的方法（特别是对欧氏空间数据）是使用统计检验来检验空间随机性。霍普金斯统计量（Hopkins Statistic）是一种空间统计量，可以检验变量的空间随机性。给定数据集 D，可以被看作随机变量 o 的一个样本。想要确定 o 的分布在多大程度上不同于数据空间中的均匀分布，可以按以下步骤计算霍普金斯统计量。

1）均匀地从 D 中取 n 个样本点 $p_1,p_2,\cdots,p_n$。也就是说，D 的空间中的每个点都以相同的概率包含在这个样本中。对于每个点 p_i，找出其在 D 中的最近邻，并令 x_i 为 p_i 与它在 D 中的最近邻之间的距离，即

$$x_i=\min_{v\in D}\{\mathrm{dist}(p_i,v)\} \tag{7.53}$$

2）均匀地从 D 中抽取 n 个样本点 $q_1,q_2,\cdots,q_n$，对于每个点 q_i，找出 q_i 在 $D-\{q_i\}$ 中的最近邻,并令 y_i 为 q_i 与它在 $D-\{q_i\}$ 中的最近邻之间的距离,即

$$y_i=\min_{v\in D,v\notin q_i}\{\mathrm{dist}(q_i,v)\} \tag{7.54}$$

3）计算霍普金斯统计量，即

$$H=\frac{\sum_{i=1}^{n}y_i}{\sum_{i=1}^{n}x_i+\sum_{i=1}^{n}y_i} \tag{7.55}$$

如果数据集 D 是分布均匀的，则 H 约等于 0.5；如果 D 是高度倾斜的，则 H 约等于 0。在这里，原假设是同质假设，即 D 是均匀分布的，不包含有意义的簇。非均匀分布的假设（即 D 不是均匀分布的，因而包含簇）是备择假设。可以迭代地进行霍普金斯统计量检验，使用 0.5 作为拒绝备择假设的阈值，即如果 $H>0.5$，则 D 不大可能具有统计显著的簇。

7.6.7 簇有效性的监督度量

数据的外部信息通常是来自外部的数据的类别标签。通常的做法是度量簇标号与类别标签的对应程度。分析的动机是比较聚类与“基本事实”（Ground Truth），或者评估人工分类过程可以被聚类分析在多大程度上自动实现。

簇有效性的监督度量有两类方法，分别是面向分类的（Classification-Oriented）和面向相似性的（Similarity-Oriented）。第一类方法使用分类的度量，如熵、纯度和 F 度量，评估一个簇只包含一个类的对象的程度。第二类方法涉及二元数据的相似性度量，如 Jaccard 系

数，度量同一个类的两个对象在同一个簇中的程度。

1. 面向分类的簇有效性度量

许多度量（如熵、纯度、精度、召回率和 F 度量）可以用来评估分类模型的性能。在分类方面，使用它们度量和验证预测的类别标签与实际的类别标签的匹配程度。在聚类有效性方面，使用簇标号替代预测的类别标签，不用很多修改就可以使用以上度量。

（1）熵。熵可以度量每个簇由单个类的对象组成的程度。对于每个簇，首先计算数据的类分布，即对于簇 i 计算簇 i 的成员属于类 j 的概率 $p_{ij}=\dfrac{n_{ij}}{n_i}$，其中 n_i 是簇 i 中对象的个数，n_{ij}是簇 i 中属于类 j 的对象个数。使用类分布，用公式 $e_i=-\sum_{j=1}^{L}p_{ij}\log_2 p_{ij}$ 计算每个簇 i 的熵，其中 L 是类的个数。簇集合的总熵用每个簇的熵的加权和来计算，即 $e=-\sum_{i=1}^{k}\dfrac{n_i e_i}{n}$，其中 k 是簇数，n 是数据点总数。

（2）纯度。纯度是簇包含单个类的对象的另一种度量。从聚类后的结果中无法知道簇所对应的真实类别，因此需要取每种情况下的最大值。簇 i 的纯度是 $p_i=\max\limits_j p_{ij}$。聚类的总纯度是 $\text{purity}=\sum_{i=1}^{k}\dfrac{n_i p_i}{n}$。

（3）精度。精度描述簇中一个特定类的对象所占的比例。簇 i 关于类 j 的精度是 $\text{precision}(i,j)=p_{ij}$。

（4）召回率。召回率描述簇包含一个特定类的所有对象的程度。簇 i 关于类 j 的召回率是 $\text{recall}(i,j)=\dfrac{n_{ij}}{n_j}$，其中 n_j 是类 j 中对象的个数。

（5）F 度量。F 度量是精度和召回率的组合。它用来度量在多大程度上簇只包含一个特定类的对象和包含该类的所有对象，其计算公式为

$$F_\beta=(1+\beta^2)\frac{\text{precision}\times\text{recall}}{\beta^2\text{precision}+\text{recall}} \tag{7.56}$$

式中，β 是非负实数。F_β 的取值范围为［0，1］，该度量值越大表示聚类效果越好。当 $\beta=1$ 时，F_β为精度与召回率的调和平均值，即

$$F_1=\frac{2\times\text{precision}\times\text{recall}}{\text{precision}+\text{recall}} \tag{7.57}$$

2. 面向相似性的簇有效性的度量

同一个簇的任意两个对象应该属于同一个类，反之亦然。用这种簇有效性方法比较两个矩阵：①理想的簇相似度矩阵 $\boldsymbol{A}$。如果两个对象 i 和 j 在同一个簇，则 $a_{ij}=1$；否则 $a_{ij}=0$。②理想的类相似度矩阵 $\boldsymbol{B}$。如果两个对象 i 和 j 在同一个类，则 $b_{ij}=1$，否则 $b_{ij}=0$。可以取两个矩阵的相关度作为簇有效性的度量。在聚类文献中，该度量称为 Γ(Gamma) 统计量。

更一般地，可以使用二元相似性度量，计算以下 4 个量：

1）f_{00}，具有不同的类和不同的簇的对象对的个数。

2）f_{01}，具有不同的类和相同的簇的对象对的个数。

3）f_{10}，具有相同的类和不同的簇的对象对的个数。

4）f_{11}，具有相同的类和相同的簇的对象对的个数。

Rand 统计量（Rand statistic，即简单匹配系数）和 Jaccard 系数（Jaccard coefficient）是两种常用的簇有效性度量，它们的计算公式为

$$\text{Rand statistic}=\frac{f_{00}+f_{11}}{f_{00}+f_{11}+f_{01}+f_{10}} \tag{7.58}$$

$$\text{Jaccard coefficient}=\frac{f_{11}}{f_{01}+f_{10}+f_{11}} \tag{7.59}$$

7.6.8 簇度量的代码实现

sklearn. metrics 实现了很多度量，包括距离计算、分类指标、聚类指标和回归指标。例如函数 sklearn. metrics. pairwise. paired_euclidean_distances 可以计算矩阵之间的成对距离，函数 sklearn. metrics. silhouette_score 可以计算轮廓系数，sklearn. metrics. rand_score 可以计算兰德指数（即 Rand 统计量）。

价值观：积极进取，使自己成为一个优秀的人。

《战国策·齐策三》中有言“物以类聚，人以群分”，比喻同类的人或事物常常会自然而然地聚拢在一起。你会遇见谁，其实取决于你是谁。只有自己成为一个优秀的人，才会遇见优秀的别人。只有自己成为一个美好的人，才会吸引同样美好的人与事物到自己的生命中来。每一个人都有属于自己的特有的能量场，只有能量场相似的人，才会同频共振。正如《道德经》中所言：“德者同于德，失者同于失。”

习　题

1. 什么是簇？什么是聚类分析？聚类分析主要有哪些应用？

2. 简单介绍如下聚类方法的主要特点：划分方法、层次方法、基于密度的方法。每种方法举出一个例子。

3. 有数据矩阵 $\boldsymbol{X}$，点数 $n=8$，维数 $d=2$。用 k-均值聚类，簇数 $k=3$。使用欧氏距离，x_1，x_4，x_7 作为初始化质心。

$$\boldsymbol{X}=\begin{pmatrix} 2 & 2 & 8 & 5 & 7 & 6 & 1 & 4 \\ 10 & 5 & 4 & 8 & 5 & 4 & 2 & 9 \end{pmatrix}$$

请给出：

1）第一轮执行后的 3 个簇的质心。

2）迭代结束后的 3 个簇和质心。

4. 描述 DBSCAN 算法的主要原理和过程。

5. 根据以下相似度矩阵 $\boldsymbol{S}$，进行单链接层次聚类，画出对应的树状图。

$$\boldsymbol{S}=\begin{pmatrix} 1.00 & 0.10 & 0.41 & 0.55 & 0.35 \\ 0.10 & 1.00 & 0.64 & 0.47 & 0.98 \\ 0.41 & 0.64 & 1.00 & 0.44 & 0.85 \\ 0.55 & 0.47 & 0.44 & 1.00 & 0.76 \\ 0.35 & 0.98 & 0.85 & 0.76 & 1.00 \end{pmatrix}$$

6. 描述 EM 算法的主要原理和过程。
7. 聚类评估的主要指标有哪些?

实　验

1. 利用 Python 编程实现 Iris 数据集的 k 均值聚类，并可视化聚类结果。
2. 利用 Python 编程实现双月数据集的 DBSCAN 聚类，并可视化聚类结果。

参考文献

[1] 韩家炜，坎伯，裴健. 数据挖掘：概念与技术　第 3 版 [M]. 范明，孟小峰，译. 北京：机械工业出版社，2012.

[2] 陈封能，斯坦巴赫，库玛尔. 数据挖掘导论：第 2 版 [M]. 段磊，张天庆，译. 北京：机械工业出版社，2019.

[3] 周志华. 机器学习 [M]. 北京：清华大学出版社，2016.

[4] 李航. 机器学习方法 [M]. 北京：清华大学出版社，2022.

[5] 穆勒，圭多. Python 机器学习基础教程：第 3 版 [M]. 张亮，译. 北京：人民邮电出版社，2018.

[6] 拉施卡，米尔贾利利. Python 机器学习：第 3 版 [M]. 陈斌，译. 北京：机械工业出版社，2021.

[7] GAN G，MA C，WU J. Data Clustering：Theory，Algorithms，and Applications（ASA-SIAM Series on Statistics and Applied Probability）[M]. Beijing：SIAM，2007.

[8] AGGARWAL C C，REDDY C K. Data Clustering：Algorithms and Applications [M]. [S. l.]：Chapman & Hall/CRC，2013.

第 8 章　大数据挖掘关键技术

信息时代数据量的急剧增加，给大数据的处理带来了挑战。因为不同大数据集的特点不同，所以处理方式也大不相同，从而在大数据分析和处理方面出现了大量的技术和平台，涵盖大数据的采集、存储、处理和展现等。大数据挖掘和分析是目前大数据计算的主要任务。大数据处理基础架构有基于分布式文件系统的 MapReduce 计算框架、基于内存的 Spark 批数据处理和流式数据处理内存计算框架。在大规模数据挖掘中，两种计算框架都显示了强大的计算能力，在技术研究和企业实践中被大量应用、推广和完善。

本章主要介绍大数据挖掘方面的两大关键技术：①处理存储于 HDFS（Hadoop 分布式文件系统）中的离线大数据分布式计算框架 Hadoop；②基于内存的 Spark 离线大数据分布式批处理框架和流式大数据在线处理计算框架。Hadoop 计算框架中的 MapReduce 可以自定义大数据处理计算逻辑，常用于大数据分析和挖掘时的数据预处理；Spark 为大数据处理提供功能丰富的组件，便于快速构建大数据分析模型和实现企业级大数据处理应用。

8.1　大规模并行处理

本节首先介绍在 Linux 操作系统中安装和配置 Hadoop，配置完成后测试 Hadoop 安装的正确性，然后简要讲解 HDFS 的基本原理和使用，最后通过示例讲解 MapReduce 的基本分布式计算框架。

8.1.1　Hadoop 安装

使用 VMware 或者 VirtualBox 虚拟机，并在其中安装 Ubuntu 或 CentOS 等 Linux 操作系统作为基础环境，以便安装 Hadoop。Hadoop 的安装模式有三种，分别是单机模式、单机伪分布模式和分布式集群模式。

1. Hadoop 安装模式

（1）单机模式。在一台运行 Linux 操作系统的物理机上，或者在 Windows 操作系统中架设的虚拟化平台上，虚拟出运行 Linux 操作系统的虚拟机，在虚拟机上安装 Hadoop 系统。该模式常用于大数据应用程序的前期开发和测试。

（2）单机伪分布模式。在一台运行 Linux 操作系统的物理机或虚拟机上，用不同的进程模拟 Hadoop 系统中分布式运行中的 NameNode、DataNode、JobTracker、TaskTracker 等节点，模拟 Hadoop 集群的运行模式。该模式常用于大数据应用程序的测试。

（3）分布式集群模式。在集群环境中安装运行 Hadoop 系统，集群中的每个计算机上都运行 Linux 操作系统。该模式常用于大数据应用程序的实际运行，完成大数据分析和计算任务。

单机模式和单机伪分布模式中，编写、测试的大数据应用程序，无须修改即可在分布式集群模式中直接运行。

2. Hadoop 安装环境

在 Windows 操作系统中，使用 VirtualBox 6.1.18 虚拟化平台，在虚拟机中安装 Ubuntu 20.04.3 版本的 Linux 操作系统，安装构建单机伪分布模式 Hadoop 系统的基本步骤如下：

1）创建用户。在 Ubuntu 操作系统中以 root 用户的身份，创建 hadoop 用户，紧接着创建一个专门的用户组，命名为 hadoop，并将 hadoop 用户加入 hadoop 用户组中，基本命令如下：

```
[root@ ubuntu ~]# sudo useradd-m hadoop-d/home/hadoop
```

其中 hadoop 是用户名，-d 指明 hadoop 用户的 home 目录为/home/hadoop，该目录为 hadoop 用户在 Ubuntu 系统中的根目录。

[root@ubuntu ~]# passwd hadoop [密码]。设置 hadoop 用户的密码。

[root@ubuntu ~]# sudo groupadd hadoop。创建 hadoop 用户组。

[root@ubuntu ~]# sudo usermod-a-G hadoop hadoop。将 hadoop 用户加入 hadoop 用户组。

使用 vim/etc/sudoers 命令打开文件，在文件末尾加入 hadoop ALL=（ALL：ALL） ALL 语句，使 hadoop 用户与 root 用户具有系统管理权限。

2）配置 SSH。在单机伪分布模式和分布式集群模式中，为了实现 Hadoop 集群中，所有节点可以免密码登录，需要配置 SSH。在 root 用户下，使用如下命令安装 OpenSSH：

```
[root@ ubuntu ~]# sudo apt-get install openssh-server-y
```

在 root 用户下，使用 su hadoop 命令切换到 hadoop 用户。因为 SSH 未还配置，此时执行 ssh localhost 命令，仍需要输入用户密码，在执行后续配置操作后，可使用该命令检查 SSH 是否配置成功。

在 hadoop 用户下创建认证文件，用 public key 实现免密码登录，执行如下命令产生认证文件：

```
[root@ ubuntu ~] $ ssh-keygen-t rsa #
```

使用该命令后，系统会提示多次确定，完成后将在/home/hadoop/.ssh 目录中生成 id_rsa 认证文件，将该文件复制成名为 authorized_keys 的文件，并执行 ssh localhost 命令测试。如果出现如图 8.1 所示的提示，即不需要输入用户密码，则配置正确；如果仍需要输入密码或提示错误，则删除.ssh/文件夹重新进行认证配置。

```
[hadoop@ ubuntu ~] $ cat id_rsa.pub >> authorized_keys
[hadoop@ ubuntu ~] $ ssh localhost
```

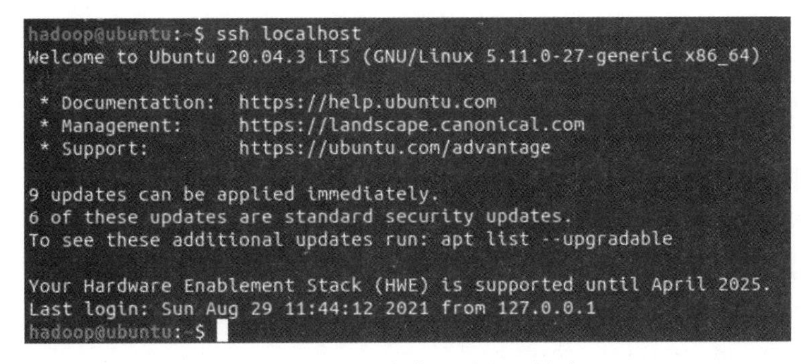

图 8.1 SSH 免密登录配置测试

3. 配置 Hadoop

切换至 root 用户，下载 JDK，使用命令 tar-zxvf jdk-8u161-linux-x64. tar 将 JDK 解压至/usr/local/目录中，将 JDBK 文件夹重命名为 jdk1. 8. 0。

从 Hadoop 网站中下载 hadoop-3. 3. 1. tar. gz 安装包文件，将其解压在/usr/local/目录中，将解压后的 Haoop 文件夹重命名为 hadoop-3. 3. 1。使用 chown-R hadoop：hadoop/usr/local/hadoop-3. 3. 1 命令，将 hadoop-3. 3. 1 文件夹的所属用户修改为 hadoop。

Hadoop 系统中的配置文件，集中存放在 hadoop-3. 3. 1 文件夹的 etc/hadoop 目录中，主要涉及以下几个配置文件：

1）etc/hadoop/hadoop-env. sh，在该文件中配置 JDK 安装路径，方法为在该文件的最后加上以下语句：

```
export JAVA_HOME=/usr/local/jdk1.8.0
```

2）~/. bashrc，在 hadoop 用户的根目录，即 root 用户的/home/hadoop 目录中，找到 hadoop 用户所属的系统环境变量配置文件~/. bashrc，将 JDK 和 hadoop 环境变量加入该配置文件，保存后使用 source ~/. bashrc 命令，使其立即生效。加入内容如下：

```
PATH=$PATH:$HOME/bin
export  JAVA_HOME=/usr/local/jdk1.8.0
export  HADOOP_HOME=/usr/local//hadoop-3.3.1
export  PATH=$PATH:$JAVA_HOME/bin:$HADOOP_HOME/bin:$HADOOP_HOME/sbin
export  CLASSPATH=$JAVA_HOME/lib:.=
```

环境变量的配置需要仔细核对，配置完成后，可在 hadoop 用户下使用 java 和 javac 命令测试 JDK 配置是否正确。

3）etc/hadoop/core-site. xml，该配置文件主要完成 HDFS 中管理节点（NameNode）的 IP 和端口配置，该文件的文件结构为 XML，在<configuration></configuration>节点内部加入 HDFS 中 NameNode 的 IP 地址、端口，缓冲区的大小以及存放临时文件的目录等，core-site. xml 的基本配置如下：

```
<property>
    <name>fs.defaultFS </name>
    <value>hdfs://localhost:9000</value>
</property>
<property>
    <name>hadoop.tmp.dir</name>
    <value>/home/hadoop/tmp</value>
</property>
```

4）etc/hadoop/hdfs-site. xml，该配置文件主要完成 HDFS 的数据备份数量、文件服务器地址和端口、NameNode 和 DataNode 的数据存放路径、文件存储块的大小等配置，hdfs-site. xml 的基本配置如下：

```
<property>
    <name>dfs.replication</name>
    <value>2</value>
</property>
```

```
<property>
    <name>dfs.permissions</name>
    <value>false</value>
</property>
<property>
    <name>dfs.http.address</name>
    <value>0.0.0.0:50070</value>
</property>
```

5）etc/hadoop/mapred-site.xml，该文件主要完成 Hadoop 的 MapReduce 框架设定、配置 MapReduce 任务运行的内存大小、最大可用 CPU 核数等，使用 yarn 作为伪分布式 Hadoop 集群框架时的配置如下：

```
<property>
    <name>mapreduce.framework.name</name>
    <value>yarn</value>
</property>
```

6）etc/hadoop/yarn-site.xml，该文件主要配置资源管理器 ResourceManager 的地址，和其他分布式节点 NodeManager 资源配置、日志级别、任务调度器等。资源管理器使用 yarn 管理伪分布式集群的 yarn-site.xml 配置如下：

```
<property>
    <name>yarn.nodemanager.aux-services</name>
    <value>mapreduce_shuffle</value>
</property>
<property>
    <name>yarn.resourcemanager.hostname</name>
    <value>localhost</value>
</property>
```

如果在运行 Hadoop 系统的 MapReduce 框架时，提示“找不到或无法加载主类 org.apache.hadoop.mapreduce.v2.app.MRAppMaster”错误，则需要在命令行中执行 hadoop classpath 命令，将该命令的执行结果作为值，加入 yarn-site.xml 配置文件的 yarn.application.classpath 属性中，配置示例如下：

```
<property>
    <name>yarn.application.classpath</name>
    <value>[执行 hadoop classpath 命令的返回结果]</value>
</property>
```

如果需要将已配置完成的伪分布式 Hadoop 集群变成分布式集群，则需要在网络相互连接的多个节点上重复上述配置，并在每个节点的/etc/hostname 文件中，将其中一个节点的主机名 hostname 修改为 master，使其成为主节点或管理节点，而其他节点的 hostname 修改为 slave，使它们成为从节点，在这些节点的/etc/hosts 文件中修改本机 IP 地址与主机名之间的映射关系，在主节点上修改 hadoop 配置文件，在/etc/hadoop/workers 文件中添加所有从节点的主机名，即可完成分布式集群配置。

4. 格式化 HDFS

完成以上 Hadoop 的配置后，执行如下 format 命令，格式化 HDFS，这是测试 Hadoop 配置的第一步，根据格式化过程中的提示，可检查配置是否成功。

```
[hadoop@ubuntu ~] $ hadoop namenode -format
```

如果格式化成功，该命令将返回 NameNode 的信息，其中会有"…has been successfully formatted."和"Exitting with status 0"的提示。如果提示错误，则需要根据提示修改配置文件，并删除配置中设定的 hadoop.tmp.dir 目录中的数据后，重新执行格式化。

5. 启动 Hadoop 环境

使用 start-all. sh 命令启动 Hadoop。启动后，使用 jps 命令可查看如图 8. 2 所示的 5 个 Hadoop 相关进程是否运行正常。如果进程均存在，则 Hadoop 配置完成。可使用 stop-all. sh 停止运行 Hadoop。

```
hadoop@ubuntu:/usr/local/hadoop-3.3.1/etc/hadoop$ jps
7840 NameNode
2641 NodeManager
2514 ResourceManager
8328 Jps
7976 DataNode
8170 SecondaryNameNode
```

图 8. 2　jps 命令查看 Hadoop 进程

6. 运行程序测试

使用 vim 命令在 Hadoop 系统管理节点中创建两个文件，文件内容如下：

```
file1:hello hadoop hello world
file2:hello spark hello streaming
```

将创建的两个文件上传到 HDFS 对应的目录中，HDFS 的使用命令如下：

```
[hadoop@ubuntu ~] $ hdfs dfs-mkdir /input
```

创建目录，并存放输入数据，其中"/"不能省。

```
[hadoop@ubuntu ~] $hdfs dfs-put file* /input
```

将文件上传到 HDFS 中的/input 目录中。

切换到 hadoop 安装路径的/share/hadoop/mapreduce 目录，找到 Hadoop 自带的 hadoop-mapreduce-examples-3.3.1. jar 文件，其中包含 wordcount 简单的词频统计程序。

执行［hadoop@ ubuntu ~］ $ hadoop jar hadoop-mapreduce-examples-3.3.1. jar wordcount /input /output 命令，该命令执行 wordcount 程序，读取/input 目录中的输入文件，自动在 HDFS 中创建输出目录/output，将运行结果保存在/output 目录中，查看运行结果的方法如图 8. 3所示。

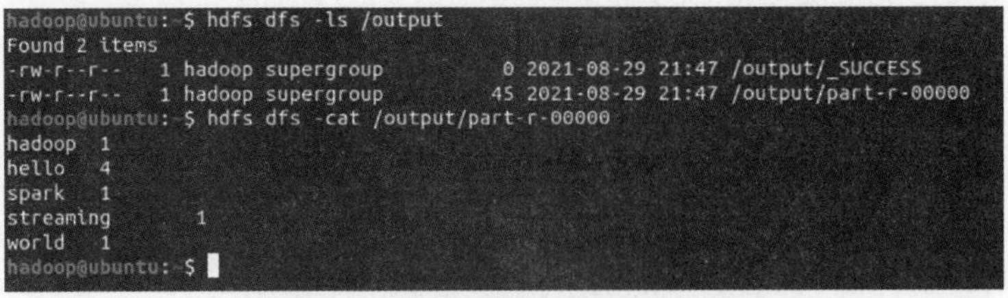

```
hadoop@ubuntu:~$ hdfs dfs -ls /output
Found 2 items
-rw-r--r--   1 hadoop supergroup          0 2021-08-29 21:47 /output/_SUCCESS
-rw-r--r--   1 hadoop supergroup         45 2021-08-29 21:47 /output/part-r-00000
hadoop@ubuntu:~$ hdfs dfs -cat /output/part-r-00000
hadoop  1
hello   4
spark   1
streaming       1
world   1
hadoop@ubuntu:~$
```

图 8. 3　Hadoop 查看运行结果的方法

7. 查看集群状态

通过浏览器可查看 Hadoop 集群的运行情况，HDFS 管理端的 Web 地址为 http://localhost:50070，其中 localhost 是 NameNode 节点的地址，如图 8.4a 所示。Yarn 的管理界面的 Web 地址为 http://localhost:8088，可以看到节点数目、提交任务的执行情况，输出错误提示等，如图 8.4b 所示。

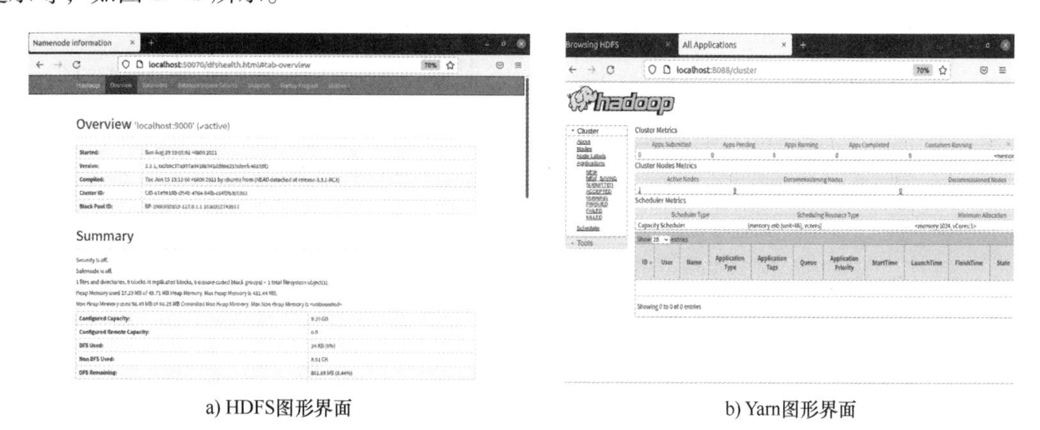

a) HDFS图形界面　　b) Yarn图形界面

图 8.4　Hadoop 集群图形管理界面

8.1.2　HDFS

HDFS（Hadoop Distributed File System）是一个分布式文件系统。它有高容错性，用于部署在低廉的硬件上，以流式数据访问模式存储超大文件，提供高吞吐量来访问应用程序的数据，适用于具有超大数据集的应用程序。

HDFS 上的文件被划分为块，作为独立的存储单元，称为数据块（Block），典型块的大小是 64MB。按照块来划分数据存储有诸多好处：一个文件的大小可以大于网络中任意一个磁盘的容量；文件的所有块不需要存储在同一个磁盘上，利用集群上的任意一个磁盘进行存储，简化了存储管理；元数据不需要和块一起存储，用一个独立的功能模块管理块的元数据；数据块更加适合数据备份，进而提供数据容错能力和提高可用性。

HDFS 集群主要由一个 NameNode 和多个 DataNode 组成：NameNode 提供元数据、命名空间、数据备份、数据块管理的服务，而 DataNode 存储实际的数据；客户端访问 NameNode 以获取文件的元数据和属性，文件内容的输入输出操作则直接和 DataNode 交互。HDFS 采用 Master/Slave（主/从）的架构来存储数据，HDFS 体系结构主要由四个部分组成，分别为 HDFS Client、NameNode、DataNode 和 Secondary NameNode。NameNode 是一个中心服务器，负责管理文件系统的命名空间及客户端对文件的访问；集群中的 DataNode 是运行一个进程与 NameNode 交互，且进行数据块读写的节点，负责管理其上的数据块；Secondary NameNode 辅助 NameNode，负责完成数据备份和编辑日志文件等。HDFS 体系结构如图 8.5 所示。

HDFS 集中管理了文件系统的命名空间（NameSpace），用户能够以文件的形式存储数据。从内部看，一个文件被分为多个数据块（Block），这些块存储在多个 DataNode 上。NameNode 保存命名空间的状态（NameSpace State），执行文件系统的命名空间操作，比如打

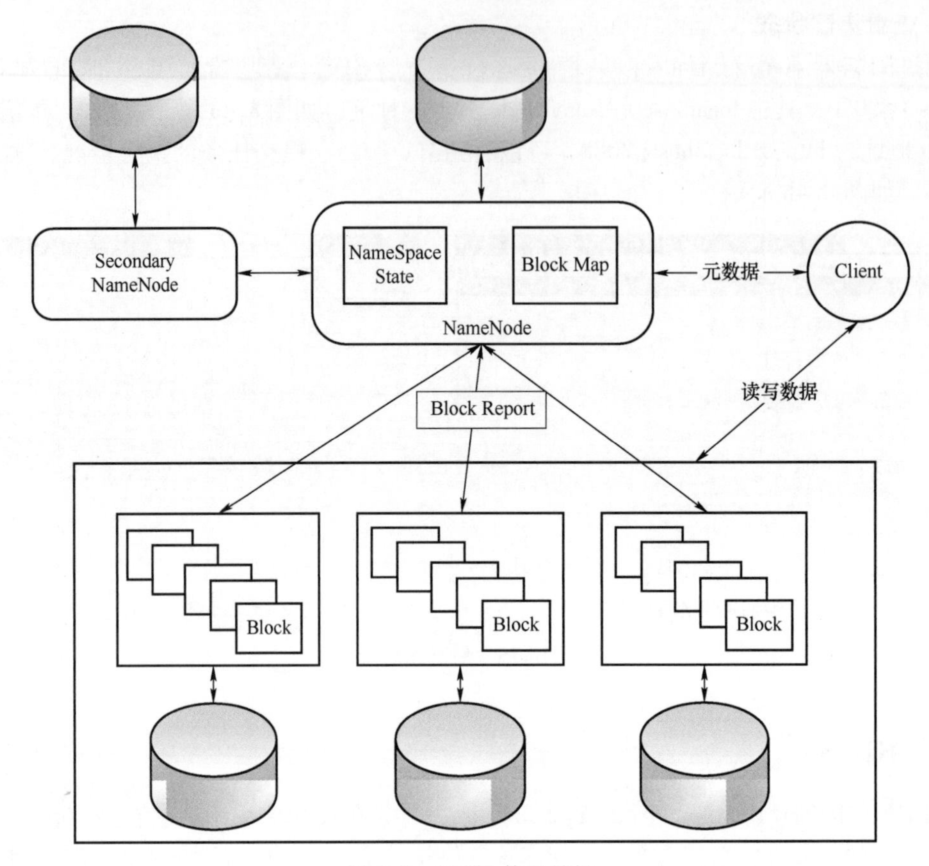

图 8.5　HDFS 体系结构

开、关闭、重命名文件或目录，也负责确定数据块到具体 DataNode 节点的映射（Block Map）。DataNode 负责处理客户端的读写请求，在 NameNode 的统一调度下进行数据块的创建、删除和复制。HDFS 被设计为能够在集群中跨机器、可靠地存储超大文件，并将每个文件存储成一系列数据块（除了最后一个数据块外，其他数据块都同样大小）。为了容错，文件的所有数据块都具有副本。每个文件的数据块大小和副本数均可配置，应用程序可以指定某个文件的副本数目。HDFS 中的文件是一次性写入的，且在每个时刻只能有一个写入者。NameNode 全权管理数据块的复制，周期性地从集群中的每个 DataNode 接收心跳信号和块状态报告（BlockReport），块状态报告包含了一个该 DataNode 上所有数据块的列表。

HDFS 文件系统的相关操作使用文件执行命令来实现，命令的书写方式有 hadoop fs、hadoop dfs 和 hdfs dfs，三种书写方式的效果相同，以常用的 hdfs dfs 为例，最常用的形式如下：

1）hdfs dfs -ls，显示当前目录结构，-ls -R 递归显示目录结构。

2）hdfs dfs -mkdir，创建目录。

3）hdfs dfs -rm，删除文件，-rm -R 递归删除目录和文件。

4）hdfs dfs -put [localsrc] [dst]，从本地加载文件到 HDFS。

5）hdfs dfs -get [dst] [localsrc]，从 HDFS 导出文件到本地。

6）hdfs dfs -copyFromLocal [localsrc] [dst]，从本地加载文件到 HDFS，与 put 一致。

7）hdfs dfs -copyToLocal [dst] [localsrc]，从 HDFS 导出文件到本地，与 get 一致。

8）hdfs dfs -cat，查看文件内容。

9）hdfs dfs -du，统计指定目录下各文件的大小，单位是字节。-du -s 汇总文件大小，-du -h 指定显示单位。

10）hdfs dfs -tail，显示文件末尾。

11）hdfs dfs -cp [src] [dst]，从源目录复制文件到目标目录。

12）hdfs dfs -mv [src] [dst]，从源目录移动文件到目标目录。

8.1.3 MapReduce 计算模型

MapReduce 是由 Google 公司提出的一种面向大规模数据处理的并行计算模型，设计 MapReduce 的初衷主要是为了解决 Google 搜索引擎中大规模网页数据的并行处理问题。2003 年和 2004 年，Google 公司在国际会议上分别发表了两篇关于 Google 分布式文件系统（GFS）和 MapReduce 的论文，公布了 GFS 和 MapReduce 的基本原理及主要设计思想。MapReduce 是基于 HDFS，进行大规模分布式文件处理的核心技术，是 Hadoop 生态系统中的核心技术。

1. MapReduce 工作流程

MapReduce 采用“分而治之”的思想，把大规模数据集的操作分发给由一个主节点管理的各个从节点共同完成，通过整合各个节点的处理结果，得到最终结果。MapReduce 的灵感来源于函数式语言（比如 LISP）中的内置函数 Map 和 Reduce。先执行 Map 阶段，再执行 Reduce 阶段，Map 和 Reduce 的处理逻辑由用户自定义实现，但要符合 MapReduce 框架的约定。MapReduce 的工作流程如图 8.6 所示。

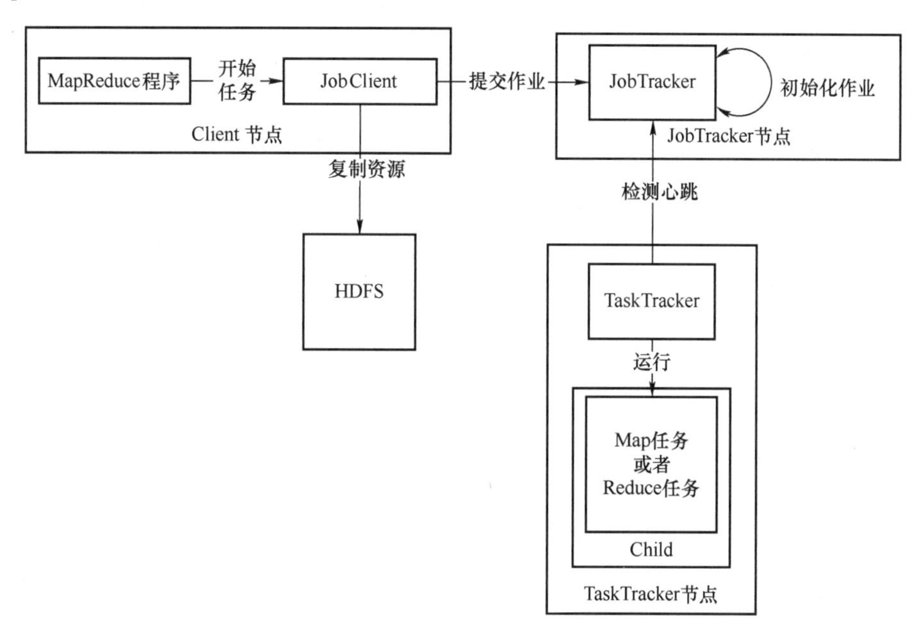

图 8.6 MapReduce 工作流程

MapReduce 的任务主要涉及 JobClient、JobTracker、TaskTracker 和 HDFS 四个独立的部分。其中，JobClient 配置参数 Configuration，并将打包成 jar 的应用和所需资源文件存储在 HDFS 上，将任务提交给 JobTracker；JobTracker 接收到作业后，将其放在一个作业队列里，等待作业调度器对其进行调度，当作业调度算法调度到该作业时，根据输入 HDFS 上的数据块为每个划分创建一个 Map 任务，并将 Map 任务分配给 TaskTracker 执行；对于 Map 和 Reduce 任务，TaskTracker 根据主机核心的数量和内存的大小设置固定数量的 Map 槽和 Reduce 槽，Map 任务被按照数据本地化原则分配到含有该 Map 要处理的数据块的 TaskTracker 上（即不是随意地分配给某个 TaskTracker），同时将程序 jar 包复制到该 TaskTracker 上来运行计算任务，而分配 Reduce 任务时并不考虑数据本地化；TaskTracker 会周期性地通过检测心跳将本节点上资源的使用情况和任务的运行进度汇报给 JobTracker，当 JobTracker 收到作业的最后一个任务完成信息时，作业执行结束。

2. MapReduce 工作原理

从逻辑角度来看 MapReduce 的作业运行过程，主要分为 5 个阶段，分别是输入数据分片（Input Split）、Map、Shuffle、Reduce 和输出。MapReduce 工作原理如图 8.7 所示。

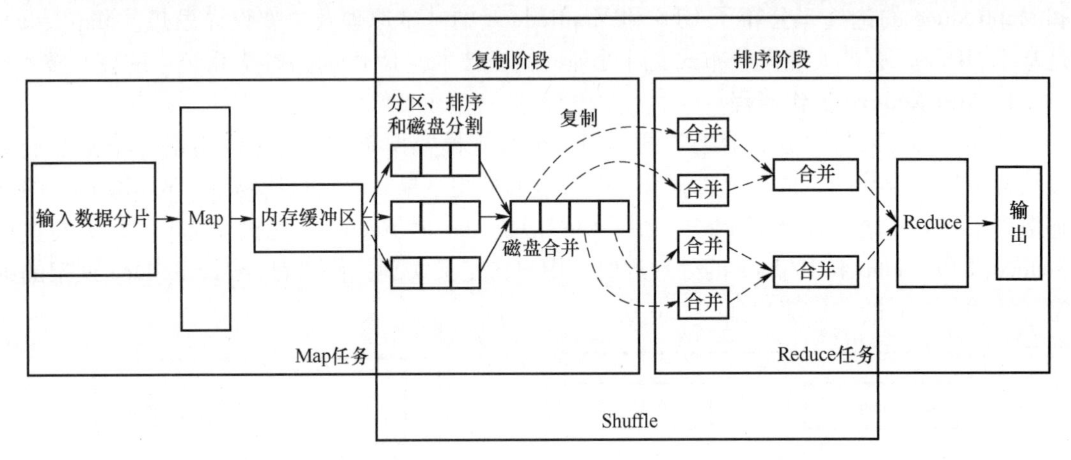

图 8.7　MapReduce 的工作原理

（1）输入数据分片。将输入数据分片，即将输入数据切分为大小相等的数据块。输入数据分片和 HDFS 的数据块关系密切，每片数据均作为单个 Map 任务的输入，分片完成后多个 Map 任务便可以同时工作。

（2）Map。每个 Map 任务在读入数据后进行计算处理，并将中间结果保存在 HDFS 中。数据（如文本文件中的行，或数据表中的行）将以键值对<key，value>的形式传入 Map 方法；本阶段计算完成后，同样以键值对形式保存中间结果。键值对中的 key 决定了中间结果发送到哪个 Reduce 任务用于合并，且 key 和 Reduce 任务是多对一的关系，具有相同 key 的数据会被发送给同一个 Reduce 任务，单个 Reduce 任务可能会接收到多个 key 值的数据。

（3）Shuffle。在进入 Reduce 阶段之前，MapReduce 框架会将数据按照 key 值排序，使具有相同 key 的数据彼此相邻。如果指定了合并操作（Combiner），框架会调用 Combiner 将具有相同 key 的数据合并，Combiner 的输入、输出参数必须与 Reduce 保持一致，通常也叫作洗牌（Shuffle）。分区的意义则在于尽量减少每次写入磁盘的数据量和复制到下一阶段的节点之间传输的数据量。

（4）Reduce。在 Reduce 阶段，相同 key 的键值对被发送至同一个 Reduce 任务，同一个 Reduce 任务会接收来自多个 Map 任务的键值对，接收数据后数据的格式是键值对<key，

[value list]>，其中[value list]是具有相同键的值列表，每个Reduce任务对key相同的[value list]进行Reduce操作，将其变成一个值输出。

（5）输出。输出阶段定义输出文件格式，以格式化方式将分析和计算的结果输出到HDFS中。常用的方法是将数据转换为字符串格式输出。

3. MapReduce实例

尽管Hadoop框架是用Java实现的，但Hadoop应用程序的开发不限于Java。Hadoop提供了诸多API以方便用户使用Python、C++、Ruby等脚本语言编写Map、Reduce等每个阶段的处理方法，通过UNIX标准流STDIN（标准输入）和STDOUT（标准输出）在各个阶段之间传递数据。

一个例子：用Python实现第一个MapReduce应用程序——单词计数WordCount，该程序也被称为MapReduce计算模型的“Hello World”程序，分为mapper. py文件和reducer. py文件两个子程序的设计，将两个文件存储在本地磁盘的/home/hadoop/code目录中。mapper. py通过sys. stdin读取标准文件流，将文件中的行用strip()方法去除两边空格，split()方法将文本行中的字符串按照空格分割为单词，并将每个单词组装成（word,1）形式的<key, value>，print()函数实现输出标准输出流。mapper. py文件中的程序设计如下，该程序的执行结果如图8. 8中第一条命令所示。

```
#! /usr/bin/env python
import sys
for line in sys.stdin:
    line=line.strip()
    words=line.split()
    for word in words:
        print("%s\t%s"%(word,1))
```

reducer. py通过sys. stdin读取标准文件流，从文件流中读取行。用strip()方法去除两边空格；split（"\t"，1）方法将文本行中的字符串按照制表符分割为单词，并将每个单词组装成（word，1）形式的word和count，为了统计计算，将count中的字符强制转化为整数类型，如果当前的单词等于已经读入的单词，则累加count，否则将读入的单词作为键值key，生成新的键值对。最后，通过print()函数实现输出标准输出流。mapper. py文件中的程序设计如下，该程序的执行结果如图8. 8中第二条命令所示。

```
#! /usr/bin/env python
import sys
current_word=None
current_count=0
word=None
for line in sys.stdin:
    line =line.strip()
    word,count=line.split("\t",1)
    try:
        count=int(count)
```

```
    except ValueError:
        continue
    if current_word==word:
        current_count+=count
    else:
        if current_word:
            print("%s\t%s"%(current_word,current_count))
        current_count=count
        current_word=word
if word==current_word:
    print("%s\t%s" % (current_word,current_count))
```

保存 mapper. py 和 reducer. py 文件后，需要在 vim 命令编辑窗口，使用 set ff 命令检查两个文件的格式。在 Ubuntu 系统中需要设置文件格式为 UNIX，可以先采用如图 8. 8 所示的方法，在本地验证 mapper. py 和 reducer. py 代码的正确性。

```
hadoop@ubuntu:~/code$ echo "Hello Hadoop Hello Spark Hello Streaming"|./mapper.py
Hello	1
Hadoop	1
Hello	1
Spark	1
Hello	1
Streaming	1
hadoop@ubuntu:~/code$ echo "Hello Hadoop Hello Spark Hello Streaming"|./mapper.py |sort|./reducer.py
Hadoop	1
Hello	3
Spark	1
Streaming	1
hadoop@ubuntu:~/code$
```

图 8. 8　Map 和 Reduce 程序测试

在 Hadoop 平台上执行 Python 版本 MapReduce 程序的方法有两种：一种与 Java 编写的程序运行方法一样，用 Jython 把 Python 程序打包为 jar 文件，该 jar 包的执行与 Hadoop 执行 Java 编写的程序包一样；另一种方法是使用 Hadoop 中自带的流接口 Hadoop API 来执行。在 Hadoop 安装目录的 share/hadoop/tools/lib 目录中包含了 hadoop-streaming-3. 3. 1. jar 流处理文件，使用如下命令执行代码，设定 Hadoop API、Map、Reduce、数据的输入和输出路径，执行成功后将结果存储在 HDFS 的/output 目录中。

```
hadoop jar  share/hadoop/tools/lib/hadoop-streaming-3.3.1.jar \
-file/home/hadoop/code/mapper.py \
-mapper/home/hadoop/code/mapper.py \
-file/home/hadoop/code/reducer.py \
-reducer/home/hadoop/code/reducer.py \
-input/input
-output/output
```

8.2 Spark 内存计算

Apache Spark 是加利福尼亚大学伯克利分校 AMP 实验室为大规模数据处理设计的快速通用的计算引擎，类似于 MapReduce 并行开源框架。Spark 拥有 MapReduce 的优点，但不同于 MapReduce 的是，Spark 的中间计算结果保存在内存中，从而无须读写 HDFS，因此 Spark 能更好地用于数据挖掘与机器学习等需要多次迭代的算法。围绕着 Spark 基础技术，还可以增加 Spark SQL、Spark Streaming、MLlib 和 GraphX 等组件，以适应实际应用场景中的不同的大数据处理需求。Spark 使用 Scala 语言实现。Scala 是一种面向对象的函数式编程语言，能够像操作本地集合对象一样轻松地操作分布式数据集。

8.2.1 Spark 安装

安装 Spark 之前需要安装 Linux 系统、Java 环境和 Hadoop 环境。Ubuntu 中自带了 Python3.8，从 Spark 网站 http://spark.apache.org 下载 spark-3.1.2-bin-hadoop3.2.tgz 安装包，使用解压缩命令 tar-zxvf spark-3.1.2-bin-hadoop3.2.tgz 将安装包解压缩至/usr/local 目录中，将文件夹重命名为 spark-3.1.2，并使用 chown-R hadoop: hadoop/usr/local/spark-3.1.2 命令修改安装目录的所属用户。由于下面所有例子均使用 Python 语言来实现，因此安装 Spark 的 Python 版本——pyspark。

1. pyspark 安装

在 Spark 安装目录下找到 conf 文件夹，使用命令 cp spark-env.sh.template spark-env.sh 复制一份配置文件，编辑 spark-env.sh 配置文件，在文件最后加入如下一行内容，以便 Spark 从 HDFS 中读写数据，没有这项配置，Spark 只能访问本地数据。

```
export SPARK_DIST_CLASSPATH=$(/usr/local/Hadoop-3.3.1/bin/hadoop classpath)
```

在 Hadoop 用户的环境变量~/.bashrc 文件中，配置以下 Spark 环境变量：

```
export SPARK_HOME=/usr/local/spark-3.1.2
export PATH=$SPARK_HOME/bin:$PATH
export PYTHONPATH=$SPARK_HOME/python:$SPARK_HOME/python/lib/py4j-0.10.9-src.zip:$PYTHONPATH
export PYSPARK_PYTHON=python
```

保存配置文件~/.bashrc 后，使用 source ~/.bashrc 使配置文件生效，在命令行中执行 pyspark 命令，得到图 8.9 所示的运行结果，则 Spark 安装正确。

利用已经安装的 Hadoop 分布式集群来搭建 Spark 集群。在 Hadoop 的主节点中，解压缩 Spark 并配置环境变量。之后在 Spark 的 conf 目录中找到 slaves.template，复制为 slaves 文件后，在其中添加其他从节点的机器名，这些机器名在/etc/hosts 文件中配置。完成该配置后，先停止 Hadoop 集群，再使用 hadoop 的启动命令 start-all.sh 启动集群，即可在主节点上打开浏览器，输入 http://master:8080 查看 Spark 集群的相关信息。

2. pyspark 应用的运行

pyspark 编辑和运行应用程序的方式有两种，分别是命令行和文件。命令行编写 pyspark 应用的方式如图 8.10 所示。使用 pyspark 命令行时，该命令还可以加上形如 pyspark -

```
hadoop@ubuntu: ~
hadoop@ubuntu:~$ pyspark
Python 3.8.10 (default, Jun  2 2021, 10:49:15)
[GCC 9.4.0] on linux
Type "help", "copyright", "credits" or "license" for more information.
21/10/31 16:51:53 WARN Utils: Your hostname, ubuntu resolves to a loopback addre
ss: 127.0.1.1; using 10.0.2.15 instead (on interface enp0s3)
21/10/31 16:51:53 WARN Utils: Set SPARK_LOCAL_IP if you need to bind to another
address
21/10/31 16:51:54 WARN NativeCodeLoader: Unable to load native-hadoop library fo
r your platform... using builtin-java classes where applicable
Welcome to
                                          version 3.1.2

Using Python version 3.8.10 (default, Jun  2 2021 10:49:15)
Spark context Web UI available at http://10.0.2.15:4040
Spark context available as 'sc' (master = local[*], app id = local-1635670316164
).
SparkSession available as 'spark'.
>>>
```

图 8.9　pyspark 安装测试

master <master-url>的参数。其中，master 参数指定要连接到的管理节点；master-url 中默认为 local，表示本地化运行，也可指定 local［k］，其中 k 表示使用的本地线程的数量。除了 local 外，“spark://Host:port”表示连接到独立的集群，port 默认为 7077；“yarn-client”是以客户端模式连接 Yarn 集群；“yarn-cluster”是以集群模式连接 Yarn 集群等方式连接到不同的集群。

在图 8.10 中使用本地文本文件 file1，通过 pyspark 打印输出该文件中的所有行。其中 pyspark 命令在启动的时候会自动创建上下文 SparkContext 的实例 sc，使用 textFile( )方法按行读取文件内容，创建 RDD 并打印输出。

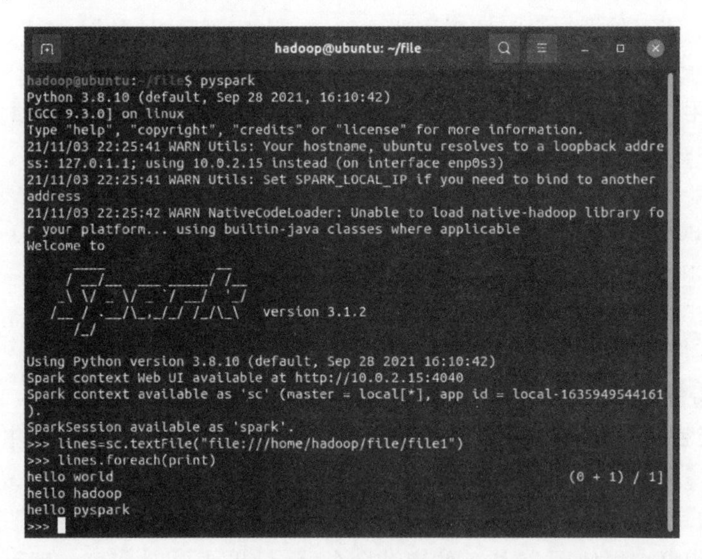

图 8.10　pyspark 命令行

一种方式是使用命令行编辑和运行 pyspark 程序，命令行方式便于用户学习 pyspark，因此便于在练习或测试应用程序时使用。另一种运行 pyspark 应用程序的方式是通过 spark-submit 命令提交文件。编写 pyspark 中第一个程序 LineCount. py 的代码如下：

```
#!/usr/bin/env python3
from pyspark import SparkContext,SparkConf
conf=SparkConf().setMaster("local").setAppName("WordCount")
sc=SparkContext(conf=conf)
lines=sc.textFile("file:///home/hadoop/file/file1")
num=lines.count()
print(num)
```

以文件的方式编写 pyspark 应用程序，需要在文件中创建实例 sc（命令行方式在打开命令行时已经自带了 sc），用 SparkConf 设置其上下文的配置文件。本例中 lines. count( )是对文件中的行计数。使用 spark-submit 提交 pyspark 应用程序的运行过程如图 8. 11 所示，其中 WARN 为警告信息。可在 Spark 安装的 conf 目录的 log4j. properties 文件中修改为 log4j. rootCategory = ERROR. console，可定义日志级别为只显示错误信息。在集群中提交 pyspark 应用程序时，命令中的选项--master，也用于设定集群管理器地址。

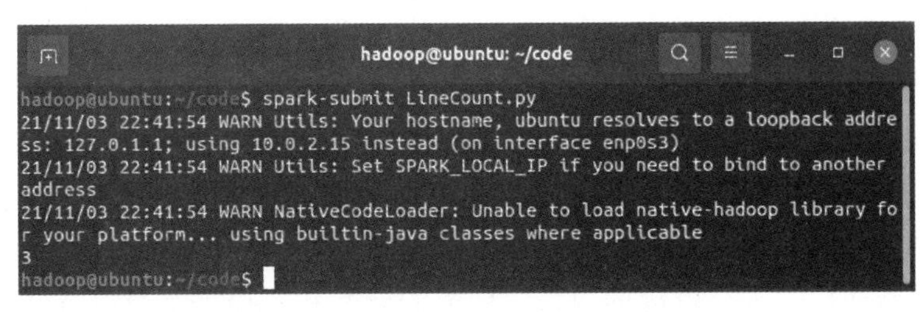

图 8. 11　spark-submit 提交 pyspark 应用程序

8. 2. 2　Spark 运行原理

Spark 在批数据处理和流式数据处理效率方面具有明显的优势，它使用了有向无环图（Directed Acyclic Graph，DAG）调度器、查询优化器和物理执行引擎，比如在逻辑回归算法中，Spark 的处理速度能达到 MapReduce 的 100 多倍。Spark 提供了超过 80 个高级算子，这使得构建并行应用程序变得简单易行，且支持不同平台、多种语言开发，包括 Scala、Java、Python 等。Spark 提供了一系列组件，其中 Spark Core 提供内存计算框架，Spark SQL 用于处理结构化数据，Spark Streaming 用于实时流计算，GraphX 用于图处理，MLlib 用于机器学习，在同一个应用程序中，组合使用这些组件可进行一站式处理。

1. Spark 运行框架

Spark Core 实现 Spark 最基础和核心的功能，其中包括内存计算、任务调度、部署模式、故障恢复、存储管理。Spark 运行框架包括集群管理器（Cluster Manager，也称集群资源管理器）、运行作业任务的工作（Worker）节点、每个应用程序的任务控制节点（Driver，即驱动程序）和每个工作节点上负责具体任务的执行进程（Executor，也称执行器）。其中，集群管理器可以是 Spark 自带的资源管理器，也可以是 Yarn 或 Mesos 等资源管理框架。一个应用程序（Application，也称应用）由一个任务控制节点和若干个作业（Job）构成，一个作业由多个阶段（Stage）构成，一个阶段由多个任务（Task）组成。当执行一个应用程序时，任务控制节点会向集群管理器申请资源，启动执行进程，并向执行进程发送应用程序代码和文件，然后在执行进程上执行任务，运行结束后，执行结果会被返回给任务控制节点，或者写到 HDFS 或者其他数据库中。如图 8. 12 所示 Spark Core 运行框架。

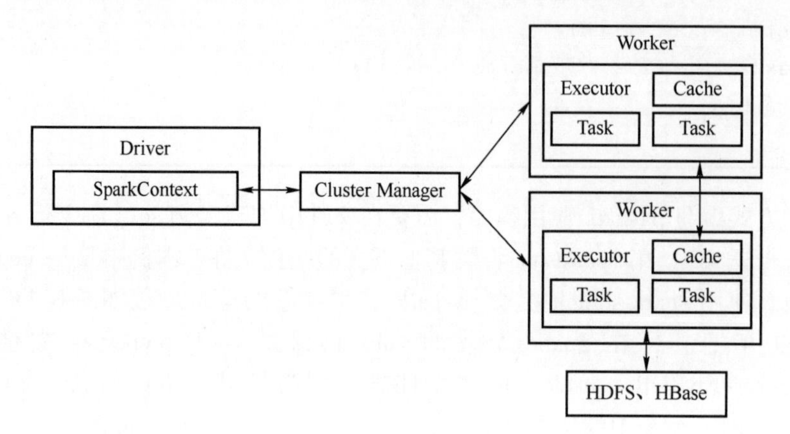

图 8. 12　Spark Core 运行框架

Spark 应用的主要部分可归纳为以下 10 项：

（1）应用程序（Application）。用户根据业务需求设计的 Spark 应用程序。

（2）驱动程序（Driver）。Spark 中的驱动程序从应用程序的 Main( ) 函数开始，创建 SparkContext，其中 SparkContext 准备 Spark 应用程序的运行环境。在 Spark 中由 SparkContext 负责和集群管理器通信，进行资源的申请、任务的分配和监控等。当执行器部分运行完毕后，驱动程序负责将 SparkContext 关闭，通常 SparkContext 代表驱动程序。

（3）集群管理器（Cluster Manager）。集群管理器通常是指在集群上获取集群资源的服务，常用的有 3 种，分别是 Standalone、Yarn 或 Mesos。Standalone 是 Spark 原生的资源管理器，由主节点负责资源的分配；在 Yarn 中，ResearchManager 负责集群中所有资源的管理和分配；Mesos 中由 Mesos Master 负责资源管理。

（4）执行器（Executor）。执行器是应用程序运行在工作节点上的一个进程，该进程负责运行任务，并且负责将数据存在内存或者磁盘上，每个应用程序都有各自独立的一批执行器。

（5）作业（Job）。由一个或多个阶段组成的一次计算任务中，包含多个任务组成的并行计算，一个作业包含多个 RDD 及作用于相应 RDD 上的各种操作。

（6）阶段（Stage）。阶段是作业的基本调度单位。一个作业会分为多组任务，每组任务被称为阶段，或者称为任务集合。阶段代表了一组关联的、相互之间没有依赖关系的任务组成的任务集合。

（7）弹性分布式数据集（Resilient Distributed Dataset，RDD）。弹性分布式数据集是分布式内存的一个抽象概念，提供了一种高度受限的共享内存模型。

（8）有向无环图（Directed Acyclic Graph，DAG）。有向无环图管理 RDD 之间的依赖关系。

（9）DAG 调度程序（DAG Scheduler）。DAG 调度程序把一个 Spark 任务的执行过程组织成由多个阶段构成的有向无环图，根据 RDD 和阶段之间的关系，寻找开销最小的调度方法，然后把阶段以任务集合的形式提交给任务调度程序。

（10）任务调度程序（Task Scheduler）。调度所有任务集合，当执行器向驱动程序发送“心跳”时，任务调度程序根据其资源剩余情况分配相应的任务。另外，任务调度程序还维护着所有任务的运行状态。

2. Spark 运行流程

在 Spark 中，一个应用由一个任务控制节点和多个作业构成，一个作业由多个阶段构成，一个阶段由多个任务构成。当执行一个应用时，任务控制节点向集群管理器申请资源，启动执行器，并向执行器发送应用程序代码和文件，之后在执行器上执行任务，执行结束后返回任务控制节点，并将结果保存在 HDFS 或数据库中。Spark 运行流程如图 8.13 所示。

1）构建应用的运行环境。启动 SparkContext，SparkContext 向集群管理器注册并申请运行执行器资源。

2）集群管理器为执行器分配资源，并启动执行器的进程，监控执行器的运行情况，将随着“心跳”发送到集群管理器上。

3）SparkContext 构建 DAG，将 DAG 分解成多个阶段，并把每个阶段的任务集合发送给任务调度程序。执行器向 SparkContext 申请任务，任务调度程序将任务发送给执行器，同时 SparkContext 将应用程序代码发送给执行器。

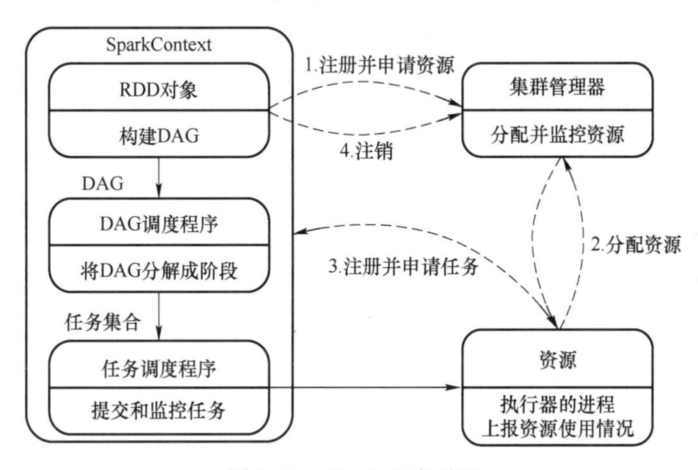

图 8.13　Spark 运行流程

4）任务在执行器上运行。执行结果被反馈给任务调度程序，然后再反馈给 DAG 调度程序。运行结束后写入数据，SparkContext 向集群管理器注销并释放所有资源。

3. RDD 设计原理

RDD 是分布式内存中的一个抽象概念，提供了一种高度受限的共享内存模型。本质上，RDD 是一个只读的内存分区记录集，每个 RDD 都可以分成多个分区，每个分区就是一个数据集片段，并且一个 RDD 的不同分区可以被保存到集群中不同的节点上，从而可以在集群中的不同节点上并行计算。

RDD 是只读的记录分区的集合，不能直接修改，只能基于稳定的物理存储中的数据集来创建，或者通过在其他 RDD 上执行确定的转换操作（如 map、join 和 groupBy）来创建新的 RDD。RDD 提供了一组丰富的操作以支持常见的数据运算，这些操作分为行动（Action）

和转换（Transformation）两种类型，行动用于执行计算并指定输出的形式，“转换”指定RDD之间的依赖关系。两类操作的主要区别是转换操作接收RDD并返回RDD，行动操作（比如count、collect等）接收RDD但返回一个值或结果。RDD提供的转换接口非常简单，都是类似于map、filter、groupBy、join等粗粒度的数据转换操作，而不是针对某个数据项的细粒度修改。

Spark用Scala语言实现了RDD的API，程序员可以通过调用API实现对RDD的各种操作。RDD典型的执行过程如下：

1）读入外部数据源或者内存中的集合，创建RDD。

2）RDD经过一系列的“转换”操作，每一次都会产生不同的RDD，以便下一个“转换”使用。

3）最后一个RDD经“行动”操作进行处理，并将计算结果输出为内存之外的外部数据源。

事实上，RDD计算过程的设计采用了惰性原理，即在RDD计算逻辑DAG的执行过程中，真正的计算发生在DAG中的“行动”操作上，对于“行动”之前的所有“转换”操作，Spark只记录“转换”操作对于基础RDD的运算逻辑，即相互之间的依赖关系，而不会触发真正的计算。

8.2.3 RDD编程

RDD编程包括RDD的创建和RDD的操作，其中RDD操作分为转换和行动，RDD的转换采用了惰性原理。

1. RDD的创建

Spark创建RDD的方式有两种：

1）使用textFile()方法，通过读取文件创建。

2）使用parallelize()方法，从已存在的集合创建，如Python中的列表、元组等集合。

其中，通过读取文件创建RDD时，要对小数据量进行处理，并在本地运行，可以使用“file:///”指定本地文件路径，如使用file:///home/hadoop/file/file1，读取文件file1创建RDD。对大量数据进行分布式并行计算时，需要读取HDFS中存储的文件，可以使用sc.textFile（"hdfs://localhost:9000/input/file1"），其中localhost:9000为HDFS配置地址和端口，input为HDFS中的文件目录，file1为文件名。textFile()方法将文件在HDFS中的URL作为参数，URL可以是HDFS的地址或Amazon S3的地址等。使用hadoop dfs-mkdir /input命令在HDFS上创建一个目录，并将本地的file1文件上传到该目录中。切换到本地file1所在目录后，上传文件到HDFS目录中的命令为hdfs dfs-put file1 /input。读取HDFS中的文件创建RDD的示例如图8.14所示，其中lines对象是创建后得到的RDD。

可以调用SparkContext的parallelize()方法，从一个已经存在的集合创建RDD。使用列表创建RDD的示例如图8.15所示。

2. RDD的操作

对RDD的操作而言，转换操作会产生新的RDD，行动操作依赖RDD，但转换操作和行动操作依赖的RDD的关系不同。

RDD转换操作会产生不同的RDD，以便于下一次转换使用。在RDD的转换过程中采用

```
hadoop@ubuntu: ~/file
hadoop@ubuntu:~/file$ pyspark
Python 3.8.10 (default, Sep 28 2021, 16:10:42)
[GCC 9.3.0] on linux
Type "help", "copyright", "credits" or "license" for more information.
Setting default log level to "WARN".
To adjust logging level use sc.setLogLevel(newLevel). For SparkR, use setLogLeve
l(newLevel).
Welcome to
      ____              __
     / __/__  ___ _____/ /__
    _\ \/ _ \/ _ `/ __/  '_/
   /__ / .__/\_,_/_/ /_/\_\   version 3.1.2
      /_/

Using Python version 3.8.10 (default, Sep 28 2021 16:10:42)
Spark context Web UI available at http://10.0.2.15:4040
Spark context available as 'sc' (master = local[*], app id = local-1635953092083
).
SparkSession available as 'spark'.
>>> lines=sc.textFile("hdfs://localhost:9000/input/file1")
>>> lines.foreach(print)
hello world                                                         (0 + 1) / 1]
hello hadoop
hello pyspark
>>>
```

图 8.14　读取 HDFS 中的文件创建 RDD 的示例

```
hadoop@ubuntu: ~/file
hadoop@ubuntu:~/file$ pyspark
Python 3.8.10 (default, Sep 28 2021, 16:10:42)
[GCC 9.3.0] on linux
Type "help", "copyright", "credits" or "license" for more information.
Setting default log level to "WARN".
To adjust logging level use sc.setLogLevel(newLevel). For SparkR, use setLogLeve
l(newLevel).
Welcome to
      ____              __
     / __/__  ___ _____/ /__
    _\ \/ _ \/ _ `/ __/  '_/
   /__ / .__/\_,_/_/ /_/\_\   version 3.1.2
      /_/

Using Python version 3.8.10 (default, Sep 28 2021 16:10:42)
Spark context Web UI available at http://10.0.2.15:4040
Spark context available as 'sc' (master = local[*], app id = local-1635953523125
).
SparkSession available as 'spark'.
>>> data=[1,2,3,4,5]
>>> rdd=sc.parallelize(data)
>>> rdd.foreach(print)
1Stage 0:>                                                          (0 + 1) / 1]
2
3
4
5
>>>
```

图 8.15　使用列表创建 RDD 的示例

了惰性机制，整个转换过程只记录转换的逻辑，并不会发生真正的计算（只有遇到行动操作时，才会触发真正的计算）。RDD 的转换操作主要有 5 个 API，每个 API 都是一个高阶方法，需要传入另一个函数（function）作为其参数。该 function 定义了具体的转换规则，常用 lambda 表达式进行设计。常见的转换 API 的方法如下：

（1）filter(function)。filter( )方法筛选满足 function 条件的元素，并返回一个新的 RDD。仍使用图 8.15 中的 RDD，筛选出包含 Spark 关键词的行的示例如图 8.16 所示。后续示例如没有特殊说明，代码均在 pyspark 命令行中运行。

```
>>> lines=sc.textFile("HDFS://localhost:9000/input/file1")
>>> sparkInLines=lines.filter(lambda line:"spark" in line)
>>> sparkInLines.foreach(print)
hello pyspark                                        (0 + 1) / 1]
>>>
```

图 8.16　filter( )方法

（2）map(function)。map( )方法将 RDD 通过 function 映射为一个新的 RDD，且该方法将 RDD 中的每个元素按照 function 的计算规则加以转换。将每个数据乘以 2 的数值转换示例如图 8.17 所示，分割文本的示例如图 8.18 所示。

```
>>> data=[1,2,3,4,5]
>>> rddOriginal=sc.parallelize(data)
>>> rddMap=rddOriginal.map(lambda x :x*2)
>>> rddMap.foreach(print)
2
4
6
8
10
>>>
```

图 8.17　map( )方法数值转换示例

```
>>> lines=sc.textFile("HDFS://localhost:9000/input/file1")
>>> wordsInLines=lines.map(lambda line:line.split(" "))
>>> wordsInLines.foreach(print)
['hello', 'world']
['hello', 'hadoop']
['hello', 'pyspark']
>>>
```

图 8.18　map( )方法分割文本示例

（3）flatMap(function)。flatMap( )方法和 map( )方法在 RDD 中转换中的作用基本相同，不同之处在于其增加了“拍扁”（Flat）功能，“拍扁”后 RDD 每行中仅有一个元素。flatMap( )方法的示例如图 8.19 所示。

```
>>> lines=sc.textFile("HDFS://localhost:9000/input/file1")
>>> wordsFlatMap=lines.flatMap(lambda line:line.split(" "))
>>> wordsFlatMap.foreach(print)
hello
world
hello
hadoop
hello
pyspark
>>>
```

图 8.19　flatMap( )方法的示例

（4）groupByKey( )。groupByKey( )方法应用于键值对（Key, Value）的数据集时，返回一个新的（Key, Iterable）形式的数据集。groupByKey( )方法的示例如图 8.20 所示。该示例中，使用 flatMap( )方法将文本转换为每行只有一个单词，再把每个单词转换为键值对(word, 1）的形式。groupByKey( )方法会合并具有相同键的数据，如示例中“Hello”出现了 3 次，所以将它们合并，且合并后的集合在一个 Iterable 对象中，形如（'hello', (1, 1, 1)），使用 map( )方法可聚合 Iterable 中的数据。

```
>>> lines=sc.textFile("HDFS://localhost:9000/input/file1")
>>> linesFlatMap=lines.flatMap(lambda line:line.split(" ")).map(lambda word:(
word,1))
>>> wordsGroup=linesFlatMap.groupByKey()
>>> wordsGroup.foreach(print)
('hello', <pyspark.resultiterable.ResultIterable object at 0x7fceb67172e0>)
('world', <pyspark.resultiterable.ResultIterable object at 0x7fceb5fc0670>)
('hadoop', <pyspark.resultiterable.ResultIterable object at 0x7fceb67172e0>)
('pyspark', <pyspark.resultiterable.ResultIterable object at 0x7fceb5fc0670>)
>>> wordsCountGroup=wordsGroup.map(lambda x:(x[0],sum(x[1])))
>>> wordsCountGroup.foreach(print)
('hello', 3)
('world', 1)
('hadoop', 1)
('pyspark', 1)
>>>
```

图 8.20　groupByKey( )方法的示例

（5） reduceByKey(function)。reduceByKey( )方法作用于（Key, Value）键值对的 RDD 时，返回一个新的（Key, Value）形式的 RDD，键值对将按照键值 Key 传递到 function 中，并对 Value 进行聚合计算。reduceByKey( )方法的示例如图 8.21 所示。该示例中使用 flatMap( )方法将文本转换为每行只有一个单词，再将每个单词转换为键值对（word, 1），reduceByKey( )方法中传入的 a 与 b 是具有相同 Key 的 Value。

```
>>> lines=sc.textFile("HDFS://localhost:9000/input/file1")
>>> wordsFlatMap=lines.flatMap(lambda line:line.split(" ")).map(lambda word:(
word,1))
>>> wordsReduceByKey=wordsFlatMap.reduceByKey(lambda a, b:a+b)
>>> wordsReduceByKey=wordsFlatMap.reduceByKey(lambda a, b:a+b)
>>> lines=sc.textFile("HDFS://localhost:9000/input/file1")
>>> wordsFlatMap=lines.flatMap(lambda line:line.split(" ")).map(lambda word:(
word,1))
>>> wordsReduceByKey=wordsFlatMap.reduceByKey(lambda a, b:a+b)
>>> wordsReduceByKey.foreach(print)
('hello', 3)
('world', 1)
('hadoop', 1)
('pyspark', 1)
>>>
```

图 8.21　reduceByKey( )方法的示例

在以上 5 个转换操作方法的使用中，RDD 转换所采用的惰性机制使得每个转换操作仅使用有向无环图记录转换逻辑，并不会触发真正的计算，只有遇到行动操作时才触发有向无环图中记录的所有计算。上述示例中的行动操作使用了 foreach( )以迭代输出所有的键值对。RDD 转换过程示意如图 8.22 所示。

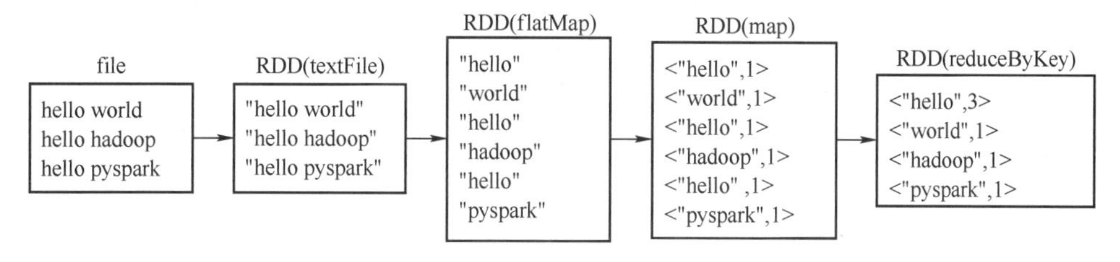

图 8.22　RDD 转换过程示意图

从文件中加载数据，完成一次又一次的转换操作后，只有当 pyspark 程序执行到行动操作时，才会执行真正的计算，完成行动操作并得到结果。常用的 RDD 行动操作 API 有以下几种：

（1）count()。count()方法返回 RDD 中元素的个数，示例如图 8.23 所示。

```
>>> lines=sc.textFile("HDFS://localhost:9000/input/file1")
>>> linesFlatMap=lines.flatMap(lambda line:line.split(" "))
>>> linesFlatMap.count()
[Stage 0:>
                                        6
>>> 
```

图 8.23 count()方法的示例

（2）collect()。collect()方法以列表的形式返回 RDD 中元素，示例如图 8.24 所示。

```
>>> lines=sc.textFile("HDFS://localhost:9000/input/file1")
>>> linesFlatMap=lines.flatMap(lambda line:line.split(" "))
>>> linesFlatMap.collect()
['hello', 'world', 'hello', 'hadoop', 'hello', 'pyspark']
>>> 
```

图 8.24 collect()方法的示例

（3）first()和 take(n)。first()方法用于获取 RDD 中的第一个元素，take(n)方法用于获取 RDD 中的前 n 个元素以得到新的列表。它们常用于数据的观察，示例如图 8.25 所示。

```
>>> lines=sc.textFile("HDFS://localhost:9000/input/file1")
>>> linesFlatMap=lines.flatMap(lambda line:line.split(" "))
>>> linesFlatMap.first()
'hello'
>>> linesFlatMap.take(3)
['hello', 'world', 'hello']
>>> 
```

图 8.25 first()和 take（n）方法的示例

（4）reduce(function)。reduce()也用于聚合，reduce()与 reduceByKey()的功能不同，reduce()是行动操作，常用于聚合 RDD 中的元素，传入的数据是数据集合中的所有元素；reduceByKey()是转换操作，传入的数据是具有相同键的值。reduce()方法的示例如图 8.26 所示。

```
>>> data=[1,2,3,4,5]
>>> rdd=sc.parallelize(data)
>>> rdd.reduce(lambda a,b:a+b)
15
>>> rdd.reduce(min)
1
>>> rdd.reduce(max)
5
>>> 
```

图 8.26 reduce()方法的示例

（5）foreach(function)。foreach()方法遍历 RDD 中的元素，并将每个元素传递到 function 中执行行动操作，foreach()方法的使用方法为 rdd.foreach(lambda x: print(x))，打印时可简化为 rdd.foreach(print())。

3. 键值对转换

键值形式的 RDD，是指 RDD 中每个元素都是（Key, Value）格式的数据，这是最常见的 RDD 数据类型。键值对 RDD 仍然通过文件加载或集合来创建。常见的键值对 RDD 操作除了上述 reduceByKey(function)和 groupByKey()外，还有以下几个主要方法：

（1）keys( )和 values( )。keys( )方法返回所有键值对中的 Key，values( )方法返回所有键值对中的 Value，分别形成新的 RDD。keys( )和 values( )方法的示例如图 8.27 所示。

```
>>> lines=sc.textFile("HDFS://localhost:9000/input/file1")
>>> linesFlatMap=lines.flatMap(lambda line:line.split(" ")).map(lambda word:(
word,1))
>>> linesFlatMap.keys().foreach(print)
hello
world
hello
hadoop
hello
pyspark
>>> linesFlatMap.values().foreach(print)
1
1
1
1
1
1
>>>
```

图 8.27　keys( )和 values( )方法的示例

（2）sortByKey( )和 sortBy( )。sortByKey( )方法返回根据键值排序的 RDD，sortBy( )方法可按照键值对中的指定值排序。两个方法都有升降序排序参数，默认 True 为升序，False 为降序。sortByKey( )和 sortBy( )方法的示例如图 8.28 所示。

```
>>> lines=sc.textFile("HDFS://localhost:9000/input/file1")
>>> linesFlatMap=lines.flatMap(lambda line:line.split(" ")).map(lambda word:(
word,1))
>>> wordReduce.sortByKey().foreach(print)
('hadoop', 1)
('hello', 3)
('pyspark', 1)
('world', 1)
>>> wordReduce.sortBy(lambda x:x[1],False).foreach(print)
('hello', 3)
('world', 1)
('hadoop', 1)
('pyspark', 1)
>>>
```

图 8.28　sortByKey( )和 sortBy( )方法的示例

（3）mapValues(function)。mapValues(function)方法是针对键值对中 Value 的转换，它会把所有的 Value 都按照 function 定义的转换逻辑进行相同的转换操作，不会影响 Key。mapValues(function)方法的示例如图 8.29 所示。

```
>>> lines=sc.textFile("HDFS://localhost:9000/input/file1")
>>> linesFlatMap=lines.flatMap(lambda line:line.split(" ")).map(lambda word:(
word,1))
>>> wordMapValue=wordsReduceByKey.mapValues(lambda x:x+1)
>>> wordMapValue.foreach(print)
('hello', 4)
('world', 2)
('hadoop', 2)
('pyspark', 2)
>>>
```

图 8.29　mapValues（function）方法的示例

（4）join( )。join( )方法是对两个 RDD 中相同键值的数据执行内连接，将（Key, Value1）和（Key, Value2）连接成（Key,(Value1,Value2)）的键值对形式，示例如图 8.30 所示。该示例中分别加载 file1 和 file2 两个文件后，统计两个文件中单词的数量，再通过

join( )方法连接两个结果。

```
>>> lines_1=sc.textFile("HDFS://localhost:9000/input/file1")
>>> linesFlatMap_1=lines_1.flatMap(lambda line:line.split(" ")).map(lambda wo
rd:(word,1))
>>> wordsReduceByKey_1=linesFlatMap_1.reduceByKey(lambda a,b:a+b)
>>> wordsReduceByKey_1.foreach(print)
('hello', 3)
('world', 1)
('hadoop', 1)
('pyspark', 1)
>>> lines_2=sc.textFile("HDFS://localhost:9000/input/file2")
>>> linesFlatMap_2=lines_2.flatMap(lambda line:line.split(" ")).map(lambda wo
rd:(word,1))
>>> wordsReduceByKey_2=linesFlatMap_2.reduceByKey(lambda a,b:a+b)
>>> wordsReduceByKey_2.foreach(print)
('pyspark', 1)
('fast', 1)
('hadoop', 1)
('slow', 1)
>>> wordsJoin=wordsReduceByKey_1.join(wordsReduceByKey_2)
>>> wordsJoin.foreach(print)
('hadoop', (1, 1))
('pyspark', (1, 1))
>>>
```

图 8.30　join( )方法的示例

（5） combineByKey( )。combineByKey( )方法是 Spark 中核心的高阶方法，其他一些高阶方法的底层都是用该方法实现的，如 groupByKey( )、reduceByKey( )等。combineByKey( )方法的原型为：

```
combineByKey(createCombiner:V=> C,
          mergeValue:(C,V)=> C,
          mergeCombiners:(C,C)=> C,
          partitioner:Partitioner,
          mapSideCombine:Boolean=true,
          serializer:Serializer=null)
```

其中，createCombiner：V=> C，表示对输入数据进行类型转换，类似于初始化操作；mergeValue：(C，V)= > C 把具有相同键的值合并到之前计算中已有的相同键的元素 C 中，C 为合并后的数据，V 为待合并的数据，即进行分区聚合计算；mergeCombiners：(C，C)= > C，是将多个 C 合并，即进行分区之间的聚合计算。combineByKey( )方法的示例如图 8.31所示。

```
>>> data=[('A',88),('A',96),('A',85),('B',94),('B',86),('C',88)]
>>> rdd=sc.parallelize(data)
>>> res=rdd.combineByKey(lambda c:(c,1),lambda sum,c:(sum[0]+c,sum[1]+1),lambda
sum_1,sum_2:(sum_1[0]+sum_2[0],sum_1[1]+sum_2[1])).map(lambda x:(x[0],x[1][0],x[
1][0]/float(x[1][1])))
>>> res.foreach(print)
('A', 269, 89.66666666666667)
('B', 180, 90.0)
('C', 88, 88.0)
>>>
```

图 8.31　combineByKey( )方法的示例

在图 8.31 的示例中，combineByKey( )中第一个参数，将（'A',88）格式的键值对使用 lambda c：(c,1) 初始化为（88,1）；第二个参数 lambda sum,c：(sum[0]+c,sum[1]+1)将键为 A 的数据聚合，即（88,1）和（96,1）对应位置相加后，再将聚合结果（184,2）存储在 sum 中；第三个参数 lambda sum_1,sum_2：(sum_1[0]+ sum_2[0],sum_1[1]+sum_2[1])是将多个分区上相同键的结果聚合，最后计算平均值并输出。

(6) saveAsTextFile( )。saveAsTextFile( )方法将 RDD 以文本文件的格式存储到文件系统中。该方法将按照分区数量生成文件的个数，比如 part-00000 到 part-0000n 表示一次存储结果得到的文件，n 是分区的个数。在图 8.32 的示例中，使用 saveAsTextFile( )方法将 RDD 存储到 HDFS 中，图 8.33 读取 HDFS 中的存储结果。

```
>>> wordsReduceByKey.saveAsTextFile("hdfs://localhost:9000/output")
>>> lines=sc.textFile("hdfs://localhost:9000/input/file1")
>>> wordsFlatMap=lines.flatMap(lambda line:line.split(" ")).map(lambda word:(wor
d,1))
>>> wordsReduceByKey=wordsFlatMap.reduceByKey(lambda a,b:a+b)
>>> wordsReduceByKey.saveAsTextFile("hdfs://localhost:9000/output")
>>> 
```

图 8.32　使用 saveAsTextFile( )方法存储结果

```
hadoop@ubuntu:~$ hadoop dfs -cat /output/part-00000
WARNING: Use of this script to execute dfs is deprecated.
WARNING: Attempting to execute replacement "hdfs dfs" instead.

('hello', 3)
('world', 1)
('hadoop', 1)
('pyspark', 1)
hadoop@ubuntu:~$ 
```

图 8.33　读取 saveAsTextFile( )存储的结果

4. RDD 编程示例

(1) TopN 问题。对少量的结构化数据，想要获取其中某一字段数据的最大值行或者最小值行，可以通过排序来获取；面向大型数据，尤其是当数据并非完全是结构化的数据时，可使用 Spark 处理并获取满足条件的前 N 条数据，这就是 TopN 问题。TopN 问题是推荐系统、搜索引擎等大数据应用场景中的常用方法之一，TopN 示例如图 8.34 所示。

```
>>> lines=sc.textFile("hdfs://localhost:9000/input/boston_housing_data.csv")
>>> rdd_1=lines.filter(lambda line:(len(line.strip())>0) and (len(line.split(","
))==14))
>>> rdd_2=rdd_1.map(lambda line:line.split(",")[0])
>>> rdd_3=rdd_2.map(lambda x:(float(x),""))
>>> rdd_4=rdd_3.repartition(1)
>>> rdd_5=rdd_4.sortByKey(False)
>>> rdd_6=rdd_5.map(lambda x:x[0])
>>> rdd_7=rdd_6.take(10)
>>> for x in rdd_7:
...     print(x)
...
9.96654
9.92485
9.91655
9.82349
9.72418
9.59571
9.51363
9.39063
9.33889
9.32909
>>> 
```

图 8.34　TopN 示例

该示例中以波士顿房价数据集 boston_housing_data. csv 为数据源，手动删除数据中表头以及之前的注释部分，只保留数据，并将其上传到 HDFS 中的 input 目录中，在 Spark SQL 中可使用 spark. read. format("csv"). option( )方法读取数据集，并设置属性忽略表头。波士顿房价数据集中共有 14 个特征、506 个样本，以特征 CRIM（城镇人均犯罪率）为 TopN 计算的目标变量，计算输出 CRIM 最高的 10 条记录。

示例中的 rdd_1 使用了 filter( )转换方法，其中使用 len( )方法获取字符串长度，strip( )方法去除空格，split( )方法分割数据列，filter( )方法筛选符合其 lambda 表达式定义规则要求的记录。rdd_2 获得 CRIM 列，rdd_3 将 CRIM 列转换为数值类型，并映射为键值对。rdd_4 中使用 repartition(1)方法将 RDD 重新分区为一个区，这是因为如果不重新分区，在加载数据集创建 RDD 时，Spark 就会按照默认分区数目来分区，分区计算虽然能够提高并行度，但在排序时 sortByKey( )仅在分区内排序，即分区内局部有序，这样无法保证排序结果全局有序。rdd_6 获取排序后键值对的键。获取 Top10 个样本使用 take( )方法，该方法为行动操作，执行行动操作后得到的结果为排在最前面的 10 个值，数据类型为 Python 中的列表，如果需要查看列表元素则使用 foreach( )方法列举，需要对 rdd_7 使用 parallelize( )方法重新转换为新的 RDD。

（2）二次排序问题。在 TopN 问题中，使用 sortByKey( )方法可以按照 RDD 中的键值对<Key, Value>中的 Key 进行排序，另一个排序方法 sortBy( )则可以按照非键值排序，但这两个方法均无法按照多个关键字排序。如需要对波士顿房价数据集，先按照第 14 列自住房的平均房价（MEDV）排序，房价相同时再按照第 1 列城镇人均犯罪率（CRIM）排序，则两个排序方法都无法满足此需求，需要设计二次排序方法，二次排序的实现步骤如下：

1）定义 SecondarySortKey 类，实现自定义 Key 排序。

2）加载数据集，并转换为 RDD。

3）使用 sortByKey( )基于自定义的 Key 进行二次排序。

4）去掉排序的 Key，保留排序结果。

SecondarySortKey 类的定义如图 8.35 所示。类中包含了两个属性 column_1 和 column_2，首先根据 column_1 的值进行降序排序，降序排序使用 operator 包中的 gt( )方法（如果进行升序排序，则需要使用 lt( )方法），如果 column_1 相等，则继续按照 column_2 降序排序。

```
>>> from operator import gt
>>> class SecondarySortKey():
...     def __init__(self,k):
...             self.column_1=k[0]
...             self.column_2=k[1]
...     def __gt__(self,other):
...             if other.column_1==self.column_1:
...                     return gt(self.column_2,other.column_2)
...             else:
...                     return gt(self.column_1,other.column_1)
...
```

图 8.35　SecondarySortKey 类的定义

在二次排序的示例图 8.36 中，rdd_1 读取文件中的行，并筛选出第 1 列和第 14 列不为空的数据，rdd_2 获取第 1 列和第 14 列并将数据转换为键值对，其中键为组合键，如第 1 列和第 14 列中某行数据为 9.96654 和 15.4，则键值对为((9.96654, 15.4), " 9.96654,15.4")，其中键(9.96654, 15.4)用于传递给 SecondarySortKey 类进行二次排序，"9.96654, 15.4"为保留的原始数据，在程序中((9.96654, 15.4),"9.96654, 15.4")分别对应于 x[0] 和 x[1]。可见，通过键值的重新组合和 SecondarySortKey 类的定义，可实现任意多关键字的排序。

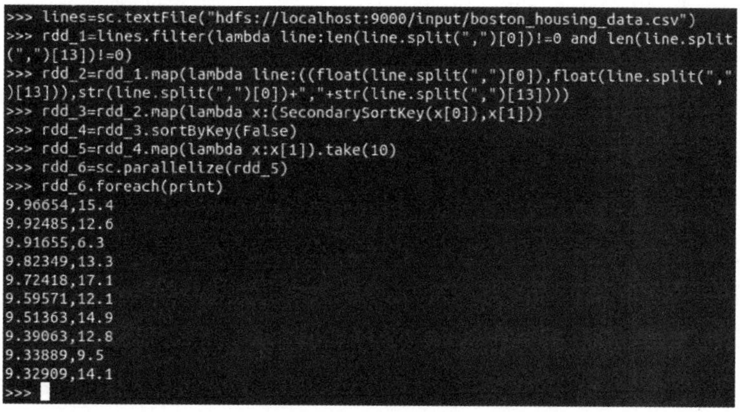

```
>>> lines=sc.textFile("hdfs://localhost:9000/input/boston_housing_data.csv")
>>> rdd_1=lines.filter(lambda line:len(line.split(",")[0])!=0 and len(line.split
(",")[13])!=0)
>>> rdd_2=rdd_1.map(lambda line:((float(line.split(",")[0]),float(line.split(","
)[13])),str(line.split(",")[0])+","+str(line.split(",")[13])))
>>> rdd_3=rdd_2.map(lambda x:(SecondarySortKey(x[0]),x[1]))
>>> rdd_4=rdd_3.sortByKey(False)
>>> rdd_5=rdd_4.map(lambda x:x[1]).take(10)
>>> rdd_6=sc.parallelize(rdd_5)
>>> rdd_6.foreach(print)
9.96654,15.4
9.92485,12.6
9.91655,6.3
9.82349,13.3
9.72418,17.1
9.59571,12.1
9.51363,14.9
9.39063,12.8
9.33889,9.5
9.32909,14.1
>>> 
```

图 8.36　二次排序

8.2.4　Spark SQL

Hive 是一个基于 Hadoop 的数据库工具，提供了类似于关系数据库中 SQL 语句的 HiveQL。HiveQL 可以快速实现 MapReduce 统计，但 Hive 需要与 Hadoop 交互完成任务。Shark 在其平台上提供了类似于 Hive 的功能，但 Shark 采用的设计理念导致了计划优化的执行过程完全依赖于 Hive，不便于优化，也不便于 MapReduce 在进程级别上的并行实现和 Spark 在线程级别上的并行实现。2014 年 6 月 1 日，Shark 项目和 Spark SQL 项目的主持人 Reynold Xin 宣布，停止对 Shark 的开发，团队将把所有资源放在 Spark SQL 项目上。Spark SQL 中增加了 DataFrame（类似于 Pandas 中的 DataFrame），这是一种带有 Schema（模式）元数据信息的 RDD，可在 Spark SQL 中执行 SQL 语句，数据源可以来自 RDD，也可以来自 Hive、HDFS、Cassandra 等外部数据，支持 JSON 格式的数据源。Spark SQL 也同样支持 Scala、Java 和 Python 等编程语言。Spark SQL 支持 DataFrame 结构的数据源，DataFrame 使 Spark 具备了处理大规模结构化数据的能力，不仅比原有的 RDD 转换方式更加简单易用，而且获得了更高的计算性能。在 Spark SQL 中，DataFrame 是基于 RDD 的分布式数据集，在 RDD 规则的基础上加入了数据结构信息，可以认为是存储方式为 RDD 的关系数据表。

1. DataFrame 的创建和保存

Spark 从 2.0 版本开始，使用全新的 SparkSession 接口替代 SQLContext 及 HiveContext 接口来实现数据加载、转换、处理等功能。SparkSession 支持从不同的数据源加载数据，并把数据转换成 DataFrame，再使用 SQL 语句来操作数据。执行 Spark SQL 的方法也有命令行和独立应用两种方式，使用命令行方式时，启动 pyspark 就会自动建立名称为 spark 的 SparkSession 实例；采用独立应用的方式时，需要通过以下 3 行代码自定义 SparkSession 实例。

```
#!/usr/bin/env python3
from pyspark import SparkContext,SparkConf
from pyspark.sql import SparkSession
spark=SparkSession.builder.config(conf=SparkConf()).getOrCreate()
```

使用 spark.read，可以从不同类型的文件中加载数据，从而创建 DataFrame，例如：

1）spark.read. text( )或 spark.read.format("text").load( )读取文本文件，创建 DataFrame。

2）spark.read.json( )或 spark.read.format("json").load( )读取 JSON 格式的文件，创建 DataFrame。

3）spark.read.parquet( )或 spark.read.format("parquet").load( )读取 parquet 格式文件，创建 DataFrame。

4）spark.read.csv( )或 spark.read.format("csv").load( )读取 CSV 格式文件，创建 DataFrame。

其中，text( )、json( )、parquet( )和 load( )方法需要传入正确的文件路径，文件可以是本地文件系统或 HDFS 中的文件。与创建的方法对应，DataFrame 的保存使用 spark. write 类中的同名方法。在图 8.37 的示例中，在 HDFS 中重新上传了带表头的波士顿房价数据集 boston_housing_data. csv，读取该文件创建 DataFrame 并显示前 5 行数据，也可以用 option ("header","True") 方法指定第 1 行作为表头。

```
>>> df=spark.read.csv("hdfs://localhost:9000/input/boston_housing_data.csv",header="True")
[Stage 0:>                                                          (0 + 1) / 1
                                                                    >>> df.show(5)
+-------+---+-----+----+-----+-----+----+------+---+---+-------+------+-----+----+
|   CRIM| ZN|INDUS|CHAS|  NOX|   RM| AGE|   DIS|RAD|TAX|PIRATIO|     B|LSTAT|MEDV|
+-------+---+-----+----+-----+-----+----+------+---+---+-------+------+-----+----+
|0.00632| 18| 2.31|   0|0.538|6.575|65.2|  4.09|  1|296|   15.3| 396.9| 4.98|  24|
|0.02731|  0| 7.07|   0|0.469|6.421|78.9|4.9671|  2|242|   17.8| 396.9| 9.14|21.6|
|0.02729|  0| 7.07|   0|0.469|7.185|61.1|4.9671|  2|242|   17.8|392.83| 4.03|34.7|
|0.03237|  0| 2.18|   0|0.458|6.998|45.8|6.0622|  3|222|   18.7|394.63| 2.94|33.4|
|0.06905|  0| 2.18|   0|0.458|7.147|54.2|6.0622|  3|222|   18.7| 396.9| 5.33|36.2|
+-------+---+-----+----+-----+-----+----+------+---+---+-------+------+-----+----+
only showing top 5 rows

>>>
```

图 8.37　创建 DataFrame 示例

2. DataFrame 的常用操作

1）show(numRows:Int,truncate:Boolean) 方法，用于显示 DataFrame 中的数据。其中 numRows 指定显示的行数；truncate 默认为 True，该参数为 True 时，表示当特征中的值超过 20 个字符时，中间的部分字符用省略号替代显示。

2）printSchema( )，用于打印 DataFrame 的结构，如图 8.38 所示。示例中导入了 pyspark.sql.functions 包，functions 中包含了很多内置方法。示例中 col("MEDV") 用于操作列。DataFrame 中列的操作也可以通过“df. 列名”“df['列名'] ”或“列索引”来完成，与 Pandas 中的 DataFrame 的索引相似。cast( )方法将列 MEDV 从 string 类型转为 float 类型。还可以使用 describe( )方法查看数据集的统计信息。

```
>>> from pyspark.sql.functions import col
>>> df_2=df.withColumn("MEDV",col("MEDV").cast("float"))
>>> df_2.printSchema()
root
 |-- CRIM: string (nullable = true)
 |-- ZN: string (nullable = true)
 |-- INDUS: string (nullable = true)
 |-- CHAS: string (nullable = true)
 |-- NOX: string (nullable = true)
 |-- RM: string (nullable = true)
 |-- AGE: string (nullable = true)
 |-- DIS: string (nullable = true)
 |-- RAD: string (nullable = true)
 |-- TAX: string (nullable = true)
 |-- PIRATIO: string (nullable = true)
 |-- B: string (nullable = true)
 |-- LSTAT: string (nullable = true)
 |-- MEDV: float (nullable = true)

>>>
```

图 8.38　printSchema( )示例

3）select( )方法，和 SQL 语句中的用法一样，可投影 DataFrame 中的列或在原有列上进行运算。

4）filter( )或 where( )方法，相当于 SQL 中的 where 关键字，可按照条件筛选行。在条件的构造中，除了使用关系运算符之外，还可以使用常用的逻辑运算符，如逻辑与运算符“&”，逻辑或运算符“|”等。

5）sort( )或 orderBy( )方法，类似于 SQL 中的 OrderBy 关键字。desc( )表示降序排序，asc( )表示升序排序。

6）groupby( )方法，类似于 SQL 中的 Group By 关键字，用于统计每个分组中的数据。

如图 8.39 所示，filter( )用于筛选 DataFrame MEDV 列中所有非 0 的行，select( )投影该列并加 10，还按照该列降序用 sort( )方法排序后显示前 5 行。

```
>>> df_2.filter(col("MEDV")>0).select(col("MEDV")+10,df_2.CRIM).sort(col("MEDV").desc()).sh
ow(5)
+------------+-------+
|(MEDV + 10)|   CRIM|
+------------+-------+
|        60.0|0.01381|
|        60.0|1.51902|
|        60.0|0.52693|
|        60.0|0.05602|
|        60.0|2.01019|
+------------+-------+
only showing top 5 rows

>>> 
```

图 8.39　filter( )、select( )和 sort( )方法示例

7）distinct( )方法，用于去除重复。

8）collect( )方法，将 DataFrame 转为满足 Row 类的列表。

9）withColumn( )方法，用于向 DataFrame 中添加新列，更改现有列的值，转换列的数据类型，从现有列派生新列等。如 withColumn('label',0）将在 DataFrame 中添加全为 0 的列。

10）和 SQL 中对应，DataFrame 也有并、交、差运算，分别对应于 union( )、intersect( )、subtract( )方法。

11）join( )方法，用于连接，生成新的 DataFrame。如 df_1.join(df_2,df_1.key==df_2.key,"inner"),定义了两个 DataFrame 且通过 key 进行内部连接。

3. RDD 转换为 DataFrame

从 RDD 转换为 DataFrame 有两种模式：第一种是利用反射机制推断 RDD 模式；第二种是使用编程方式定义模式，构造一个 DataFrame 结构，将编程定义的 DataFrame 结构与已有的 RDD 合并形成 DataFrame。

使用前述示例中的 RDD，加载 file1 文件，对其利用反射机制推断 RDD 结构创建 DataFrame如图 8.40 所示。

导入 pyspark.sql 包中的 Row 函数，用于构建 DataFrame 中的行，行数据使用词频统计的结果。map(lambda x:Row(name=x[0],num=x[1]))将词频统计转换为行，spark.createDataFrame( )方法将行数据转换为 DataFrame，之后查询 DataFrame。使用 DataFrame 专属的一些方法能够对其进行查询和操作，该示例中查询 DataFrame 使用 SQL 语句，在使用 SQL 语句查询 DataFrame 之前，需要用 createOrReplaceTempView( )方法将 DataFrame 注册为一张具有表名的临时表，该示例中将 DataFrame 的查询结果，利用 map( )方法转换为 RDD 后，使用 foreach( )

```
>>> from pyspark.sql import Row
>>> data=sc.textFile("hdfs://localhost:9000/input/file1").flatMap(lambda line:line.split("
")).map(lambda x:(x,1)).reduceByKey(lambda a,b:a+b).map(lambda x:Row(name=x[0],num=x[1]))
>>> schemaData=spark.createDataFrame(data)
>>> schemaData.show()
+-------+---+
|   name|num|
+-------+---+
|  hello|  3|
|  world|  1|
| hadoop|  1|
|pyspark|  1|
+-------+---+

>>> schemaData.createOrReplaceTempView("data")
>>> dataDF=spark.sql("select name,num from data where num>1")
>>> dataRDD=dataDF.rdd.map(lambda x:"Name:"+x.name+",Age:"+str(x.num))
>>> dataRDD.foreach(print)
Name:hello,Age:3
>>> 
```

图 8.40　利用反射机制推断 RDD 结构创建 DataFrame

行动操作打印输出。

在利用反射机制推断 RDD 结构时，需要采用编程方式定义 RDD 结构，类似于在关系数据库中先定义表结构，再将数据存储到表中，主要步骤如下：

1）使用 pyspark. sql. types 包中的数据类型定义 DataFrame 结构。

2）加载数据并转换为记录。

3）组装 DataFrame 结构和记录。

DataFrame 结构设计需要字段名称、字段类型和是否为空等信息，Spark SQL 提供了 StructType 来表示结构信息，通过在其中加入 StructField(name, dataType, nullable = True, metedate = None) 作为 StructType( )方法的参数来定义多个字段，DataFrame 数据被封装在 Row 中，最后使用 spark. createDataFrame( )将结构和数据组装成 DataFrame，如图 8.41 所示。

```
>>> from pyspark.sql.types import *
>>> from pyspark.sql import Row
>>> schema=StructType([StructField("name",StringType(),True),StructField("num",IntegerType(
),True)])
>>> data=sc.textFile("hdfs://localhost:9000/input/file1").flatMap(lambda line:line.split("
")).map(lambda x:(x,1)).reduceByKey(lambda a,b:a+b).map(lambda x:Row(x[0],int(x[1])))
>>> schemaData=spark.createDataFrame(data,schema)
>>> schemaData.show()
+-------+---+
|   name|num|
+-------+---+
|  hello|  3|
|  world|  1|
| hadoop|  1|
|pyspark|  1|
+-------+---+

>>> schemaData.createOrReplaceTempView("data")
>>> dataDF=spark.sql("select * from data where name like '%spark%'")
>>> dataDF.show()
+-------+---+
|   name|num|
+-------+---+
|pyspark|  1|
+-------+---+

>>> 
```

图 8.41　编程方式定义 RDD 结构创建 DataFrame

4. Spark SQL 读写数据库

Spark SQL 支持 Parquet、JSON、Hive、MySQL 等数据源，通过 JDBC 驱动连接数据源访问数据。在 Ubuntu 上安装 MySQL 后，启动 MySQL 服务（后续将用到 MySQL 的登录密码，此处设置为 123456），在其中创建数据库和表，示例如图 8.42 所示。

```
mysql> create database spark;
Query OK, 1 row affected (0.02 sec)

mysql> use spark
Database changed
mysql> create table wordList (name char(255),num int(4));
Query OK, 0 rows affected, 1 warning (0.09 sec)

mysql> insert into wordList values('hello',3),('world',1),('hadoop',1),('pyspark
',1);
Query OK, 4 rows affected (0.01 sec)
Records: 4  Duplicates: 0  Warnings: 0

mysql> select * from wordList;
+---------+------+
| name    | num  |
+---------+------+
| hello   |    3 |
| world   |    1 |
| hadoop  |    1 |
| pyspark |    1 |
+---------+------+
4 rows in set (0.00 sec)

mysql>
```

图 8.42　MySQL 中创建数据库和表的示例

使用 JDBC 访问 MySQL 数据库，需要从 MySQL 官网上下载 JDBC 驱动程序，并按照操作系统选择相应的版本，如 mysql-connector-java_8.0.27-1ubuntu20.04_all.deb，在 Ubuntu 中使用 dpkg-X mysql-connector-java_8.0.27-1ubuntu20.04_all.deb/home/hadoop 将其解压到 hadoop 用户的根目录后，在其子目录/share/java 中找到 mysql-connector-java-8.0.27.jar 文件，然后将 jar 文件复制到 Spark 安装路径中的 jars 目录下，用图 8.43 所示的示例访问 MySQL 数据库，并将表中数据加载到 DataFrame，在配置过程中字符的书写需认真核对，有误将导致无法连接。

```
>>> jdbfDF=spark.read.format('jdbc')\
... .format("jdbc")\
... .option("driver","com.mysql.cj.jdbc.Driver")\
... .option("url","jdbc:mysql://localhost:3306/spark")\
... .option("dbtable","wordList")\
... .option("user","root")\
... .option("password","123456")\
... .load()
>>> jdbfDF.show()
+-------+---+
|   name|num|
+-------+---+
|  hello|  3|
|  world|  1|
| hadoop|  1|
|pyspark|  1|
+-------+---+

>>>
```

图 8.43　Spark SQL 读取 MySQL 数据

使用 Spark SQL 向 MySQL 数据库表中插入数据时，首先需要编程定义与数据库中表结构一致的 DataFrame 结构。通过 write 向数据表中插入数据时，使用 option( )附加参数实现插入，或直接在 jdbc( )方法中加入参数 prop。插入数据如图 8.44 所示，插入完成后表中数据变为 6 行。

```
>>> from pyspark.sql import Row
>>> from pyspark.sql.types import *
>>> schema=StructType([StructField("name",StringType(),True),StructField("num",IntegerType(
),True)])
>>> data=sc.parallelize([("spark",5),("scala",2)])
>>> rowData=data.map(lambda x:Row(x[0],int(x[1])))
>>> rowData.foreach(print)
<Row('spark', 5)>
<Row('scala', 2)>
>>> dfData=spark.createDataFrame(rowData,schema)
>>> prop={'user':'root','password':'123456','driver':'com.mysql.cj.jdbc.Driver'}
>>> dfData.write.jdbc("jdbc:mysql://localhost:3306/spark","wordList","append",prop)
>>> 
```

图 8.44　Spark SQL 向 MySQL 数据表中插入数据

8.2.5　Spark 流式计算

Spark 数据能够处理 RDD 和 DataFrame 两种类型的数据，同样也支持这两种数据类型的流式数据处理。

1. Spark Streaming

Spark Streaming 是构建在 Spark 上的实时计算框架，它扩展了 Spark 处理大规模流式数据的能力。Spark Streaming 接收实时流数据后，根据一定的时间间隔（通常是 0.5~2s）将数据流拆分成一批批的数据，Spark 处理批数据，最终得到处理一批批数据的结果数据。Spark Streaming 最主要的抽象数据类型是 DStream（离散化数据流，Distcretized Stream），因此可以将对应流数据的 DStream 看成一组 RDD，即 RDD 的一个序列，对 DStream 的操作最终转变为对相应 RDD 的操作。Spark Streaming 可以整合多种输入数据源，如 Kafka、Flume、HDFS 或 TCP 套接字，经处理后的数据可以存储至文件系统、数据库，或者打印输出到控制台。

在 Spark Streaming 上有一个 Receiver 组件，它在 Executor 上长期执行任务。每个 Receiver 负责一个 DStream 数据流，接收数据源传递的数据后，提交给 Spark Streaming 程序处理。编写 Spark Streaming 程序的基本步骤如下：

1）创建输入 DStream 来定义数据源。

2）对 DStream 定义流计算规则。

3）调用 StreamingContext 对象的 Start( )方法开始接收数据和处理流程。

4）调用 StreamingContext 对象的 awaitTermination( )方法，等待流计算结束。

如果需要运行 Spark Streaming 程序，首先需要创建一个 StreamingContext 对象，它是 Spark Streaming 程序的入口。用命令行方式使用 StreamingContext，因为已有默认的 SparkContext 对象 sc，所以可采用如图 8.45 所示的方式创建 StreamingContext 对象。

```
>>> from pyspark.streaming import StreamingContext
>>> ssc=StreamingContext(sc,1)
>>> 
```

图 8.45　用命令行方式创建 StreamingContext 对象

其中，ssc=StreamingContext(sc,1) 中的“1”为流数据的时间间隔，代表 1s。采用独立编程方式实现 Spark Streaming 流式计算时，需要自定义 sc 对象。创建 StreamingContext 对象的方式如下：

```
#!/usr/bin/env python3
from pyspark import SparkContext,SparkConf
from pyspark.streaming import StreamingContext
conf=SparkConf().setMaster("local").setAppName("DStreamApp")
sc=SparkContext(conf=conf)
ssc=StreamingContext(sc,1)
```

Spark Streaming 可对不同的数据源进行流式处理，包括基本数据源和高级数据源（如 Kafka、Flume 等）。以基本数据源文件流和 TCP 套接字为例实现流式计算的过程如下：

（1）基本数据源文件流。在 Ubuntu 中打开两个终端模拟文件流，一个记为数据源端，另一个记为流式计算端。在流式计算端启动 pyspark 并实现图 8.46 中的示例。在 ssc.start( )执行后，流处理程序开始进入监听状态。如果需要停止使用流式计算，则需要在使用<Ctrl+c>组合键后，输入 ssc.stop( )。

```
>>> from pyspark.streaming import StreamingContext
>>> ssc=StreamingContext(sc,10)
>>> lines=ssc.textFileStream("file:///home/hadoop/file/logfile")
>>> wordsCount=lines.flatMap(lambda line:line.split(" ")).map(lambda x:(x,1)).reduceByKey(l
ambda a,b:a+b)
>>> wordsCount.pprint()
>>> ssc.start()
```

图 8.46　Spark Streaming 流式计算端示例

流式计算端进入监听状态后，在数据源端，即/home/hadoop/file/logfile 目录中任意建立一个文件，在文件中输入一些词后保存。流式计算端中的 Spark Streaming 会读取该文件，并计算、打印文件中词频的统计结果，Spark Streaming 文件流流式计算端的计算过程如图 8.47 所示。

```
-------------------------------------------
Time: 2021-11-15 09:10:20
-------------------------------------------

-------------------------------------------
Time: 2021-11-15 09:10:30
-------------------------------------------
('hello', 2)
('hadoop', 2)
('spark', 2)
('fast', 1)
('slow', 1)
```

图 8.47　Spark Streaming 文件流流式计算端的计算过程

（2）TCP 套接字。Spark Streaming 流式计算基于 TCP 套接字实现 Socket 通信，使用 Ubuntu 操作系统中自带的服务软件 NetCat(nc)构建 TCP 套接字，在数据源端模拟 Socket 服务器。假设在数据源端使用 nc-lk 9999，这意味着多次监听 9999 端口，如图 8.48 所示。

```
hadoop@ubuntu:~$ nc -lk 9999
```

图 8.48　多次监听 9999 端口

在流式计算端建立 Spark Streaming 处理程序，读取 Socket 套接字数据，并处理流式数据的示例如图 8.49 所示。在示例中，使用 sc.stop( )停止原有的 SparkContext( )对象，原有 sc 的 master 节点使用 local[N] 默认配置，默认的 Spark Streaming 框架中有等于 CPU 个数的 N 个线程接收和处理数据，N 不等于 2，会导致流式计算端无法打印计算结果，所以在处理 Socket 套接字时，需要使用两个线程：一个线程用来接收数据，另一个线程用来处理数据。在独立编程提交 Spark Streaming 应用时，ssc.start( )方法后需要加入 ssc.await Ternimation( )方法，用于等待计算进程结束。流式计算端开始监听后，在数据源端输入一些单词，每隔 1s，流式计算端将计算并打印出词频统计结果。

```
>>> sc.stop()
>>> from pyspark import SparkContext,SparkConf
>>> from pyspark.streaming import StreamingContext
>>> conf=SparkConf().setMaster("local[2]").setAppName("SocketStreaming")
>>> sc=SparkContext(conf=conf)
>>> ssc=StreamingContext(sc,1)
>>> lines=ssc.socketTextStream("localhost",9999)
>>> wordsCount=lines.flatMap(lambda line:line.split(" ")).map(lambda x:(x,1)).re
duceByKey(lambda a,b:a+b)
>>> wordsCount.pprint()
>>> ssc.start()
```

图 8.49　Spark Streaming 处理 Socket 套接字流

在流式计算中，数据源源不断地到达，Spark Streaming 将接收到的数据按照时间间隔切分成多个 DStream 片段，对每个 DStream 片段按照相同的处理逻辑加以处理。对 DStream 的转换分为无状态转换和有状态转换：无状态转换的方法与 RDD 的转换方法相同；有状态转换包括滑动窗口转换和 updateStateByKey 转换，其中滑动窗口转换算法设定滑动窗口的长度（即持续一段时间的 DStream），在窗口按照设定的时间间隔向前滑动的过程中，对滑动窗口内的多个 DStream 进行转换。滑动窗口转换的主要方法见表 8.1。

表 8.1　滑动窗口转换的主要方法

转换方法	功能	说明
window(windowLength, slideInterval)	基于窗口生成新的 DStream	windowLength 为窗口大小，slideInterval 为滑动时间间隔
CountByWindow (windowLength, slideInterval)	窗口中元素计数	windowLength 为窗口大小，slideInterval 为滑动时间间隔
reduceByWindow(function, window Length, slideInterval)	利用 function 对窗口内单一元素进行聚合	function 为自定义函数
reduceByKeyAndWindow(function, windowLength, slideInterval, [numTasks])	利用 function 对窗口内相同键值的数据进行聚合	[numTasks] 为聚合任务的数量
reduceByKeyAndWindow(function, invFunc, windowLength, slideInterval, [numTasks])	更加高效地利用 function 对窗口内相同键值的数据进行增量聚合	function 指定当前窗口中的数据聚合方式，invFunc 是从窗口中移除数据的去除函数

滑动窗口转换只能在当前窗口内进行计算，即无法跨批次进行数据处理。如需跨批次计算，则需使用 updateStateByKey (updateFunction, initalRDD) 方法，该方法中 updateFunction (new_values, last_sum)是自定义函数，其中 new_values 是当前窗口中相同键的值列表，值列

表被聚合后，将与 last_sum 中存储的历史批次的累计结果进行再次汇总，汇总结果存储在 last_sum 中，initalRDD 是初始状态的 RDD。

2. Structured Streaming

Structured Streaming 是基于 DataFrame 的结构化流数据处理技术，该技术将 Spark SQL 和 Spark Streaming 结合起来，将实时数据流看成一张不断添加的数据表，对表中增量部分的数据，按照固定时间间隔来获取并处理。

Structured Streaming 数据流处理模式分为两种，分别是微批处理模式和持续批处理模式，默认使用微批处理模式，使用 writeStream( ).trigger(Trigger.Continuous("1 second")) 可从微批处理模式切换到持续批处理模式。两种处理模式的最大区别在于，持续批处理模式比微批处理模式更具实时性。基于 DStream 的 Spark Streaming 流计算的时间分割单位是秒级的，对于高实时性要求的应用场景，秒级仍然存在实时性不强的问题。基于 DataFrame 的 Structured Streaming 结构化流处理，设计毫秒级处理框架，微批处理方式须在日志中记录待处理数据的偏移范围，当前到达的数据需要等到前一微批数据处理完成并写入日志后才能开始处理。这种设计导致处理数据的时延超过 100ms，诸如银行交易、转账等实时性要求较高的应用所需要的时延为 10~20ms，这时微批处理模式就无法满足要求，因而需要使用持续批处理模式。持续批处理模式为了缩短时延，连续启动一系列处理任务，并将处理结果异步报告给处理引擎，异步处理过程缩短了时延，但是也使得某一任务处理失败后，需要重新计算失败任务之后的所有任务，以保证任务执行的一致性。

8.2.6 Spark ML

Spark 提供了基于海量数据的机器学习库，其中包含了常用机器学习算法的分布式实现。只需了解 Spark 基础，并且了解机器学习算法的原理、方法以及相关参数的含义，就可以轻松地通过调用相应 API 来实现基于海量数据的机器学习。Spark 机器学习库从 1.2 版本以后被分为两个包，分别是 Spark MLlib 和 Spark ML。Spark MLlib 包含基于 RDD 的原始 API；Spark ML 则提供基于 DataFrame 的高层次 API，可以用来构建机器学习流水线（ML PipeLine），机器学习流水线弥补了 Spark MLlib 库的不足。

Spark ML 由一些通用的机器学习算法和工具包组成，包括分类、回归、聚类、协同过滤、降维等，同时还包括底层的优化原语和高层的流水线 API。Spark ML 机器学习库的主要内容包括：

1）算法，包含了常用的机器学习算法，如回归、分类、聚类和协同过滤等。

2）特征工程，包含了特征提取、转化、降维和选择工具等。

3）流水线（Pipeline），包含了用于构建、评估和调整机器学习工作流的工具。

4）提供持久化工具，保存和加载算法、模型和管道。

5）实用工具，如线性代数、统计、数据处理等工具。

Spark ML 中的 Pipeline 是基于 DataFrame 数据集的一系列转换和评估过程。首先需要定义 Pipeline 中的各个工作流阶段（Stage），每个阶段可视为转换器或评估器，将 DataFrame 填入定义好的 Pipeline 中训练模型。Spark ML 中也包含了大量数据预处理工具。DataFrame 从 Spark SQL 中引用数据类型，表示一个数据集，可以存储多种数据类型，如可以存储文本、特征向量、标签和预测值等。Transformer（转换器）可以将一个 DataFrame 转换成另一个 DataFrame。一个训练好的模型就是一个 Transformer，通过 transform( )方法，将原始 DataFrame 转换为一个包含预测值的 DataFrame。Estimator（评估器）用来操作 DataFrame 数据并生成一个 Transformer，Estimator 使用 fit( )方法后，再用 transform( )转换。Pipeline 将多个 Transformer 和 Estimator 连接起来组合成机器学习工作流程，Pipeline 被划分为多个 Stage，上一个 Stage 的输出作为下一个 Stage 的输入。Parameter 用来设置 Transformer 或 Estimator 的参数。

1. 基本数据类型

向量、标注点和矩阵等基础数据类型支持着 Spark ML 中的机器学习算法。向量分为稠密向量（Dense Vector）和稀疏向量（Sparse Vector），用浮点数存储数据，两种向量分别继承自 pyspark. ml. linalg. Vectors 类。标注点（Labeled Point）是带标签的本地向量，标注点的实现在 pyspark. ml. regression. LabeledPoint 类中，一个标注点由一个浮点类型的标签和一个向量组成。矩阵是由向量组成的集合，在 pyspark. ml. linalg. Matrix 类中有稠密矩阵（Dense Matrix）和稀疏矩阵（Sparse Matrix）两种矩阵。

2. 数据预处理

（1）特征提取。在机器学习过程中，数据的格式多种多样，为了满足机器学习算法的计算要求，需要通过特征提取、特征转换和特征选择等方式预处理数据。Spark ML 中提供了词频-逆向文件词频（Term Frequency-Inverse Document Frequency，TF-IDF）、Word2Vec、CountVectorizer 等几种常用的特征提取操作。

TF-IDF 在文本挖掘领域得到广泛使用，能够体现出文档中的词在整个语料库中的重要程度。用 t 表示词，d 表示文档，D 表示语料库，则词频 $\mathrm{TF}(t,d)$ 是指词语 t 在文档 d 中出现的次数，文件频率 $\mathrm{DF}(t,D)$ 是包含词 t 的文档个数。TF-IDF 通过将文档信息数值化来衡量词在文档中的重要程度。IDF 的定义见式（8.1），其中 $|D|$ 为文档总数，当词 t 在所有文档中都出现时，IDF 值为 0，$\mathrm{DF}(t,D)+1$ 是为了避免出现零分母。

$$\mathrm{IDF}(t,D)=\log_2\frac{|D|+1}{\mathrm{DF}(t,D)+1} \tag{8.1}$$

TF-IDF 的度量值的计算公式为

$$\text{TF-IDF}(t,d,D)=\mathrm{TF}(t,d)\cdot\mathrm{IDF}(t,D) \tag{8.2}$$

Spark ML 中的 TF-IDF 被分为两部分，分别是 HashingTF 和 IDF。HashingTF 是一个 Transformer，接收单词的集合后将其转换为固定长度的特征向量，哈希计算特征向量，并统计各单词的词频；IDF 是一个 Estimator，使用 fit( )方法产生一个 IDFModel，IDFModel 接收 HashingTF 产生的特征向量，计算每个词在文档中出现的频次，IDF 会降低语料库中出现频次较高的词的权重。HashingTF( )方法提取特征向量示例如图 8.50 所示，计算 HashingTF 得到特征向量（pyspark. ML 依赖 numpy 包，需要执行命令 sudo pip3 install numpy 进行安装）。该示例中使用 createDataFrame( )和 toDF( )方法创建了一个具有 3 行文本的 DataFrame，用 Tokenizer( )方法读取该文本，将每个句子分词以生成词向量。HashingTF( )方法以词向量作为输入，通过哈希计算特征向量，在图 8.50 的输出结果中，hashingRes 字段中有 3 个元素：第一个元素是常数 2000，为设定的哈希桶数目；第 2 个元素是列表，为哈希值；第 3 个元素也是列表，为词频。

```
>>> from pyspark.ml.feature import HashingTF,IDF,Tokenizer
>>> sentence=spark.createDataFrame([("spark is faster than Hadoop",0),("hadoop i
s based on mapreduce",1),("spark is based on RDD",0)]).toDF("sentence","label")
>>> tokenizer=Tokenizer(inputCol="sentence",outputCol="words")
>>> words=tokenizer.transform(sentence)
>>> words.show()
+--------------------+-----+--------------------+
|            sentence|label|               words|
+--------------------+-----+--------------------+
|spark is faster t...|    0|[spark, is, faste...|
|hadoop is based o...|    1|[hadoop, is, base...|
|spark is based on...|    0|[spark, is, based...|
+--------------------+-----+--------------------+

>>> hashingTF=HashingTF(inputCol="words",outputCol="hashingRes",numFeatures=2000
)
>>> hashingData=hashingTF.transform(words)
>>> hashingData.select("words","hashingRes").show(truncate=False)
+-----------------------------------+-------------------------------------------
----------+
|words                              |hashingRes
          |
+-----------------------------------+-------------------------------------------
----------+
|[spark, is, faster, than, hadoop] |(2000,[63,1209,1261,1286,1585],[1.0,1.0,1.0,
1.0,1.0]) |
|[hadoop, is, based, on, mapreduce]|(2000,[274,1209,1585,1736,1750],[1.0,1.0,1.0
,1.0,1.0])|
|[spark, is, based, on, rdd]       |(2000,[274,1209,1286,1614,1736],[1.0,1.0,1.0
,1.0,1.0])|
+-----------------------------------+-------------------------------------------
----------+

>>> 
```

图 8.50 HashingTF( )方法提取特征向量示例

在特征提取得到特征向量的基础上，计算 IDF 和 TF-IDF 度量值的过程如图 8.51 所示。IDF( )方法重新构造特征向量，生成一个评估器，在特征向量上使用评估器的 fit( )生成一个 IDFModel，使用 IDFModel 的 transform( )得到每个单词的 TF-IDF 度量值。

```
>>> idf=IDF(inputCol="hashingRes",outputCol="features")
>>> idfModel=idf.fit(hashingData)
>>> trainData=idfModel.transform(hashingData)
>>> trainData.select("features","label").show(truncate=False)
+-------------------------------------------------------------------------------
------------------------------------------+-----+
|features
                                          |label|
+-------------------------------------------------------------------------------
------------------------------------------+-----+
|(2000,[63,1209,1261,1286,1585],[0.6931471805599453,0.0,0.6931471805599453,0.287
68207245178085,0.28768207245178085])  |0    |
|(2000,[274,1209,1585,1736,1750],[0.28768207245178085,0.0,0.28768207245178085,0.
28768207245178085,0.6931471805599453])|1    |
|(2000,[274,1209,1286,1614,1736],[0.28768207245178085,0.0,0.28768207245178085,0.
6931471805599453,0.28768207245178085])|0    |
+-------------------------------------------------------------------------------
------------------------------------------+-----+

>>> 
```

图 8.51 计算 IDF 和 TF-IDF 度量值的过程

（2）特征转换。Spark ML 中包含大量特征转换方法，如前面在词频统计时使用的分词器 Tokenizer( )就是一个转换工具。在机器学习过程中，经常需要用转换工具把字符串类型的类别标签转换为数值，或在计算结束后将数值还原为相应的类别。Spark ML 的包中实现了几个相关的转换器，如位于 pyspark. ml. feature 包中的 StringIndexer( )、IndexToString( )、OneHotEncoder( )、VectorIndexer( )方法等。使用 StringIndexer( )方法将字符串转换为数值类型的示例如图 8.52 所示。

```
>>> from pyspark.ml.feature import *
>>> df=spark.createDataFrame([(1,"a"),(2,"b"),(3,"c"),(4,"a"),(5,"a"),(6,"b")]).
toDF("id","label")
>>> indexer=StringIndexer(inputCol="label",outputCol="labelIndex")
>>> model=indexer.fit(df)
>>> indexedData=model.transform(df)
>>> indexedData.show()
+---+-----+----------+
| id|label|labelIndex|
+---+-----+----------+
|  1|    a|       0.0|
|  2|    b|       1.0|
|  3|    c|       2.0|
|  4|    a|       0.0|
|  5|    a|       0.0|
|  6|    b|       1.0|
+---+-----+----------+

>>>
```

图 8.52　StringIndexer( )方法的示例

IndexToString( )方法常和 StringIndexer( )方法配合使用，先用 StringIndexer( )方法将类别值转换为数值，进行模型训练，在训练结束后，再将数值转换成原有的类别值。IndexToString( )方法的示例如图 8.53 所示。

```
>>> indexToString=IndexToString(inputCol="labelIndex",outputCol="labelString")
>>> indexStr=indexToString.transform(indexedData)
>>> indexStr.select("id","labelString").show()
+---+-----------+
| id|labelString|
+---+-----------+
|  1|          a|
|  2|          b|
|  3|          c|
|  4|          a|
|  5|          a|
|  6|          b|
+---+-----------+

>>>
```

图 8.53　IndexToString( )方法的示例

StringingIndexer( )方法将单一的类别特征值转换为数值，如果要对多个特征构成的向量进行转换，则需要使用 VectorIndexer( )方法。VectorIndexer(inputCol, outputCol, maxCategories)中的 maxCategories 表示每个向量中不同类别值的最多数量（阈值），当某个类别特征的不同取值数大于 maxCategories 时，该特征被视为连续特征，对其不做转换。除此之外，NGram( )方法可将经过分词的字符串序列转换成自然语言处理中的“n-gram”模型，Binarizer 根据给定阈值可将连续特征转换为 0-1 特征，PCA 降维等也是常用的特征提取方法。

（3）特征选择。Spark ML 中的特征选择在 pyspark. ml. feature 包中，有 VectorSlicer( )、RFormula( )和 ChiSqlSelector( )等方法，其中 VectorSlicer( )方法类似于 numpy 中的切片，ChiSqlSelector( )方法通过卡方选择方法选择特征。

3. Spark ML 机器学习模型

Spark ML 中的机器学习模型分为分类、回归、聚类和协同过滤等。其中，已经实现的多种常见分类模型包括逻辑回归（LogisticRegression）、朴素贝叶斯（NaiveBayes）、决策树（DecisionTreeClassifier）、随机森林（RandomForestClassifier）、多层感知机（MultilayerPerceptronClassifier）、线性支持向量机（LinearSVC）等解决二分类或多分类问题的模型，还有组合学习模型（GBTClassifier）和多类学习模型（OneVsRest）。聚类模型中实现了 *K*-均值（*K*-Means）、高斯混合聚类（GaussianMixture）和文档主题模型（LDA）等常见模型。关联规则挖掘实现了 FP-Growth 算法等。下面通过示例介绍逻辑回归、*K*-均值聚类和协同过滤推荐（Collaborative Filtering Recommendation）。

（1）逻辑回归。以 Iris 数据集为例实现逻辑回归。实现过程通常分为数据加载、特征转换、模型训练、数据预测和模型评价。

首先，加载数据集。Iris 数据加载过程如图 8.54 所示。DataFrame 中共有 5 列，其中前 4 列为样本特征，label 为类别标签。

```
>>> data=spark.read.csv("hdfs://localhost:9000/input/iris.csv",inferSchema="True
",header="True")
>>> data.printSchema()
root
 |-- sepallength: double (nullable = true)
 |-- sepalwidth: double (nullable = true)
 |-- petallength: double (nullable = true)
 |-- petalwidth: double (nullable = true)
 |-- label: string (nullable = true)

>>> 
```

图 8.54　Iris 数据加载过程

其次，需要对部分特征执行特征转换。将前 4 个特征用 VectorAssembler( ) 组合成向量，将 label 类别标签用 StringIndexer 转换为 double 类型的数值。逻辑回归特征转换实现过程如图 8.55 所示，转换后的训练数据集中多出 features 和 labelIndexed 两个附加特征。

```
>>> from pyspark.ml.feature import VectorAssembler,StringIndexer
>>> vec_ass=VectorAssembler(inputCols=["sepallength","sepalwidth","petallength","petalwidt
h"],outputCol="features")
>>> features_df=vec_ass.transform(data)
>>> str_indexer=StringIndexer(inputCol="label",outputCol="labelIndexed")
>>> str_indexer_model=str_indexer.fit(features_df)
>>> features_labelIndexed_df=str_indexer_model.transform(features_df)
>>> features_labelIndexed_df.show(5)
+-----------+----------+-----------+----------+-----------+-----------------+------------+
|sepallength|sepalwidth|petallength|petalwidth|      label|         features|labelIndexed|
+-----------+----------+-----------+----------+-----------+-----------------+------------+
|        5.1|       3.5|        1.4|       0.2|Iris-setosa|[5.1,3.5,1.4,0.2]|         0.0|
|        4.9|       3.0|        1.4|       0.2|Iris-setosa|[4.9,3.0,1.4,0.2]|         0.0|
|        4.7|       3.2|        1.3|       0.2|Iris-setosa|[4.7,3.2,1.3,0.2]|         0.0|
|        4.6|       3.1|        1.5|       0.2|Iris-setosa|[4.6,3.1,1.5,0.2]|         0.0|
|        5.0|       3.6|        1.4|       0.2|Iris-setosa|[5.0,3.6,1.4,0.2]|         0.0|
+-----------+----------+-----------+----------+-----------+-----------------+------------+
only showing top 5 rows

>>> 
```

图 8.55　逻辑回归特征转换

再使用 pyspark. ml. classification 包中的 LogistRegression( ) 训练模型。将数据集用 randomSplit([0.7, 0.3]) 划分为训练数据集和测试数据集。使用 fit( ) 方法为 LogistRegression 模型传入训练数据集。使用数据集中包含 features 和 labelIndexed，features 是组合后的特征向量，labelIndexed 是转换为数值的类别标签。执行模型训练，之后使用测试数据集测试模型，prediction 为预测结果。逻辑回归模型的训练和预测过程如图 8.56 所示。在 LogistRegression 模型的训练中，还可以加入最大迭代次数、正则化参数、分类阈值等参数来优化模型。

最后，模型评价使用 pyspark.ml.evaluation 包中的 MulticlassClassificationEvaluator( ) 方法，该方法传入标签和预测标签，计算模型预测的准确率，如图 8.57 所示。

（2）*K*-均值聚类。以 Iris 数据集为例实现 *K*-均值聚类。

首先，加载数据集并执行特征转换，如图 8.58 所示，聚类中不需要关注标签（label）。

```
>>> from pyspark.ml.classification import LogisticRegression
>>> model_df=features_labelIndexed_df.select("features","labelIndexed")
>>> train_df,test_df=model_df.randomSplit([0.7,0.3])
>>> log_reg=LogisticRegression(labelCol="labelIndexed").fit(train_df)
>>> pred_results=log_reg.evaluate(test_df).predictions
>>> pred_results.printSchema()
root
 |-- features: vector (nullable = true)
 |-- labelIndexed: double (nullable = false)
 |-- rawPrediction: vector (nullable = true)
 |-- probability: vector (nullable = true)
 |-- prediction: double (nullable = false)

>>> 
```

图 8.56　逻辑回归模型的训练和预测过程

```
>>> from pyspark.ml.evaluation import MulticlassClassificationEvaluator
>>> evaluator=MulticlassClassificationEvaluator(labelCol="labelIndexed",predictionCol="pre
diction")
>>> print(evaluator.evaluate(pred_results))
0.9521317829457365
>>> 
```

图 8.57　逻辑回归计算模型预测的准确率

```
>>> from pyspark.ml.feature import VectorAssembler
>>> data=spark.read.csv("hdfs://localhost:9000/input/iris.csv",inferSchema="True",header="
True")
>>> vec_ass=VectorAssembler(inputCols=["sepallength","sepalwidth","petallength","petalwidt
h"],outputCol="features")
>>> model_df=vec_ass.transform(data)
>>> model_df.show(3,False)
+-----------+----------+-----------+----------+-----------+-----------------+
|sepallength|sepalwidth|petallength|petalwidth|label      |features         |
+-----------+----------+-----------+----------+-----------+-----------------+
|5.1        |3.5       |1.4        |0.2       |Iris-setosa|[5.1,3.5,1.4,0.2]|
|4.9        |3.0       |1.4        |0.2       |Iris-setosa|[4.9,3.0,1.4,0.2]|
|4.7        |3.2       |1.3        |0.2       |Iris-setosa|[4.7,3.2,1.3,0.2]|
+-----------+----------+-----------+----------+-----------+-----------------+
only showing top 3 rows

>>> 
```

图 8.58　加载数据集并执行特征转换

其次，使用 pyspark. ml. clustering 包中的 KMeans( )方法训练模型，再使用 pyspark. ml. evaluation 包中的 ClusteringEvalutor( )方法，计算聚类的轮廓系数来评价聚类效果。聚类模型的训练和评价如图 8. 59 所示。

```
>>> from pyspark.ml.clustering import KMeans
>>> from pyspark.ml.evaluation import ClusteringEvaluator
>>> kmeansModel=KMeans(k=3,featuresCol="features").fit(model_df)
>>> predictions=kmeansModel.transform(model_df)
>>> silhowette_score=evaluator.evaluate(predictions)
>>> print(silhowette_score)
0.7354567373091194
>>> 
```

图 8.59　聚类模型的训练和评价

最后，在终端使用 sudo pip3 install pandas 和 sudo pip3 install matplotlib 安装两个组件，将 predictions 的模型预测结果转换为 Pandas 的 DataFrame 类型，转换过程如图 8. 60 所示。

利用 matplotlib 库绘制聚类结果图，如图 8. 61 所示。所绘制的聚类结果图如图 8. 62 所示。

```
>>> pandas_df=predictions.toPandas()
>>> pandas_df.head()
   sepallength  sepalwidth  petallength  ...        label              features  prediction
0          5.1         3.5          1.4  ...  Iris-setosa  [5.1, 3.5, 1.4, 0.2]           1
1          4.9         3.0          1.4  ...  Iris-setosa  [4.9, 3.0, 1.4, 0.2]           1
2          4.7         3.2          1.3  ...  Iris-setosa  [4.7, 3.2, 1.3, 0.2]           1
3          4.6         3.1          1.5  ...  Iris-setosa  [4.6, 3.1, 1.5, 0.2]           1
4          5.0         3.6          1.4  ...  Iris-setosa  [5.0, 3.6, 1.4, 0.2]           1

[5 rows x 7 columns]
>>> 
```

图 8.60　Spark DataFrame 转换为 Pandas DataFrame

```
>>> import matplotlib.pyplot as plt
>>> from mpl_toolkits.mplot3d import Axes3D
>>> cluster_vis=plt.figure(figsize=(12,10)).gca(projection='3d')
>>> cluster_vis.scatter(pandas_df.sepallength,pandas_df.sepalwidth,pandas_df.petallength,c
=pandas_df.prediction,depthshade=False)
<mpl_toolkits.mplot3d.art3d.Path3DCollection object at 0x7fe8bb1d7250>
>>> plt.show()
```

图 8.61　绘制聚类结果图

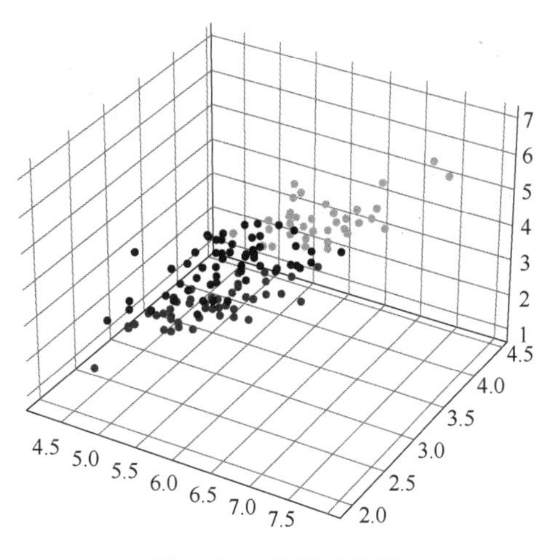

图 8.62　聚类结果图

（3）协同过滤推荐。一般而言，有 3 种协同过滤推荐算法：基于用户的协同过滤，基于物品的协同过滤，基于模型的协同过滤。Spark ML 实现了基于模型的协同过滤算法，用户和物品信息通过一组隐性语义因子表达，并且这些因子也用于预测缺失的元素。Spark MLlib 实现了交替最小二乘法（Alternating Least Squares，ALS）来学习这些隐性语义因子。

电影推荐是协同过滤的一个经典实例。Spark 在安装目录 data/mllib/als 中自带了电影数据集 MoivesLens，文件名为 sample_moiveslens_ratings. txt，将其复制为 moiveslens. txt 并上传到 HDFS 中，其中每行都包含一个用户、一部电影、一个该用户对该电影的评分和时间戳。

首先，加载数据集并构造 DataFrame，将数据划分为训练集和测试集，如图 8.63 所示。

使用 ALS( ) 方法创建两个模型，一个是显性反馈模型，另一个是隐性反馈模型。图 8.64所示为显性反馈模型训练示例。若需要定义隐性反馈模型，在 ALS( ) 中加入参数 implicitPrefs = True 即可。该示例中 nonnegative = True 表示不支持负分评分，将 coldStartStrategy 参数设置为 drop，以便删除包含 NaN 值的行。

```
>>> from pyspark.sql import Row
>>> from pyspark.sql.types import *
>>> schema=StructType([StructField("userid",IntegerType(),True),StructField("movieid",IntegerType(),True),StructField("rating",IntegerType(),True),StructField("timestamp",StringType(),True)])
>>> data =sc.textFile("hdfs://localhost:9000/input/movielens.txt").map(lambda line:line.split("::")).map(lambda x:Row(int(x[0]),int(x[1]),int(x[2]),x[3]))
>>> data_df=spark.createDataFrame(data,schema)
>>> data_df.printSchema()
root
 |-- userid: integer (nullable = true)
 |-- movieid: integer (nullable = true)
 |-- rating: integer (nullable = true)
 |-- timestamp: string (nullable = true)

>>> data_df.show(3)
+------+-------+------+----------+
|userid|movieid|rating| timestamp|
+------+-------+------+----------+
|     0|      2|     3|1424380312|
|     0|      3|     1|1424380312|
|     0|      5|     2|1424380312|
+------+-------+------+----------+
only showing top 3 rows

>>> train_df,test_df=data_df.randomSplit([0.7,0.3])
>>> 
```

图 8.63　加载数据集并构造 DataFrame

```
>>> from pyspark.ml.recommendation import ALS
>>> from pyspark.ml.evaluation import RegressionEvaluator
>>> alsExplicit=ALS(maxIter=5,regParam=0.01,userCol="userid",itemCol="movieid",ratingCol="rating",nonnegative=True,coldStartStrategy="drop")
>>> modelExplicit=alsExplicit.fit(train_df)
>>> pred_Explicit=modelExplicit.transform(test_df)
>>> evaluator=RegressionEvaluator(labelCol="rating",predictionCol="prediction")
>>> reExplicit=evaluator.evaluate(pred_Explicit)
>>> print(reExplicit)
1.356026865459847
>>> 
```

图 8.64　显性反馈模型训练示例

打印输出的值为模型的方均根误差（RMSE），数值约为 1.36，可以通过调整模型参数和增加训练样本进一步优化。

推荐过程如图 8.65 所示，查询数据集中所有电影和某一用户已经评分的电影，对两个电影列表进行左部关联，查询出用户未评分的电影集，使用模型预测该用户对未评分电影的评分，并按照降序排序，推荐预测评分最高的 N 项。

```
>>> from pyspark.sql.functions import *
>>> total_moives=data_df.select("movieid").distinct().alias('total_movies')
>>> userid=23
>>> watched_movies=data_df.filter(data_df['userid']==userid).select('movieid').distinct().alias('watched_movies')
>>> join_movies=total_moives.join(watched_movies,total_moives.movieid==watched_movies.movieid,how='left')
>>> remaining_movies=join_movies.where(col('watched_movies.movieid').isNull()).select(total_moives.movieid).distinct()
>>> remaining_movies=remaining_movies.withColumn("userid",lit(int(userid)))
>>> recommendations=modelExplicit.transform(remaining_movies).orderBy("prediction",ascending=False)
>>> recommendations.show(5)
+-------+------+----------+
|movieid|userid|prediction|
+-------+------+----------+
|     46|    23|  6.347476|
|      7|    23|  5.471079|
|     17|    23| 5.1605153|
|     90|    23|   4.78677|
|     16|    23| 4.0089293|
+-------+------+----------+
only showing top 5 rows

>>> 
```

图 8.65　推荐过程

价值观：行而不辍，未来可期。

大数据的发展正在推动科技领域的变革，大数据的影响不仅体现在互联网领域，也体现在金融、教育、医疗、交通、制造业、国家安全等诸多领域。随着大数据应用的落地，大数据的价值正在逐步显现，大数据产业正在成为经济发展的新动能，包括数据采集、整理、传输、存储、分析、呈现和应用的大数据产业链正在逐渐形成，众多企业参与大数据产业链中。推动大数据产业创新发展是实施大数据国家战略的重要方面，它强调构建自主可控的大数据产业链、价值链和生态系统，统筹规划政务数据资源和社会数据资源。随着大数据国家战略的进一步落地实施和大数据技术的不断发展，相关产业的规模一定会进一步扩大，生态系统会逐步形成。

我们应了解国家战略，了解科学技术的发展现状与趋势，明确目标，勤奋学习，努力进步，为投身数字中国的建设做准备。

习　　题

1. Hadoop 集群有几种运行模式？每种模式有哪些特点？
2. 简述 Hadoop 的优缺点。
3. 简述 HDFS 操作的主要命令。
4. 简述 MapReduce 的工作原理。
5. 简述 RDD 的创建方法。
6. 简述 RDD 转换操作和行动操作的方法及其作用。
7. 简述 Spark 基于 DStream 和 DataFrame 的流式计算框架的区别。
8. 简述 Spark ML 训练机器学习模型的步骤。

实　　验

1. 使用虚拟机安装部署 Hadoop 伪分布式集群。
2. 将数据库中有直接关联的两张表作为文件上传至 HDFS 中。
3. 使用 MapReduce 实现题目 2 中两张表文件的内部连接，将连接结果存储在 HDFS 中。
4. 每个输入文件都表示班级学生某个学科的成绩，每行内容由两个字段组成，第一个字段是学生的姓名，第二个字段是学生的成绩。编写 Spark 独立应用程序，求出所有学生的平均成绩，并输出到一个新文件中。
5. 编程实现利用 DataFrame 读写 MySQL 的数据。
6. 利用波士顿房价数据集，选择训练模型来预测房价，即预测该地区某所房子价格的中值。

参考文献

[1] 怀特. Hadoop 权威指南：大数据的存储与分析　第 4 版［M］. 王海，华东，刘喻，等译. 北京：清华大学出版社，2016.

[2] 帕瑞斯安. 数据算法：Hadoop/Spark 大数据处理技巧［M］. 苏金国，杨健康，译. 北京：中国电力出

版社，2016.
[3] 陆嘉恒. Hadoop 实战 [M]. 2 版. 北京：机械工业出版社，2012.
[4] DEAN J，GHEMAWAT S. MapReduce：Simplified Data Processing on Large Clusters [J]. Communications of the ACM，2008，51 (1)：107-113.
[5] 钱伯斯，扎哈里亚. Spark 权威指南 [M]. 张岩峰，王方京，陈晶晶，译. 北京：中国电力出版社，2020.
[6] ZAHARIA M，CHOWDHURY M，FRANKLIN M J，et al. Spark：Cluster Computing with Working Sets [C] //HotCloud'10：Proceedings of the 2nd USENIX Conference on Hot Topics in Cloud Computing. [S. l.]：USENIX Association，2010.
[7] 林子雨，郑海山，赖永炫. Spark 编程基础：Python 版 [M]. 北京：人民邮电出版社，2020.

第9章　案例分析

9.1　机票航班延误预测

9.1.1　应用背景与目标

航班延误是全世界航空运输业的重要问题，航空运输业持续遭受航班延误带来的经济损失。根据美国运输统计局（BTS）的数据显示，2018年美国航班延误20%以上，这些航班延误造成了约407亿美元的经济损失。航班延误造成旅客浪费时间、错过商机和休闲活动，航空公司弥补延误带来的额外燃油和诚信危机需要付出巨大的代价。为了减轻意外航班延误所造成的负面影响，在不断增长的航班需求与航班延误之间取得平衡，需要准确预测机场的航班延误。

民航界将航班延迟的一段时间视为延误，其被定义为航班计划起飞时间与实际起飞时间的差值。欧美地区及国际民用航空组织（ICAO）/民用航空航行服务组织（CANSO）等国际组织认定航班实际起飞时间晚于计划起飞时间15min以上为航班延误。延误时间不同，造成的影响也不同。随着空中交通网络复杂性的提高，机场、航空公司、机票代理服务平台等相关各方尽可能准确地预测延误并提前通知旅客，成为保障空中交通正常运转，提高旅客服务满意度的重要环节。由于航班延误在很多情况下由不可抗力所致（如恶劣天气），航班延误还会产生连锁反应，影响航班后续运行，所以针对航班延误不仅要从源头上减少延误的可能，而且需要实施航班延误预测，以便在发生大面积延误前，完成对航班未来延误情况的有效评估。考虑到延误发生的不确定性，旅客通常会比计划的登机时间提前几小时出发，并在预订机票的平台购买额外的延误保险，航空公司需要承担罚款和额外的运行费用（如人员成本，航空器在机场的停机费），机票代理服务平台和航空公司需要承担退票、改签和旅客投诉等多方面的负面影响。

研究表明：航班延误与票价、机型、航班飞行频率、航空公司服务以及机票代理服务平台的满意度存在明显关联；通过预测航班延误，可以提升机场、航空公司的决策水平和机票代理服务平台的服务水平，并及时告知旅客延误情况，这是航班延误最有效的解决方案。因此，对航班延误情况进行预测和分析，对于航空公司、机场和机票代理服务平台都具有十分重要的意义。能够提前收到航班延误通知，进而合理计划自己的行程对于旅客而言也很重要。

9.1.2　数据探索与理解

案例设计中，从https://www.kaggle.com/网站下载historical-flight-and-weather-data数据集，该数据集包含了2019年5月至2019年12月的历史航班延误数据和美国气象数据，数据集中每个月的数据为一个文件，共有8个文件。定义ExploratoryAnalysis.py文件，加载数据，并对数据进行探索和理解。读取本地路径中数据集文件的代码如下：

```
import pandas as pd
from pandas_profiling import ProfileReport
import glob
import os
def getdata():
    for dirname,_,filenames in os.walk('.\input'):
        for filename in filenames:
            print(os.path.join(dirname,filename))
```

数据集中的 8 个文件如图 9.1 所示。

在 getdata( )方法中使用 glob 读取 8 个文件，文件中的数据格式全部相同。每个文件中都有 35 列，使用 concat 将文件合并为一个 DataFrame，作为原始样本，共有 5512903 个样本，每个样本有 35 个特征。用 DataFrame 读取数据集，查看数据集前 5 个样本。示例代码如下：

```
.\input\05-2019.csv
.\input\06-2019.csv
.\input\07-2019.csv
.\input\08-2019.csv
.\input\09-2019.csv
.\input\10-2019.csv
.\input\11-2019.csv
.\input\12-2019.csv
```

图 9.1　数据集中的文件

```
df = pd.concat([pd.read_csv(f) for f in glob.glob(".\input\*.csv") ])
print(df.head())
print(df.shape)
```

数据集示例如图 9.2 所示。

```
    carrier_code     ...     HourlyWindSpeed_y
0             AS     ...                   3.0
1             F9     ...                   0.0
2             F9     ...                   0.0
3             F9     ...                   0.0
4             AS     ...                   7.0

[5 rows x 35 columns]
(5512903, 35)
```

图 9.2　数据集示例

从图 9.2 可以看出，head( )方法打印的前 5 行数据中只显示了两个特征，大部分特征都被省略了，可以通过配置 pd.set_option('display.max_columns', None) 显示所有特征，df.info( )方法打印所有特征名称和数据类型，df.describe( )方法输出样本的统计信息，但是这些信息不足以让我们了解数据集的特点。可以通过 pandas-profiling 执行探索性数据分析（EDA）。Pandas-profiling 是一个开源 Python 库，只需一行代码即可为任何机器学习数据集生成漂亮的交互式报告，显示每个变量的数据类型、目标变量的分布、每个预测变量的不同值的数量、数据集中是否有重复值或缺失值等更加详细的信息，使用 Pandas-profiling 能更加详细地展示数据集。在 conda 的 base 环境中使用命令 conda install-c conda-forge pandas-profiling，安装 conda 环境中的 Pandas-profiling；在 conda 命令行中使用 import pandas_profiling，如果无错误提示就表明安装完成。使用 ProfileReport( )方法执行探索性分析的代码如下：

```
profile=ProfileReport(df)
profile.to_file('.\output\Report.html')
return df
```

以上代码使用 Pandas-profiling 将数据的详细描述信息输出到 HTML 文件中，文件中的信息比 describe( )方法输出的信息更加全面和详细，更有利于理解和探索数据。用浏览器浏览 Report. html 文件，数据集的信息分为 4 个部分，分别是 Overview、Variables、Correlations 和 Sample。其中 Overview 是数据集的概述，包括了数据集基本信息、字段类型和部分字段的警告提示信息。数据集的概述如图 9.3 所示。

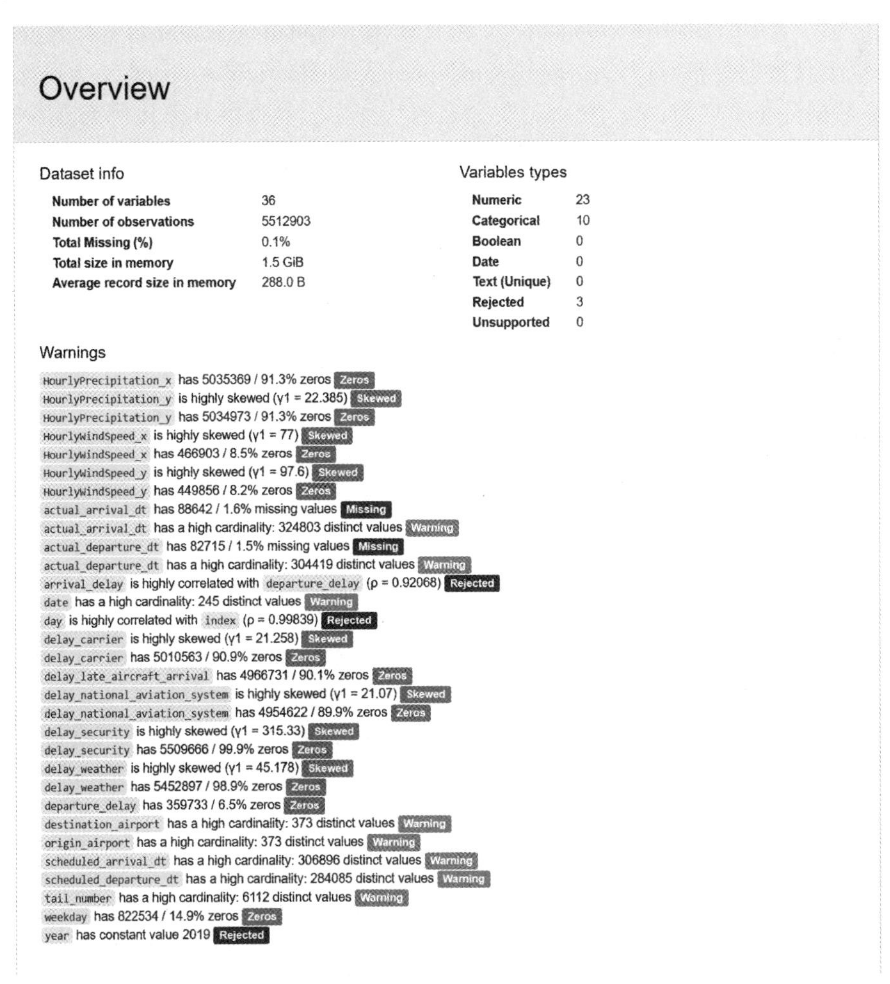

图 9.3　数据集概述

从图 9.3 中可以看出，数据集中共有 36 个特征，比原始数据集中的 35 个特征多出的是 index（索引）。数据集共计 5512903 条记录，数据集的缺失率较低（只有 0.1%），且缺失数据出现在计划起飞时间和计划到达时间中。在 36 个特征中，23 个特征为数值类型，10 个特征为类别类型，3 个特征被定义为拒绝使用的特征，这 3 个特征分别是 day、year、arrival-delay。其中 day 与 index 的相关性为 0.99839；arrival_delay（到达延误）与 departure_delay（出发延误）的相关性为 0.92068。因此，训练模型时，day 和 index、arrival_delay 和 departure_delay 这两组特征中可以分别选择一个特征，而 year（出发年份）的值全部为 2019 年，没有实际价值。

起飞延误或到达延误是衡量航班延误的重要数据，还需要进行更加深入的分析，如延误时间有无不合法数据，数据中是否有噪声等。日特征（day）可保留，用于统计延误信息，如可以按照月份统计出每个月延误的总时长和延误次数等，按照月份或季节进行进一步分析。带有“_x”和“_y”标记的特征为起飞机场和到达机场的天气信息，天气信息共有 6 个特征，假设标记为“_x”的特征为起飞机场的天气信息，标记为“_y”的特征为到达机场的天气信息。其中，HourlyPrecipitation_x 和 HourlyPrecipitation_y 为降水量，数据中 0 的占比在 90%以上且数据分布不均匀；HourlyWindSpeed_x 和 HourlyWindSpeed_y 为风速，0 的占比在 8%且数据分布不均匀；以“delay_”命名的特征中，数据的 0 值比例都在 90%左右且数据分布不均匀。类别型数据有起飞机场、到达机场、计划起飞时间、计划到达时间 4 个特征，其中起飞机场、到达机场在模型训练中无用，但计划起飞时间和计划到达时间可以用于按照时间序列预测每天不同时间段的航班延误。

在 Variables 中，统计分析了每个特征的详细信息。在图 9.4 中，展示了 4 个代表性特征的信息，图 9.4a 是对温度 HourlyDryBulbTemperature_x 的分位数统计和描述性统计：分位数统计中最大值为 125，最小值为 0，中位数为 71，Q1 值为 35，Q3 值为 81，从分位数统计中可以看出特征值分布较均匀，也没有异常值；从描述性统计中可以看出，特征 HourlyDry-BulbTemperature_x 的标准差为 17.332，变异系数为 0.25472，中位数为 68.041，绝对中位差为 13.09，偏度为-0.6126（左偏态），方差为 300.28，特征 HourlyDryBulbTemperature_x 中有 2088 个缺失数据，可以采用均值或中位数填充。HourlyDryBulbTemperature_y 特征的数值分布情况和图 9.4a 中的描述类似。压强 HourlyStationPressure_x 和 HourlyStationPressure_y 特征的数值分布在 20~30，负偏度较大，在-2 以上。

从图 9.4b 中可以看出降水量 HourlyPrecipitation_x 特征的数值中，90%以上为 0，数据的分布区间较小，为 0~3.86，缺失数据用 0 填充，HourlyPrecipitation_y 特征的分布与图 9.4b中的描述类似。从图 9.4c 可以看出，前序航班到达延误 delay_late_aircraft_arrival 中 90%的数据为 0，即前序航班没有延误，95%的数据介于 0~33，较大的值可定义为异常数据。天气延误 delay_weather、安全延误 delay_security、航空系统延误 delay_national_aviation_system 特征的分布情况与前序航班到达延误的分布情况类似。能见度 HourlyVisibility_x 和 HourlyVisibility_y 特征的中位数为 10，接近 10%的数据为 10，两个特征的值中大于 10 的数据占比很低，可能为异常值，需要删除或替换。从图 9.4d 起飞延误 departure_delay 特征的信息可以看出，该特征中没有缺失值，且与到达延误 arrival_delay 的相关性很高，这两个特征用于标识航班延误，在后期的分析中可用于统计不同航空公司不同时间段的延误情况，从而对航班延误进行更深入的了解。特征取值中有两类异常情况：部分数据为负数，表示飞机提前起飞；另一部分数据延误时间超过一天。可以根据计划起飞时间和实际起飞时间再次计算，以处理这些异常数据。图 9.5 为样本集中前 5 个样本的特征及其取值。

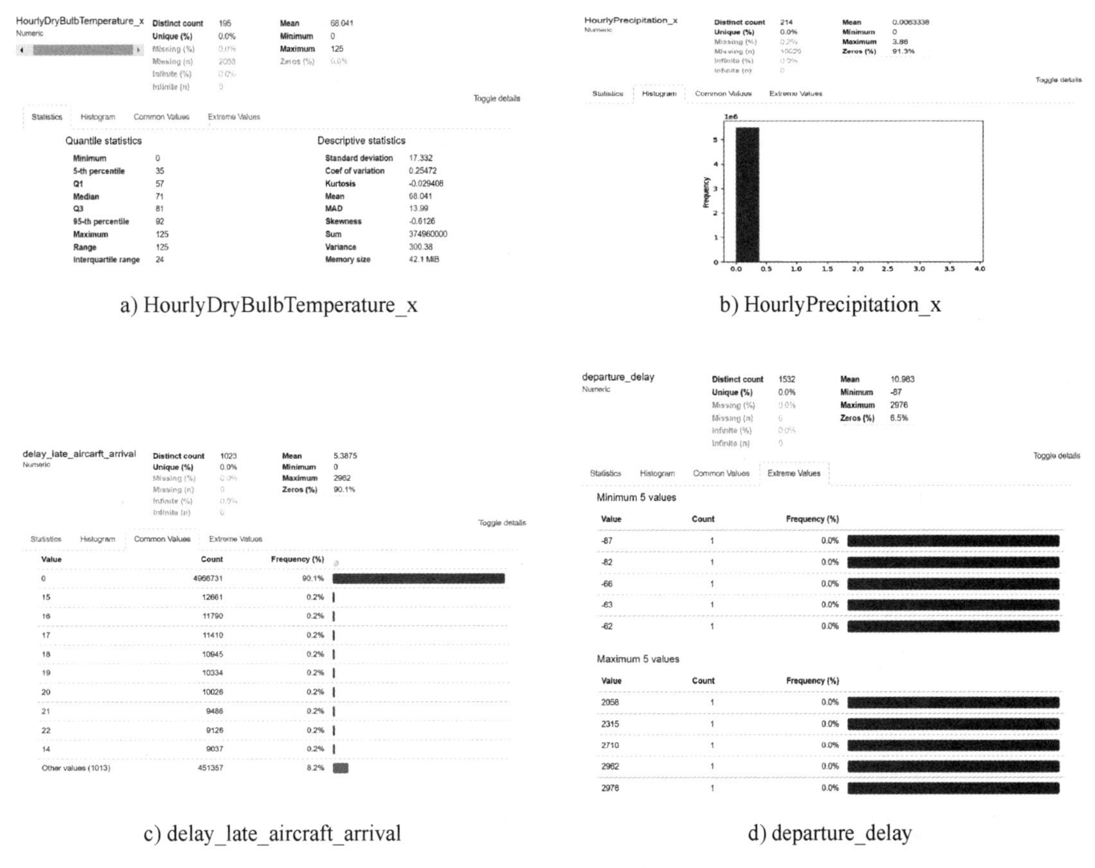

a) HourlyDryBulbTemperature_x b) HourlyPrecipitation_x

c) delay_late_aircraft_arrival d) departure_delay

图 9.4 特征的详细信息

Sample

rture_dt	actual_arrival_dt	STATION_x	HourlyDryBulbTemperature_x	HourlyPrecipitation_x	HourlyStationPressure_x	HourlyVisib
)0:32:00	2019-05-01 02:59:00	7.279302e+10	49.0	0.0	29.59	10.0
)1:16:00	2019-05-01 04:22:00	7.229502e+10	58.0	0.0	29.65	10.0
)1:34:00	2019-05-01 04:55:00	7.249402e+10	51.0	0.0	29.98	10.0
)1:19:00	2019-05-01 04:41:00	7.269802e+10	48.0	0.0	29.98	10.0
)0:01:00	2019-05-01 04:09:00	7.027253e+10	43.0	0.0	30.18	10.0

图 9.5 前 5 个样本的特征及其取值

假设延误时间按照分钟进行区分，则按照延误时间来统计样本中延误的占比情况，代码如下：

```
print("到达延误占比:{0:.2f}".format((df.arrival_delay > 0).sum() / df.shape
[0]))
print ("到达延误15分钟以上占比:{0:.2f}".format(\
     (df.arrival_delay > 15).sum() / df.shape[0]))
print ("到达延误30分钟以上占比:{0:.2f}".format(\
    (df.arrival_delay > 30).sum() / df.shape[0]))
print ("到达延误60分钟以上占比:{0:.2f}".format(\
    (df.arrival_delay > 60).sum() / df.shape[0]))
print ("起飞延误占比:{0:.2f}".format(\
    (df.departure_delay > 0).sum() / df.shape[0]))
print ("起飞和到达延误占比:{0:.2f}".format(\
    ((df.arrival_delay > 0) & (df.departure_delay> 0)).sum() / df.shape[0]))
```

运行结果即不同延误时间占比如图9.6所示。

```
到达延误占比：0.34
到达延误15分钟以上占比：0.19
到达延误30分钟以上占比：0.12
到达延误60分钟以上占比：0.07
起飞延误占比：0.34
起飞和到达延误占比：0.25
```

图9.6　不同延误时间占比

可见，飞机到达延误占34%，延误15分钟以上占19%，延误30分钟以上占12%。延误60分钟以上占7%，起飞延误占比34%，起飞和到达同时延误的占比为25%。

按照cancelled_code特征统计取消航班的数量，代码如下：

```
print(df.cancelled_code.value_counts())
print((df.cancelled_code !="N").sum()/df.shape[0])
```

取消航班分类统计运行结果如图9.7所示，取消航班占比1.6%。原始数据中取消航班被分为A、B、C、D 4种情况，其中A为天气原因，B为航空管制，C为机械故障，D为旅客原因。

```
N    5426150
B      41919
A      23451
C      21370
D         13
Name: cancelled_code, dtype: int64
取消航班占比: 0.016
```

图9.7　取消航班分类统计运行结果

按照cancelled_code特征划分样本集，获得取消航班样本集df_cancel和非取消航班样本集 df_nocancel，或者延误样本集 df_delay 和非延误样本集 df_nodelay，观察两个样本集中不同特征的统计信息，对部分具有差异的特征的统计过程如下。也可使用前述的 Pandas-profiling 工具输出划分后数据集的描述信息，以观察不同划分的样本集。

```
    df_cancel = df[df.cancelled_code != "N"]
    df_nocancel = df[df.cancelled_code == "N"]
    print ("{:<10}{:9}{:9}{:9}".format(\
          "样本集合","风速平均值","风速中位数","风速最大值"))
    print ("{:<11}{:>10.6f}{:>12}{:>10}".format("df_cancel",\
          df_cancel.HourlyWindSpeed_x.mean(),\
          df_cancel.HourlyWindSpeed_x.median(),\
          df_cancel.HourlyWindSpeed_x.max()))
    print ("{:<8}{:>10.6f}{:>12}{:>10}".format("df_nocancel",\
          df_nocancel.HourlyWindSpeed_x.mean(),\
          df_nocancel.HourlyWindSpeed_x.median(),\
          df_nocancel.HourlyWindSpeed_x.max()))
    df_delay = df[df.arrival_delay > 0]
    df_nocdelay = df[df.arrival_delay <= 0]
    print ("{:<10}{:9}{:9}{:9}".format("样本集合","温度平均值",\
          "温度中位数","温度最大值"))
    print ("{:<11}{:>10.6f}{:>12}{:>10}".format("df_delay",\
          df_delay.HourlyDryBulbTemperature_x.mean(),
          df_delay.HourlyDryBulbTemperature_x.median(),
          df_delay.HourlyDryBulbTemperature_x.max()))
    print ("{:<11}{:>10.6f}{:>12}{:>10}".format("df_nocdelay",\
          df_nocdelay.HourlyDryBulbTemperature_x.mean(),
          df_nocdelay.HourlyDryBulbTemperature_x.median(),
          df_nocdelay.HourlyDryBulbTemperature_x.max()))
    return df
```

取消航班和非取消航班、延误航班与非延误航班的天气数据统计结果如图 9.8 所示，比较取消航班 df_cancel 和非取消航班 df_nocancel 两个样本集中的起飞机场的风速，表明天气数据对航班是否取消有影响。比较延误航班 df_delay 和非延误航班 df_nodelay 两个样本集的温度特征，可以看出延误航班样本集的温度平均值和最大值都有差异，从而可以猜测，天气会对航班的起飞产生影响。

```
样本集合      风速平均值    风速中位数    风速最大值
df_cancel     9.542845          9.0        51.0
df_nocancel   8.564729          8.0      2237.0

样本集合      温度平均值    温度中位数    温度最大值
df_delay     68.184709         71.0       125.0
df_nodelay   67.966249         71.0       123.0
```

图 9.8　取消航班和非取消航班、延误航班和非延误航班的天气数据统计结果

9.1.3 数据预处理

定义 DataPreprocessing. py 文件，在其中定义数据预处理方法 datapreprocessing( )。利用 ExploratoryAnalysis. py 文件中的方法 getdata( )，获取数据集并存储在 df 中，从 df 中筛选能够影响航班起飞的特征，如机场执勤的延误情况，起飞机场和到达机场的天气情况后，形成样本集。代码如下：

```
import pandas as pd
import numpy as np
from ExploratoryAnalysis import  getdata
def datapreprocessing():
    df=getdata()
    #筛选出模型训练需要的特征
    columns=['month','day','scheduled_elapsed_time','delay_carrier','delay_weather',\
         ,'delay_national_aviation_system','delay_security'\
         ,'delay_late_aircarft_arrival',\
         'HourlyDryBulbTemperature_x','HourlyPrecipitation_x',\
         'HourlyStationPressure_x','HourlyVisibility_x',\
         'HourlyWindSpeed_x','HourlyPrecipitation_y',\
         'HourlyDryBulbTemperature_y','HourlyStationPressure_y',\
         'HourlyVisibility_y','HourlyWindSpeed_y','departure_delay',\
         'cancelled_code']
    df=df[columns]
```

处理数据集中特征的空值和异常值，对取消的航班，将延误时间设置为所有延误时间的最大值，将提前起飞的航班按照无延误处理，即延误时间归 0，对存在异常值的特征，利用数据探索和理解中得出的方法替换。代码如下：

```
    # cancelled_code 和 departure_delay 特征中无空值
    # 首先将 cancelled_code 特征中非 N 的 departure_delay 替换为 departure_delay 的最大值
    df.loc[df.cancelled_code! ='N','departure_delay']=df['departure_delay'].max()
    #departure_delay 中的负数为提前起飞,将其替换为 0
    df.loc[df.departure_delay<0,'departure_delay'] = 0
    #HourlyDryBulbTemperature ,值在 0~125,服从正太分布,使用均值填充
    df['HourlyDryBulbTemperature_x'].fillna(\
        df['HourlyDryBulbTemperature_x'].mean(),inplace=True)
      df['HourlyDryBulbTemperature_y'].fillna(\
        df['HourlyDryBulbTemperature_y'].mean(),inplace=True)

    # HourlyStationPressure ,值在 21~31,使用均值填充
    df['HourlyStationPressure_x'].fillna(df['HourlyStationPressure_x'].mean(),
    inplace=True)
```

```
df['HourlyStationPressure_y'].fillna(df['HourlyStationPressure_y'].mean(),
inplace=True)
  # HourlyWindSpeed 使用均值填充
  df['HourlyWindSpeed_x'].fillna(\
      df['HourlyWindSpeed_x'].mean(),inplace=True)
  df['HourlyWindSpeed_y'].fillna(\
      df['HourlyWindSpeed_y'].mean(),inplace=True)

# HourlyPrecipitation 90% 为 0,区间为 0~3.86,用众数填充缺失值,95% 位置的数据为 0.02
df['HourlyPrecipitation_x'].fillna(df['HourlyVisibility_x'].mode()[0],\
    inplace=True)
df['HourlyPrecipitation_y'].fillna(df['HourlyVisibility_y'].mode()[0],\
    inplace=True)

# HourlyPrecipitation 10 的占比超过 80%
df['HourlyVisibility_x'].fillna(10,inplace=True)
df['HourlyVisibility_y'].fillna(10,inplace=True)

# scheduled_elapsed_time 中无缺失值,处理异常值
scheduled_elapsed_time_mean=df['scheduled_elapsed_time'].mean()
df.loc[df.scheduled_elapsed_time> 3 * scheduled_elapsed_time_mean,\
    'scheduled_elapsed_time'] = scheduled_elapsed_time_mean * 3
df.loc[df.scheduled_elapsed_time < scheduled_elapsed_time_mean / 3,\
    'scheduled_elapsed_time'] = scheduled_elapsed_time_mean/3

# delay_carrier 中无缺失值,Q3 为 0,处理异常值
df.loc[df.delay_carrier > 8 * df.delay_carrier.mean(),'delay_carrier'] =\
    8 * df['delay_carrier'].mean()

# delay_weather 中无缺失值,Q3 为 0,处理异常值
df.loc[df.delay_weather > 8 * df.delay_weather.mean(),'delay_weather'] =\
    8 * df['delay_weather'].mean()

# delay_national_aviation_system 中无缺失值,Q3 为 0,处理异常值
df.loc[df.delay_national_aviation_system >\
    8 * df.delay_national_aviation_system.mean(),\
    'delay_national_aviation_system'] =\
    8 * df['delay_national_aviation_system'].mean()

# delay_security 中无缺失值,95% 为 0,处理异常值
df.loc[df.delay_security > 8 * df.delay_security.mean(),'delay_security'] =\
    8 * df['delay_security'].mean()
```

```
# delay_late_aircarft_arrival,Q3 为 0,处理异常值
df.loc[df.delay_late_aircarft_arrival >\
    8 * df.delay_late_aircarft_arrival.mean(),'delay_late_aircarft_arrival'] =\
    8 * df['delay_late_aircarft_arrival'].mean()

#HourlyWindSpeed_x,存在异常值
df.loc[df.HourlyWindSpeed_x >\
    8 * df.HourlyWindSpeed_x.mean(),'HourlyWindSpeed_x'] =\
    8 * df['HourlyWindSpeed_x'].mean()
df.loc[df.HourlyWindSpeed_y >\
    8 * df.HourlyWindSpeed_y.mean(),'HourlyWindSpeed_y'] =\
    8 * df['HourlyWindSpeed_y'].mean()
```

因为各个特征的取值范围大不相同，如风速值为0~20不等，温度值为20~31不等。对数据集中的特征进行0-1标准化，标准化后可消除不同的特征取值范围对模型的影响。标准化的代码如下：

```
#对数据集进行标准化
df['scheduled_elapsed_time']=(df.scheduled_elapsed_time-\
    df.scheduled_elapsed_time.min())/(df.scheduled_elapsed_time.max()-\
    df.scheduled_elapsed_time.min())
df['delay_carrier']=(df.delay_carrier-df.delay_carrier.min())/\
    (df.delay_carrier.max()-df.delay_carrier.min())
df['delay_weather']=(df.delay_weather-\
    df.delay_weather.min())/(df.delay_weather.max()-df.delay_weather.min())
df['delay_national_aviation_system']=(df.delay_national_aviation_system-\
    df.delay_national_aviation_system.min())/\
    (df.delay_national_aviation_system.max()-\
    df.delay_national_aviation_system.min())
df['delay_security']=(df.delay_security-\
    df.delay_security.min())/(df.delay_security.max()-df.delay_security.min())
df['delay_late_aircarft_arrival']=(df.delay_late_aircarft_arrival-\
    df.delay_late_aircarft_arrival.min())/(df.delay_late_aircarft_arrival.max()-\
    df.delay_late_aircarft_arrival.min())
df['HourlyDryBulbTemperature_x']=(df.HourlyDryBulbTemperature_x-\
    df.HourlyDryBulbTemperature_x.min())/\
    (df.HourlyDryBulbTemperature_x.max()-\
    df.HourlyDryBulbTemperature_x.min())
df['HourlyPrecipitation_x']=(df.HourlyPrecipitation_x-\
    df.HourlyPrecipitation_x.min())/(df.HourlyPrecipitation_x.max()-\
    df.HourlyPrecipitation_x.min())
df['HourlyStationPressure_x']=(df.HourlyStationPressure_x-\
```

```
        df.HourlyStationPressure_x.min())/(df.HourlyStationPressure_x.max()-\
        df.HourlyStationPressure_x.min())
    df['HourlyVisibility_x']=(df.HourlyVisibility_x-\
        df.HourlyVisibility_x.min())/(df.HourlyVisibility_x.max()-\
        df.HourlyVisibility_x.min())
    df['HourlyWindSpeed_x']=(df.HourlyWindSpeed_x-\
        df.HourlyWindSpeed_x.min())/(df.HourlyWindSpeed_x.max()-\
        df.HourlyWindSpeed_x.min())
    df['HourlyPrecipitation_y']=(df.HourlyPrecipitation_y-\
        df.HourlyPrecipitation_y.min())/(df.HourlyPrecipitation_y.max()-\
        df.HourlyPrecipitation_y.min())
    df['HourlyDryBulbTemperature_y']=(df.HourlyDryBulbTemperature_y-\
        df.HourlyDryBulbTemperature_y.min())/\
        (df.HourlyDryBulbTemperature_y.max()-\
        df.HourlyDryBulbTemperature_y.min())
    df['HourlyStationPressure_y']=(df.HourlyStationPressure_y-\
        df.HourlyStationPressure_y.min())/(df.HourlyStationPressure_y.max()-\
        df.HourlyStationPressure_y.min())
    df['HourlyVisibility_y']=(df.HourlyVisibility_y-\
        df.HourlyVisibility_y.min())/(df.HourlyVisibility_y.max()-\
        df.HourlyVisibility_y.min())
    df['HourlyWindSpeed_y']=(df.HourlyWindSpeed_y-\
        df.HourlyWindSpeed_y.min())/(df.HourlyWindSpeed_y.max()-\
        df.HourlyWindSpeed_y.min())
    print(df.head())
    return df
```

9.1.4 分类模型构建与评估

定义 DrawGragh.py 文件，在其中定义 drawGragh()方法，用于绘制混淆矩阵和 ROC_AUC 曲线，使用图形显示模型的评估结果。模型的评估分为两个部分：①ROC_AUC 曲线；②计算准确率、精度、召回率和 F1 度量。计算混淆矩阵和绘制 ROC_AUC 的代码如下：

```
from sklearn import metrics
import matplotlib.pyplot as plt

def drawGragh(y_test,y_pred,y_pred_proba,modelname):
    # 获得混淆矩阵
    cm=metrics.confusion_matrix(y_test,y_pred)
    plt.figure(figsize=(60,8))
    plt.subplot(1,2,1)
    plt.matshow(cm,fignum=0)
    plt.colorbar()
```

```
    for i in range(len(cm)):
        for j in range(len(cm)):
            plt.annotate(cm[i,j],xy=(i,j),fontsize=10,color='w',\
                horizontalalignment='center',verticalalignment='center')
    plt.xlabel('True class',fontsize=10)
    plt.ylabel('Predicted class',fontsize=10)

    plt.subplot(1,2,2)
    fpr,tpr,thresholds=metrics.roc_curve(y_test,y_pred_proba)
    auc=metrics.auc(fpr,tpr)
    plt.plot(fpr,tpr,linewidth=1,label='ROC(AUC={:.2f}%)'.\
        format(auc*100),color='red')
    plt.plot([0,1],[0,1],color='black',linestyle='--')
    plt.xlabel('FPR',fontsize=10)
    plt.ylabel('TPR',fontsize=10)
    plt.xlim(-0.05,1.05)
    plt.ylim(-0.05,1.05)
    plt.title(modelname)
    plt.legend(loc=4,fontsize=10)
    plt.show()
```

定义 LRModel. py 文件，加载数据预处理方法 datapreprocessing( )获取训练集，在'_main_'函数中将 departure_delay 大于 15 的样本的 label 标记为 1，其他样本的 label 标记为 0。样本标签的统计结果如图 9.9 所示。从图 9.9 中可以看出，数据集中延误航班的样本有 1074844 行。

```
0    4438059
1    1074844
Name: label, dtype: int64
```

图 9.9　样本标签的统计结果

定义 LRModel( )方法，传入样本集和标签，选择逻辑回归 LogisticRegression( )训练模型，代码如下：

```
from DataPreprocessing import datapreprocessing
from sklearn import metrics
from sklearn.linear_model import LogisticRegression
from sklearn.model_selection import train_test_split
from DrawGraph import drawGragh
from sklearn.model_selection import GridSearchCV

def LRModel(data,target):
    x_train,x_test,y_train,y_test = train_test_split(data,target,test_size=0.3,
    random_state=10)
    lr =LogisticRegression(penalty='l1',C=1.0)
    lr.fit(x_train,y_train)
    y_pred = lr.predict(x_test)
```

```
y_pred_proba = lr.predict_proba(x_test)[:,1]
    print('LogisticRegression 的准确率:{0:.3f}'.\
          format(metrics.accuracy_score(y_test,y_pred)))
    print('LogisticRegression 的精度:{0:.3f}'.\
          format(metrics.precision_score(y_test,y_pred)))
    print('LogisticRegression 的召回率:{0:.3f}'.\
          format(metrics.recall_score(y_test,y_pred)))
    print('LogisticRegression 的 F1 度量:{0:.3f}'.\
          format(metrics.f1_score(y_test,y_pred)))

    drawGragh(y_test,y_pred,y_pred_proba,'LR ROC Curve')

if __name__=='__main__':
    datasets= datapreprocessing()
    datasets['label'] = 0
    datasets.loc[datasets.departure_delay >15,'label'] = 1

    data = datasets.iloc[:,2:-3]
    target = datasets['label']
    print(target.value_counts())
    print(data.columns)
    LRModel(data,target)
```

使用逻辑回归模型的默认参数，训练得到模型。逻辑回归模型的混淆矩阵和 ROC 曲线如图 9.10 所示，可以看出混淆矩阵中 FP（False Positive）的占比较高，AUC 值为 88.62%。逻辑回归模型度量值如图 9.11 所示，准确率约为 92.9%，精度约为 92.8%，召回率约为 69.0%，F1 度量约为 79.1%。召回率较低的原因是将延误数据集误分为正常航班的占比较高。

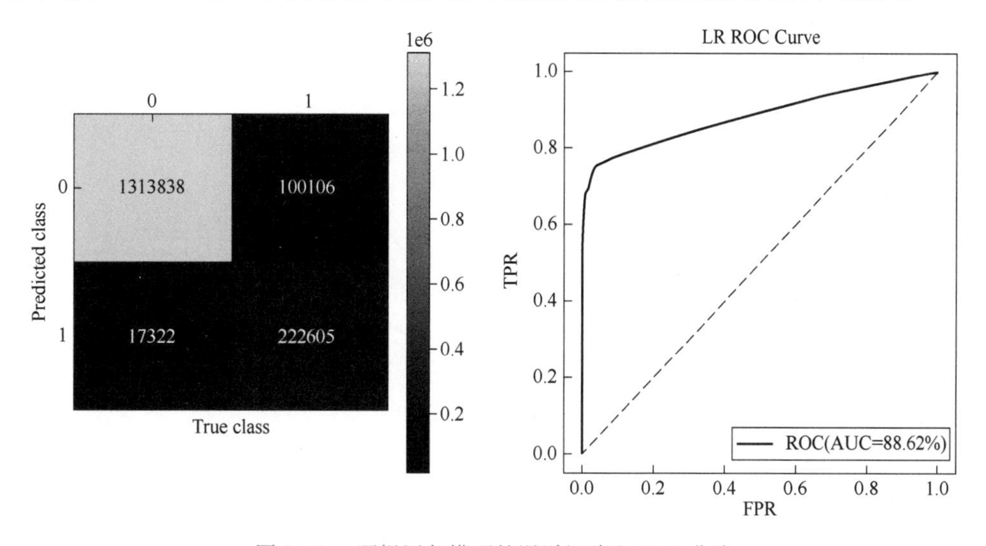

图 9.10　逻辑回归模型的混淆矩阵和 ROC 曲线

```
LogisticRegression的准确率:0.929
LogisticRegression的精度:0.928
LogisticRegression的召回率:0.690
LogisticRegression的F1度量:0.791
```

图 9.11　逻辑回归模型度量值

定义 DTreeModel. py 文件，在其中定义 DTreeModel( )方法，传入样本集和标签，选择默认的 CART 决策树模型 DecisionTreeClassifier( )进行训练。代码如下：

```
from DataPreprocessing import datapreprocessing
from sklearn.model_selection import GridSearchCV
from sklearn import metrics
from sklearn import tree
from sklearn.model_selection import train_test_split
from DrawGraph import drawGragh

def DTreeModel(data,target):
    x_train,x_test,y_train,y_test = train_test_split(data,target,test_size=0.
    3,random_state=10
    dt = tree.DecisionTreeClassifier()
    dt.fit(x_train,y_train)
    y_pred = dt.predict(x_test)
    y_pred_proba = dt.predict_proba(x_test)[:,1]
    print('DecisionTreeClassifier 的准确率:{0:.3f}'.\
         format(metrics.accuracy_score(y_test,y_pred)))
    print('DecisionTreeClassifier 的精度:{0:.3f}'.\
         format(metrics.precision_score(y_test,y_pred)))
    print('DecisionTreeClassifier 的召回率:{0:.3f}'.\
         format(metrics.recall_score(y_test,y_pred)))
    print('DecisionTreeClassifier 的 F1 度量:{0:.3f}'.\
         format(metrics.f1_score(y_test,y_pred)))
    drawGragh(y_test,y_pred,y_pred_proba,'DTree ROC Curve')

if __name__=='__main__':
    datasets= datapreprocessing()
    datasets['label'] = 0
    datasets.loc[datasets.departure_delay >0,'label'] = 1

    data = datasets.iloc[:,2:-3]
    target = datasets['label']
    print(target.value_counts())
      print(data.columns)
      DTreeModel(data,target)
```

使用决策树默认参数，训练得到的决策树模型混淆矩阵和 ROC 曲线如图 9.12 所示，AUC 值为 84.00%。决策树模型度量值如图 9.13 所示，准确率约为 89.2%，精度约为 71.0%，召回率约为 75.5%，F1 度量约为 73.2%，默认决策树模型的性能比逻辑回归模型差。

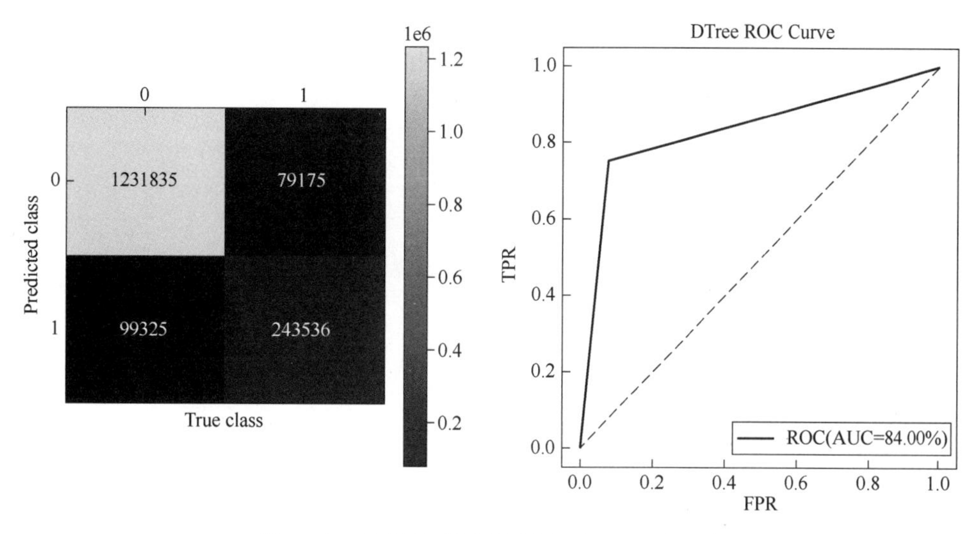

图 9.12 决策树模型的混淆矩阵和 ROC 曲线

```
DecisionTreeClassifier的准确率:0.892
DecisionTreeClassifier的精度:0.710
DecisionTreeClassifier的召回率:0.755
DecisionTreeClassifier的F1度量:0.732
```

图 9.13 决策树模型度量值

定义 MLPModel.py 文件，在其中定义 MLPModel()方法，传入样本集和标签，选择 MLP 神经网络模型 MLPClassifier()进行训练。

```
from DataPreprocessing import datapreprocessing
from sklearn import metrics
from sklearn.neural_network import MLPClassifier
from sklearn.model_selection import train_test_split
from DrawGraph import drawGragh

def MLPModel(data,target):
    x_train,x_test,y_train,y_test = train_test_split(data,target,test_size=0.3,
    random_state=10)
    mlp = MLPClassifier()
    mlp.fit(x_train,y_train)
    mlp.get_params()
    y_pred = mlp.predict(x_train)
    y_pred_proba = mlp.predict_proba(x_train)[:,1]
```

```
    print('MLPClassifier 的准确率:{0:.3f}'.\
        format(metrics.accuracy_score(y_train,y_pred)))
    print('MLPClassifier 的精度:{0:.3f}'.\
        format(metrics.precision_score(y_train,y_pred)))
    print('MLPClassifier 的召回率:{0:.3f}'.\
        format(metrics.recall_score(y_train,y_pred)))
    print('MLPClassifier 的 F1 度量:{0:.3f}'.\
        format(metrics.f1_score(y_train,y_pred)))
    drawGragh(y_train,y_pred,y_pred_proba,'MLP ROC Curve')

if __name__=='__main__':
    datasets= datapreprocessing()
    datasets['label'] = 0
    datasets.loc[datasets.departure_delay >0,'label'] = 1

    data = datasets.iloc[:,2:-3]
    target = datasets['label']
    print(target.value_counts())
    print(data.columns)
    MLPModel(data,target)
```

使用神经网络默认参数，训练得到的神经网络模型混淆矩阵和 ROC 曲线如图 9. 14 所示，AUC 值约为 77. 3%。神经网络模型度量值如图 9. 15 所示，准确率约为 80. 3%，精度约为 96. 8%，召回率约为 45. 6%，F1 度量约为 62. 0%，默认神经网络模型的性能比逻辑回归模型差。

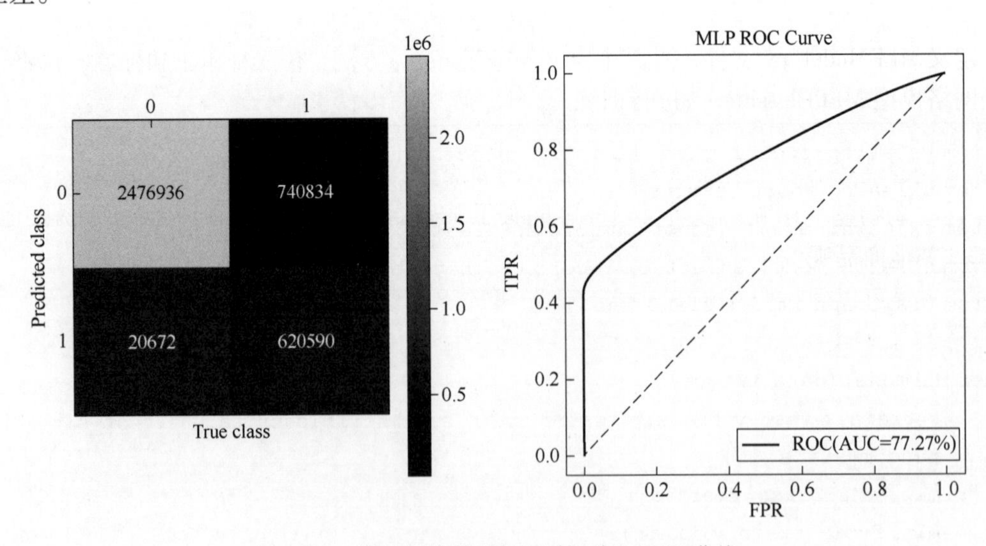

图 9. 14　神经网络模型的混淆矩阵和 ROC 曲线

```
MLPClassifier的准确率:0.803
MLPClassifier的精度:0.968
MLPClassifier的召回率:0.456
MLPClassifier的F1度量:0.620
```

图 9.15　神经网络模型度量值

9.1.5　模型的作用

通过对航班延误数据集的探索和理解，分析得出起飞机场和到达机场的天气因素是影响航班延误的最主要因素。在理解数据的同时，也对数据集中的异常和噪声数据进行清洗处理。使用逻辑回归、CART 决策树和 MLP 神经网络算法训练航班延误预测模型；相比其他模型，在不调节参数的情况下，逻辑回归模型能够更好地预测航班的延误。

通过进一步优化模型，可以得到更具应用价值的航班延误预测模型，这无疑有助于尽早预测航班的延误情况，结合潜在的未知模型和更加精准的数据理解探索新的预测算法，有望在航班延误预测方面有更大的突破，在真实的场景中发挥更加有效的作用，提升机场、航空公司的决策水平和机票代理服务平台的服务水平。

9.2　零售行业购物篮分析

9.2.1　应用背景与目标

购物篮分析是零售企业管理者进行决策分析的有效工具。购物篮分析的主要目的是通过挖掘交易数据，找出隐藏的信息从而发现商品之间的一些有价值的联系，为企业的促销、摆架、物流运输等经营策略提供技术支持。随着大型数据库的建立和不断扩充，很多分析人员已经可以从数据库中挖掘潜在的关联规则，从而发现事物间的相互关系，进而帮助商家做出决策、设计和分析顾客的购买习惯。

假设有一个很大的超市，里面包含任何顾客想购买的任何商品，那么作为超市的管理者，如何找到最常出现在顾客“购物篮”中的商品呢？或者，哪些商品经常性地同时出现在顾客的“购物篮”中呢？或者，当顾客购买了某些商品后，怎样陈列货架可能诱发他们购买哪些其他商品呢？

分析人员可以通过分析顾客“购物篮”里的不同商品，发现商品与商品之间的关联，帮助超市零售商做出决策，合理摆放商品位置。例如，如果顾客购买了热带水果，那么他们很有可能捎带购买酸奶，这样的信息有助于管理人员选择性地安排货架上商品的位置，以缩短顾客购物所花费的时间，同时提高销售量。

随着市场规模的扩大和交易数量的增多，越来越多的商家意识到购物篮分析的价值。比如，购物篮分析在超市的应用已经比较成熟，主要包括以下应用：

（1）商品摆放布局。一家超市的销售额等于其销售量乘以商品的平均销售价格，在商品平均销售价格不变（或变动幅度较小）的情况下，提高商品销售量是提升超市销售额的重要途径。商品销售量与超市商品的布局密切相关，商品布局越合理，顾客发现商品的概率就越大，商品销售量就越高。超市通过分析购物篮数据，可以发现顾客购买某件商品时以一定的概率所购买的关联商品，从而以此来指导商品的摆放和布局，达到提高商品销售量，增加超市销售额的目的。

（2）促销活动。商家可以通过优惠券和各种折扣活动，来吸引顾客，促进产品的销售。为此，商家需要充分了解顾客的实际需求，开展有针对性的促销活动，并尽量把活动的成本降到最低。商家就要分析应该在什么时候开展促销活动，应该采取怎样的形式进行促销，以及应该针对什么样的顾客群体发起折扣活动等。同时，商家要考虑是否将某两个或多个商品一起促销，即是否对多种商品进行捆绑销售，以增加总体销售额，提高消费者的满意度。此外，商家也可以从以前的促销活动中找到相关促销数据，分析挖掘促销回报最高的顾客。

（3）交叉销售。商家如果想和消费者保持长久的买卖关系，或者增强消费者黏度，让顾客更加倾向于多次消费，可以通过以下几种方式努力：①将保持买卖关系的时间尽量延长；②在不同地方与顾客交易，且使交易次数尽量多；③尽可能地保证商家的利益。交叉销售是一种互惠互利的销售方式，既能够使商家提高了销售量，获得了利益，也能够使消费者的需求得到满足。当然，商家要进行交叉销售，前提是要获取顾客的购物篮历史数据。商家通过分析顾客的购物篮历史数据，挖掘其中隐藏的顾客未来的需求信息，为制定销售策略提供决策支持。

（4）对顾客进行精准分析。零售企业经常通过建立会员制度、办理会员卡的方式，来达到跟踪顾客的消费行为的目的。由顾客的会员信息，可以得到顾客在一段时间里所购买商品的序列。通过对这些序列模式的挖掘，可以得到顾客的活跃程度或者购买趋势，从而开展相应的促销活动。同时，还可以通过购物篮分析技术细分规模较大的顾客群体，顾客群体细分可以帮助商家针对不同的细分群体制定个性化的销售策略。

（5）提升库存管理水平。控制库存成本一直都是零售企业运营管理中的一个挑战，购物篮分析技术可以帮助它们对各种商品数量的增减做出判断，从而有效地管理库存，节约运营成本。

基于以上背景，本节在 Groceries 数据集上进行关联分析。通过分析某杂货店一个月的 9835 条真实交易记录，完成关联规则挖掘，并对挖掘到的关联规则进行解释和分析，为该杂货店的经营提供建议，达到购物篮分析的目的。

本案例包含数据探索与理解、数据预处理、关联规则挖掘与评估、规则解释等。其中，数据探索与理解部分主要进行数据集的初步探索和描述性统计分析，通过简单的图表和相关统计指标，初步了解数据集；数据预处理部分主要完成数据集的清洗、转换等操作，使数据符合关联规则挖掘的需求；关联规则挖掘与评估部分使用 Apriori 算法筛选频繁项集并产生关联规则，然后结合相关评估指标评估所挖掘的关联规则，寻找有意义的规则；规则解释部分结合运营背景分析和解释寻找到的关联规则，达成通过分析交易记录，找到有意义的规则，为杂货店的运营提供决策支持的目的。

9.2.2 数据探索与理解

Groceries 数据集来自 R 语言开发环境中的 arules 程序包，数据集包含某杂货店一个月的 9835 条交易数据，用于 Apriori、FP_Growth 等算法的频繁项集挖掘和关联分析。

本节包含数据准备和描述性统计两部分内容。

1. 数据准备

首先进行数据准备，以了解数据集的总体情况。

原始数据集以事务集的形式保存，结构非常简单。数据集被保存为文本形式。数据集共9835条交易记录，包含事务索引和商品类目两个变量。其中商品类目变量为一个集合，包含该次交易涉及的不同商品类别，商品类别之间使用逗号隔开。

原始数据集中的部分数据见表9.1，每条交易记录表示为一个事务，事务中包含该次交易涉及的所有商品，比如第1条交易记录表示用户购买了“citrus fruit”“semi-finished bread”“margarine”和“ready soups”4件商品。

表9.1 Groceries数据集部分数据

TID	项集
1	{citrus fruit, semi-finished bread, margarine, ready soups}
2	{tropical fruit, yogurt, coffee}
3	{whole milk}
4	{pip fruit, yogurt, cream cheese, meat spreads}
5	{other vegetables, whole milk, condensed milk, long life bakery product}
6	{whole milk, butter, yogurt, rice, abrasive cleaner}
7	{rolls/buns}
8	{other vegetables, UHT-milk, rolls/buns, bottled beer, liquor(appetizer)}

对此数据集进行统计分析，得到如下信息：数据集共包含9835条交易记录，涉及169件商品，所有商品共计交易43367次，购买商品最多的交易购买了32件商品，该类交易共发生1次；购买商品最少为1件，该类交易共发生2159次，平均每次交易涉及4.4件商品。此外按杂货店每天营业12h计算，数据集记录的杂货店当月（按30天计）每小时完成27.3次交易，可见杂货铺规模不是很大。

2. 描述性统计

在进行关联规则挖掘时，数据量的大小和每条交易记录中商品的多少对关联规则挖掘过程影响较大，有必要对商品类目和交易事务包含的商品数量进行简单的统计分析。

（1）商品种类描述统计。商品种类，即每个事务中包含的所有商品的类目。数据集9835条交易记录共涉及169种商品的43367次交易，其中，交易次数最多的商品为“whole milk”，交易了2513次，占所有商品交易总次数的比例为2513/43367=5.79%，如果以支持度的方式看，可算得商品“whole milk”的支持度为2513/9835=25.55%；交易次数最少的商品为“baby food”和“sound storage medium”，都只交易了1次。

考虑交易次数最频繁的前5%（169×5%≈8）的商品种类，统计这些商品种类的交易次数、占比及支持度，结果见表9.2。

表9.2 交易次数最频繁的前5%商品种类交易信息统计表

商品种类	交易次数	占比	支持度
whole milk	2513	5.79%	0.255516
other vegetables	1903	4.39%	0.193493

（续）

商品种类	交易次数	占比	支持度
rolls/buns	1809	4.17%	0.183935
soda	1715	3.95%	0.174377
yogurt	1372	3.16%	0.139502
bottled water	1087	2.51%	0.110524
root vegetables	1072	2.47%	0.108998
tropical fruit	1032	2.38%	0.104931
总计	12503	28.83%	—

可见，交易最频繁的前5%的商品以面包、牛奶和蔬菜水果等食品类为主，且交易量占总交易量的28.8%以上，支持度均超过10%，这些信息对后续候选项集和频繁项集筛选时支持度水平的设定尤为重要。

图9.16为所有169种商品的交易次数柱状图，其中横坐标为商品种类，纵坐标为商品交易次数，图中可见明显的长尾分布。数据挖掘任务不仅要找到交易量大的商品之间的关联，而且要找到长尾中商品种类之间的交易关联。

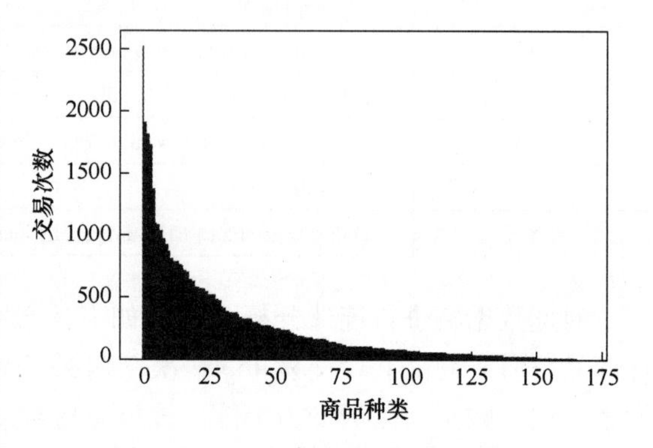

图9.16　所有商品交易次数柱状图

（2）单次交易商品数量描述统计。所有9835条交易记录中，包含商品最多的单次商品记录中有32件商品，出现1次；包含商品最少的单次商品记录中有1件商品，出现2159次。从数据类型看，单次交易记录包含的商品数量为数值型数据，此处对其分布特征进行概括性度量，得到描述性指标见表9.3。

表9.3　交易记录中商品数量的分布指标

最小值	最大值	中位数	众数	均值	偏度	峰度
1	32	3	1	4.41	1.64	6.80

可见，交易记录中包含的商品数量呈右偏态的尖峰态分布，分布较不规范，这表明频繁项集中包含的元素数量很难超过5个。这也与之前分析得知该杂货铺规模较小的结论相吻合。

图9.17为9835条交易记录中包含的商品数量帕累托图，图中横坐标表示单次交易包含的商品数量，左轴纵坐标表示对应的交易次数计数，右轴纵坐标表示交易次数计数的累积占比。

可以看出，交易商品数量在5个及以下的交易占总交易的比例超过70%（70.78%），交易商品数量在7个及以下的交易占总交易的比例超过80%（82.88%）。这进一步证明了交易记录中包含的商品数量，多为1~5个。

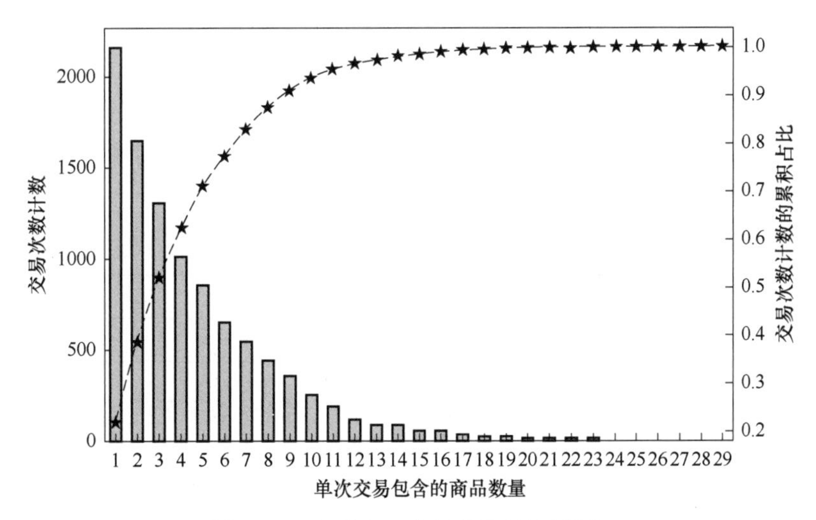

图 9.17 交易包含商品数量的帕累托图

9.2.3 数据预处理

Groceries 原始数据集较为规整，数据预处理过程的工作主要集中在数据集的清洗和转换等。

Groceries 数据集不包含数值型数据，数据清洗的主要工作为确认每次交易中所包含的商品种类是否重复、是否有错误的名称以及是否有空事务等，并对存在的问题进行恰当的处理；数据转换的主要工作包括关联规则挖掘过程中的数据格式的转换，统计计算过程和数据可视化过程的数据准备等。得益于 Groceries 数据集干净规整，本案例这部分工作内容较少。

但是，实际工作中数据预处理是最为耗时且十分重要的一个过程。数据预处理必须结合相关业务规则、数据本身质量以及数据挖掘目标进行，合理并良好的数据预处理结果是数据挖掘成功的必要前提。

需要指出的是，本案例的杂货店数据集中，商品种类较多，实际应用中还可以对商品进行概念分层，然后进行数据泛化，即把较低层次的概念用较高层次的概念替换以汇总数据，如数据集中的蔬菜类别包含“other vegetables”“root vegetables”“frozen vegetables”“pickled vegetables”“packaged fruit/vegetables”和“specialty vegetables”，通过数据泛化可以把这些商品统一归为蔬菜类。通过数据泛化，以商品大类代替具体商品，可以减少商品种类，提高事务集中商品的支持度计数，为挖掘出更好的规则提供有利条件，此处将这部分内容留给读者自主探索。

9.2.4 关联规则挖掘与评估

这里选用 Apriori 算法进行关联规则挖掘，包含频繁项集的生成和分析、规则的生成和分析。

1. 频繁项集的生成和分析

数据集中的 9835 个事务为某杂货店一个月的所有交易记录。根据 Apriori 算法，第一次迭代时需计算数据集中每个商品的支持度，再根据设定的支持度阈值，筛选出满足最小支持度的那些商品，即得到频繁 1-项集。

（1）频繁 1-项集。频繁 1-项集是指支持度大于或等于最小支持度的所有单个商品。首先对所有单个商品计算其支持度，得到候选 1-项集，这里共有 169 个候选 1-项集，支持度范围为［0.000102，0.255516］。为方便设定最小支持度阈值，对 169 个候选 1-项集的支持度进行简单的统计分析，结果见表 9.4。

表 9.4　候选 1-项集支持度统计指标

计　数	均　值	最 小 值	下四分位数	中 位 数	上四分位数	最 大 值
169	0.026091	0.000102	0.003864	0.010473	0.031012	0.255516

基于上述信息，此处设置支持度阈值为 0.026091。需要指出的是，该支持度阈值仅供此处解释说明之用，后续规则生成部分还会再次讨论和调整最小支持度阈值的设定。

当支持度阈值设为 0.026091 时，满足最小支持度的候选 1-项集共 50 个，即此标准下共有 50 个频繁 1-项集。频繁 1-项集的支持度范围为［0.026091，0.255516］。支持度大于 0.1 的频繁 1-项集的柱状图如图 9.18 所示。支持度较高的 20 个频繁 1-项集的柱状图如图 9.19 所示。其中柱子的高度表示支持度的大小，柱子的个数代表频繁 1-项集的数目。

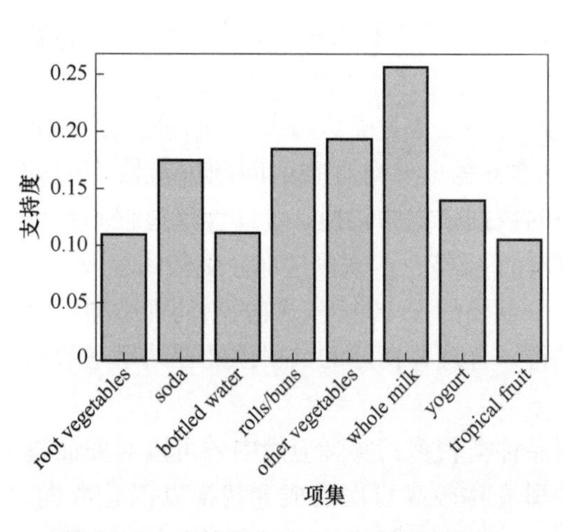

图 9.18　支持度大于 0.1 的频繁 1-项集

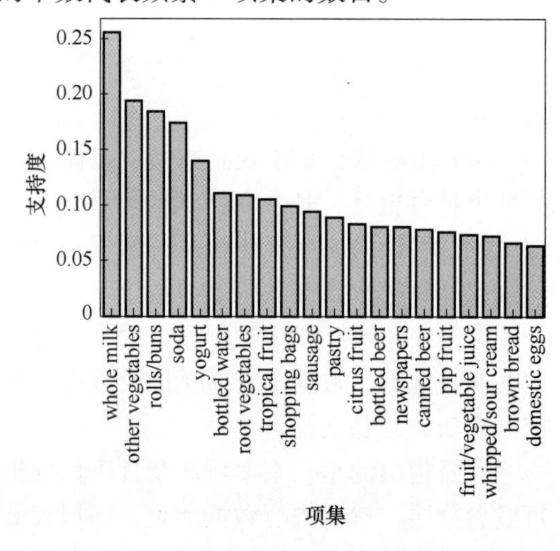

图 9.19　支持度较高的 20 个频繁 1-项集

（2）频繁 2-项集及频繁 n-项集。算法第二次迭代进行频繁 2-项集的挖掘。首先将频繁 1-项集按字典序两两合并，生成所有可能的候选 2-项集，并分别计算其支持度；然后，根据支持度阈值 0.026091，筛选出 32 个频繁 2-项集，支持度范围为［0.026131，0.074835］。其中支持度较高的 10 个频繁 2-项集及其支持度见表 9.5。

表 9.5　频繁 2-项集及其支持度

频繁 2-项集	支 持 度
{other vegetables, whole milk}	0.074835
{rolls/buns, whole milk}	0.056634
{whole milk, yogurt}	0.056024

（续）

频繁2-项集	支 持 度
{root vegetables, whole milk}	0.048907
{root vegetables, other vegetables}	0.047382
{other vegetables, yogurt}	0.043416
{rolls/buns, other vegetables}	0.042603
{tropical fruit, whole milk}	0.042298
{soda, whole milk}	0.040061
{soda, rolls/buns}	0.038332

按照Apriori算法由$F_{k-1} \times F_{k-1}$生成候选k-项集的方法继续迭代，将频繁2-项集按字典序两两合并，生成所有可能的候选3-项集并计算支持度，再根据支持度阈值0.026091，筛选频繁3-项集。由于所有候选3-项集均不满足支持度阈值，所以没有频繁3-项集，频繁项集生成过程结束。可见，按支持度阈值为0.026091进行频繁项集挖掘，最终找到50个频繁1-项集，32个频繁2-项集，无频繁3-项集。

至此，频繁项集挖掘过程结束，下一步进行关联规则的生成和挖掘。

需要指出的是，在生成频繁项集时，使用所有候选1-项集支持度分布的均值0.026091作为支持度阈值，这一阈值的选取方法及结果只用于本案例中对频繁项集挖掘过程的说明。具体到一般的商业环境中，需要根据关联规则的分析目标、收集到的交易数据情况和希望挖掘的关联规则类型等因素重新设定支持度阈值。目前，还没有广泛应用且特别有效的支持度阈值设定方式，大多情况下需要按照一定的支持度阈值设定策略多次实验，找出比较合理的支持度阈值。针对本案例，读者也可自主探索更为合理的支持度阈值。

2. 规则的生成和分析

关联规则的挖掘过程和结果，会受到支持度阈值和置信度阈值的影响。如果设置一个比较高的支持度阈值，可能会丢掉那些支持度低但置信度较高的规则；相反，则会出现较多冗余的、无意义的规则。

因此，一般的实验策略是：先设置较低的支持度阈值和置信度阈值，然后逐步提高，根据获得的规则数量，以及提升度的值进行有效性验证，过滤出有意义的规则。其中提升度表示购买一个商品，对购买另一个商品的提升程度。提升度的值越大，表示商品之间的互相影响程度越强。

基于以上论述，进行多次实验，以确定合适的支持度阈值和置信度阈值。在设定最小支持度时，结合第一步对杂货店运营状况和单个商品交易次数的分析，假设：若某种商品一天被交易至少两次，则可以认为其交易较频繁，从中发现的关联规则或许是我们感兴趣的模式。由于数据集的时间跨度为一个月，因此当某商品至少被交易60次时便认为它是频繁被交易的商品，设定支持度阈值为0.006（60/9835≈0.006）；同时，为过滤顾客随机需求引起的伪关联，假定最小置信度为0.2，然后进行频繁项集的生成和关联规则的挖掘，并逐渐调整参数，直到找到所有的规则。

部分实验结果见表9.6。

表 9.6　部分实验结果

实验编号	支持度	置信度	提升度均值（前5）	关联规则数量
1	0.006	0.2	3.79	604
2	0.006	0.25	3.74	464
3	0.006	0.3	3.67	337
4	0.007	0.2	3.74	470
5	0.007	0.3	3.67	263
6	0.007	0.4	3.53	135
7	0.008	0.2	3.5	362
8	0.008	0.3	3.28	205
9	0.009	0.2	3.46	293
10	0.009	0.3	3.2	166
11	0.01	0.2	3.16	232
12	0.01	0.3	3.11	125
13	0.026091	0.2	2.12	39
14	0.026091	0.3	2.01	23
15	0.026091	0.4	2.01	9
16	0.026091	0.45	1.91	3

根据实验结果，结合对应的提升度水平以及相应的规则数量变化情况等指标最终确定一组支持度阈值和置信度阈值，然后以此进行频繁项集的生成和关联规则的挖掘，并对挖掘到的关联规则进行分析研究，判断其实际意义和价值。

为展示后续实验结果，结合实验结果中关联规则数量及实验过程中提升度均值的变化情况，此处选择最小支持度为 0.008、最小置信度为 0.3，进行关联规则挖掘和结果分析。

由表 9.6 可知，在所选支持度阈值和置信度阈值的组合条件下，共得到 205 条符合条件的关联规则。利用气泡图展示这 205 条关联规则，如图 9.20 所示。

图 9.20 中横坐标表示关联规则的支持度，纵坐标表示关联规则的置信度，气泡大小表示关联规则的提升度。气泡图用于分析数据三个维度之间的关系，由图中关联规则气泡位置和大小可简单了解关联规则的支持度、置信度和提升度之间的关系。

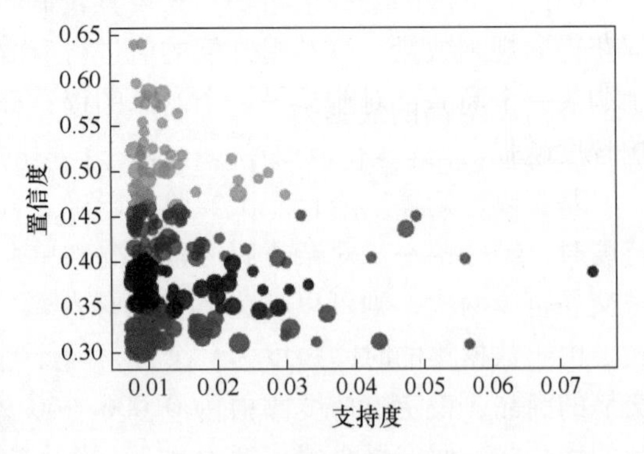

图 9.20　关联规则气泡图

为进一步对比支持度、置信度和提升度之间的关系，绘制散点图矩阵，如图 9.21 所示。

可见，支持度与置信度之间存在一定的相关关系，提升度与支持度和置信度之间也有相关性，而且随着支持度和置信度的增长，提升度逐渐减小。

所有关联规则中，提升度最高的规则有三条，分别为

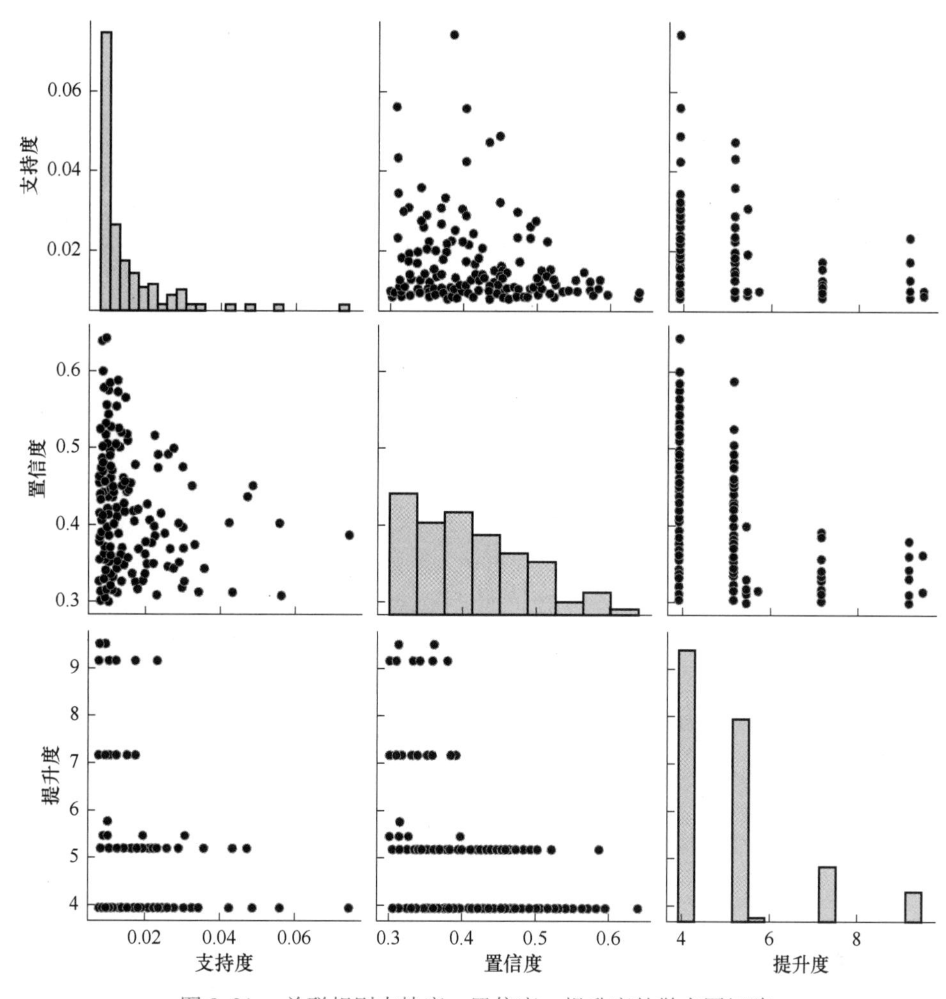

图 9.21　关联规则支持度、置信度、提升度的散点图矩阵

```
{pip fruit,other vegetables}→{tropical fruit}(0.00946,0.362,9.53)
{citrus fruit,other vegetables}→{tropical fruit}(0.00905,0.313,9.53)
{yogurt,root vegetables}→{tropical fruit}(0.00813,0.315,9.53)
```

支持度最高的规则为

```
{other vegetables}→{whole milk}(0.0748,0.387,3.91)
```

置信度最高的规则为

```
{yogurt,butter}→{whole milk}(0.00935,0.639,3.91)
```

根据支持度、置信度和提升度指标，挖掘出的关联规则结果表现较好。以支持度阈值为 0.008、置信度阈值为 0.3 进行关联规则挖掘，可得到 205 条符合支持度、置信度条件的规则。将挖掘到的关联规则以提升度水平降序排序，输出前 5 条关联规则见表 9.7。

表 9.7　提升度水平最高的 5 条关联规则

规则前件	规则后件	支持度	置信度	提升度
{yogurt, root vegetables}	{tropical fruit}	0.008134	0.314961	9.530039
{pip fruit, other vegetables}	{tropical fruit}	0.009456	0.361868	9.530039
{citrus fruit, other vegetables}	{tropical fruit}	0.009049	0.31338	9.530039
{tropical fruit, other vegetables}	{root vegetables}	0.012303	0.342776	9.17444
{onions}	{root vegetables}	0.009456	0.304918	9.17444

9.2.5　规则解释

结合表 9.7，在提升度水平最高的 3 条规则中选择支持度、置信度也相对较高的规则进行解读。该条规则为

{pip fruit,other vegetables}→{tropical fruit}

它表示如果一个顾客购买了“pip fruit”和“other vegetables”两种商品，那么他还会购买“tropical fruit”。根据支持度 0.009456 可以确定该规则涵盖了大约 0.945%的交易，根据置信度 0.361868 可以确定在购买了“pip fruit”和“other vegetables”后，该用户购买“tropical fruit”的概率大约为 36.19%，根据提升度 9.530039 可知，相对于一般没有购买“pip fruit”和“other vegetables”商品的顾客，购买“tropical fruit”商品的概率提升了约 9.53 倍。

需要强调的是，在关联规则挖掘中，较高的提升度十分重要。当提升度>1 时，说明对应的两类商品被同时购买比只有一类商品被购买更为常见。较高提升度表明一个规则很可能是有价值的，并反映了商品之间的真实联系。

按照规则的实用性、适用性等指标，通常将关联规则划分为三大类：

1）可以直接应用在业务上的规则（Actionable Rules）。

2）很清晰，但是作用不大的规则（Trivial Rules）。

3）需要额外的研究来判定是否有用的规则（Inexplicable Rules）。

本案例所挖掘的关联规则大多属于前两类，更多更有效的关联规则有待读者改进数据集中的商品类别后进行挖掘研究。

面向购物篮分析的关联规则挖掘是交互式的。实践中只有结合业务运营情况不断对挖掘过程进行检查、优化，才能不断发现新的、有意义的关联规则，进而为商业运营提供帮助。

9.3　航空公司客户价值分析

9.3.1　应用背景与目标

航空公司常面临客户流失、竞争力下降和资源未充分利用等经营危机。面对激烈的市场竞争，各个航空公司会推出更优惠的营销方案以吸引更多客户。为制定有效的营销策略，航空公司在运营中注重客户关系管理，重视客户价值，引入客户价值分析机制是必要的。航空公司可以通过建立客户价值评估模型，将客户分群并分析不同客户群的客户价值，来制定相应的营销策略。

本案例以航空公司客户价值分析为例，通过分析航空公司客户数据信息，建立客户分群

模型，对客户进行细分，然后对不同客户群进行客户价值评估，并以此为依据制定个性化营销方案，以达到巩固客户关系，提升企业竞争力，充分利用企业资源的目的。

航空公司客户价值分析的目标如下：

1）基于客户数据将客户分群。

2）分析不同客户群的客户价值。

3）对不同客户群制定个性化营销策略。

本案例使用 k-均值聚类算法进行客户分群。聚类算法属于无监督学习算法，k-均值聚类算法是常用的聚类算法之一。k-均值算法的输入数据是没有标签或目标值的样本，算法对输入的数据样本进行相应的距离计算，根据计算结果将样本数据分组，分组原则是误差平方和达到最小。得到分组结果后，对每个组设定相应的类别标签，完成数据分群。

本案例的具体步骤如下：

1）进行数据抽取，以航空公司的客户飞行记录数据为数据源进行数据整合，形成历史数据集和增量数据集。其中，历史数据集用于模型构建和营销策略分析，以形成相对固定的模型和营销策略；增量数据集用于定期更新客户信息，为新客户和发生价值迁移的客户制定营销策略。需要说明的是，本案例使用的是某航空公司的会员相关数据，因此数据抽取部分不在本案例重点讨论范围之内。

2）对历史数据集和增量数据集进行数据探索分析与预处理，了解数据集的基本信息，构建聚类模型的输入数据。

3）基于输入数据构建 k-均值模型，完成客户分群，进行模型固化。

4）基于客户群的特征进行客户价值分析并制定相应的营销策略。

5）确定增量数据集的更新策略，定期将固化的聚类模型和客户价值分析结论应用于新客户。

基于以上背景，本案例讨论的内容包含数据探索与理解、数据预处理、聚类模型构建与评估、模型解释与应用 4 个部分。其中，数据探索与理解部分完成数据准备和数据探索分析，包括数据集的建立和数据集的描述性分析，以便整体了解航空公司用户数据；数据预处理部分对数据集进行数据预处理，包括属性归约、属性构造和属性变换等操作，以确保数据符合聚类算法的基本要求；聚类模型构建与评估部分使用 k-均值算法进行客户聚类，完成客户分群，并评估模型结果，确定合适的分群策略；模型解释与应用部分对不同客户群进行客户价值分析，并给出相应的营销策略，完成模型结果的应用。

9.3.2 数据探索与理解

本案例使用某航空公司积累的会员档案信息和航班记录数据，数据包含 62988 条记录，共 44 个属性。

1. 数据准备

首先了解数据集的整体情况。

数据选取宽度为两年的时间段作为分析观测窗口，以 2014-03-31 为观测窗口的结束时间，抽取了观测窗口内有乘机记录的会员的档案信息和航班记录数据并加以整合，得到历史数据集。需要说明的是，对于新增的会员档案信息和会员航班记录数据，航空公司需要以新的时间点作为观测窗口的结束时间，采用与历史数据集相同的生成方式进行数据抽取和整合，形成增量数据集。

历史数据集包含44个属性，各属性的含义见表9.8。

表9.8　属性及其含义

属性名称	属性含义
MEMBER_NO	会员卡卡号（简称会员号）
FFP_DATE	入会时间
FIRST_FLIGHT_DATE	首次飞行日期
GENDER	性别
FFP_TIER	会员卡级别
WORK_CITY	工作地所在城市
WORK_PROVINCE	工作地所在省份
WORK_COUNTRY	工作地所在国家
AGE	年龄
LOAD_TIME	观测窗口结束时间
FLIGHT_COUNT	观测窗口内飞行次数
BP_SUM	观测窗口内总基本积分
EP_SUM_YR_1	观测窗口内第一年总精英资格积分
EP_SUM_YR_2	观测窗口内第二年总精英资格积分
SUM_YR_1	观测窗口内第一年总票价
SUM_YR_2	观测窗口内第二年总票价
SEG_KM_SUM	观测窗口内总飞行公里数
WEIGHTED_SEG_KM	观测窗口内总加权飞行公里数
LAST_FLIGHT_DATE	观测窗口内末次飞行日期
AVG_FLIGHT_COUNT	观测窗口内季度平均飞行次数
AVG_BP_SUM	观测窗口内季度平均累计基本积分
BEGIN_TO_FIRST	观测窗口开始至第一次乘机时间时长（天）
LAST_TO_END	最后一次乘机时间至观测窗口结束时长（天）
AVG_INTERVAL	观测窗口内平均乘机时间间隔（天）
MAX_INTERVAL	观测窗口内最大乘机时间间隔（天）
ADD_POINTS_SUM_YR_1	观测窗口内第一年其他积分
ADD_POINTS_SUM_YR_2	观测窗口内第二年其他积分
EXCHANGE_COUNT	观测窗口内积分兑换次数
avg_discount	观测窗口内平均折扣率
P1Y_Flight_Count	观测窗口内第一年乘机次数
L1Y_Flight_Count	观测窗口内第二年乘机次数
P1Y_BP_SUM	观测窗口内第一年里程积分
L1Y_BP_SUM	观测窗口内第二年里程积分
EP_SUM	观测窗口内总精英积分
ADD_Point_SUM	观测窗口内总其他积分

（续）

属性名称	属性含义
Eli_Add_Point_Sum	观测窗口内总非乘机积分
L1Y_ELi_Add_Points	观测窗口内第二年非乘机积分总和
Points_Sum	观测窗口内总累计积分
L1Y_Points_Sum	观测窗口内第二年总累计积分
Ration_L1Y_Flight_Count	观测窗口内第二年乘机次数比例
Ration_P1Y_Flight_Count	观测窗口内第一年乘机次数比例
Ration_P1Y_BPS	观测窗口内第一年积分比例
Ration_L1Y_BPS	观测窗口内第二年积分比例
Point_NotFlight	观测窗口内非乘机积分变动次数

显然，历史数据集不是原始记录数据集的简单抽取，而是经过了数据整合和汇总计算。历史数据集中每一条记录均表示一个会员的会员档案信息和观测窗口内的乘机行为信息。以第一条记录为例，其内容见表9.9。

表9.9　数据集中的第一条记录

属性名称	值	属性名称	值
MEMBER_NO	54993	LAST_TO_END	1
FFP_DATE	2006/11/2	AVG_INTERVAL	3.483254
FIRST_FLIGHT_DATE	2008/12/24	MAX_INTERVAL	18
GENDER	男	ADD_POINTS_SUM_YR_1	3352
FFP_TIER	6	ADD_POINTS_SUM_YR_2	36640
WORK_CITY	.	EXCHANGE_COUNT	34
WORK_PROVINCE	北京	avg_discount	0.961639
WORK_COUNTRY	CN	P1Y_Flight_Count	103
AGE	31	L1Y_Flight_Count	107
LOAD_TIME	2014/3/31	P1Y_BP_SUM	246197
FLIGHT_COUNT	210	L1Y_BP_SUM	259111
BP_SUM	505308	EP_SUM	74460
EP_SUM_YR_1	0	ADD_Point_SUM	39992
EP_SUM_YR_2	74460	Eli_Add_Point_Sum	114452
SUM_YR_1	239560	L1Y_ELi_Add_Points	111100
SUM_YR_2	234188	Points_Sum	619760
SEG_KM_SUM	580717	L1Y_Points_Sum	370211
WEIGHTED_SEG_KM	558440.1	Ration_L1Y_Flight_Count	0.509524
LAST_FLIGHT_DATE	2014/3/31	Ration_P1Y_Flight_Count	0.490476
AVG_FLIGHT_COUNT	26.25	Ration_P1Y_BPS	0.487221
AVG_BP_SUM	63163.5	Ration_L1Y_BPS	0.512777
BEGIN_TO_FIRST	2	Point_NotFlight	50

第一条记录展示了会员号为54993的会员的入会时间、年龄、性别等会员档案信息，其航班记录信息较为丰富，在观测窗口的两年时间内共飞行210次，两年累计飞行里程达580717km，第一年总票价239560元，第二年总票价234188元，观测期内平均乘机时间间隔3.48天，最大乘机时间间隔18天，总累计积分619760分，完成积分兑换34次，平均折扣率约为0.96，观测期内两年的积分累计和飞行里程分布较为平均，观测期内非乘机积分变动50次。可初步认为：该会员入会时间较早，观测期内飞行次数较多，积分变动较为频繁，是航空公司需要继续保持以充分挖掘价值的客户。

历史数据集中共有62988条会员信息，对这些会员档案信息和航班记录数据进行探索分析，有助于后续的客户分群和客户价值分析。数据集中共包含44个属性，训练模型时使用全部44个属性是没有必要的。

因此，有必要对数据集进行探索分析。

2. 数据探索分析

数据集中44个属性按照属性含义可分为两类：记录会员档案信息的属性，记录观测窗口内会员乘机行为信息的属性。数据探索分析以此为依据进行。

（1）会员档案信息描述统计。会员档案信息包括会员的性别、年龄和工作地等基本信息，以及会员的入会时间和会员卡级别等会员卡信息，涉及属性名称如下：MEMBER_NO，FFP _ DATE，GENDER，FFP _ TIER，WORK _ CITY，WORK _ PROVINCE，WORK _ COUNTRY，AGE。

对于会员基本信息，从年龄分布来看，数据集中年龄不为空的62568个会员的平均年龄为42.48岁，最小年龄6岁，最大年龄110岁，75%的会员年龄在48岁及以下，超过50%的会员年龄在35岁（包含）到48岁（包含）之间。从性别分布来看，性别不为空的62985个会员中包含女性14851人，占比23.58%，男性48134人，占比76.52%。从会员国籍看，国籍不为空的62959个会员中，国籍为“CN”或“cn”或“中”的为57759个，占比91.74%。

对于会员会员卡信息，从入会时间来看，观测窗口内有飞行信息的62988个会员的入会时间按年度分布如图9.22所示。

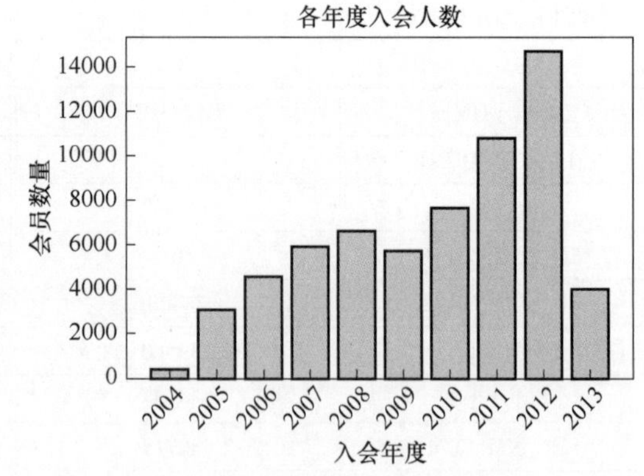

图9.22　会员入会年度分布图

会员卡等级上看，62988个会员的会员卡等级包含4、5、6三个级别，其中等级为4级的会员人数最多，共58066人，占比92.19%，5级、6级人数分别为3409人和1513人。

整体上看，航空公司在观测期内有飞行记录的会员绝大多数工作地为中国，男性占比较大，且年龄多数为35~48岁，绝大多数会员的会员卡等级为4级。需要说明的是，此处只对各个属性进行了单独分析，没有进行属性间的交叉统计分析，读者可以继续完成这一工作，以得到更详细全面的会员档案信息分析结果。

（2）会员航班信息统计分析。描述会员乘机行为信息的属性较多，且绝大多数属性为数值型属性，此处对部分有代表性的属性进行概括性度量分析，具体属性包括：FLIGHT_COUNT，BP_SUM，SEG_KM_SUM，AVG_INTERVAL，EXCHANGE_COUNT，avg_discount，EP_SUM，Points_Sum，Point_NotFlight。

部分会员航班信息的概括性描述见表9.10。

表9.10 部分会员航班信息的概括性描述

属性名称	数量	平均数	最小值	下四分位数	中位数	上四分位数	最大值
FLIGHT_COUNT	62988	11.84	2	3	7	15	213
BP_SUM	62988	10925.1	0	2518	5700	12831	505308
SEG_KM_SUM	62988	17123.88	368	4747	9994	21271.25	580717
AVG_INTERVAL	62988	67.75	0	23.37	44.67	82	728
EXCHANGE_COUNT	62988	0.32	0	0	0	0	46
avg_discount	62988	0.72	0	0.61	0.71	0.81	1.50
EP_SUM	62988	265.69	0	0	0	0	74460
Points_Sum	62988	12545.78	0	2775	6328.50	14302.50	985572
Point_NotFlight	62988	2.73	0	0	0	1	140

整体上看，表9.10列出的所有属性的均值都大于中位数，且除avg_discount（平均折扣率）外均明显大于中位数，上四分位数与最大值的差距较大，这说明观测窗口内62988位会员中的少部分（至少少于25%）记录在相关属性上均存在极大的取值，而这些在关键属性上的数据值超过大多数记录的会员是值得注意的，针对其档案特征和乘机行为特点提供个性化服务是本案例的目标之一。

从对数据集进行初步探索的结果可知，航空公司会员大多为35~48岁的男性客户，观测窗口内存在乘机行为远多于其他会员的会员客户。但是大多数会员客户的乘机行为表现得较不频繁，可认为客户价值不高。因此有必要进行客户关系管理，发现高价值会员客户，提升高价值会员客户的黏性，促进会员客户往高价值会员转化，为此进行客户分群，确定客户价值，制定有针对性的客户营销策略是有意义的。

9.3.3 数据预处理

在进行数据预处理之前，有必要确定模型的输入数据。

本案例使用k-均值算法完成客户分群。案例目标包括客户分群、客户价值分析和个性化营销方案制定，以帮助航空公司充分挖掘客户价值，提升企业资源的利用效率。

RFM模型是客户价值管理中应用最广泛的模型。该模型通过一个客户的最近一次消费间隔（Recency）、消费频率（Frequency）以及消费金额（Monetary）3项指标描述客户的价值状况，进而进行客户细分，识别高价值客户。此处考虑以RFM模型为基础进行特征构建，以所构建的结果特征产生k-均值模型的输入数据。

结合历史数据集各属性含义和航空公司的运营特点，RFM模型中的最近一次消费间隔指标可以使用数据集中的LAST_TO_END属性（记为R）直接表示，消费频率指标可以使用数据集中的FIGHT_COUNT属性（记为F）直接表示，消费金额指标则需要结合航空服务业务进行分析。由于航空票价受到运输距离、航位等级、节假日等多种因素影响，会员客户的同样消费金额的飞行记录对航空公司的价值不同，此处选择会员在观测窗口内的累计飞行里程（总飞行公里数）SEG_KM_SUM 属性（记为 M）和会员在观测窗口内的折扣系数的平均值（平均折扣率）avg_discount 属性（记为 C）代替消费金额指标。这样，上述 4 个指标分别从 RFM 模型的 3 个角度来反映客户价值。此外，会员客户的入会时间长短在一定程度上也体现了会员的客户价值，所以增加入会时长指标（记为 L）。

至此，k-均值聚类模型的输入数据包含最近一次乘机时间间隔 R、观测窗口内的乘机次数 F、观测窗口内的飞行里程 M、观测窗口内的平均折扣系数 C 和会员的入会时间长度 L 5 个特征。

本案例使用的历史数据集为合并计算之后的数据集，数据格式较为规范，数据预处理的主要工作包含属性归约、属性构造和属性变换。

1. 属性归约

原始数据中的属性多达 44 个，此处基于上文结论，保留与确定与 5 个指标相关的 6 个属性，分别为 FFP_DATE、LOAD_TIME、FLIGHT_COUNT、avg_discount、SEG_KM_SUM、LAST_TO_END。此处保留会员号属性 MEMBER_NO，以区分每个会员。剩余的属性与模型计算关系不大，采取删除方式完成属性归约。需要注意的是，属性归约的目的是减少模型输入，并尽量使模型输入符合具体业务以提升模型的可解释性，所以删除属性是有意义和作用的。

完成数据归约后，数据集包含 62988 条记录，7 个属性，每条数据表示一个会员的会员号和会员相关信息。

2. 属性构造

原始数据集中没有直接给出全部 5 个指标的值，需要通过原始数据来计算。各个指标的计算和含义如下：

1）最近一次乘机时间间隔 R，即会员最后一次乘机时间距观测窗口结束时间的天数，度量观测窗口内会员最近一次消费时间距观测窗口结束时间点的长度，计算方式为

$$R = \text{LAST\_TO\_END}$$

式中，LAST_TO_END 为数据集中的现有属性，R 的单位为天，R 值越大表示会员最后一次乘机时间离当前观测窗口越远。

2）观测窗口内的乘机次数 F，即观测窗口内会员乘机次数，度量观测窗口内会员乘机行为的频繁程度，计算方式为

$$F = \text{FLIGHT\_COUNT}$$

式中，FLIGHT_COUNT 为数据集中的现有属性，F 的单位为次，F 值越大表示观测窗口内会员的乘机次数越多。

3）观测窗口内的累计飞行里程 M，即观测窗口内会员的飞行总里程，度量观测窗口内会员的飞行总距离，反映会员在观测窗口内的消费情况，计算方式为

$$M = \text{SEG\_KM\_SUM}$$

式中，SEG_KM_SUM 为数据集中的现有属性，M 的单位为千米，M 值越大表示会员累计飞行里程越长。

4）观测窗口内的平均折扣率 C，即观测窗口内会员的机票平均折扣率，度量观测窗口

内会员的机票平均折扣，反映会员在观测场窗口内的消费情况，计算方式为

$$C = avg\_discount$$

式中，avg_discount 为数据集中的现有属性，C 表示折扣率，没有实际单位，C 值越大表示会员舱位对应的折扣系数越大。

5）客户关系长度 L，即会员入会时间距观测窗口结束的天数，度量航空公司与客户建立营销关系的时间长度，计算方式为

$$L = LOAD\_DATE - FFP\_DATE$$

式中，LOAD_DATE 为观测窗口的结束时间，FFP_DATE 为会员入会时间，L 的单位为天，L 值越大表示会员入会时间越长，客户关系长度越长。

通过以上数据处理得到新的数据集，其中包含 62988 条记录和 5 个属性，每条记录表示一个会员对应的信息，前 5 条记录见表 9.11。

表 9.11　属性归约与属性构造后的记录（前 5 条）

MEMBER_NO	R	F	M	C	L
54993	1	210	580717	0.961639	2950
28065	7	140	293678	1.252314	2569
55106	11	135	283712	1.254676	2587
21189	97	23	281336	1.090870	2200
39546	5	152	309928	0.970658	1846

显然，每个属性的单位不同，其取值范围也是不同的，计算结果中除会员号外的 5 个属性的单位和取值范围见表 9.12。

表 9.12　属性的单位和取值范围

属性名称	单　位	取值范围
R	天	[1, 731]
F	次	[2, 213]
M	千米	[368, 580717]
C	—	[0, 1.5]
L	天	[365, 3682]

3. 属性变换

由表 9.12 可以看出，不同属性的值域差异很大，为了防止具有较大值域的属性与具有较小值域的属性相比权重过大现象的发生，使用分数方法将 5 个属性进行数据标准化处理。标准化后的每个属性均值都为 0，标准差为 1，且成为无量纲指标。标准化处理后的前 5 条记录见表 9.13。

表 9.13　标准化处理后的数据（前 5 条）

MEMBER_NO	R	F	M	C	L
54993	−0. 952668	14. 104600	26. 888115	1. 294761	1. 587817
28065	−0. 920027	9. 1221659	13. 193949	2. 862377	1. 142211
55106	−0. 898267	8. 7662778	12. 718487	2. 875110	1. 163263
21189	−0. 430420	0. 7943840	12. 605133	1. 991703	0. 710639
39546	−0. 930907	9. 9762974	13. 969210	1. 343400	0. 296611

至此，数据集已经符合模型的基本要求，接下来可以进入模型的构建和评估阶段，实现建模和计算。

9.3.4　聚类模型构建与评估

本案例基于 Python 完成，使用 sklearn 包中的聚类模块完成模型构建。进行 k-均值模型构建时，需要首先确定簇的个数 k（即最终划分的客户群数量），此处使用两个常用的聚类结果评估指标——样本与最近簇质心的距离总和（inertia）以及轮廓系数（silhouette）进行结果评估，并结合客户价值评估对客户群的基本要求，以确定最优的簇个数。

inertia 值反映聚类结果的精细程度，inertia 值越小表示簇内样本相异性越小，聚类效果越好。根据不同 k 值的 inertia 值制作的折线图也被称为手肘图，反映聚类结果的 inertia 值随 k 值变化的情况。需要注意的是，inertia 值只考察聚类结果中簇内部样本间的相异性（即簇内距离），没有考察聚类结果中簇之间的相异性（即簇间距离），inertia 值会随着 k 值的增加而减小，在极端情况下，每个用户被分为一组，此时 inertia 值最小，而这显然不符合聚类的目的。手肘图观察 inertia 值随簇数 k 变化的情况，同时考察簇数 k 变化时 inertia 值的变化幅度和变化趋势：当 k 值小于最优簇数目时，随类簇数 k 的增加，聚类逐渐趋于最优结果，inertia 值的减小幅度较大；当 k 到达最优簇数目时，再增加簇数 k，inertia 值的减小幅度会降低。这种关系展示为折线图即 k 值小于最优簇数目时，inertia 值下降趋势较大；k 值大于最优簇数目时 inertia 值的下降趋势变小。

取不同的 k 值进行多次实验，得到的手肘图如图 9.23 所示，其中 inertia 值为每次实验的 k 值对应的 inertia 值的均值。

由图 9.23 可知，$k \in [2, 10]$ 时，inertia 随 k 值增加而减少，其中 $k=4$ 和 $k=6$ 时都出现了较为明显的 inertia 值下降趋势的拐点（即手肘图“手肘”对应的 k 值），且 $k=4$ 时 inertia 值的变化更明显，而显然 $k=6$ 时聚类结果的 inertia 值小，各簇内部样本的距离更近。此时还需要结合轮廓系数考察聚类结果中各簇之间的距离，以确定最优的 k 值。

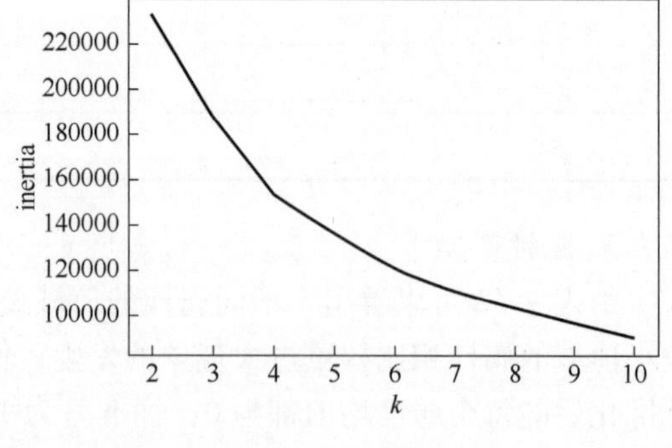

图 9.23　手肘图

轮廓系数（silhouette）反映聚类结果中簇间距离的大小，silhouette 值越趋近于 1，表示簇间样本相异性越大，聚类结果越好。根据不同 k 值的 silhouette 制作的折线图也被称为轮廓系数图，反映聚类结果的 silhouette 值随 k 值变化的情况。silhouette考察聚类结果中簇间距离，是对 inertia 的补充，同时考察这两个指标，即可得到最优的聚类簇数目 k。由于最终制定的营销策略对应于不同价值的客户群体，因此聚类模型计算出的客户群不宜过多。

取不同的 k 值进行多次实验，本案例的轮廓系数图如图 9.24 所示，其中 silhouette 值为每次实验的 k 值对应的 silhouette 值的均值。

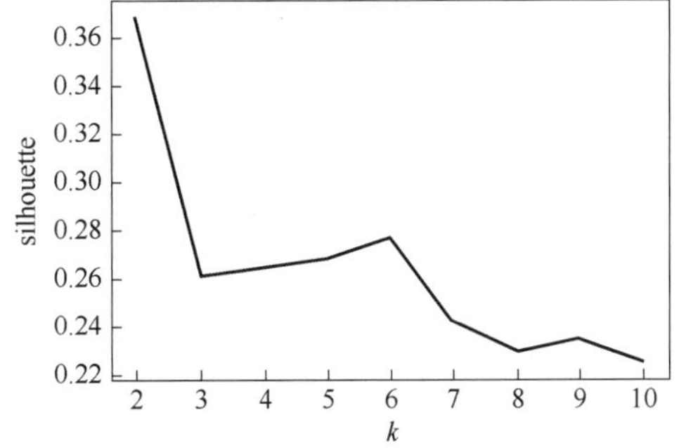

图 9.24 簇个数的平均轮廓系数曲线

由图 9.24 可知，$k \in [2, 10]$ 时 silhouette 取 $k=2$ 时最优，而根据图 9.23 的结果，$k=2$ 时 inertia值最大，因此此处取除 $k=2$ 之外 silhouette 最大值对应的 k 值，即 $k=6$，同时考虑到 $k=4$ 和 $k=6$ 时 silhouette 差异较小，且图 9.23中 $k=4$ 也是 inertia 值的拐点之一，因此此处分别对 $k=4$ 和 $k=6$ 进行实验，即通过 k-均值聚类算法分别将会员划分为 4 个和 6 个客户群，考察两个 k 值的聚类结果并分别进行客户分群。

需要说明的是，k-均值聚类算法为非监督学习算法，确定聚类的簇数量后，在数据集中随机选取 k 个样本作为聚类的初始质心并开始迭代计算。不同的初始质心常常会得到不同的聚类结果，因此模型的每次运行结果都会有差异。总体而言，本案例多次实验的差异处于可接受范围内。

k 分别取 4 和 6，多次重复运行 k-均值聚类算法。需要说明的是，由于聚类算法为无监督学习算法，每次聚类后类簇均发生变化。实验过程中，按每次聚类结果质心的距离进行匹配，将实验结果中最接近的簇视为一类，多次实验后取质心的均值。4 个簇的质心的均值与其所包含的会员数量见表 9.14，6 个簇的质心与其所包含的会员数量见表 9.15，结果保留 4 位小数，会员数量展示为整数。

表 9.14 4 个簇的质心的均值与其所包含的会员数量

簇 编 号	R	F	M	C	L	会员数量
1	−0.8048	2.4454	2.3911	0.3810	0.4787	5606
2	1.6447	−0.5713	−0.5361	−0.0206	−0.3033	13343
3	−0.3764	−0.0918	−0.1023	0.1057	1.0918	18284
4	−0.4097	−0.1709	−0.1698	−0.1472	−0.7216	25755

k 值为 4 时，聚类结果指标的均值为 inertia = 153426.7270，silhouette = 0.2670。

表 9.15 6 个簇的质心与其所包含的会员数量

簇 编 号	R	F	M	C	L	会员数量
1	1.7022	−0.5735	−0.5381	−0.1137	−0.3264	2789
2	−0.7281	1.2803	1.2199	0.0797	0.2715	12169
3	−0.3649	−0.2720	−0.2684	−0.2310	−0.7710	1780
4	−0.8585	3.8931	3.8726	0.5398	0.6863	15906

（续）

簇编号	R	F	M	C	L	会员数量
5	-0.0836	-0.1038	-0.0896	2.7254	0.1869	8057
6	-0.3110	-0.2467	-0.2483	-0.1679	1.0827	22287

k 值为 6 时，聚类结果指标的均值为 inertia = 120088.9185，silhouette = 0.2718。

9.3.5 模型解释与应用

此处分别分析将会员划分为 4 类和 6 类时各客户群的特征，然后确定最终的分群策略和对应的营销策略。

将会员划分为 4 个群体时，分别考察各群体 5 个属性指标的平均值，如图 9.25 所示。图 9.25 中客户群 1、客户群 2、客户群 3 和客户群 4 分别对应表 9.14 中的簇编号 1、2、3 和 4。

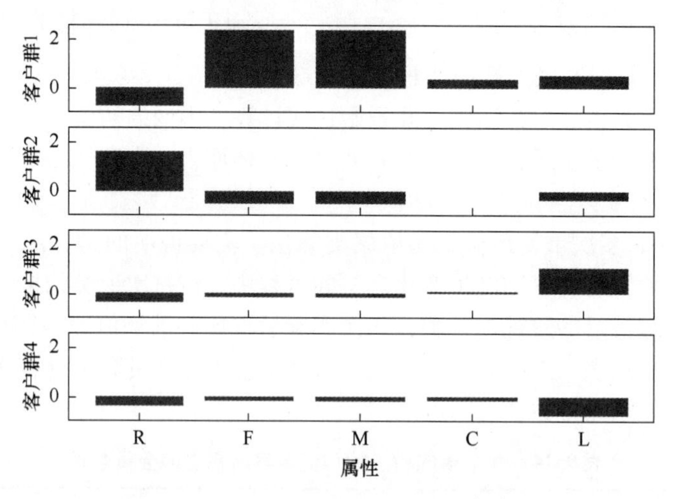

图 9.25　4 个客户群 5 个指标的平均值

图 9.25 中每行表示一个客户群，每列表示一个属性的平均值。需要注意的是，图 9.25 中属性的平均值是真实的属性数据标准化处理之后的数值的平均值。

将会员划分为 6 个群体时，结果如图 9.26 所示。图 9.26 中客户群 1、客户群 2、客户群 3、客户群 4、客户群 5 和客户群 6 分别对应表 9.15 中的簇编号 1、2、3、4、5 和 6。

图 9.26 中每行表示一个客户群，每列表示一个属性的平均值，需要注意的是，图 9.26 中属性的平均值是真实的属性数据标准化处理之后的数值的平均值。

结合表 9.14 和表 9.15 可见，相比分为 4 组客户的聚类方式，分为 6 组客户后，6 组客户的 5 个属性均值的极差较大，这说明较多的类簇能够较为精细地将客户分群。但对比图 9.25 和图 9.26 中各客户群 5 个属性均值的柱状图可知，分为 6 组客户后图 9.26 中客户群 3、客户群 5 和客户群 6 的 5 个属性均值的表现较为相似，从价值上对其进行区分意义不大。综合考虑航空公司的客户会员等级和营销策略制定要求，选取 $k=4$ 为最终的客户群数量，并基于以上 $k=4$ 时的客户群特征，结合 RFM 模型的客户价值分析方法进行客户价值分析和营销策略制定。需要说明的是，本案例最终的 k 值确定考虑了聚类结果和实际应用，并不是

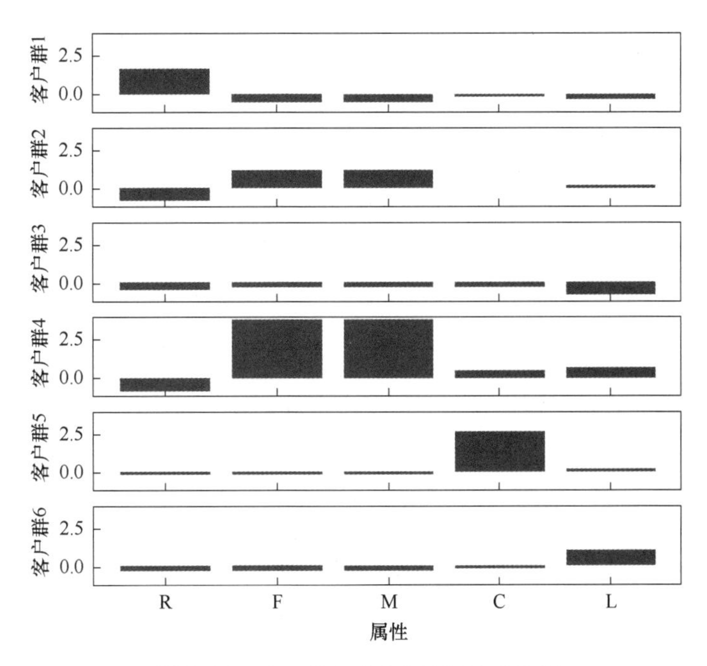

图 9.26　6 个客户群 5 个指标的平均值

唯一最优的分群策略。

$k=4$ 时的客户价值类别特征和对应的营销策略分析如下，感兴趣的读者可以针对 $k=6$ 的相关结果进行客户价值分析并制定相应的营销策略。

1）客户群 1 的平均人数约 5606 人，人数最少，其 5 个属性中 F、M、C、L 这 4 个指标的均值均大于 0，R 指标小于 0，且在 4 个客户群体中客户群 1 的 F、M、C 值最大，R 值最小。这说明与其他客户群相比，客户群 1 的飞行次数最多、飞行里程最长，且都为近期有飞行记录的老会员，客户群 1 的客户较为活跃，客户价值高，是需要重点发展的一类会员客户。

这类客户是航空公司最为活跃的客户群体，人数少但消费频率很高，客户价值巨大。航空公司应该加大对这类客户的资源投入，增加更多服务项目和消费项目，提升客单价，积极发展和巩固客户关系，对其进行差异化管理和提供一对一营销服务，在努力保持客户关系的前提下提升客户价值。

2）客户群 2 的平均人数约 13343 人，其 5 个属性中只有 R 值的均值大于 0，且 R 值为所有 4 个客户群的最大值，F、M 值均小于 0，且为 4 个客户群的最小值。这说明与其他客户群相比，客户群 2 的会员客户最近一次乘机记录距观测期结束已比较久远，且乘机行为较不活跃。客户群 2 中会员客户的入会时间相对较短，表示客户群 2 的会员客户价值较低，且其客户关系较脆弱，是航空公司不需要投入较大资源维护的一类客户群体。

3）客户群 3 的平均人数约 18284 人，人数较多，其 5 个属性中 F、M、C 3 个属性的均值十分接近 0，L 指标的均值为 4 个客户群中的最大值。这说明与其他客户群相比，客户群 3 的会员客户多为老会员，但其乘机行为表现一般，活跃度较低，消费水平也较低，是航空公司需要主动激活的一类客户。

这类客户是航空公司的老会员，与航空公司的客户关系保持时间最长，虽然其活跃度降低但仍旧与航空公司保持客户关系，表现为客户价值衰退。由于客户价值衰退的原因较多且难以分析，因此航空公司需要抓住机会分析客户消费情况，积极了解和掌握客户最新信息，增加互动，必要时调出重点客户名单主动联系，积极维护客户关系，采取一定的营销手段，延长客户生命周期。

4）客户群 4 的平均人数约 25755 人，人数最多，其 5 个属性中 R、F、M 的均值表现与客户群 3 较为相似，但 C 和 L 属性的表现与客户群 3 相反，属性 C 的均值小于 0，属性 L 的均值为 4 个客户群中的最小值。这说明客户群 4 的会员客户多为新入会会员，其乘机行为正在培养，是会员客户中最普通的一类。

这类客户是航空公司客户中的数量主体，其各项价值属性都较为一般，可视为被航空公司的营销行为吸引而来的新客户，其对个性化服务和服务质量的敏感程度相对较低，航空公司可在个别促销活动中面向此类客户。此外，由于此类客户人数较多，航空公司需要特别注意保持健康的客户关系，积极维护企业形象。

需要说明的是，模型计算使用的是经过预处理的历史数据集，在完成后续客户价值分析后即可进行增量数据的客户价值分析。对于定期更新的增量数据集，采取同样方式进行数据预处理，设定同样的参数后使用 k-均值模型完成客户分群，再基于分群结果的属性表现确定客户群的价值类别，进而确定对应的营销策略，以完成客户营销策略的定期更新。

价值观：理论与实践相结合，提升解决实际问题的能力。

人的正确思想来自实践，即实践是理论的基础，实践对理论具有决定作用。理论是对事物本质和规律（即事物的共性）的反映，理论对实践又有反作用，即科学的理论对实践具有积极的指导作用。实践也是检验理论是否正确的唯一基准。理论和实践相辅相成，缺一不可。客观事物千差万别，有着生动的、丰富的个性，是共性和个性的统一。在解决应用问题时，必须运用理论对具体问题进行具体分析，只有把理论和具体问题有机地结合起来，才能更好地解决问题。

在掌握理论知识和技能的同时，积累对各领域实践的了解和认知，积极参与理论与技术在各领域应用问题中的实践活动，既能加深对理论知识的理解，又能探索运用理论与技术解决应用问题的正确方法。